增 材 制 造

铝合金电弧熔丝增材制造的
材料、装备和工艺

翟玉春　王　伟　著

科 学 出 版 社

北　京

内 容 简 介

本书是关于铝合金电弧熔丝增材制造(3D 打印)的专著。内容包括铝合金丝材的制备技术、工艺流程、装备；铝合金电弧熔丝增材制造的工艺技术、装备；铝合金电弧熔丝增材制造工艺条件的优化、过程机理的研究、结晶过程的研究；铝合金电弧熔丝增材制造产品的组成、组织、结构和性能的分析，铝合金电弧熔丝增材制造零部件的制备等。

本书可供冶金、材料、材料加工、机械制造、兵器、航空航天、舰船等相关专业的学生、教师以及工程技术人员学习和参考。

图书在版编目（CIP）数据

增材制造 ：铝合金电弧熔丝增材制造的材料、装备和工艺 / 翟玉春，王伟著. -- 北京 ：科学出版社，2024. 6. -- ISBN 978-7-03-078849-8

I. TB4

中国国家版本馆 CIP 数据核字第 2024K2H089 号

责任编辑：刘凤娟　郭学雯 / 责任校对：高辰雷

责任印制：吴兆东 / 封面设计：无极书装

科学出版社 出版

北京东黄城根北街 16 号

邮政编码：100717

http://www.sciencep.com

北京厚诚则铭印刷科技有限公司印刷

科学出版社发行　各地新华书店经销

*

2024 年 6 月第　一　版　开本: 720×1000　1/16

2025 年 1 月第二次印刷　印张: 26

字数: 508 000

定价: 218.00 元

(如有印装质量问题　我社负责调换)

前　　言

3D 打印技术又称为增材制造技术，是利用三维模型数据从连续增加材料的过程中获得实体。增材制造技术的出现，颠覆了人们对传统结构设计和制造的理念。增材制造的原理是将计算机设计的三维结构模型分解成二维平面结构的切片，再将材料按照二维结构切片一层层叠加，形成三维结构的物体。据此可以制造出任何复杂结构的物件，实现传统工艺技术难以实现的产品制造。

增材制造技术的思想基础或许可以追溯至几千年前，例如传统的砌墙方法，只是当时人们没有提高到增材制造的认知高度。20 世纪 80 年代，增材制造技术开始受到科技界的重视，也受到工业化国家政府的重视并给予大力支持。2012 年 3 月，美国白宫宣布了振兴美国制造的新举措，投资 10 亿美元帮助美国制造体系的改革。同年 8 月，美国政府联合了宾夕法尼亚州西部、俄亥俄州东部和弗吉尼亚州西部的 14 所大学、40 余家企业、11 家非营利机构和专业协会，成立了增材制造创新研究机构。英国政府自 2011 年开始增加增材制造技术的研发经费，各大学及研究机构相继建立了增材制造研究中心。其他一些发达国家也积极采取措施，推动增材制造技术的发展。德国建立了直接制造研究中心，主要研究和推动增材制造技术在航空航天领域中结构轻量化方面的应用；法国增材制造协会致力于增材制造技术标准的研究；西班牙启动了发展增材制造的专项，研究内容包括增材制造共性技术、材料、技术交流及商业模式等四方面内容；澳大利亚政府支持航空航天领域“微型发动机增材制造技术”项目；日本政府通过优惠政策和资金鼓励产学研用紧密结合，促进该技术在航空航天和军工等领域的应用；南非科学与工业研究理事会 (CSIR) 的国家激光中心与南非航空制造公司自主开发高速度、大体积的高性能金属零件增材成形制造系统。增材制造技术正在迅速发展起来。

工业发达国家的研究机构和生产厂家都在积极开展增材制造技术的研发和应用。例如，英国克兰菲尔德大学焊接工程和激光加工中心、美国洛克希德马丁公司、美国 Relativity Space 公司、美国波音公司、欧洲空中客车公司、欧洲导弹集团、法国航空航天工业集团、英国宇航系统公司、加拿大庞巴迪公司、日本三菱集团等。我国有华中科技大学、北京航空航天大学、东北大学、哈尔滨工业大学、西安交通大学、西安增材制造国家研究院有限公司、中国航天科技集团有限公司、中国兵器工业集团有限公司、中国航天科工集团有限公司、抚顺东工冶金材料技术有限公司、西安铂力特增材技术股份有限公司等。

传统的铝合金焊丝不适合做增材制造的材料，不能满足增材制造的工艺技术要求。

从 2012 年起，我们团队开始与英国克兰菲尔德大学焊接工程与激光加工中心开展铝合金增材制造材料和技术的合作。我们团队开展铝合金电弧熔丝增材制造丝材和技术的研发，经过十几年的工作，已研制并生产的增材制造专用铝合金丝材有：Al-Cu 系、Al-Cu-Mg 系、Al-Si-Mg 系、Al-Mg 系、Al-Mg-Sc 系等多个系列 10 余种不同强度级别的专用铝合金丝材，产品质量达到国际领先水平。我们掌握了增材制造专用铝合金丝材的成分设计和制造技术，具有完整的增材制造铝合金丝材生产的工艺技术和装备，具备研发新型增材制造专用铝合金丝材的能力。

通过选用合适的专用铝合金丝材，控制增材制造的过程参数及后处理等技术手段，实现了对堆积体性能的调控。根据不同产品的结构性能特点，总结了铝合金材料的凝固收缩、结构收缩和变形规律；研究了局部变形的控制方法，实现了增材制造过程及产品的变形控制；掌握了铝合金丝材增材制造过程以及产品的“控形控性”技术。通过不断改进增材制造工艺技术的配套装备，实现了增材制造装备的集成创新。为了满足复杂零件的制造，研发了增减材装备，实现复杂零部件的制备、加工同步进行，做到终形生产。

我们团队的增材制造专用铝合金丝材技术水平和产品质量国际领先。2019 年 12 月，经英国克兰菲尔德大学焊接工程与激光加工中心盲评，在 8 个国家提供的增材制造丝材中，我们团队的产品排名第一。我们承担了多项国家重点专项增材制造的项目。例如，上海飞机制造有限公司牵头的国家重点研发计划“高强铝合金增材制造技术在大型客机和民用航天制造中的应用示范”项目，我们团队负责增材制造专用高强韧铝合金丝材的研制和生产。我们的增材制造产业化项目于 2019 年列入国家工业强基“一条龙”应用计划示范项目，并成为牵头单位。我们的电弧熔丝增材制造工艺技术水平与国际先进水平同步，在有些方面领先，已生产多种航空、航天、舰船、兵器用零部件。

本书是我们团队十几年来研究工作的总结，内容包括铝合金丝材的制备、增材制造工艺的选择、工艺技术条件的优化、增材制造产品的组成、组织结构和性能的分析检测、过程机理的研究，结晶过程的研究以及多种部件的制备等。

参加本书内容的研究和撰写工作的有翟玉春教授、王伟研究员、李承德博士、顾江龙博士、王帅博士、任玲玲博士、顾惠敏博士、明珠研究员。李承德博士、顾江龙博士、王帅博士、任玲玲博士录入了本书的全文，李承德博士、王佳东博士配制了本书的部分插图。在此向他们表示衷心的感谢！书中彩图可扫描封底二维码查看。

感谢科学出版社的编辑为本书出版付出的辛勤劳动！

感谢那些被本书列为参考文献的作者！

由于作者水平有限，书中的不足之处敬请读者指正。

翟玉春

2023.6 于辽宁抚顺新宾

目　　录

第 1 章 增材制造技术

3D 打印技术又称增材制造 (additive manufacturing，AM) 技术，是一种与传统的材料“去除型”加工方法截然相反，利用三维模型数据从连续的材料增加中获得实体的过程。增材制造技术的出现，颠覆了人们对传统结构设计及制造理念的认知，它区别于传统铸锻焊的“等材制造”及车、铣、刨、磨的“减材制造”，是从“无”到“有”的过程，将粉末、丝材、块体、液滴等材料逐层叠加而成为实体结构的过程。

1.1 增材制造分类

1.1.1 按照原材料的化学组成分类

按照原材料的种类可以分为金属材料增材制造、非金属材料增材制造以及复合材料增材制造等。

1. 金属材料增材制造

金属材料增材制造就是以金属材料为原料，包括金属粉末、金属丝材等形式，在高温热源下完成增材制造。适用于金属增材制造的材料包括：钛合金、铜合金、镍合金、钢、铝合金和硬质合金等金属材料。目前工业应用较为广泛的就是金属材料增材制造，主要用于航空、航天、医学等领域。

1) 金属粉末增材制造

金属粉末增材制造是以金属粉末为原料，以激光为热源，利用激光烧结或激光熔融的方法制备产品。金属粉末是选择性激光烧结 (SLS)、激光选区熔化 (SLM) 等增材制造工艺中用于制造金属部件的主要原材料。常见的增材制造商用金属粉末材料包括纯钛、Ti6Al4V、316L 不锈钢、17-4PH 不锈钢、18Ni300 马氏体时效钢、AlSi10Mg、Co-Cr-Mo、In 718 及 In 625 等。金属粉末增材制造产品因可以用在航空航天、汽车工业、生物医学等高端领域，受到广泛的重视。目前，可用于金属粉末增材制造的材料存在价格高、品种少、产业化程度低的问题。金属粉末增材制造工艺，对金属粉末的要求严格，传统粉末冶金用的金属粉末不能满足该类工艺要求，用于增材制造技术的金属粉末应具备良好的可塑性，还应满足流动性好、粉末颗粒细小、粒度分布窄、氧含量低等要求。表 1-1 是几种常用的增材制造金属粉末。

表 1-1　几种常用的增材制造金属粉末

粉末种类	主要合金和编号	主要用途
钢	不锈钢 (304L、316L)、工具钢、模具钢 (H13) 等	精密工具、成形模具、工业零件等
铝合金	AlSi10Mg	自行车、航天零件等
铜合金	青铜 (Cu-Sn 合金)、Cu-Mg-Ni 合金等	成形模具、船用零件等
钛合金	TC4、TA15、Ti-Al 合金、Ti-Ni 合金等	热交换器、化工零件、航天零件、医疗植入体等
镍基合金	IN625、IN718	涡轮、航天零件等
钴基合金	Co-Cr 合金、Co-Cr-Mo 合金、超合金 (HS188)	牙冠、骨科植入体、航天零件

能够用于金属粉末增材制造技术的铝合金种类有限。主要由于：①铝结构件成本相对低，而铝粉的制备、储运成本高；②铝合金焊接较难，高性能铝合金通常需要沉淀硬化获得高强度，例如，7 系铝合金中含有高挥发的元素 Zn，增材制造时会导致湍流熔池、飞溅和气孔，而 5 系铝合金中 Mg 的蒸气压高于 Al，熔化时将优先气化。目前 SLM 技术应用最多的铝合金是 AlSi10Mg 合金。表 1-2 列出了几种用于铝合金粉末 SLM 增材制造的性能。

表 1-2　几种铝合金粉末 SLM 增材制造性能

合金	状态	方向	抗拉强度/MPa	屈服强度/MPa	伸长率/%
$AlMg_{4.4}Sc_{0.66}MnZr$	325°C/4h	横向	530	520	16
		纵向	515	500	14
AlSi12	沉积态	横向	380	260	3
	450°C/6h	横向	145	95	13
6061	T6	横向	42	—	—
		纵向	230.3	—	—
A357	粉床温度 35°C，T6	横向	426.4±2.6	279.5±1.0	9.8±0.5
		纵向	395.6±4.7	232.2±0.7	5.1±0.4
	粉床温度 200°C，T6	横向	307.7±1.6	205.3±1.3	7.1±0.1
		纵向	290.4±2.9	187.2±0.4	3.2±0.3
AlSi10Mg	沉积态	横向	328±4	230±5	6.2±0.4
		纵向	330±4	240±8	4.1±0.3

2) 金属丝材增材制造

金属丝材增材制造是以金属丝材为原材料在高温热源的作用下经过熔化和凝固制备产品的过程，熔化的金属冷却速度达到了数百到数千摄氏度/秒，是在高温、强对流等极端非平衡条件下的“微区冶金”过程。常用的金属丝材主要有铝合金、钛合金 (TC4)、镁合金、不锈钢、高氮钢、高温合金等金属材料。普通的合金焊丝不能用于增材制造。合金丝材的成分、杂质含量及外观质量等对沉积合金的质量和性能具有重大影响。金属丝材增材制造技术对合金丝材具有更高的要求：①合金丝材应具有良好的工艺性能，以满足增材制造连续送丝稳定性，保证增材产品的表面平整度和避免零件变形；②合金丝材应具有均匀的化学成分及微观组织，避免堆积体出现成分偏析；③控制合金丝材中的气体含量及洁净度，以减少并消除堆积体中的气孔缺陷。这样才能保证堆积体具有良好的力学性能，且各向同性。

2. 非金属材料增材制造

1) 有机高分子材料增材制造

有机高分子材料增材制造是以有机高分子材料为原料，通过特定的热源形式，制备产品。有机高分子材料增材制造原料包括专用光敏树脂、黏结剂、催化剂、蜡材以及高性能工程塑料与弹性体等。通常按合成树脂的特性分为热塑性塑料和热固性塑料。热塑性塑料通常在材料挤出和粉末床熔融工艺中使用。用于材料挤出的热塑性塑料有 ABS 和 PLA 等；用于粉末床熔融的热塑性塑料，使用最多的是半结晶材料聚酰胺 12(尼龙)。热固性材料典型代表为光敏树脂，一般为液态，可用于制造高强度、耐高温、防水材料等。

2) 无机非金属材料增材制造

无机非金属材料增材制造是以无机非金属材料为原料的增材制造。主要原料有氧化铝、氧化锆、碳化硅、氮化铝、氮化硅、建筑材料等，形态主要有粉末、片材等。典型代表为陶瓷材料，由于陶瓷具有高熔点和低韧性的特点，很难直接应用在增材制造工艺中，通常以在陶瓷粉中添加黏结剂的混合物作为增材制造的原材料。建筑材料 (如水泥等) 也是增材制造工艺常用的无机非金属材料。

3) 生物材料增材制造

生物材料增材制造是以新型可植入生物材料为原料的增材制造。生物材料增材制造拓宽了生物医学视野，完善了个性化医疗器械的开发。不同软硬程度的器官、组织模拟材料的增材制造促进了生物学进步。可用于增材制造的生物材料主要是生物医用高分子，有水凝胶、脂肪族聚酯、PC(如三亚甲基碳酸酯) 以及生物惰性、生物活性或生物降解材料等。

3. 复合材料增材制造

复合材料增材制造是以复合材料为原料的增材制造。用于复合材料增材制造的原料有聚合物复合材料、金属基复合材料以及陶瓷基复合材料等。

1) 聚合物复合材料

聚合物复合材料由聚合物、增黏剂、增塑剂、表面活性剂和第二相 (金属、陶瓷或聚合物组合物的颗粒或纤维) 组成。经配料、混合成为均匀的聚合物复合材料。

2) 金属基复合材料

金属基复合材料是以金属为主体，复合了非金属组分的材料。复合方式包括颗粒复合材料、纤维复合材料、层压板和功能梯度材料 (FGM)。其中功能梯度材料是一种具有各向异性的材料。

3) 陶瓷基复合材料

陶瓷基复合材料是以一种陶瓷材料为主体，复合了金属或非金属组分的材料。

1.1.2　按工艺技术分类

1. 选择性激光烧结增材制造技术

选择性激光烧结 (selective laser sintering，SLS) 是利用粉末状材料成形，预先在工作台上铺一层金属粉或非金属粉，在计算机控制下，按照界面轮廓信息，利用大功率激光对处于相应实体部分的粉末进行扫描烧结，然后不断循环，层层堆积成形，直至模型完成。图 1-1 为 SLS 增材制造工艺原理示意图。图 1-2 为几种典型的 SLS 工艺成形的产品。

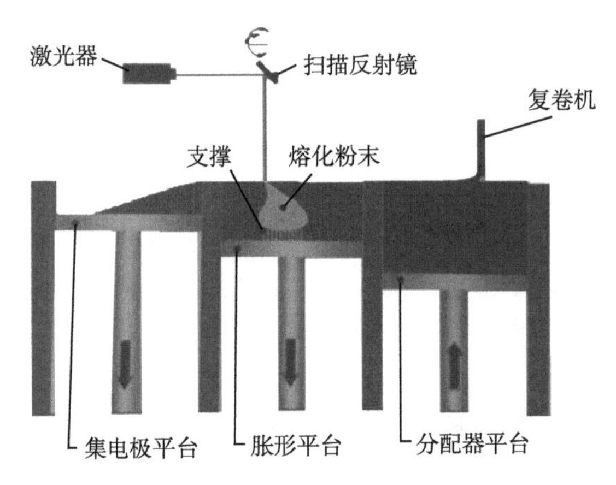

图 1-1　SLS 增材制造工艺原理示意图

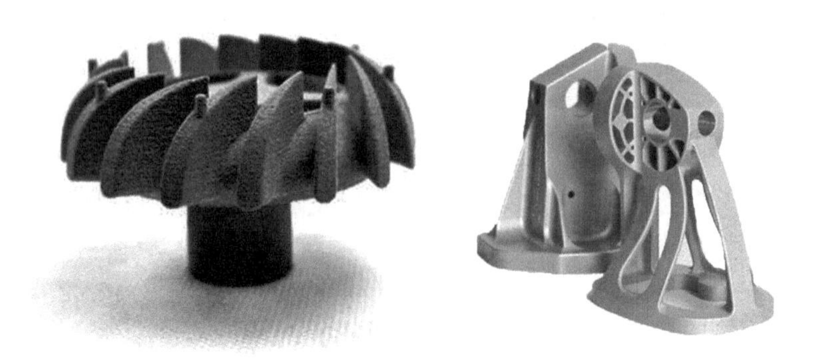

图 1-2　SLS 工艺成形的产品

SLS 增材制造工艺具有如下特点：

(1) 材料范围广，理论上，任何受热黏结的粉末都有可能被用作 SLS 工艺的成形材料；

(2) 可直接成形零件，SLS 工艺在制造过程中无须添加支撑结构，在叠层过程中出现的悬空层面可直接由未烧结的粉末来实现支撑；

(3) 精度高，材料利用率高，根据所用材料的种类和粒径、工件的几何形状和复杂程度，SLS 增材制造工艺通常能够在工件整体范围内实现 ±(0.05~2.5mm) 的公差。

2. 选择性激光熔融增材制造技术

选择性激光熔融增材制造技术简称选择性激光熔融技术或激光选区熔化 (selective laser melting，SLM) 技术，是 20 世纪 90 年代出现的一种快速成形技术，以金属粉末为原材料，激光束为加工热源，利用 CAD 三维数模及切片软件进行路径规划，激光束按照规划好的路径对粉末床进行逐层扫描，金属粉末熔化–凝固从而实现金属零件的快速制造。图 1-3 为 SLM 技术原理示意图。

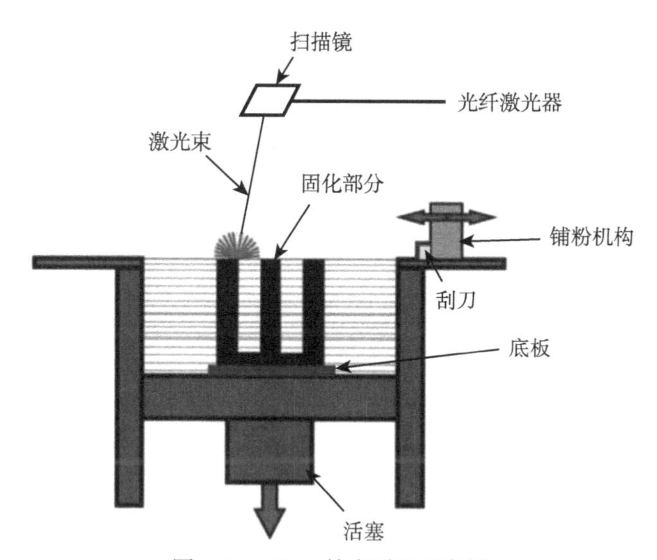

图 1-3 SLM 技术原理示意图

激光选区熔化技术具有以下特点：

(1) 良好的成形精度和表面粗糙度，精度可达 ±0.1mm，粗糙度 R_a 为 30~50μm；

(2) 材料选择广，适用于铝合金、钛合金、难熔金属合金等；

(3) 可以制备复杂结构，如点阵结构、薄壁、内部封腔结构等；

(4) 成形尺寸受设备限制，一般小于 1000mm。

图 1-4 是几个典型的 SLM 铝合金结构件。

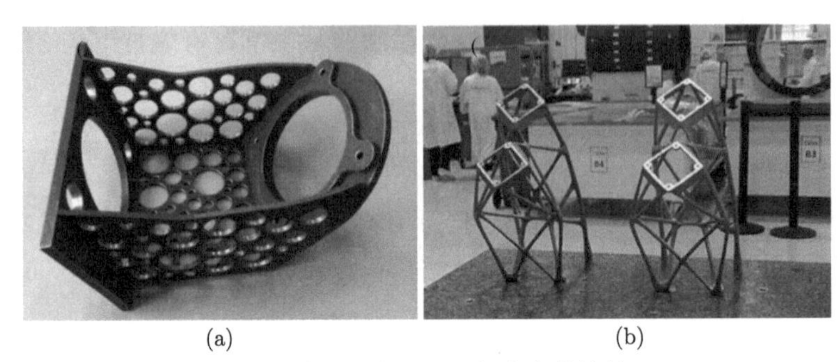

(a)　　(b)

图 1-4　典型的 SLM 铝合金结构件

(a) 舱外天线支架；(b)AlSi7Mg 天线支架 (Koreasat-5A)

SLM 铝合金主要面临的问题有：

(1) 成形效率低，为几十克/小时；

(2) 原材料种类少，最常用的是 AlSi10Mg；

(3) 沉积态成形结构件内应力大；

(4) 屈服强度和伸长率较低。

3. 电子束熔融增材制造技术

电子束熔融 (electron beam melting，EBM) 增材制造技术类似于 SLM 工艺，在真空环境下，以电子束为热源，以金属粉末为成形材料，高速扫面加热预置粉末，通过逐层叠加，获得金属部件。图 1-5 为 EBM 原理示意图。图 1-6 为典型的 EBM 工艺生产的结构体产品。

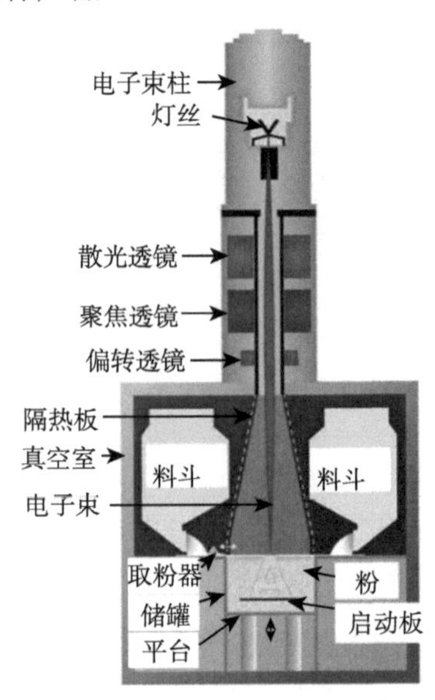

图 1-5　EBM 原理示意图

图 1-6 EBM 工艺生产的结构件产品

EBM 工艺特点：

(1) 污染小、防氧化，EBM 是在真空环境中工作的，这就减少了在加工过程中的污染；

(2) 较高的延展性，电子束由于其扫描速度高，可以在粉末熔化之前对其进行预热 (温度取决于加工材料，可达 1100℃)，能有效降低热应力的影响；

(3) 可制备复杂零部件，EBM 的优势不仅可以生产复杂零部件，还可以在复杂零部件的不同区域上定制不同的微观结构；

(4) 表面质量低，由于粉末层的粒度和较大的厚度，相较于 SLM 工艺会造成降低的分辨率和较高的表面粗糙度。

4. 电弧熔丝增材制造技术

电弧熔丝增材制造 (wire arc additive manufacturing，WAAM) 以电弧为热源，以金属丝为原材料，移动系统带动焊炬沿预设的程序路径逐层沉积最终形成 3D 实体零件，如图 1-7 所示。WAAM 技术是在堆焊的基础上发展而来的，工艺参数多且复杂，对沉积路径规划要求高。特别对于复杂形状的零部件，需协同优化工艺参数和路径规划，从而实现满足要求的内部质量和外部尺寸。

WAAM 工艺具有以下工艺特点：

(1) 能量效率高，某些条件下可达 90%；

(2) 生产效率高；

(3) 工件尺寸不受限制；

(4) 设备灵活性高；

(5) 原材料成本低、性能稳定；

(6) 适用材料范围广，如铝合金、镁合金、钛合金、不锈钢、高温合金等；

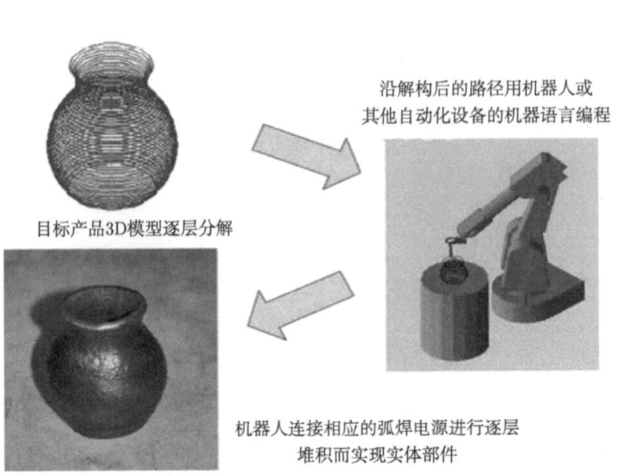

图 1-7　WAAM 工艺过程示意图

(7) 适合大型中等复杂结构快速成形，图 1-8 ~ 图 1-11 为几种典型部件；

(8) 成形表面精度较低。

图 1-8　克兰菲尔德大学焊接工程和激光加工中心打印的铝合金结构件

图 1-9　Relativity Space 公司 WAAM 工艺制造的环舱类结构件

图 1-10 西安增材制造国家研究院有限公司电弧增材制造铝合金连接环 (尺寸约 10m)

图 1-11 抚顺东工冶金材料技术有限公司打印的快舟 11 号多星适配器壳体

WAAM 铝合金主要面临的问题有：
(1) 大型结构件成形效率 (1kg/h) 较低；
(2) 气孔缺陷；
(3) 残余应力与变形等。

5. 复合热源增材制造技术

复合热源增材制造技术是指采用两种或两种以上的热源进行的增材制造，一般主要用于金属材料的增材制造。根据热源的作用，可将热源分为工作热源和辅助热源。目前常见的复合热源为激光 + 电弧复合热源，可充分发挥两种热源的工艺特点，可有效解决成形效率与成形精度不兼容的问题。图 1-12 为激光 + 电弧复合增材制造原理图。

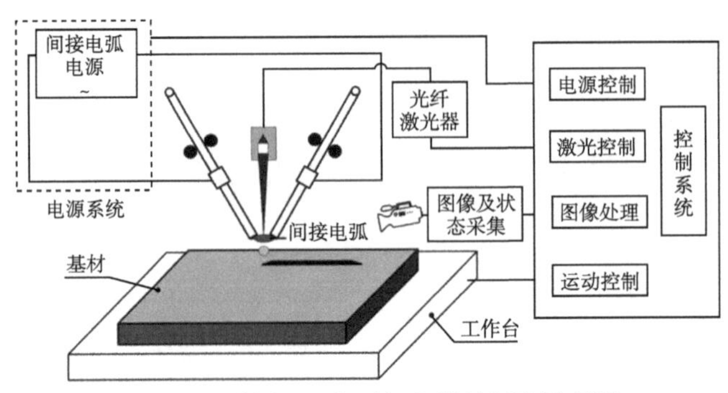

图 1-12　激光 + 电弧复合增材制造原理图

1.2　增材制造装备

完成增材制造产品的生产制造需要的设备可分为主要设备和辅助设备。主要设备是指构成增材制造系统的设备，包括热源、行走机构 (数控机床或机器人)、变位机、工装卡具等，通常将主要设备集成在一个系统内而形成商业化的增材制造系统，例如 EOS 公司的 EOSINT M400 激光熔融系统、铂力特公司的 BLT-S450 系统等。辅助设备主要有在线的去应力设备、后处理设备及产品检验检测设备。

1.2.1　热源

增材制造的热源是增材制造系统的重要组成部分，对于金属材料的增材制造过程材料的熔化、凝固过程以及成形后组织、缺陷及性能有着重要的影响。金属材料增材制造的热源，根据增材制造工艺可以分为激光、电子束、等离子、电弧等。而能够用于铝合金材料增材制造的热源主要有激光和电弧，即基于粉末的激光选区熔化技术和基于丝材的电弧增材制造技术。

1.2.2　行走机构

行走机构主要实现的功能为路径重构，可以是数控机床、机器人等自动化设备，应具备在线和离线编程功能。一般行走机构的控制系统可以采用西门子、发那科以及机器人自带的编程系统等。图 1-13 为几种典型的行走机构。

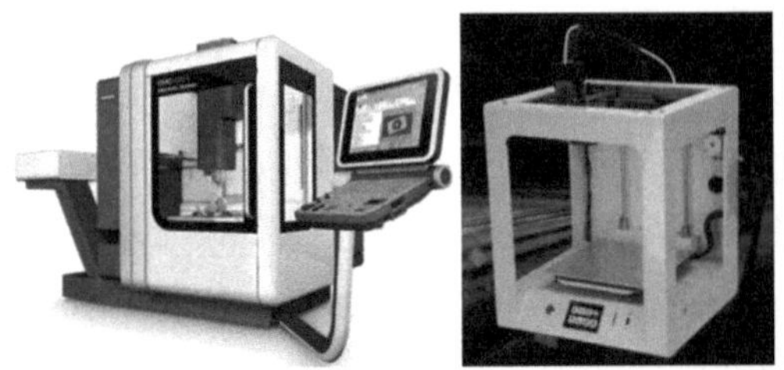

图 1-13　几种典型的行走机构

1.2.3 变位机及工装 (配套装备)

增材制造系统中另一个重要设备是变位机，变位机的主要功能是配合数控机床、机器人等自动化设备实现复杂路径的重构，是打印异型结构产品的必要设备。对于丝材增材制造过程来说，需要在基体上进行增材，而增材制造过程金属的熔化、凝固过程将会导致非均匀的热量分布，使得已经增材的结构具有较大的残余应力，因此需要在增材制造之前对基板等进行约束。通常采用的约束为柔性焊接工装，将柔性工装连接在增材制造系统的变位机上，并将基板固定在柔性焊接工装上。图 1-14 为丝材增材制造基板的装卡示意图。

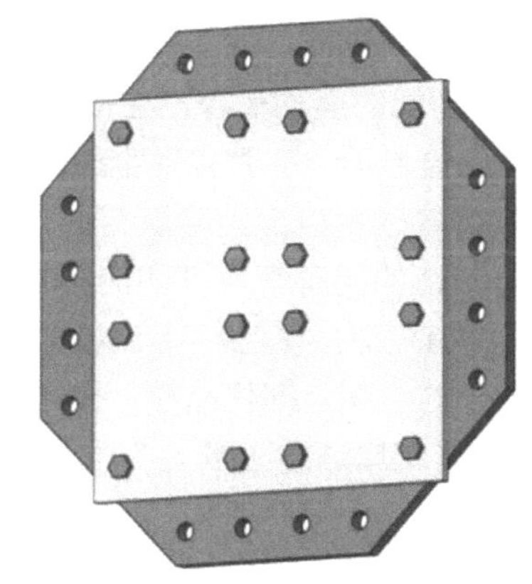

图 1-14 丝材增材制造基板的装卡示意图

1.2.4 增减材

采取边增材边减材的工艺可以实现复杂结构的快速原位成形，目前比较成熟的增减材制造系统主要有基于金属粉末的增减材制造系统和基于电弧熔丝增材制造技术的原位增减材制造系统。例如：集成激光熔融沉积 (LMD) 和铣削加工功能的五轴增减材复合制造加工中心，如图 1-15 所示，可实现增材和减材工序的自

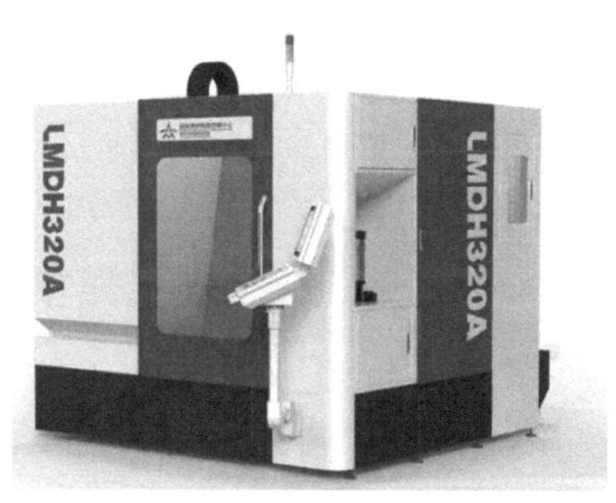

图 1-15 西安增材制造国家研究院有限公司开发的五轴增减材复合制造加工中心

由切换，满足增减材复合制造装备需求，突破了增材制造零件精度及表面质量难以提升的局限性。通过工序间增减材复合，可实现具有内孔、内腔等复杂特征的零件加工，解决了传统加工刀具不可及的问题，广泛适用于模具修复、航空航天、石油化工等行业。基于电弧增材制造技术的原位增减材制造系统能够实现复杂腔体、夹层结构等特殊结构的原位增减材制造，在产品增材制造过程对受限结构进行减材加工，能够大大地降低减材加工难度。若采用非热处理强化的合金为原材料，可实现原位增减材净尺寸产品的快速原位制造。

1.2.5　超声波设备

超声作为能量源也是一种增材制造工艺，采用大功率超声能量，以金属箔材作为原材料，利用金属与金属之间的震动摩擦产生的热量，促使界面间金属原子相互扩散并形成界面固态物理冶金结合，从而实现金属带逐层叠加的增材制造成形。

另外，基于超声技术在焊接残余应力消除取得成果的基础上，而开发出了低应力增材制造技术。在增材制造的同时在已打印的基体上施加超声，能够有效地减少并均匀化打印体内部的残余应力，减少打印体的变形。另外，超声作用在金属的凝固过程，还可改善合金的组织，细化晶粒，提高表面光洁度及合金的性能。图 1-16 为某低应力增材制造系统原理示意图。

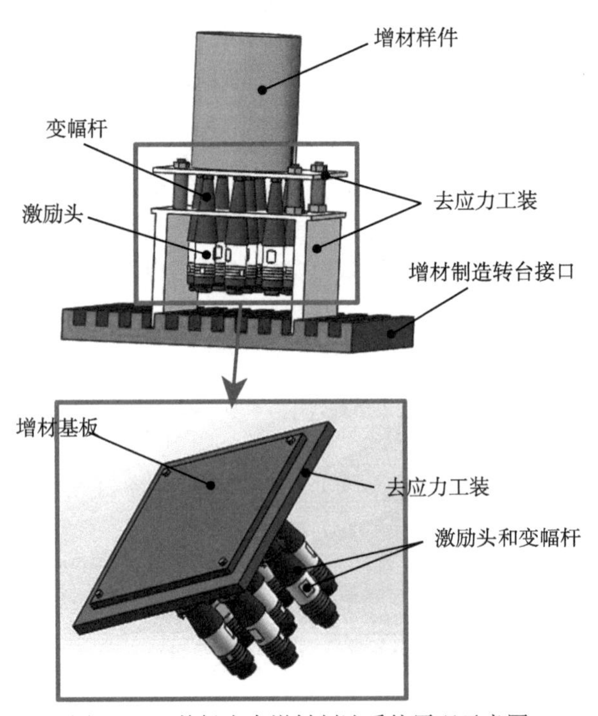

图 1-16　某低应力增材制造系统原理示意图

1.2.6 热处理炉

对于金属材料的增材制造技术，热处理炉是必要的后处理设备。金属材料增材制造的结构件具有残余应力，对于粉末增材制造技术生产的结构件残余应力问题尤为严重，利用低温时效炉能够有效地消除增材制造结构件的残余应力，使得产品内部的残余应力均匀化。一般残余应力消除温度在 200 ～ 500℃。

对于需要固溶淬火 + 时效强化的金属材料来说，增材制造成形构件同样需要经过固溶淬火 + 时效处理后才能达到服役使用强度。对于铝合金来说，固溶淬火炉的额定温度一般为 600℃，时效炉额定温度一般不高于 250℃。

1.2.7 精加工设备

通常增材制造技术生产的结构件均为毛坯状态，对于后续装配精度要求高的产品，需要对增材结构件的接口位置进行精加工以满足装配精度要求。对于成形精度相对低的增材制造工艺生产的结构件产品一般还需要对外形面进行加工，以保证产品的表面粗糙度以及产品的重量。用于增材制造结构件产品精加工的设备均为高精密的数控机床，如数控车床、五轴加工中心、六轴切削中心等。

1.2.8 测试设备

增材制造产品的检验设备：对于化学成分的检验可采用直读光谱仪、电感耦合等离子质谱仪 (ICP-MS)、电感耦合等离子体发射光谱仪 (ICP-OES)、辉光放电质谱仪 (GDMS) 等设备，也可采用同等精度的其他分析方法。

增材制造产品的内部缺陷与传统铸造、锻造成形的缺陷存在一定的差异。对于铝合金丝材增材制造来说，增材制造构件内部缺陷主要是几十微米级气孔缺陷；对于粉末增材制造来说，增材制造构件内部缺陷是微小裂纹。采用普通探伤方法检测增材制造结构件内部缺陷，检出率低。因此检测增材制造内部质量采用高精度的 X 射线或高精度 CT。

增材制造产品常为异型结构，其尺寸检验通常采用三坐标。对于外形面有精度要求的产品，采用蓝光/白光三维扫描仪实现增材结构件外形面重构，并与设计值进行对比，得到外形容差。

1.3 增材制造工艺流程

1.3.1 选择性激光烧结增材制造技术

SLS 成形过程一般分为三个阶段：前处理、粉层激光烧结叠加和后处理。

(1) 前处理：主要完成模型的三维 CAD 造型。将绘制好的三维模型文件导入特定的切片软件进行切片，然后将切片数据输入烧结系统。

(2) 粉层激光烧结叠加：SLS 过程原理如图 1-17 所示。加热前对成形空间进行预热，然后将一层薄薄的热可熔粉末涂抹在零件建造室。在这一层粉末上用 CO_2 激光束选择性地扫描 CAD 零件最底层的横截面。SLS 设备提供 30～200W 的激光功率。激光束作用在粉末上，使粉末温度达到熔点熔化，再冷凝形成固体。激光束仅熔化 CAD 零件截面几何图形划定的区域，周围的粉末仍保持松散的粉状，在成形过程中，未经烧结的粉末对模型的空腔和悬臂部分起支撑作用，因此无须另加支撑结构。当横截面被完全扫描后，滚轴机将新一层粉末涂抹到前一层之上。这一过程为下一层的扫描做准备。重复操作，每一层都与上一层融合，每层粉末依次被堆积，直至成形完毕。

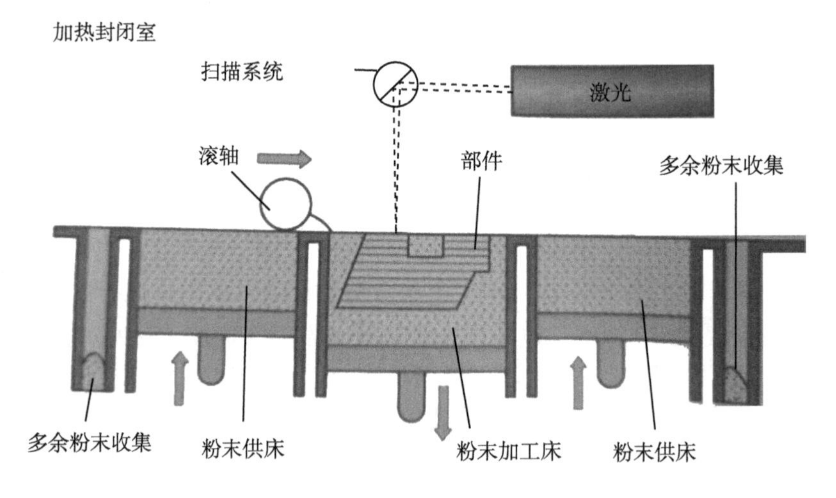

图 1-17　SLS 过程原理图

(3) 后处理：激光烧结后的原型件由于本身的力学性能比较低，表面粗糙度也比较高，既不能满足作为功能件的要求，又不能满足精密铸造的要求，因此需要进行后处理。有时需进行多次后处理来达到零部件工艺所需要求。基于 SLS 工艺的金属零件直接制造过程如图 1-18 所示，其间接制造过程如图 1-19 所示。根据材料及力学性能要求的不同，可以选用高温烧结、热等静压烧结及熔浸和浸渍等。

图 1-18　SLS 工艺金属零件直接制造过程

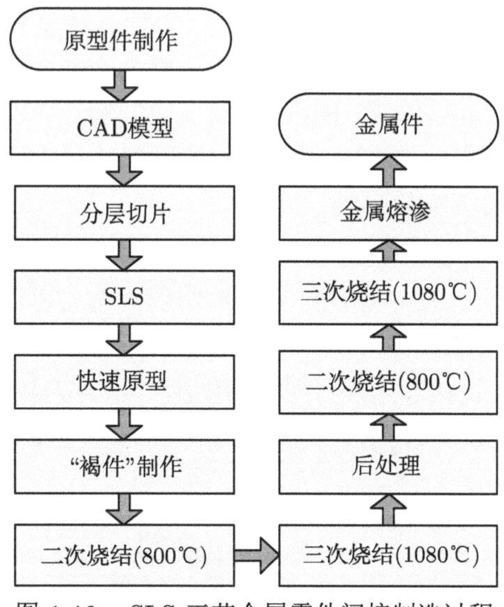

图 1-19　SLS 工艺金属零件间接制造过程

1.3.2　选择性激光熔融增材制造技术

SLM 的成形过程与 SLS 非常相似，由前处理、分层激光烧结和后处理组成。其主要区别是 SLM 熔融金属材料温度高，要使用惰性气体，如氩气或氦气来控制氧气的气氛。其次 SLM 使用单纯金属粉末，而 SLS 添加了黏接剂的混合粉末，使得成品品质差异较大。图 1-20 为 SLM 工艺直接制造构件流程图。

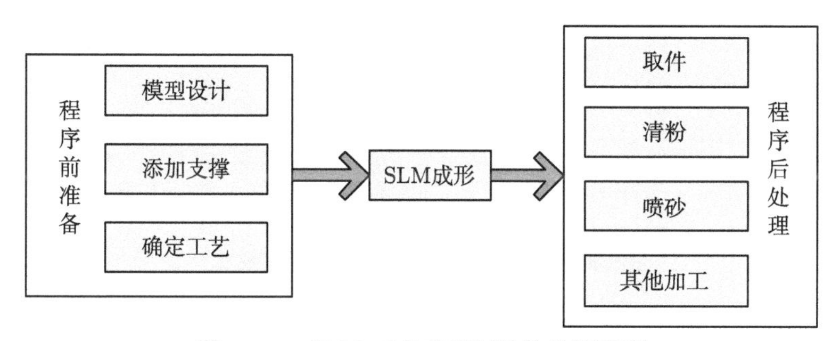

图 1-20　SLM 工艺直接制造构件流程图

1.3.3　电子束熔融增材制造技术

在 EBM 工艺过程中，建模存在多种不同的方法。例如利用 EBM 工艺加工 Ti6Al4V 粉末时就有两种方法，第一种方法是采用格子玻尔兹曼方法 (LBM) 计算加工 Ti6Al4V 粉末时达到的温度。然而，这种模拟方法是用来计算密集模型的，因此不太容易用于整个 EBM 过程的建模。第二种方法是有限元法 (FEM)，考虑到粉末作为具有自身特征的连续体，这种方法更为合适。因此通常在计算机中使用 FEM 方法来预测 Ti6Al4V 在 EBM 增材制造过程中产生的应力和变形。也可在计算机中使用 FEM 来计算在 EBM 过程的预热阶段粉末床的温度分布，以及确定熔融期间不同扫描策略的影响。

EBM 技术成形过程如图 1-21 所示。首先，一层薄层粉末放置在工作台上，在电磁偏转线圈的作用下，电子束由计算机来控制。基于制件各层截面的 CAD 数据，电子束选择性地对粉末层进行扫描熔化，粉末熔化后形成冶金结合。未被熔化的粉末仍是松散状，可作为支撑。加工完成后，工作台下降一个层厚的高度，再进行下一层镜粉和熔化，同时新熔化层与前一层金属体熔合为一体，重复上述过程直至零件加工结束。

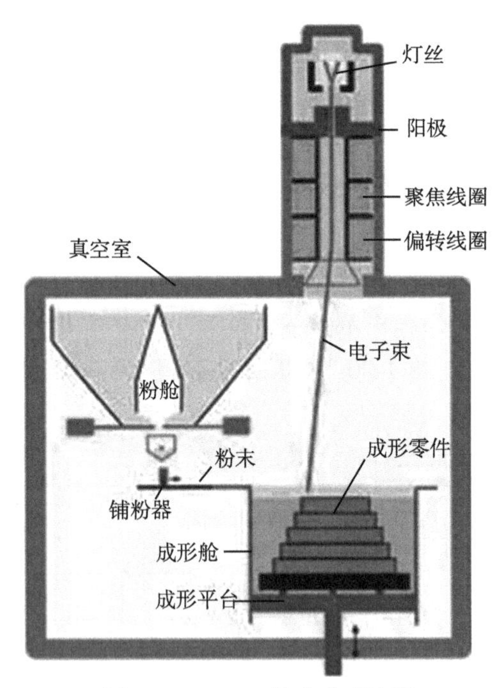

图 1-21　EBM 技术成形过程

1.3.4　电弧熔丝增材制造技术

电弧熔丝增材制造结构件产品分为模型处理 (毛坯设计)、分层及路径优化、电弧增材制造、后处理及检测等过程。对于需要固溶淬火 + 时效强化的合金后处理过程有热处理和机械加工过程。图 1-22 为电弧熔丝增材制造结构件产品的工艺流程。

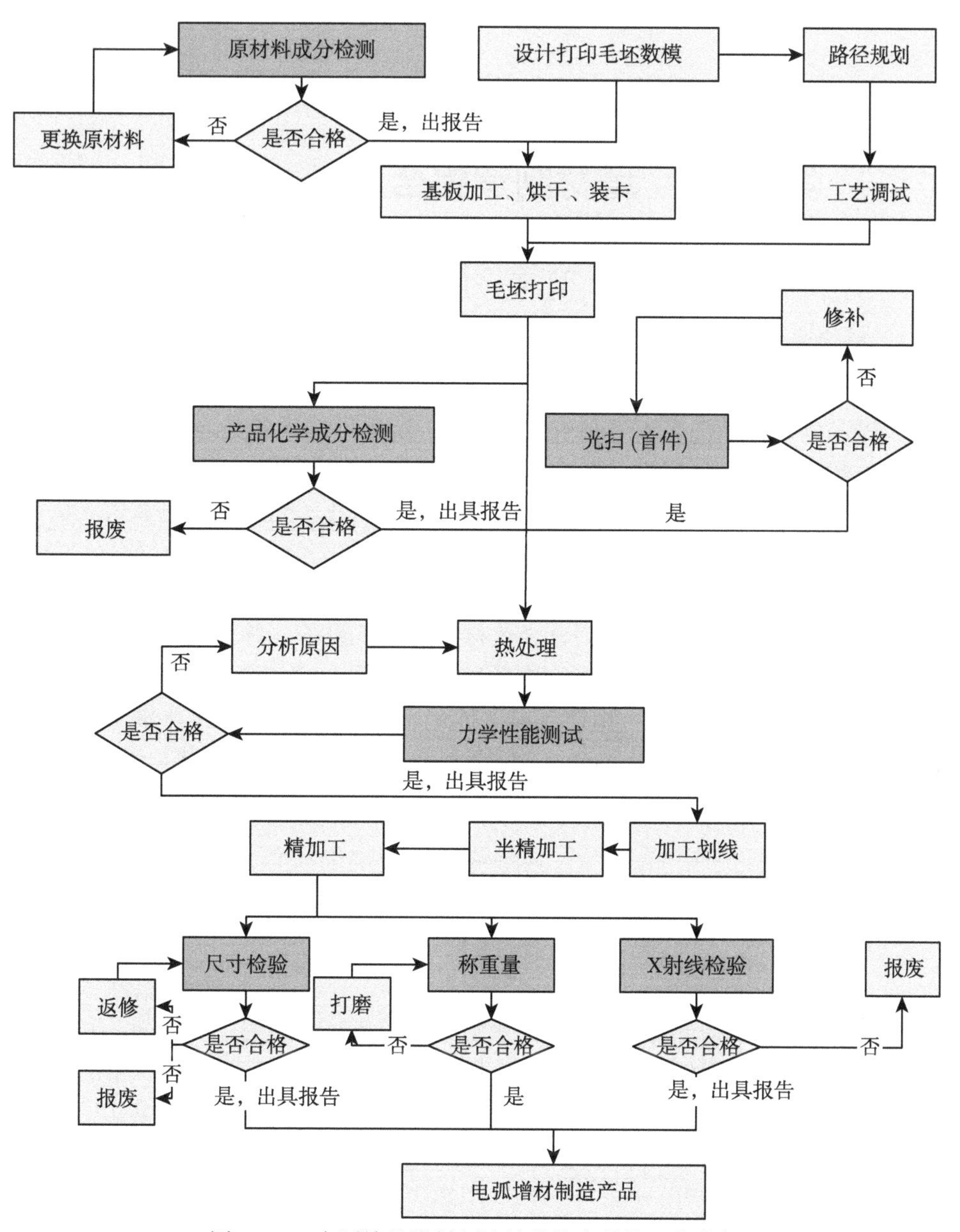

图 1-22 电弧熔丝增材制造结构件产品的工艺流程

第 2 章　增材制造铝合金丝材的制备

2.1　铝合金丝材的制备

2.1.1　铝合金丝材的制备工艺

国内生产铝合金焊丝普遍采用水平连拉或铸锭轧制生产铝合金盘条，再经拉拔、机械刮削、酸碱洗等工序制成成品焊丝。所采用的设备是连铸连拉机、铸模、轧机、拉丝机、机械刮削机、酸洗槽和碱洗槽等。国内焊丝产品化学成分波动大、晶粒粗大、杂质含量高、氢含量高、焊缝力学性能低，无法满足电弧熔丝增材制造工艺对铝合金丝材的要求。

东北大学翟玉春教授、王伟研究员的团队针对电弧增材制造工艺对铝合金丝材的要求，自主集成出高品质铝合金丝材生产加工设备，并开发出高品质铝合金丝材加工制造工艺。工艺流程为：中频感应熔炼铝合金和合金化 → 惰性气体旋转喷气精炼 → 真空精炼 → 惰性气体保护正压电磁搅拌浇注 → 半液态连铸成形 → 旋锻轧制连拉联合减径、退火 → 超声刮削 → 表面清洗、钝化、光亮化 → 层绕分盘、包装 → 铝合金焊丝成品。图 2-1 为生产设备流程图。

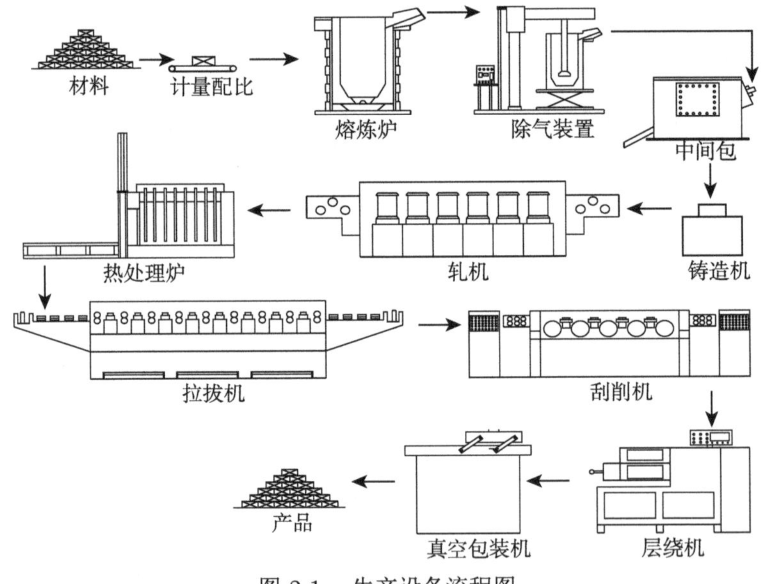

图 2-1　生产设备流程图

该铝合金丝材制造工艺具有如下特点。

(1) 采用中频感应熔炼铝合金和合金化，可以保证铝合金成分均匀，减少烧损和降低能耗。

(2) 采用惰性气体旋转喷气精炼，可排除铝合金液中的夹渣和氢气。

(3) 采用惰性气体保护正压浇注和连铸成形，可保证铝合金盘条成分均匀、稳定，低氢、无夹杂，晶粒细，尺寸均匀。生产可连续、工序少、生产效率高、产品成品率高。

(4) 采用旋锻、连续轧制和拉拔联合减径工艺将铝合金盘条加工成铝合金丝材。连续轧制和拉拔工艺之间的组合可以同时保证铝合金组织均匀、稳定，晶粒细化、均匀。

(5) 采用表面刮削工艺对铝合金丝材进行表面处理，去除氧化皮和污物，可以保证铝合金的表面质量。

(6) 采用特制的清洗液，可去除铝合金丝材表面污物。

(7) 采用光亮剂使铝合金丝材表面光亮，形成钝化膜，可延长铝合金丝材的保质时间。

2.1.2 铝合金丝材的型号

铝合金丝材的牌号主要有铝含量 (质量分数，以下无特殊说明，均表示此含义)≥99.0%的 1 系合金，如 SAl1070、SAl1450 等；2 系的 Al-Cu 合金，如 SAl2319；3 系的 Al-Mn 合金，如 SAl3103；4 系的 Al-Si 合金，如 SAl4043、SAl4047 等；5 系的 Al-Mg 合金，如 SAl5356、SAl5087、SAl5183 等。

通过科研工作者研究发现能够用于电弧熔丝增材制造工艺的铝合金体系主要是 Al-Cu 系、Al-Si 系和 Al-Mg 系。而标准牌号的铝合金焊丝直接应用在电弧熔丝增材制造工艺上存在一系列的问题，例如强度低、堆积体横纵向性能差异大、成形过程不稳定、成形表面精度差等。

基于上述问题，东北大学翟玉春教授、王伟研究员团队开发出了三个系列 10 余种型号适用于电弧熔丝增材制造工艺的铝合金丝材，包括 Al-Si-Mg 系的 ZCL114A、ZCL101A 等，Al-Cu 系的 ZCL205A、ZCL205B、ZCL205C、ZCL2319C 等，以及 Al-Mg 系的 ZCL1561、ZCLAlMg5、ZCLAlMgSc 等。

2.1.3 铝合金丝材的规格

目前，用于电弧熔丝增材制造技术的铝合金丝材的线径主要为 ϕ1.2mm 及 ϕ1.6mm，福尼斯 (Fronius)CMT Advanced 4000R 电源自带程序包中 ϕ1.2mm 焊丝的最大送丝速度为 9m/min，即最大成形效率为 1.6kg/h。与 CMT 同轴送丝相比，钨极惰性气体保护焊 (GTAW) 可用 2.0~3.0mm 的直条丝，但是其成形效率更低，仅为 0.3~0.4kg/h。

2.2　铝合金电弧熔丝增材制造的工艺

2.2.1　工艺介绍

电弧熔丝增材制造 (wire arc additive manufacturing，WAAM) 技术是一种以电弧为热源，金属丝材为原材料，机器人等自动化设备携带焊枪按既定的轨迹实现路径重构，在保护气氛下将三维复杂结构通过二维逐层叠加而形成实体部件的方法。电弧熔丝增材制造堆积过程即为产品制造过程，成形过程中仅有熔池部分处于液相状态，与周围环境有较大的温度差，因此在成形过程中有极大的冷却速率，成形合金具有细小均匀的微观组织。

2.2.2　工艺评价

与传统铸造技术相比，电弧熔丝增材制造产品制造过程不需要模具；可实现设计及制造过程数字化、自动化、一体化，不受外界因素影响；可实现异型结构整体制造；原材料利用率＞ 90 %；产品内部质量可达到 NB/T47013.2 标准中 Ⅱ 级焊缝水平；能够大大缩短首件产品的交付周期，且新产品投产一次成功率高达 100%；电弧熔丝增材制造小批量试制成本与铸造成本相比有巨大优势，大批量生产成本可实现与铸造成本持平甚至更低。

同金属粉末增材技术相比：

(1) 电弧熔丝增材制造铝合金材料易得，种类多，制备、储运、使用过程方便、安全；

(2) 成形效率高，是粉末增材制造的 20 ~100 倍；

(3) 材料利用率高；

(4) 设备运行及维护成本低；

(5) 可制备超大型中等复杂金属部件。

第 3 章　铝合金电弧熔丝增材制造的装备和工艺

3.1　装　备

3.1.1　运动系统

电弧熔丝增材制造的原理是由运动系统带动热源，按照设定的轨迹逐层堆积形成目标实体。运动系统可以通过机器人或专机完成。工业常用的焊接机器人就是运动系统的良好选择，如 ABB、KUKA、发那科、安川机械等。一般机器人包含 6 个轴，加上具有翻转和旋转功能的外部轴，可以实现 8 轴联动，设备的灵活性和工作的可达性高。但是机器人＋外部轴的运动系统整体成本较高，且承重小，难以实现大型结构件的打印。采用针对特定产品开发的专机，设备投入小，针对性强，但是不同产品的兼容性较差。

3.1.2　热源

电弧熔丝增材制造技术的决定性设备是弧焊电源。GMAW 弧焊电源是铝合金电弧熔丝增材制造首选电源，但是它存在熔滴大小不一致、过渡不均匀的问题。为了解决这一问题，科研工作者尝试用脉冲过渡的方式对成形过程进行控制，通过控制焊接波形来控制熔滴长大和过渡时间，控制基值电流的时间来控制堆积过程的热输入，控制脉动送丝频率和电流的大小减小熔滴尺寸，增大过渡频率。

在 GMAW 的基础上，Fronius 公司开发一种全新的熔滴过渡形式——冷金属过渡 (cold metal transfer, CMT)。该技术是在短路过渡的基础上开发的，一般短路过渡焊丝一直向前送，而 CMT 技术在焊枪处增加了一个如图 3-1 所示的焊丝回抽装置，可以减少短路时的飞溅，降低热输入。

图 3-1　CMT 的焊丝回抽装置

CMT 的焊接过程如图 3-2 所示，整个过程为：电弧燃烧形成熔滴，焊丝向前到达母材形成短路，电源将电流和电压降为接近零 (热输入也接近零)，保留极低的维弧电流，同时回抽焊丝，进入下一个过渡周期。送丝/抽丝的平均频率达到 70Hz，熔滴过渡过程为高频率的 “热–冷–热” 的交替过程。通过焊丝机械回抽帮助熔滴脱落，减少了熔滴长大的过程，极大地降低了热输入，此时焊接电源输出的电流几乎为零，可以避免普通短路过渡方式引起的飞溅。在后续的发展中，Fronius 公司将 CMT 技术与脉冲过渡和变极性技术结合，开发出了脉冲 CMT(pulse CMT, CMT-P)、变极性 CMT(advanced CMT，CMT-A)、脉冲 + 变极性 CMT(pulse advanced CMT，CMT-PA) 等工艺。这几种工艺的熔深、熔宽及焊缝形状各不相同，这为我们在焊接工艺选择中提供了更广阔的范围。

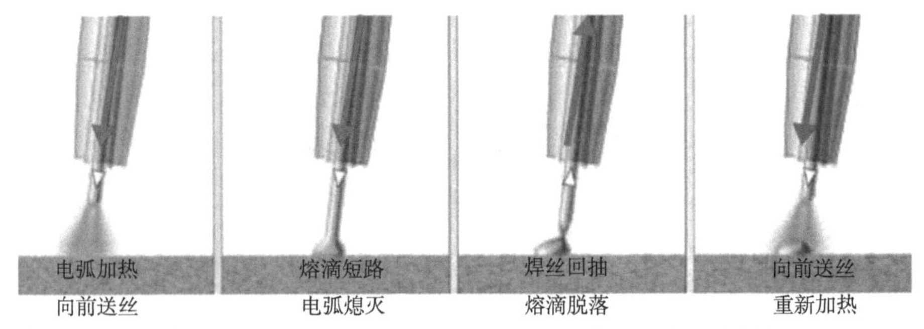

图 3-2　CMT 过程的送丝/回抽运动及熔滴过渡形式示意图

将 CMT 技术运用到 WAAM 工艺中，在堆积过程中可以实现无飞溅、电弧平稳，堆积后的产品外形均匀、内部晶粒细小、组织均匀、缺陷少，并且 CMT 工艺由于热输入较小，送丝速度可以维持在一个较高的水平，所以堆积效率相应提高。克兰菲尔德大学首先将 CMT 技术应用在 WAAM 上，进行了 Ti-6Al-4V 合金的增材制造、Cu97Si3+355 结构钢异种材料的增材制造。但是 CMT 技术在铝合金增材制造上的应用相对较晚，东北大学翟玉春教授、王伟研究员团队采用 CMT 工艺 WAAM 成形了 Al-Cu、Al-Mg、Al-Si 合金，取得了良好的效果。

3.2　铝合金电弧熔丝增材制造的工艺

3.2.1　工艺

铝合金电弧熔丝增材制造的工艺主要由热源控制，根据热源的不同可以分为非熔化极和熔化极两种形式。非熔化极包括等离子弧焊 (PAW) 和钨极惰性气体保护焊 (TIG)，采用旁路送丝的形式，成形速度慢，表面质量较好。熔化极包括熔化极惰性气体保护电弧焊 (MIG) 和冷金属过渡焊 (CMT)，其中 CMT 是目前应用效果最佳的铝合金电弧熔丝增材制造的工艺。

增材制造过程中工艺参数和增材路径的选择应根据实际产品结构确定。原则为成形产品表面平整，内部质量良好，组织无过热。例如壁厚小于 5mm 时一般选用 CMT+Advance 的工艺模式，单道成形。当壁厚在 5~10mm 时，一般选择 CMT 工艺模式单道成形。当壁厚大于 10mm 时，选择 CMT+Plus 单道或多道成形。规划打印路径时，考虑温度场的影响，使整体温度分布均匀，避免过冷或过热的区域出现。电弧重复堆积前，控制基体温度在 50~110℃。具体的工艺参数和路径优化应根据实际情况通过工艺试验确定。

3.2.2 工艺评价

评价铝合金电弧熔丝增材制造工艺是否合适，一般从五个方面进行。

(1) 表面质量。

成形的结构件表面应光亮、平整，厚度均匀。结构件表面光亮，是铝合金本身的颜色，说明增材过程中气体保护效果好，避免了内部的氧化夹渣。结构件壁厚均匀保证了后续加工的顺利进行。

(2) 合金成分。

测试结构件的化学成分，控制各元素的烧损率，使结构件的成分在合金标准要求范围内。

(3) 内部质量。

铝合金电弧熔丝增材制造结构件的主要内部缺陷为气孔，通过 X 射线无损检测来判定结构件的质量等级。由于目前还没有电弧熔丝增材制造的无损检测标准，参照 NB/T 47013.2 承压设备无损检测第 2 部分：射线检测进行评判。

(4) 组织检测。

对电弧熔丝增材制造的结构件通过金相进行组织检测，考察结构件的晶粒度等级及析出相的分布规律。

(5) 力学性能。

测试结构件的力学性能，一般测量室温下结构件的力学性能。有时根据设计需求还要测试高温下结构件的力学性能。

对于一个新的生产工艺，一般先打样件进行测试，测试通过后方可进行产品打印。对于某些特殊应用的产品，客户还要求首件的解剖。

第 4 章　ZL114A 合金

4.1　ZL114A 合金的应用

4.1.1　ZL114A 合金的成分

1. 硅 (Si)

硅 (Si) 作为 Al-7Si-Mg 合金的主要合金元素，是改善合金流动性的主要成分，在共晶温度 577℃ 时，Si 在铝中的最大溶解度为 1.65%，尽管溶解度随着温度降低而减小，但是热处理强化效果不大。在亚共晶 Al-Si 合金中，Si 通常作为过剩相起强化作用，随着 Si 含量的增加，Al-Si 铸造合金中的共晶组分增加、α-Al 含量降低，等轴晶胞区的组织将由针状共晶硅向粒状和针状共晶硅混合区转变，合金的屈服强度和抗拉强度提高、伸长率降低、热导率下降。

2. 镁 (Mg)

在 Al-Si 合金中加入 Mg，将形成 Mg_2Si 相，增加时效强化效果，提高合金的机械性能。在常用的铸造 Al-7Si 合金中 Mg 的添加量一般在 0.25%～0.75%，当 Mg 含量较低时无强化效果，但过量的 Mg 增加了合金的氧化和吸气能力，降低了合金的综合性能。Mg 的添加对杂质 Fe 相也产生影响。Mg 含量低于 0.4%，合金中 Fe 以 β-Fe(Al_5FeSi) 存在；Mg 含量为 0.7%的合金则形成大量的 π-Fe($Al_8Mg_3FeSi_6$) 颗粒。时效过程析出的 Mg_2Si 相在高温时不稳定，在 185℃ 以上极易聚集长大，降低合金的性能，一般认为，该类合金不宜在高温下长时间服役。

3. 钛 (Ti)

钛 (Ti) 通过包晶反应生成 Al_3Ti，与铝具有良好的共格关系，可作为 α-Al 的异质形核质点，细化晶粒。Ti 的添加量一般控制在 0.1%～0.35%，过高的 Ti 将与合金中的 Si 形成脆而硬的 Ti-Al-Si 相 ($Ti(AlSi)_2$、Ti_2Si_3Al、$Ti_7Si_{12}Al_5$)，而降低合金的性能。

4. 杂质元素铁 (Fe)

铁 (Fe) 作为杂质元素，在 Al-Si-Mg 合金中溶解度很低，在合金凝固过程中形成 α-Fe(Al_8SiFe_2)、β-Fe(Al_5SiFe) 及 π-Fe($Al_8Mg_3FeSi_6$) 等富 Fe 金属间化合物，降低合金的性能，高品质的 Al-Si 铸造合金中杂质 Fe 一般控制在 0.2% 以下。

5. 其他合金化元素

钪 (Sc) 是一种有效的晶粒细化剂，在铝合金中析出细小、弥散分布，与基体共格的 Al_3Sc 相，可作为 α-Al 的异质形核质点，强烈细化晶粒。析出的 Al_3Sc 相可以大幅度提高合金的再结晶温度，具有高的热稳定性，在高温下能够强烈地钉扎位错和晶界，提高合金的高温性能。Sc 的加入能够使 Al-Si 合金中的针状 β-Fe 相转变为较软、细小的球状 Sc-Fe 相。

铒 (Er) 在 Al-Si-Mg 合金中有细化和变质作用，可以细化铸态合金晶粒，抑制再结晶，提高铝合金的强度，改善焊接性。在 A356(Al-7Si-0.35Mg) 中添加 0.3% Er，T6 热处理后能够消除有害的针状 β-Fe 相，并能够提高合金高温暴露后的峰值硬度和残余硬度。

4.1.2 ZL114A 合金的应用状况

ZL114A 合金具有优良的铸造性能，铸造成形过程中流动性好、收缩率小且热裂倾向小。铸造成形合金经热处理后具有良好的机械性能和加工工艺性能，是用途最广的铸造铝合金，其用量占铝合金铸件总产量的 80% 以上。能铸造形状复杂、承载力大、高强度的铸件，广泛应用于航空、航天、轨道交通等领域。

4.1.3 ZL114A 合金铸造成形样件的组织、结构与性能

1. 铸态组织

金属型、砂型铸造成形试样的合金铸态组织如图 4-1 所示，组织中主要由 α-Al、共晶 Si、Mg_2Si 和富 Fe 金属间化合物组成。金属型成形试样由于冷却速率高，铸态组织二次枝晶臂间距 (SDAS) 更小，共晶硅分散更均匀。

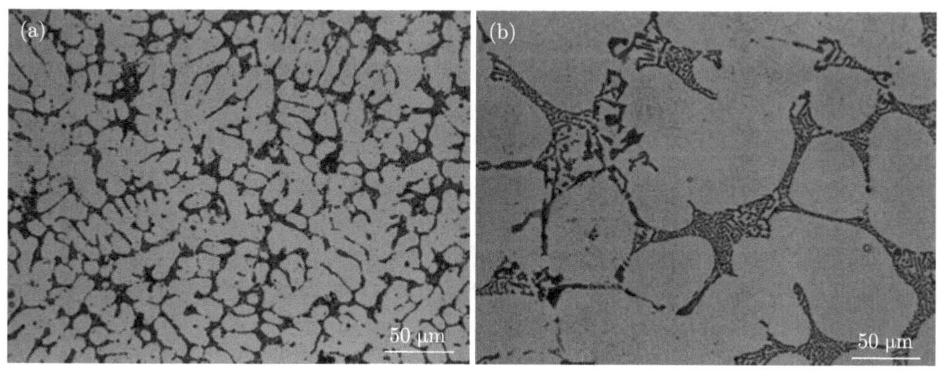

图 4-1 金属型及砂型合金铸态组织
(a) 金属型；(b) 砂型

2. 固溶组织

经过固溶处理后的金属型、砂型试样的合金组织如图 4-2 所示，在固溶过程中共晶硅发生了钝化和溶解，变得更加圆滑，第二相粒子溶解到 α-Al 基体中。由于金属型试样较砂型试样具有更小的二次枝晶臂间距，在固溶过程中 Si 相的球化率明显优于砂型铸造，且 Si 相分散更均匀。

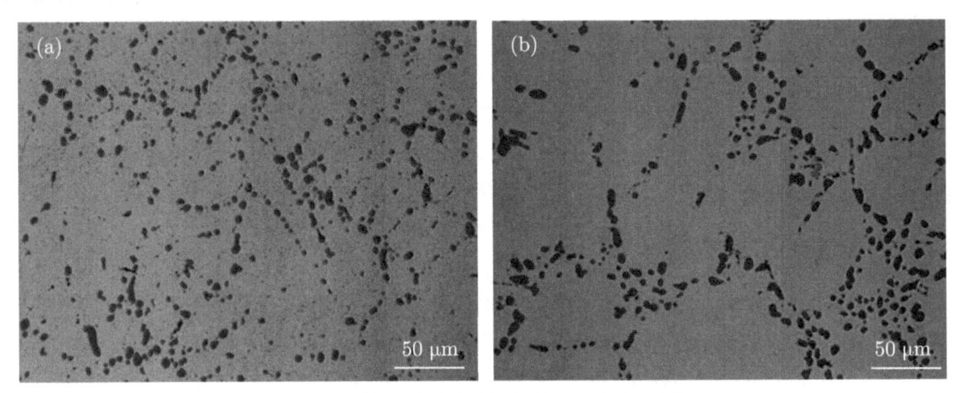

图 4-2　固溶处理后的金属型及砂型合金组织 (T4)
(a) 金属型；(b) 砂型

3. T6 态组织

经过人工时效处理后，金属型及砂型合金的组织如图 4-3 所示，合金中弥散析出了 Mg_2Si 相，球化硅相与析出的 Mg_2Si 相在 α-Al 基体上弥散分布，与砂型试样相比，金属型试样 Si 相趋于球状，且分散更均匀。

4. 力学性能

经过 T6 热处理后的金属型试样的抗拉强度、屈服强度和延伸率分别达到了 350MPa、295MPa 和 6.0%，远优于砂型试样的 328MPa、285MPa 和 3.5%。

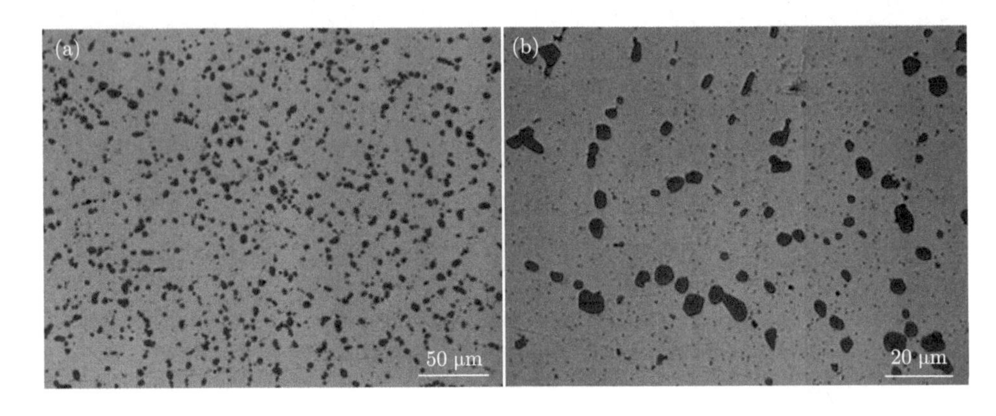

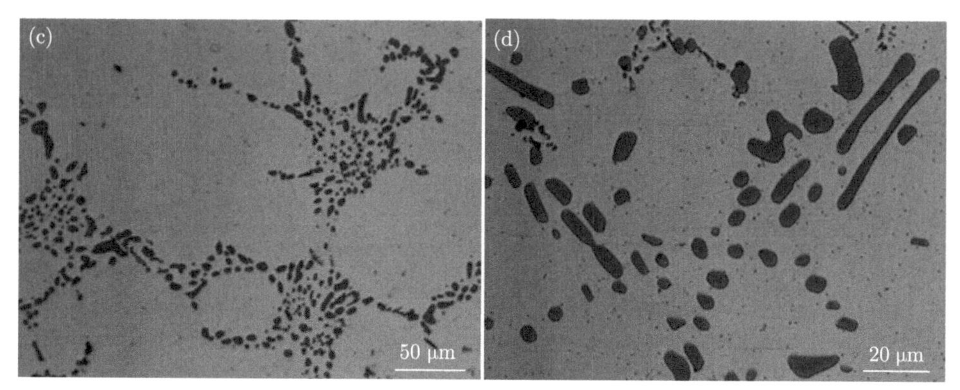

图 4-3 人工时效处理后的金属型及砂型合金组织 (T6)
(a)、(b) 金属型；(c)、(d) 砂型

4.1.4 ZL114A 合金增材制造成形样件的组织、结构与性能

1. 直接沉积态组织

WAAM ZL114A 合金直接沉积态的横向及纵向的微观组织如图 4-4 所示，合金中铸态区 (As-cast zone) 由 α-Al、共晶 Si、Mg_2Si 和富 Fe 金属间化合物组成，X 射线衍射 (XRD) 结果如图 4-5 所示。根据 Al-Si 二元合金相图，ZL114A 铝合金属于亚共晶合金，其凝固过程先析出初生 Al 枝晶，然后 Al-Si 共晶体在枝晶臂之间形成，铸态合金冷却过程中析出 Mg_2Si 和 Si 粒子。图 4-6 为 WAAM 成形合金的扫描电子显微镜 (SEM) 图，可以看出，WAAM 成形试样直接沉积态的金相组织呈深灰色的共晶 Si 相以不规则颗粒状或短棒状分布在枝晶臂间；Mg_2Si 等析出物以小颗粒状弥散分布在堆积体中。

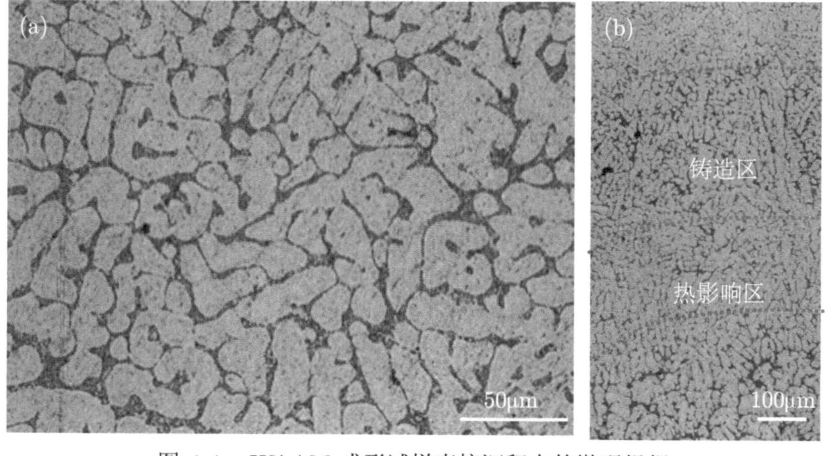

图 4-4 WAAM 成形试样直接沉积态的微观组织
(a) 横向；(b) 纵向

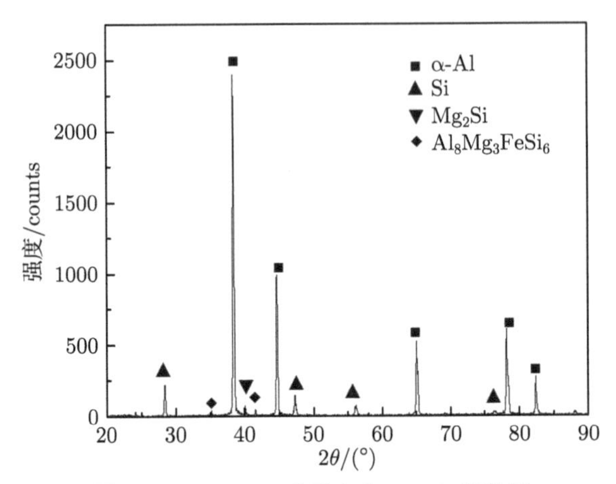

图 4-5 WAAM 成形合金 XRD 衍射图

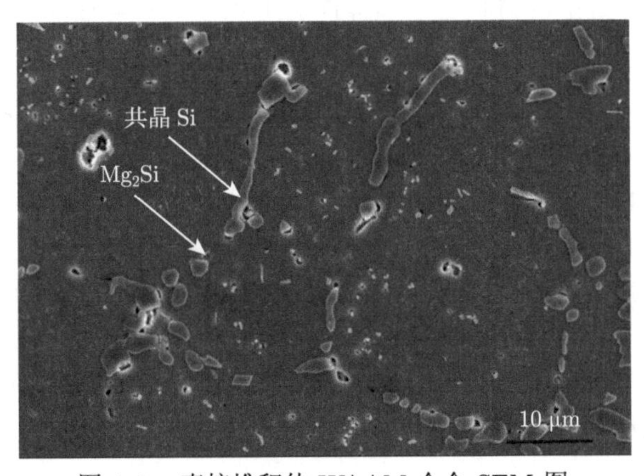

图 4-6 直接堆积体 WAAM 合金 SEM 图

与金属型、砂型铸态组织 (图 4-1) 相比，直接沉积态 WAAM 成形合金具有更小的二次枝晶臂间距及共晶硅颗粒，如图 4-4(a) 所示。这是由于 WAAM 过程仅有熔池部分处于液相状态，与周围环境具有较大的温度差，合金凝固过程具有极大的冷却速率，使得直接沉积态 WAAM 成形合金的 α-Al 初晶组织与铸态金属型和砂型相比，具有更小的一次枝晶臂间距 (DAS) 及二次枝晶臂间距，大量的第二相存在于枝晶臂间。

2. 固溶组织

经过固溶淬火后的 WAAM 成形合金的组织如图 4-7 所示，WAAM 成形试样中颗粒状或短棒状的共晶硅相发生了钝化和溶解，变得更加圆滑，第二相粒子溶解到 α-Al 基体中，横纵向组织趋于均匀。与固溶后的金属型 (图 4-2(a))、砂型 (图 4-2(b)) 试样相比，WAAM 成形试样 Si 相球化率明显提高，且分散均匀。

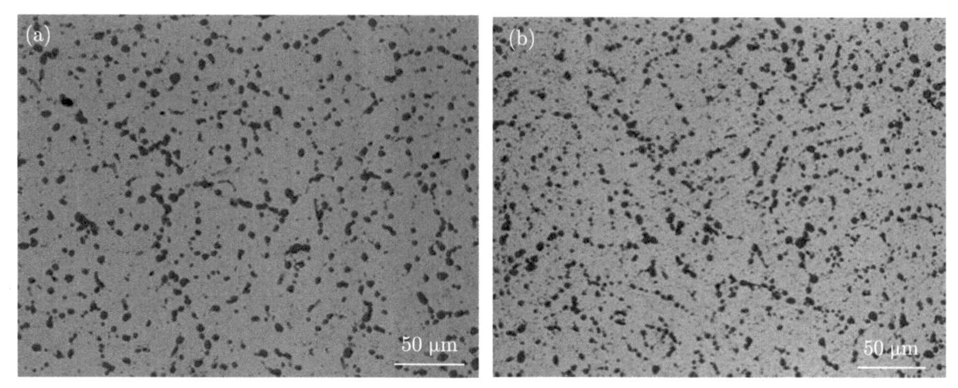

图 4-7 WAAM 合金组织 (T4)
(a)WAAM 合金横向；(b)WAAM 合金纵向

由于 WAAM 直接沉积态合金与金属型及砂型铸造相比，具有更小的二次枝晶臂间距，因此 Mg_2Si、Si 等第二相粒子与 α-Al 接触的面积越大，在固溶阶段扩散、迁移的平均自由程越短，溶解的第二相粒子就越多，更易实现均匀化。

3. T6 态组织

经过人工时效处理后，WAAM 成形合金的组织如图 4-8 所示，WAAM 成形合金的横纵向组织差异基本消除。WAAM 成形合金中弥散析出了 Mg_2Si 相，球化硅相与析出的 Mg_2Si 相在 α-Al 基体上弥散分布，Si 相与 Mg_2Si 相的能谱分析结果如图 4-9 所示。与金属型试样 (图 4-3(a)、(b)) 及砂型试样 (图 4-3(c)、(d)) 相比，WAAM 成形试样 Si 相趋于球状，且分散更均匀。

经 T6 热处理的 WAAM 成形试样具有分布均匀的球化 Si 相，球状的 Si 颗粒周围的形变畸变能最小，应力集中程度最弱，Si 相与基体相的协调最佳，使得合金在拉应力作用下的变形能以更协调的方式进行，裂纹不易萌生和传播，位错将会受到更大的阻碍。因而，WAAM 成形试样 (T6) 较金属型及砂型试棒表现出更优异的性能。

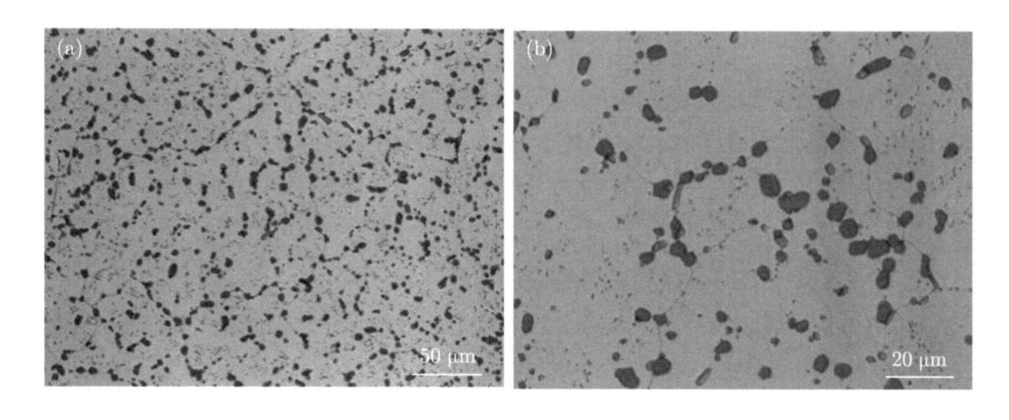

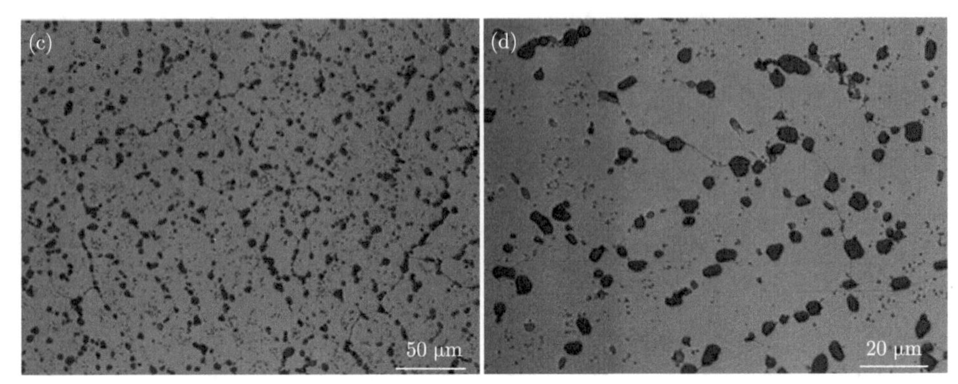

图 4-8 WAAM 成形合金的组织 (T6)
(a)、(b)WAAM 合金横向；(c)、(d)WAAM 合金纵向

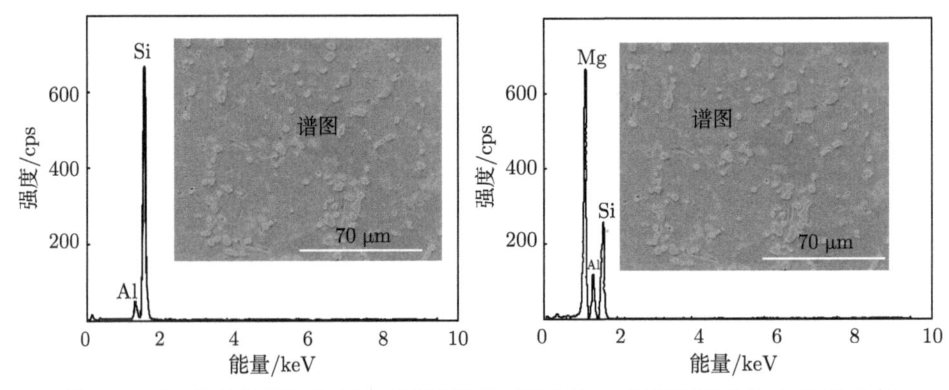

图 4-9 T6 热处理后 WAAM 成形试样的 SEM 及 X 射线能谱分析 (EDS) 分析

4. 力学性能

WAAM ZL114A 合金 (T6) 的横向、纵向性能几乎无差异，WAAM 成形试样的抗拉强度、屈服强度较金属型和砂型略有提高，抗拉强度为 (360±2)MPa，屈服强度为 (315±3)MPa，伸长率明显提高，是砂型铸造试样的 2.1 倍，为 (7.5±0.5)% 。这是由于 WAAM 过程为快熔快冷过程，成形合金的晶粒细小，合金中共晶 Si 颗粒显著细化，在热处理过程中，Si 相球化过程更容易进行，Si 相球化后不易产生应力集中点，体积明显减小，和 α-Al 基体连接更加紧密，能够承受更大的变形量，因此提升了力学性能，尤其是伸长率。

4.1.5 WAAM ZL114A 的高温性能

图 4-10 为不同温度下拉伸残余试样的宏观照片，可以看出，各拉伸试样均在平行段断裂，从室温到 250℃ 范围内，随着温度的升高，试棒断口处未发生明显的缩颈现象。

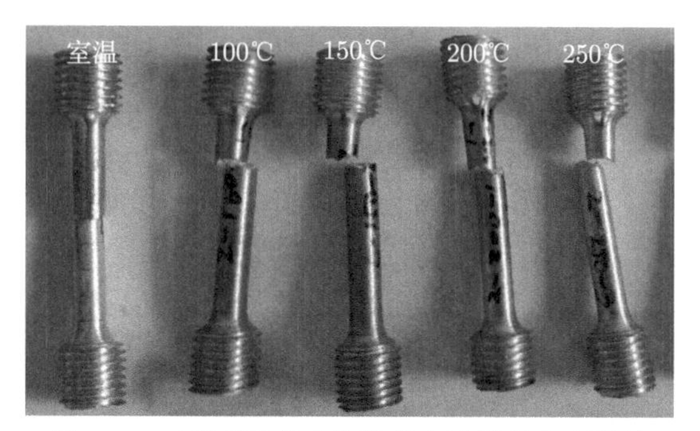

图 4-10 不同温度下拉伸残余试样的宏观照片

1. 温度对 WAAM ZL114A 合金性能的影响

经 T6 热处理的 WAAM ZL114A 合金在不同温度下的拉伸性能结果如图 4-11 所示。可以看出，在任何实验温度，横、纵向拉伸性能均无明显差异。在室温，合金的抗拉强度、屈服强度、伸长率分别为 (361±1)MPa、(304±1)MPa、(7.5±0.5)%。随着温度的升高，合金的强度逐渐降低，与室温时相比，抗拉强度降幅分别为 11.3%、19.6%、27.3%、42.9%，屈服强度降幅分别为 8.3%、14.5%、21.8%、35.5%。在室温至 200℃ 的温度区间内强度降幅较小，而当温度大于 200℃ 则加速下降；当温度由 200℃ 升高到 250℃ 时，合金的抗拉强度下降达 56MPa，为 (208±1)MPa，屈服强度下降达 43MPa，为 (203±2)MPa，合金的屈强比达到了 97.6%。

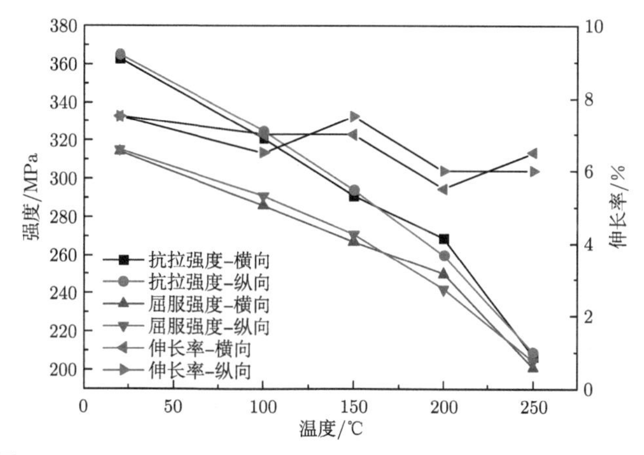

图 4-11 WAAM ZL114A(T6) 合金在不同温度下的拉伸性能

WAAM ZL114A 合金在 200℃ 的抗拉强度为 (264.5±4.5)MPa，屈服强度为 (246±4)MPa，与文献报道的铸造合金数据相比，强度提高了近 60MPa，屈服强度提高了近 70MPa。WAAM ZL114A 合金在 250℃ 时，仍表现出良好的力学性能，抗拉强度为 (208±1)MPa、屈服强度为 (203±2)MPa。由于 WAAM 成形过程具有极大的冷却速率，与铸造相比，WAAM ZL114A 合金具有更小的二次枝晶臂间距，由于 Al-Si-Mg 合金的二次枝晶臂间距越小，合金的高温性能越优异。另外，Al-Si 合金高温变形过程中，应力集中首先在大尺寸硅颗粒周围发生，由于 WAAM 合金随着温度的升高，共晶硅相未发生长大和团聚，如图 4-13 所示，这也是 WAAM 合金高温性能优于铸造的原因之一。因此，WAAM ZL114A 合金与铸造成形合金相比具有更优异的高温性能。

2. 温度对 WAAM ZL114A 合金断裂行为的影响

WAAM ZL114A 合金拉伸断口如图 4-12 所示，宏观断口在各温度均未出现颈缩现象。在室温，拉伸断口两侧组织分布均匀，试样断面为典型的韧窝状，且韧窝沿拉伸方向等轴分布，在断口附近发现二次裂纹，表现出韧性的穿晶断裂特征；在 100~150℃，韧窝数量减少，尺寸变大，表现出韧性的沿晶断裂和穿晶断裂混合型断口。在 200~250℃，韧窝尺寸进一步变大，断裂形式以沿晶断裂为主，并伴随着少量的穿晶断裂。

铝合金的高温力学性能主要取决于 α-Al 基体中第二相的固溶和析出强化，以及晶界的第二相强化。在较低温度，合金的变形主要受位错运动控制，当受到外力作用时，裂纹首先在共晶硅粒子与基体的结合处萌生，并沿共晶区扩展，当裂纹遇到与前进方位不一致的共晶硅粒子时，裂纹将截断共晶硅粒子，因此在断口处观察到了二次裂纹，如图 4-12(室温) 所示。随着温度的升高，原子振动振幅增大，原子间结合力下降，如溶质原子、晶界、位错交互作用等这些在室温下的位错阻碍作用大大减轻，位错不仅易于滑移而且容易发生攀移，且 WAAM 合金中

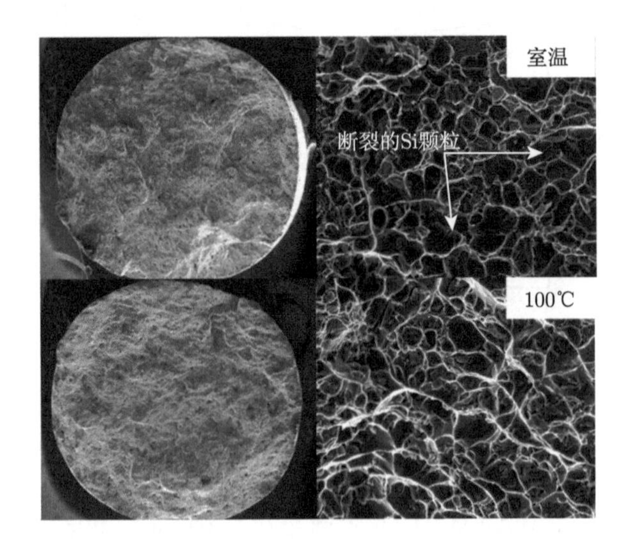

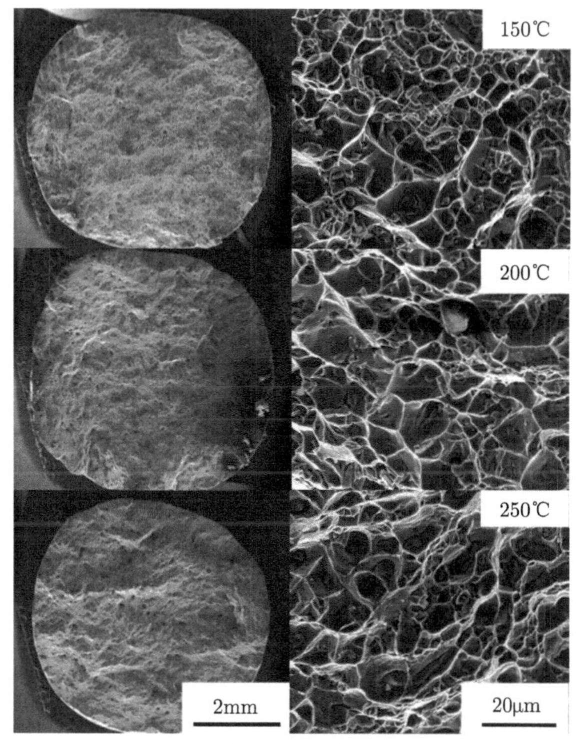

图 4-12 不同温度下断口的 SEM 图

共晶硅颗粒在短时高温作用下未发生长大和团聚，使得在晶界内第二相处萌生裂纹源的机会减少，受扩散控制的晶界滑移逐渐取代了位错运动，并开始主导合金的变形过程。因此，随着温度的升高，WAAM ZL114A 合金断口由韧性的穿晶断裂特征向沿晶断裂特征转变。

3. 残余试样微观组织

图 4-13 为 WAAM ZL114A 不同温度下拉伸残余试样夹持端的微观组织，从图 4-13(a) 可以看出，WAAM 合金中 Si 相充分球化，球化 Si 相与析出的 Mg_2Si 相在 α-Al 基体上分散均匀。随着温度的升高，共晶硅相没有明显变化，Mg_2Si 相逐渐聚集长大成长条状，数量也明显增多，能谱分析结果如图 4-13(f) 所示。

Al-7Si-Mg 合金是可热处理强化合金，时效析出序列为：过饱和固溶体 (SSS) → 原子偏聚区 (GP 区)→ $\beta''(Mg_5Si_6)$ → $\beta'(Mg_9Si_5)$ → $\beta(Mg_2Si)$。在低于时效温度进行拉伸实验时 (室温、100℃、150℃)，合金的软化机制以析出相的粗化为主，但粗化速率较低，如图 4-13(a)、(b)、(c) 所示。因此，合金的强度下降较慢。在温度高于时效温度 (200℃、250℃) 时进行拉伸实验，并在拉伸前暴露 30min，合金则会发生短暂的过时效，析出相粗化速率提高，如图 4-13(d)、4-13(e) 所示，而

且伴随着 β″ 相向 β′ 或 β 相的转变。从而使合金的强度下降加快。另外，随着温度的升高，原子扩散能力增强，界面滑动能力加强，阻碍位错能力降低，也使得合金的力学性能下降。

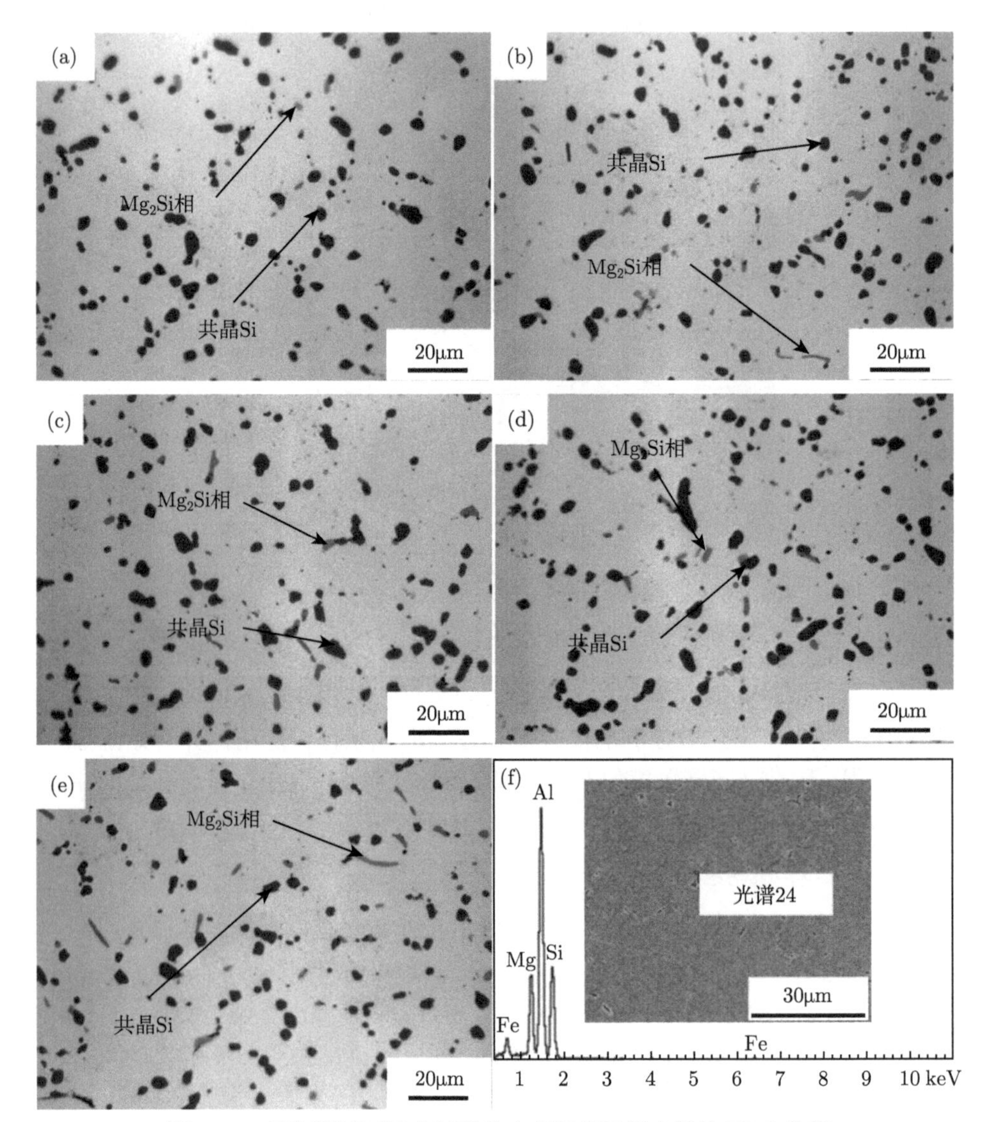

图 4-13 不同温度下残余试样的金相组织及析出相的 EDS 分析

(a) 室温；(b)100℃；(c)150℃；(d)200℃；(e)250℃；(f)EDS

图 4-14 是在不同温度残余试样距离断口约 1.5mm 处的 SEM 照片，可以看出，第二相粒子存在大量裂纹，并随着温度的升高，裂纹的数量有减少的趋势，进一步证明了断裂特征的转变。

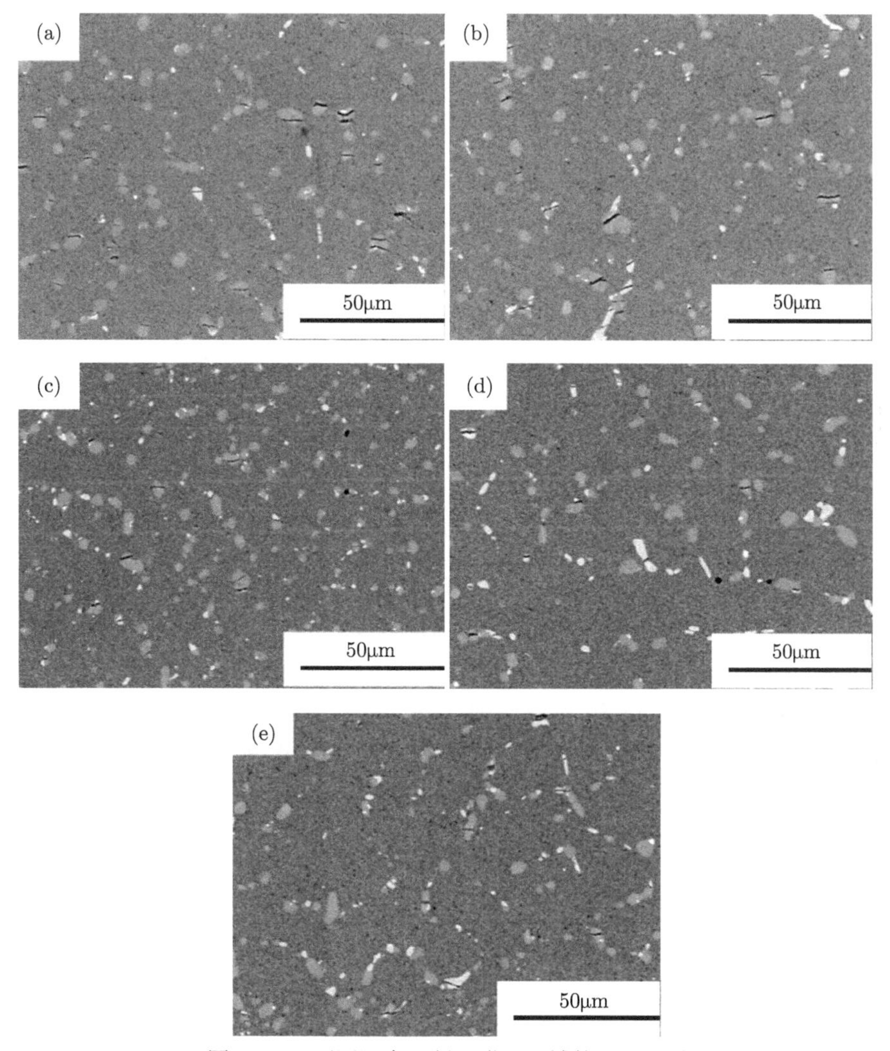

图 4-14　不同温度下断口附近区域的 SEM 图
(a) 室温；(b)100℃；(c)150℃；(d)200℃；(e)250℃

4.2　合金组元和杂质组元对 ZL114A 增材制造样件组织、结构和性能的影响

4.2.1　Si 对 ZL114A 增材制造样件的组织、结构和性能的影响

Si 作为 Al-7Si-Mg 合金中的主要合金元素，在固溶体中最大的溶解度为 1.65%，尽管随着温度的降低而减小，但是单纯的 Al-Si 合金不能通过热处理强化。Si 的添加能够改善合金的铸造流动性能并降低铸件的膨胀系数。考察不同 Si 含量 (A

合金：Si 6.5%、B 合金：Si 7.0%、C 合金：Si 7.5%) 对 WAAM ZL114A 成形合金微观组织、缺陷及性能的影响。

1. 堆积体的化学成分

不同 Si 含量 WAAM ZL114A 成形合金化学成分如表 4-1 所示，与原材料相比 Si、Mg 元素在电弧增材制造过程中略有烧损，其中 Si 的烧损率为 1.22%～2.0%，Mg 的烧损率为 6.45%～7.81%。

表 4-1　WAAM 成形试样的化学成分①

	Si	Mg	Ti	Sr	Fe
A 合金	6.47%	0.59%	0.107%	0.028%	0.121%
B 合金	6.88%	0.58%	0.112%	0.029%	0.115%
C 合金	7.36%	0.60%	0.109%	0.028%	0.118%

2. Si 含量对 WAAM Al-7Si-0.6Mg 合金微观组织的影响

图 4-15、图 4-16 分别为不同 Si 含量 WAAM 成形合金直接沉积态横、纵向金相组织，可以看出成形合金中共晶硅细小且呈纤维状，表明合金组织得到了很好的改性。横向上，随着 Si 含量增加，WAAM 成形合金中共晶硅尺寸有增大趋势，二次枝晶臂间距由 14.8μm 增加到 24.5μm，α-Al 枝晶数量减少、粗化。纵向上，可以明显地看出分层结构，即铸态区 (ACZ) 和热影响区 (HAZ)，铸态区随着 Si 含量的增加，合金的二次枝晶臂间距逐渐增大。

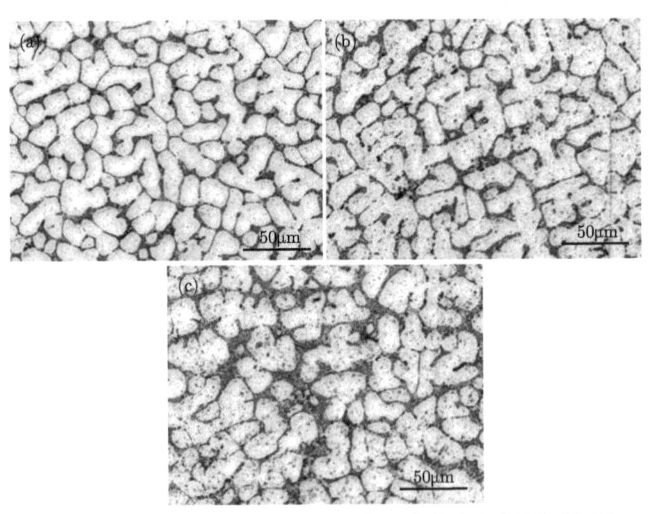

图 4-15　直接沉积态 WAAM 成形合金金相组织 (横向)
(a)A 合金；(b)B 合金；(c)C 合金

① 表示质量分数，后同。

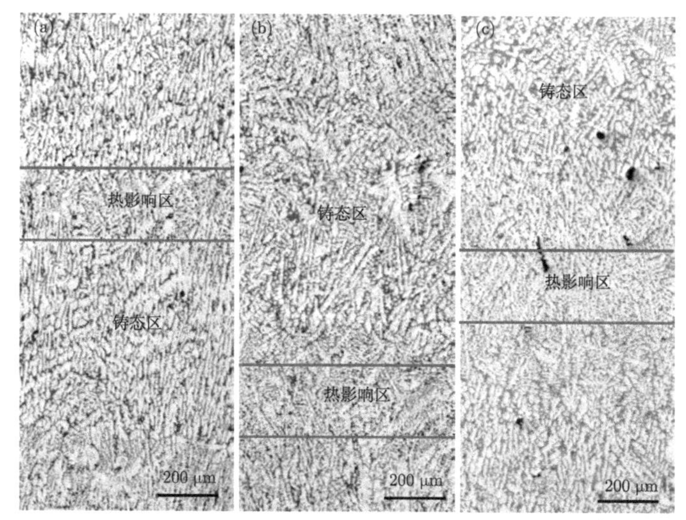

图 4-16 直接沉积态 WAAM 成形合金金相组织 (纵向)
(a)A 合金；(b)B 合金；(c)C 合金

由于 ZL114A 合金成分为亚共晶 Al-Si 合金，在凝固过程中首先形成 α-Al 枝晶，当达到共晶成分时，晶间低熔点共晶液相开始凝固。随着 Si 含量的增加，合金的结晶温度范围变窄，初生 α-Al 结晶时间缩短，枝晶逐渐退化，晶间共晶硅相逐渐增多，而导致合金组织中共晶硅颗粒尺寸增大。电弧增材制造过程仅有熔池部分处于液态，与周围环境具有较大的温度差，合金的凝固过程具有较大的冷却速率，更促进了上述现象的产生。

经过 T6 热处理后，A、B、C 三种合金横、纵向组织趋于均匀，共晶硅球化充分，全部变为颗粒状，随着 Si 含量的增加，组织中 Si 颗粒的尺寸逐渐增大，如图 4-17 所示。

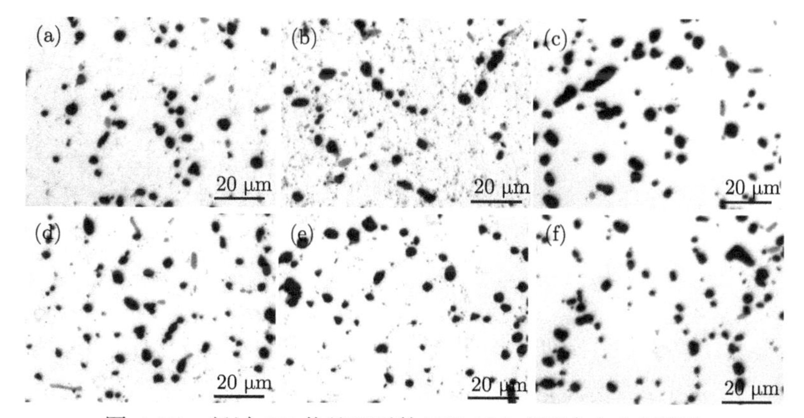

图 4-17 经过 T6 热处理后的 WAAM 成形合金金相照片
(a)、(d) 分别为 A 合金的横向、纵向；(b)、(e) 分别为 B 合金的横向、纵向；(c)、(f) 分别为 C 合金的横向、纵向

3. Si 含量对 WAAM Al-7Si-0.6Mg 合金气孔缺陷的影响

不同 Si 含量的 WAAM 成形合金的微气孔缺陷情况，如图 4-18 所示。从图中可以看出 Si 含量增加后，WAAM 成形合金中的气孔尺寸和数量有增加的趋势。铝合金中的气孔缺陷是由于合金在凝固过程中氢来不及溢出，而在局部聚集成气孔。在铝硅合金中 (Si 含量 5%~8%)，随着 Si 含量的增加，氢的有效扩散系数与 Si 含量和温度的关系为

$$D = (0.747 - 0.055w[\text{Si}]) \exp\left\{-\frac{7900 + 95w[\text{Si}]}{RT}\right\} \tag{4-1}$$

式中，D 为氢有效扩散系数，cm^2/s；$w[\text{Si}]$ 为 Si 含量，%；R 为理想气体常数，J/(mol·K)；T 为热力学温度，K。

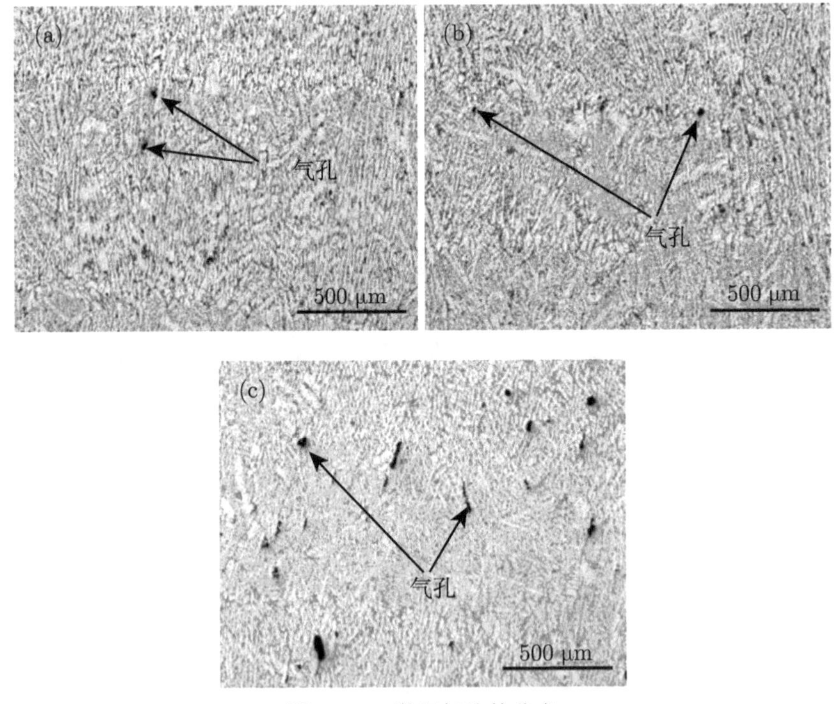

图 4-18 微观气孔的分布
(a) A 合金；(b) B 合金；(c) C 合金

利用公式 (4-1) 分别计算不同温度、不同 Si 含量的铝合金液中氢离子的有效扩散系数，如表 4-2 所示。由表 4-2 可以看出，在相同的温度下，随着 Si 含量的增加，合金液中氢的有效扩散系数逐渐降低，合金中的氢不易从金属液中溢出。因此 Si 含量增加后，WAAM 成形合金中的气孔缺陷有增加趋势。

表 4-2 同温度、不同 Si 含量的铝合金液中氢离子的有效扩散系数(单位: cm^2/s)

温度/°C	Si 含量/%		
	6.5	7	7.5
700	0.136	0.126	0.115
750	0.143	0.132	0.122
800	0.150	0.139	0.127

4. Si 含量对 WAAM Al-7Si-0.6Mg 合金性能的影响

图 4-19 为经过 T6 热处理后不同 Si 含量的 WAAM 成形合金的力学性能，可以看出横、纵向性能几乎无差异。随着 Si 含量的增加，抗拉强度和屈服强度略有增加，抗拉强度由 343.5MPa 增加到 351MPa，屈服强度由 301MPa 增加到 311MPa。伸长率略有下降，由 8.5%下降到 6.5% 。

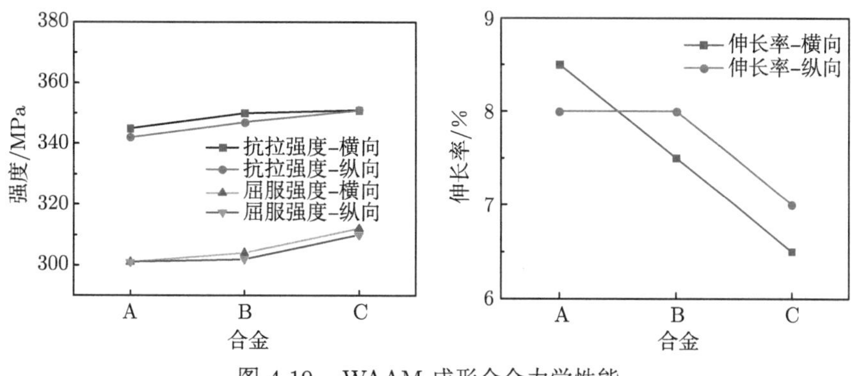

图 4-19 WAAM 成形合金力学性能

在 WAAM 成形凝固过程中，Si 含量越高，直接沉积态 WAAM 成形合金微观组织的二次枝晶臂间距越大，经过 T6 热处理后的共晶硅颗粒增大、数量增多。当合金受到外力作用时，球化的共晶 Si 颗粒对铝基体位错运动起到钉扎作用，因此可以提高成形合金的抗变形能力。但是共晶 Si 为脆硬相，受到外力时易成为裂纹源，降低合金的塑性，图 4-20 为 WAAM 成形合金的拉伸断口及 EDS 分析结

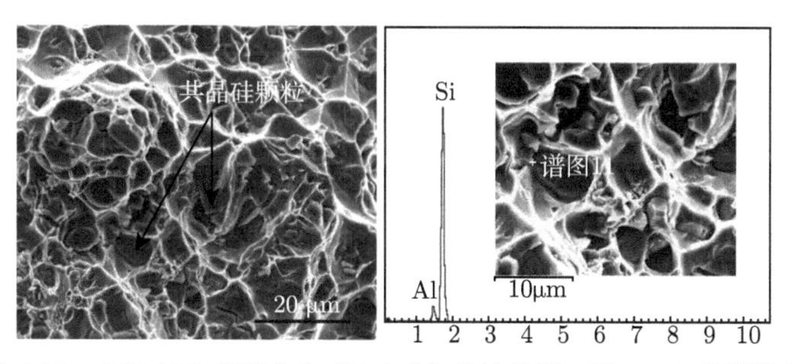

图 4-20 WAAM 成形合金 (C 合金) 的拉伸断口及 EDS 分析结果

果。另外，随着 Si 含量的增加，WAAM 成形合金形成气孔的倾向增大，导致了伸长率下降。因此，随着 Si 含量的增加，WAAM 成形合金 (T6) 的强度有小幅提升，伸长率略有下降。

4.2.2　Mg 对 Al-7Si-Mg 增材制造样件的组织、结构和性能的影响

在 Al-Si 合金中添加 Mg，通过固溶 + 时效处理析出 Mg_2Si 强化相，提高合金的力学性能，并改善有害杂质 Fe 相的形貌，降低杂质 Fe 的危害。考察低 Mg 含量 (0.35%，ZL101A(D 合金)) 和高 Mg 含量 (0.6%，ZL114A(E 合金)) 的原材料对 WAAM 成形合金微观组织、缺陷与性能的影响。

1. Mg 含量对 WAAM Al-7Si-Mg 合金成形的影响

WAAM 成形试样的化学成分如表 4-3 所示，与原材料相比，Si 和 Mg 元素均有不同程度的降低，这是由于电弧增材制造过程中合金元素烧损。图 4-21 为 WAAM 成形试样的照片，成形合金表面较为平整，表面颜色的变化是由电弧增材制造过程中合金元素的烧损所造成的，随着 Mg 含量的增加，Mg 的烧损量增大，成形试样表面颜色逐渐变深。

表 4-2　WAAM 成形试样的化学成分

	Si	Mg	Ti	Sr	Fe
D 合金	6.81%	0.343%	0.109%	0.026%	0.118%
E 合金	6.86%	0.612%	0.113%	0.027%	0.113%

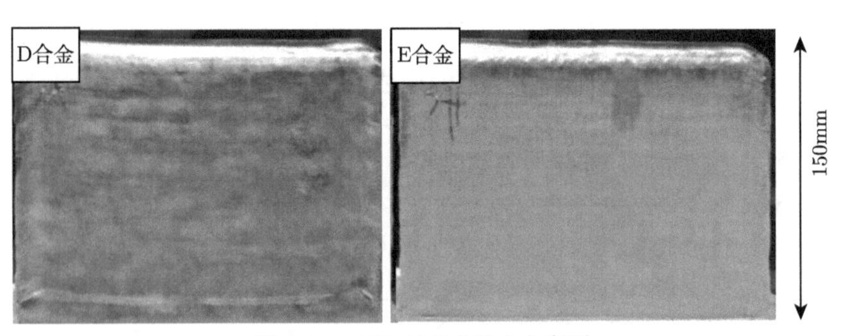

图 4-21　WAAM 成形合金表面

2. Mg 含量对 WAAM Al-7Si-Mg 合金微观组织的影响

图 4-22 是不同 Mg 含量的 WAAM 成形合金直接沉积态的微观组织，XRD 分析结果见图 4-23，成形合金中主要由 α-Al、共晶 Si、Mg_2Si 及富 Fe 金属间化合物组成。横向上，随着 Mg 含量的增加，初生的 α-Al 相枝晶变得粗大，二次枝晶臂间距由 16.9μm 增大到 25.8μm，共晶硅形貌由细针状变为短棒状，如图

4-22(a)、(b) 所示。纵向上，可以明显地看出 WAAM 合金的组织具有分层结构，分别为铸态区 (ACZ) 和热影响区 (HAZ)，如图 4-22(c)、(d) 所示，随着 Mg 含量的增加，分层结构更加明显，可以明显地观察到枝晶沿高度 (Z 轴) 方向生长，铸态区组织中二次枝晶臂间距逐渐增大。

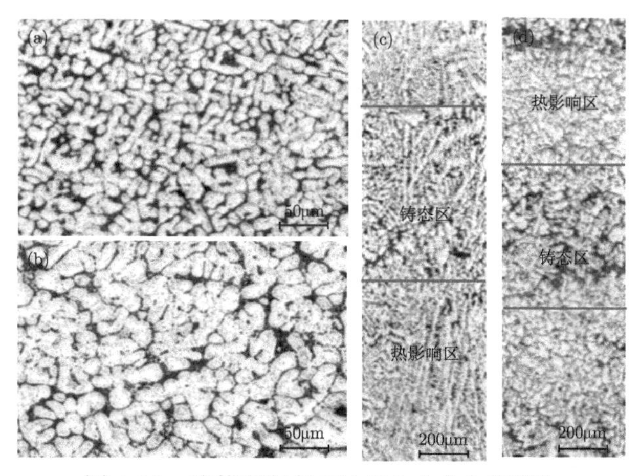

图 4-22 直接沉积态 WAAM 合金金相照片

(a)、(c) D 合金横向、纵向；(b)、(d) E 合金横向、纵向

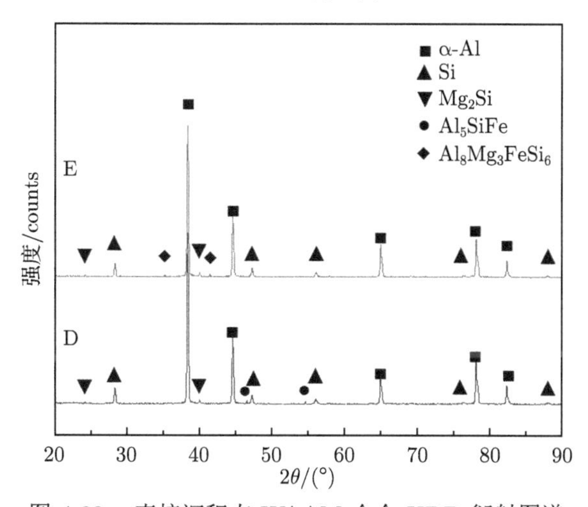

图 4-23 直接沉积态 WAAM 合金 XRD 衍射图谱

由于 Mg 含量的增加，在合金凝固过程中，富集的 Mg 原子易聚集在共晶 Si 相的凝固界面前沿，降低了 Al-7Si 合金的液相线温度和共晶温度。共晶温度的下降虽能使 Si 相的生长速率降低，但主要作用是降低了共晶硅的凝固速率，从而引起微观组织的共晶 Si 粗化及二次枝晶臂间距增大。图 4-24 是不同 Mg 含量直接沉积态 WAAM 成形合金的 SEM 图。

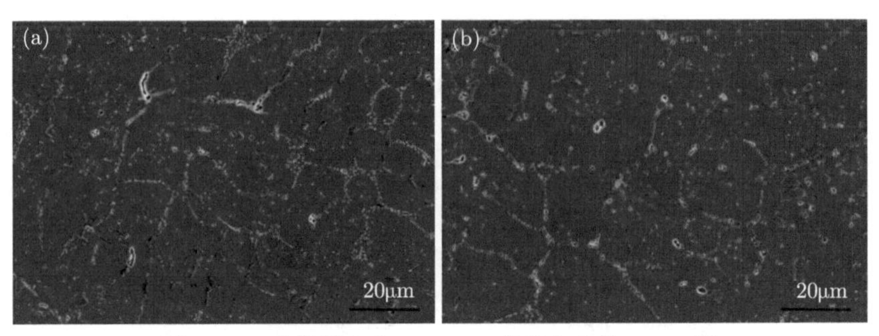

图 4-24　直接沉积态 WAAM 成形合金的 SEM 图
(a) D 合金；(b) E 合金

图 4-25 为经过 T6 热处理后的 WAAM 合金的金相照片。从图 4-25 可以看出经过 T6 热处理后合金的横、纵组织差异几乎消除，共晶硅充分球化，随着 Mg 含量的增加，共晶硅颗粒有增大的趋势。由于 WAAM 工艺具有快熔快冷的特点，合金在凝固过程中具有极大的冷却速率，因此 WAAM 合金具有较小的二次枝晶间距。在固溶阶段，Mg_2Si、Si 等第二相粒子扩散、迁移的平均自由程越短，越易实现均匀化，枝晶组织得以消除。随着 Mg 含量的增加，WAAM 合金组织中二次枝晶臂间距逐渐增大，在固溶时增大共晶硅颗粒的熔断难度及共晶硅、第二相粒子的迁移距离，导致共晶硅颗粒的增大。

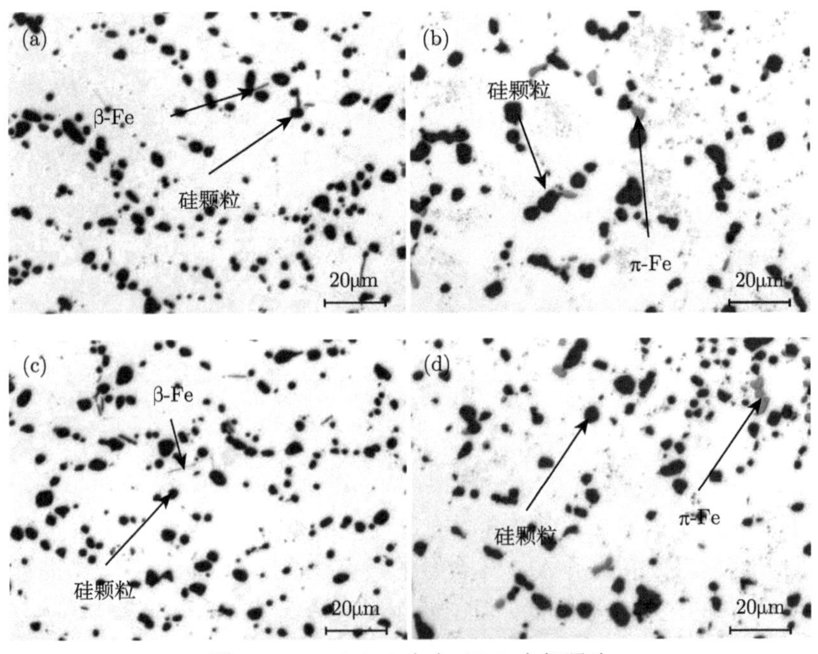

图 4-25　WAAM 合金 (T6) 金相照片
(a)、(c) D 合金横向、纵向；(b)、(d) E 合金横向、纵向

3. 对杂质 Fe 相的影响

在枝晶间观察到有针状或短棒状的富 Fe 相，如图 4-26 所示。分别对该相进行 EDS 分析，结果如图 4-27(c)、(d) 所示。结合 XRD 分析结果 (图 4-23)，可以判断 D 合金中富 Fe 相主要为 β-Fe；E 合金中的富 Fe 相为 π-Fe。经过 T6 热处理后，E 合金中的富 Fe 相的形貌变成细小的针状，如图 4-26(b) 所示。对该相 D 合金做 EDS 分析，结果如图 4-27(c) 所示。该富 Fe 相为 β-Fe 相 (Al_5SiFe)；E 合金中富 Fe 相变更成了短棒状，对其进行 EDS 分析，结果如图 4-27(d) 所示，可判断该相为 π-Fe 相 ($Al_8Mg_3FeSi_6$)。

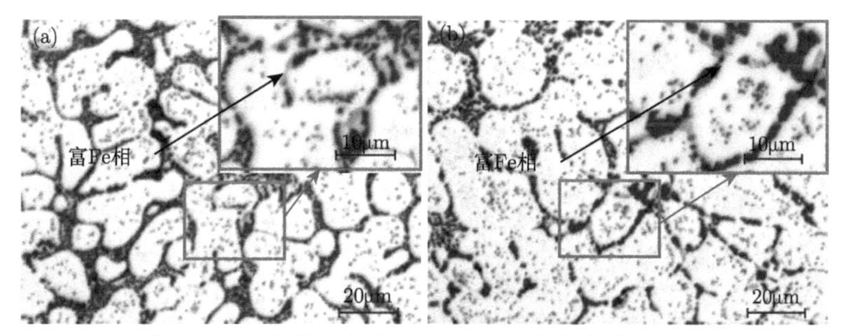

图 4-26 直接沉积态 WAAM 合金中杂质 Fe 相
(a) D 合金；(b) E 合金

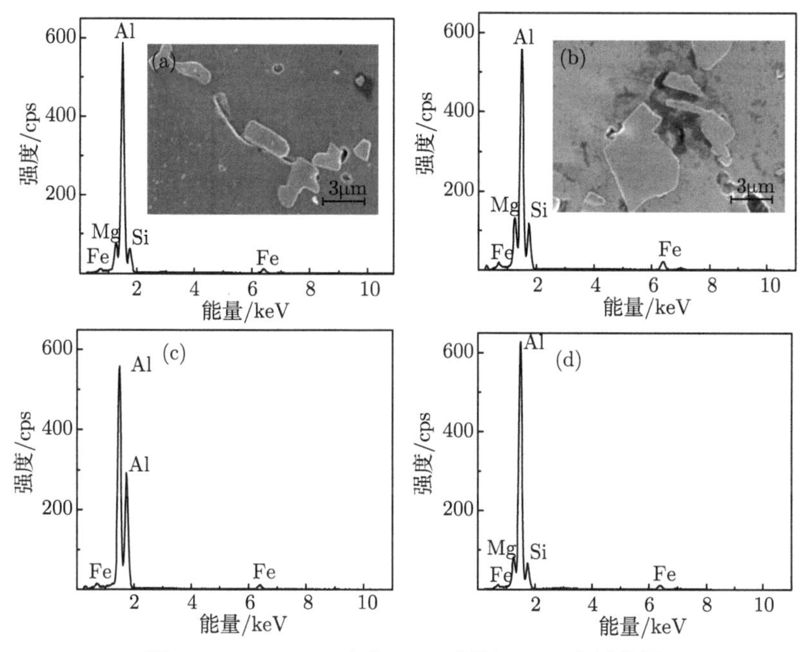

图 4-27 WAAM 合金 SEM 图及 EDS 分析结果
(a)、(c) D 合金直接沉积态、T6 态；(b)、(d) E 合金直接沉积态、T6 态

Fe 作为 Al-Si 合金中的杂质相，在 Al-Si-Mg 合金中溶解度很低。在合金凝固过程中形成 α-Fe(Al_8SiFe_2)、β-Fe(Al_5SiFe) 及 π-Fe($Al_8Mg_3FeSi_6$) 等富 Fe 金属间化合物。在存在 Mg 的情况下，形成汉字状的 π-Fe 金属间化合物。在 WAAM 过程中，合金的冷却速率极大，合金具有较小的二次枝晶臂间距，也细化了 Fe 相。Mg 含量小于 0.4%(D 合金)，直接沉积态形成了含有 Mg 的富 Fe 相。在固溶处理过程中，Mg 元素由富 Fe 相向周围铝基体扩散，从而形成了 β-Fe 相。Mg 含量为 0.6%(E 合金)，凝固过程中，大量沉淀的 Mg_2Si 达到了镁在 α-Al 基体中的极限溶解度。在固溶热处理过程中，镁元素从富 Fe 相扩散到 α-Al 基体的动力学受到抑制，因而 π-Fe 相的量基本保持不变，这与铸造成形方法研究结果一致。

4. Mg 含量对 WAAM Al-7Si-Mg 合金气孔缺陷的影响

图 4-28 为不同 Mg 含量直接沉积态 WAAM 成形合金气孔缺陷的金相照片，对两种合金直接沉积态的气孔总数量、平均直径和面积占比进行统计，结果如表 4-4 所示。由于金相显微镜分倍率的限制，直径小于 5μm 的气孔未予统计。气孔面积占比为统计的气孔面积与受检面积的比值。Mg 含量由 0.35%增加到 0.6%，气孔的总数量增加了 57.7%，平均直径增加了 22.9%，气孔面积占比增加了 25.2%。

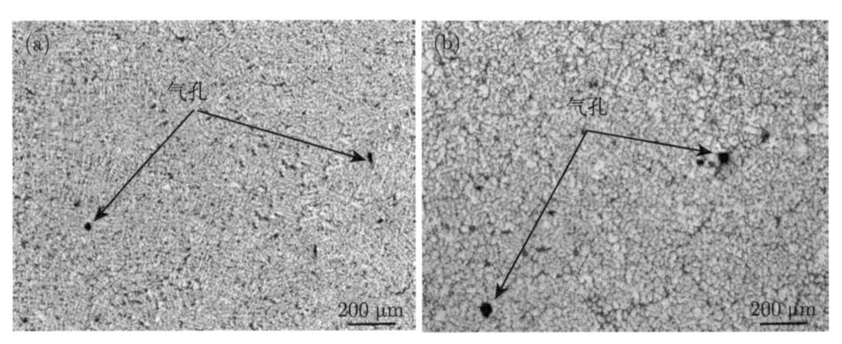

图 4-28　WAAM 成形合金气孔缺陷的金相照片

(a) D 合金；(b) E 合金

表 4-3　不同 Mg 含量 WAAM 成形合金中气孔统计结果

指标	D 合金	E 合金
气孔总数量/($200mm^2$)	626	987
平均直径/μm	8.3	10.2
面积占比/%	0.310	0.388

不同 Mg 含量直接沉积态 WAAM 成形合金中气孔直径分布如图 4-29 所示，低 Mg 含量，WAAM 成形合金主要以小于 30μm 以下的气孔为主，约占气孔总数的 94.1%。高 Mg 含量，合金中的大气孔数量增多。

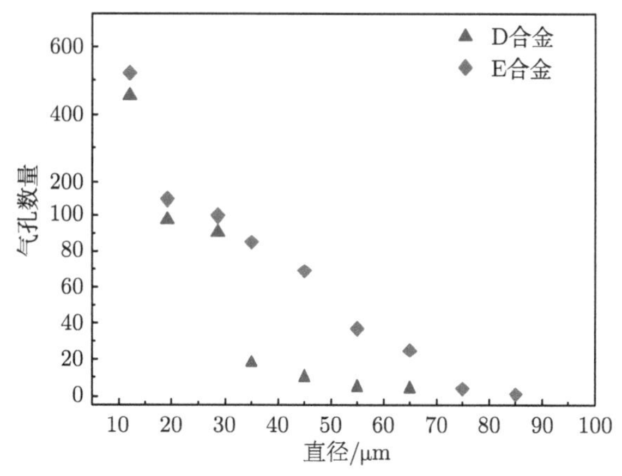

图 4-29 不同 Mg 含量 WAAM 成形合金中气孔数量的分布

氢是铝合金中气孔的主要来源，测试了原材料及直接沉积态 WAAM 合金的氢含量，结果如表 4-5 所示。可以看出，随着 Mg 含量的增加，原材料及 WAAM 合金中的氢含量逐渐增加，且 WAAM 合金中氢含量的增幅大于原材料的增幅。

表 4-4 原材料及 WAAM 合金中的测氢结果

合金	状态	氢含量/(μg/g)
D	原材料	0.138
	WAAM 合金	0.197
E	原材料	0.204
	WAAM 合金	0.287

WAAM 从熔化到凝固过程时间短，温度梯度大。氢在固、液态金属的溶解度差异大，在凝固过程中氢来不及溢出、长大，从而在局部聚集成微米级气孔。随着 Mg 含量的增加，WAAM 成形合金中的氢含量逐渐增加，气孔逐渐增多。研究发现，Mg 的电负性小于 Al，将增大氢在铝液中的溶解度，随着 Mg 含量的增加，氢原子扩散系数及活度降低；另外，Mg 元素的添加将形成疏松的 MgO 薄膜，对铝合金熔体的保护作用减弱，增加了熔体吸气和氧化的概率。在 WAAM 过程中原材料经历了熔化–凝固过程，受到环境因素 (如空气湿度) 影响，造成了 WAAM 合金中氢含量的增加，随着 Mg 含量的增加，熔体吸气的能力增强。因此，原材料及 WAAM 合金中的氢含量逐渐增加，且 WAAM 合金中氢含量的增幅大于原材料中氢含量的增幅。

5. Mg 含量对 WAAM Al-7Si-Mg 合金性能的影响

图 4-30 为 WAAM 成形合金直接沉积态及经过 T6 热处理后的力学性能，可以看出 WAAM 成形合金在任何状态下横、纵向均未表现出明显差异。直接沉积

态中，随着 Mg 含量的增高，WAAM 合金的抗拉强度、屈服强度未发生明显变化，伸长率逐渐降低。两种 WAAM 成形合金的抗拉强度、屈服强度分别为 150MPa、108MPa，伸长率分别为 17.5%、14.5%。经过 T6 热处理后，两种合金的抗拉强度及屈服强度均有提升，伸长率均下降。Mg 含量越高，合金的抗拉强度及屈服强度越高，伸长率越低。D 合金及 E 合金的抗拉强度分别为 327.5MPa、357MPa，屈服强度分别为 277.5MPa、312.5MPa，伸长率分别为 12.5%、7.0%。

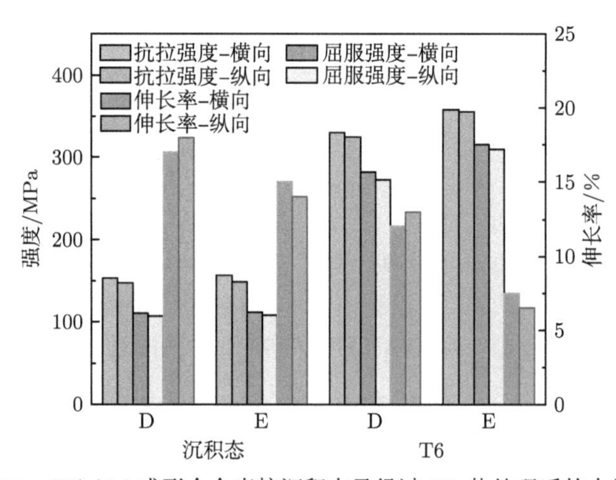

图 4-30　WAAM 成形合金直接沉积态及经过 T6 热处理后的力学性能

Mg 元素的加入使合金的强度提高，这与加入 Mg 元素后基体中所产生的第二相化合物有关。Mg 元素在铝合金中的存在方式有两种：一是溶入 α-Al 基体，造成晶格畸变；二是形成 Mg_2Si 化合物，起到阻碍位错滑移运动的作用。当亚共晶铝硅合金中 Mg 含量大于 0.2%时，合金中即可出现 Mg_2Si 相，并以弥散相的方式强化材料。在 WAAM 成形过程中，形成的 Mg_2Si 强化相大多以固溶形式存在于 α-Al 基体中。经过固溶和时效处理后，Mg_2Si 相析出，随着 Mg 含量的增加，Mg_2Si 强化相也会增加，因此 WAAM 合金 (T6) 的强度逐渐增加。但是，随着 Mg 含量的增加，在晶界处会形成脆性的 Mg_2Si 第二相沉淀物，破坏了晶界的连续，从而降低了伸长率；另外，随着 Mg 含量的增加，合金中的气孔数量增多，也是导致合金伸长率下降的原因之一。

图 4-31(a)、(b) 分别为不同 Mg 含量 WAAM 成形合金直接沉积态拉伸断口形貌，可以看出两种合金均为韧性的穿晶断裂，宏观断面与拉伸方向近似成 45°，存在明显的撕裂棱，这种断裂方式微观变形量大，材料韧性好。经 T6 热处理后，WAAM 合金的断口均存在大量的等轴韧窝，表现出韧性穿晶断裂特征，如图 4-31(c)、(d) 所示，随着 Mg 含量的增加，断口处的韧窝逐渐变小、变浅，撕裂棱逐渐变小，且在韧窝底部存在大量的第二相颗粒。Mg 含量的增加使得材料

内部形成了大量的 Mg_2Si 相，在外力作用时，可以起到第二相强化作用，但是在其周围的基体易产生微裂纹，而导致伸长率下降。

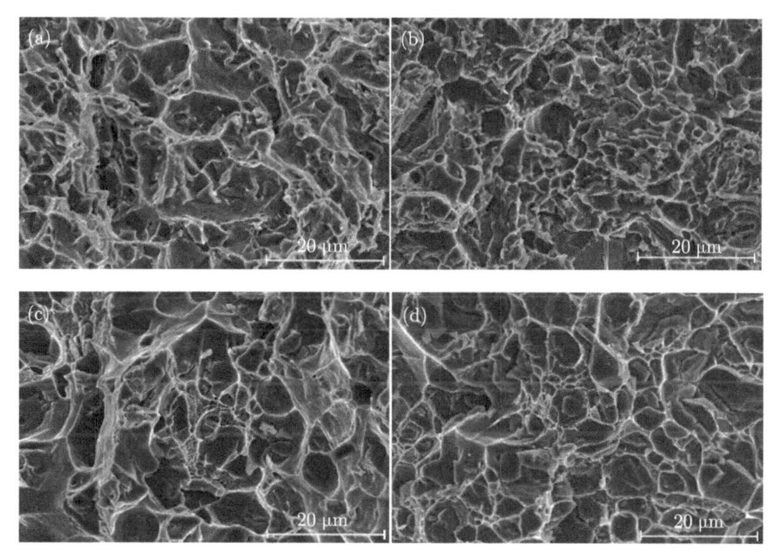

图 4-31 WAAM 成形合金拉伸断口 SEM 图
(a)、(b) D、E 合金直接沉积态；(c)、(d) D、E 合金 T6 态

4.2.3 Ti 对 ZL114A 增材制造样件的组织、结构和性能的影响

Ti 是铸造 Al-7Si-0.6Mg 合金最常见的晶粒细化元素，在合金凝固时，将产生大量的非均质形核质点。然而有报道称，过高的 Ti 含量将造成 Al_3Ti 的聚集和沉淀，降低 Ti 对晶粒的细化效果。考察 Ti 含量为 0.05%(A1)、0.10%(A2)、0.15%(A3)、0.20%(A4) 对 WAAM 合金的成形、组织与性能的影响。分别研究不同 Ti 含量直接沉积态、T6 热处理态 WAAM 成形合金的微观组织、气孔缺陷及机械性能。

1. Ti 含量对 WAAM Al-7Si-0.6Mg 合金成形的影响

建立成形精度模型，如图 4-32 所示，图中 t 表示成形试样有效厚度、δ 表示成形试样相邻堆积层波浪度，利用 GetData Graph Digitizer、Origin 等软件重新绘制出成形试样的外形轮廓，并计算有效厚度面积占比 ($A\%$)= 有效厚度截面积/总截面积。

不同 Ti 含量 Al-7Si-0.6Mg 的 WAAM 成形试样截面如图 4-33 所示，堆积体表面较为平整。应用 GetData Graph Digitizer、Origin 等软件重新绘制出成形试样的外形轮廓，如图 4-34 所示。有效厚度面积占比 ($A\%$) 及有效厚度 t 的结果如图 4-35 所示，$A\%$在 86.0%~91.9%变化，Ti 含量为 0.083%时 (A1 合金)$A\%$

最小为 86.0%; t 在 8.6mm～9.7mm 变化，Ti 含量为 0.188%时 (A3 合金)t 最小为 8.6mm。由于相邻堆积层的外形波浪度 δ 非常小，所采用的试验手段的精度无法统计出每个相邻堆积层的外形波浪度δ。WAAM 成形过程熔化的液态金属在无拘束条件下自由流动并凝固。随着堆积层的增加，增材制造系统稳定性造成了外形高度差突然变化，如图 4-33 所示。这是造成 A%差异的主要原因。t 与合金的成分、增材制造系统精度、成形工艺等因素有关，本试验不同合金采用的是相同的成形工艺，结合不同合金 t 变化的结果，产生 t 差异也是由增材制造系统稳定性造成的。根据 A%和 t 的结果可知，Ti 含量的变化对合金成形的影响不显著。

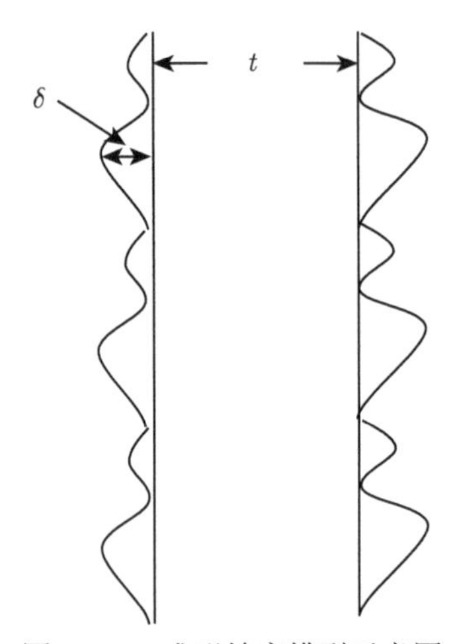

图 4-32 成形精度模型示意图

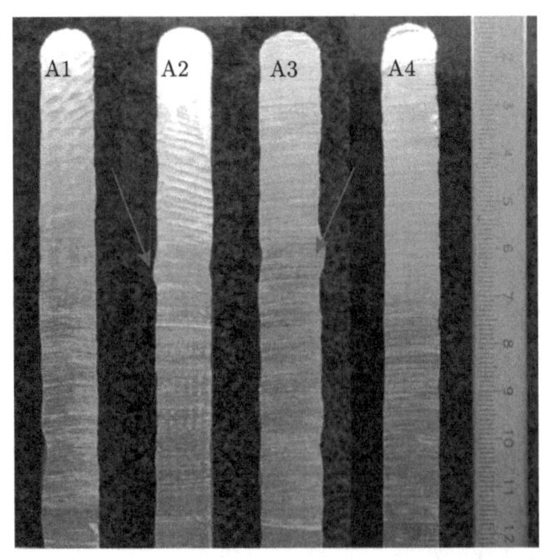

图 4-33 WAAM Al-7Si-0.6Mg-xTi 成形试样截面图

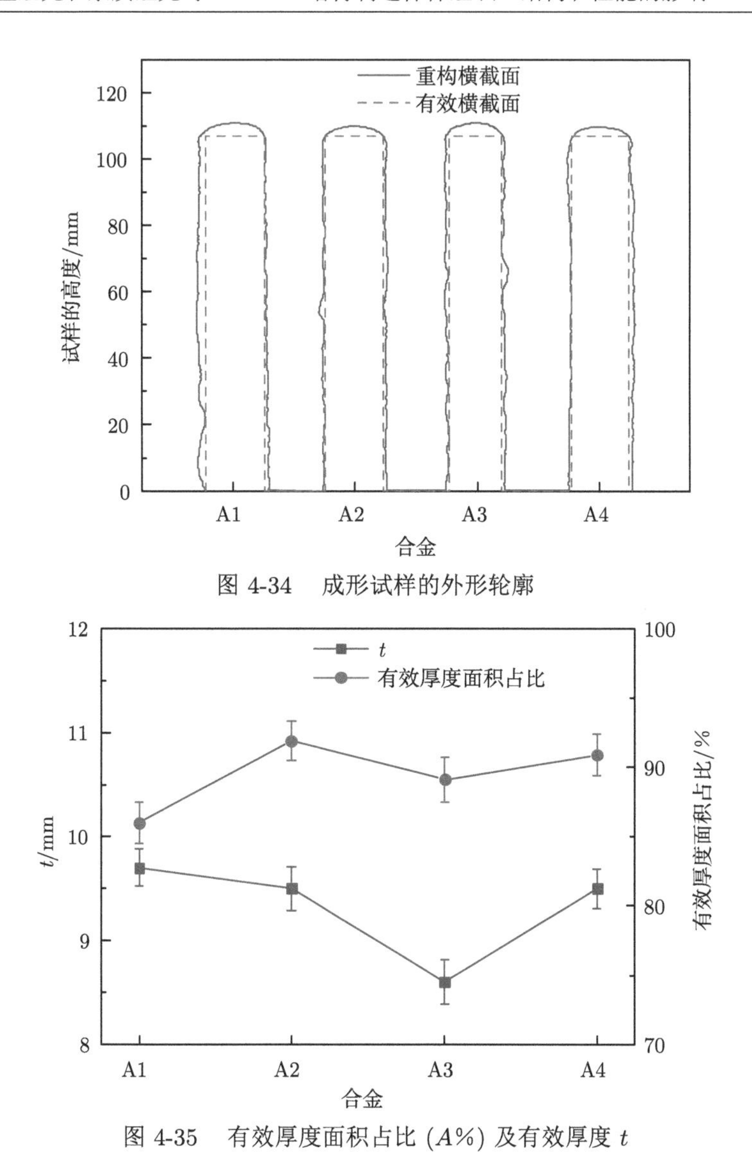

图 4-34 成形试样的外形轮廓

图 4-35 有效厚度面积占比 ($A\%$) 及有效厚度 t

2. Ti 含量对 WAAM Al-7Si-0.6Mg 合金微观组织的影响

图 4-36 为 WAAM Al-7Si-0.6Mg 直接沉积态纵向 (V) 金相照片。由照片能够看出直接沉积态合金具有分层结构，分别为铸态区 (ACZ) 和热影响区 (HAZ)。枝晶沿试样堆积高度方向生长，随着 Ti 含量的增加，层间铸态区二次枝晶臂间距逐渐增大，而热影响区组织无明显差异。图 4-37 为 WAAM Al-7Si-0.6Mg 直接沉积态成形试样横向金相照片。随着 Ti 含量的增加 α-Al 晶粒变得粗化，二次枝晶臂间距由 17.3μm 增大到 38.0μm，结果如图 4-38 所示。

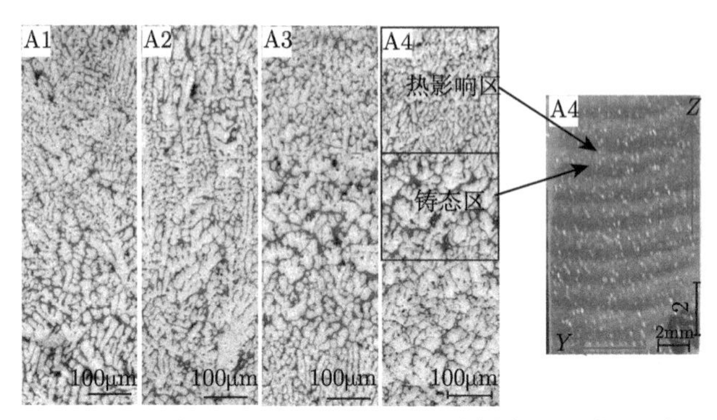

图 4-36　直接沉积态 WAAM 成形试样金相照片 (纵向)

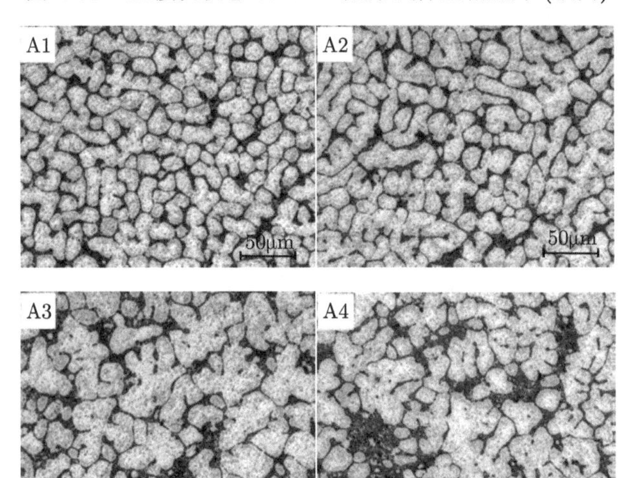

图 4-37　直接沉积态 WAAM 成形试样金相照片 (横向)

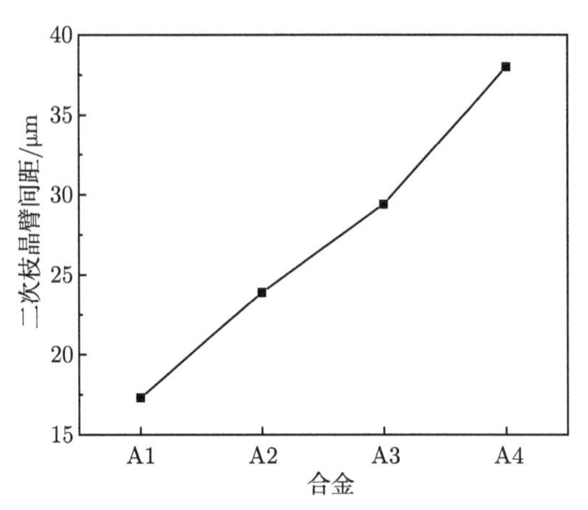

图 4-38　直接沉积态横向 WAAM 成形试样二次枝晶臂间距

Ti 的细化晶粒作用是由 Al 与 Ti 之间的包晶反应：$L+Al_3Ti \longrightarrow \alpha\text{-}Al$ 引起的，在 α-Al 从铝液中析出前预先形成的 Al_3Ti 初生相微粒给 α-Al 的析出提供了有效的非均质形核中心，细小的 Al_3Ti 初生相被 α-Al 包覆，阻碍了 Al_3Ti 微粒的团聚。然而，Al-Ti 合金相图中液相线斜率较大，Ti 含量略微增加，液相线凝固温度差别就很大，在初凝过程中将形成大量的 Al_3Ti 质点而导致相互聚集长大，减少了非均质形核质点的数量，这些含 Ti 金属间化合物聚集在枝晶臂间，而导致 Ti 元素的偏析。因此，随着 Ti 含量的增加，成形合金的二次枝晶臂间距逐渐增大，在直接沉积态的 WAAM 成形合金 (A4) 中形成了针状 TiAlSi 相，如图 4-39 所示，该针状 TiAlSi 相为 $Ti(Al_{1-x}Si_x)_3$。这些针状的 TiAlSi 相阻碍了铝液在枝晶间的流动，影响了液态金属的填充，造成了成形合金气孔缺陷的增加。

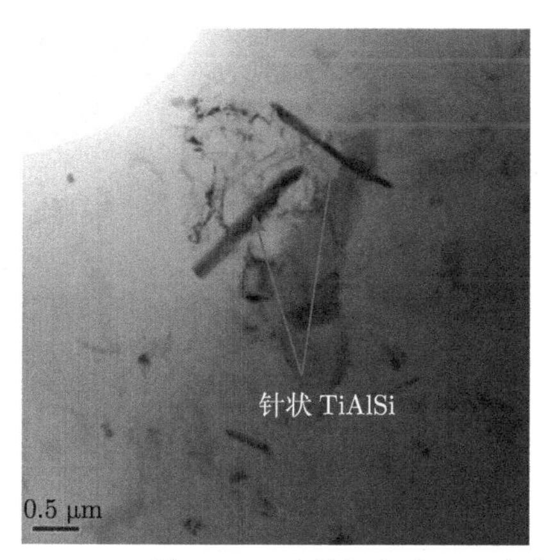

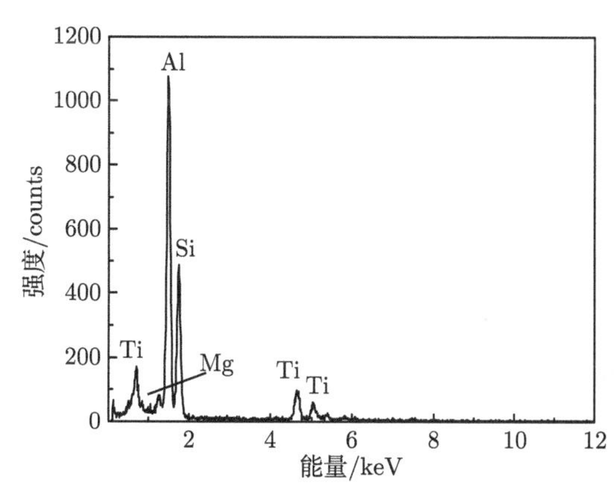

图 4-39 直接沉积态 A4 合金透射电子显微镜 (TEM) 图及 EDS 分析

另外，Ti 的引入使得合金的初始过冷度显著减小，Ti 含量越多，在快凝过程中初生的 Al_3Ti 的析出倾向越大，其表现出的非均质形核作用越强，则合金的过冷度减小。随着 Ti 含量的增加，在凝固过程中产生具有非均质形核中心作用的初生 Al_3Ti 相，不利于快凝合金在大过冷度条件下开始凝固。因此，为了充分发挥 WAAM 快速凝固特点，在原材料成分设计时应考虑强形核元素的含量。

图 4-40 为经过 T6 热处理后成形试样的金相照片。由照片可以看出，合金的横向 (H)、纵向 (V) 组织无差异，球化硅相与第二相粒子在 α-Al 基体上弥散分布，随着 Ti 含量的增加，球化的共晶硅颗粒有聚集的倾向。$Ti(Al_{1-x}Si_x)_3$ 相由针状转变为圆片状，如图 4-41 所示。由于 Al-7Si-0.6Mg 合金属于亚共晶合金，其凝固过程先析出初级 α-Al 枝晶，然后 Al-Si 共晶体在枝晶臂之间形成。Al-Si 共晶相与初晶 α 相具有相似的位向关系，初晶 α-Al 提供了共晶硅的结晶核心。随着 α 相的细化，也会相应细化合金的硅颗粒尺寸，改善硅颗粒形貌。钛的加入不但可以抑制初晶 α-Al 的生长，细化 α-Al 相，从而影响共晶硅的生长，也会对共

晶 α-Al 相的生长产生抑制作用，在与之协调生长的共晶硅颗粒上，有可能造成较多的生长台阶等缺陷。固溶处理过程中硅颗粒在这些缺陷处碎化的概率增加，从而有效地细化硅颗粒的尺寸，改善硅颗粒的形貌。而随着 Ti 含量的增加，含 Ti 金属间化合物在共晶区富集而形成的针状 $Ti(Al_{1-x}Si_x)_3$，导致凝固时二次枝晶臂间距增大。在固溶时增大了共晶硅及第二相粒子的迁移距离，导致了共晶硅颗粒聚集。

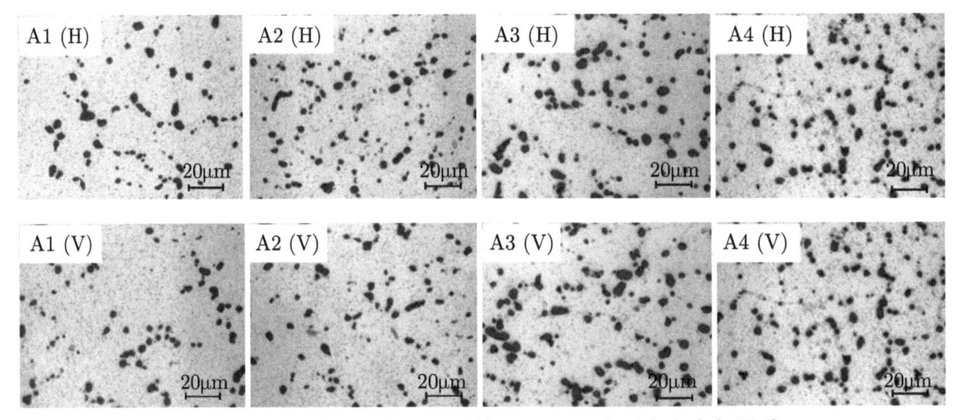

图 4-40　经过 T6 热处理后的 WAAM 成形合金金相照片

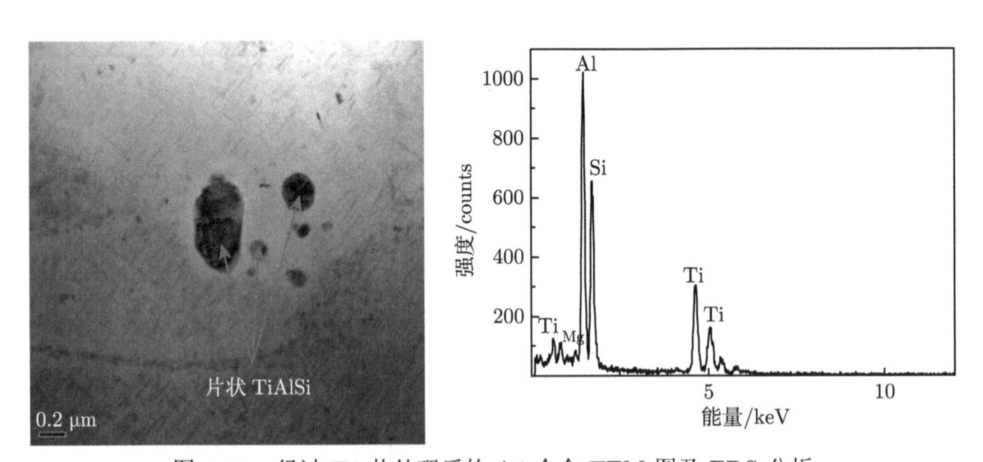

图 4-41　经过 T6 热处理后的 A4 合金 TEM 图及 EDS 分析

3. Ti 含量对 WAAM Al-7Si-0.6Mg 合金气孔缺陷的影响

不同 Ti 含量 WAAM 成形合金的气孔分布如图 4-42 所示，随着 Ti 含量的增加，气孔的数量和尺寸逐渐增大。气孔主要分布在铸态区，如图 4-43 所示。统计结果如图 4-44 所示，可以看出随着钛含量的增加，气孔面积占比逐渐增加。Ti

含量为 0.083%时，气孔的长径比最大，为 1.38。随着 Ti 含量的增加，气孔总数量逐渐增加，30μm 以下的气孔数量逐渐减少，50μm 以上的气孔数量逐渐增加及平均气孔直径增大。原料中氢含量随钛含量的增加而增加。测试结果分别为 0.088μg/g、0.124μg/g、0.187μg/g 和 0.238μg/g。WAAM 合金也有相同的趋势，分别为 0.117μg/g、0.169μg/g、0.214μg/g 和 0.269μg/g。Ti 的添加可以降低 H 在铝液中的扩散速率。Ti 含量为 0.05%～0.2%，氢在铝液中的扩散系数为

$$D=\left(16.99-\frac{1.13}{w[\mathrm{Ti}]}\right)\exp\left\{-\frac{16300+13970w[\mathrm{Ti}]}{RT}\right\} \tag{4-2}$$

式中，D 为氢有效扩散系数，$\mathrm{cm^2/s}$；$w[\mathrm{Ti}]$ 为 Ti 质量百分含量，%；R 为理想气体常数，J/(mol·K)；T 为热力学温度，K。

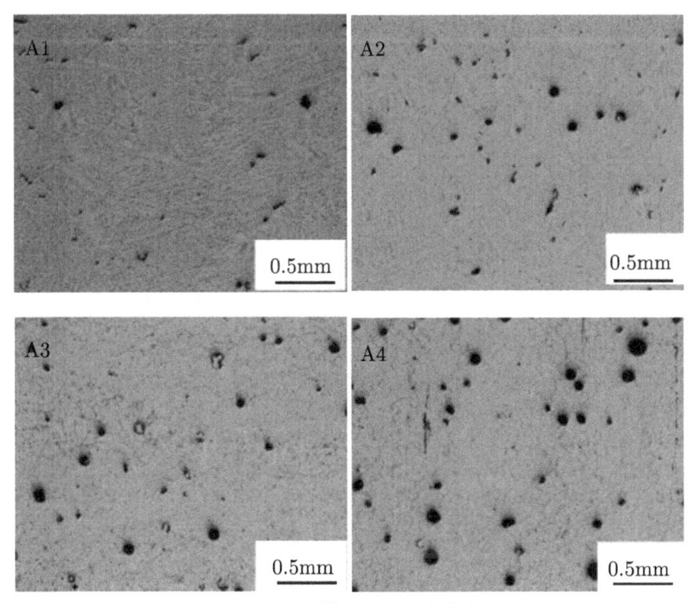

图 4-42 微观气孔的分布

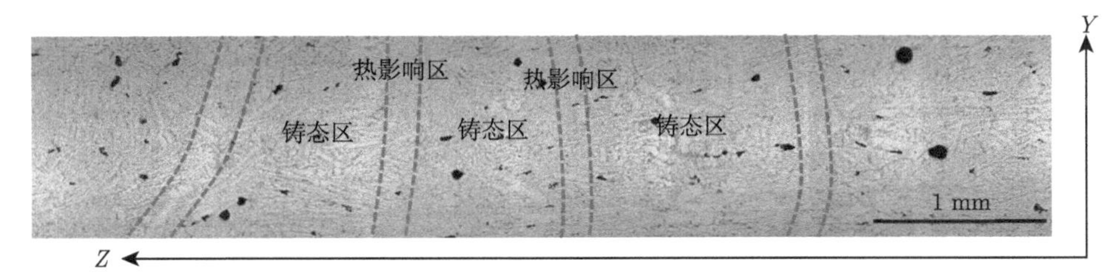

图 4-43 气孔缺陷沿层间铸态区分布 (A2 合金)

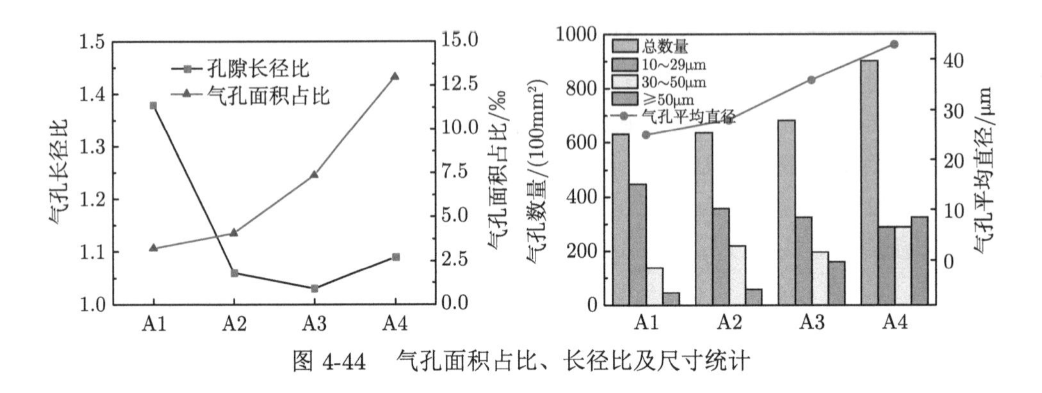

图 4-44　气孔面积占比、长径比及尺寸统计

一方面，氢在铝合金液体和固体中的溶解度差别很大，随着 Ti 含量的增加，氢在铝液中的扩散系数逐渐减小，在 WAAM 快速熔化和凝固过程中，来不及溢出形成产生气孔缺陷。另一方面，随着钛含量的增加，含 Ti 金属金化合物产生偏析，在枝晶间富集，阻碍了液态铝合金的流动，影响了合金液的填充。

4. Ti 含量对 WAAM Al-7Si-0.6Mg 合金性能的影响

直接沉积态力学性能测试结果如图 4-45 所示。随着 Ti 含量的增加，抗拉强度和屈服强度逐渐增加，伸长率先增加后降低。横向上，抗拉强度由 155MPa 增加到 179MPa，屈服强度由 120MPa 增加到 130MPa，Ti 含量为 0.112%伸长率达到最大值，为 16.0%；纵向上，抗拉强度由 146MPa 增加到 170MPa，屈服强度由 107MPa 增加到 124MPa，同样 Ti 含量为 0.112%伸长率达到最大值，为 15.5%。Ti 含量为 0.112%横纵向性能差异最小，横纵向的抗拉强度分别为 158MPa、155MPa；屈服强度分别为 113MPa、114MPa。

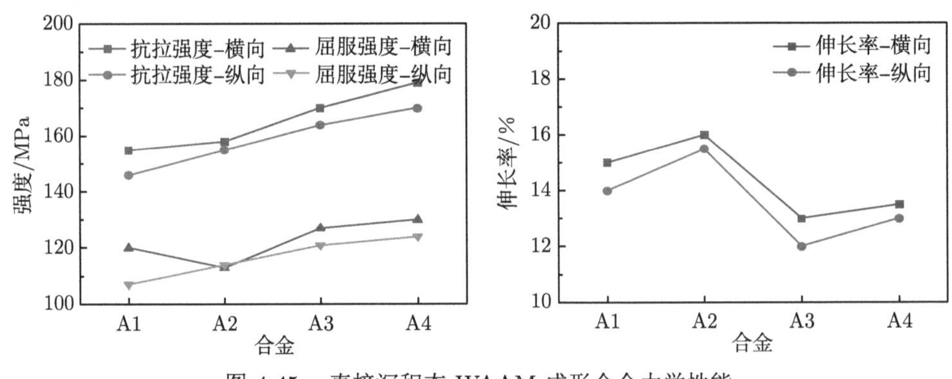

图 4-45　直接沉积态 WAAM 成形合金力学性能

Al-7Si-0.6Mg 合金属于亚共晶合金，其凝固过程先析出初级 α-Al，然后 Al-Si 共晶体在枝晶臂之间形成。Ti 含量较少，其中 Ti 原子可以固溶于 α-Al 相，起

强化作用。随着 Ti 含量的增加，Ti 固溶在 α-Al 韧性相中的浓度将增大，加剧 α-Al 相的晶格畸变效应，增强晶格畸变应力场，致使该应力场与位错应力场的交互作用更强烈，即可以造成位错运动受阻，从而使合金的强度提高。但是随着 Ti 含量的增加，气孔倾向增大，导致伸长率降低。

经过 T6 热处理后，WAAM 成形试样力学性能测试结果如图 4-46 所示，横、纵向强度差异几乎消除，横向伸长率高于纵向。随着钛含量的增加，抗拉强度略有增加，由 351MPa(横纵向平均值) 增加到 361MPa(横纵向平均值)，Ti 含量为 0.112%，横、纵向伸长率差异最小，为 8.5%、8.0%。横、纵向抗拉强度分别为 356MPa、355MPa，屈服强度分别为 307MPa、308MPa。

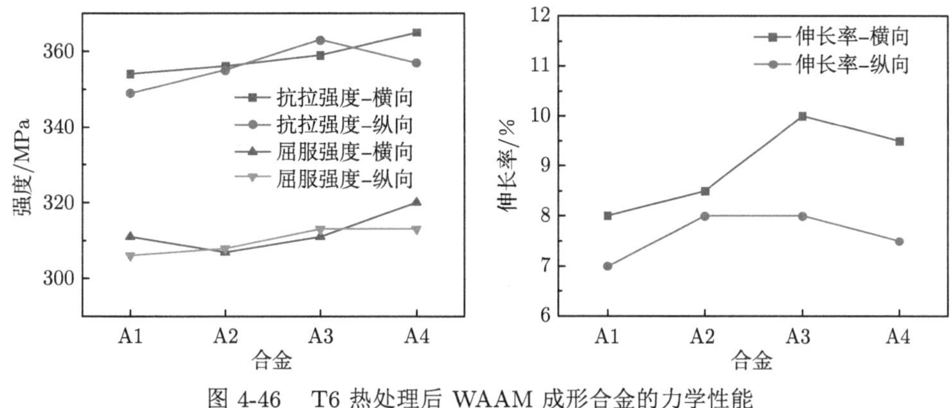

图 4-46　T6 热处理后 WAAM 成形合金的力学性能

由于 WAAM 成形试样具有较小的二次枝晶臂间距，T6 热处理时，Mg_2Si、Si 等第二相粒子扩散、迁移的平均自由程越短，越易实现均匀化，枝晶组织得以消除，因此消除了横、纵相强度的差异。随着 Ti 含量的增加，热处理过程中析出的含 Ti 金属间化合物的数量增加，起到了弥散强化作用，故抗拉强度略有增加。然而 WAAM 成形试样的气孔缺陷主要产生于铸态区，沿堆积体层间分布 (图 4-43)，而热处理过程无法改变气孔的分布，因此横向的伸长率略高于纵向。

不同 Ti 含量 WAAM 成形合金 (T6) 的拉伸试样宏观断口如图 4-47 所示，随着 Ti 含量的增加，宏观断口气孔数量明显增多。观察到横向断口的气孔缺陷明显少于纵向，这表明 WAAM 成形合金纵向拉伸时是沿着铸态区 (ACZ) 断裂，拉伸断裂模型如图 4-48 所示。由于气孔缺陷主要沿铸态区层间分布，合金在纵向方向受力时，气孔降低了有效承载面积，因此直接沉积态 WAAM 成形合金纵向机械性能低于横向。经过 T6 热处理后，合金的强度得到了大幅的提升，气孔对强度的影响程度相对减弱，但对伸长率影响较大，随着 Ti 含量的增加，WAAM 成形合金中的气孔数量增多、尺寸增大，因此 T6 热处理后的 WAAM 成形合金纵向伸长率略低于横向 (图 4-43)。

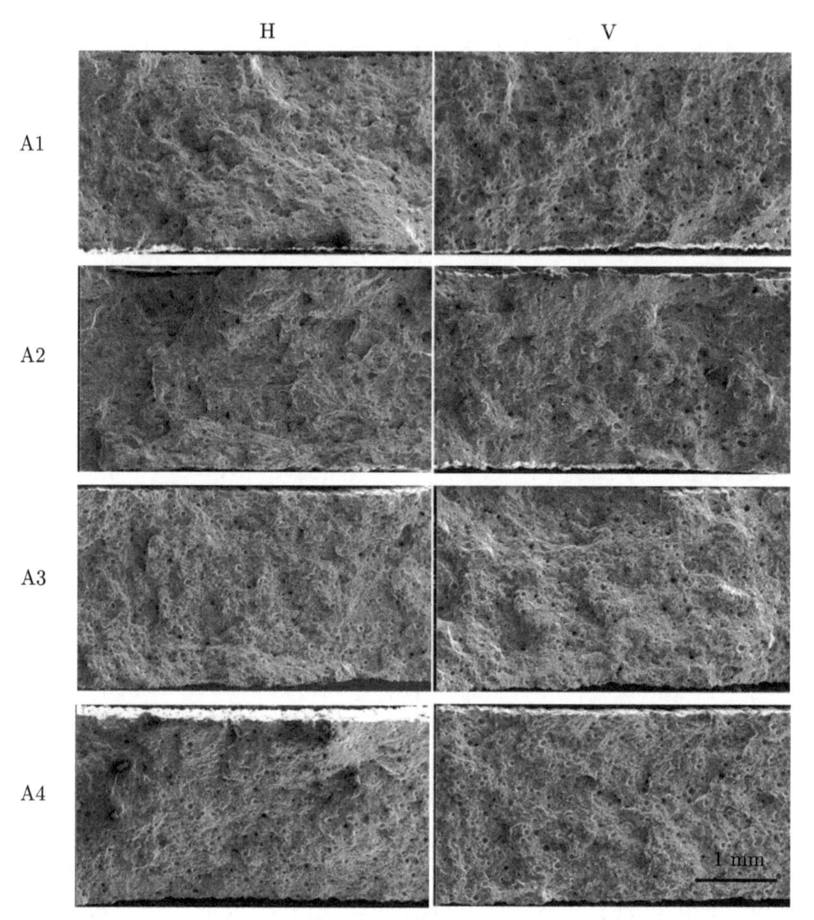

图 4-47　不同 Ti 含量 WAAM 成形合金拉伸试样宏观断口 (T6)

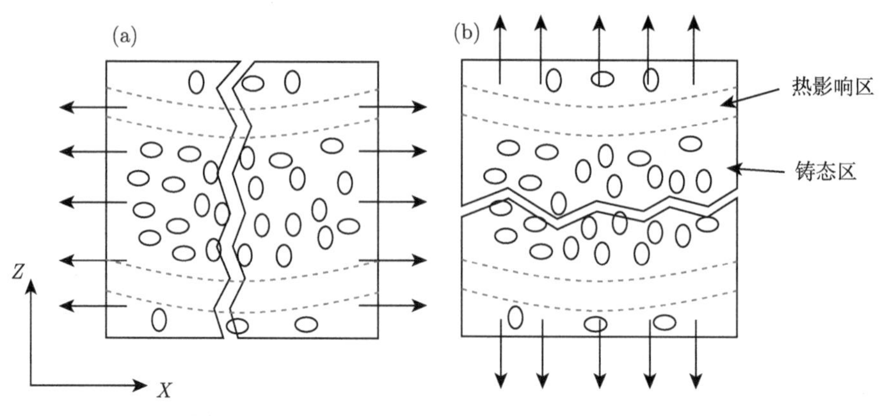

图 4-48　WAAM 成形合金拉伸断裂过程示意图

(a) 横向拉伸；(b) 纵向拉伸

4.2.4 Fe 对 ZL114A 增材制造样件的组织、结构和性能的影响

Fe 作为杂质元素，在 Al-Si-Mg 合金中溶解度很低，在合金凝固过程中形成 α-Fe(Al_8SiFe_2)、β-Fe(Al_5SiFe) 及 π-Fe($Al_8Mg_3FeSi_6$) 等富 Fe 金属间化合物。这些富 Fe 金属间化合物割裂了铝基体组织，在外力作用下，导致应力集中而促进裂纹萌生，尤其是针状的 β-Fe 相的危害最为严重。减少 Fe 在 Al-Si-Mg 合金中危害的方法有控制 Fe 含量及改善 Fe 相在合金中的形貌。在合金凝固过程中，提高合金的冷却速度对 Fe 相形貌的影响非常显著，能够降低板片状 Fe 相的长度，使之变得细小，从而减弱 Fe 相对性能的影响。考察 Fe 含量为 0.05%(1#)、0.11%(2#)、0.13%(3#)、0.15%(4#)、0.18%(5#) 的 WAAM 成形合金堆积体中 Fe 相形貌、大小及 WAAM 成形合金性能。

1. Fe 含量对 WAAM Al-7Si-0.6Mg 合金微观组织的影响

图 4-49 显示了不同 Fe 含量的直接沉积态 WAAM 成形合金的金相组织。图 4-50 显示了 5# 合金的 XRD 图谱。可以看出直接沉积态 WAAM 成形试样组织主要由 α-Al 基体、纤维状共晶硅、Mg_2Si 以及细小针状的富 Fe 相组成。图 4-51 是经过 T6 热处理后的不同 Fe 含量的 WAAM 成形合金的金相组织，共晶硅球化充分、分散均匀，针状的富 Fe 相变得粗化。在直接沉积态和 T6 热处理态下，随着 Fe 含量的增加，合金中含 Fe 相的尺寸变大、数量增多。

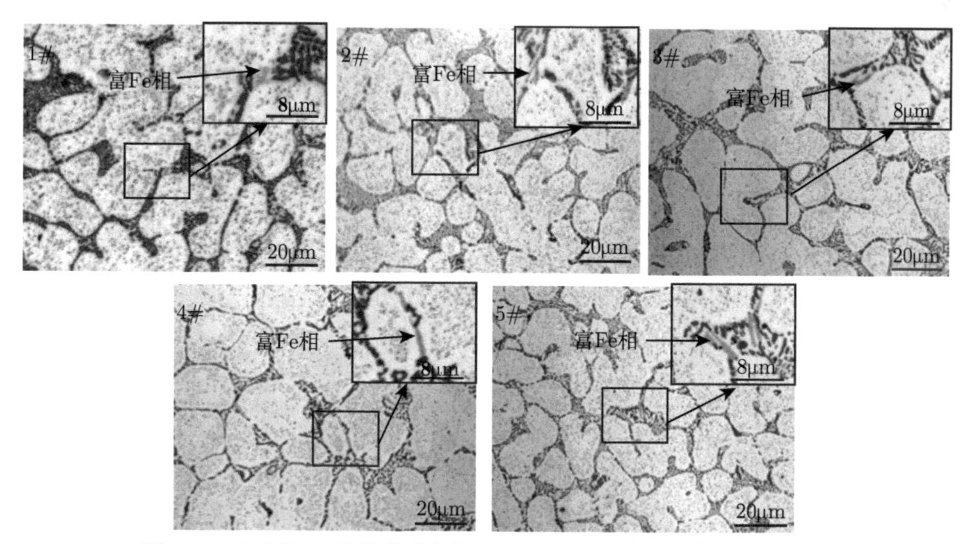

图 4-49 不同 Fe 含量的直接沉积态 WAAM 成形合金的金相组织

图 4-52 显示了 5# 试样直接沉积态和 T6 热处理态的微观结构的 EPMA 图像，分别对直接堆积试样中针状及热处理后棒状的富 Fe 相进行 WDS 分析，结

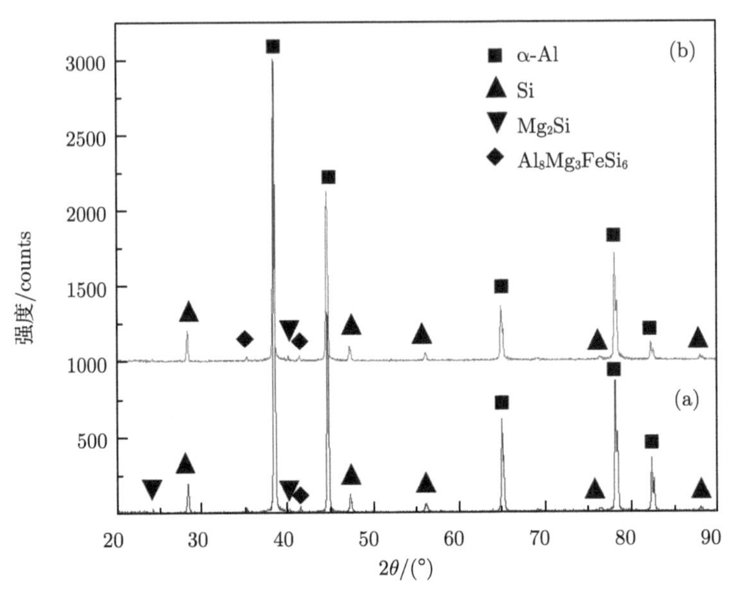

图 4-50　WAAM 成形合金 XRD 图谱 (5#)
(a) 直接沉积态；(b) T6 热处理态

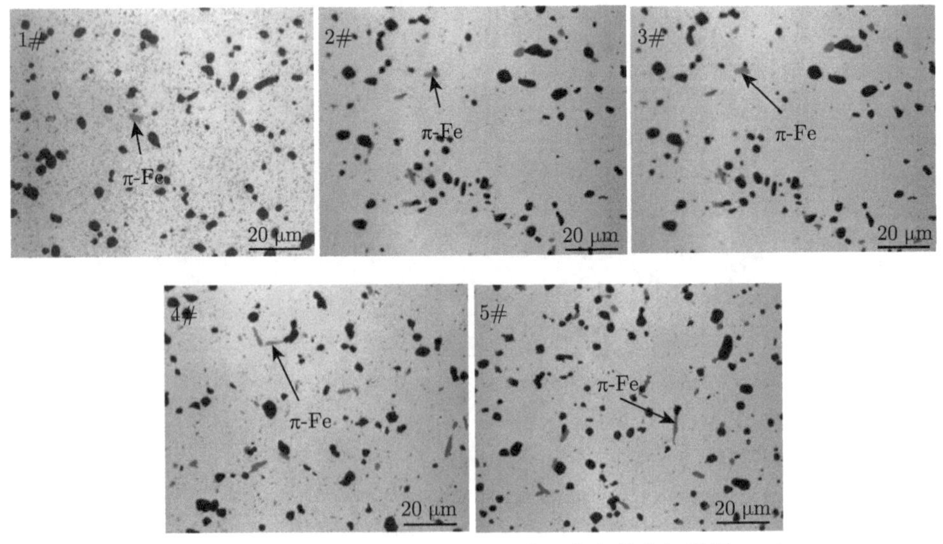

图 4-51　不同 Fe 含量的 WAAM 成形合金的金相组织 (T6)

果见表 4-6。直接沉积态中富 Fe 相的组成为 $Al_{36}Mg_{3.9}FeSi_{7.4}$，Mg、Si 与 Fe 的原子比例高于 π-Fe 相 ($Al_8Mg_3FeSi_6$)。而经过 T6 热处理后的富 Fe 相组成为 $Al_{18.5}Mg_3FeSi_{5.5}$，可确定该相为 π-Fe 相。

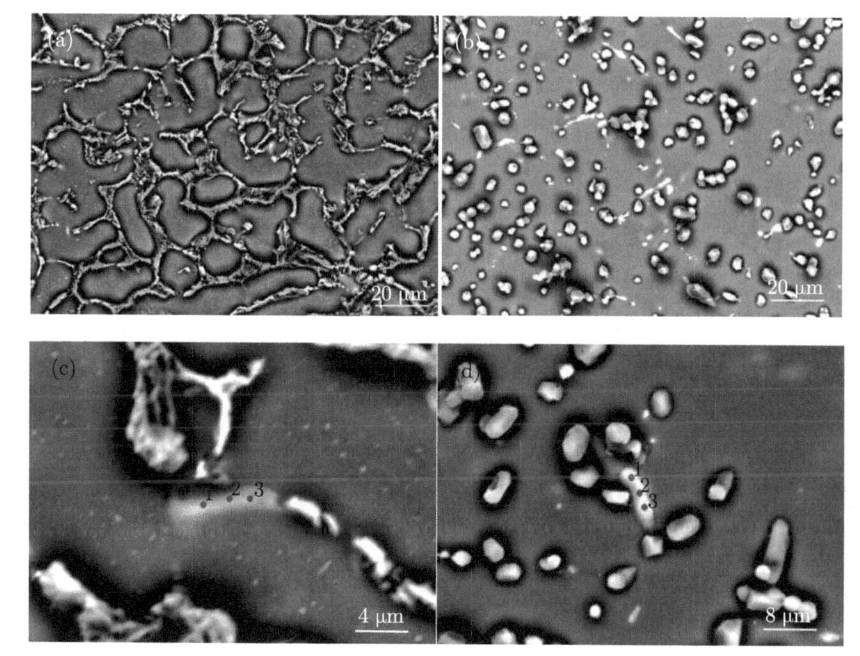

图 4-52 5#WAAM 成形合金 EPMA 图像

(a)、(c) 直接沉积态；(b)、(d) T6 热处理态

表 4-5 直接沉积态及 T6 热处理态 WAAM 合金中 Fe 相的 WDS 分析结果

元素	状态			
	直接沉积态		T6 热处理态	
	质量分数/%	原子分数/%	质量分数/%	原子分数/%
Mg	7.063	8.002	9.212	10.593
Al	73.131	74.628	63.809	66.090
Si	15.606	15.300	19.846	19.748
Fe	4.203	2.071	7.133	3.569

由于电弧增材制造过程是快熔快凝的过程，具有极大的冷却速率，凝固组织具有较小的二次枝晶臂间距，如图 4-49 所示，从而使单位体积的枝晶边界面积更大，因此剩余的液体区域更薄，并分裂成大量的孤立通道，防止金属间化合物连接，使得富 Fe 金属间化合物得到细化。在凝固过程中，由于 Mg、Si 的存在，与 Fe 在共晶区形成了亚稳态镁硅相和 π-Fe 相的混合相 (富 Fe 相)，WAAM 成形合金中的富 Fe 相组成为 $Al_{36}Mg_{3.9}FeSi_{7.4}$。由于试验条件下的 Mg 含量＞0.6%，加速了 π-Fe 相的形成，而未形成或仅形成了少量的 β-Fe 相。随着 Fe 含量的增多，π-Fe 金属间化合物的尺寸增大、数量增多。凝固过程中，大量沉淀的 Mg_2Si 达到了镁在 α-Al 基体中的极限溶解度，在固溶热处理过程中，镁元素从混合相扩散到 α-Al 基体的动力学受到抑制，因而富 Fe 相中仅 Mg_2Si 相溶解，而 π-Fe 相

的量基本保持不变，或仅有极少部分 π-Fe 相向 β-Fe 相的转变。固溶过程富 Fe 相中 Mg_2Si 的溶解及周围细小富 Fe 相的聚集导致了 T6 热处理后 π-Fe 相的粗化。

2. Fe 含量对 WAAM Al-7Si-0.6Mg 合金气孔缺陷的影响

不同 Fe 含量的直接沉积态 WAAM 合金的气孔分布如图 4-53 所示，Fe 含量在 0.05%~0.18%变化未对 WAAM 成形合金中的气孔数量、尺寸及分布产生明显影响。

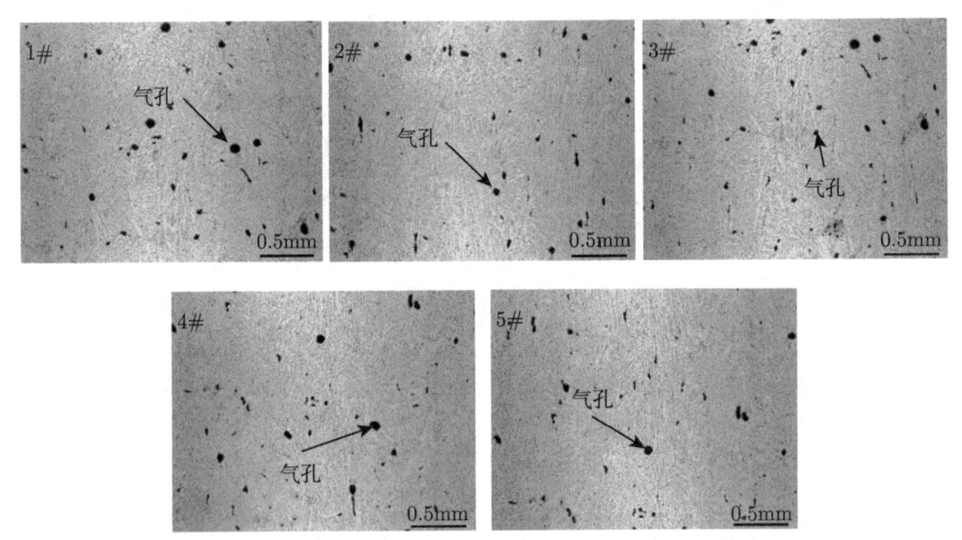

图 4-53　不同 Fe 含量的直接沉积态 WAAM 合金的气孔分布

3. Fe 含量对 WAAM Al-7Si-0.6Mg 合金性能的影响

对不同 Fe 含量的 WAAM 成形合金的拉伸试样 (T6) 进行力学性能测试，图 4-54 为不同 Fe 含量的 WAAM 成形试样横向 (H) 及纵向 (V) 的抗拉强度、屈服强度及伸长率平均值。可以看出，在试验条件下，横、纵向的抗拉强度、屈服强度

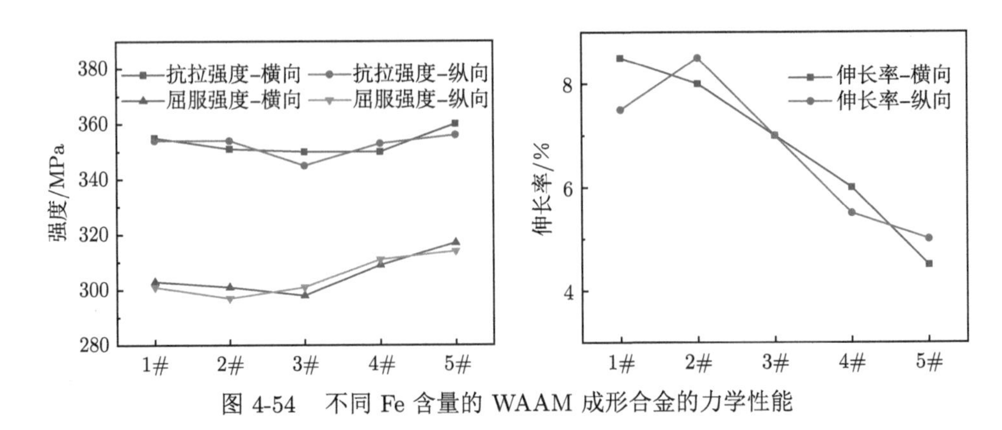

图 4-54　不同 Fe 含量的 WAAM 成形合金的力学性能

及伸长率均未表现出明显差异。随 Fe 含量的增加，合金的屈服强度略有增加，断后伸长率降低。当 WAAM 成形试样中 Fe 含量由 0.11%(2#) 增加到 0.18%(5#) 时，合金的屈服强度增加了 5.5%，断后伸长率降低了 47.1%。

随着 Fe 含量的增加，WAAM Al-7Si-0.6Mg(T6) 试样中细小的 Fe 相形态变得粗化、数量逐渐增加，在合金中起到了第二相强化作用，因此合金的屈服强度略有增加；在受到外力作用时，粗化的 Fe 相使得裂纹更容易形成和扩展，削弱了强化效果，尤其是延展性，严重恶化。

图 4-55 显示了经 T6 热处理的 5# 试样拉伸断口表面，断口表现出韧性断裂特征；进一步放大观察到在断口处发现二次裂纹，EDS 分析结果证实了二次裂纹周围为含 Fe 相。脆而硬的铁相割裂了铝基体，在外加应力作用下，裂纹更容易形成。此外，含铁相尖端还充当高应力集中点，裂纹在铝基体中形核，并在加载时通过硬含铁相传播。

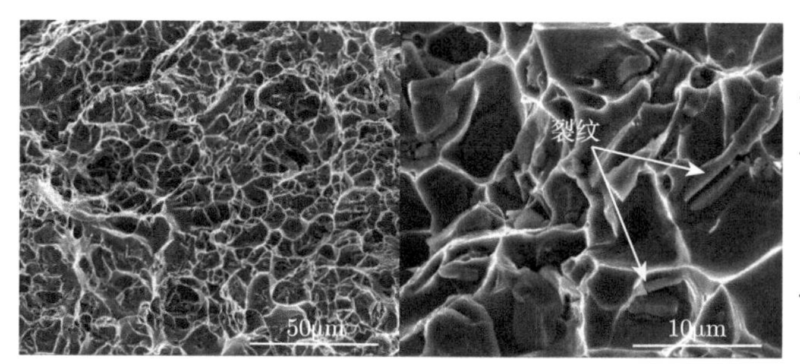

	质量分数/%	原子分数/%
Mg K	7.88	9.00
Al K	66.2	68.1
Si K	20.3	20.0
Fe K	5.52	2.74

图 4-55 5# 合金拉伸断口的 SEM 图和 EDS 分析结果

4.2.5 Er、Sc 对 ZL114A 增材制造样件的组织、结构和性能的影响

在铝合金中添加微量的 Sc 形成的 Al_3Sc 相与基体共格，可作为异质形核质点，起到细化晶粒和弥散强化的作用，大幅提高了铝合金的强度和塑性，Al_3Sc 相具有高温稳定性，在高温下可以钉扎位错和晶界，提高铝合金高温性能稳定性。Er 在 Al-Si 合金中可以起到细化晶粒和变质的作用，并改善有害的杂质 Fe 相的形貌，形成的 Al_3Er 相能够提高合金高温暴露的峰值硬度。为进一步提高 WAAM ZL114A 高温性能，基于 Sc、Er 有利于提高铝合金高温性能的研究，在原材料中添加适量的 Sc、Er，研究 Sc、Er 对 WAAM 成形合金高温性能的影响。

1. Sc、Er 对 WAAM ZL114A 合金组织与性能的影响

图 4-56 为直接沉积态 WAAM 成形合金横向的金相照片，可以看出添加 Er、Sc 使得 α-Al 的尺寸和形貌发生了变化。添加 Er 的合金 (E 合金) 中初生的 α-Al 晶粒枝干缩短，α-Al 枝晶变细，如图 4-56(b) 所示；添加 Sc 的合金 (S 合金)α-Al

枝晶有等轴的趋势，如图 4-56(c) 所示。三种合金的二次枝晶臂间距未发生明显变化。图 4-57 为直接沉积态 WAAM 成形合金纵向的金相照片，可以观察到铸态区和热影响区的分层结构。铸态区 α-Al 枝晶生长具有方向性 (沿高度方向生长)，添加 Er 后，α-Al 枝晶变细、变短，如图 4-57(b) 所示；添加 Sc 后，α-Al 枝晶的长度明显减小。观察合金中的杂质 Fe 相发现，添加 Er 后 WAAM 成形合金中的 Fe 相由细小针状变成了块状 (图 4-58(b))，添加 Sc 的合金中 Fe 变成了短棒状 (图 4-58(c))，结合 XRD 分析结果 (图 4-59)，WAAM ZL114A 合金中的 Fe 相主要为 π-Fe 相 ($Al_8Mg_3FeSi_6$)。

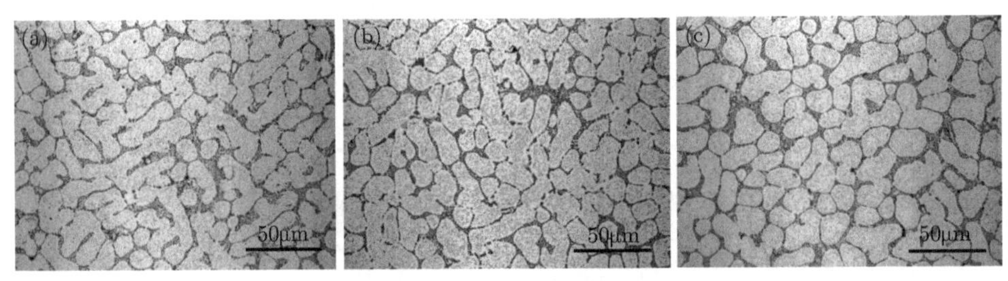

图 4-56　直接沉积态 WAAM 成形合金金相照片 (横向)

(a)~(c) 分别为 A、E、S 合金

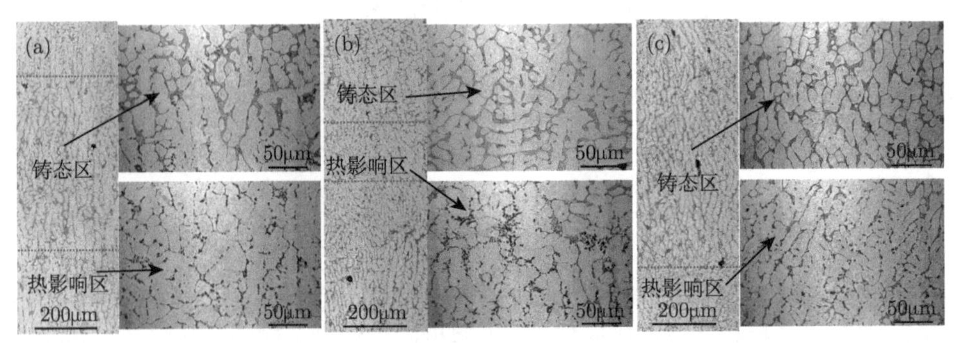

图 4-57　直接沉积态 WAAM 成形合金金相照片 (纵向)

(a)~(c) 分别为 A、E、S 合金

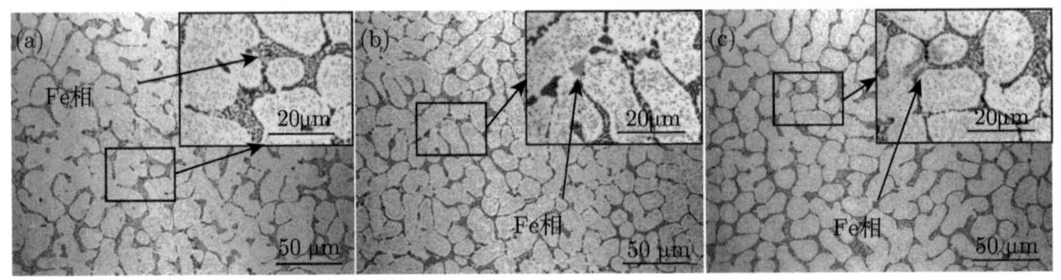

图 4-58　WAAM 成形合金中的杂质 Fe 相

(a)~(c) 分别为 A、E、S 合金

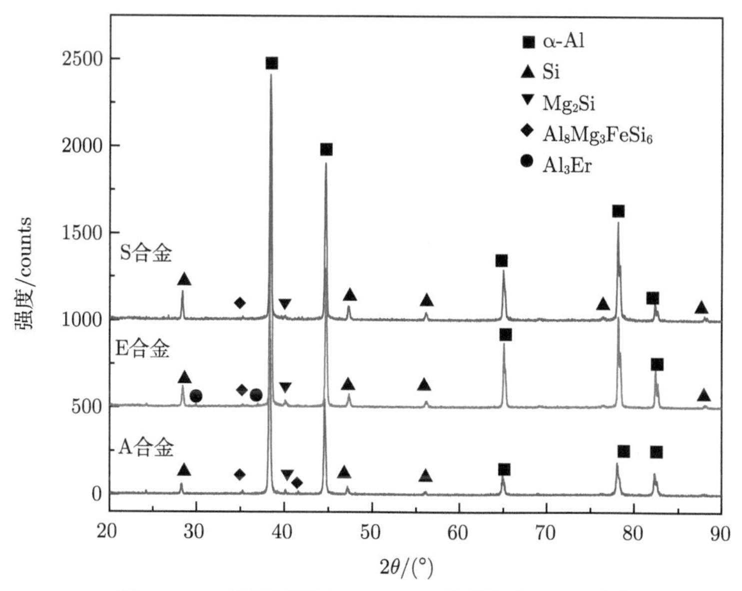

图 4-59 直接沉积态 WAAM 成形合金 XRD 图

图 4-60(a) 是含 Er 的 WAAM 成形合金 (E 合金) 的 SEM 图，在共晶区明显观察到大量的亮白色块状析出物。对其进行 EDS 分析可知，该块状析出物为含 Er 的物质。结合 XRD 分析结果 (图 4-59)，可判定该相为 Al_3Er。图 4-60(b) 是含 Sc 的 WAAM 成形合金 (S 合金) 的 SEM 图。在共晶区发现不规则的气孔缺陷，对其周围的较亮块状相进行 EDS 分析，检测出含 Al、Si、Mg、Sc、Fe 的相。根据文献报道，该相为含 Sc 的 Fe 相 ($Al_{12}Si_6Fe_2(Mg, Sc)_5$)。

Er 在 Al-Si-Mg 合金中主要分布形式有两种，一种是固溶在 α-Al 基体中，另一种是以富 Er 化合物的形式偏聚在晶界处。根据 Al-Er 二元合金相图可知，共晶反应温度为 655℃，高于 Al-Si 共晶反应温度 (577℃)。在 Al-7Si-Mg 合金中添加 Er，一方面能够降低形核温度，抑制 α-Al 形核；另一方面降低 Al-Si 共晶温度，使得共晶硅的形核温度降低。在凝固过程中，由于 Al_3Er 与 α-Al 具有相同的晶体结构，预先析出的 Al_3Er 共晶体可作为 α-Al 的异质形核质点，并在 α-Al 晶粒前大量富集，使其细化。另外，由于 Er 的原子半径比 α-Al 大，在 α-Al 中的固溶度有限，随着初生 α-Al 晶粒的形核和长大，Er 原子不断在液相区富集而析出 Al_3Er 颗粒，并引起成分过冷。降低了 α-Al 的生长速度，阻碍了其生长，导致其枝晶干变短、枝晶变细。但是，电弧增材制造合金凝固过程具有极大的冷却速率。Er 大量在共晶区富集而形成尺寸较大的 Al_3Er 粒子 (图 4-60(a))，失去了非均质形核的作用。因此在 ZL114A 合金中添加 Er 后 WAAM 成形合金的枝晶枝干变短、枝晶细化，但二次枝晶臂间距未发生明显变化。

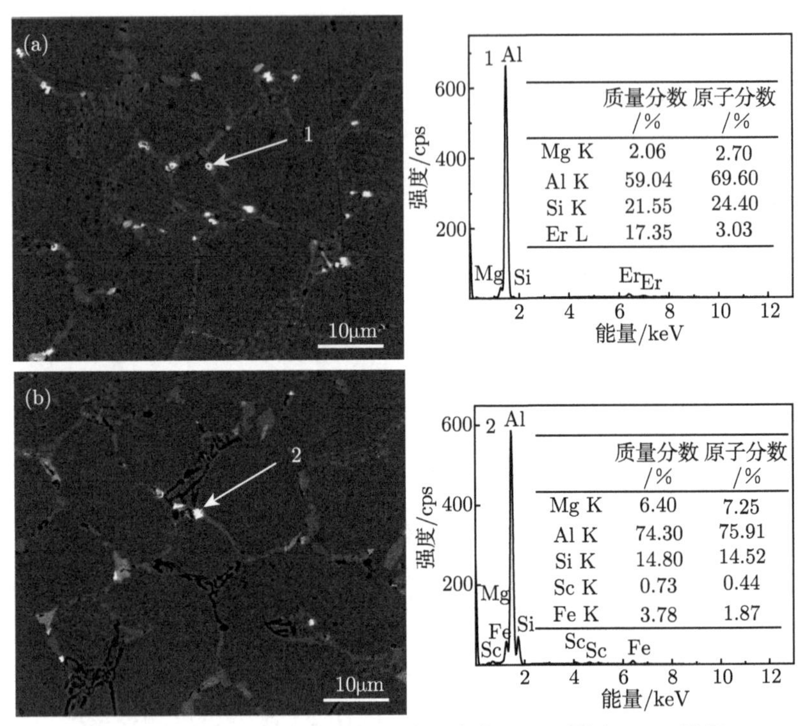

图 4-60　直接沉积态 WAAM 成形合金 SEM 图及 EDS 结果

(a) E 合金；(b) S 合金

由 Al-Sc 二元相图可知，Sc 在铝基体中的固溶度仅为 0.007%，本研究中添加的 Sc 量为 0.3%，合金中的 Sc 处于过饱和状态，在 665° 时发生共晶反应：L⟶Al+Al_3Sc，所形成的 Al_3Sc 相同样与 α-Al 具有相同的晶体结构，且晶格常数与 α-Al 相接近，错配度仅为 1.5%。因此，Al_3Sc 亦可作为 α-Al 的异质形核质点，而起到细化晶粒的作用。在 Al-7Si-Mg 合金中添加 Sc 元素，可使固液区间变宽，降低共晶形核、生长温度和共晶硅凝固速度。在电弧增材制造合金凝固过程中生产的 Al_3Sc 部分作为异质形核质点溶入 α-Al 基体，剩余部分被推向晶体的固液界面，Sc 降低了 Al 的表面张力，改变 Al 与 Si 界面的表面能，这是导致初生的 α-Al 枝晶尺寸变短，趋于等轴的原因。

图 4-61 为经过 T6 热处理后的 WAAM 成形合金的金相组织，可以看出，A、E、S 三种合金的横、纵向组织差异基本消除，且三种合金的组织无明显差异，均匀球化的共晶硅颗及第二相粒子弥散分布在铝基体上。图 4-62 是经过 T6 热处理后的 WAAM 成形合金的 SEM 图及 EDS 结果，图 4-62(a) 中箭头所指处亮白的相为 Al_3Er 相，尺寸约为 2~3μm，与直接沉积态合金相比略有长大。而在含 Sc 的合金中箭头所指处暗白色的相为含 Sc 的 Fe 相 ($Al_{12}Si_6Fe_2(Mg, Sc)_5$)，其尺寸与直接沉积态成形合金相比未发生明显变化。

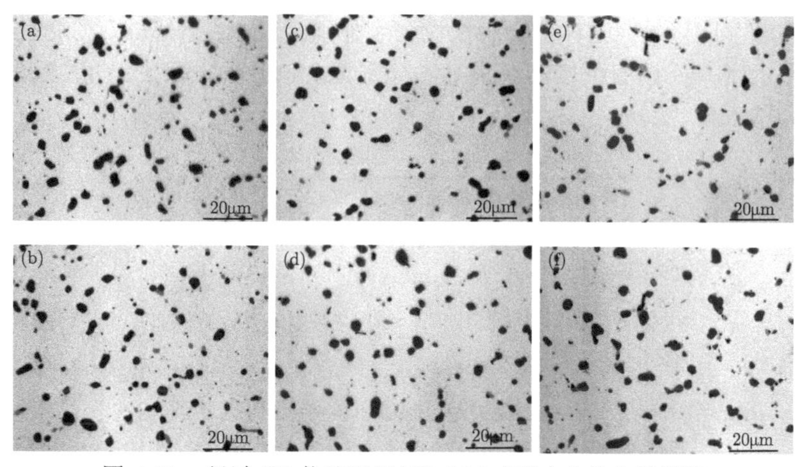

图 4-61 经过 T6 热处理后 WAAM 成形合金的金相组织
(a)、(c)、(e) 分别为 A、E、S 合金的横向；(b)、(d)、(f) 分别为 A、E、S 合金的纵向

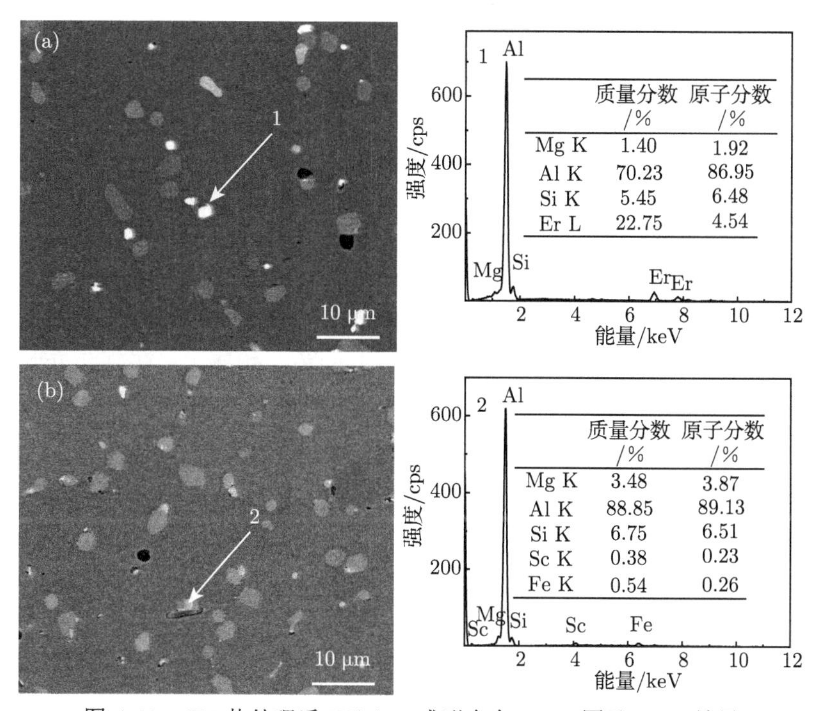

图 4-62 T6 热处理后 WAAM 成形合金 SEM 图及 EDS 结果
(a) E 合金；(b) S 合金

2. Sc、Er 对 WAAM ZL114A 合金性能的影响

图 4-63 为经过热处理后的 WAAM 成形合金的室温拉伸性能，可以看出三种合金的横、纵向力学性能几乎无差异，添加 Sc、Er 后对合金的抗拉强度、伸长

率未产生明显的影响，三种合金的抗拉强度分别是 (361±1)MPa、(358±2.5)MPa 和 (359±3)MPa；屈服强度略有提高，分别为 (303±2.5)MPa、(307±3)MPa 和 (309±2.5)MPa。

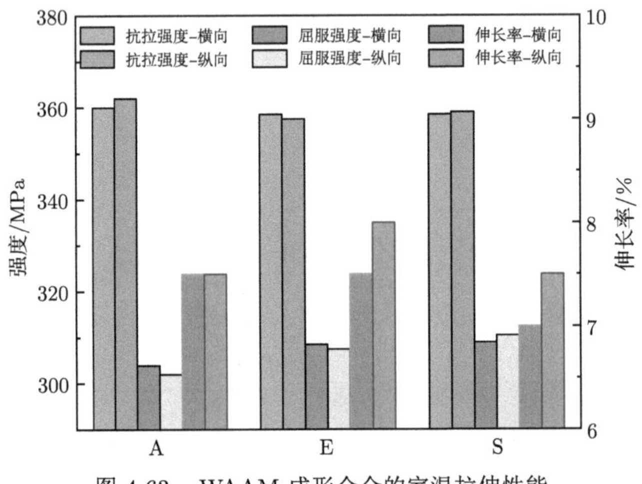

图 4-63　WAAM 成形合金的室温拉伸性能

电弧增材制造成形合金在凝固时的冷却速率大，直接沉积态成形合金具有较小的二次枝晶臂间距，使得合金在热处理过程中更容易实现均匀的组织，球化硅相与析出的 Mg_2Si 相在 α-Al 基体上弥散分布，提高了合金的抗拉强度。成形合金具有细小的晶粒组织、球化良好的共晶硅颗粒对合金的屈服强度起到主要作用，在合金中添加 Sc、Er 后，形成了含 Sc 和 Er 的第二相粒子，起到晶界强化作用，所以合金的屈服强度略有提升。

3. Sc、Er 对 WAAM ZL114A 合金高温性能的影响

图 4-64 为三种成形合金不同温度下的拉伸性能测试结果。可以看出，在实验温度下合金的横纵向拉伸性能无明显差异。随着温度的升高，三种合金的抗拉强度和屈服强度逐渐降低，A 合金的伸长率未发生明显变化，E 合金和 S 合金的伸长率先增加后下降。抗拉强度和屈服强度的下降幅度如图 4-65 所示，可以看出，添加 Er 的 E 合金和添加 Sc 的 S 合金在低于 150℃ 时，合金的抗拉强度和屈服强度的降幅与 A 合金基本一致；在 200℃ 时，S 合金的抗拉强度的降幅略低于 A 合金和 E 合金的降幅，E 和 S 合金的屈服强度降幅相当，略低于 A 合金降幅。A、E、S 三种合金的抗拉强度和屈服强度别分为 (264.5±4.5)MPa、(265±2)MPa、(268.5±3.5)MPa 和 (246±4)MPa、(250±2.5)MPa、(250±1.5)MPa；在 250℃，S 合金和 E 合金的抗拉强度和屈服强度的降幅均明显低于 A 合金，且 S 合金的降幅最小，A、E、S 三种合金的抗拉强度和屈服强度分别为 (208±1)MPa、(224±1.5)MPa、(237±1)MPa

和 (203±2)MPa、(218.5±1.5)MPa、(231.5±2)MPa。添加 Er 和 Sc 后，能够提高 WAAM ZL114A 合金高温性能的稳定性，且添加 Sc 的效果比 Er 明显。

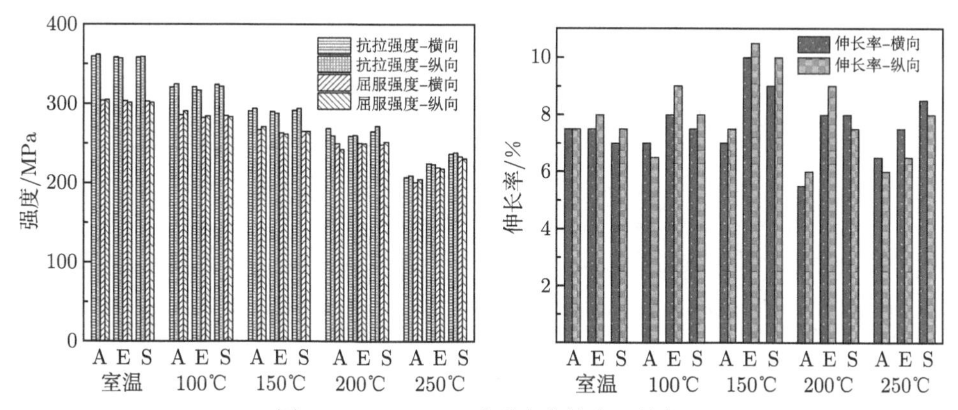

图 4-64 WAAM 成形合金的高温性能

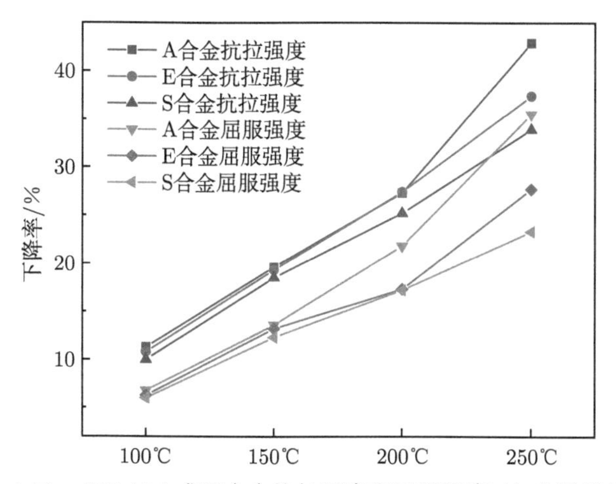

图 4-65 WAAM 成形合金抗拉强度和屈服强度 (与室温相比)

图 4-66 为 A、E、S 合金在不同温度下的拉伸断口，可以看出，在室温，三种合金的拉伸断口两侧韧窝沿拉伸方向等轴分布，在韧窝底部发现大量的二次裂纹，合金表现出韧性的穿晶断裂特征。温度在 100~200℃ 时，A 合金的韧窝数量减少，尺寸变大，表现出韧性的沿晶断裂和穿晶断裂混合断裂特征；而 E 合金和 S 合金的断口韧窝数量和尺寸与室温相比基本未发生变化，在 200℃ 时，断口处发现有大量的二次裂纹，依然表现出韧性的穿晶断裂特征。温度为 250℃ 时，A 合金的断口韧窝尺寸进一步变大，发现较少的二次裂纹，断裂形式主要以沿晶断裂为主，伴随少量的穿晶断裂特征；而 E 合金和 S 合金韧窝尺寸较 200℃ 时略有增大，与 A 合金相比，E 合金、S 合金的韧窝密度大，且断口处观察到大量细

小的二次裂纹，对裂纹边缘的颗粒进行 EDS 分析 (图 4-67)，E 合金中裂纹处存在 Al_3Er 相，S 合金裂纹处存在含 Sc 的 Fe 相，E 合金、S 合金表现出韧性的沿晶断裂和穿晶断裂混合断裂特征。

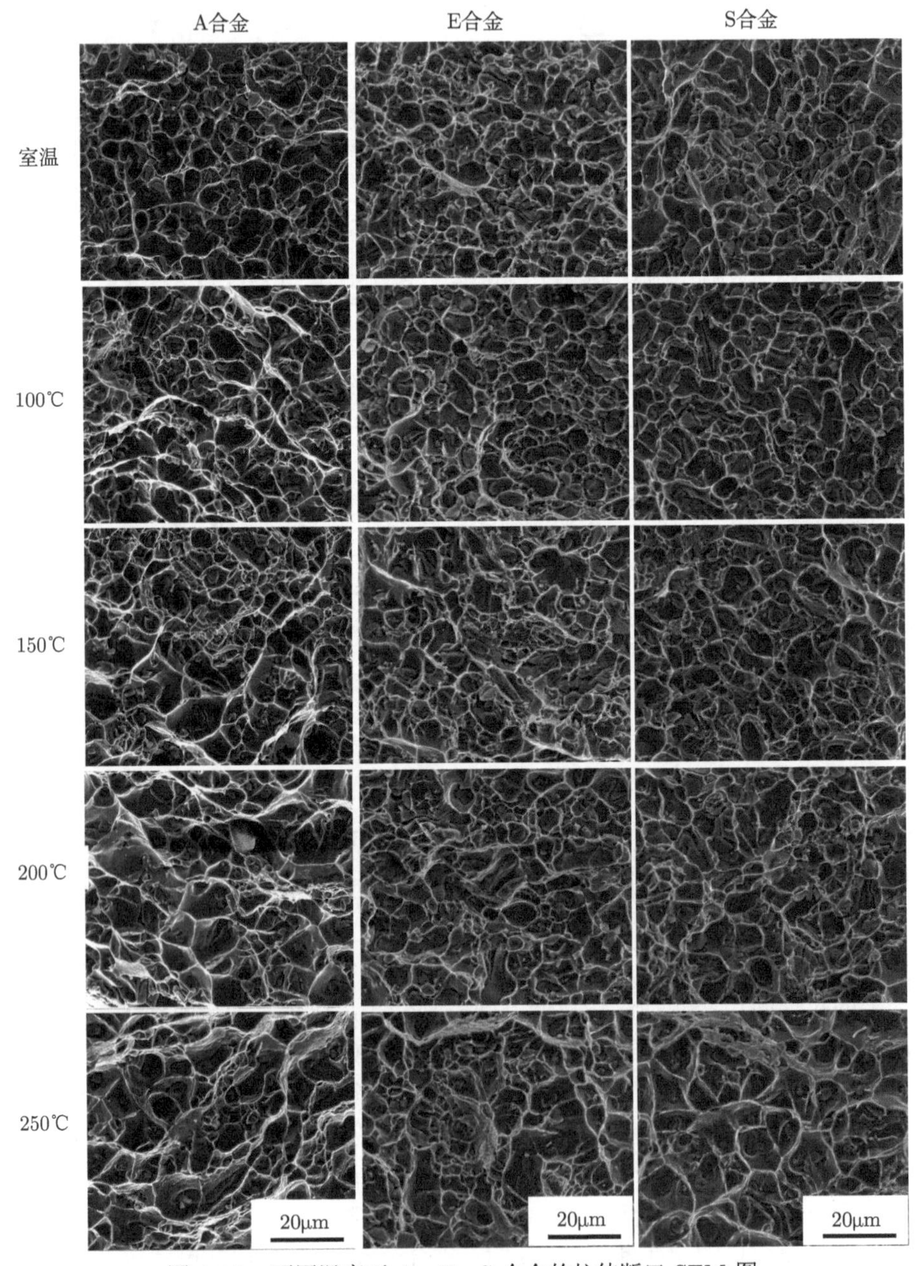

图 4-66　不同温度下 A、E、S 合金的拉伸断口 SEM 图

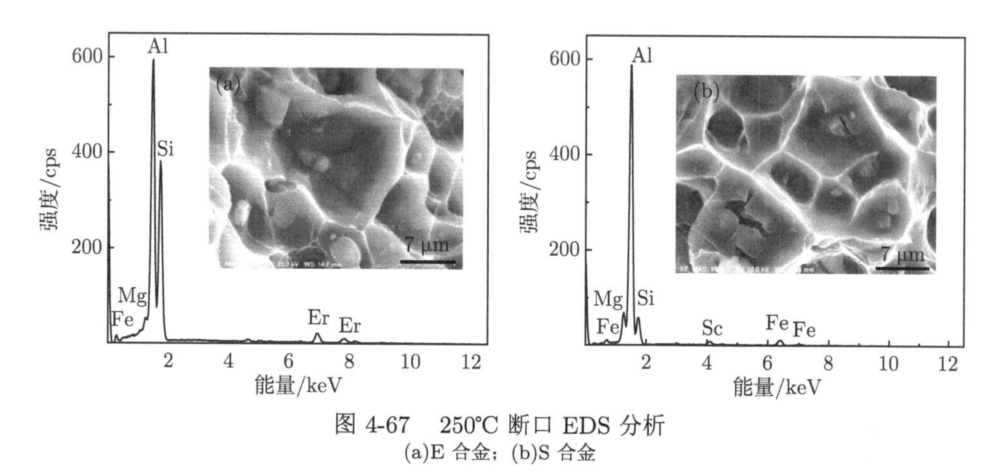

图 4-67　250℃ 断口 EDS 分析

(a)E 合金；(b)S 合金

图 4-68 为 A、E、S 合金不同温度下拉伸残余试样夹持端的金相组织，可以看出三种合金的共晶硅相充分球化，随着温度的升高，共晶硅相未发生团聚和长大，

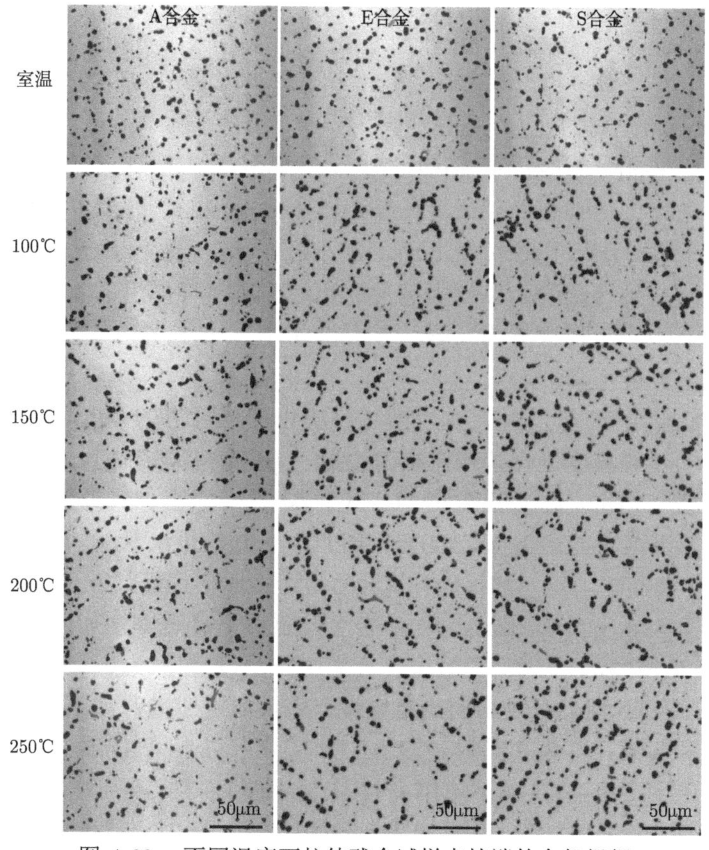

图 4-68　不同温度下拉伸残余试样夹持端的金相组织

由 4.1.5 节可知，合金中的 Mg_2Si 相随着温度的升高逐渐长大。图 4-69 为 E、S 合金在 250℃ 残余试样的 SEM 图及 EDS 结果，可以看出 E 合金中亮白颗粒为 Al_3Er 相，尺寸为 2~3μm，与室温时相比尺寸未发生长大 (图 4-62(a))；在 S 合金 250℃ 的残余试样中观察到含有 Sc、Fe、Mg、Si、Al 的相 (即 $Al_{12}Si_6Fe_2(Mg, Sc)_5$)，其尺寸与室温相比也未发生明显长大。

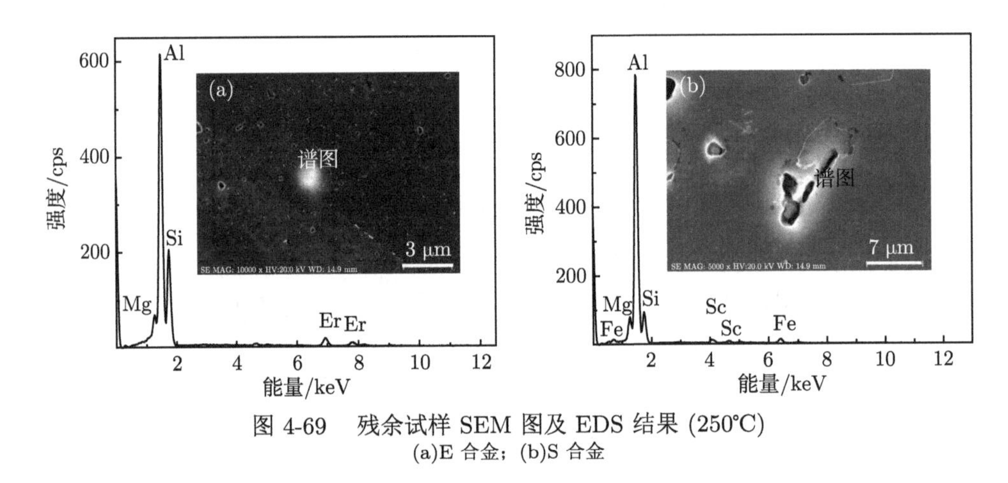

图 4-69　残余试样 SEM 图及 EDS 结果 (250℃)
(a)E 合金；(b)S 合金

高温力学性能主要取决于基体中第二相的固溶和析出强化以及晶界的第二相强化。在较低温度，合金的变形主要受位错运动控制，随着温度的升高，受扩散控制的晶界滑移逐渐取代了位错运动，并开始主导合金的变形过程。因此，随着温度的升高，三种合金的断口均由韧性的穿晶断裂特征向沿晶断裂特征转变。随着温度的升高，原子扩散能力增强，界面滑动能力加强，阻碍位错能力降低，使得合金的力学性能下降。

ZL114A 合金是通过固溶 + 时效过程析出的亚稳态的 Mg_2Si 相提高合金的强度，在低于时效温度进行拉伸实验 (室温、100℃、150℃) 时，合金的软化机制以析出相的粗化为主，此亚稳态的 Mg_2Si 颗粒长大过程缓慢，因此合金的强度下降较慢。当温度高于时效温度 (200℃、250℃) 进行拉伸实验时，并在拉伸前暴露了 30min，合金发生了短暂的过时效，析出相粗化速率提高，加快了亚稳态 Mg_2Si 相长大为粗 β-Mg_2Si 平衡相，因此 A 合金的强度下降速率增加。

与 A 合金相比，E 合金、S 合金在高温时的下降幅度较小。这是由于 Er 的添加，形成的 Al_3Er 相具有较高的热稳定性，在短时过时效温度下 (200℃、250℃) 未发生粗化和长大，富集在晶界处的 Al_3Er 起到了晶界第二相强化的作用，在拉伸过程中可起到阻止晶界滑移的作用，因此添加 Er 的 E 合金具有更优异的高温性能稳定性。在 ZL114A 中添加 Sc，可以与 Fe 作用形成含 Sc 的 Fe 相 (如 $Al_{12}Si_6Fe_2(Mg, Sc)_5$)，在高温拉伸过程中，该相起到第二相强化作用，然而 S 合金室温下，未发现 Al_3Sc 相，这是由于 T6 热处理的时效制度 (175℃/4h) 不足以诱导 Al_3Sc 的析出，而在 250℃ 暴露一段时间后可以大量析出 30nm 的球形 Al_3Sc 相，在拉伸过程中阻止了位错迁移和运动，提高了合金的高温稳定性。与 Er 相比，添加 Sc 对提高 WAAM ZL114A 合金高温稳定性的作用更明显。

4.3 Al-Si 二元系降温过程的非平衡态热力学

4.3.1 Al-Si 二元系降温过程的热力学

图 4-70 是 Al-Si 二元系相图。在恒压条件下，物质组成点为 P 的 Al-Si 溶液降温凝固。

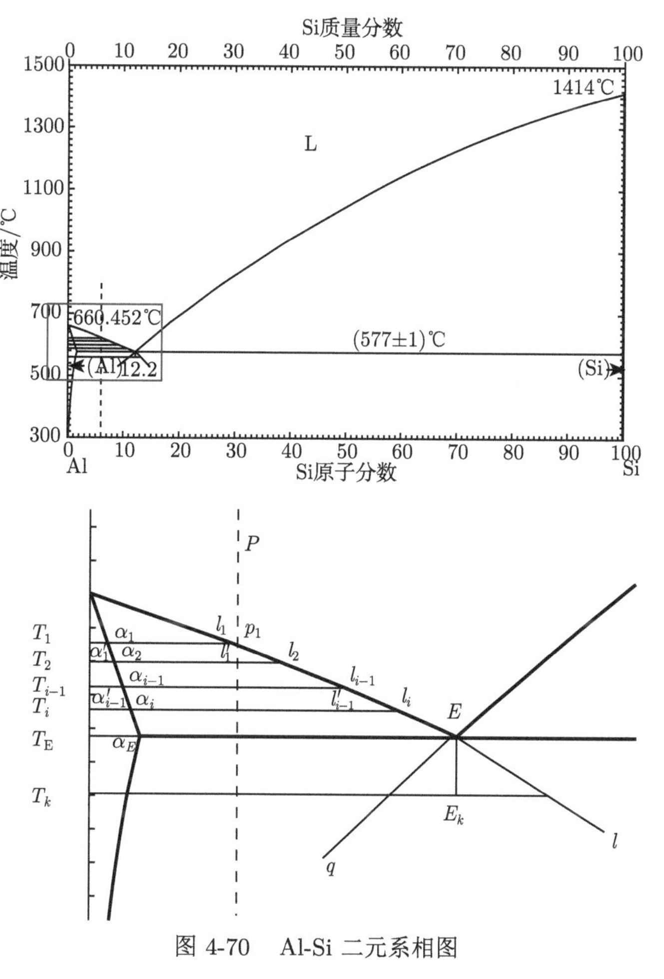

图 4-70 Al-Si 二元系相图

Al-Si 溶液降温。在温度 T_1，物质组成点到达液相线上的 P_1 点，也是平衡液相组成的 l_1 点，两者重合。有

$$\alpha_1 \rightleftharpoons l_1$$

即

$$(\alpha_1)_{l_1} = (\alpha_1)_{饱} \rightleftharpoons \alpha_1$$

或

$$(\mathrm{Si})_{l_1} \rightleftharpoons (\mathrm{Si})_{\alpha_1}$$

该过程的摩尔吉布斯自由能变化为零。继续降温至 T_2，在温度刚降至 T_2，溶液 l_1 还未来得及析出固相组元 α_1 或 Al 和 Si 时，液相组成未变，但已由组元 α_1 饱和的 l_1 变成组元 α_1 过饱和的 l_1'，析出固相 α_1 或 Al 和 Si。有

$$(\alpha_1)_{l_1'} = (\alpha_1)_{过饱} = \alpha_1$$

即

$$(\mathrm{Al})_{i_1'} = (\mathrm{Al})_{\alpha_1}$$

$$(\mathrm{Si})_{l_1'} = (\mathrm{Si})_{\alpha_1}$$

上式表示，组元 Al 和 Si 从 l_1' 进入 α_1，一直到 l_1' 成为 l_2。溶液由入 α_1 的过饱和转变为 α_2 的饱和，液固两相达到新的平衡。有

$$\alpha_2 \rightleftharpoons l_2$$

$$(\alpha_2)_{l_2} = (\alpha_2)_{饱} \rightleftharpoons \alpha_2$$

即

$$(\mathrm{Al})_{l_2} \rightleftharpoons (\mathrm{Al})_{\alpha_2}$$

$$(\mathrm{Si})_{l_2} \rightleftharpoons (\mathrm{Si})_{\alpha_2}$$

以纯固溶体 α_1 或纯固态组元 Al 和 Si 为标准状态，浓度以摩尔分数表示，在温度 T_2，析晶过程的摩尔吉布斯自由能变化为

$$\begin{aligned}
\Delta G_{\mathrm{m},\alpha_1} &= \mu_{\alpha_1(晶体)} - \mu_{(\alpha_1)_{过饱}} \\
&= \mu_{\alpha_1(晶体)} - \mu_{(\alpha_1)_{l_1'}} \\
&= -RT \ln a^{\mathrm{R}}_{(\alpha_1)_{过饱}} \\
&= -RT \ln a^{\mathrm{R}}_{(\alpha_1)_{l_1'}}
\end{aligned}$$

式中，

$$\mu_{\alpha_1(\text{晶体})} = \mu^*_{\alpha_1(\text{晶体})}$$

$$\begin{aligned}\mu_{(\alpha_1)_{\text{过饱}}} &= \mu^*_{\alpha_1(\text{晶体})} + RT\ln a^{\mathrm{R}}_{(\alpha_1)_{\text{过饱}}} \\ &= \mu^*_{\alpha_1(\text{晶体})} + RT\ln a^{\mathrm{R}}_{(\alpha_1)_{l'_1}}\end{aligned}$$

及

$$\begin{aligned}\Delta G_{\mathrm{m,Al}} &= \mu_{(\mathrm{Al})_{\alpha_1}} - \mu_{(\mathrm{Al})_{l'_1}} \\ &= RT\ln\frac{a^{\mathrm{R}}_{(\mathrm{Al})_{\alpha_1}}}{a^{\mathrm{R}}_{(\mathrm{Al})_{l'_1}}} \\ \Delta G_{\mathrm{m,Si}} &= \mu_{(\mathrm{Si})_{\alpha_1}} - \mu_{(\mathrm{Si})_{l'_1}} \\ &= RT\ln\frac{a^{\mathrm{R}}_{(\mathrm{Si})_{\alpha_1}}}{a^{\mathrm{R}}_{(\mathrm{Si})_{l'_1}}}\end{aligned}$$

式中，

$$\begin{aligned}\mu_{(\mathrm{Al})_{\alpha_1}} &= \mu^*_{\mathrm{Al}(\text{晶体})} + RT\ln a^{\mathrm{R}}_{(\mathrm{Al})_{\alpha_1}} \\ \mu_{(\mathrm{Al})_{l'_1}} &= \mu^*_{\mathrm{Al}(\text{晶体})} + RT\ln a^{\mathrm{R}}_{(\mathrm{Al})_{l'_1}} \\ \mu_{(\mathrm{Si})_{\alpha_1}} &= \mu^*_{\mathrm{Si}(\text{晶体})} + RT\ln a^{\mathrm{R}}_{(\mathrm{Si})_{l'_1}} \\ \mu_{(\mathrm{Si})_{l'_1}} &= \mu^*_{\mathrm{Si}(\text{晶体})} + RT\ln a^{\mathrm{R}}_{(\mathrm{Si})_{l'_1}} \\ \Delta G_{\mathrm{m},\alpha_1} &= x_{\mathrm{Al}}\Delta G_{\mathrm{m,Al}} + x_{\mathrm{Si}}\Delta G_{\mathrm{m,\,Si}} \\ &= RT\left[x_{\mathrm{Al}}\ln\frac{a^{\mathrm{R}}_{(\mathrm{Al})_{\alpha_1}}}{a^{\mathrm{R}}_{(\mathrm{Al})_{l'_1}}} + x_{\mathrm{Si}}\ln\frac{a^{\mathrm{R}}_{(\mathrm{Si})_{\alpha_1}}}{a^{\mathrm{R}}_{(\mathrm{Si})_{l'_1}}}\right]\end{aligned}$$

或者，

$$\begin{aligned}\Delta G_{\mathrm{m},\alpha_1}(T_2) &= G_{\mathrm{m},\alpha_1}(T_2) - \bar{G}_{\mathrm{m},(\alpha_1)_{l'_1}}(T_2) \\ &= [H_{\mathrm{m},\alpha_1}(T_2) - T_2S_{\mathrm{m},\alpha_1}(T_2)] - \left[\bar{H}_{\mathrm{m},(\alpha_1)_{l'_1}}(T_2) - T_2\bar{S}_{\mathrm{m},(\alpha_1)_{l'_1}}(T_2)\right] \\ &= \left[H_{\mathrm{m},\alpha_1}(T_2) - \bar{H}_{\mathrm{m},(\alpha_1)_{l'_1}}(T_2)\right] - T_2\left[S_{\mathrm{m},\alpha_1}(T_2) - \bar{S}_{\mathrm{m},(\alpha_1)_{l'_1}}(T_2)\right] \\ &= \Delta H_{\mathrm{m},\alpha_1}(T_2) - T_2\Delta S_{\mathrm{m},\alpha_1}(T_2) \\ &\approx \Delta H_{\mathrm{m},\alpha_1}(T_1) - T_2\Delta S_{\mathrm{m},\alpha_1}(T_1) \\ &= \Delta H_{\mathrm{m},\alpha_1}(T_1) - T_2\frac{\Delta H_{\mathrm{m},\alpha_1}(T_1)}{T_1} \\ &= \frac{\theta_{\alpha_1,T_2}\Delta H_{\mathrm{m},\alpha_1}(T_1)}{T_1} \\ &= \eta_{\alpha_1,T_2}\Delta H_{\mathrm{m},\alpha_1}(T_1)\end{aligned}$$

同理,

$$\Delta G_{\mathrm{m,Al}}(T_2)=\frac{\theta_{\mathrm{Al},T_2}\Delta H_{\mathrm{m,Al}}(T_1)}{T_1}=\eta_{\mathrm{Al},T_2}\Delta H_{\mathrm{m,Al}}(T_1)$$

$$\Delta G_{\mathrm{m,Si}}(T_2)=\frac{\theta_{\mathrm{Si},T_2}\Delta H_{\mathrm{m,Si}}(T_1)}{T_1}=\eta_{\mathrm{Si}}\Delta H_{\mathrm{m,Si}}(T_2)$$

式中,

$$\Delta G_{\mathrm{m},\alpha_1}(T_2)=x_{\mathrm{Al}}\Delta G_{\mathrm{m,Al}}(T_2)+x_{\mathrm{Si}}\Delta G_{\mathrm{m,Si}}(T_2)$$

$$\theta_{\alpha_1,T_2}=\theta_{\mathrm{Al},T_2}=\theta_{\mathrm{Si},T_2}=T_1-T_2$$

$$\eta_{\alpha_1,T_2}=\eta_{\mathrm{Al},T_2}=\eta_{\mathrm{Si},T_2}=\frac{T_1-T_2}{T_1}$$

继续降温,重复以上过程。温度从 T_2 到 T_E,降温析晶过程可以统一描述如下。在温度 T_{i-1},液固两相达成平衡,有

$$l_{i-1}\rightleftharpoons\alpha_{i-1}$$

即

$$(\alpha_{i-1})_{l_{i-1}}\equiv(\alpha_{i-1})_{饱}\rightleftharpoons\alpha_{i-1}$$

或

$$(\mathrm{Al})_{l_{i-1}}\rightleftharpoons(\mathrm{Al})_{\alpha_{i-1}}$$

$$(\mathrm{Si})_{l_{i-1}}\rightleftharpoons(\mathrm{Si})_{\alpha_{i-1}}$$

温度降至 T_i。温度刚降至 T_i,还未来得及析出固相组元 α_{i-1} 或 Al 和 Si 时,液相组成未变,但已由组元 α_{i-1} 饱和的 l_{i-1} 变成组元 α_{i-1} 过饱和的 l'_{i-1},析出固相 α_{i-1} 或 Al 和 Si。有

$$(\alpha_{i-1})_{l'_{i-1}}\equiv(\alpha_{i-1})_{过饱}=\alpha_{i-1}$$

或

$$(\mathrm{Al})_{l'_{i-1}}=(\mathrm{Al})_{\alpha_{i-1}}$$

$$(\mathrm{Si})_{l'_{i-1}}=(\mathrm{Si})_{\alpha_{i-1}}$$

以纯固态 α_{i-1} 和纯固态组元 A1 和 Si 为标准状态, 浓度以摩尔分数表示, 在温度 T_i, 析晶过程的摩尔吉布斯自由能变化为

$$\begin{aligned}\Delta G_{\mathrm{m},\alpha_{i-1}} &= \mu_{\alpha_{i-1}(\text{晶体})} - \mu_{(\alpha_{i-1})_{\text{过饱}}} \\ &= \mu_{\alpha_{i-1}(\text{晶体})} - \mu_{(\alpha_{i-1})_{l'_{i-1}}} \\ &= -RT\ln a^{\mathrm{R}}_{(\alpha_{i-1})_{\text{过饱}}} \\ &= -RT\ln a^{\mathrm{R}}_{(\alpha_{i-1})_{l'_{i-1}}}\end{aligned}$$

式中,

$$\begin{aligned}\mu_{\alpha_{i-1}(\text{晶体})} &= \mu^*_{\alpha_{i-1}(\text{晶体})} \\ \mu_{(\alpha_{i-1})_{\text{过饱}}} &= \mu^*_{\alpha_{i-1}(\text{晶体})} + RT\ln a^{\mathrm{R}}_{(\alpha_{i-1})_{\text{过饱}}} \\ \mu_{(\alpha_{i-1})_{l'_{i-1}}} &= \mu^*_{\alpha_{i-1}(\text{晶体})} + RT\ln a^{\mathrm{R}}_{(\alpha_{i-1})_{l'_{i-1}}} \\ \Delta G_{\mathrm{m,Al}} &= \mu_{(\mathrm{Al})_{\alpha_{i-1}}} - \mu_{(\mathrm{Al})_{l'_{i-1}}} \\ &= RT\ln\frac{a^{\mathrm{R}}_{(\mathrm{Al})_{\alpha_{i-1}}}}{a^{\mathrm{R}}_{(\mathrm{Al})_{l'_{i-1}}}} \\ \Delta G_{\mathrm{m,Si}} &= \mu_{(\mathrm{Si})_{\alpha_{i-1}}} - \mu_{(\mathrm{Si})_{l'_{i-1}}} \\ &= RT\ln\frac{a^{\mathrm{R}}_{(\mathrm{Si})_{\alpha_{i-1}}}}{a^{\mathrm{R}}_{(\mathrm{Si})_{l'_{i-1}}}}\end{aligned}$$

式中,

$$\begin{aligned}\mu_{(\mathrm{Al})_{\alpha_{i-1}}} &= \mu^*_{\mathrm{Al}} + RT\ln a^{\mathrm{R}}_{(\mathrm{Al})_{\alpha_{i-1}}} \\ \mu_{(\mathrm{Al})_{l'_{i-1}}} &= \mu^*_{\mathrm{Al}} + RT\ln a^{\mathrm{R}}_{(\mathrm{Al})_{l'_{i-1}}} \\ \mu_{(\mathrm{Si})_{\alpha_{i-1}}} &= \mu^*_{\mathrm{Si}} + RT\ln a^{\mathrm{R}}_{(\mathrm{Si})_{\alpha_{i-1}}} \\ \mu_{(\mathrm{Si})_{l'_{i-1}}} &= \mu^*_{\mathrm{Si}} + RT\ln a^{\mathrm{R}}_{(\mathrm{Si})_{l'_{i-1}}} \\ \Delta G_{\mathrm{m},\alpha_{i-1}} &= x_{\mathrm{Al}}\Delta G_{\mathrm{m,Al}} + x_{\mathrm{Si}}\Delta G_{\mathrm{m,Si}}\end{aligned}$$

或者如下计算

$$\begin{aligned}\Delta G_{\mathrm{m},\alpha_{i-1}}(T_i) &= \frac{\theta_{\alpha_{i-1},T_i}\Delta H_{\mathrm{m},\alpha_{i-1}}(T_{i-1})}{T_{i-1}} \\ &= \eta_{\alpha_{i-1},T_i}\Delta H_{\mathrm{m},\alpha_{i-1}}(T_{i-1})\end{aligned}$$

$$\begin{aligned}\Delta G_{\mathrm{m,Al}}(T_i) &= \frac{\theta_{\mathrm{Al},T_i}\Delta H_{\mathrm{m,Al}}(T_{i-1})}{T_{i-1}} \\ &= \eta_{\mathrm{Al},T_i}\Delta H_{\mathrm{m,Al}}(T_{i-1}) \\ \Delta G_{\mathrm{m,Si}}(T_i) &= \frac{\theta_{\mathrm{Si},T_i}\Delta H_{\mathrm{m,Si}}(T_{i-1})}{T_{i-1}} \\ &= \eta_{\mathrm{Si},T_i}\Delta H_{\mathrm{m,Si}}(T_{i-1})\end{aligned}$$

有

$$\Delta G_{\mathrm{m},\alpha_{i-1}}(T_i) = x_A\Delta G_{\mathrm{m,Al}}(T_i) + x_B\Delta G_{\mathrm{m,Si}}(T_i)$$

式中，

$$\theta_{\alpha_{i-1},T_i} = \theta_{(\mathrm{Al})_{\alpha_{i-1}}T_i} = \theta_{(\mathrm{Si})_{\alpha_{i-1}}T_i} = T_{i-1} - T_i$$
$$\eta_{\alpha_{i-1},T_i} = \eta_{(\mathrm{Al})_{\alpha_{i-1}}T_i} = \eta_{(\mathrm{Si})_{\alpha_{i-1}}T_i} = \frac{T_{i-1} - T_i}{T_{i-1}}$$

直至 l'_{i-1} 成为 l_i, 溶液由 α_{i-1} 的过饱和变成 α_i 的饱和, 液固两相达成新的平衡, 有

$$l_i \rightleftharpoons \alpha_i$$
$$(\alpha_i)_{l_i} = (\alpha_i)_{\text{饱}} \rightleftharpoons \alpha_i$$

即

$$(\mathrm{Al})_{l_i} \rightleftharpoons (\mathrm{Al})_{\alpha_i}$$
$$(\mathrm{Si})_{l_i} \rightleftharpoons (\mathrm{Si})_{\alpha_i}$$

温度降至 T_E 。液相为 $E(\mathrm{l})$ 是固溶体 α_E 和 Si 的饱和溶液, 三相平衡共存, 有

$$E(\mathrm{l}) \rightleftharpoons \alpha_E + \mathrm{Si}$$

即

$$(\alpha_E)_{E(\mathrm{l})} = (\alpha_E)_{\text{饱}} \rightleftharpoons \alpha_E$$
$$(\mathrm{Si})_{E(\mathrm{l})} = (\mathrm{Si})_{\text{饱}} \rightleftharpoons \mathrm{Si}$$

或

$$(\mathrm{Al})_{E(\mathrm{l})} = (\mathrm{Al})_{\alpha_E} \rightleftharpoons \mathrm{Al}$$
$$(\mathrm{Si})_{E(\mathrm{l})} = (\mathrm{Si})_{\alpha_E} \rightleftharpoons \mathrm{Si}$$

温度降到 T_E 以下，降至 T_k。在温度 T_k 时，固相组元 α_E 的平衡相为 q_k，固相组元 Si 的平衡相为 l_k 。温度刚降到 T_k，还未来得及析出固相组元 α_E 和 Si

时，溶体 $E(\mathrm{l})$ 的组成未变，但已由组元 α_E 和 Si 饱和的溶体 $E(\mathrm{l})$ 变成组元 α_E 和 Si 过饱和的溶体 $E_k(\mathrm{l})$ 。析出固相组元 α_E 和 Si。

1. 组元 α_E 和 Si 同时析出

$$E_k(\mathrm{l}) = \alpha_E(\mathrm{s}) + \mathrm{Si}(\mathrm{s})$$

即

$$(\alpha_E)_{\text{过饱}} \equiv (\alpha_E)_{E_k(\mathrm{l})} = \alpha_E(\mathrm{s})$$

$$(\mathrm{Si})_{\text{过饱}} \equiv (\mathrm{Si})_{E_k(\mathrm{l})} = \mathrm{Si}(\mathrm{s})$$

组元 α_E 和 Si 同时析出, 可以保持 $E_k(\mathrm{l})$ 组成不变, 析出的组元 α_E 和 Si 均匀混合。

组元 α_E 和 Si 以及溶体中的组元 α_E 和 Si 都以其纯固态为标准状态。该过程的摩尔吉布斯自由能变化如下：

$$\begin{aligned}
\Delta G_{\mathrm{m},\alpha_E} &= \mu_{\alpha_E(\mathrm{s})} - \mu_{(\alpha_E)_{\text{过饱}}} \\
&= \mu_{\alpha_E(\mathrm{s})} - \mu_{(\alpha_E)_{E_k(\mathrm{l})}} \\
&= -RT\ln a^{\mathrm{R}}_{(\alpha_E)_{\text{过饱}}} = -RT\ln a^{\mathrm{R}}_{(\alpha_E)_{E_k(\mathrm{l})}} \\
\Delta G_{\mathrm{m,Si}} &= \mu_{\mathrm{Si(s)}} - \mu_{(\mathrm{Si})_{\text{过饱}}} \\
&= \mu_{\mathrm{Si(s)}} - \mu_{(\mathrm{Si})_{E_k(\mathrm{l})}} \\
&= -RT\ln a^{\mathrm{R}}_{(\mathrm{Si})_{\text{过饱}}} = -RT\ln a^{\mathrm{R}}_{(\mathrm{Si})_{E_k(\mathrm{l})}}
\end{aligned}$$

式中，

$$\mu_{\alpha_E(\mathrm{s})} = \mu^*_{\alpha_E(\mathrm{s})}$$

$$\mu_{(\alpha_E)_{\text{过饱}}} = \mu_{(\alpha_E)_{E_k(\mathrm{l})}} = \mu^*_{\alpha_E(\mathrm{s})} + RT\ln a^{\mathrm{R}}_{(\alpha_E)_{\text{过饱}}} = \mu^*_{\alpha_E(\mathrm{s})} + RT\ln a^{\mathrm{R}}_{(\alpha_E)_{E_k(\mathrm{l})}}$$

$$\mu_{\mathrm{Si(s)}} = \mu^*_{\mathrm{Si(s)}}$$

$$\mu_{(\mathrm{Si})_{\text{过饱}}} = \mu_{(\mathrm{Si})_{E_k(\mathrm{l})}} = \mu^*_{\mathrm{Si(s)}} + RT\ln a^{\mathrm{R}}_{(\mathrm{Si})_{\text{过饱}}} = \mu^*_{\mathrm{Si(s)}} + RT\ln a^{\mathrm{R}}_{(\mathrm{Si})_{E_k(\mathrm{l})}}$$

或者

$$\Delta G_{\mathrm{m},\alpha_E}(T_k) = \frac{\theta_{\alpha_E,T_k}\Delta H_{\mathrm{m},\alpha_E}(T_E)}{T_E} = \eta_{\alpha_E,T_k}\Delta H_{\mathrm{m},\alpha_E}(T_E)$$

$$\Delta G_{\mathrm{m,Si}}(T_k) = \frac{\theta_{\mathrm{Si},T_k}\Delta H_{\mathrm{m,Si}}(T_E)}{T_E} = \eta_{\mathrm{Si},T_k}\Delta H_{\mathrm{m,Si}}(T_E)$$

式中，

$$\theta_{\alpha_E,T_k} = \theta_{\mathrm{Si},T_k} = T_E - T_k$$

$$\eta_{\alpha_E,T_k} = \eta_{\mathrm{Si},T_k} = \frac{T_E - T_k}{T_E}$$

$$\Delta H_{\mathrm{m},\alpha_E}(T_E) = H_{\mathrm{m},\alpha_E(\mathrm{s})}(T_E) - \bar{H}_{\mathrm{m},(\alpha_E)_{饱}}(T_E)$$

$$\Delta H_{\mathrm{m,Si}}(T_E) = H_{\mathrm{m,Si(s)}}(T_E) - \bar{H}_{\mathrm{m,(Si)}_{饱}}(T_E)$$

2. 组元 α_E 先析出, 组元 Si 后析出

组元 α_E 先析出，有

$$(\alpha_E)_{过饱} = (\alpha_E)_{E_k(\mathrm{l})} = \alpha_E(\mathrm{s})$$

随着组元 α_E 的析出 (s 表示固体)，组元 Si 的过饱和程度增大, 溶体 $E_k(\mathrm{l})$ 的组成偏离共晶点 $E(\mathrm{l})$ 的组成，向组元 α_E 的平衡相 q_k 靠近, 以 q'_k 表示。达到一定程度后, 组元 Si 析出，有

$$(\mathrm{Si})_{过饱} = (\mathrm{Si})_{q'_k} = \mathrm{Si(s)}$$

随着组元 Si 的析出, 组元 α_E 的过饱和程度增大, 溶体的组成向组元 Si 的平衡相 l_k 靠近, 以 l'_k 表示。达到一定程度, 组元 α_E 又析出。可以表示为

$$(\alpha_E)_{过饱} = (\alpha_E)_{E_k(\mathrm{l})} = \alpha_E(\mathrm{s})$$

组元 α_E 和组元 Si 交替析出, 如此循环。析出的组元 α_E 和组元 Si 分别聚集。以纯固态组元 α_E 为标准状态，浓度以摩尔分数表示，析出组元 α_E 的摩尔吉布斯自由能变化为

$$\begin{aligned}\Delta G_{\mathrm{m},\alpha_E} &= \mu_{\alpha_E(\mathrm{s})} - \mu_{(\alpha_E)_{过饱}} \\ &= \mu_{\alpha_E(\mathrm{s})} - \mu_{(\alpha_E)_{E_k(\mathrm{l})}} \\ &= -RT\ln a^{\mathrm{R}}_{(\alpha_E)_{过饱}} = -RT\ln a^{\mathrm{R}}_{(\alpha_E)_{E_k(\mathrm{l})}}\end{aligned}$$

式中，

$$\mu_{\alpha_E(\mathrm{s})} = \mu^*_{\alpha_E(\mathrm{s})}$$

$$\mu_{(\alpha_E)_{过饱}} = \mu_{(\alpha_E)_{E_k(\mathrm{l})}} = \mu^*_{\alpha_E(\mathrm{s})} + RT\ln a^{\mathrm{R}}_{(\alpha_E)_{过饱}} = \mu^*_{\alpha_E(\mathrm{s})} + RT\ln a^{\mathrm{R}}_{(\alpha_E)_{E_k(\mathrm{l})}}$$

以纯固态组元 Si 为标准状态, 浓度以摩尔分数表示，析出组元 Si 的摩尔吉布斯自由能变化为

$$\begin{aligned}\Delta G_{\mathrm{m,Si}} &= \mu_{\mathrm{Si(s)}} - \mu_{(\mathrm{Si})_{过饱}} \\ &= \mu_{\mathrm{Si(s)}} - \mu_{(\mathrm{Si})_{q'_k}} \\ &= -RT\ln a^{\mathrm{R}}_{(\mathrm{Si})_{过饱}} = -RT\ln a^{\mathrm{R}}_{(\mathrm{Si})_{q'_k}}\end{aligned}$$

式中，

$$\mu_{\mathrm{Si(s)}} = \mu^{*}_{\mathrm{Si(s)}}$$

$$\mu_{(\mathrm{Si})_{过饱}} = \mu_{(\mathrm{Si})_{q'_k}} = \mu^{*}_{\mathrm{Si(s)}} + RT\ln a^{\mathrm{R}}_{(\mathrm{Si})_{过饱}} = \mu^{*}_{\mathrm{Si(s)}} + RT\ln a^{\mathrm{R}}_{(\mathrm{Si})_{q'_k}}$$

$$\begin{aligned}\Delta G'_{\mathrm{m},\alpha_E} &= \mu_{\alpha_E(\mathrm{s})} - \mu_{(\alpha_E)_{过饱}} \\ &= \mu_{\alpha_E(\mathrm{s})} - \mu_{(\alpha_E)_{l'_k}} \\ &= -RT\ln a^{\mathrm{R}}_{(\alpha_E)_{过饱}} = -RT\ln a^{\mathrm{R}}_{(\alpha_E)_{l_k}}\end{aligned}$$

式中，

$$\mu_{\alpha_E(\mathrm{s})} = \mu^{*}_{\alpha_E(\mathrm{s})}$$

$$\mu_{(\alpha_E)_{过饱}} = \mu_{(\alpha_E)_{l'_k}} = \mu^{*}_{\alpha_E(\mathrm{s})} + RT\ln a^{\mathrm{R}}_{(\alpha_E)_{过饱}} = \mu^{*}_{\alpha_E(\mathrm{s})} + RT\ln a^{\mathrm{R}}_{(\alpha_E)_{l'_k}}$$

如此重复，直到降温。

或者

$$\Delta G_{\mathrm{m},\alpha_E}(T_k) = \frac{\theta_{\alpha_E,T_k}\Delta H_{\mathrm{m},\alpha_E}(T_E)}{T_E} = \eta_{\alpha_E,T_k}\Delta H_{\mathrm{m},\alpha_E}(T_E)$$

$$\Delta G_{\mathrm{m,Si}}(T_k) = \frac{\theta_{\mathrm{Si},T_k}\Delta H_{\mathrm{m,Si}}(T_E)}{T_E} = \eta_{\mathrm{Si},T_k}\Delta H_{\mathrm{m,Si}}(T_E)$$

$$\Delta G'_{\mathrm{m},\alpha_E}(T_k) = \frac{\theta_{\alpha_E,T_k}\Delta H_{\mathrm{m},\alpha_E}(T_E)}{T_E} = \eta_{\alpha_E,T_k}\Delta H'_{\mathrm{m},\alpha_E}(T_E)$$

式中，

$$\theta_{\alpha_E,T_k} = \theta_{\mathrm{Si},T_k} = T_E - T_k$$

$$\eta_{\alpha_E,T_k} = \eta_{\mathrm{Si},T_k} = \frac{T_E - T_k}{T_E}$$

$$\Delta H_{\mathrm{m},\alpha_E}(T_E) = H_{\mathrm{m},\alpha_E(\mathrm{s})}(T_E) - \bar{H}_{\mathrm{m},(\alpha_E)_{E(\mathrm{l})}}(T_E)$$

$$\Delta H_{\mathrm{m,Si}}(T_E) = H_{\mathrm{m,Si(s)}}(T_E) - \bar{H}_{\mathrm{m,(Si)}_{E(\mathrm{l})}}(T_E)$$

$$\Delta H'_{\mathrm{m},\alpha_E}(T_E) = H_{\mathrm{m},\alpha_E(\mathrm{s})}(T_E) - \bar{H}_{\mathrm{m},(\alpha_E)_{E(\mathrm{l})}}(T_E)$$

继续降低温度到 T_{k+1}，如果上面的反应没有进行完，就在温度 T_{k+1} 继续进行。重复在温度 T_k 的情况。直到固溶体 $E(l)$ 完全转化为固相组元 α_E 和 Si 。

4.3.2　凝固速率

1) 在温度 T_2

在压力恒定、温度为 T_2 的条件下，二元系 Al-Si 单位体积内析出组元 α_1 的速率为

$$\begin{aligned}\frac{\mathrm{d}n_{\alpha_1}}{\mathrm{d}t} &= -\frac{\mathrm{d}n_{(\alpha_1)}l_1'}{\mathrm{d}t} = j_{\alpha_1}\\ &= -l_1\left(\frac{A_{\mathrm{m},\alpha_1}}{T}\right) - l_2\left(\frac{A_{\mathrm{m},\alpha_1}}{T}\right)^2 - l_3\left(\frac{A_{\mathrm{m},\alpha_1}}{T}\right)^3 - \cdots\end{aligned}$$

式中，

$$A_{\mathrm{m},\alpha_1} = \Delta G_{\mathrm{m},\alpha_1}$$

2) 从温度 T_2 到 T_N

温度从 T_2 到 T_N, 在温度 $T_i(i=1,2,3,\cdots,N)$，单位体积内析晶速率为

$$\begin{aligned}\frac{\mathrm{d}n_{\alpha_{i-1}}}{\mathrm{d}t} &= -\frac{\mathrm{d}n_{(\alpha_{i-1})}l_{i-1}'}{\mathrm{d}t} = j_{\alpha_{i-1}}\\ &= -l_1\left(\frac{A_{\mathrm{m},\alpha_{i-1}}}{T}\right) - l_2\left(\frac{A_{\mathrm{m},\alpha_{i-1}}}{T}\right)^2 - l_3\left(\frac{A_{\mathrm{m},\alpha_{i-1}}}{T}\right)^3 - \cdots\end{aligned}$$

式中，

$$A_{\mathrm{m},\alpha_{i-1}} = \Delta G_{\mathrm{m},\alpha_{i-1}}$$

3) 温度低于 T_E

在温度 T_E 以下, 同时析出组元 α_E 和 Si 的晶体。不考虑耦合作用, 在温度 T_k，析晶速率为

$$\begin{aligned}\frac{\mathrm{d}n_{\alpha_E}}{\mathrm{d}t} &= -\frac{\mathrm{d}n_{(\alpha_E)_{E_k(l)}}}{\mathrm{d}t} = j_{\alpha_E}\\ &= -l_1\left(\frac{A_{\mathrm{m},\alpha_E}}{T}\right) - l_2\left(\frac{A_{\mathrm{m},\alpha_E}}{T}\right)^2 - l_3\left(\frac{A_{\mathrm{m},\alpha_E}}{T}\right)^3 - \cdots\end{aligned}$$

$$\begin{aligned}\frac{\mathrm{d}n_{\mathrm{Si}}}{\mathrm{d}t} &= -\frac{\mathrm{d}n_{(\mathrm{Si})_{E_k(l)}}}{\mathrm{d}t} = j_{\alpha_E}\\ &= V\left[-l_1\left(\frac{A_{\mathrm{m,Si}}}{T}\right) - l_2\left(\frac{A_{\mathrm{m,Si}}}{T}\right)^2 - l_3\left(\frac{A_{\mathrm{m,Si}}}{T}\right)^3 - \cdots\right]\end{aligned}$$

考虑耦合作用，有

$$\begin{aligned}
\frac{\mathrm{d}n_{\alpha_E}}{\mathrm{d}t} &= -\frac{\mathrm{d}n_{(\alpha_E)_{E_k(1)}}}{\mathrm{d}t} = j_{\alpha_E} \\
&= -l_{11}\left(\frac{A_{\mathrm{m},\alpha_E}}{T}\right) - l_{12}\left(\frac{A_{\mathrm{m,Si}}}{T}\right) - l_{111}\left(\frac{A_{\mathrm{m},\alpha_E}}{T}\right)^2 \\
&\quad - l_{112}\left(\frac{A_{\mathrm{m},\alpha_E}}{T}\right)\left(\frac{A_{\mathrm{m,Si}}}{T}\right) - l_{122}\left(\frac{A_{\mathrm{m,Si}}}{T}\right)^2 \\
&\quad - l_{1111}\left(\frac{A_{\mathrm{m},\alpha_E}}{T}\right)^3 - l_{1112}\left(\frac{A_{\mathrm{m},\alpha_E}}{T}\right)^2\left(\frac{A_{\mathrm{m,Si}}}{T}\right) - l_{1122}\left(\frac{A_{\mathrm{m},\alpha_E}}{T}\right)\left(\frac{A_{\mathrm{m,Si}}}{T}\right)^2 \\
&\quad - l_{1222}\left(\frac{A_{\mathrm{m,Si}}}{T}\right)^3 - \cdots
\end{aligned}$$

$$\begin{aligned}
\frac{\mathrm{d}n_{\mathrm{Si}}}{\mathrm{d}t} &= -\frac{\mathrm{d}n_{(\mathrm{Si})_{E_k(1)}}}{\mathrm{d}t} = j_{\mathrm{Si}} \\
&= -l_{21}\left(\frac{A_{\mathrm{m},\alpha_E}}{T}\right) - l_{22}\left(\frac{A_{\mathrm{m,Si}}}{T}\right) - l_{211}\left(\frac{A_{\mathrm{m},\alpha_E}}{T}\right)^2 \\
&\quad - l_{212}\left(\frac{A_{\mathrm{m},\alpha_E}}{T}\right)\left(\frac{A_{\mathrm{m,Si}}}{T}\right) - l_{222}\left(\frac{A_{\mathrm{m,Si}}}{T}\right)^2 \\
&\quad - l_{2111}\left(\frac{A_{\mathrm{m},\alpha_E}}{T}\right)^3 - l_{2112}\left(\frac{A_{\mathrm{m},\alpha_E}}{T}\right)^2\left(\frac{A_{\mathrm{m,Si}}}{T}\right) - l_{2122}\left(\frac{A_{\mathrm{m},\alpha_E}}{T}\right)\left(\frac{A_{\mathrm{m,Si}}}{T}\right)^2 \\
&\quad - l_{2222}\left(\frac{A_{\mathrm{m,Si}}}{T}\right)^3 - \cdots
\end{aligned}$$

组元 α_E 先析出，组元 Si 后析出，有

$$\begin{aligned}
\frac{\mathrm{d}n_{\alpha_E}}{\mathrm{d}t} &= -\frac{\mathrm{d}n_{(\alpha_E)_{E_k(1)}}}{\mathrm{d}t} = j_{\alpha_E} \\
&= -l_1\left(\frac{A_{\mathrm{m},\alpha_E}}{T}\right) - l_2\left(\frac{A_{\mathrm{m},\alpha_E}}{T}\right)^2 - l_3\left(\frac{A_{\mathrm{m},\alpha_E}}{T}\right)^3 - \cdots
\end{aligned}$$

$$\begin{aligned}
\frac{\mathrm{d}n_{\mathrm{Si}}}{\mathrm{d}t} &= -\frac{\mathrm{d}n_{(\mathrm{Si})_{E_k(1)}}}{\mathrm{d}t} = j_{\mathrm{Si}} \\
&= -l_1\left(\frac{A_{\mathrm{m,Si}}}{T}\right) - l_2\left(\frac{A_{\mathrm{m,Si}}}{T}\right)^2 - l_3\left(\frac{A_{\mathrm{m,Si}}}{T}\right)^3 - \cdots
\end{aligned}$$

式中

$$A_{\mathrm{m},\alpha_E} = \Delta G_{\mathrm{m},\alpha_E}$$

$$A_{\mathrm{m,Si}} = \Delta G_{\mathrm{m,Si}}$$

4.4　Al-Si 二元系升温过程的非平衡态热力学

4.4.1　Al-Si 二元系升温过程的热力学

图 4-71 是 Al-Si 二元系相图。在恒压条件下, 物质组成点为 P 的 Al-Si 二元系升温。在温度 T_1, 物质组成点为 P_1 。P_1 在两相区内, 由 Si 饱和的 α_1 相与 Si 混合而成。

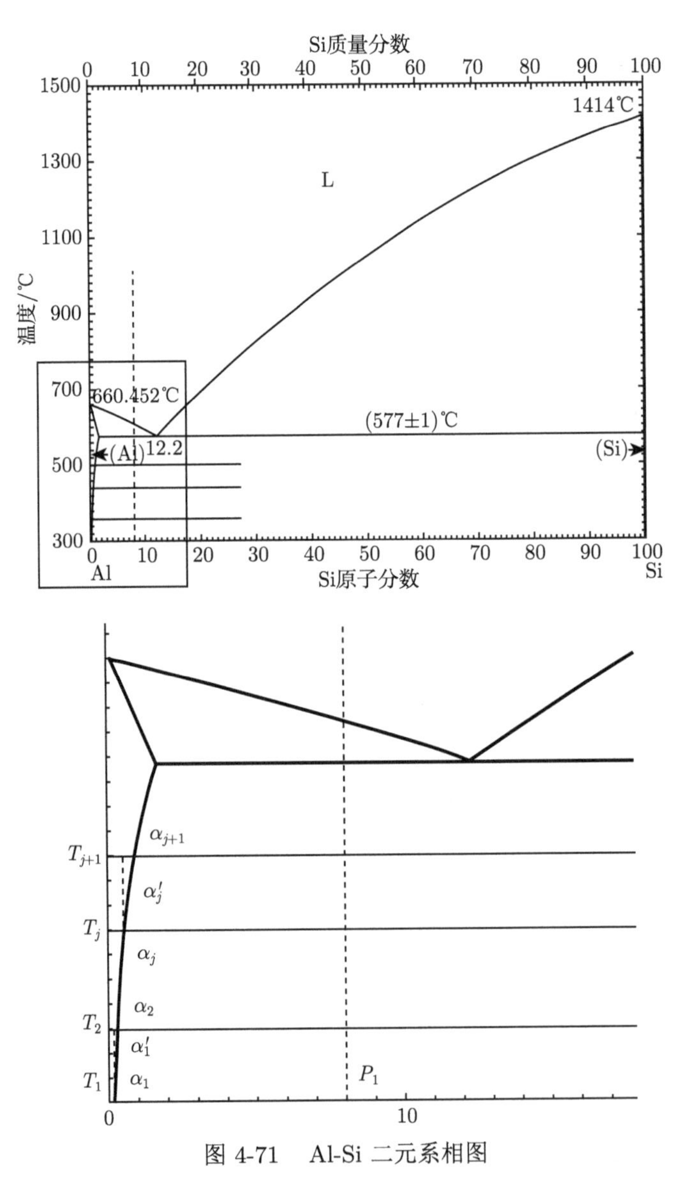

图 4-71　Al-Si 二元系相图

在温度 T_1，金属化合物 Si 与 α_1 达成平衡，有

$$\mathrm{Si} \rightleftharpoons \alpha_1$$

即

$$\mathrm{Si} \rightleftharpoons (\mathrm{Si})_{饱} = (\mathrm{Si})_{\alpha_1}$$

该过程的摩尔吉布斯自由能变化为零。

继续升高温度到 T_2。在温度刚升到 T_2，Si 还未来得及溶入 α_2 时，α_1 的组成未变。但已由 Si 饱和的 α_1 变成不饱和的 α_1'。Si 向 α_1' 中溶解，有

$$\mathrm{Si} = (\mathrm{Si})_{\alpha_1'} = (\mathrm{Si})_{不饱}$$

以纯固态 Si 为标准状态，浓度以摩尔分数表示，该过程的摩尔吉布斯自由能变化为

$$\begin{aligned}\Delta G_{\mathrm{m}} &= \mu_{(\mathrm{Si})_{\alpha_1'}} - \mu_{\mathrm{Si}} \\ &= \mu_{(\mathrm{Si})_{不饱}} - \mu_{\mathrm{Si}} \\ &= RT\ln a_{(\mathrm{Si})_{\alpha_1'}} \\ &= RT\ln a_{(\mathrm{Si})_{不饱}}\end{aligned}$$

式中，

$$\mu_{(\mathrm{Si})_{\alpha_1'}} = \mu_{\mathrm{Si}}^* + RT\ln a_{(\mathrm{Si})_{\alpha_1'}}$$

$$\mu_{(\mathrm{Si})_{不饱}} = \mu_{\mathrm{Si}}^* + RT\ln a_{(\mathrm{Si})_{不饱}}$$

$$\mu_{\mathrm{Si}} = \mu_{\mathrm{Si}}^*$$

直到 Si 与 α_2 相达到平衡，有

$$\mathrm{Si} \rightleftharpoons (\mathrm{Si})_{\alpha_2} = (\mathrm{Si})_{饱}$$

体系由 Si 和 Si 饱和的 α_2 相组成，其比例可由杠杆定则给出。

继续升高温度。从温度 T_2 到温度 T_E，Si 的溶解过程可以统一描述如下。

在温度 T_j，Si 在 α 相中的溶解达成平衡，有

$$\mathrm{Si} \rightleftharpoons (\mathrm{Si})_{\alpha_j} = (\mathrm{Si})_{饱}$$

继续升高温度到 T_{j+1}，在温度刚升到 T_{j+1}，Si 还未来得及溶入 α_j 时，α_j 的组成未变，但已由 Si 饱和的 α_j，变成 Si 不饱和的 α_j'。Si 向其中溶解，有

$$\mathrm{Si} = (\mathrm{Si})_{\alpha_j'} = (\mathrm{Si})_{不饱}$$

该过程的摩尔吉布斯自由能变化为

$$\begin{aligned}\Delta G_{\mathrm{m}} &= \mu_{(\mathrm{Si})_{\alpha'_j}} - \mu_{\mathrm{Si}} \\ &= \mu_{(\mathrm{Si})_{\text{不饱}}} - \mu_{\mathrm{Si}} \\ &= RT\ln a_{(\mathrm{Si})_{\alpha'_j}} \\ &= RT\ln a_{(\mathrm{Si})_{\text{不饱}}}\end{aligned}$$

式中，

$$\mu_{(\mathrm{Si})_{\alpha'_j}} = \mu^*_{\mathrm{Si}} + RT\ln a_{(\mathrm{Si})_{\alpha'_j}}$$

$$\mu_{(\mathrm{Si})_{\text{不饱}}} = \mu^*_{\mathrm{Si}} + RT\ln a_{(\mathrm{Si})_{\text{不饱}}}$$

直到溶解达成平衡，有

$$\mathrm{Si} \rightleftharpoons (\mathrm{Si})_{\alpha_{j+1}} \equiv (\mathrm{Si})_{\text{饱}}$$

体系由 Si 和 Si 饱和的 α_{j+1} 相组成，其比例可由杠杆定则给出。
继续升高温度，重复上述过程。

4.4.2　相变速率

1) 在温度 T_2

在恒压条件下，在温度 T_2 时，单位体积内的 Si 的溶解速率为

$$\begin{aligned}\frac{\mathrm{d}n_{(\mathrm{Si})_{\alpha'_1}}}{\mathrm{d}t} &= -\frac{\mathrm{d}n_{\mathrm{Si}}}{\mathrm{d}t} = j_{\mathrm{Si}} \\ &= -l_1\left(\frac{A_{\mathrm{m,Si}}}{T}\right) - l_2\left(\frac{A_{\mathrm{m,Si}}}{\mathrm{d}\tau}\right)^2 - l_3\left(\frac{A_{\mathrm{m,Si}}}{\mathrm{d}\tau}\right)^3 - \cdots\end{aligned}$$

2) 在温度 T_{j+1}

在恒压条件下，在温度 T_{j+1}，相变速率为

$$\begin{aligned}\frac{\mathrm{d}n_{(\mathrm{Si})_{\alpha'_j}}}{\mathrm{d}\tau} &= -\frac{\mathrm{d}n_{\mathrm{Si}}}{\mathrm{d}\tau} = j_{\mathrm{Si}} \\ &= -l_1\left(\frac{A_{\mathrm{m,Si}}}{T}\right) - l_2\left(\frac{A_{\mathrm{m,Si}}}{T}\right)^2 - l_3\left(\frac{A_{\mathrm{m,Si}}}{T}\right)^3 - \cdots\end{aligned}$$

式中，

$$A_{\mathrm{m,Si}} = \Delta G_{\mathrm{m,Si}}$$

4.5 Al-Si-Mg 三元系降温过程的非平衡态热力学

4.5.1 Al-Si-Mg 三元系降温过程的热力学

图 4-72 是 Al-Mg-Si 的三元合金相图。物质组成点为 M(Al-7Si-Mg) 的液相降温凝固。温度降到 T_1，物质组成点到达液相面 Al 的 M_1 点，其平衡液相组成为 l_1，和 M_1 点重合。l_1 是 Al 的饱和溶液，但尚无明显的固相 Al 析出。有

$$(\mathrm{Al})_{l_1} \equiv\!\equiv (\mathrm{Al})_{饱} \rightleftharpoons (\mathrm{Al})(\mathrm{s})$$

该过程的摩尔吉布斯自由能变化为零。

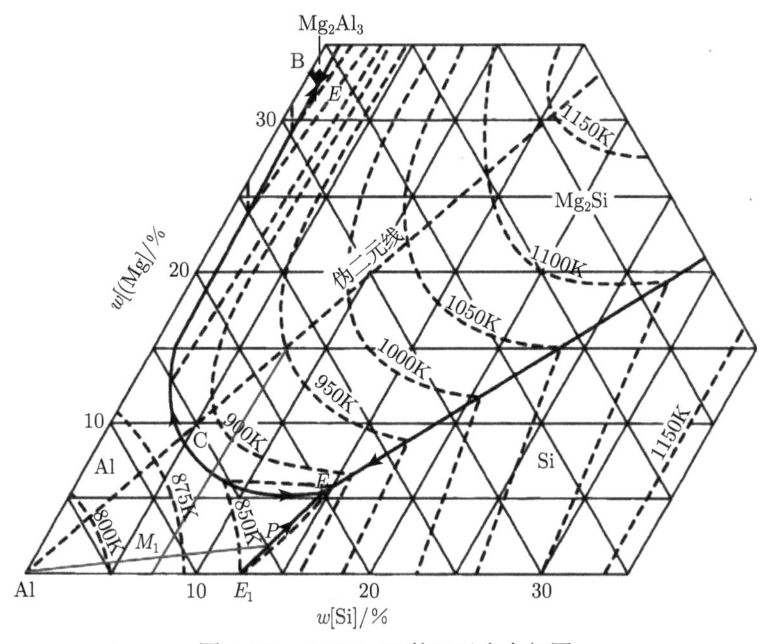

图 4-72 Al-Mg-Si 的三元合金相图

继续降温至 T_2。平衡液相组成为 l_2。在温度刚降到 T_2，还未来得及析出固体 Al 时，溶液组成未变。但已由 Al 的饱和溶液 l_1 变成 Al 的过饱和溶液 l_1'。析出固体 Al，即

$$(\mathrm{Al})_{l_1'} = (\mathrm{Al})_{过饱} = \mathrm{Al(s)}$$

以纯固态 Al 为标准状态，浓度以摩尔分数表示，析晶过程的摩尔吉布斯自由能变化为

$$\Delta G_{\mathrm{m,Al}} = \mu_{\mathrm{Al(s)}} - \mu_{(\mathrm{Al})_{l_1'}}$$

$$
\begin{aligned}
&= \Delta G_{\mathrm{m,Al}}^{*} - RT\ln a_{(\mathrm{Al})_{l_1'}} \\
&= -RT\ln a_{(\mathrm{Al})_{过饱}}^{\mathrm{R}} \\
&= -RT\ln a_{(\mathrm{Al})_{l_1'}}^{\mathrm{R}}
\end{aligned}
$$

式中，

$$
\begin{aligned}
\mu_{\mathrm{Al(s)}} &= \mu_{\mathrm{Al(s)}}^{*} \\
\mu_{(\mathrm{Al})_{l_1'}} &= \mu_{\mathrm{Al(s)}}^{*} + RT\ln a_{(\mathrm{Al})_{l_1'}}^{\mathrm{R}} \\
&= \mu_{\mathrm{Al(s)}}^{*} + RT\ln a_{(\mathrm{Al})_{过饱}}^{\mathrm{R}} \\
\Delta G_{\mathrm{m,Al}}^{*} &= \mu_{\mathrm{Al(s)}}^{*} - \mu_{\mathrm{Al(s)}}^{*} = 0
\end{aligned}
$$

固态的 Al 以纯固态为标准状态，溶液中的 Al 以纯液态 Al 为标准状态，则

$$
\begin{aligned}
\Delta G_{\mathrm{m,Al}} &= \mu_{\mathrm{Al(s)}} - \mu_{(\mathrm{Al})_{l_1'}} \\
&= \Delta G_{\mathrm{m,Al}}^{*} + RT\ln a_{(\mathrm{Al})_{l_1'}}^{\mathrm{R}}
\end{aligned}
$$

式中，

$$
\mu_{\mathrm{Al(s)}} = \mu_{\mathrm{Al(s)}}^{*}
$$

$$
\mu_{(\mathrm{Al})_{l_1'}} = \mu_{\mathrm{Al(l)}}^{*} + RT\ln a_{(\mathrm{Al})_{l_1'}}^{\mathrm{R}}
$$

$$
\Delta G_{\mathrm{m,Al}}^{*} = \mu_{\mathrm{Al(s)}}^{*} - \mu_{\mathrm{Al(l)}}^{*} = -\Delta_{\mathrm{fus}} G_{\mathrm{m,Al}}^{*}
$$

是 Al 的熔化自由能的负值。

或者如下计算

$$
\begin{aligned}
\Delta G_{\mathrm{m,Al}}(T_2) &= G_{\mathrm{m,Al(s)}}(T_2) - \bar{G}_{\mathrm{m,(Al)}_{l_1'}}(T_2) \\
&= \left[H_{\mathrm{m,Al(s)}}(T_2) - T_2 S_{\mathrm{m,Al(s)}}(T_2)\right] - \left[\bar{H}_{\mathrm{m,(Al)}_{l_1'}}(T_2) - T_2 \bar{S}_{\mathrm{m,(Al)}_{l_1'}}(T_2)\right] \\
&= \left[H_{\mathrm{m,Al(s)}}(T_2) - \bar{H}_{\mathrm{m,(Al)}_{l_1'}}(T_2)\right] - T_2\left[S_{\mathrm{m,Al(s)}}(T_2) - \bar{S}_{\mathrm{m,(Al)}_{l_1'}}(T_2)\right] \\
&= \Delta H_{\mathrm{m,Al}}(T_2) - T_2 \Delta S_{\mathrm{m,Al}}(T_2) \\
&\approx \Delta H_{\mathrm{m,Al}}(T_1) - T_2 \Delta S_{\mathrm{m,Al}}(T_1) \\
&= \Delta H_{\mathrm{m,Al}}(T_1) - T_2 \frac{\Delta H_{\mathrm{m,Al}}(T_1)}{T_1} \\
&= \frac{\theta_{\mathrm{Al},T_2} \Delta H_{\mathrm{m,Al}}(T_1)}{T_1} \\
&= \eta_{\mathrm{Al},T_2} \Delta H_{\mathrm{m,Al}}(T_1)
\end{aligned}
$$

式中，

$$\theta_{\mathrm{Al},T_2} = T_1 - T_2$$

为 Al 在温度 T_2 时的绝对饱和过冷度；

$$\eta_{\mathrm{Al},T_2} = \frac{T_1 - T_2}{T_1}$$

为 Al 在温度 T_2 时的相对饱和过冷度。

直到达成平衡，析晶停止，有

$$(\mathrm{Al})_{l_2} \equiv\equiv (\mathrm{Al})_{饱} \rightleftharpoons \mathrm{Al(s)}$$

式中，$(\mathrm{Al})_{l_2}$ 是在温度 T_2 时，液固两相平衡时的液相组成。

继续降低温度，从温度 T_1 到温度 T_P，析晶沿着 $\mathrm{Al}M_1$ 连线的延长线向 P 点移动，析晶过程可以统一描述如下。

在温度 T_{i-1} 时，液固两相达成平衡，有

$$(\mathrm{Al})_{l_{i-1}} \equiv\equiv (\mathrm{Al})_{饱} \rightleftharpoons \mathrm{Al(s)}$$

继续降低温度到 T_i，平衡液相组成为 l_i。在温度刚降到 T_i，溶液还未来得及析出固体 Al 时，溶液组成未变，但已由 Al 饱和的溶液 l_{i-1} 变成 Al 过饱和的溶液 l'_{i-1}，析出固体 Al。

$$(\mathrm{Al})_{l'_{i-1}} \equiv\equiv (\mathrm{Al})_{过饱} = \mathrm{Al(s)}$$

以纯固态 Al 为标准状态，浓度以摩尔分数表示，析晶过程的摩尔吉布斯自由能变化为

$$\begin{aligned}
\Delta G_{\mathrm{m,Al}} &= \mu_{\mathrm{Al(s)}} - \mu_{(\mathrm{Al})_{l'_{i-1}}} \\
&= \mu_{\mathrm{Al(s)}} - \mu_{(\mathrm{Al})_{过饱}} \\
&= \Delta G^*_{\mathrm{m,Al}} - RT\ln a_{(\mathrm{Al})_{l'_{i-1}}} \\
&= -RT\ln a^{\mathrm{R}}_{(\mathrm{Al})_{l'_{i-1}}} \\
&= -RT\ln a^{\mathrm{R}}_{(\mathrm{Al})_{过饱}}
\end{aligned}$$

式中，

$$\mu_{\mathrm{Al(s)}} = \mu^*_{\mathrm{Al(s)}}$$

$$\mu_{(\mathrm{Al})_{l'_{i-1}}} = \mu^*_{\mathrm{Al(s)}} + RT\ln a^{\mathrm{R}}_{(\mathrm{Al})_{l'_{i-1}}}$$

$$= \mu^*_{\mathrm{Al(s)}} + RT\ln a^{\mathrm{R}}_{(\mathrm{Al})_{过饱}}$$

$$\Delta G^*_{\mathrm{m,Al}} = \mu^*_{\mathrm{Al(s)}} - \mu^*_{\mathrm{Al(s)}} = 0$$

或者如下计算

$$\begin{aligned}
\Delta G_{\mathrm{m,Al}}(T_i) &= G_{\mathrm{m,Al(s)}}(T_i) - \bar{G}_{\mathrm{m,(Al)}_{l'_{i-1}}}(T_i) \\
&= \left[H_{\mathrm{m,Al(s)}}(T_i) - T_i S_{\mathrm{m,Al(s)}}(T_i)\right] - \left[\bar{H}_{\mathrm{m,(Al)}_{l'_{i-1}}}(T_i) - T_i \bar{S}_{\mathrm{m,(Al)}_{l'_{i-1}}}(T_i)\right] \\
&= \left[H_{\mathrm{m,Al(s)}}(T_i) - \bar{H}_{\mathrm{m,(Al)}_{l'_{i-1}}}(T_i)\right] - T_i\left[S_{\mathrm{m,Al(s)}}(T_i) - \bar{S}_{\mathrm{m,(Al)}_{l'_{i-1}}}(T_i)\right] \\
&= \Delta H_{\mathrm{m,Al}}(T_i) - T_i \Delta S_{\mathrm{m,Al}}(T_i) \\
&\approx \Delta H_{\mathrm{m,Al}}(T_{i-1}) - T_i \Delta S_{\mathrm{m,Al}}(T_{i-1}) \\
&= \Delta H_{\mathrm{m,Al}}(T_{i-1}) - T_i \frac{\Delta H_{\mathrm{m,Al}}(T_{i-1})}{T_{i-1}} \\
&= \frac{\theta_{\mathrm{Al},T_i} \Delta H_{\mathrm{m,Al}}(T_{i-1})}{T_{i-1}} \\
&= \eta_{\mathrm{Al},T_i} \Delta H_{\mathrm{m,Al}}(T_{i-1})
\end{aligned}$$

式中，

$$\theta_{\mathrm{Al},T_i} = T_{i-1} - T_i$$

$$\eta_{\mathrm{Al},T_i} = \frac{T_{i-1} - T_i}{T_{i-1}}$$

在温度降到 T_{P-1}，液固两相达成平衡，有

$$(\mathrm{Al})_{l_{P-1}} \equiv\equiv (\mathrm{Al})_{饱} \rightleftharpoons \mathrm{Al(s)}$$

降低温度到 T_P，平衡液相组成为共熔线 E_1E 上的 P 点，以 l_P 表示。温度刚降到 T_P，尚无固体 Al 析出时，液相组成未变，但已由 Al 的饱和溶液 l_{P-1} 变成 Al 的过饱和溶液 l'_{P-1}，析出固体 Al，有

$$(\mathrm{Al})_{l'_{i-1}} \equiv\equiv (\mathrm{Al})_{过饱} = \mathrm{Al(s)}$$

以纯固态 Al 为标准状态，浓度以摩尔分数表示，固体 Al 析出过程的摩尔吉布斯自由能变化为

$$\Delta G_{\mathrm{m,Al}} = \mu_{\mathrm{Al(s)}} - \mu_{(\mathrm{Al})_{l'_{P-1}}}$$

$$
\begin{aligned}
&= \mu_{\mathrm{Al(s)}} - \mu_{(\mathrm{Al})_{\text{过饱}}} \\
&= \Delta G_{\mathrm{m,Al}}^{*} + RT\ln a_{(\mathrm{Al})_{\text{过饱}}}^{\mathrm{R}} \\
&= -RT\ln a_{(\mathrm{Al})_{l'_{P-1}}}^{\mathrm{R}} \\
&= -RT\ln a_{(\mathrm{Al})_{\text{过饱}}}^{\mathrm{R}}
\end{aligned}
$$

式中，

$$\mu_{\mathrm{Al(s)}} = \mu_{\mathrm{Al(s)}}^{*}$$

$$
\begin{aligned}
\mu_{(\mathrm{Al})_{l'_{P-1}}} = \mu_{(\mathrm{Al})_{\text{过饱}}} &= \mu_{\mathrm{Al(s)}}^{*} + RT\ln a_{(\mathrm{Al})_{l'_{P-1}}}^{\mathrm{R}} \\
&= \mu_{\mathrm{Al(s)}}^{*} + RT\ln a_{(\mathrm{Al})_{\text{过饱}}}^{\mathrm{R}}
\end{aligned}
$$

$$\Delta G_{\mathrm{m,Al}}^{*} = \mu_{\mathrm{Al(s)}}^{*} - \mu_{\mathrm{Al(s)}}^{*} = 0$$

式中，$(\mathrm{Al})_{l'_{P-1}}$ 即 $(\mathrm{Al})'_{\text{过饱}}$ 是在温度为 T'_P、组成为 l'_{P-1} 的液相中的 Al。

也可以如下计算

$$
\begin{aligned}
\Delta G_{\mathrm{m,Al}}(T_P) &= G_{\mathrm{m,Al(s)}}(T_P) - \bar{G}_{\mathrm{m,(Al)}_{l'_{P-1}}}(T_P) \\
&= \left[H_{\mathrm{m,Al(s)}}(T_P) - T_P S_{\mathrm{m,Al(s)}}(T_P)\right] - \left[\bar{H}_{\mathrm{m,(Al)}_{l'_{P-1}}}(T_P) - T_P \bar{S}_{\mathrm{m,(Al)}_{l'_{P-1}}}(T_P)\right] \\
&= \left[H_{\mathrm{m,Al(s)}}(T_P) - \bar{H}_{\mathrm{m,(Al)}_{l'_{P-1}}}(T_P)\right] - T_P\left[S_{\mathrm{m,Al(s)}}(T_P) - \bar{S}_{\mathrm{m,(Al)}_{l'_{P-1}}}(T_P)\right] \\
&= \Delta H_{\mathrm{m,Al}}(T_P) - T_P \Delta S_{\mathrm{m,Al}}(T_P) \\
&\approx \Delta H_{\mathrm{m,Al}}(T_{P-1}) - T_P \Delta S_{\mathrm{m,Al}}(T_{P-1}) \\
&= \Delta H_{\mathrm{m,Al}}(T_{i-1}) - T_i \frac{\Delta H_{\mathrm{m,Al}}(T_{i-1})}{T_{i-1}} \\
&= \frac{\theta_{\mathrm{Al},T_P} \Delta H_{\mathrm{m,Al}}(T_{P-1})}{T_{P-1}} \\
&= \eta_{\mathrm{Al},T_P} \Delta H_{\mathrm{m,Al}}(T_{P-1})
\end{aligned}
$$

式中，

$$\theta_{\mathrm{Al},T_P} = T_{P-1} - T_P$$

为绝对饱和过冷度；

$$\eta_{\mathrm{Al},T_P} = \frac{T_{P-1} - T_P}{T_{P-1}}$$

为相对饱和过冷度。

保持 T_P 温度不变，液固两相达到平衡时，成为 Al 的饱和溶液，有

$$(\mathrm{Al})_{l_P} \equiv\equiv (\mathrm{Al})_{饱} \rightleftharpoons \mathrm{Al(s)}$$

这时 Si 也达到饱和，有

$$(\mathrm{Si})_{l_P} \equiv\equiv (\mathrm{Si})_{饱} \rightleftharpoons \mathrm{Si(s)}$$

降低温度到 T_{P+1}，在温度刚降到 T_{P+1}，液相组成未变，但已由 Al 和 Si 的饱和溶液 l_P 变成 Al 和 Si 的过饱和溶液 l'_P，析出固体 Al 和 Si，有

$$(\mathrm{Al})_{l'_P} = (\mathrm{Al})_{过饱} = \mathrm{Al(s)}$$

$$(\mathrm{Si})_{l'_P} = (\mathrm{Si})_{过饱} = \mathrm{Si(s)}$$

分别以纯固态 Al 和 Si 为标准状态，浓度以摩尔分数表示，析出固态 Al 和 Si 过程的摩尔吉布斯自由能变化为

$$\begin{aligned}
\Delta G_{\mathrm{m,Al}} &= \mu_{\mathrm{Al(s)}} - \mu_{(\mathrm{Al})_{l'_P}} \\
&= \mu_{\mathrm{Al(s)}} - \mu_{(\mathrm{Al})_{过饱}} \\
&= \Delta G^*_{\mathrm{m,Al}} - RT\ln a^{\mathrm{R}}_{(\mathrm{Al})_{l'_P}} \\
&= -RT\ln a^{\mathrm{R}}_{(\mathrm{Al})_{l'_P}} \\
&= -RT\ln a^{\mathrm{R}}_{(\mathrm{Al})_{过饱}}
\end{aligned}$$

式中，

$$\mu_{\mathrm{Al(s)}} = \mu^*_{\mathrm{Al(s)}}$$

$$\begin{aligned}
\mu_{(\mathrm{Al})_{l'_P}} &= \mu^*_{\mathrm{Al(s)}} + RT\ln a^{\mathrm{R}}_{(\mathrm{Al})_{l'_P}} \\
&= \mu^*_{\mathrm{Al(s)}} + RT\ln a^{\mathrm{R}}_{(\mathrm{Al})_{过饱}}
\end{aligned}$$

$$\Delta G^*_{\mathrm{m,Al}} = \mu^*_{\mathrm{Al(s)}} - \mu^*_{\mathrm{Al(s)}} = 0$$

$$\begin{aligned}
\Delta G_{\mathrm{m,Si}} &= \mu_{\mathrm{Si(s)}} - \mu_{(\mathrm{Si})_{l'_P}} = \mu_{\mathrm{Si(s)}} - \mu_{(\mathrm{Si})_{过饱}} \\
&= \Delta G^*_{\mathrm{m,Si}} + RT\ln a^{\mathrm{R}}_{(\mathrm{Si})_{l'_P}} \\
&= -RT\ln a^{\mathrm{R}}_{(\mathrm{Si})_{l'_P}} = -RT\ln a^{\mathrm{R}}_{(\mathrm{Si})_{过饱}}
\end{aligned}$$

式中，

$$\mu_{\mathrm{Si(s)}} = \mu^*_{\mathrm{Si(s)}}$$

$$\begin{aligned}\mu_{(\mathrm{Si})_{l'_P}} &= \mu^*_{\mathrm{Si(s)}} + RT\ln a^{\mathrm{R}}_{(\mathrm{Si})_{l'_P}} \\ &= \mu^*_{\mathrm{Si(s)}} + RT\ln a^{\mathrm{R}}_{(\mathrm{Si})_{\text{过饱}}}\end{aligned}$$

$$\Delta G^*_{\mathrm{m,Si}} = \mu^*_{\mathrm{Si(s)}} - \mu^*_{\mathrm{Si(s)}} = 0$$

或者计算如下

$$\begin{aligned}\Delta G_{\mathrm{m,Al}}(T_{P+1}) =& G_{\mathrm{m,Al(s)}}(T_{P+1}) - \bar{G}_{\mathrm{m,(Al)}_{l'_P}}(T_{P+1}) \\ =& \left[H_{\mathrm{m,Al(s)}}(T_{P+1}) - T_{P+1}S_{\mathrm{m,Al(s)}}(T_{P+1})\right] \\ & - \left[\bar{H}_{\mathrm{m,(Al)}_{l'_P}}(T_{P+1}) - T_{P+1}\bar{S}_{\mathrm{m,(Al)}_{l'_P}}(T_{P+1})\right] \\ =& \left[H_{\mathrm{m,Al(s)}}(T_{P+1}) - \bar{H}_{\mathrm{m,(Al)}_{l'_P}}(T_{P+1})\right] \\ & - T_{P+1}\left[S_{\mathrm{m,Al(s)}}(T_{P+1}) - \bar{S}_{\mathrm{m,(Al)}_{l'_P}}(T_{P+1})\right] \\ =& \Delta H_{\mathrm{m,Al}}(T_{P+1}) - T_{P+1}\Delta S_{\mathrm{m,Al}}(T_{P+1}) \\ \approx& \Delta H_{\mathrm{m,Al}}(T_P) - T_{P+1}\Delta S_{\mathrm{m,Al}}(T_P) \\ =& \frac{\theta_{\mathrm{Al},T_{P+1}}\Delta H_{\mathrm{m,Al}}(T_P)}{T_P} \\ =& \eta_{\mathrm{Al},T_{P+1}}\Delta H_{\mathrm{m,Al}}(T_P)\end{aligned}$$

式中，

$$\theta_{\mathrm{Al},T_{P+1}} = T_P - T_{P+1}$$

为绝对饱和过冷度；

$$\eta_{\mathrm{Al},T_{P+1}} = \frac{T_P - T_{P+1}}{T_P}$$

为相对饱和过冷度。

$$\begin{aligned}\Delta G_{\mathrm{m,Si}}(T_{P+1}) =& G_{\mathrm{m,Si(s)}}(T_{P+1}) - \bar{G}_{\mathrm{m,(Si)}_{l'_P}}(T_{P+1}) \\ =& \left[H_{\mathrm{m,Si(s)}}(T_{P+1}) - T_{P+1}S_{\mathrm{m,Si(s)}}(T_{P+1})\right] \\ & - \left[\bar{H}_{\mathrm{m,(Si)}_{l'_P}}(T_{P+1}) - T_{P+1}\bar{S}_{\mathrm{m,(Si)}_{l'_P}}(T_{P+1})\right]\end{aligned}$$

$$
\begin{aligned}
&=\left[H_{\mathrm{m,Si(s)}}\left(T_{P+1}\right)-\bar{H}_{\mathrm{m,(Si)}_{l'_P}}\left(T_{P+1}\right)\right]\\
&\quad-T_{P+1}\left[S_{\mathrm{m,Si(s)}}\left(T_{P+1}\right)-\bar{S}_{\mathrm{m,(Si)}_{l'_P}}\left(T_{P+1}\right)\right]\\
&=\Delta H_{\mathrm{m,Si}}\left(T_{P+1}\right)-T_{P+1}\Delta S_{\mathrm{m,Si}}\left(T_{P+1}\right)\\
&\approx\Delta H_{\mathrm{m,Si}}\left(T_{P}\right)-T_{P+1}\Delta S_{\mathrm{m,Si}}\left(T_{P}\right)\\
&=\frac{\theta_{\mathrm{Si},T_{P+1}}\Delta H_{\mathrm{m,Si}}\left(T_{P}\right)}{T_P}\\
&=\eta_{\mathrm{Si},T_{P+1}}\Delta H_{\mathrm{m,Si}}(T_P)
\end{aligned}
$$

式中，

$$\theta_{\mathrm{Si},T_{P+1}}=T_P-T_{P+1}$$

为绝对饱和过冷度；

$$\eta_{\mathrm{Si},T_{P+1}}=\frac{T_P-T_{p+1}}{T_P}$$

为相对饱和过冷度。

保持 T_{P+1} 温度不变，析出 Al 和 Si，液固两相达到平衡时，溶液是 Al 和 Si 的饱和溶液，有

$$(\mathrm{Al})_{l_{P+1}}=\!=\!=(\mathrm{Al})_{\text{饱}}\rightleftharpoons\mathrm{Al(s)}$$

$$(\mathrm{Si})_{l_{P+1}}=\!=\!=(\mathrm{Si})_{\text{饱}}\rightleftharpoons\mathrm{Si(s)}$$

降低温度，从温度 T_P 到 T_E，平衡液相组成沿着共熔线 E_1E 从 P 点移动到 E 点。在此温度区间，析晶过程可以统一描述如下。

在温度 T_{j-1}，液相组成为 l_{j-1}，液固两相达成平衡，有

$$(\mathrm{Al})_{l_{j-1}}=\!=\!=(\mathrm{Al})_{\text{饱}}\rightleftharpoons\mathrm{Al(s)}$$

$$(\mathrm{Si})_{l_{j-1}}=\!=\!=(\mathrm{Si})_{\text{饱}}\rightleftharpoons\mathrm{Si(s)}$$

温度降到 T_j，平衡液相组成为 l_j，温度刚降到 T_j，尚无固体 Al 和 Si 析出时，液相 l_{j-1} 组成未变，但已由饱和的 l_{j-1} 变成过饱和的 l'_{j-1}，析出固体 Al 和 Si。即

$$(\mathrm{Al})_{l'_{j-1}}=\!=\!=(\mathrm{Al})_{\text{过饱}}=\!=\!=\mathrm{Al(s)}$$

$$(\mathrm{Si})_{l'_{j-1}}=\!=\!=(\mathrm{Si})_{\text{过饱}}=\!=\!=\mathrm{Si(s)}$$

以纯固态 Al 和 Si 为标准状态，浓度以摩尔分数表示，析晶过程的摩尔吉布斯自由能变化为

$$\begin{aligned}\Delta G_{\mathrm{m,Al}} &= \mu_{\mathrm{Al(s)}} - \mu_{(\mathrm{Al})_{l'_{j-1}}} \\ &= \mu_{\mathrm{Al(s)}} - \mu_{(\mathrm{Al})_{\text{过饱}}} \\ &= \Delta G^*_{\mathrm{m,Al}} - RT\ln a^{\mathrm{R}}_{(\mathrm{Al})_{l'_{j-1}}} \\ &= -RT\ln a^{\mathrm{R}}_{(\mathrm{Al})_{l'_{j-1}}} \\ &= -RT\ln a^{\mathrm{R}}_{(\mathrm{Al})_{\text{过饱}}}\end{aligned}$$

式中，

$$\mu_{\mathrm{Al(s)}}=\mu^*_{\mathrm{Al(s)}}$$

$$\mu_{(\mathrm{Al})_{l'_{j-1}}} = \mu^*_{\mathrm{Al(s)}} + RT\ln a^{\mathrm{R}}_{(\mathrm{Al})_{l'_{j-1}}}$$

$$\mu_{(\mathrm{Al})_{\text{过饱}}} = \mu^*_{\mathrm{Al(s)}} + RT\ln a^{\mathrm{R}}_{(\mathrm{Al})_{\text{过饱}}}$$

$$\Delta G^*_{\mathrm{m,Al}} = \mu^*_{\mathrm{Al(s)}} - \mu^*_{\mathrm{Al(s)}} = 0$$

$$\begin{aligned}\Delta G_{\mathrm{m,Si}} &= \mu_{\mathrm{Si(s)}} - \mu_{(\mathrm{Si})_{l'_{j-1}}} = \mu_{\mathrm{Si(s)}} - \mu_{(\mathrm{Si})_{\text{过饱}}} \\ &= \Delta G^*_{\mathrm{m,Si}} - RT\ln a^{\mathrm{R}}_{(\mathrm{Si})'_{l_{j-1}}} \\ &= -RT\ln a^{\mathrm{R}}_{(\mathrm{Si})_{l'_{j-1}}} = -RT\ln a^{\mathrm{R}}_{(\mathrm{Si})_{\text{过饱}}}\end{aligned}$$

式中，

$$\mu_{\mathrm{Si(s)}} = \mu^*_{\mathrm{Si(s)}}$$

$$\mu_{(\mathrm{Si})_{l'_{j-1}}} = \mu^*_{\mathrm{Si(s)}} + RT\ln a^{\mathrm{R}}_{(\mathrm{Si})_{l'_{j-1}}}$$

$$\mu_{(\mathrm{Si})_{\text{过饱}}} = \mu^*_{\mathrm{Si(s)}} + RT\ln a^{\mathrm{R}}_{(\mathrm{Si})_{\text{过饱}}}$$

$$\Delta G^*_{\mathrm{m,Si}} = \mu^*_{\mathrm{Si(s)}} - \mu^*_{\mathrm{Si(s)}} = 0$$

或者计算如下

$$\begin{aligned}\Delta G_{\mathrm{m,Al}}(T_j) &= G_{\mathrm{m,Al(s)}}(T_j) - \bar{G}_{\mathrm{m,(Al)}_{l'_{j-1}}}(T_j) \\ &= \left[H_{\mathrm{m,Al(s)}}(T_j) - T_j S_{\mathrm{m,Al(s)}}(T_j)\right] - \left[\bar{H}_{\mathrm{m,(Al)}_{l'_{j-1}}}(T_j) - T_j \bar{S}_{\mathrm{m,(Al)}_{l'_{j-1}}}(T_j)\right] \\ &= \left[H_{\mathrm{m,Al(s)}}(T_j) - \bar{H}_{\mathrm{m,(Al)}_{l'_{j-1}}}(T_j)\right] - T_j\left[S_{\mathrm{m,Al(s)}}(T_j) - \bar{S}_{\mathrm{m,(Al)}_{l'_{j-1}}}(T_j)\right] \\ &= \Delta H_{\mathrm{m,Al}}(T_j) - T_j \Delta S_{\mathrm{m,Al}}(T_j)\end{aligned}$$

$$
\begin{aligned}
&\approx \Delta H_{\mathrm{m,Al}}\left(T_{j-1}\right)-T_j\Delta S_{\mathrm{m,Al}}\left(T_{j-1}\right)\\
&=\Delta H_{\mathrm{m,Al}}\left(T_{j-1}\right)-T_j\frac{\Delta H_{\mathrm{m,Al}}\left(T_{j-1}\right)}{T_{j-1}}\\
&=\frac{\theta_{\mathrm{Al},T_j}\Delta H_{\mathrm{m,Al}}\left(T_{j-1}\right)}{T_{j-1}}\\
&=\eta_{\mathrm{Al},T_j}\Delta H_{\mathrm{m,Al}}(T_{j-1})
\end{aligned}
$$

式中，

$$\theta_{\mathrm{Al},T_j}=T_{j-1}-T_j$$

为在温度 T_j、Al 的绝对饱和过冷度；

$$\eta_{\mathrm{Al},T_j}=\frac{T_{j-1}-T_j}{T_{j-1}}$$

为在温度 T_j、Al 的相对饱和过冷度。

$$
\begin{aligned}
\Delta G_{\mathrm{m,Si}}\left(T_j\right)&=G_{\mathrm{m,Si(s)}}\left(T_j\right)-\bar{G}_{\mathrm{m,(Si)}_{l'_{j-1}}}\left(T_j\right)\\
&=\left[H_{\mathrm{m,Si(s)}}\left(T_j\right)-T_jS_{\mathrm{m,Si(s)}}\left(T_j\right)\right]-\left[\bar{H}_{\mathrm{m,(Si)}_{l'_{j-1}}}\left(T_j\right)-T_j\bar{S}_{\mathrm{m,(Si)}_{l'_{j-1}}}\left(T_j\right)\right]\\
&=\left[H_{\mathrm{m,Si(s)}}\left(T_j\right)-\bar{H}_{\mathrm{m,(Si)}_{l'_{j-1}}}\left(T_j\right)\right]-T_j\left[S_{\mathrm{m,Si(s)}}\left(T_j\right)-\bar{S}_{\mathrm{m,(Si)}_{l'_{j-1}}}\left(T_j\right)\right]\\
&=\Delta H_{\mathrm{m,Si}}\left(T_j\right)-T_j\Delta S_{\mathrm{m,Si}}\left(T_j\right)\\
&\approx \Delta H_{\mathrm{m,Si}}\left(T_{j-1}\right)-T_j\Delta S_{\mathrm{m,Si}}\left(T_{j-1}\right)\\
&=\Delta H_{\mathrm{m,Si}}\left(T_{j-1}\right)-T_j\frac{\Delta H_{\mathrm{m,Si}}\left(T_{j-1}\right)}{T_{j-1}}\\
&=\frac{\theta_{\mathrm{Si},T_j}\Delta H_{\mathrm{m,Si}}\left(T_{j-1}\right)}{T_{j-1}}\\
&=\eta_{\mathrm{Si},T_j}\Delta H_{\mathrm{m,Si}}(T_{j-1})
\end{aligned}
$$

式中，

$$\theta_{\mathrm{Si},T_j}=T_{j-1}-T_j$$

为在温度 T_j、Si 的绝对饱和过冷度；

$$\eta_{\mathrm{Si},T_j}=\frac{T_{j-1}-T_j}{T_{j-1}}$$

为在温度 T_j、Si 的相对饱和过冷度。

温度降到 T_{E-1}，析晶后液固两相达成平衡，平衡液相为 l_{E-1}，有

$$(\mathrm{Al})_{l_{E-1}} \equiv\!\equiv (\mathrm{Al})_{饱} \rightleftharpoons \mathrm{Al(s)}$$

$$(\mathrm{Si})_{l_{E-1}} \equiv\!\equiv (\mathrm{Si})_{饱} \rightleftharpoons \mathrm{Si(s)}$$

温度降到 T_E，平衡液相组成为 $E(\mathrm{l})$，温度刚降到 T_E，尚未析出固体 Al 和 Si 时，液相组成未变，但已由 Al 和 Si 饱和的溶液 l_{E-1} 变成 Al 和 Si 的过饱和溶液 l'_{E-1}，析出固体 Al 和 Si。析晶过程可以表示为

$$(\mathrm{Al})_{l'_{E-1}} \equiv\!\equiv (\mathrm{Al})_{过饱} = \mathrm{Al(s)}$$

$$(\mathrm{Si})_{l'_{E-1}} \equiv\!\equiv (\mathrm{Si})_{过饱} = \mathrm{Si(s)}$$

以纯固态 Al 和 Si 为标准状态，浓度以摩尔分数表示，析晶过程的摩尔吉布斯自由能变化为

$$\begin{aligned}
\Delta G_{\mathrm{m,Al}} &= \mu_{\mathrm{Al(s)}} - \mu_{(\mathrm{Al})_{l'_{E-1}}} \\
&= \mu_{\mathrm{Al(s)}} - \mu_{(\mathrm{Al})_{过饱}} \\
&= \Delta G^*_{\mathrm{m,Al}} - RT\ln a^{\mathrm{R}}_{(\mathrm{Al})'_{l_{E-1}}} \\
&= -RT\ln a^{\mathrm{R}}_{(\mathrm{Al})_{l'_{E-1}}} \\
&= -RT\ln a^{\mathrm{R}}_{(\mathrm{Al})_{过饱}}
\end{aligned}$$

式中，

$$\mu_{\mathrm{Al(s)}} = \mu^*_{\mathrm{Al(s)}}$$

$$\begin{aligned}
\mu_{(\mathrm{Al})_{l'_{E-1}}} &= \mu^*_{\mathrm{Al(s)}} + RT\ln a^{\mathrm{R}}_{(\mathrm{Al})_{l'_{E-1}}} \\
&= \mu^*_{\mathrm{Al(s)}} + RT\ln a^{\mathrm{R}}_{(\mathrm{Al})_{过饱}}
\end{aligned}$$

$$\Delta G^*_{\mathrm{m,Al}} = \mu^*_{\mathrm{Al(s)}} - \mu^*_{\mathrm{Al(s)}} = 0$$

$$\begin{aligned}
\Delta G_{\mathrm{m,Si}} &= \mu_{\mathrm{Si(s)}} - \mu_{(\mathrm{Si})_{l'_{E-1}}} = \mu_{\mathrm{Si(s)}} - \mu_{(\mathrm{Si})_{过饱}} \\
&= \Delta G^*_{\mathrm{m,Si}} - RT\ln a^{\mathrm{R}}_{(\mathrm{Si})'_{l_{E-1}}} \\
&= -RT\ln a^{\mathrm{R}}_{(\mathrm{Si})_{l'_{E-1}}} \\
&= -RT\ln a^{\mathrm{R}}_{(\mathrm{Si})_{过饱}}
\end{aligned}$$

式中，

$$\mu_{\mathrm{Si(s)}} = \mu^{*}_{\mathrm{Si(s)}}$$

$$\begin{aligned}\mu_{(\mathrm{Si})_{l'_{E-1}}} &= \mu^{*}_{\mathrm{Si(s)}} + RT\ln a^{\mathrm{R}}_{(\mathrm{Si})_{l'_{E-1}}} \\ &= \mu^{*}_{\mathrm{Si(s)}} + RT\ln a^{\mathrm{R}}_{(\mathrm{Si})_{过饱}}\end{aligned}$$

$$\Delta G^{*}_{\mathrm{m,Si}} = \mu^{*}_{\mathrm{Si(s)}} - \mu^{*}_{\mathrm{Si(s)}} = 0$$

或者计算如下

$$\begin{aligned}\Delta G_{\mathrm{m,Al}}(T_E) =& G_{\mathrm{m,Al(s)}}(T_E) - \bar{G}_{\mathrm{m,(Al)}_{l'_{E-1}}}(T_E) \\ =& \left[H_{\mathrm{m,Al(s)}}(T_E) - T_E S_{\mathrm{m,Al(s)}}(T_E)\right] \\ & - \left[\bar{H}_{\mathrm{m,(Al)}_{l'_{E-1}}}(T_E) - T_E \bar{S}_{\mathrm{m,(Al)}_{l'_{E-1}}}(T_E)\right] \\ =& \left[H_{\mathrm{m,Al(s)}}(T_E) - \bar{H}_{\mathrm{m,(Al)}_{l'_{E-1}}}(T_E)\right] \\ & - T_E\left[S_{\mathrm{m,Al(s)}}(T_E) - \bar{S}_{\mathrm{m,(Al)}_{l'_{E-1}}}(T_E)\right] \\ =& \Delta H_{\mathrm{m,Al}}(T_E) - T_E \Delta S_{\mathrm{m,Al}}(T_E) \\ \approx& \Delta H_{\mathrm{m,Al}}(T_{E-1}) - T_E \Delta S_{\mathrm{m,Al}}(T_{E-1}) \\ =& \Delta H_{\mathrm{m,Al}}(T_{E-1}) - T_E \frac{\Delta H_{\mathrm{m,Al}}(T_{E-1})}{T_{E-1}} \\ =& \frac{\theta_{\mathrm{Al},T_E} \Delta H_{\mathrm{m,Al}}(T_{E-1})}{T_{E-1}} \\ =& \eta_{\mathrm{Al},T_E} \Delta H_{\mathrm{m,Al}}(T_{E-1})\end{aligned}$$

式中，

$$\theta_{\mathrm{Al},T_E} = T_{E-1} - T_E$$

为 Al 的绝对饱和过冷度；

$$\eta_{\mathrm{Al},T_E} = \frac{T_{E-1} - T_E}{T_{E-1}}$$

为 Al 的相对饱和过冷度。

$$\begin{aligned}\Delta G_{\mathrm{m,Si}}(T_E) =& G_{\mathrm{m,Si(s)}}(T_E) - \bar{G}_{\mathrm{m,(Si)}_{l'_{E-1}}}(T_E) \\ =& \left[H_{\mathrm{m,Si(s)}}(T_E) - T_E S_{\mathrm{m,Si(s)}}(T_E)\right]\end{aligned}$$

$$
\begin{aligned}
&-\left[\bar{H}_{\mathrm{m},(\mathrm{Si})_{l'_{E-1}}}(T_E)-T_E\bar{S}_{\mathrm{m},(\mathrm{Si})_{l'_{E-1}}}(T_E)\right]\\
=&\left[H_{\mathrm{m,Si(s)}}(T_E)-\bar{H}_{\mathrm{m},(\mathrm{Si})_{l'_{E-1}}}(T_E)\right]\\
&-T_E\left[S_{\mathrm{m,Si(s)}}(T_E)-\bar{S}_{\mathrm{m},(\mathrm{Si})_{l'_{E-1}}}(T_E)\right]\\
=&\Delta H_{\mathrm{m,Si}}(T_E)-T_E\Delta S_{\mathrm{m,Si}}(T_E)\\
\approx&\Delta H_{\mathrm{m,Si}}(T_{E-1})-T_E\Delta S_{\mathrm{m,Si}}(T_{E-1})\\
=&\Delta H_{\mathrm{m,Si}}(T_{E-1})-T_E\frac{\Delta H_{\mathrm{m,Si}}(T_{E-1})}{T_{E-1}}\\
=&\frac{\theta_{\mathrm{Si},T_E}\Delta H_{\mathrm{m,Si}}(T_{E-1})}{T_{E-1}}\\
=&\eta_{\mathrm{Si},T_E}\Delta H_{\mathrm{m,Si}}(T_{E-1})
\end{aligned}
$$

式中，

$$\theta_{\mathrm{Si},T_E}=T_{E-1}-T_E$$

为 Si 的绝对饱和过冷度；

$$\eta_{\mathrm{Si},T_E}=\frac{T_{E-1}-T_E}{T_{E-1}}$$

为 Si 的相对饱和过冷度。

保持温度 T_E 不变，析晶过程达到平衡，液相 $E(\mathrm{l})$ 是组元 Al、Si 和 $\mathrm{Mg_2Si}$ 的饱和溶液，四相平衡共存，有

$$E(\mathrm{l})\rightleftharpoons E(\mathrm{s})=\!=\!=\mathrm{Al(s)}+\mathrm{Si(s)}+\mathrm{Mg_2Si(s)}$$

即

$$(\mathrm{Al})_{E(\mathrm{l})}=\!=\!=(\mathrm{Al})_{饱}\rightleftharpoons\mathrm{Al(s)}$$

$$(\mathrm{Si})_{E(\mathrm{l})}=\!=\!=(\mathrm{Si})_{饱}\rightleftharpoons\mathrm{Si(s)}$$

$$(\mathrm{Mg_2Si})_{E(\mathrm{l})}=\!=\!=(\mathrm{Mg_2Si})_{饱}\rightleftharpoons\mathrm{Mg_2Si(s)}$$

温度降到 T_E 以下，如果上述的反应没有进行完，就会继续进行，是在非平衡状态进行的，描述如下。

温度降至 T_k。在温度 T_k，固相组元 Al、Si、$\mathrm{Mg_2Si}$ 的平衡相分别为 l_k、q_k、g_k。温度刚降至 T_k，还未来得及析出固相组元 Al、Si、$\mathrm{Mg_2Si}$ 时，固溶体 $E(\mathrm{l})$

的组成未变，但已由组元 Al、Si、Mg_2Si 饱和的固溶体 $E\,(\mathrm{l})$ 变成过饱和的固溶体 $E_k\,(\mathrm{l})$。

(1) 组元 Al、Si、Mg_2Si 同时析出，有

$$E_k\,(\mathrm{l}) = \mathrm{Al}\,(\mathrm{s}) + \mathrm{Si}\,(\mathrm{s}) + \mathrm{Mg_2Si}\,(\mathrm{s})$$

即

$$(\mathrm{Al})_{\text{过饱}} \equiv (\mathrm{Al})_{E_k(\mathrm{l})} = \mathrm{Al}\,(\mathrm{s})$$

$$(\mathrm{Si})_{\text{过饱}} \equiv (\mathrm{Si})_{E_k(\mathrm{l})} = \mathrm{Si}\,(\mathrm{s})$$

$$(\mathrm{Mg_2Si})_{\text{过饱}} \equiv (\mathrm{Mg_2Si})_{E_k(\mathrm{l})} = \mathrm{Mg_2Si}\,(\mathrm{s})$$

如果组元 Al、Si、Mg_2Si 同时析出，可以保持 $E_k\,(\mathrm{l})$ 组成不变，析出的组元 Al、Si、Mg_2Si 均匀混合。

(2) 组元 Al、Si、Mg_2Si 依次析出，即先析出组元 Al，再析出组元 Si，然后析出组元 Mg_2Si。

如果组元 Al 先析出，有

$$(\mathrm{Al})_{\text{过饱}} \equiv (\mathrm{Al})_{E_k(\mathrm{l})} = \mathrm{Al}\,(\mathrm{s})$$

随着组元 Al 的析出，组元 Si 和 Mg_2Si 的过饱和程度会增大，固溶体的组成会偏离共晶点 $E\,(\mathrm{l})$，向组元 Al 的平衡相 l_k 靠近，以 l'_k 表示，达到一定程度后，组元 Si 会析出，可以表示为

$$(\mathrm{Si})_{\text{过饱}'} \equiv (\mathrm{Si})_{l'_k} = \mathrm{Si}\,(\mathrm{s})$$

随着组元 Al 和 Si 的析出，组元 Mg_2Si 的过饱和程度会增大，固溶体的组成又会向组元 Si 的平衡相 q_k 靠近，以 q'_k 表示，达到一定程度后，组元 Mg_2Si 会析出，可以表示为

$$(\mathrm{Mg_2Si})_{\text{过饱}''} \equiv (\mathrm{Mg_2Si})_{q'_k} = \mathrm{Mg_2Si}\,(\mathrm{s})$$

随着组元 Si、Mg_2Si 的析出，组元 Al 的过饱和程度增大，固溶体的组成向组元 Mg_2Si 的平衡相 g_k 靠近，以 g'_k 表示。达到一定程度后，组元 Al 又析出，有

$$(\mathrm{Al})_{\text{过饱}'''} \equiv (\mathrm{Al})_{g'_k} = \mathrm{Al}\,(\mathrm{s})$$

就这样，组元 Al、Si、Mg_2Si 交替析出。直到固溶体 E (l) 完全转化为组元 Al、Si、Mg_2Si。

(3) 组元 Al 先析出，然后组元 Si、Mg_2Si 同时析出

可以表示为

$$E_k\,(\mathrm{l}) = \mathrm{Al}\,(\mathrm{s})$$

即

$$(\mathrm{Al})_{\text{过饱}} \equiv (\mathrm{Al})_{E_k(\mathrm{l})} = \mathrm{Al}\,(\mathrm{s})$$

随着组元 Al 的析出，组元 Si、Mg_2Si 的过饱和程度增大，固溶体组成会偏离 E_k (l)，向组元 Al 的平衡相 l_k 靠近，以 l'_k 表示。达到一定程度后，组元 Si、Mg_2Si 同时析出，有

$$(\mathrm{Si})_{\text{过饱}'} \equiv (\mathrm{Si})_{l'_k} = \mathrm{Si}\,(\mathrm{s})$$

$$(\mathrm{Mg_2Si})_{\text{过饱}'} \equiv (\mathrm{Mg_2Si})_{l'_k} = \mathrm{Mg_2Si}\,(\mathrm{s})$$

随着组元 Si、Mg_2Si 的析出，组元 Al 的过饱和程度增大，固溶体组成向组元 Si 和 Mg_2Si 的平衡相 q_k 和 g_k 靠近，以 $q'_k g'_k$ 表示。达到一定程度后，组元 Al 又析出。可以表示为

$$(\mathrm{Al})_{\text{过饱}''} \equiv (\mathrm{Al})_{q'_k g'_k} = \mathrm{Al}\,(\mathrm{s})$$

组元 Al 和组元 Si、Mg_2Si 交替析出，析出的组元 Al 单独存在，组元 Si 和组元 Mg_2Si 聚在一起。

如此循环，直到固溶体 E_k (l) 完全变成组元 Al、Si、Mg_2Si。

(4) 组元 Al 和组元 Si 先同时析出，可以表示为

$$E_k\,(\mathrm{l}) = \mathrm{Al}\,(\mathrm{s}) + \mathrm{Si}\,(\mathrm{s})$$

即

$$(\mathrm{Al})_{\text{过饱}} = (\mathrm{Al})_{E_k(\mathrm{l})} = \mathrm{Al}\,(\mathrm{s})$$

$$(\mathrm{Si})_{\text{过饱}} = (\mathrm{Si})_{E_k(\mathrm{l})} = \mathrm{Si}\,(\mathrm{s})$$

随着组元 Al、Si 的析出，组元 Mg_2Si 的过饱和程度增大，固溶体组成偏离 E_k (l)，向组元 Al 和组元 Si 的平衡相 l_k 和 q_k 靠近，以 $l'_k q'_k$ 表示。过饱和达到一定程度，有

$$(\mathrm{Mg_2Si})_{\text{过饱}} \equiv (\mathrm{Mg_2Si})_{l'_k q'_k} = \mathrm{Mg_2Si}\,(\mathrm{s})$$

随着组元 Mg_2Si 的析出，组元 Al、Si 的过饱和程度增大，固溶体组成向组元 Mg_2Si 的平衡相 g_k 靠近，以 g_k' 表示，达到一定程度后，组元 Al、Si 又析出。可以表示为

$$(\mathrm{Al})_{\text{过饱}''} = (\mathrm{Al})_{g_k'} = \mathrm{Al}\,(\mathrm{s})$$

$$(\mathrm{Si})_{\text{过饱}''} = (\mathrm{Si})_{g_k'} = \mathrm{Si}\,(\mathrm{s})$$

组元 Al、Si 和 Mg_2Si 交替析出。析出的组元 Al、Si 聚在一起，组元 Mg_2Si 单独存在。如此循环，直到固溶体 $E\,(\mathrm{l})$ 完全转变为组元 Al、Si、Mg_2Si。

温度继续降低，如果上述的反应没有完成，则再重复上述过程。

纯组元 Al、Si、Mg_2Si 和固溶体中的组元 Al、Si、Mg_2Si 都以纯固态为标准状态，浓度以摩尔分数表示。

上述过程中的摩尔吉布斯自由能变化可以计算如下。

(1) 同时析出组元 Al、Si、Mg_2Si

$$\begin{aligned}\Delta G_{\mathrm{m,Al}} &= \mu_{\mathrm{Al(s)}} - \mu_{(\mathrm{Al})_{\text{过饱}}} \\ &= \mu_{\mathrm{Al(s)}} - \mu_{(\mathrm{Al})_{E_k(\mathrm{l})}} \\ &= -RT\ln a^{\mathrm{R}}_{(\mathrm{Al})_{\text{过饱}}} = -RT\ln a^{\mathrm{R}}_{(\mathrm{Al})_{E_k(\mathrm{l})}}\end{aligned}$$

$$\begin{aligned}\Delta G_{\mathrm{m,Si}} &= \mu_{\mathrm{Si(s)}} - \mu_{(\mathrm{Si})_{\text{过饱}}} \\ &= \mu_{\mathrm{Si(s)}} - \mu_{(\mathrm{Si})_{E_k(\mathrm{l})}} \\ &= -RT\ln a^{\mathrm{R}}_{(\mathrm{Si})_{\text{过饱}}} = -RT\ln a^{\mathrm{R}}_{(\mathrm{Si})_{E_k(\mathrm{l})}}\end{aligned}$$

$$\begin{aligned}\Delta G_{\mathrm{m,Mg_2Si}} &= \mu_{\mathrm{Mg_2Si(s)}} - \mu_{(\mathrm{Mg_2Si})_{\text{过饱}}} \\ &= \mu_{\mathrm{Mg_2Si(s)}} - \mu_{(\mathrm{Mg_2Si})_{E_k(\mathrm{l})}} \\ &= -RT\ln a^{\mathrm{R}}_{(\mathrm{Mg_2Si})_{\text{过饱}}} = -RT\ln a^{\mathrm{R}}_{(\mathrm{Mg_2Si})_{E_k(\mathrm{l})}}\end{aligned}$$

$$\Delta G_{\mathrm{m,Al}}\,(T_k) = \frac{\theta_{\mathrm{Al},T_k}\Delta H_{\mathrm{m,Al}}\,(T_E)}{T_E} = \eta_{\mathrm{Al},T_k}\Delta H_{\mathrm{m,Al}}\,(T_E)$$

$$\Delta G_{\mathrm{m,Si}}\,(T_k) = \frac{\theta_{\mathrm{Si},T_k}\Delta H_{\mathrm{m,Si}}\,(T_E)}{T_E} = \eta_{\mathrm{Si},T_k}\Delta H_{\mathrm{m,Si}}\,(T_E)$$

$$\Delta G_{\mathrm{m,Mg_2Si}}\,(T_k) = \frac{\theta_{\mathrm{Mg_2Si},T_k}\Delta H_{\mathrm{m,Mg_2Si}}\,(T_E)}{T_E} = \eta_{\mathrm{Mg_2Si},T_k}\Delta H_{\mathrm{m,Mg_2Si}}\,(T_E)$$

式中，

$$\theta_{J,T_k} = T_E - T_k$$

$$\eta_{J,T_k} = \frac{T_E - T_k}{T_E}$$

$$J = (\text{Al、Si、Mg}_2\text{Si})$$

$$\Delta H_{\text{m,Al}}(T_E) = H_{\text{m,Al(s)}}(T_E) - \bar{H}_{\text{m,(Al)}_{\text{过饱}}}(T_E)$$

$$\Delta H_{\text{m,Si}}(T_E) = H_{\text{m,Si(s)}}(T_E) - \bar{H}_{\text{m,(Si)}_{\text{过饱}}}(T_E)$$

$$\Delta H_{\text{m,Mg}_2\text{Si}}(T_E) = H_{\text{m,Mg}_2\text{Si(s)}}(T_E) - \bar{H}_{\text{m,(Mg}_2\text{Si)}_{\text{过饱}}}(T_E)$$

(2) 先析出组元 Al，再析出组元 Si，然后析出组元 Mg_2Si

$$\begin{aligned}\Delta G_{\text{m,Al}} &= \mu_{\text{Al(s)}} - \mu_{(\text{Al})_{\text{过饱}}} \\ &= \mu_{\text{Al(s)}} - \mu_{(\text{Al})_{E_k(1)}} \\ &= -RT\ln a^{\text{R}}_{(\text{Al})_{\text{过饱}}} = -RT\ln a^{\text{R}}_{(\text{Al})_{E_k(1)}}\end{aligned}$$

$$\begin{aligned}\Delta G_{\text{m,Si}} &= \mu_{\text{Si(s)}} - \mu_{(\text{Si})_{\text{过饱}}} \\ &= \mu_{\text{Si(s)}} - \mu_{(\text{Si})_{l'_k}} \\ &= -RT\ln a^{\text{R}}_{(\text{Si})_{\text{过饱}}} = -RT\ln a^{\text{R}}_{(\text{Si})_{l'_k}}\end{aligned}$$

$$\begin{aligned}\Delta G_{\text{m,Mg}_2\text{Si}} &= \mu_{\text{Mg}_2\text{Si(s)}} - \mu_{(\text{Mg}_2\text{Si})_{\text{过饱}}} \\ &= \mu_{\text{Mg}_2\text{Si(s)}} - \mu_{(\text{Mg}_2\text{Si})_{q'_k}} \\ &= -RT\ln a^{\text{R}}_{(\text{Mg}_2\text{Si})_{\text{过饱}}} = -RT\ln a^{\text{R}}_{(\text{Mg}_2\text{Si})_{q'_k}}\end{aligned}$$

再析出组元 Al

$$\begin{aligned}\Delta G_{\text{m,Al}} &= \mu_{\text{Al(s)}} - \mu_{(\text{Al})_{\text{过饱}}} \\ &= \mu_{\text{Al(s)}} - \mu_{(\text{Al})_{q'_k g'_k}} \\ &= -RT\ln a^{\text{R}}_{(\text{Al})_{\text{过饱}}} = -RT\ln a^{\text{R}}_{(\text{Al})_{q'_k g'_k}}\end{aligned}$$

或者

$$\Delta G_{\text{m,Al}}(T_k) = \frac{\theta_{\text{Al},T_k}\Delta H_{\text{m,Al}}(T_E)}{T_E} = \eta_{\text{Al},T_k}\Delta H_{\text{m,Al}}(T_E)$$

$$\Delta G_{\mathrm{m,Si}}(T_k)=\frac{\theta_{\mathrm{Si},T_k}\Delta H_{\mathrm{m,Si}}(T_E)}{T_E}=\eta_{\mathrm{Si},T_k}\Delta H_{\mathrm{m,Si}}(T_E)$$

$$\Delta G_{\mathrm{m,Mg_2Si}}(T_k)=\frac{\theta_{\mathrm{Mg_2Si},T_k}\Delta H_{\mathrm{m,Mg_2Si}}(T_E)}{T_E}=\eta_{\mathrm{Mg_2Si},T_k}\Delta H_{\mathrm{m,Mg_2Si}}(T_E)$$

式中

$$\Delta H_{\mathrm{m,Al}}(T_E)=H_{\mathrm{m,Al}}(T_E)-\bar{H}_{\mathrm{m,(Al)}_{E(1)}}(T_E)$$

$$\Delta H_{\mathrm{m,Si}}(T_E)=H_{\mathrm{m,Si}}(T_E)-\bar{H}_{\mathrm{m,(Si)}_{l_k'}}(T_E)$$

$$\Delta H_{\mathrm{m,Mg_2Si}}(T_E)=H_{\mathrm{m,Mg_2Si}}(T_E)-\bar{H}_{\mathrm{m,(Mg_2Si)}_{q_k'}}(T_E)$$

(3) 组元 Al 先析出，然后组元 Si、Mg_2Si 同时析出

$$\begin{aligned}\Delta G_{\mathrm{m,Al}}&=\mu_{\mathrm{Al(s)}}-\mu_{\mathrm{(Al)}_{过饱}}\\&=\mu_{\mathrm{Al(s)}}-\mu_{\mathrm{(Al)}_{E_k(1)}}\\&=-RT\ln a^{\mathrm{R}}_{\mathrm{(Al)}_{过饱}}=-RT\ln a^{\mathrm{R}}_{\mathrm{(Al)}_{E_k(1)}}\end{aligned}$$

$$\begin{aligned}\Delta G_{\mathrm{m,Si}}&=\mu_{\mathrm{Si(s)}}-\mu_{\mathrm{(Si)}_{过饱}}\\&=\mu_{\mathrm{Si(s)}}-\mu_{\mathrm{(Si)}_{l_k'}}\\&=-RT\ln a^{\mathrm{R}}_{\mathrm{(Si)}_{过饱}}=-RT\ln a^{\mathrm{R}}_{\mathrm{(Si)}_{l_k'}}\end{aligned}$$

$$\begin{aligned}\Delta G_{\mathrm{m,Mg_2Si}}&=\mu_{\mathrm{Mg_2Si(s)}}-\mu_{\mathrm{(Mg_2Si)}_{过饱}}\\&=\mu_{\mathrm{Mg_2Si(s)}}-\mu_{\mathrm{(Mg_2Si)}_{l_k'}}\\&=-RT\ln a^{\mathrm{R}}_{过饱}=-RT\ln a^{\mathrm{R}}_{\mathrm{(Mg_2Si)}_{l_k'}}\end{aligned}$$

$$\begin{aligned}\Delta G'_{\mathrm{m,Al}}&=\mu_{\mathrm{Al(s)}}-\mu_{过饱}\\&=\mu_{\mathrm{Al(s)}}-\mu_{\mathrm{(Al)}_{q_k'g_k'}}\\&=-RT\ln a^{\mathrm{R}}_{\mathrm{(Al)}_{过饱}}=-RT\ln a^{\mathrm{R}}_{\mathrm{(Al)}_{q_k'g_k'}}\end{aligned}$$

$$\Delta G_{\mathrm{m,Al}}(T_k)=\frac{\theta_{\mathrm{Al},T_k}\Delta H_{\mathrm{m,Al}}(T_E)}{T_E}=\eta_{\mathrm{Al},T_k}\Delta H_{\mathrm{m,Al}}(T_E)$$

$$\Delta G_{\mathrm{m,Si}}(T_k)=\frac{\theta_{\mathrm{Si},T_k}\Delta H_{\mathrm{m,Si}}(T_E)}{T_E}=\eta_{\mathrm{Si},T_k}\Delta H_{\mathrm{m,Si}}(T_E)$$

$$\Delta G_{\mathrm{m,Mg_2Si}}\left(T_k\right)=\frac{\theta_{\mathrm{Mg_2Si},T_k}\Delta H_{\mathrm{m,Mg_2Si}}\left(T_E\right)}{T_E}=\eta_{\mathrm{Mg_2Si},T_k}\Delta H_{\mathrm{m,Mg_2Si}}\left(T_E\right)$$

$$\Delta G'_{\mathrm{m,Al}}\left(T_k\right)=\frac{\theta_{\mathrm{Al},T_k}\Delta H'_{\mathrm{m,Al}}\left(T_E\right)}{T_E}=\eta_{\mathrm{Al},T_k}\Delta H'_{\mathrm{m,Al}}\left(T_E\right)$$

式中

$$\Delta H_{\mathrm{m,Al}}\left(T_E\right)=H_{\mathrm{m,Al(s)}}\left(T_E\right)-\bar{H}_{\mathrm{m,(Al)}_{E(1)}}\left(T_E\right)$$

$$\Delta H_{\mathrm{m,Si}}\left(T_E\right)=H_{\mathrm{m,Si}}\left(T_E\right)-\bar{H}_{\mathrm{m,(Si)}_{l'_k}}\left(T_E\right)$$

$$\Delta H_{\mathrm{m,Mg_2Si}}\left(T_E\right)=H_{\mathrm{m,Mg_2Si(s)}}\left(T_E\right)-\bar{H}_{\mathrm{m,(Si)}_{l'_k}}\left(T_E\right)$$

$$\Delta H'_{\mathrm{m,Al}}\left(T_E\right)=H_{\mathrm{m,Al(s)}}\left(T_E\right)-\bar{H}_{\mathrm{m,(Al)}_{q'_k g'_k}}\left(T_E\right)$$

(4) 先析出组元 Al、Si，再析出组元 Mg_2Si

$$\begin{aligned}\Delta G_{\mathrm{m,Al}}&=\mu_{\mathrm{Al(s)}}-\mu_{\mathrm{(Al)_{过饱}}}\\&=\mu_{\mathrm{Al(s)}}-\mu_{\mathrm{(Al)}_{E_k(1)}}\\&=-RT\ln a^{\mathrm{R}}_{\mathrm{(Al)_{过饱}}}=-RT\ln a^{\mathrm{R}}_{\mathrm{(Al)}_{E_k(1)}}\end{aligned}$$

$$\begin{aligned}\Delta G_{\mathrm{m,Si}}&=\mu_{\mathrm{Si(s)}}-\mu_{\mathrm{(Si)_{过饱}}}\\&=\mu_{\mathrm{Si(s)}}-\mu_{\mathrm{(Si)}_{E_k(1)}}\\&=-RT\ln a^{\mathrm{R}}_{\mathrm{(Si)_{过饱}}}=-RT\ln a^{\mathrm{R}}_{\mathrm{(Si)}_{E_k(1)}}\end{aligned}$$

$$\begin{aligned}\Delta G_{\mathrm{m,Mg_2Si}}&=\mu_{\mathrm{Mg_2Si(s)}}-\mu_{\mathrm{(Mg_2Si)_{过饱}}}\\&=\mu_{\mathrm{Mg_2Si(s)}}-\mu_{\mathrm{(Mg_2Si)}_{l'_k q'_k}}\\&=-RT\ln a^{\mathrm{R}}_{\mathrm{(Mg_2Si)_{过饱}}}=-RT\ln a^{\mathrm{R}}_{\mathrm{(Mg_2Si)}_{l'_k q'_k}}\end{aligned}$$

再析出组元 Al 和 Si

$$\begin{aligned}\Delta G_{\mathrm{m,Al}}&=\mu_{\mathrm{Al(s)}}-\mu_{\mathrm{(Al)_{过饱}}}\\&=\mu_{\mathrm{Al(s)}}-\mu_{\mathrm{(Al)}_{g'_k}}\\&=-RT\ln a^{\mathrm{R}}_{\mathrm{(Al)_{过饱}}}=-RT\ln a^{\mathrm{R}}_{\mathrm{(Al)}_{g'_k}}\end{aligned}$$

$$\begin{aligned}\Delta G_{\mathrm{m,Si}}&=\mu_{\mathrm{Si(s)}}-\mu_{\mathrm{(Si)_{过饱}}}\\&=\mu_{\mathrm{Si(s)}}-\mu_{\mathrm{(Si)}_{g'_k}}\\&=-RT\ln a^{\mathrm{R}}_{\mathrm{(Si)_{过饱}}}=-RT\ln a^{\mathrm{R}}_{\mathrm{(Si)}_{g'_k}}\end{aligned}$$

或者

$$\Delta G_{\mathrm{m,Al}}(T_k)=\frac{\theta_{\mathrm{Al},T_k}\Delta H_{\mathrm{m,Al}}(T_E)}{T_E}=\eta_{\mathrm{Al},T_k}\Delta H_{\mathrm{m,Al}}(T_E)$$

$$\Delta G_{\mathrm{m,Si}}(T_k)=\frac{\theta_{\mathrm{Si},T_k}\Delta H_{\mathrm{m,Si}}(T_E)}{T_E}=\eta_{\mathrm{Si},T_k}\Delta H_{\mathrm{m,Si}}(T_E)$$

$$\Delta G_{\mathrm{m,Mg_2Si}}(T_k)=\frac{\theta_{\mathrm{Mg_2Si},T_k}\Delta H_{\mathrm{m,Mg_2Si}}(T_E)}{T_E}=\eta_{\mathrm{Mg_2Si},T_k}\Delta H_{\mathrm{m,Mg_2Si}}(T_E)$$

$$\Delta G'_{\mathrm{m,Al}}(T_E)=\frac{\theta_{\mathrm{Al},T_k}\Delta H'_{\mathrm{m,Al}}(T_E)}{T_E}=\eta_{\mathrm{Al},T_k}\Delta H'_{\mathrm{m,Al}}(T_E)$$

$$\Delta G'_{\mathrm{m,Si}}(T_E)=\frac{\theta_{\mathrm{Al},T_k}\Delta H'_{\mathrm{m,Si}}(T_E)}{T_E}=\eta_{\mathrm{Si},T_k}\Delta H'_{\mathrm{m,Si}}(T_E)$$

式中

$$\Delta H_{\mathrm{m,Al}}=H_{\mathrm{m,Al(s)}}(T_E)-\bar{H}_{\mathrm{m,(Al)}_{E(l)}}(T_E)$$

$$\Delta H_{\mathrm{m,Si}}=H_{\mathrm{m,Si(s)}}(T_E)-\bar{H}_{\mathrm{m,(Si)}_{E(l)}}(T_E)$$

$$\Delta H_{\mathrm{m,Mg_2Si}}(T_E)=H_{\mathrm{m,Mg_2Si(s)}}(T_E)-\bar{H}_{\mathrm{m,(Mg_2Si)}_{l'_k q'_k}}(T_E)$$

$$\Delta H'_{\mathrm{m,Al}}(T_E)=H_{\mathrm{m,Al(s)}}(T_E)-\bar{H}_{\mathrm{m,(Al)}_{g'_k}}(T_E)$$

$$\Delta H'_{\mathrm{m,Si}}(T_E)=H_{\mathrm{m,Si(s)}}(T_E)-\bar{H}_{\mathrm{m,(Si)}_{g'_k}}(T_E)$$

4.5.2　相变速率

1) 在温度 T_2

在恒压条件下，在温度 T_2，单位体积内，析出组元 Al 的速率为

$$\begin{aligned}\frac{\mathrm{d}n_{\mathrm{Al(s)}}}{\mathrm{d}t}&=-\frac{\mathrm{d}n_{(\mathrm{Al})_{l'_1}}}{\mathrm{d}t}=j_{\mathrm{Al(s)}}\\&=-l_1\left(\frac{A_{\mathrm{m}},\mathrm{Al}}{T}\right)-l_2\left(\frac{A_{\mathrm{m}},\mathrm{Al}}{T}\right)^2-l_3\left(\frac{A_{\mathrm{m}},\mathrm{Al}}{T}\right)^3-\cdots\end{aligned}$$

2) 温度从 T_2 降到 T_P

$$\begin{aligned}\frac{\mathrm{d}n_{\mathrm{Al(s)}}}{\mathrm{d}t}&=-\frac{\mathrm{d}n_{(\mathrm{Al})_{l'_{i-1}}}}{\mathrm{d}t}=j_{\mathrm{Al(s)}}\\&=-l_1\left(\frac{A_{\mathrm{m}},\mathrm{Al}}{T}\right)-l_2\left(\frac{A_{\mathrm{m}},\mathrm{Al}}{T}\right)^2-l_3\left(\frac{A_{\mathrm{m}},\mathrm{Al}}{T}\right)^3-\cdots\end{aligned}$$

3) 在温度 T_P

不考虑耦合作用，析晶速率为

$$\frac{\mathrm{d}n_{\mathrm{Al(s)}}}{\mathrm{d}t}=-\frac{\mathrm{d}n_{(\mathrm{Al})_{l'_P}}}{\mathrm{d}t}=j_{\mathrm{Al(s)}}$$
$$=-l_1\left(\frac{A_{\mathrm{m},\mathrm{Al}}}{T}\right)-l_2\left(\frac{A_{\mathrm{m},\mathrm{Al}}}{T}\right)^2-l_3\left(\frac{A_{\mathrm{m},\mathrm{Al}}}{T}\right)^3-\cdots$$

$$\frac{\mathrm{d}n_{\mathrm{Si(s)}}}{\mathrm{d}t}=-\frac{\mathrm{d}n_{(\mathrm{Si})_{l'_P}}}{\mathrm{d}t}=j_{\mathrm{Si(s)}}$$
$$=-l_1\left(\frac{A_{\mathrm{m},\mathrm{Si}}}{T}\right)-l_2\left(\frac{A_{\mathrm{m},\mathrm{Si}}}{T}\right)^2-l_3\left(\frac{A_{\mathrm{m},\mathrm{Si}}}{T}\right)^3-\cdots$$

考虑耦合作用，有

$$\begin{aligned}\frac{\mathrm{d}n_{\mathrm{Al(s)}}}{\mathrm{d}t}=&-\frac{\mathrm{d}n_{(\mathrm{Al})_{l'_P}}}{\mathrm{d}t}=j_{\mathrm{Al(s)}}\\
=&-l_{11}\left(\frac{A_{\mathrm{m},\mathrm{Al}}}{T}\right)-l_{12}\left(\frac{A_{\mathrm{m},\mathrm{Si}}}{T}\right)-l_{111}\left(\frac{A_{\mathrm{m},\mathrm{Al}}}{T}\right)^2-l_{112}\left(\frac{A_{\mathrm{m},\mathrm{Al}}}{T}\right)\left(\frac{A_{\mathrm{m},\mathrm{Si}}}{T}\right)\\
&-l_{122}\left(\frac{A_{\mathrm{m},\mathrm{Si}}}{T}\right)^2-l_{1111}\left(\frac{A_{\mathrm{m},\mathrm{Al}}}{T}\right)^3-l_{1112}\left(\frac{A_{\mathrm{m},\mathrm{Al}}}{T}\right)^2\left(\frac{A_{\mathrm{m},\mathrm{Si}}}{T}\right)\\
&-l_{1122}\left(\frac{A_{\mathrm{m},\mathrm{Al}}}{T}\right)\left(\frac{A_{\mathrm{m},\mathrm{Si}}}{T}\right)^2-l_{1222}\left(\frac{A_{\mathrm{m},\mathrm{Si}}}{T}\right)^3-\cdots\end{aligned}$$

$$\begin{aligned}\frac{\mathrm{d}n_{\mathrm{Si(s)}}}{\mathrm{d}t}=&-\frac{\mathrm{d}n_{(\mathrm{Si})_{l'_P}}}{\mathrm{d}t}=j_{\mathrm{Si(s)}}\\
=&-l_{21}\left(\frac{A_{\mathrm{m},\mathrm{Al}}}{T}\right)-l_{22}\left(\frac{A_{\mathrm{m},\mathrm{Si}}}{T}\right)-l_{211}\left(\frac{A_{\mathrm{m},\mathrm{Al}}}{T}\right)^2-l_{212}\left(\frac{A_{\mathrm{m},\mathrm{Al}}}{T}\right)\left(\frac{A_{\mathrm{m},\mathrm{Si}}}{T}\right)\\
&-l_{222}\left(\frac{A_{\mathrm{m},\mathrm{Si}}}{T}\right)^2-l_{2111}\left(\frac{A_{\mathrm{m},\mathrm{Al}}}{T}\right)^3-l_{2112}\left(\frac{A_{\mathrm{m},\mathrm{Al}}}{T}\right)^2\left(\frac{A_{\mathrm{m},\mathrm{Si}}}{T}\right)\\
&-l_{2122}\left(\frac{A_{\mathrm{m},\mathrm{Al}}}{T}\right)\left(\frac{A_{\mathrm{m},\mathrm{Si}}}{T}\right)^2-l_{2222}\left(\frac{A_{\mathrm{m},\mathrm{Si}}}{T}\right)^3-\cdots\end{aligned}$$

4) 从温度 T_P 到 T_E

不考虑耦合作用，析晶速率为

$$\frac{\mathrm{d}n_{\mathrm{Al(s)}}}{\mathrm{d}t}=-\frac{\mathrm{d}n_{(\mathrm{Al})_{l'_{j-1}}}}{\mathrm{d}t}=j_{\mathrm{Al(s)}}$$
$$=-l_1\left(\frac{A_{\mathrm{m},\mathrm{Al}}}{T}\right)-l_2\left(\frac{A_{\mathrm{m},\mathrm{Al}}}{T}\right)^2-l_3\left(\frac{A_{\mathrm{m},\mathrm{Al}}}{T}\right)^3-\cdots$$

$$\frac{\mathrm{d}n_{\mathrm{Si(s)}}}{\mathrm{d}t}=-\frac{\mathrm{d}n_{(\mathrm{Si})_{l'_{j-1}}}}{\mathrm{d}t}=j_{\mathrm{Si(s)}}$$

$$= -l_1\left(\frac{A_{\mathrm{m}},\mathrm{Si}}{T}\right) - l_2\left(\frac{A_{\mathrm{m}},\mathrm{Si}}{T}\right)^2 - l_3\left(\frac{A_{\mathrm{m}},\mathrm{Si}}{T}\right)^3 - \cdots$$

考虑耦合作用，有

$$\begin{aligned}\frac{\mathrm{d}n_{\mathrm{Al(s)}}}{\mathrm{d}t} &= -\frac{\mathrm{d}n_{(\mathrm{Al})_{l'_{j-1}}}}{\mathrm{d}t} = j_{\mathrm{Al(s)}}\\ &= -l_{11}\left(\frac{A_{\mathrm{m}},\mathrm{Al}}{T}\right) - l_{12}\left(\frac{A_{\mathrm{m}},\mathrm{Si}}{T}\right) - l_{111}\left(\frac{A_{\mathrm{m}},\mathrm{Al}}{T}\right)^2 - l_{112}\left(\frac{A_{\mathrm{m}},\mathrm{Al}}{T}\right)\left(\frac{A_{\mathrm{m}},\mathrm{Si}}{T}\right)\\ &\quad - l_{122}\left(\frac{A_{\mathrm{m}},\mathrm{Si}}{T}\right)^2 - l_{1111}\left(\frac{A_{\mathrm{m}},\mathrm{Al}}{T}\right)^3 - l_{1112}\left(\frac{A_{\mathrm{m}},\mathrm{Al}}{T}\right)^2\left(\frac{A_{\mathrm{m}},\mathrm{Si}}{T}\right)\\ &\quad - l_{1122}\left(\frac{A_{\mathrm{m}},\mathrm{Al}}{T}\right)\left(\frac{A_{\mathrm{m}},\mathrm{Si}}{T}\right)^2 - l_{1222}\left(\frac{A_{\mathrm{m}},\mathrm{Si}}{T}\right)^3 - \cdots\end{aligned}$$

$$\begin{aligned}\frac{\mathrm{d}n_{\mathrm{Si(s)}}}{\mathrm{d}t} &= -\frac{\mathrm{d}n_{(\mathrm{Si})_{l'_{j-1}}}}{\mathrm{d}t} = j_{\mathrm{Si(s)}}\\ &= -l_{21}\left(\frac{A_{\mathrm{m}},\mathrm{Al}}{T}\right) - l_{22}\left(\frac{A_{\mathrm{m}},\mathrm{Si}}{T}\right) - l_{211}\left(\frac{A_{\mathrm{m}},\mathrm{Al}}{T}\right)^2 - l_{212}\left(\frac{A_{\mathrm{m}},\mathrm{Al}}{T}\right)\left(\frac{A_{\mathrm{m}},\mathrm{Si}}{T}\right)\\ &\quad - l_{222}\left(\frac{A_{\mathrm{m}},\mathrm{Si}}{T}\right)^2 - l_{2111}\left(\frac{A_{\mathrm{m}},\mathrm{Al}}{T}\right)^3 - l_{2112}\left(\frac{A_{\mathrm{m}},\mathrm{Al}}{T}\right)^2\left(\frac{A_{\mathrm{m}},\mathrm{Si}}{T}\right)\\ &\quad - l_{2122}\left(\frac{A_{\mathrm{m}},\mathrm{Al}}{T}\right)\left(\frac{A_{\mathrm{m}},\mathrm{Si}}{T}\right)^2 - l_{2222}\left(\frac{A_{\mathrm{m}},\mathrm{Si}}{T}\right)^3 - \cdots\end{aligned}$$

5) 温度在 T_E 以下

同时析出组元 Al、Si、$\mathrm{Mg_2Si}$，有

$$\begin{aligned}\frac{\mathrm{d}n_{\mathrm{Al(s)}}}{\mathrm{d}t} &= -\frac{\mathrm{d}n_{(\mathrm{Al})_{E_k(l)}}}{\mathrm{d}t} = j_{\mathrm{Al(s)}}\\ &= -l_1\left(\frac{A_{\mathrm{m}},\mathrm{Al}}{T}\right) - l_2\left(\frac{A_{\mathrm{m}},\mathrm{Al}}{T}\right)^2 - l_3\left(\frac{A_{\mathrm{m}},\mathrm{Al}}{T}\right)^3 - \cdots\end{aligned}$$

$$\begin{aligned}\frac{\mathrm{d}n_{\mathrm{Si(s)}}}{\mathrm{d}t} &= -\frac{\mathrm{d}n_{(\mathrm{Si})_{E_k(l)}}}{\mathrm{d}t} = j_{\mathrm{Si(s)}}\\ &= -l_1\left(\frac{A_{\mathrm{m}},\mathrm{Si}}{T}\right) - l_2\left(\frac{A_{\mathrm{m}},\mathrm{Si}}{T}\right)^2 - l_3\left(\frac{A_{\mathrm{m}},\mathrm{Si}}{T}\right)^3 - \cdots\end{aligned}$$

$$\frac{\mathrm{d}n_{\mathrm{Mg_2Si(s)}}}{\mathrm{d}t} = -\frac{\mathrm{d}n_{(\mathrm{Mg_2Si})_{E_k(l)}}}{\mathrm{d}t} = j_{\mathrm{Mg_2Si(s)}}$$

$$= -l_1\left(\frac{A_{\mathrm{m}}, \mathrm{Mg_2Si}}{T}\right) - l_2\left(\frac{A_{\mathrm{m}}, \mathrm{Mg_2Si}}{T}\right)^2 - l_3\left(\frac{A_{\mathrm{m}}, \mathrm{Mg_2Si}}{T}\right)^3 - \cdots$$

先析出组元 Al，再同时析出组元 Si 和 $\mathrm{Mg_2Si}$

$$\frac{\mathrm{d}n_{\mathrm{Al(s)}}}{\mathrm{d}t} = -\frac{\mathrm{d}n_{(\mathrm{Al})_{E_k(1)}}}{\mathrm{d}t} = j_{\mathrm{Al(s)}}$$

$$= -l_1\left(\frac{A_{\mathrm{m}}, \mathrm{Al}}{T}\right) - l_2\left(\frac{A_{\mathrm{m}}, \mathrm{Al}}{T}\right)^2 - l_3\left(\frac{A_{\mathrm{m}}, \mathrm{Al}}{T}\right)^3 - \cdots$$

$$\frac{\mathrm{d}n_{\mathrm{Si(s)}}}{\mathrm{d}t} = -\frac{\mathrm{d}n_{(\mathrm{Si})_{l'_k}}}{\mathrm{d}t} = j_{\mathrm{Si(s)}}$$

$$= -l_1\left(\frac{A_{\mathrm{m}}, \mathrm{Si}}{T}\right) - l_2\left(\frac{A_{\mathrm{m}}, \mathrm{Si}}{T}\right)^2 - l_3\left(\frac{A_{\mathrm{m}}, \mathrm{Si}}{T}\right)^3 - \cdots$$

$$\frac{\mathrm{d}n_{\mathrm{Mg_2Si(s)}}}{\mathrm{d}t} = -\frac{\mathrm{d}n_{(\mathrm{Mg_2Si})_{l'_k}}}{\mathrm{d}t} = j_{\mathrm{Mg_2Si(s)}}$$

$$= -l_1\left(\frac{A_{\mathrm{m}}, \mathrm{Mg_2Si}}{T}\right) - l_2\left(\frac{A_{\mathrm{m}}, \mathrm{Mg_2Si}}{T}\right)^2 - l_3\left(\frac{A_{\mathrm{m}}, \mathrm{Mg_2Si}}{T}\right)^3 - \cdots$$

先析出组元 Al 和 Si，再同时析出组元 $\mathrm{Mg_2Si}$

$$\frac{\mathrm{d}n_{\mathrm{Al(s)}}}{\mathrm{d}t} = -\frac{\mathrm{d}n_{(\mathrm{Al})_{E_k(1)}}}{\mathrm{d}t} = j_{\mathrm{Al(s)}}$$

$$= -l_1\left(\frac{A_{\mathrm{m}}, \mathrm{Al}}{T}\right) - l_2\left(\frac{A_{\mathrm{m}}, \mathrm{Al}}{T}\right)^2 - l_3\left(\frac{A_{\mathrm{m}}, \mathrm{Al}}{T}\right)^3 - \cdots$$

$$\frac{\mathrm{d}n_{\mathrm{Si(s)}}}{\mathrm{d}t} = -\frac{\mathrm{d}n_{(\mathrm{Si})_{E_k(1)}}}{\mathrm{d}t} = j_{\mathrm{Si(s)}}$$

$$= -l_1\left(\frac{A_{\mathrm{m}}, \mathrm{Si}}{T}\right) - l_2\left(\frac{A_{\mathrm{m}}, \mathrm{Si}}{T}\right)^2 - l_3\left(\frac{A_{\mathrm{m}}, \mathrm{Si}}{T}\right)^3 - \cdots$$

$$\frac{\mathrm{d}n_{\mathrm{Mg_2Si(s)}}}{\mathrm{d}t} = -\frac{\mathrm{d}n_{(\mathrm{Mg_2Si})_{l'_k q'_k}}}{\mathrm{d}t} = j_{\mathrm{Mg_2Si(s)}}$$

$$= -l_1\left(\frac{A_{\mathrm{m}}, \mathrm{Mg_2Si}}{T}\right) - l_2\left(\frac{A_{\mathrm{m}}, \mathrm{Mg_2Si}}{T}\right)^2 - l_3\left(\frac{A_{\mathrm{m}}, \mathrm{Mg_2Si}}{T}\right)^3 - \cdots$$

4.6 ZL114A 电弧熔丝增材制造工艺参数的优化

4.6.1 成分优化的 ZL114A 丝材的制备

优化后 ZL114A 合金丝材的成分范围如表 4-7 所示。

表 4-7 优化后合金丝材的成分范围

	Si	Mg	Ti	Sr	Fe
QJ3185-2003	6.5%～7.5%	0.45%～0.75%	0.08%～0.25%	—	⩽ 0.2%
优化成分后的丝材	6.5%～7.0%	0.45%～0.65%	0.10%～0.15%	0.01%～0.05%	⩽ 0.13%

在抚顺东工冶金材料技术有限公司进行了丝材的制备。按照目标成分 Si：6.90、Mg：0.62、Ti：0.12、Sr：0.03 进行配料，选用 Fe 含量< 0.1%的双零铝锭作为原材料。用感应炉熔炼，待铝锭熔化后，将工业 Si、AlTi10、AlSr10 中间合金锭及 Mg 锭等依次加入铝液中进行合金化。合金化后，除气、铸造、轧制、拉拔、刮削及表面光亮化制备直径 ϕ1.2mm 和 ϕ1.6mm 的合金丝材，制得的丝材化学成分如表 4-8 所示。

表 4-8 丝材化学成分

线径/mm	Si	Mg	Ti	Sr	Fe
ϕ1.2	6.88%	0.60%	0.103%	0.032%	0.09%

4.6.2 热输入量的计算

CMT 工艺可调节的参数主要有送丝速度、焊接速度等，热输入量是工艺参数的集中体现，影响 WAAM 成形合金的凝固过程。通过改变送丝速度和堆积速度获得不同热输入量工艺条件，实验参数见表 4-9。送丝速度> 5m/min，即成效率> 1.6kg/h(为 CMT 工艺时选用 ϕ1.2mm 丝材为原材料的最大成形效率)。利用 HI= $\eta([\overline{UI}/TS$ 计算每组实验的线热输入量，其中 HI(J/mm) 为焊接过程的线热输入量，$\overline{U}$(V) 为每一堆积层电压的平均值，$\overline{I}$(A) 为每一堆积层电流的平均值，η 为 CMT 工艺的热效率，取值 0.8，TS 为堆积速度。

表 4-9 实验参数

编号	送丝速度/(m/min)	焊接速度/(mm/s)	电流 $\overline{I}$/A	电压 $\overline{U}$/V	HI/(J/mm)
1#	5	48.0	195	22.5	73.13
3#	5.5	35.9	215	23.0	110.19
4#	6	35.9	236	23.5	123.59
6#	5.5	24.3	215	23.0	162.80
7#	5.5	19.8	215	23.0	199.80
8#	6	19.8	236	23.5	224.08
9#	5	15.6	195	22.5	225.00
10#	5.5	15.6	215	23.0	253.59
11#	6	15.6	236	23.5	284.41
12#	5	10.4	195	22.5	337.50
13#	5.5	10.4	215	23.0	380.38
14#	5	8.2	195	22.5	428.05
15#	6.5	24.3	255	24.0	—
17#	5.5	8.4	215	23.0	470.95

4.6.3 热输入量对 ZL114A 成形的影响

WAAM 成形试样的截面如图 4-73 所示，可以看出热输入量在 73.13~470.95 J/mm 范围内，除了 15# 合金外，其余合金均能够很好地成形。这是由于 15# 合金的送丝速度达到 6.5m/min(15#)，此时电流较大，增加了堆积熔深，电弧对熔池的冲击和剧烈搅动，使得气体保护被破坏，因此无法成形，如图 4-73(15#) 所示。成形试样的厚度测量结果及层高的平均值 (= 试样总高度/层数) 如图 4-74 所示，随着热输入量的增大，成形试样的厚度及平均层高逐渐增大。在电弧增材制造过程中焊接速度降低，作用在单位体积的热量增加，铝合金丝材熔化后向两侧流动，因此堆积体的厚度增加。层高主要受送丝速度及堆积速度的影响，送丝速度越大，焊接速度越小，层高越大。

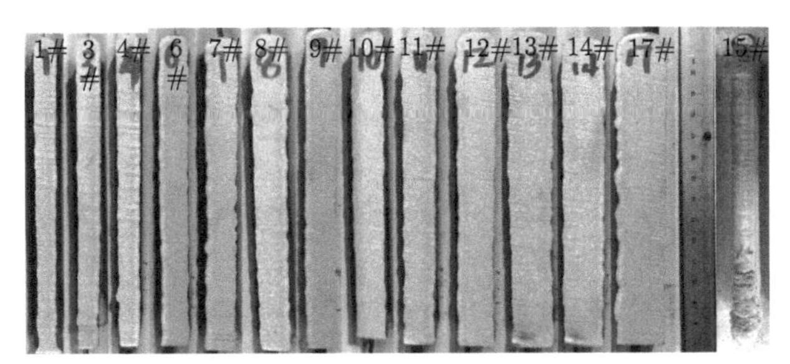

图 4-73 WAAM 成形试样截面图及 15# 试样顶面

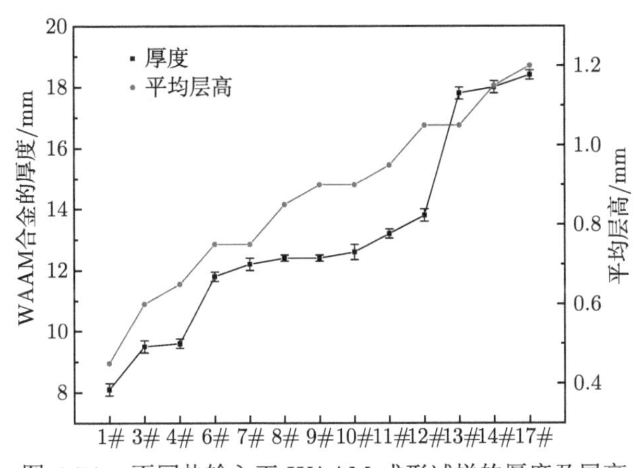

图 4-74 不同热输入下 WAAM 成形试样的厚度及层高

4.6.4 热输入量对 WAAM ZL114A 合金组织的影响

1. 宏观组织

WAAM 合金的宏观金相照片如图 4-75 所示，可以明显地分出三个区域，即受到电弧作用的熔深区 (a)，热影响区 (b) 及铸态区 (c)。建立了 WAAM 合金宏观组织模型，如图 4-76 所示，其中，t 为成形试样的有效厚度 ($=t_1+2t_2$)；t_1 为熔深区的宽度；t_2 熔覆铺展区宽度；s 为熔深区单层深度；h_1 为热影响区高度；h_2 为铸态区高度；h 为单层层高 ($=h_1+h_2$)。层高 (h) 及有效厚度 (t) 随着送丝速度的增大而增大，并随着堆积速度的增大而变小，本书所研究的送丝速度窗口较小 (5.0~6.0m/min)，对层高 (h) 及有效厚度 (t) 起到主要影响的是焊接速度。随着焊接速度的减小，层高 (h) 及有效厚度 (t) 逐渐增加，结果如图 4-74 所示。层高 (h) 由两部分组成，即热影响区高度 (h_1) 及铸态区高度 (h_2)，其中热影响区高度 (h_1) 受热输入量影响，热输入量越大，热影响区高度 (h_1) 越大。有效厚度 (t) 也是由两部分组成，即熔深区的宽度 (t_1) 及熔覆铺展区宽度 (t_2)，其中熔深区的宽度 (t_1) 受到送丝速度影响 (CMT 为一元化控制电源，即电源根据送丝速度自动匹配电流和电压，而熔深区的宽度主要受到电压的影响)，熔覆铺展区宽度 (t_2) 受热输入量的影响，且对有效厚度 (t) 起到主要贡献作用，随着热输入量的增大，熔覆铺展区宽度 (t_2) 增大。熔深区的深度 (s) 主要受到送丝速度的影响 (即电流的影响)，随着送丝速度的增大，熔深区的深度 (s) 增大。

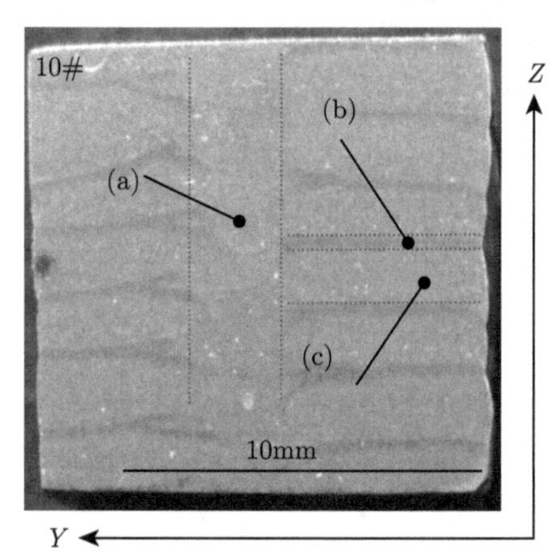

图 4-75　WAAM 合金宏观金相照片

(a) 熔深区；(b) 热影响区；(c) 铸态区

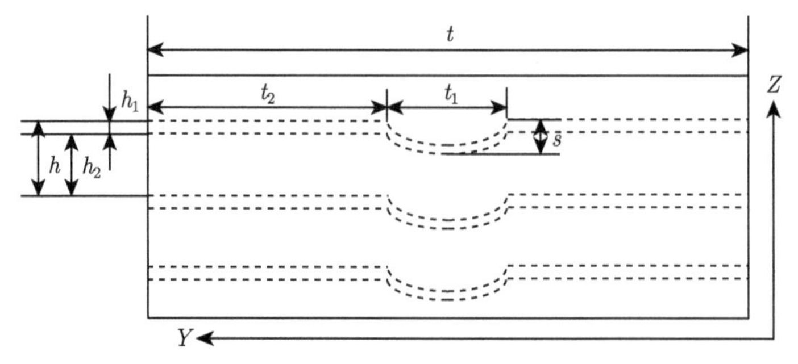

图 4-76　WAAM 合金宏观组织模型

2. 微观组织

在直接沉积态 WAAM 合金中选取了 1#、10#、17# 合金，并观察其微观气孔 (图 4-77)、组织 (图 4-78) 及 T6 热处理后的组织 (图 4-80) 随热输入量的变化。从图 4-77 可以看出，WAAM 成形合金中的气孔尺寸主要集中在几十 μm，随着热输入量的增加，WAAM 合金中的气孔数量没有增加趋势，尺寸略有增大。

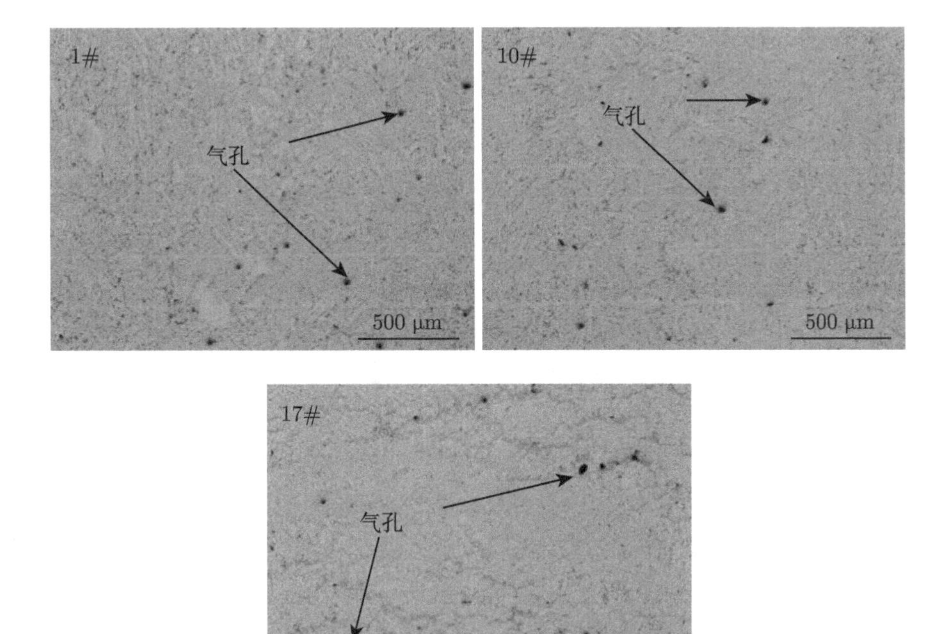

图 4-77 WAAM 合金气孔缺陷

直接沉积态 WAAM 合金的组织如图 4-78 所示，可以看出 WAAM 成形合金明显可以分出熔深区、热影响区及铸态区，如图 4-78(a)、(b)、(c) 所示。需要说明的是，所观察到的热影响区高度 (h_1) 并未随着热输入量的增加而增大，这是由于 WAAM 成形过程中，电弧受到环境干扰 (如气流、磁偏吹) 产生了波动及液态合金的不受控流动，造成了相邻层之间的相互搅和，但是从整体上来看，还是可以明显地观察到分层结构。图 4-78(d)、(e)、(f) 为 WAAM 成形合金中的热影响区，较铸态区相比，共晶硅组织均明显地球化，且在低热输入量条件下 (图 4-78(d)、(e)) 热影响区的组织形貌相近，但在高热输入量条件下 (图 4-78(f)) 热影响区出现了轻微过烧现象。图 4-78(g)、(h)、(i) 为 WAAM 成形合金的铸态区，可以看出随着热输入量的增加，铸态区的 α-Al 枝晶变得粗化，枝晶数量减少，合金的二次枝晶臂间距逐渐增大。将铸态区组织放大后，观察到细小的针状或短棒的 Fe 相存在，其 EDS 分析结果如图 4-79 所示，该相为 π-Fe 相 ($Al_8Mg_3FeSi_6$)，且随着热输入量的增加，其尺寸逐渐变大。这是由于 ZL114A 合金属于亚共晶合金，其凝固过程首先析出 α-Al，随着温度的下降，共晶硅及第二相粒子 (杂质 Fe 相等) 在 α-Al 枝晶间形成，在高热输入条件下，合金的凝固过程相对变得缓慢，导致共晶区硅及杂质 Fe 相有足够的时间团聚、长大，因此随着热输入量的增加，WAAM 成形合金的二次枝晶臂间距逐渐增大，Fe 相变得粗大。

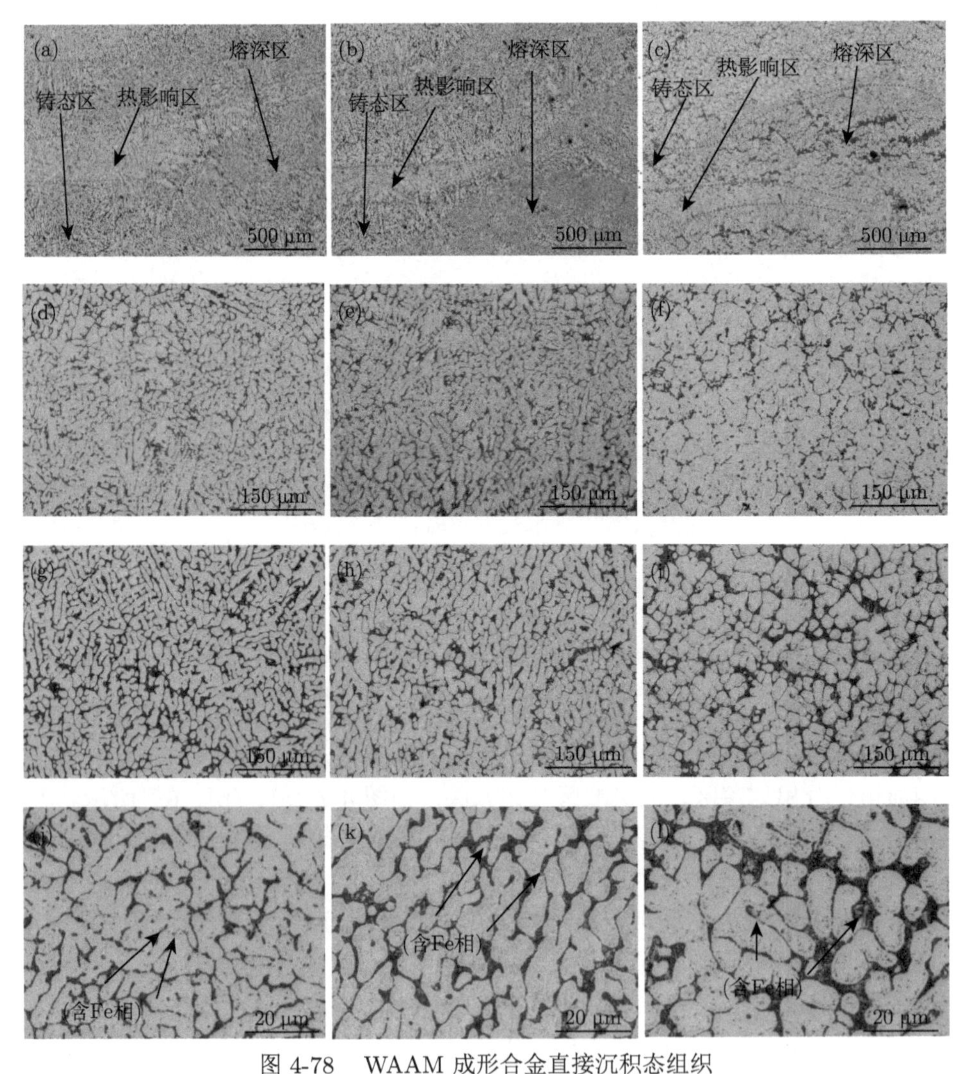

图 4-78 WAAM 成形合金直接沉积态组织

(a)~(c) 分别为 WAAM 1#、10#、17# 合金的熔深区附近组织；(d)~ (f) 分别为 WAAM 1#、10#、17# 合金的热影响区组织；(g)~(i) 分别为 WAAM 1#、10#、17# 合金的铸态区组织；(j)~ (l) 分别为 WAAM 1#、10#、17# 合金的铸态区组织放大

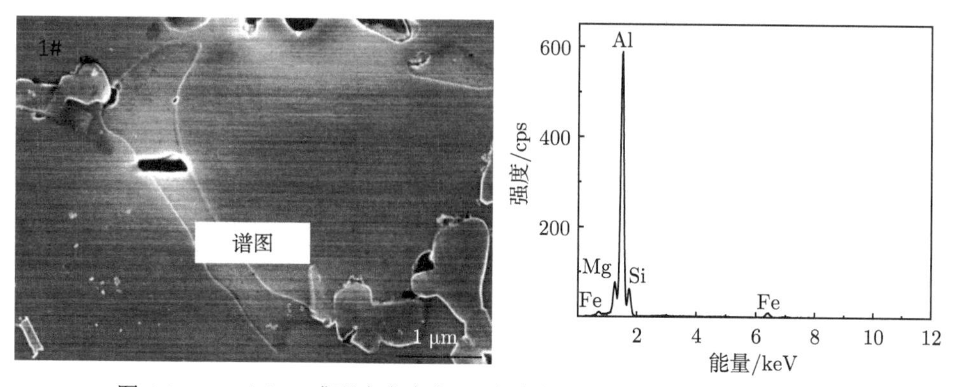

图 4-79 WAAM 成形合金中富 Fe 相扫描电镜照片及 EDS 分析结果

经过 T6 热处理后的 WAAM 成形合金的组织如图 4-80 所示，可以看出随着热输入量的增加，组织中 α-Al 晶粒逐渐增大，合金中的共晶硅颗粒有增大趋势。这是由于低热输入量时，合金的二次枝晶臂间距较小，固溶阶段时，Mg_2Si、Si 等第二相粒子扩散、迁移的平均自由程越短，越易实现均匀化。随着热输入量的增大，合金组织中二次枝晶臂间距逐渐增大，在固溶时增大共晶硅颗粒的熔断难度，导致了共晶硅颗粒增大。

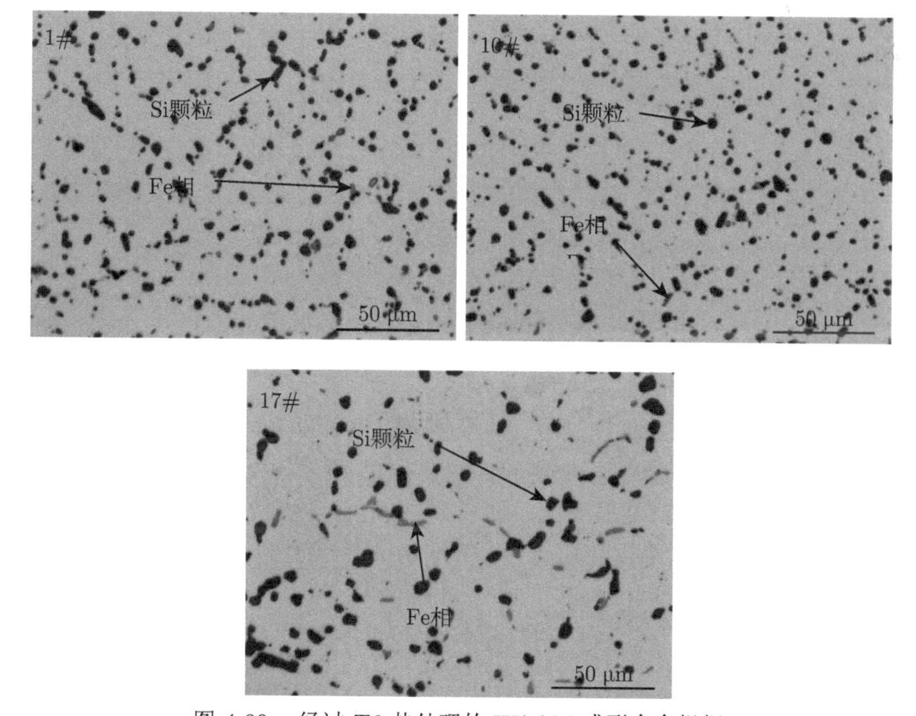

图 4-80 经过 T6 热处理的 WAAM 成形合金组织

4.6.5 热输入量对 WAAM ZL114A 合金力学性能的影响

图 4-81 为 WAAM 成形合金的力学性能，可以看出在较大热输入量范围内 (1#~11#) 合金的抗拉强度、屈服强度及伸长率均在较小范围内波动，且横向与纵向性能几乎无差异，抗拉强度为 (354.5±7.5)MPa，屈服强度为 (310.5±5.5)MPa，伸长率为 (6.3±0.7)%。随着热输入量的增加，WAAM 合金的横向及纵向的抗拉强度差异增大，横向的抗拉强度较纵向高出 15MPa；屈服强度略有降低，为 (298±5)MPa；伸长率逐渐下降，由 5.95%(11#) 下降到 4.15%(17#)。

随着热输入量的增加，直接沉积态 WAAM 成形合金中的二次枝晶臂间距逐渐增大，合金中的杂质 Fe 相也变得粗大。经过热处理后，WAAM 合金中的 α-Al 晶粒及共晶硅颗粒逐渐增大，因此导致了合金的伸长率下降。另外，由于热输入量的增加，在直接沉积态 WAAM 合金的热影响区内出现了轻微过烧现象，这是导致合金的纵向性能下降的主要原因。

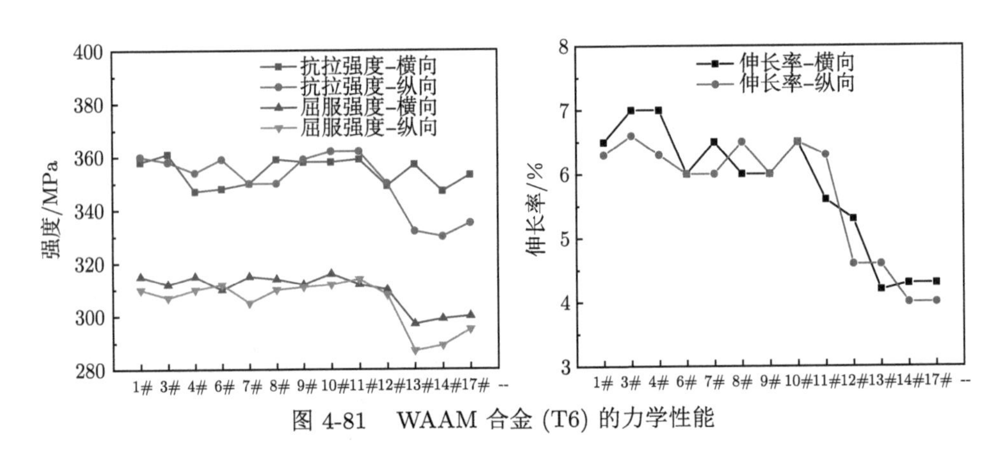

图 4-81 WAAM 合金 (T6) 的力学性能

4.7 ZL114A 电弧熔丝增材制造样件的热处理

参照 ZL114A 的 T6 处理制度，选择固溶温度、固溶时间、淬火温度、时效温度及时效时间 5 个因子进行正交实验，如表 4-10 所示。以 WAAM ZL114A 合金的横纵向抗拉强度 (UTS) 平均值、伸长率 (El) 平均值按照式 (4-3) 计算材料的综合效益指标，与横、纵向屈服强度平均值共同作为评价指标进行正交实验，实验结果如表 4-11 所示。

$$Q = \mathrm{UTS} + 150\lg(\mathrm{El}\%) \tag{4-3}$$

式中，Q 为材料的综合效应指标，MPa；UTS 为材料的极限抗拉强度，MPa；El 为材料的断后伸长率，%。

表 4-10 因素水平表

水平	A 固溶温度/°C	B 固溶时间/h	C 淬水温度/°C	D 时效温度/°C	E 时效时间/h
1	530	10	35	165	2
2	535	12	45	170	4
3	540	14	55	175	6
4	545	16	65	180	8

表 4-11 正交实验结果

No.	A	B	C	D	E	拉伸方向	抗拉强度/MPa	屈服强度/MPa	El/%	Q/MPa
1	1	1	1	1	1	H	341	278	10.6	481.42
						V	332	276	7.9	
2	1	2	2	2	2	H	358	308	8	482.55
						V	349	300	6.5	
3	1	3	3	3	3	H	367	321	7.5	478.90
						V	351	310	5.1	
4	1	4	4	4	4	H	347	312	7.7	469.40
						V	343	312	5.8	
5	2	1	2	3	4	H	362	321	6.4	469.88
						V	351	316	5	
6	2	2	1	4	3	H	364	325	6.5	473.22
						V	349	317	5.5	
7	2	3	4	1	2	H	342	290	6	450.23
						V	334	281	5.2	
8	2	4	3	2	1	H	355	294	7.5	476.94
						V	355	299	5.5	
9	3	1	3	4	2	H	361	316	8.7	484.35
						V	357	312	5	
10	3	2	4	3	1	H	364	312	7.2	477.38
						V	352	308	5.3	
11	3	3	1	2	4	H	356	312	6.3	471.33
						V	350	305	6	
12	3	4	2	1	3	H	356	298	9.6	490.53
						V	347	301	7.3	
13	4	1	4	2	3	H	364	311	7.8	492.05
						V	362	312	6.7	
14	4	2	3	1	4	H	366	311	8	492.88
						V	359	304	6.8	
15	4	3	2	4	1	H	360	314	7.2	473.38
						V	348	307	5.3	
16	4	4	1	3	2	H	365	317	8.5	501.06
						V	367	315	7.4	

续表

No.		A	B	C	D	E	拉伸方向	抗拉强度/MPa	屈服强度/MPa	El/%	Q/MPa
屈服强度	Ⅰ	1208.50	1221.00	1222.50	1169.50	1194.00					
	Ⅱ	1221.50	1242.50	1232.50	1220.50	1219.50					
	Ⅲ	1232.00	1220.00	1233.50	1260.00	1247.50					
	Ⅳ	1245.50	1224.00	1219.00	1257.50	1246.50					
	K1	302.13	305.25	305.63	292.38	298.50					
	K2	305.38	310.63	308.13	305.13	304.88					
	K3	308.00	305.00	308.38	315.00	311.88					
	K4	311.38	306.00	304.75	314.38	311.63					
	R	9.25	5.63	3.63	22.63	13.38					
Q	Ⅰ	1912.27	1927.71	1927.03	1915.06	1909.12					
	Ⅱ	1870.27	1926.04	1916.34	1922.87	1918.19					
	Ⅲ	1923.60	1873.84	1933.08	1927.22	1934.70					
	Ⅳ	1959.37	1937.92	1889.06	1900.35	1903.49					
	K1	478.07	481.93	481.76	478.77	477.28					
	K2	467.57	481.51	479.09	480.72	479.55					
	K3	480.90	468.46	483.27	481.80	483.68					
	K4	489.84	484.48	472.26	475.09	475.87					
	R	22.28	16.02	11.00	6.72	7.80					

根据极差分析结果，在所选的热处理条件范围内，各因素对 WAAM 成形合金屈服强度影响的主次顺序为：时效温度、时效时间、固溶温度、固溶时间、淬水温度，如图 4-82 所示。对材料综合效益指标 (Q) 影响的主次顺序为：固溶温度、固溶时间、淬水温度、时效时间、时效温度。综合考虑屈服强度和材料综合效益指标等因素，确定热处理制度：A3B2C3D3E2，即固溶温度为 540℃，时间为 12h；淬水温度为 55℃；时效温度为 175℃，时间为 4h。

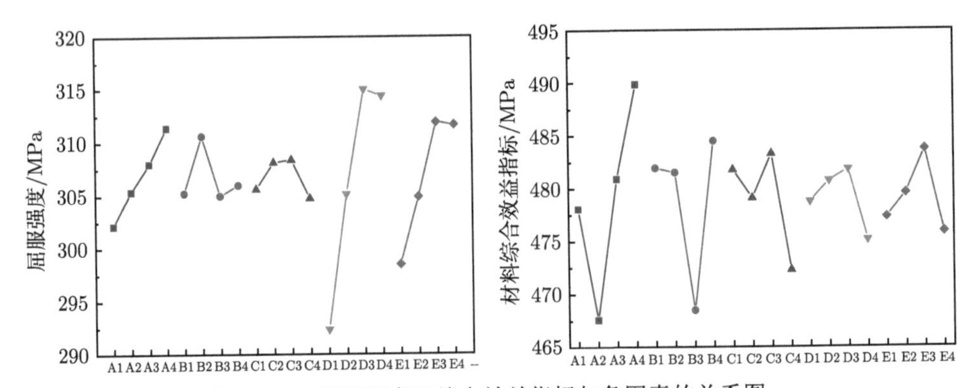

图 4-82　屈服强度及综合效益指标与各因素的关系图

第 5 章　CMT 工艺增材制造 Al-Cu-(Mg) 合金

5.1　电弧增材制造铝合金工艺及参数优化

根据能量源分类，WAAM 技术可选用的电弧种类一般包括 MIG、TIG 和 PAW。不同电弧工艺对增材制造成形后金属制件的组织和性能会有较大的影响。CMT 电源是近年发展起来的一种新型 MIG 热源，在降低热输入、减少飞溅、细化晶粒、控制缺陷等方面具有明显的优势，适用于铝合金的 WAAM 制造。

5.1.1　不同工艺模式的成形性

1. 工艺模式

MIG 和 CMT 电源的工作模式通常包括标准 MIG、脉冲 MIG(MIG-P)、标准 CMT、脉冲 CMT(CMT-P)、变极性 CMT(CMT-A)、脉冲 + 变极性 CMT(CMT-PA)。将上述六种工艺应用于 2319 铝合金等材料的 WAAM 制造时，其工艺波形、热输入、熔池形貌以及制件宏/微观组织形貌各异。各工艺的实际电流/电压波形如图 5-1 所示，可见 CMT 各变种工艺的电弧特征 (电流、电压) 相对于普通 MIG 及脉冲 MIG 工艺更加稳定，因此熔滴过渡会相对平稳。单丝 WAAM 成形时热输入 (HI) 的计算公式为

$$\mathrm{HI}=\left(\eta\times\sum_{i=1}^{n}\frac{I_i\times U_i}{n}\right)/\mathrm{TS} \tag{5-1}$$

式中，I_i 为瞬时电流 (A)；U_i 为瞬时电压 (V)；TS 为堆积速度 (mm/s)。CMT 工艺的热输入效率系数 η 为 0.9，MIG 工艺为 0.8。在不预热的 2219-T87 基板上进行 WAAM 堆积时，几种工艺采用的参数包括送丝速度、堆积速度、纯氩保护气流量、焊丝干伸长、层间冷却时间、层数和制件长度等分别恒定在 6 m/min、0.6 m/min、20 L/min、12.5 mm、2 min、5 层和 150 mm，六种工艺的热输入分别为 258.4 J/mm、246.7 J/mm、299.5 J/mm、280 J/mm、264.1 J/mm 和 144.6 J/mm。值得注意的是在使用相同参数时，CMT-PA 工艺的热输入只有其他工艺的 50%左右。

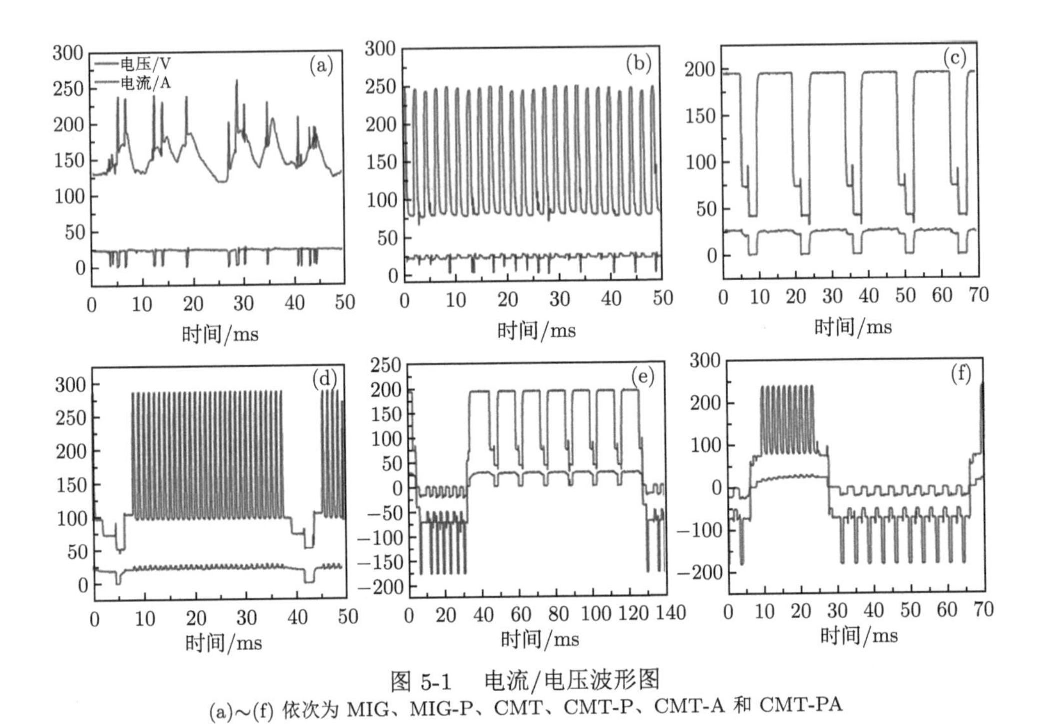

图 5-1　电流/电压波形图

(a)～(f) 依次为 MIG、MIG-P、CMT、CMT-P、CMT-A 和 CMT-PA

2. 制件成形性

采用不同 MIG 工艺制备的单道单层 WAAM 试件外观如图 5-2 所示，腐蚀前的横截面及其腐蚀后的宏观组织分别如图 5-3 及图 5-4 所示。使用 MIG、MIG-P、CMT、CMT-P 工艺堆积的合金气孔较多 (图 5-3 中白色的点为气孔)，并且具有大

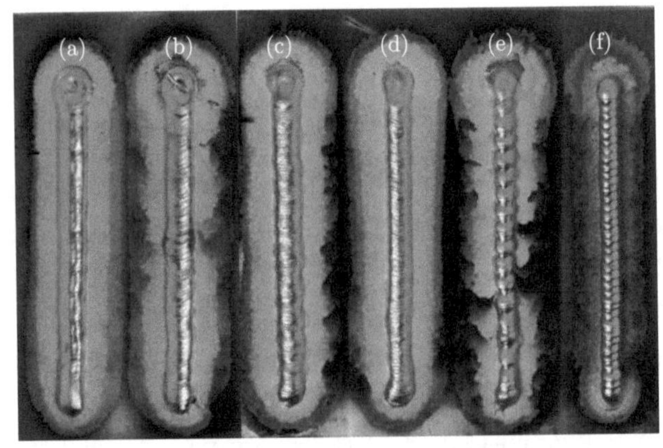

图 5-2　单道单层 WAAM 试件

(a)～(f) 依次采用 MIG、MIG-P、CMT、CMT-P、CMT-A 和 CMT-PA

量的柱状晶组织，热影响区较宽。比较来看，使用 CMT-A 和 CMT-PA 工艺制备 WAAM 合金中的气孔数量非常少，并且组织均匀细小，熔透区较小 (表 5-1)。正是由于 CMT-PA 独特的熔滴过渡方式和阴极清理效果，以及其成形金属细小的微观组织，所以此工艺具有非常好的去除气孔的效果。

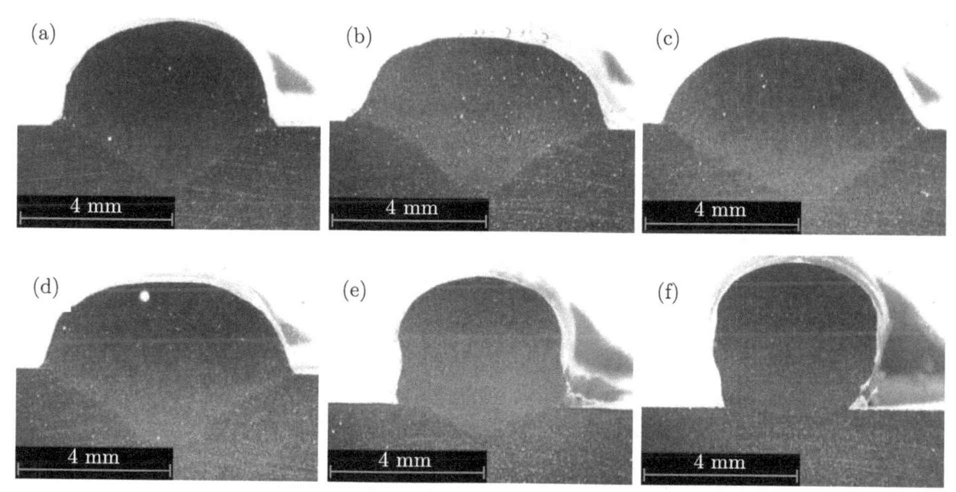

图 5-3 单道单层试件横截面 (腐蚀前)
(a)~(f) 依次采用 MIG、MIG-P、CMT、CMT-P、CMT-A 和 CMT-PA

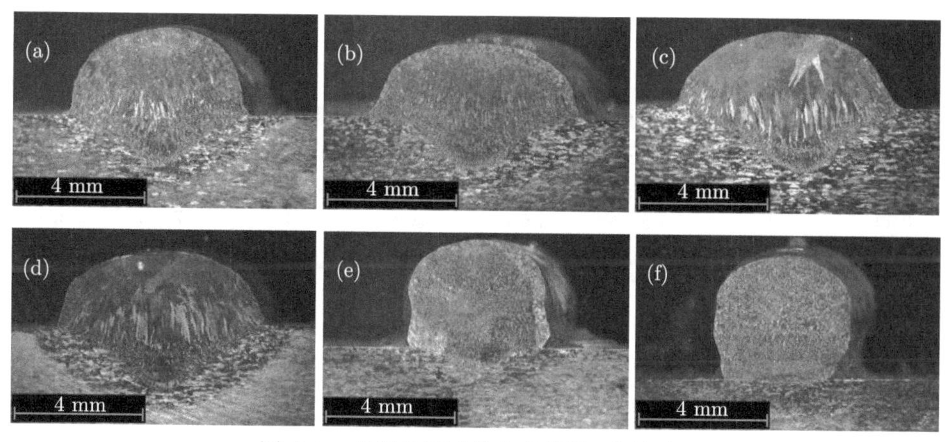

图 5-4 单道单层试件宏观组织 (腐蚀后)
(a)~(f) 依次采用 MIG、MIG-P、CMT、CMT-P、CMT-A 和 CMT-PA

采用不同 MIG 工艺制备的单道多层 WAAM 试件的成形外观如图 5-5 所示。如表 5-1 所列，CMT-PA 工艺相比较其他工艺而言，堆积金属的焊道高度较大，熔深小，稀释率非常低，其接触角较大，在进行多道多层成形时可能会形成未熔合缺陷，需要调整参数以避免。但是使用 CMT-PA 工艺的单道多层试样的有效宽度系数并未降低，实际上还略高于其他的 MIG 工艺 (表 5-2 和图 5-6)，这表示使用此工艺成形试件的后续表面及外形加工量较小，成形效率高。同时，CMT-PA 工艺的平均层高较大，可以达到 2.5 mm。因此，CMT-PA 工艺具有热输入小、成形优良、组织细小均匀、气孔少且尺寸小等优点，同时其飞溅小，弧坑小的优势也可保证其具有较好的工艺性，非常适用于铝合金的 WAAM 增材制造。为了增加第一个堆积层和基板的熔合度，增加焊道宽度，通常可以采用预先热处理或者采用热输入更高的工艺比如 MIG-P 工艺进行打底。

图 5-5　单道多层试件

(a)~(f) 依次采用 MIG、MIG-P、CMT、CMT-P、CMT-A 和 CMT-PA

表 5-1　各工艺堆积单道单层金属的几何形状特征

工艺	焊道宽度 W/mm	焊道高度 H/mm	熔深 P/mm	接触角 θ/(°)	熔深面积 A_1/mm^2	堆积面积 A_2/mm^2	稀释率 D/%
MIG	5.8	2.8	1.6	81.0	3	7.2	29.4
MIG-P	6.7	2.2	1.8	70.1	2.6	7.3	26.3
CMT	6.75	2.3	1.9	69.1	4.3	7	38.1
CMT-P	7.0	2.3	2	64.3	6.6	12.3	34.9
CMT-A	4.1	3.4	0.7	103.3	0.62	7.76	7.4
CMT-PA	3.3	3.8	0.13	114.8	0.07	8.50	0.8

表 5-2　各工艺堆积单道多层金属的几何形状特征

工艺	总宽度/mm	有效宽度/mm	有效宽度系数	层高/mm
MIG	8	6.9	0.86	1.6
MIG-P	8.8	7.3	0.83	1.5
CMT	8.0	7.0	0.88	1.6
CMT-P	8.0	6.7	0.84	1.5
CMT-P	7.6	6.2	0.82	1.9
CMT-PA	6.3	5.6	0.89	2.5

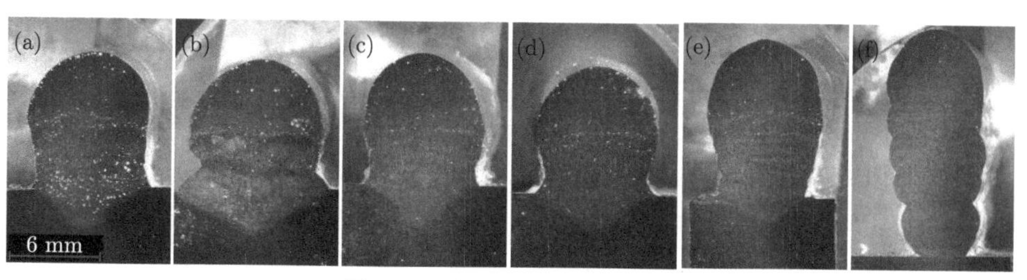

图 5-6 单道多层试件横截面
(a)~(f) 依次采用 MIG、MIG-P、CMT、CMT-P、CMT-A 和 CMT-PA

5.1.2 CMT 工艺参数对 WAAM 铝合金制件成形性的影响

1. 合金丝干伸长

干伸长 (CTWD) 即焊丝从导电嘴伸出到工件的垂直距离。不同干伸长对试件的外观影响较大 (图 5-7)。不同 WAAM 2319 铝合金试件的横截面及其几何形状特征分别如图 5-8 和表 5-3 所示。当干伸长小于 12.5 mm 时，有效宽度系数小于 0.8；当其值在 12.5~17.5 mm 时，有效宽度系数稳定在 0.88 左右，并且层高和接触角较为稳定；当干伸长进一步增大至 20 mm 时，有效宽度系数可达 0.94。这是因为干伸长越小，电弧克服熔滴表面张力的作用力越大，熔滴形状越容易受到影响，因此接触角变大，不利于最终成形试件外形的稳定性。但是随着干伸长的增大，其惰性气体保护效果变差 (图 5-8)。干伸长越小，则导电嘴烧损的隐患越严重。因此，干伸长稳定在 13~16 mm 范围内一般可以获得较好的保护效果并保证理想的有效宽度系数。

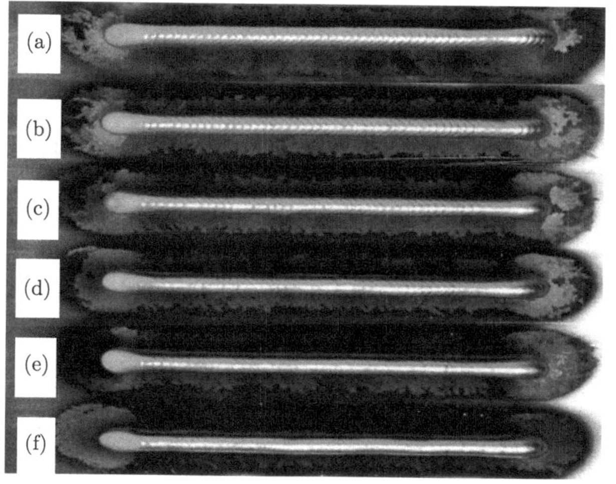

图 5-7 WAAM 2319 铝合金试件
干伸长依次为 (a)~(f)7.5 mm、10 mm、12.5 mm、15 mm、17.5 mm 和 20 mm

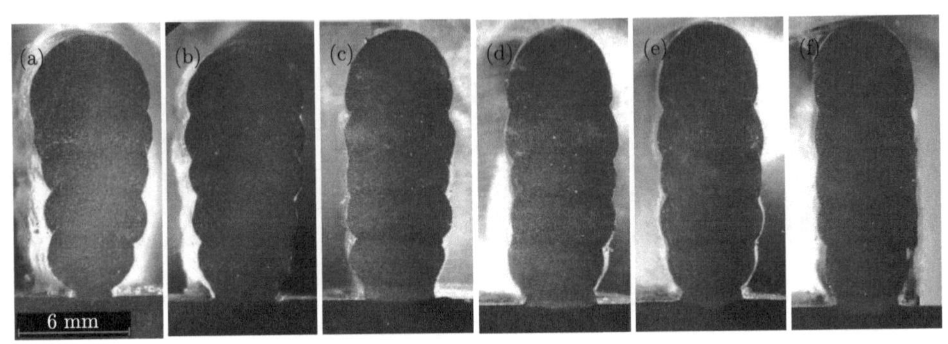

图 5-8　WAAM 2319 铝合金试件横截面
干伸长依次为 (a)~(f)7.5 mm、10 mm、12.5 mm、15 mm、17.5 mm 和 20 mm

表 5-3　不同干伸长 WAAM 试件的几何形状特征

干伸长 /mm	总宽度 W_{total}/mm	有效宽度 $W_{effective}$/mm	有效宽度系数 K	层高 H/mm	接触角 θ/(°)
7.5	6.6	4.8	0.73	2.5	142.6
10	6.5	5.2	0.8	2.5	118.8
12.5	5.8	5.1	0.88	2.7	116.4
15	6.0	5.2	0.87	2.7	116.8
17.5	5.7	5.0	0.88	2.8	116
20	5.4	5.1	0.94	2.8	114.2

2. 保护气流量

铝合金焊接和增材制造过程中一般采用纯氩 (纯度 ≥99.9%) 作为保护气体。不同保护气流量制备的单道多层 2319 铝合金试件如图 5-9 所示，各试样的横截面如图 5-10 所示。

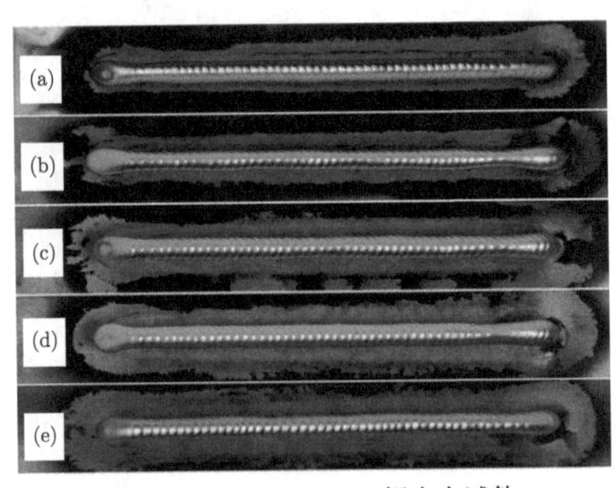

图 5-9　WAAM 2319 铝合金试件
保护气流量依次为 (a)~(e)10 L/min、15 L/min、20 L/min、25 L/min 和 30 L/min

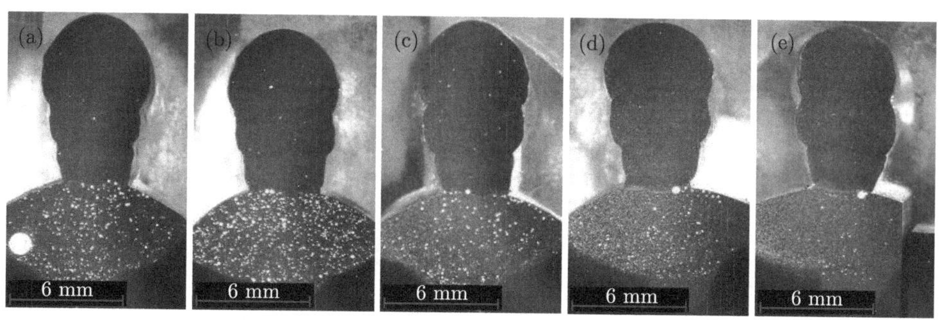

图 5-10 WAAM 2319 铝合金试件横截面
保护气流量依次为 (a)～(e)10 L/min、15 L/min、20 L/min、25 L/min 和 30 L/min

当增加保护气流量时，WAAM 试件的几何形状无明显变化，但是保护效果和范围以及气孔的含量尤其是打底层的气孔数量逐渐减少。当保护气流量达到 25 L/min 以上时，可以得到较为稳定的保护效果。

3. 层间冷却时间

在 WAAM 制造过程中，如果进行连续堆积，随着堆积制件的热累积越来越大，对成形组织和力学性能等产生影响，严重情况下可能会带来塌陷等问题。层间冷却时间分别为 0 min(即无冷却)、2 min 和 5 min 的 WAAM 2319 铝合金试件的热流状态如图 5-11 所示。

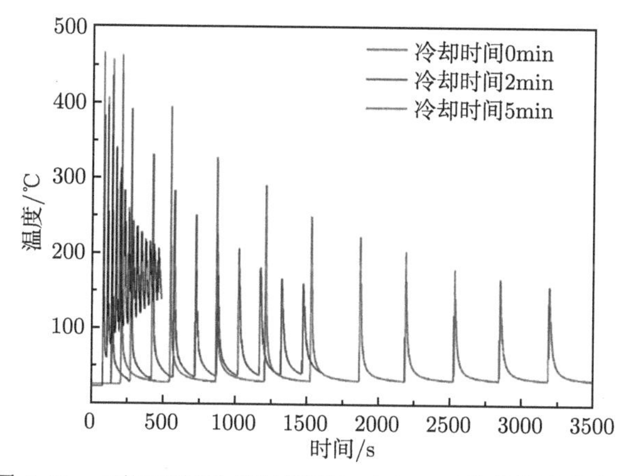

图 5-11 不同层间冷却时间下 WAAM 工艺的热流状态图

当层间无冷却时，堆积 10 层后金属试件的温度稳定在 150～200 ℃；由于铝合金具有较高的热传导率，当层间冷却时间分别为 2 min 和 5 min 时，WAAM 试件的冷却过程较为相似，10 层后 WAAM 试件根部的峰值温度从 450 ℃ 降至 150 ℃ 左右，并在较短时间内降至 50 ℃ 以下，平均冷却速度由 13.2 ℃/s 降至

1.3 ℃/s。各后续堆积层的起焊温度由 30.5 ℃ 逐渐上升至 43.5 ℃。由图 5-12 可知，当层间无冷却时，WAAM 金属的温度梯度小，所以层间位置柱状晶的数量和尺寸较小，但热影响区较为明显。而当层间进行冷却时，温度梯度增大，层间柱状晶的数量和尺寸增大。

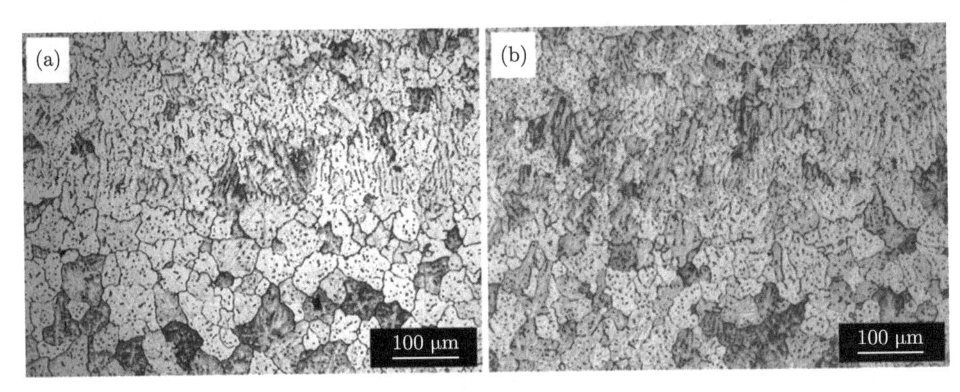

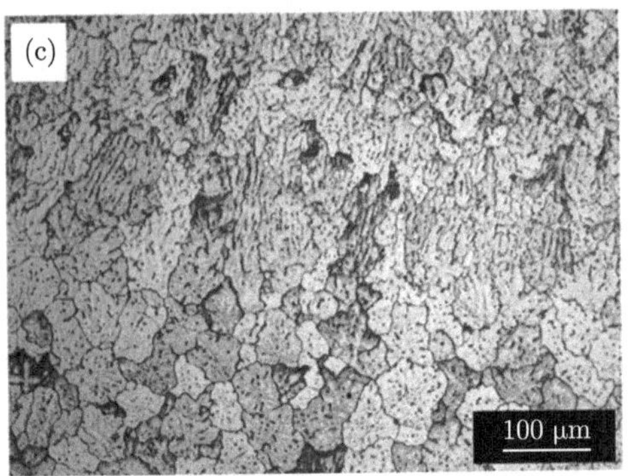

图 5-12　WAAM 2319 铝合金的微观组织

层间冷却时间依次为 (a)～(c)0 min、2 min 和 5 min

4. 送丝速度和堆积速度

对于 MIG 和 CMT 工艺来说，送丝速度直接决定焊接或增材制造过程中的电流、电压等基本属性。采用不同送丝速度 (WFS) 和堆积速度 (TS) 制备 WAAM 试件的外观差别较大。比如当热输入只有 87.1 J/mm 时，会出现波浪形外貌。而当热输入达到 452.3 J/mm 时，制件出现了非常严重的塌陷。在适当的送丝速度和堆积速度下，热输入处于 100～200 J/mm 时制件的成形性较好。采用 CMT-PA 工艺制备 WAAM 铝合金的工艺窗口如图 5-13 所示。WAAM 制件的层高、有效宽度和热输入都随着送丝速度的增大而增大，并随着堆积速度的增大而变小。实际上，这些 WAAM 制件的几何形状及热输入主要都受到了 WFS/TS 比值大小的影响，随着比值的增大而增大，如图 5-14 所示。当 WFS/TS 比值相同时则随着 WFS 的增加而近似线性增大。

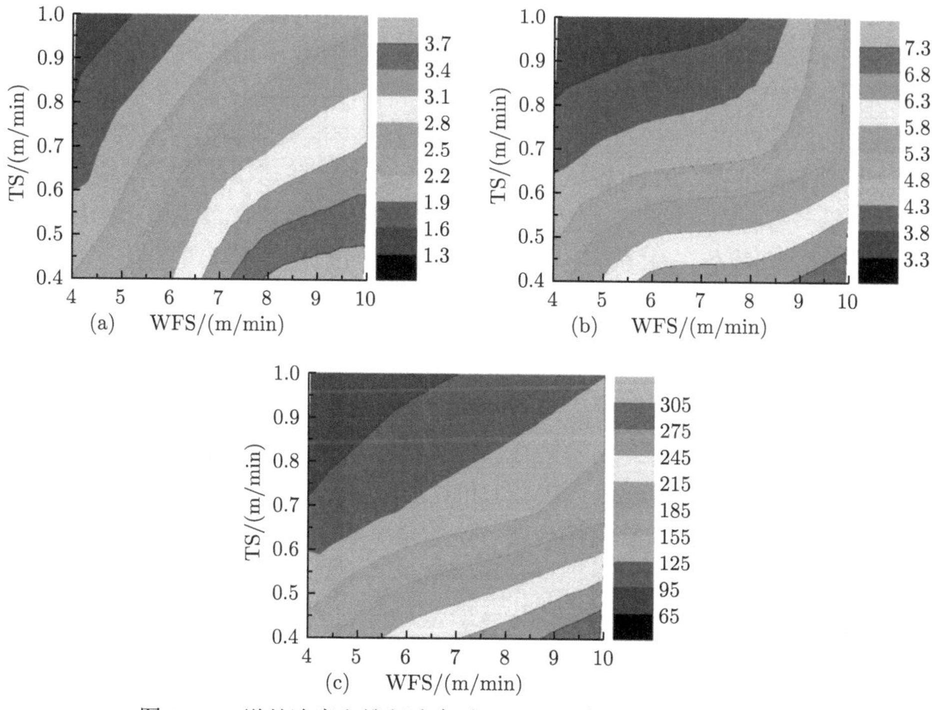

图 5-13 送丝速度和堆积速度对 WAAM 成形和热输入的影响

(a) 层高 (mm)；(b) 有效宽度 (mm)；(c) 热输入 (J/mm)

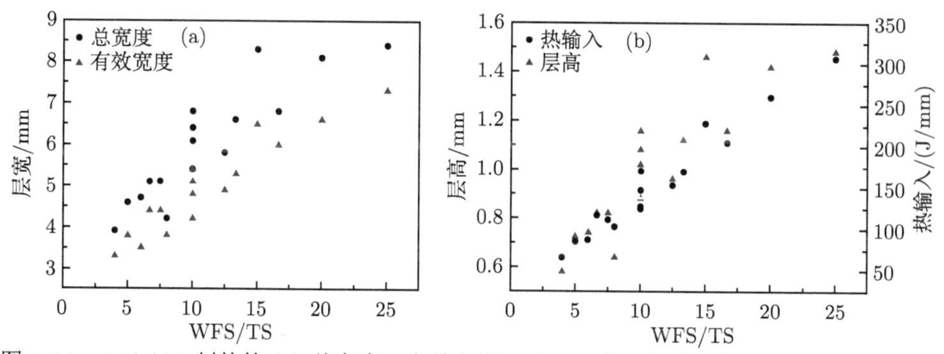

图 5-14 WAAM 制件的 (a) 总宽度、有效宽度和 (b) 层高、热输入与 WFS/TS 比值之间的关系

5.2　电弧增材制造 2319 铝合金的组织与性能

Al-Cu6.3 合金 (2319/2219 铝合金) 是航空航天业应用最为广泛的铝合金结构材料，具有优良的比强度、抗应力腐蚀、断裂韧性和力学性能，主要用于制作飞机蒙皮、结构零件以及火箭的燃料槽体等。基于航空航天业各类零部件小批量、高质量、快制备的要求，21 世纪以来采用增材制造快速成形该铝合金结构件日趋重要，以大量节省材料和成本，缩短研发和生产周期。因为该合金结构件一般要承受飞行器的大部分载荷，对飞行器寿命具有决定性的影响。所以增材制造 Al-Cu6.3 合金的微观组织和力学性能成为增材制造领域的研究热点之一。

5.2.1　2319 铝合金焊接接头的组织结构

WAAM 技术的工艺基础是弧焊焊接，因此要研究 WAAM 金属制件，需要首先了解焊缝金属的特征。通常铝合金的焊缝由熔化区 (fusion zone，FZ)，部分熔化区 (partially melted zone，PMZ) 和热影响区 (heat affected zone，HAZ) 组成。其中部分熔化区也被称为熔合线，一般是紧邻铝合金焊缝熔合区外侧一个非常窄的区域，属于母材区，在焊接过程中虽然温度较高但是高温时间短，合金来不及发生完全熔化便已经凝固；熔化区即是母材及填充金属完全熔融凝固再结晶后形成的区域；热影响区的峰值温度不足以熔化金属，但是足以引起组织和性能发生变化。

2219 铝合金焊后部分熔化区的形成可以通过图 5-15 说明。图 5-15(a) 为 Al-Cu 二元相图，根据焊接过程的热循环如图 5-15(b) 所示，焊接接头 b 点 (图 5-15(c)) 被焊接热输入加热至共晶温度 T_E 和液相线温度 T_L(643 ℃) 之间，变为固液共存状态 ($\alpha+\mathrm{L}$)，即发生部分熔化。与此对应，焊接接头 a 点发生完全熔化，为完全熔化区；c 点未熔化，处于热影响区。

部分熔化区的液化是经过 $\alpha+\theta \longrightarrow \mathrm{L}$ 反应形成，其共晶成分为 C_E。随着冷却过程的进行，液相凝固为颗粒共晶物或者晶界共晶物。当反应温度在共晶温度 T_E 之上时，共晶物完全液化溶解，其周围的 α 相也开始溶解，液相中 Al 含量增加，这使得液相由共晶转变为亚共晶成分。先凝固部分会首先形成溶质原子贫化的 α 相，然后逐渐凝固形成低熔点的共晶物，当达到共晶成分 C_E 时，形成完全的共晶产物。所以凝固过程结束后最终沿晶界共晶物或颗粒共晶物的周围会形成薄层铜溶质原子贫化区，即最先形成的 α 相带。Huang 和 Kou 用光学显微镜清晰观察到这种贫化区，如图 5-16 所示为腐蚀后可见晶界处深色的共晶区以及浅色的 α 相带在晶界外侧沿晶界分布。

研究 AA2319 和 AA2024 铝合金 MIG 焊后部分熔化区的液化现象，发现此区的弱化主要是由于晶界偏析引起。同时，在焊接过程中，部分熔化区承受的温度超过或接近共晶温度，铝合金中的低熔点共晶物会沿晶界发生部分重熔。在承受焊接过程产生的内部拉应力会导致晶间裂纹，这种液化重熔区性能较差，在静态载荷下易发生断裂或者导致塑性降低。

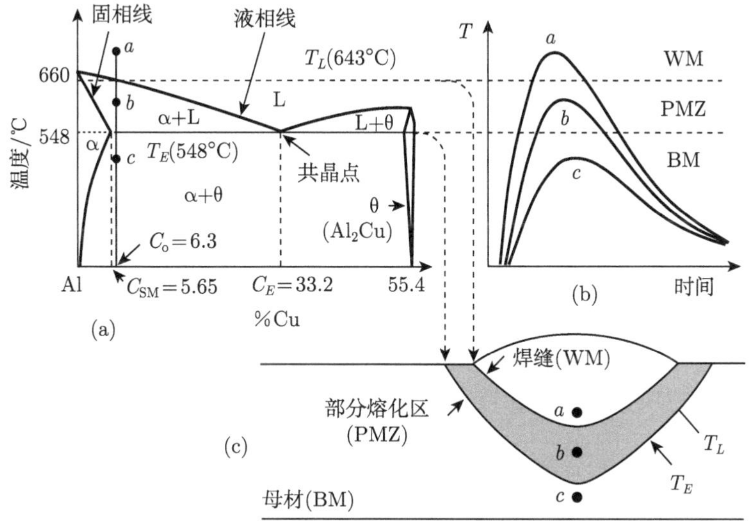

图 5-15 2219 铝合金焊后部分熔化区的形成 (Kou, 2002)
(a)Al-Cu 二元相图富 Al 角；(b) 热循环；(c) 横截面

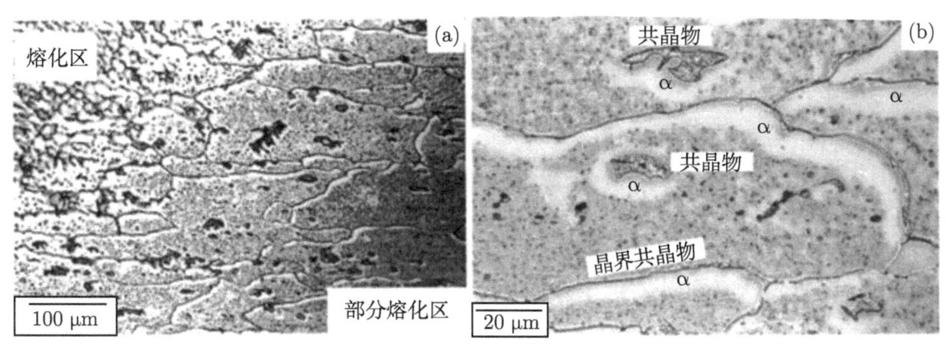

图 5-16 (a)2319 焊丝及 MIG 工艺焊接 2219 铝合金的焊接接头；
(b) 高倍照片 (Huang, 2000)

通常焊缝热影响区的性能要低于母材性能。这是因为对于加工强化铝合金来说，焊接热输入会使得此区域原有的强化因素——位错、位错缠结等释放，其内部储存的应变能在高温下诱使晶粒发生再结晶和长大，强化作用大大降低。对于可热处理强化铝合金来说，焊接热输入会使得此区域的亚稳强化相长大，发生“过时效”，性能变差。与传统焊接不同，WAAM 铝合金为整体连续焊接成形 (全焊缝)，虽然后续的堆积层对已凝固的堆积层有热影响，但是其内部的加工应变能小，析出强化相含量少，因此后续的热输入对金属组织及性能影响较小，无热影响区弱化效应。

5.2.2 WAAM 2319 铝合金制件的组织与力学性能

1. 热流分析

从成形过程来说，WAAM 制件与焊接结构的区别在于 WAAM 工艺过程中的热循环道次多，热累积一般较大。比如 2319 铝合金 WAAM 成形过程中的热流如图 5-17 所示 (CMT-PA 工艺，参数：热输入 144.6 J/mm、送丝速度 6 m/min、堆积速度 0.6 m/min、保护气流量 25 L/min、干伸长 13 mm、层间冷却时间 2 min)，由图 5-17(a) 可知，在逐层堆积时，试件中部及端部不同采样位置的温度变化大小及趋势基本相同，说明堆积过程中的热流无明显差异性。而由图 5-17(b) 可知，在首层堆积体以下 2~3 mm 的位置，峰值温度可达 450 ℃。随着 WAAM 堆积过程的进行，此位置逐层远离热源，其峰值温度逐渐降低，并随着堆积层数的增加和热量的积累，冷却速度放缓，在 15 层左右，其峰值温度在 100~150 ℃变化。

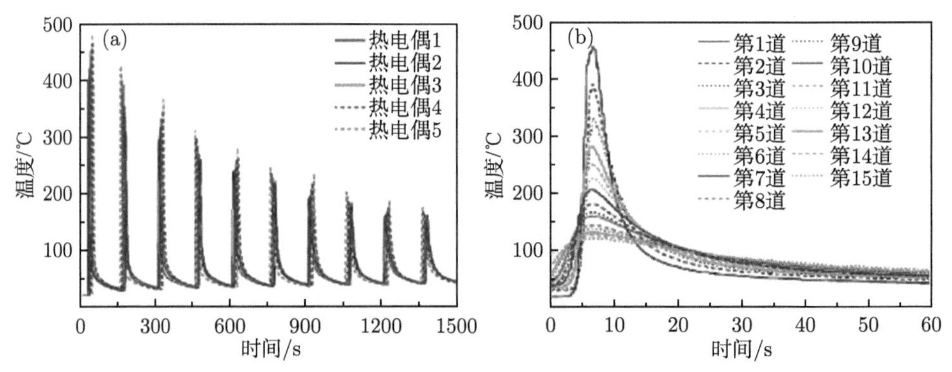

图 5-17　WAAM 试件热流状态图

(a) 水平 5 个位置测温 (10 层)；(b) 中部热电偶堆积 15 层

由于最高峰值温度仍低于 2319 铝合金的共晶温度，并且高温作用时间短，所以在合金的堆积过程中除了紧邻熔合线的位置，均不会发生明显的固溶现象，不会形成此合金热处理强化所需的基础条件——过饱和的固溶体，所以在后续堆积过程中，即使试件会较长时间保持在低温时效的温度，也不会引起明显的强化。

2. WAAM 2319 铝合金制件的组织结构

1) 制件外形与宏观组织

采用 CMT-PA 工艺制备的单道多层直接堆积态 WAAM 2319 铝合金制件的外形如图 5-18 所示，尺寸为长 500 mm × 高 100 mm × 厚 6.5 mm。此铝合金制件的成形稳定，加工余量较小。经过对比合金制件与丝材原材料及工业板材的化学成分可知，其化学成分基本与合金丝保持一致，说明在 WAAM 制备过程中烧损较少；同时达到了工业板材 2219 铝合金的成分要求。该 WAAM 合金制件的宏观组织如图 5-19(a) 所示。通过对比图 5-19(b) 和 (c) 所示基板 2219-T87 变形铝合金的宏观组织可知，直接堆积态 WAAM 2319 铝合金晶粒细小，并且不存在纤维组织，但是其晶粒大小分布并不均匀，层间位置存在着一些特别细小的晶粒组织，这与 WAAM 成形过程中独特的冶金学特性有关。

图 5-18 单道多层直接堆积态 WAAM 2319 铝合金制件

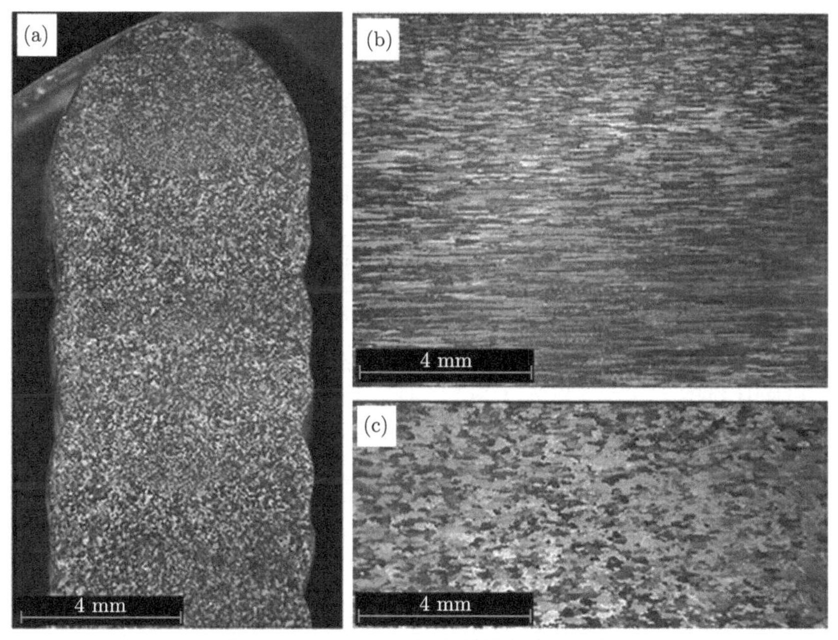

图 5-19 WAAM 合金制件的宏观组织
(a)WAAM 2319 铝合金；(b) 和 (c) 分别为 2219-T87 变形铝合金轧制及法向截面

2) 微观组织

WAAM 2319 铝合金的微观组织较为复杂，表现出不均匀分布的特性。其凝固后的组织形貌由熔池内外的温度梯度和冷却速度决定。堆积层的不同位置因为受热和冷却速度不同，微观组织也会有所差别。基于焊接的 WAAM 工艺制备的 2319 铝合金材料可以按照传统的焊接冶金学理论，将堆积体的微观组织划分为堆积区 (熔化区)、部分熔化区、热影响区。各个区域分别具有其代表性的微观组织，各区域的划分如图 5-20 的模型所示。每一道的堆积层为完全熔化区，同时已凝固的堆积层的顶部又会成为下一道堆积体的热影响区；在每两层之间会存在一个较窄的部分熔化区。

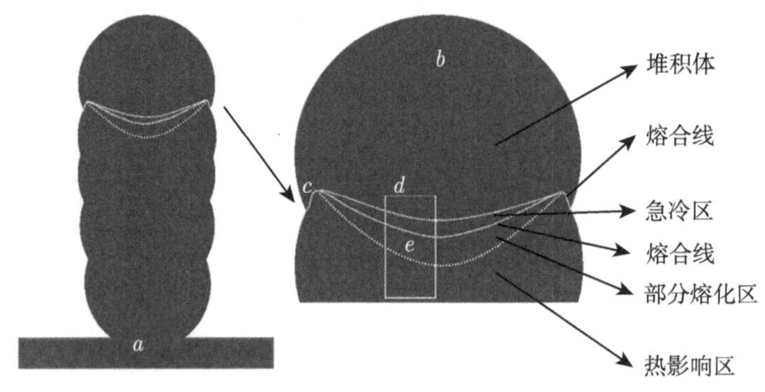

图 5-20　WAAM 2319 铝合金成形焊接冶金学模型

如图 5-21(a) 所示为 WAAM 2319 铝合金和母板熔合界面 (横截面) 的微观组织。在熔合线上方 (图 5-20 中 a 点位置)，堆积金属侧首先形成一个宽度为 30～100 μm 的细小晶粒带，晶粒尺寸为 5～10 μm。这些细小晶粒的形成原因：第一个原因是 CMT 工艺的电流在熔滴过渡的末端降至接近零，无持续加热，同时熔滴脱离合金丝接触母板发生急冷，成分过冷度高，产生了少量细小的等轴枝晶；第二个原因可能是 2319 铝合金丝中含有的细化元素 Zr 和 Ti，使得铝合金在快速凝固的瞬间具有较多的形核质点，易在接头处形成大量细小的等轴晶粒。当 Ti 含量大于 0.01%或者 Zr 含量大于 0.1%时，易形成这种细小的等轴晶粒。

因为液态金属和基板之间存在较大的温度梯度，这些细小晶粒向上外延生长为与基板垂直 (固/液界面，T 向) 的柱状晶粒，并逐渐生长为尺寸较大的柱状晶。晶粒的生长方向与定向冷却有关，直接影响因素是冷却过程的温度梯度方向，晶粒总是沿着温度梯度最大的方向生长。WAAM 工艺热流的方向主要是沿着堆积体，在垂直于基板的方向上扩散，因此一次枝晶的生长方向与基板垂直且形状细长。但是由于冷却速度较快，这些柱状晶没来得及完全生长，便发生了快速凝固，形成大量的枝晶。由于空气的散热能力远低于铝合金的导热能力，液态金属在熔池的外延位置冷却速度较慢，随着温度梯度的减小，晶粒的生长向熔池上部及两侧逐渐过渡为等轴枝晶 (图 5-21(b))。其不同位置一次枝晶和二次枝晶间距均小于 5 μm，数值变化不大，这得益于 CMT 工艺较低的热输入及其非常短的高温热作用，已凝固的堆积层的晶粒并未发生明显长大。

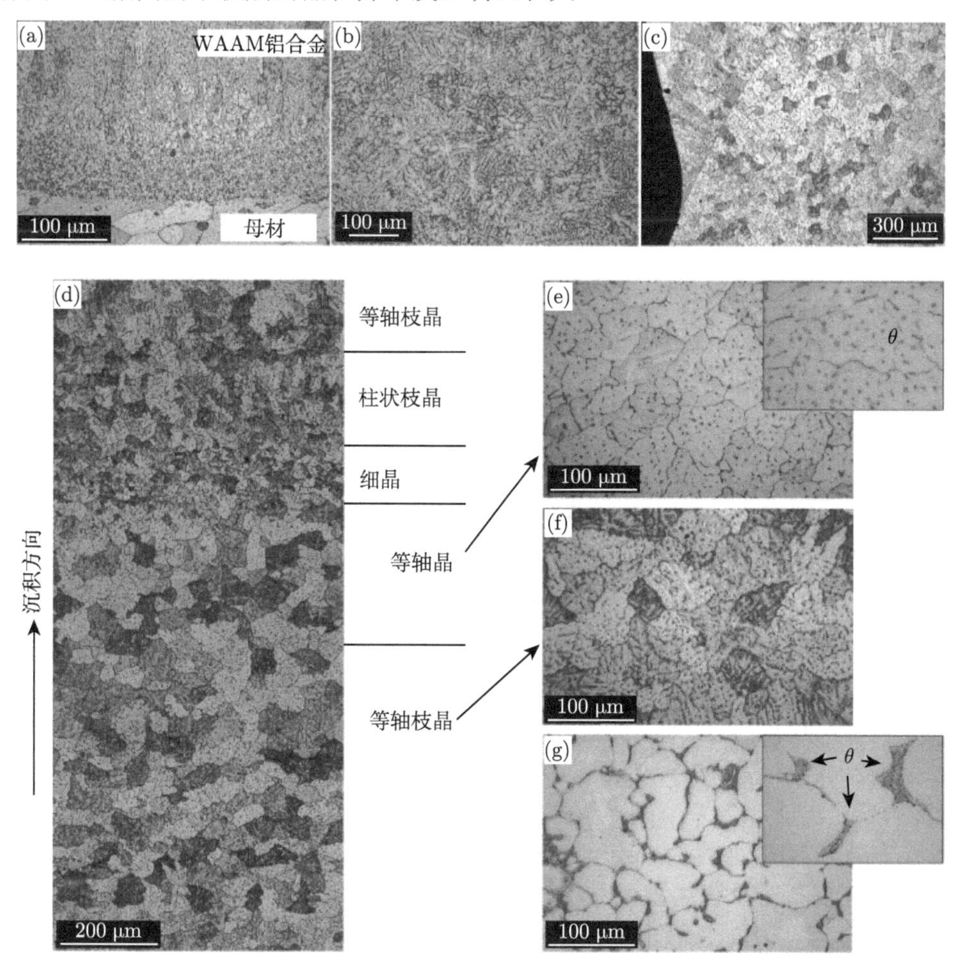

图 5-21 直接堆积态 WAAM 2319 铝合金的微观组织

位置分别为 (a)WAAM 试件与基板熔合线；(b) 顶层；(c) 边部熔合线；(d) 中部的层内/层间；(e) 等轴晶；(f) 等轴枝晶；(g) 铸态 2319 铝合金

当下一层堆积后，已凝固的堆积层顶部的金属在电弧高温作用下熔化进入熔池，与后续送给的熔融金属混合，形成新的熔化区，其组织状态和第一层组织类似，在熔合线附近形成少量的细小等轴晶。但是已凝固的堆积层对后续堆积层有预热作用，新熔滴液态金属相对于固态金属的温度梯度降低，形成柱状晶的数量和尺寸会减小，向熔池外延逐渐过渡为大量的等轴晶。由图 5-21(c) 即图 5-20 的

c 点清晰可见熔滴边缘形成的熔合线，其两侧的组织状态并不相同。

图 5-21(d) 为熔合线上下各区域的微观组织图 (横截面)，WAAM 2319 铝合金的微观组织构成是以相似尺寸的等轴晶和等轴枝晶为主，同时含有少量的柱状晶和细小等轴晶，柱状晶的占比约为 5%。图 5-21(e) 为部分熔化区的晶粒组织，其形成较为复杂。根据热流状态图，在堆积金属表面 2 mm 下可达到 460 ℃，因此在熔合线以下有一窄区 (图 5-20 中的 e 位置) 的瞬时温度峰值可达 450~650 ℃，接近/超过 2319 铝合金的共晶温度 (547 ℃)，因此在此区域会发生少量第二相的部分重熔，枝晶的数量也会减少。但是部分熔化区下面的区域因为受热影响较小，晶粒变化不大，依然保留有较多的等轴枝晶，如图 5-21(f) 所示。WAAM 2319 铝合金的热影响区与传统焊接不同。传统铝合金焊接后热影响区的加工态组织会被破坏 (不可热处理变形合金) 或者细小析出物发生长大 (可热处理变形合金)，性能通常变差。而 WAAM 合金内部本来就不存在这些增强因素，所以其后续堆积层的热量影响不仅不会损害其性能，相反还会在一定程度上使其增强。这是因为 WAAM 堆积过程通常持续数小时以上，后续长时间的低温热影响相当于低温时效热处理过程，会在合金内部诱发微量亚稳态的析出物。对直接堆积态 WAAM AlCu6.3 合金中亚稳 θ′ 相的在线析出行为进行了系统研究，发现亚稳相的含量随着受热循环的增加而增多，并且热输入对亚稳相的析出影响很大。

大量枝晶组织的形成是因为弧焊的冷却过程为非平衡态冷却，金属凝固后，大量的第二相存在于胞晶界和枝晶臂，如图 5-21(e) 所示。这与传统的铸造过程截然不同，铸造后的冷却速度一般较为缓慢，在接近于平衡态时，晶粒内枝晶组织非常少。冷却过程中溶质原子通过固液界面充分扩散，第二相只会形成于晶界上，且尺寸较大。如图 5-21(g) 的铸态 2319 铝合金组织所示，晶内没有或只有非常少量的第二相出现。

WAAM 铝合金的胞晶和一次枝晶有相近间距，等轴枝晶的二次枝晶间距为 4~8 μm。在某一堆积层内，二次枝晶臂间距不同表明在不同的位置冷却速度不同。冷却速度可由二次枝晶臂间距根据经验公式近似求得

$$\lambda_2 = B\varepsilon^{-n} \tag{5-2}$$

式中，λ_2 为二次枝晶臂间距；ε 为冷却速度，铝合金材料一般为 $10^{-5} \sim 10^{6}$℃/s；B 为材料常数；n 为过程常数；铝合金的 B 和 n 值一般为 50 μm· (℃/s)^n 和 1/3。测量和计算结果表明在此工艺条件下，层内不同位置的冷却速度为 $10^2 \sim 10^3$℃/s，下部及上部外延区域冷却速度最高，中部放缓。单道堆积和传统焊接工艺的液态金属冷却速度一般为 10^5 ℃/s，可见即使采用热输入非常低的 CMT-PA 工艺，WAAM 堆积金属的冷却速度也稍低，这与在堆积过程中热量持续输入降低了金

属的冷却速度有关。因为冷却速度和晶臂间距成反比，所以出现细小等轴晶的层间位置的冷却速度是最快的，而在柱状晶的位置具有最大的温度梯度，大晶粒表明冷却速度小，发生了重熔，因此这一部分也可定义为重熔区。

3) 合金元素的存在形式

WAAM 2319 铝合金中的主要合金元素是 Cu，大部分固溶于铝基体中，其余不能溶解的 Cu 以 AlCu 化合物的形式存在。从图 5-22(a) 的 SEM 背散射照片可见，铝基体中分布着大量白色第二相，大部分沿晶界分布，形成网状，少量呈颗粒状存在于晶粒内部。由图 5-22(c) 可见，此白色物相以骨骼状存在，EDS 分析结果显示其成分为 $Al_{61.47}Cu_{38.53}$，接近共晶物中 Al/Cu 的成分比 67/33，因此这些相可确定为$\alpha+\theta$-Al_2Cu 共晶物。

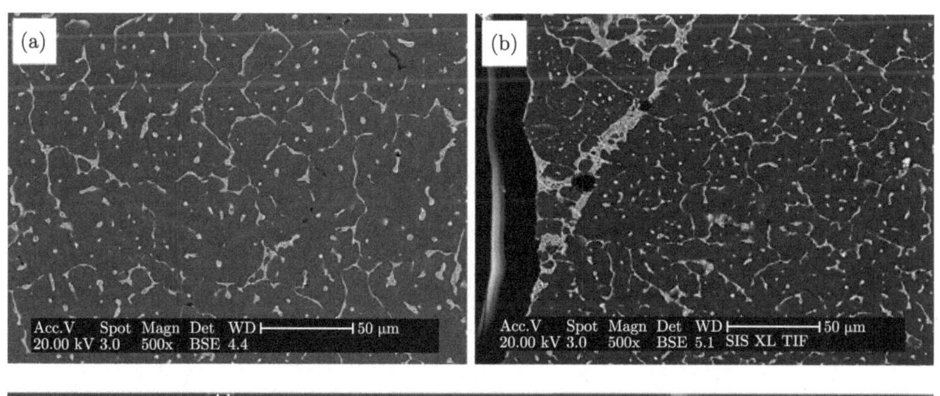

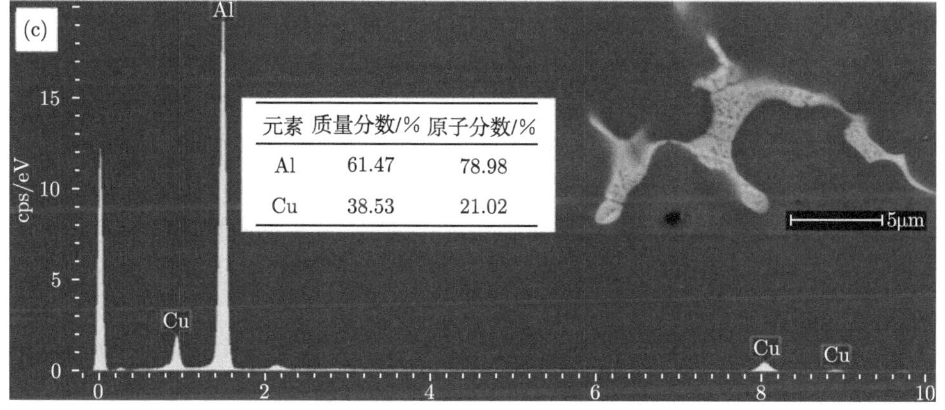

元素	质量分数/%	原子分数/%
Al	61.47	78.98
Cu	38.53	21.02

图 5-22 直接堆积态 WAAM 2319 合金第二相

(a)、(b) 分别为内部和边缘分布；(c) 形貌和 EDS 分析

在 2219 铝合金的 MIG 焊缝中，共晶相是反应温度的“传感器”，因为当温度达到共晶温度时，合金中就会形成这种类似复合物的共晶颗粒。这些含 Cu 量超过 30%的共晶物在铝基体中主要沿晶界或枝晶界不均匀分布，并且在过冷度较

高或缺陷位置聚集出现，如图 5-22(b) 所示的熔合线附近。在 WAAM 成形过程中，因为各道次的循环热输入累积，合金的冷却速度会越来越低，后续道次形成的共晶物可能会发生粗化。因为 Cu 原子在这些物相中的聚集，在共晶物的周围很容易形成溶质原子贫化区，导致直接堆积态 WAAM 2319 合金的强度较低。直接堆积态 WAAM 2319 铝合金中有很多不同尺寸的 θ 相颗粒，与基体完全不共格。图 5-23(a) 的透射照片取自此合金顶部开始的第 3 层，图 5-23(b) 取自合金从顶层开始的第 20 层附近，对比可见在此合金的下部有少量的针状析出物，而在顶部没有。

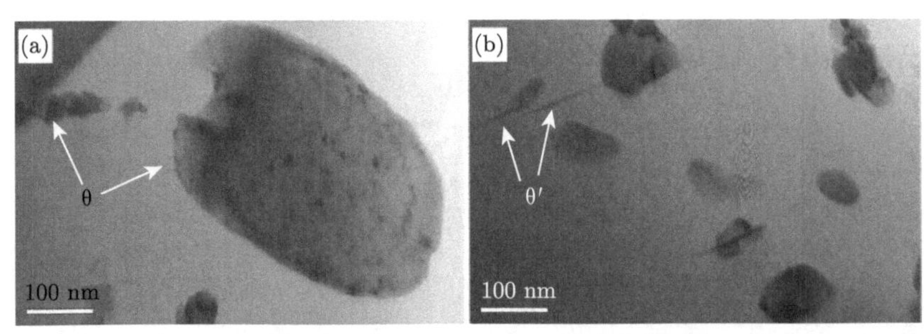

图 5-23　直接堆积态 WAAM 2319 铝合金的 TEM 照片

和传统的单道焊接不同，WAAM 制件中在先堆积的部分会承受后续道次的多次热循环加热，由合金 WAAM 过程的热流量循环图 5-17 可知，一个堆积 20 层的铝合金部件承受周期式的低温热处理的时间会长达 1 h，这可能会诱导合金中亚稳相的析出。但是电弧底部 2 mm 处的峰值温度只有 400~460 ℃，且经历的时间只有 4 s 左右，合金没有经受足够的高温固溶处理所需的温度和时间，难以形成过饱和的固溶体，因此没有大量形成亚稳相的基础条件。即使在承受此种低温热处理时间最长的试样底部位置，其在堆积过程中析出的亚稳相含量也非常少，不足以影响合金的性能。同时，随着后续各道次堆积的持续热输入，这些形成的相可能还会发生粗化长大，其局部增强效应也会消失。这就是直接堆积态 WAAM 2319 合金强度较低的第二个原因。虽然后续热输入不会使合金显著增强，但是可以保证 WAAM 铝合金在直接堆积后性能的均匀性。

除 Cu 外的其他合金元素的存在形式包括：①溶入铝基体中；②形成第二相，以单个质点的形式分散在铝基体中，如图 5-24 所示的 Al_3Zr 及 Al_3Ti，或者其第二相作为非均质形核质点，被 θ 相依托形核，两相共生；③少量合金元素以原子形式置换进入 Al-Cu 相中。其形成原因是在熔池凝固时，合金元素都会通过固液界面被排斥进入液态金属，随着合金元素尤其是 Cu 含量的增加，最后在枝晶界和胞晶界处易形成低熔点的共晶物，以 θ 相为主。而其他合金元素在此运动中由于冷却速度快，非常容易掺杂进入低熔点 θ 相中，形成缺陷。掺杂元素的存在一

般会影响 θ 相的形核和稳定性。

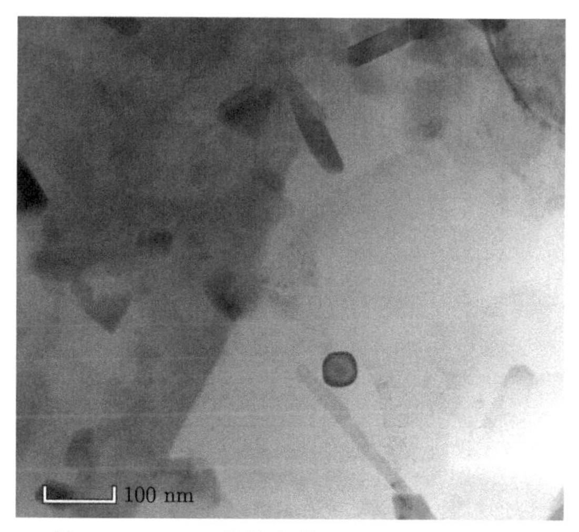

图 5-24 α-Al 基体中的 Al_3Zr 和 Al_3Ti 相

3. 直接堆积态 WAAM 2319 铝合金的力学性能

直接堆积态 WAAM 2319 铝合金制件从顶部到基板的硬度分布如图 5-25 所示。从顶部向下 5 mm 内材料的维氏硬度由 60 HV 上升至稳定段，在 65~75 HV 范围内波动。在接近基板的位置，材料的硬度值逐渐上升，基板下 7 mm 左右稳定于 143 HV 左右，这是 2219-T87 板材的硬度值。WAAM 2319 铝合金中间稳定段的平均硬度值为 68.3 HV。制件的初始段硬度值较低是因为此层合金没有经历后续堆积层的热影响，晶粒组织在热作用下没有发生变化。而此层之下的已凝固的堆积层由于后续热输入形成的热处理效应，性能小幅提高。其硬度值波动的原因：一是晶粒分布不均匀；二是合金中的微气孔等缺陷。

直接堆积态 WAAM 2319 铝合金的强度和塑性在同一方向上的分布一般比较均匀：CMT-PA 制件合金的横向抗拉强度为 (262.5±1) MPa，屈服强度为 (113±4) MPa，断后伸长率为 (14.5±2)%；纵向抗拉强度为 (259±2) MPa，屈服强度为 (106±1) MPa，断后伸长率为 (13.3±1.5)%。纵向强度值比横向小 1%~6%，断后伸长率低 8%，因此 WAAM 2319 铝合金的性能只存在较小的各向异性。WAAM 2319 铝合金的强度明显高于工业 2219 铝合金的 O 态和铸态性能。由图 5-26 的拉伸应力–应变曲线可见此合金拉伸时无明显屈服点，只发生了弹性变形和均匀变形，这类材料的形变强化能力一般较大。纵向上的拉伸应变趋势与横向基本吻合，只是断后伸长率较小。上述结果与利用电子束熔丝法 (EBF3) 交流钨极惰性气保 (AC-TIG) 电弧和变极性钨极惰性气保 (VP-TIG) 电弧等工艺制备的 WAAM

2319 铝合金的力学性能接近。

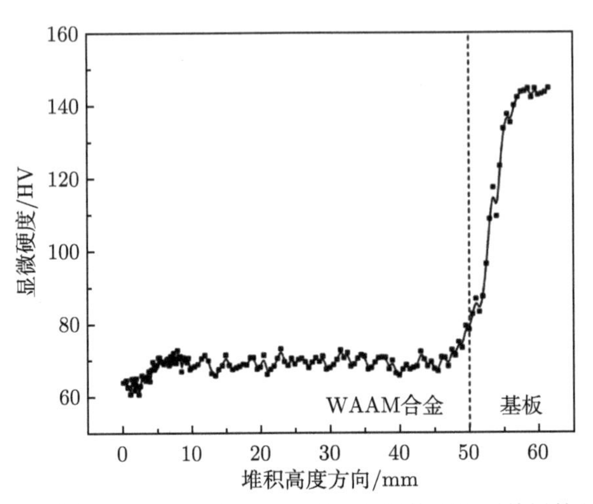

图 5-25　直接堆积态 WAAM 2319 铝合金制件顶部到基板的硬度分布

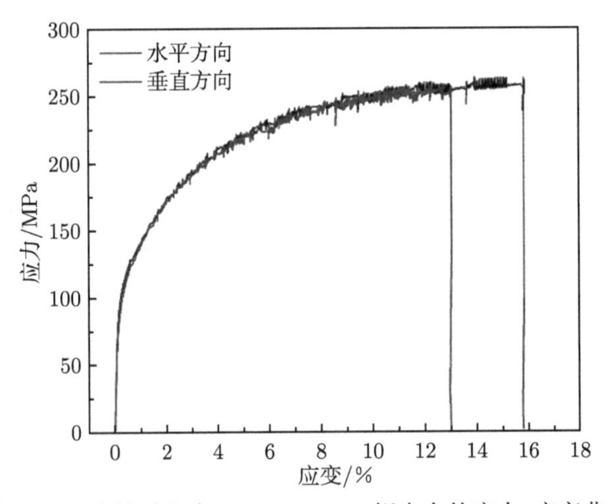

图 5-26　直接堆积态 WAAM 2319 铝合金的应力–应变曲线

由图 5-27 直接堆积态 WAAM 2319 铝合金拉伸断口的形貌可见，直接堆积态合金在两个方向上都是穿晶断裂，断面上分布着尺寸均一的等轴韧窝，在韧窝中心可见附着的已经发生破碎的第二相颗粒。直接堆积态合金的晶界或者颗粒状第二相的周围会形成溶质原子贫化区。贫化区的性能与基体金属相比，强度较低，而韧性较好。当合金承受静拉伸载荷时，在此区域易形成撕裂棱和韧窝，拉伸后的韧窝尺寸小于晶粒尺寸，并且第二相颗粒会保留在韧窝的中心位置。这些粒子的破裂有可能会导致初生裂纹源。纵向试样断口上还可发现层状断面，展示出部分脆性断裂的特征。说明纵向层间断裂时除了拉断，还有界面滑移，形成层状断面。由图 5-28(a) 可知，横向拉伸断口两侧组织分布较均匀，都是沿拉伸方向变形、尺寸均一的等轴晶粒。而纵向拉伸 (图 5-28(b)) 明显断在了层间的位置，断口两侧组织分别为枝晶和等轴晶组织。层间断裂的原因可能是：①层间部分熔化区的位置晶粒分布复杂，具有柱状枝晶、细小等轴晶、粗大等轴晶等多种形态，是拉伸的薄弱区；②层间位置通常存在大量的层间微气孔，在静拉力下气孔区域的承载能力较差，较高的应力集中会造成较大的应变，可能形成裂纹源并引起断裂。

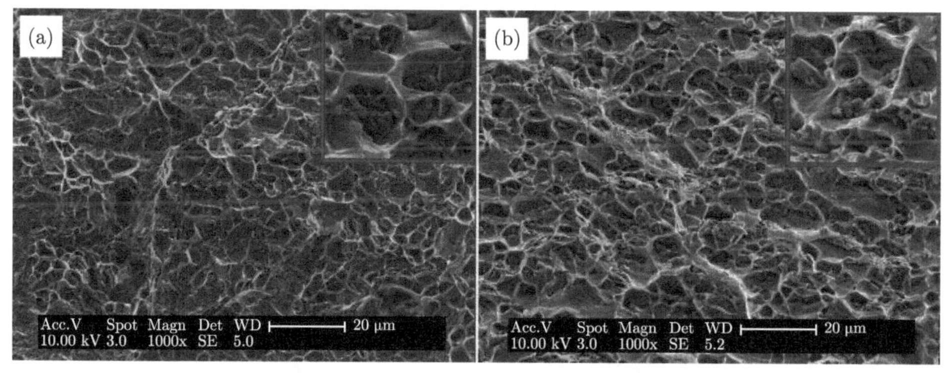

图 5-27 直接堆积态 WAAM 2319 铝合金的拉伸断口形貌
(a) 横向；(b) 纵向

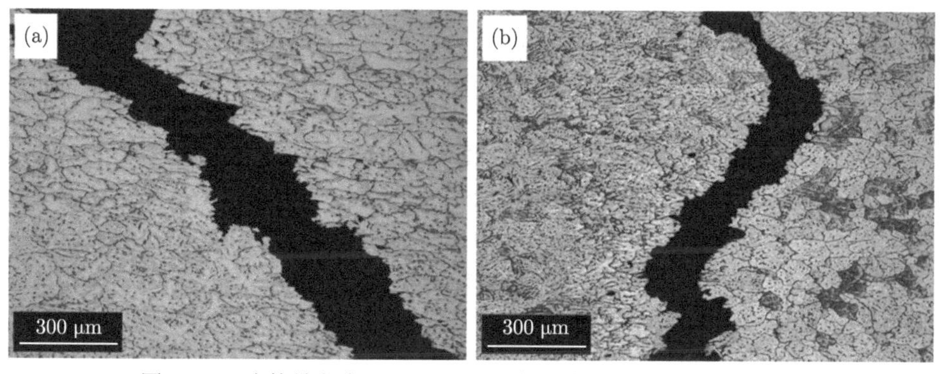

图 5-28 直接堆积态 WAAM 2319 铝合金的拉伸断口金相照片
(a) 横向；(b) 纵向

5.2.3 WAAM 铝合金的双丝成形

1. 双丝 WAAM 2319 铝合金的制备

双丝焊是一种在深海管道焊接等领域广泛应用的焊接技术，具有生产效率高、焊接质量好的优点。对于 MIG 和 CMT 等工艺来说，双丝焊技术一般采用两个电源、两个送丝机和一把焊枪，可以将两根合金丝通过两个导电嘴送入同一熔池，熔滴叠加以提高焊接效率。为了增加单道次堆积时金属的熔覆量，可以采用双丝焊技术进行 WAAM 成形，其工装系统以及 WAAM 成形过程与单丝增材制造类似。但二者在熔滴过渡、热输入、电源电流控制等方面均不相同。Fronius 公司提供的双丝电弧波形和熔滴过渡示意图见图 5-29。电弧可以实现分阶段同步，即在任何时刻只有一根丝进行熔滴过渡，这样设置的目的是避免两个电弧间的电磁干扰，从而减少飞溅和降低熔滴的不稳定过渡。

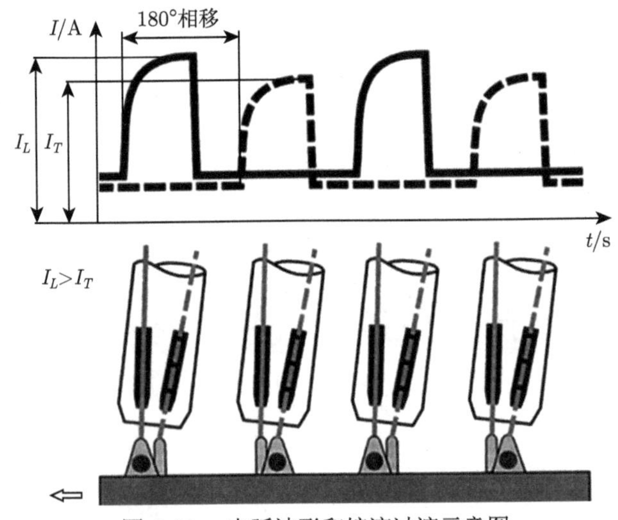

图 5-29　电弧波形和熔滴过渡示意图

两根 2319 合金丝采用相同的脉冲 MIG 工艺，在恒定的送丝速度 (6 m/min)、保护气流量 (25 L/min)、干伸长 (13 mm) 和层间冷却时间 (2 min) 下，分别用 0.6 m/min(热输入 527 J/mm) 和 1.2 m/min(热输入 281 J/mm) 的堆积速度制备的两组试件的外形见图 5-30。这两组试件的层高分别为 1.5 mm 和 1.3 mm，厚度分别为 15.6 mm 和 10.9 mm。

双丝 WAAM 成形过程的总热输入量为两单丝热输入之和。堆积速度分别为 0.6 m/min 和 1.2 m/min 时对应的热输入分别为 527 J/mm 和 281 J/mm，相差将近 2 倍。两种堆积速度对应 15 层金属堆积制备过程的热流状态见图 5-31。在堆积第一层时，基板下 2 mm 的峰值温度分别为 470 ℃(0.6 m/min) 和 430 ℃ (1.2 m/min) 左右。在向上继续堆积 15 层后，该点的最高温度分别逐渐降低至 270 ℃ 和 230 ℃ 左右。两组试件在逐层堆积时的温度快速达到峰值后又快速下降，100 ℃ 以上的温度区间分别占到每个堆积周期的 1/3 和 1/4，最低温度分别保持为 80 ℃ 和 50 ℃ 左右。

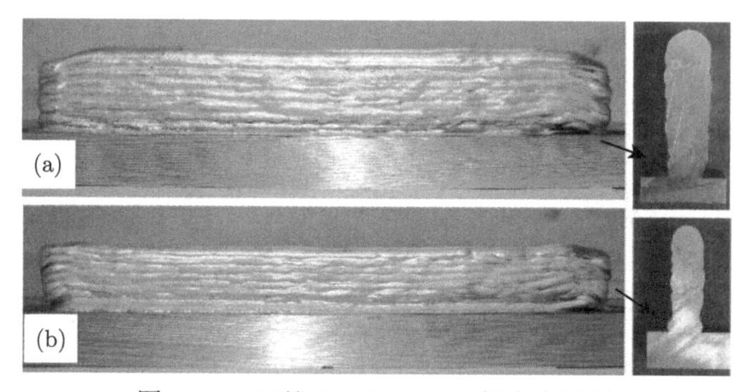

图 5-30 双丝 WAAM 2319 铝合金试样
(a)、(b) 送丝速度依次为 0.6 m/min、1.2 m/min

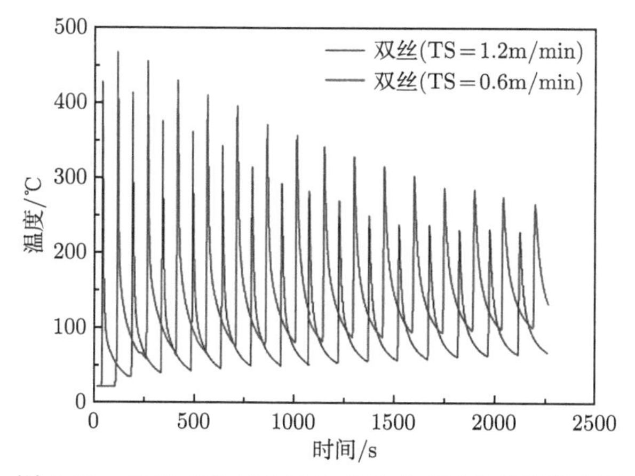

图 5-31 双丝 WAAM 2319 铝合金成形的热流状态图

2. 微观组织

堆积速度分别为 0.6 m/min 和 1.2 m/min 试件的金相组织分别见图 5-32(b) 和 (c)。与单丝 CMT 工艺 WAAM 成形试件的微观组织 (图 5-32(a)) 相比，用 MIG-P 工艺在 0.6 m/min 的堆积速度下所制备试件的等轴枝晶和柱状枝晶较为粗大，而用 1.2 m/min 的速度制备的试件也是由等轴和柱状的枝晶组成，尺寸比单丝试件略大。这是因为相比较单丝成形而言，两种双丝试件制备过程中的热输入依次增大，并且峰值温度高，高温段长，所以熔池的温度梯度小，冷却速度低。晶粒生长时间越长，越粗大。这与焊接时晶粒的生长模式类似，降低热输入可显著细化晶粒。此外，同样的焊接条件下，低的热输入会导致较高的成分过冷度，减少凝固时间，会形成更多的等轴 (枝) 晶，如图 5-33 中 Kou 在研究焊接过程中成分过冷对凝固模式影响的模型所示。

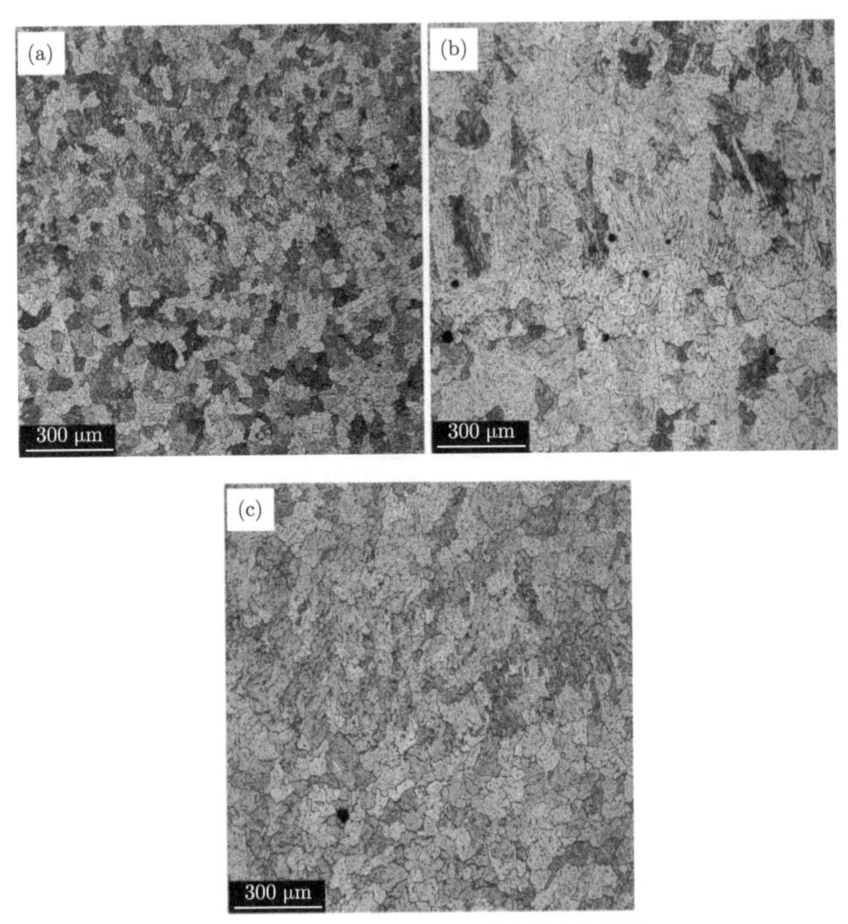

图 5-32　WAAM 2319 铝合金的金相组织

(a) 单丝堆积速度为 0.6 m/min；(b)、(c) 双丝堆积速度分别为 0.6 m/min 和 1.2 m/min

3. 力学性能

由图 5-34 的双丝 WAAM 2319 试件的力学性能对比可知，相比较单丝 WAAM 试件，双丝 WAAM 试件的平均硬度变化不大，高出 2%~3%，这可能与高热输入状态下，WAAM 合金受热时间长，温度高有关。两组双丝 WAAM 试件的抗拉强度和屈服强度基本一致，但都比单丝 WAAM 合金低 6%左右，断后伸长率低 9%~12%，这可能与双丝 WAAM 合金晶粒粗化的状态有关。因为细晶一般可以改善焊缝熔融金属的力学性能。当铝合金中含有大量向焊缝中心生长的柱状晶粒时，合金的塑性会大大下降，反之当等轴晶含量增加时其拉伸力学性能也能随之改善。

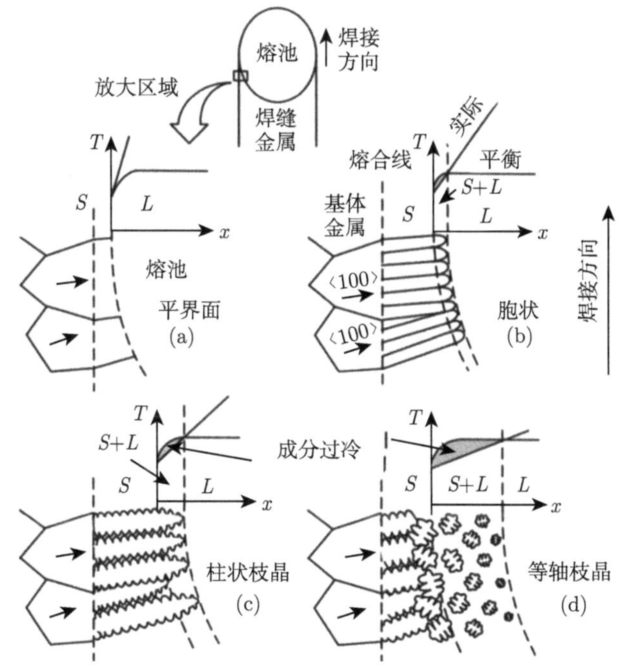

图 5-33 焊接过程中的成分过冷对凝固模式的影响 (Kou, 2002)
(a) 平界面；(b) 胞晶；(c) 柱状枝晶；(d) 等轴枝晶。成分过冷度由 (a)∼(d) 逐渐增加

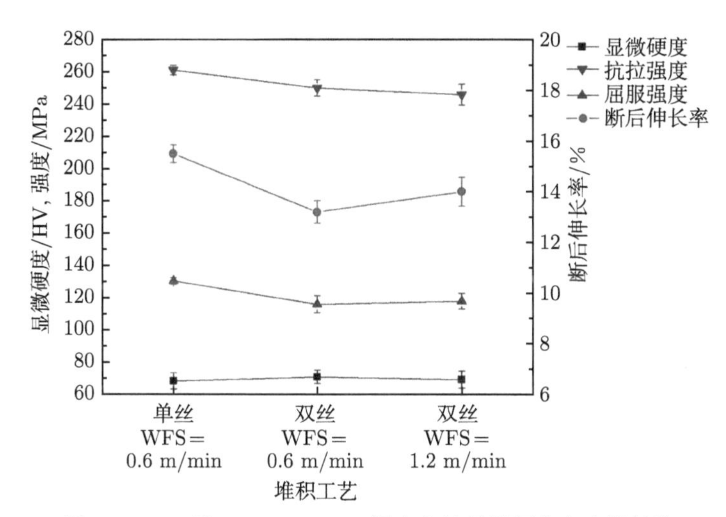

图 5-34 双丝 WAAM 2319 铝合金的显微硬度和力学性能

综上所述，MIG-P 工艺制备的双丝 WAAM 2319 铝合金比 CMT-PA 工艺制备的单丝 WAAM 2319 铝合金的组织粗大，硬度相当，而力学性能略低，这些都可能与双丝成形过程中较高的热输入有关。

5.3 电弧增材制造铝合金的强化

直接堆积态 WAAM 铝合金的强度虽然一般高于传统退火态和铸态铝合金的性能，但是受限于 WAAM 工艺的强非平衡态过程，其力学性能通常比工业应用的加工态和热处理态变形铝合金的性能要差。比如 CMT、MIG 和电子束等增材制造成形的 2319 铝合金的抗拉强度和屈服强度分别为 260 MPa 和 115 MPa 左右。而 CMT 制备的 4043 铝合金的抗拉强度只有 169 MPa。利用 TIG 或 MIG 制备的 WAAM 5356、5183 和 5A06 铝合金的抗拉强度和屈服强度分别只有 255 MPa/128 MPa、293 MPa/145 MPa、277 MPa/125 MPa。因此，对结构件的力学性能有较高要求的场合，直接堆积态的 WAAM 铝合金一般不能直接应用，必须进行增强处理。

本节主要介绍了目前增材制造铝合金材料的两种强化方法：层间冷加工强化和热处理。尤其是层间复合制备及强化工艺能够有效地细化组织结构并改善力学性能，是一种具有广泛应用前景的制备技术。本节还将介绍成形后热处理对 WAAM 2319 铝合金制件的影响，并分析强化机制。出于节约成本和节省时间的考虑，很多 WAAM 制件在服役时会保留部分基板作为整体结构件的一部分。因此，研究 WAAM 制件与基板之间接头界面的结合强度非常必要且重要。

5.3.1 层间轧制冷变形强化

研究者早期将 Al-Cu 焊接接头施以焊后冷轧形成大量位错以改善其机械性能。近年来，层间冷轧的方式也被应用到 WAAM 工艺过程，即在每层堆积完成后进行冷加工变形。克兰菲尔德大学对 WAAM 钢和钛合金结构件进行了轧制，并发现层间冷轧可以细化晶粒，改善机械性能，减小变形和残余应力。

1. 设备与工艺

WAAM+ 层间轧制复合制造工艺所采用的层间轧制实验平台如图 5-35 所示。轧辊的材质为硬质合金钢，直径和辊面宽度分别为 100 mm 和 20 mm。在 WAAM 成形过程中，每层堆积后都要进行轧制，步骤为每层堆积完成后，将轧辊移至堆积金属起始位置上方，落下轧辊直至与堆积金属接触，然后通过液压缸对轧辊施加压力，并由置于其间的感应器监控实际压力以保证轧制力恒定、冷变形均匀可控。轧辊以恒速 (0.6 m/min) 在堆积金属上表面进行轧制，当行进至堆积体尾端时将轧辊升起并卸压，然后再开始下一道的堆积过程。最终实现金属制件热堆积–冷变形–热堆积的循环成形。

在 15 kN、30 kN 和 45 kN 三种轧制力下，复合堆积的单道单层 WAAM 2319 铝合金的横截面宏观组织见图 5-36。随着轧制力的增加，堆积金属的高度变小，宽度变大，同时组织逐渐细化。这些横截面上的显微维氏硬度分布如图 5-37 所示。

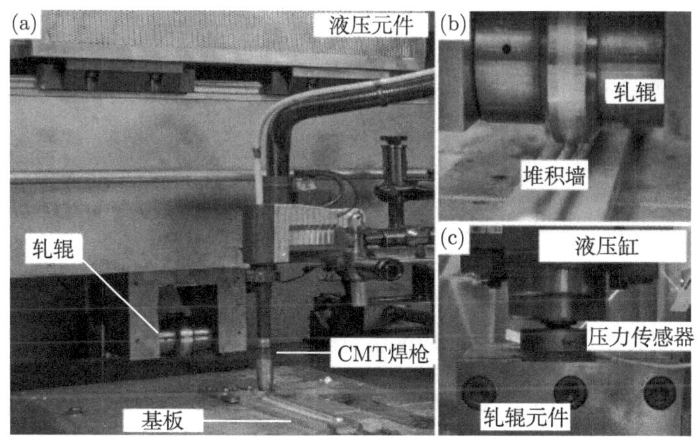

图 5-35 实际搭建的 WAAM 层间轧制系统
(a) 总体图；(b) 轧辊；(c) 压力传感器

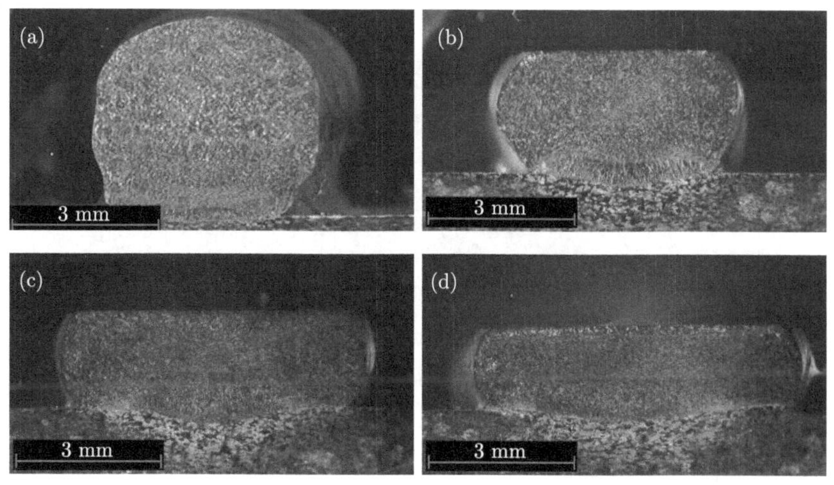

图 5-36 单道单层 WAAM 2319 铝合金的横截面宏观组织
(a) 未经轧制；(b)～(d) 依次为 15 kN、30 kN 和 45 kN 轧制

经不同的压力轧制成形，WAAM 合金的硬度分布呈现出不均匀性。这是由轧制过程中金属变形和流动速度的不均匀分布引起的。这种不均匀性与塔尔诺夫斯基对轧制变形区的划分吻合，即受力金属的中心部分为易变形区，两侧为自由变形区，而上、下部为难变形区，由此造成了被轧金属硬度的 “X” 型分布。但是随着轧制力的增加，这种不均匀性逐渐得到改善，并且合金的平均硬度值逐渐增加。

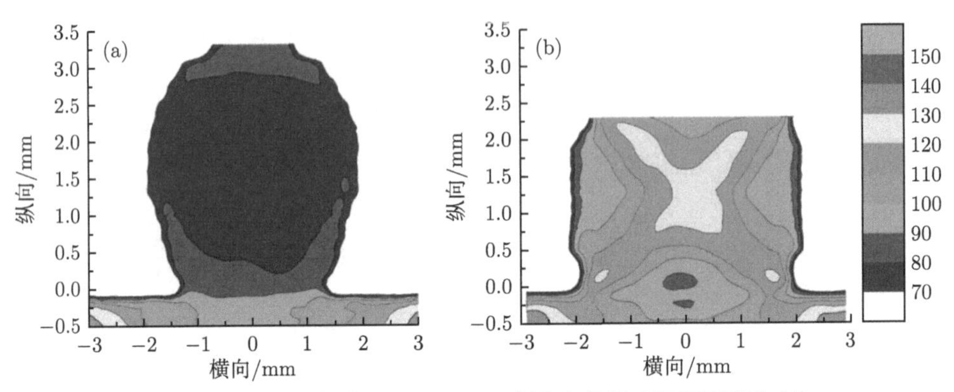

图 5-37　单层单道 WAAM 2319 铝合金的维氏显微硬度分布

(a) 未经轧制；(b)15 kN 轧制

经层间轧制的单道多层 WAAM 2319 铝合金制件及其宏观组织如图 5-38 所示，可见这些轧制试件外形完整。与未经轧制的试件对比来看，堆积合金经轧制后的组织均匀性逐渐得到改善。各试件的尺寸、接触面积、压强和总变形量见表 5-4。

图 5-38　(a) 层间轧制态 WAAM 2319 铝合金制件；(b)~(d) 依次为 15 kN、30 kN 和 45 kN 层间轧制成形后合金的宏观组织

表 5-4 层间轧制试件的尺寸、接触面积、压强和总变形量

工艺	平均层高/mm	宽度/mm	接触面积/mm^2	压强/MPa	总变形量/%
直接堆积	2.35	6.8	—	—	—
15 kN 轧制	2.02	7.5	24.4	615	13.9
30 kN 轧制	1.65	9.2	40.6	739	30.0
45 kN 轧制	1.31	11.5	55.7	808	44.2

2. 微观组织与力学性能

1) 微观组织

层间轧制复合成形 WAAM 2319 铝合金层内等轴晶区的金相照片见图 5-39。合金经过 15 kN 的力轧制后，晶粒尺寸变化不大，在 T 向上被轻微压扁。而经 30 kN 和 45 kN 的力轧制后，晶粒被明显拉长，发生细化。由极图 (图 5-40) 可知，随着轧制力的增加，WAAM 合金变形晶粒的织构逐渐沿 ⟨110⟩ 和 ⟨111⟩ 方向分布，但是仍然没有表现出特别突出的择优取向。

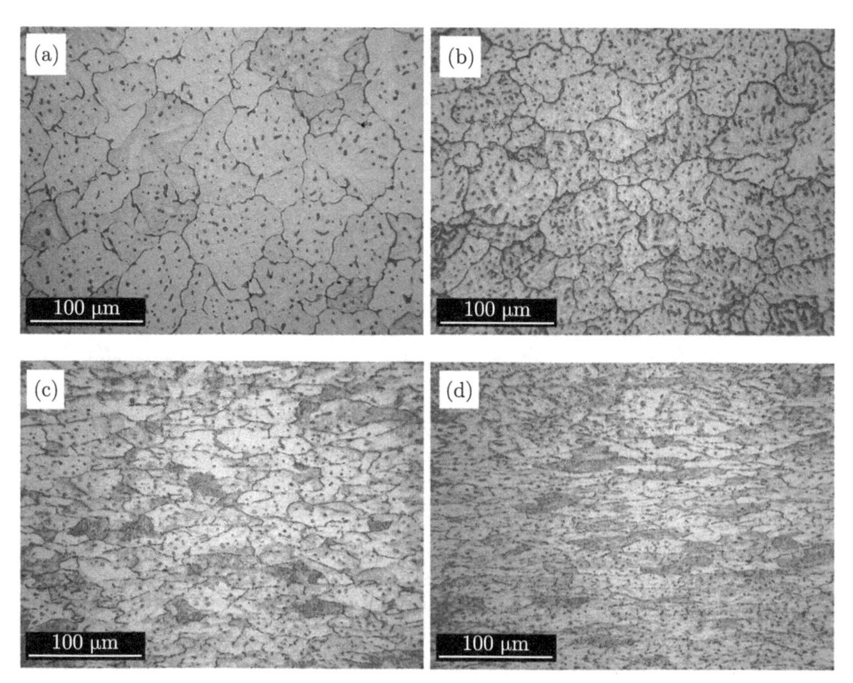

图 5-39 WAAM 2319 铝合金等轴晶粒
(a) 直接堆积态；(b)～(d)15 kN、30 kN 和 45 kN 层间轧制

轧制态 WAAM 铝合金中第二相分布的 SEM 照片见图 5-41。通过与未经轧制的制件对比，可见在直接堆积态合金中呈网状分布的 $\alpha+\theta$ 二元共晶物被碾压破裂，破坏程度随轧制力的增加逐渐严重，当轧制力增大到 45 kN 时，发生了

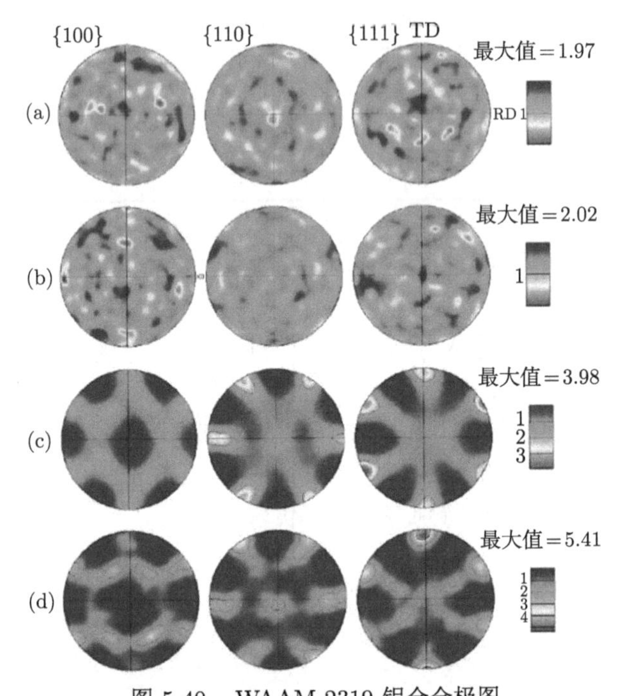

图 5-40　WAAM 2319 铝合金极图

(a) 直接堆积态和；(b)～(d) 依次为 15 kN、30 kN 和 45 kN 层间轧制；TD：横向

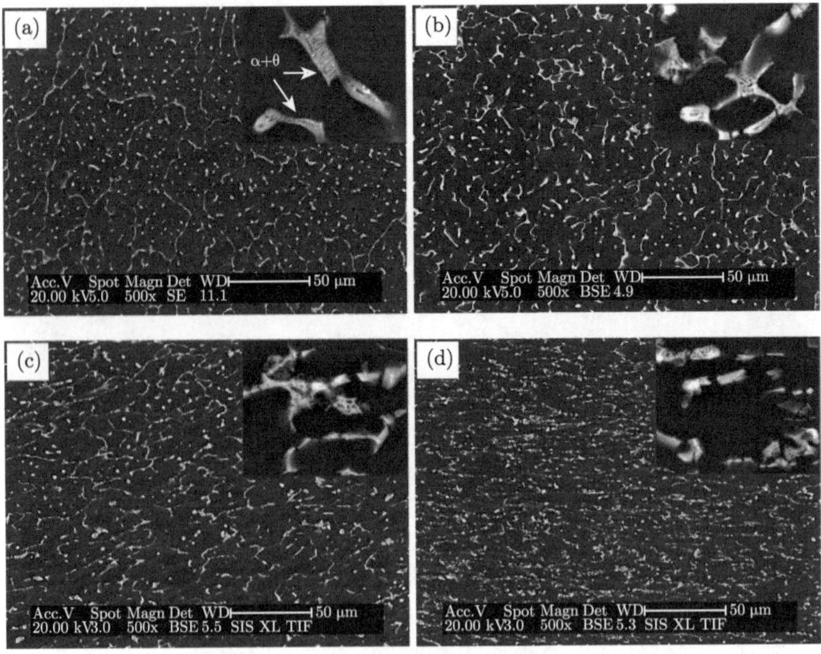

图 5-41　WAAM 2319 铝合金横截面 SEM

(a) 直接堆积态；(b)～(d) 依次为 15 kN、30 kN 和 45 kN

严重破碎。被轧碎后的第二相的分布随着晶粒变形的方向延伸。由图 5-42 可见，WAAM 2319 铝合金的晶粒在纵截面上无明显拉长，但是尺寸逐渐减小，共晶物也没有发生明显的破碎变形。虽然在两个截面上承受轧制压力的方向都是来自试样顶部的垂直方向，但是 WAAM 合金在厚度方向上受到的变形抗力较小，相对于长度方向来说其变形为自由变形，因此在试样的厚度方向平面应变量较大。

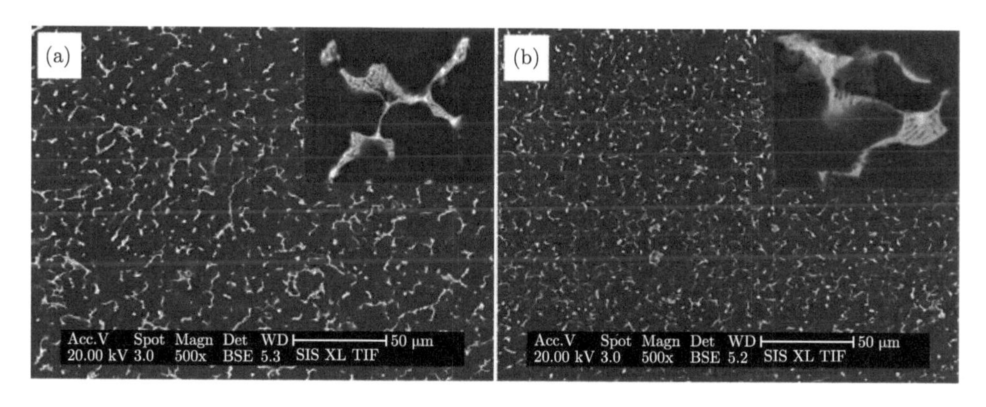

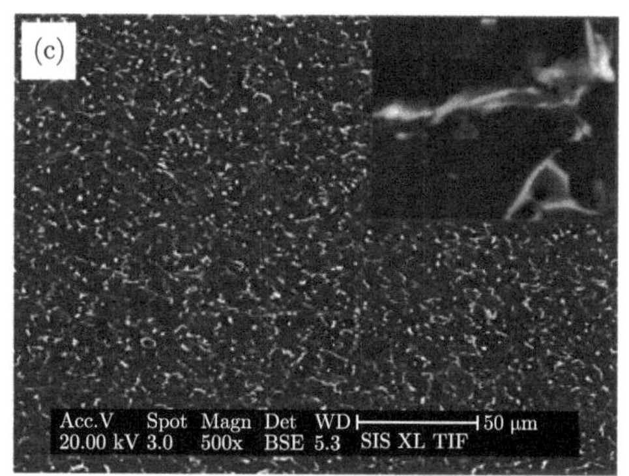

图 5-42 WAAM 2319 铝合金纵截面 SEM 背散射

(a)～(c) 依次为 15 kN、30 kN 和 45 kN 层间轧制态

45 kN 下共晶物的断裂位置如图 5-43TEM 明场像所示，裂缝两端的物相不同，分别为 Al(Mn, Fe) 和 θ 相。可见轧制后物相的破裂主要发生在两种物相的界面处，这是微观裂纹的主要源头。

2) 力学性能

在 15 kN、30 kN 和 45 kN 的层间轧制力下，WAAM 2319 铝合金的显微硬度和变形量随轧制力近似线性增长 (图 5-44)。轧制力每增加 15 kN，硬度和变形量的增加量为 13%～16%。硬度值的误差随着轧制力的增加逐渐变小，说明变形后合金的性能趋于均匀。如图 5-45 所示，单道多层 WAAM 铝合金经层间轧制复合成形后的硬度分布，由单道单层轧制形成的“X”型硬度集中变为“U”型硬度集中。合金的硬度开始出现明显的周期性波动，这可能与轧制过程中的非均匀变形、应变累积和后续堆积层热输入影响的共同作用有关。

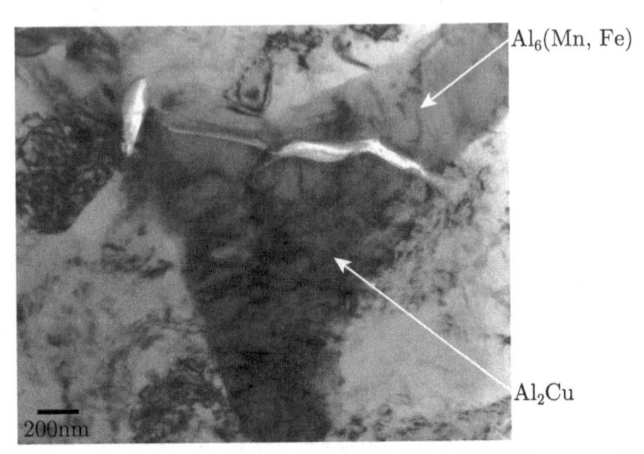

图 5-43　WAAM 2319 铝合金 45 kN 层间轧制后物相开裂处 TEM 照片及物相分析

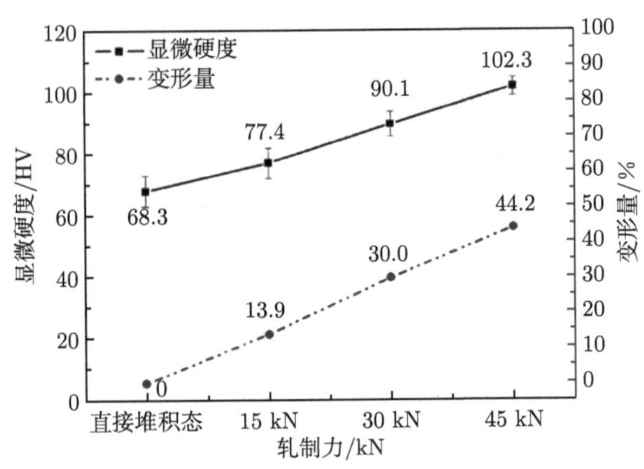

图 5-44　层间轧制复合成形 WAAM 2319 铝合金的平均维氏显微硬度和变形量

由图 5-46(a) 的力学测试数据可见，合金纵向的强度比横向小 0~15 MPa。由于两个方向上强度的差别较小，因此 WAAM 2319 铝合金经层间轧制后仍然表现为力学性能的近似各向同性。合金轧制后抗拉强度和屈服强度随轧制力的增加线性增长。在 45 kN 的轧制力下，合金的抗拉强度只提高 20%，但是屈服强度提高了 101%，断后伸长率降低 47%。从图 5-46(b) 的应力–应变曲线可见，WAAM 2319 铝合金在轧制后，仍未出现明显屈服点。随着轧制力的增加，在发生均匀塑性变形后逐渐出现明显的集中变形段。

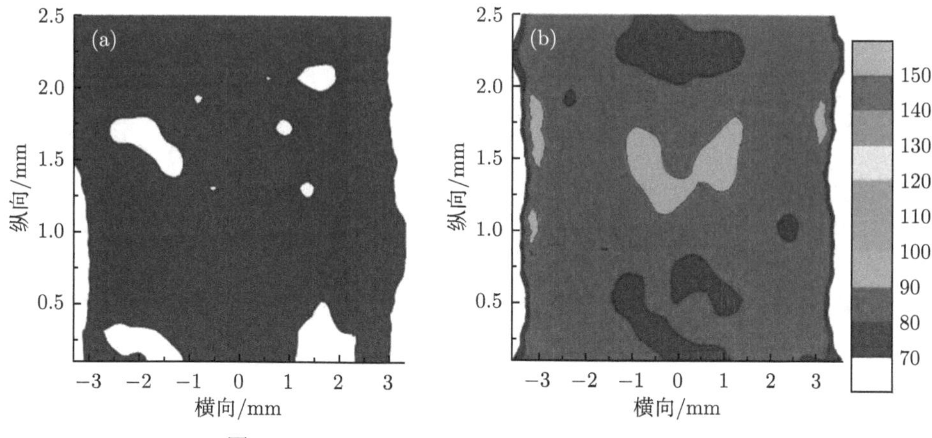

图 5-45 WAAM 2319 铝合金的显微硬度分布
(a) 直接堆积态；(b)15 kN 轧制

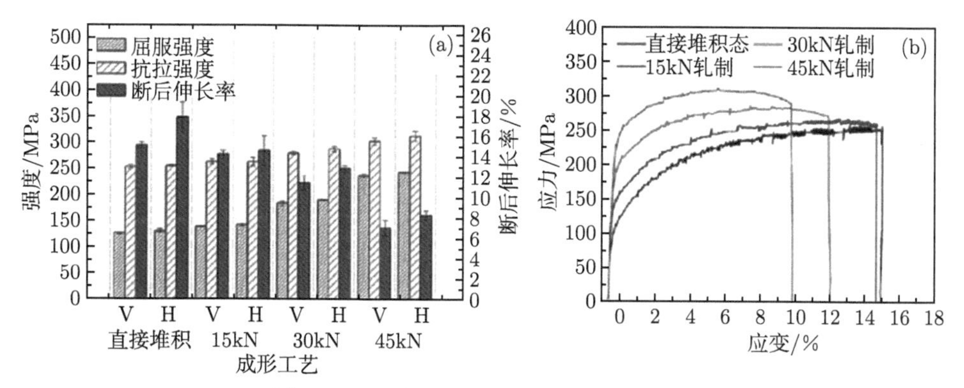

图 5-46 轧制态 WAAM 2319 铝合金的
(a) 强度和断后伸长率 (V-纵向，H-横向)；(b) 应力–应变曲线

图 5-47 为不同轧制条件下拉伸断口 (横向) 的 SEM 照片。所有的断口都由大量的韧窝组成，这是韧性断裂的重要标志。虽然不同处理条件下样品韧窝的尺寸不同，但都小于直接堆积态 WAAM 2319 铝合金断面的韧窝尺寸。韧窝的尺寸随着轧制力的增加逐渐减小，分布也趋于均匀。在韧窝的中心一般伴生着轧制破碎的第二相粒子。

图 5-48(a) 是 45 kN 轧制合金 (纵向) 拉伸后的宏观断口，可见在此条件下的断裂面成 45° 斜面，跨越了两层堆积金属，而不是和未经轧制的样品一样断在层间熔合线的位置 (图 5-48(c))。这可能与轧制改善了层间金属的组织有关，使其性能趋于一致。图 5-48(b) 为 45 kN 轧制合金拉伸断口两端的金相组织，可见断口两侧的组织分布均匀、一致，晶粒拉伸方向与断口成接近 45°。纵向拉伸性能的改善还可能与轧制后层间缺陷 (主要是气孔) 被消除有关。

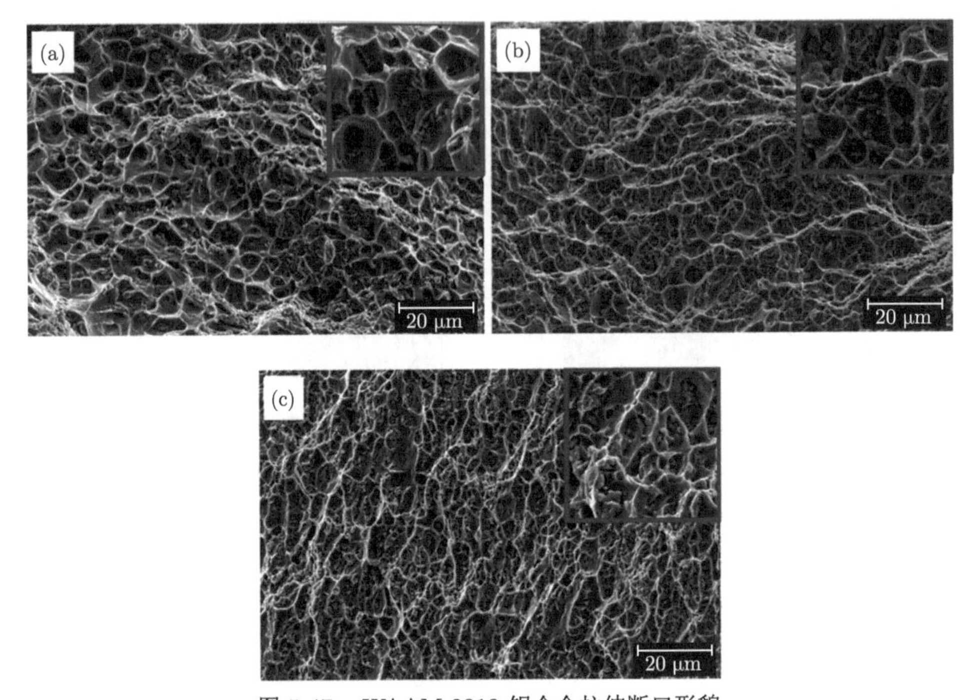

图 5-47　WAAM 2319 铝合金拉伸断口形貌
(a)~(c) 依次为 15 kN、30 kN 和 45 kN 层间轧制

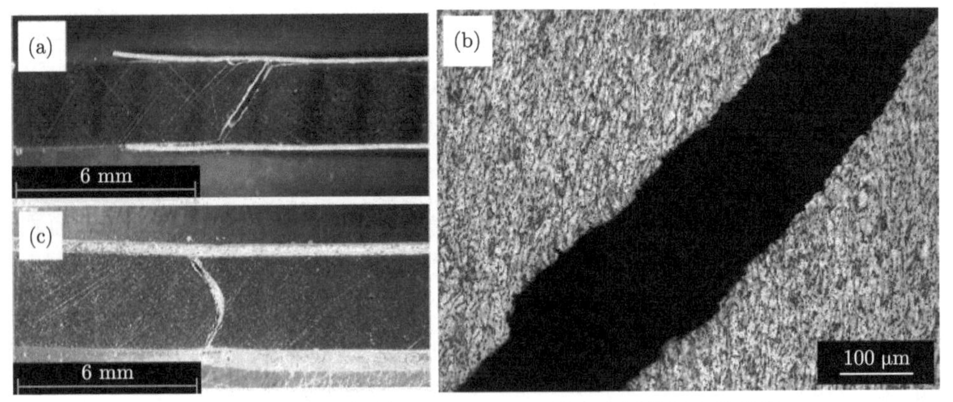

图 5-48　经 45 kN 轧制 WAAM 2319 铝合金试件纵向拉伸断口
(a) 宏观组织；(b) 微观组织；(c) 直接堆积态 WAAM 2319 铝合金纵向拉伸的宏观断口

3) 强化机制

WAAM 2319 铝合金层间轧制后的强度和硬度明显改善，这主要是由冷轧加工形成的变形组织引起的，主要包括位错密度和细小亚晶数量的增加。但是和传统的冷加工不同，层间轧制复合成形的 WAAM 2319 铝合金经历了热堆积—冷

变形—热堆积的循环过程，冷热作用交互影响。直接堆积态及轧制态 WAAM 铝合金的晶粒尺寸分布见图 5-49。随着轧制力的增加，晶粒尺寸趋于不均匀化，小晶粒数量急剧增加，平均直径逐渐减小。当轧制力为 15 kN 时，平均晶粒直径由 26.7 μm 降为 12.8 μm。在 30 kN 和 45 kN 的轧制力下，平均晶粒直径降至 8.7 μm 和 7.7 μm。由于合金在轧制后形成了大量细小的亚晶粒结构，因此在 45 kN 轧制力下，合金内 90%的晶粒尺寸较小，为 5 μm 左右。

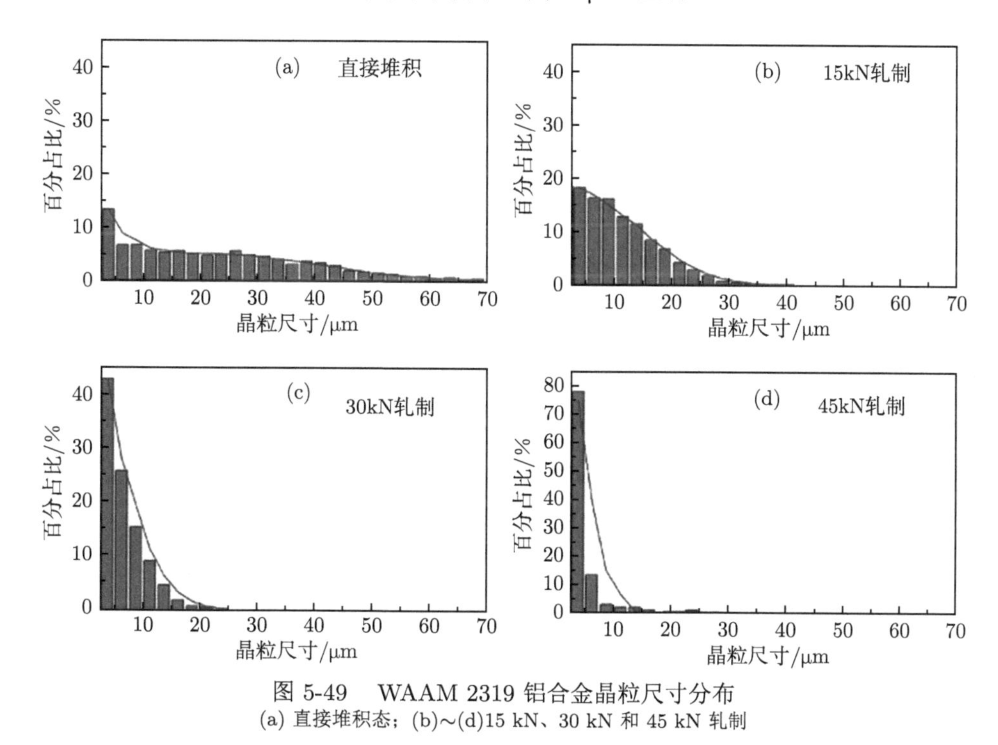

图 5-49 WAAM 2319 铝合金晶粒尺寸分布

(a) 直接堆积态；(b)~(d)15 kN、30 kN 和 45 kN 轧制

由晶界角度分布图 5-50 可见，随着轧制力增加，小角度 (3° ~15°) 晶界的占比越来越大，当采用 45 kN 的轧制力时，小角度晶界的比例达到了 76%。低晶界角是亚晶的主要标志，这说明随着应变的增加，形成了越来越多的亚晶界。

如图 5-51(a)~(c) 所示在不同的轧制力下，由 WAAM 2319 铝合金内部的位错分布可知，位错密度随着轧制力的递增会急剧增加。45 kN 剧烈变形后可以明显观察到由于位错攀移、滑移及位错缠结产生的位错墙而形成的小角度亚晶界 (图 5-51(d))。因此，实际上亚晶界就是通过位错的积累形成的，反过来对位错运动具有极强的阻碍作用，增加了变形抗力。

这是因为除了溶质原子或析出相等对位错的阻碍，实际上随着位错密度增大，位错之间的相互作用、相互阻碍加剧，造成位错运动的障碍越来越多，从而也会导致位错运动困难，不能移动的位错数量激增。此外，晶体材料形变强化还会造

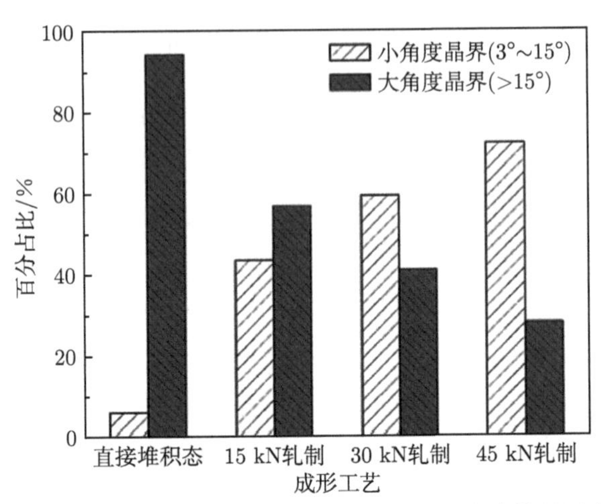

图 5-50　直接堆积态和层间轧制态 WAAM 2319 铝合金的晶界角度分布图

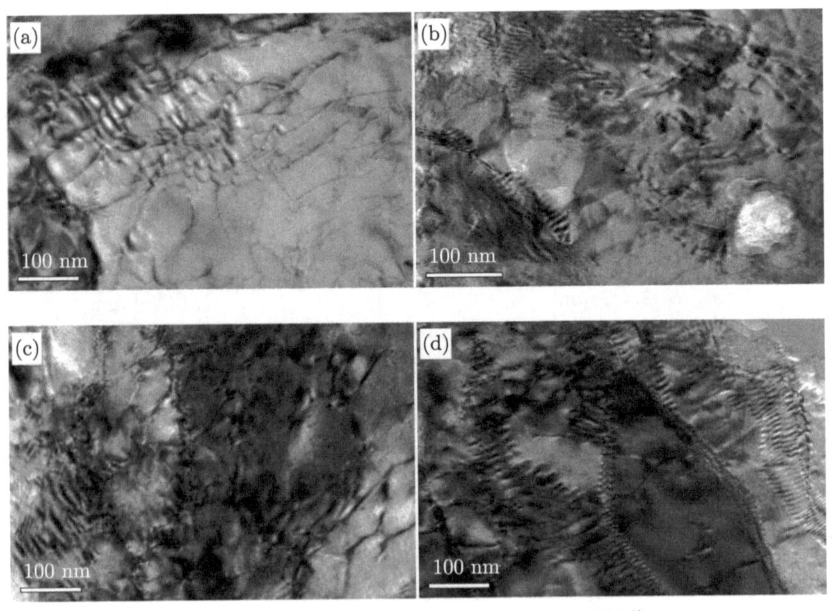

图 5-51　WAAM 2319 铝合金 TEM 明场像

(a)~(c) 依次为 15 kN、30 kN 和 45 kN 层间轧制；(d)45 kN 层间轧制后的位错缠结

成位错组态的变化，位错林、位错缠结的形成也会增加位错运动的阻力。对于铝合金等面心立方 (FCC) 结构且层错能低的晶体，形变发生位错滑移后，会形成很多面角位错的组态，使得晶体的形变强化十分显著。因此，金属在冷变形过程中需要更大外力才能克服障碍而使位错运动或产生新的位错，从而使材料的强度、

硬度增加。对于许多金属来说，维持塑性流动所需的分切应力 τ 与位错密度 ρ 的关系为

$$\tau = \tau_0 + A\rho^{1/2}$$

式中，τ 表示维持塑性流动所需的分切应力；τ_0 表示其他因素阻碍位错运动所需的切应力；ρ 表示位错密度；A 表示经验常数。

层间冷轧塑性变形引起应变集中，由此造成的高密度位错堆积和细小亚晶数量的增加是层间轧制 WAAM 2319 铝合金强化的主要因素。但是由于铝合金加工硬化特性与温度有关，在低温下，加工硬化更为明显。因此，WAAM 成形过程中的持续热输入导致了这类材料层间冷加工以后形成的组织结构具有其特殊性。

5.3.2 热处理强化

铝合金析出强化的基础是强化相的时效析出，其形成过程较为复杂，目前普遍认为时效强化是溶质原子偏聚形成硬化区的结果。铝合金在高温加热时，合金中形成大量空位缺陷。在淬火时，由于冷却速度较快，这些空位来不及转移便被固定在晶体内，与过饱和固溶体中的溶质原子结合在一起，形成硬化区。淬火温度越高，冷却速度越大，硬化区的数量也就越多，尺寸越小。由于过饱和固溶体处于不稳定状态，合金趋于向平衡状态发生转变，而空位的存在加速了溶质原子的扩散速度。

具体的热处理强化步骤为：①固溶处理：将合金加热至形成完全的固溶体，使第二相最大限度地溶入基体。由 Al-Cu 二元合金相图可知，随着温度的升高，Cu 原子在铝基体中的固溶度急剧增大，为高温固溶提供了前提。为了获得最大的固溶效果，通常将固溶温度尽可能升高到共晶温度附近。同时为了避免过烧，恒温保持温度通常比固相线低 10~15℃。固溶处理的保温时间越长，合金元素溶入基体的量可能会越多，但是保温时间过长会使得晶粒和其他金属间化合物发生粗化。②淬火：将高温固溶体以快于第二相自固溶体中析出的速度进行快速冷却至室温得到 Cu 原子的低温过饱和固溶体。③时效处理：在随后的室温放置或者低温保温时，第二相从过饱和固溶体中逐渐析出，随着时间的延长，其强度和硬度升高。需人工辅助加热的时效处理称为人工时效，按照工业热处理标准分类即 T6 态；不需人工加热的时效过程称为自然时效，即 T4 态。

时效过程本质上是第二相从过饱和固溶体中脱溶沉淀的过程，是固态相变的一种。脱溶时不直接析出与基体非共格并且界面能较大的平衡相，而是首先析出与基体完全或部分共格，界面能和形核功较小的亚稳脱溶产物。一般认可的 Al-Cu 合金时效过程的析出序列为过饱和固溶体 (α_{ss}) $\longrightarrow$GP 区 (GP I 区)$\longrightarrow$ θ''(GP II 区)$\longrightarrow$ θ' $\longrightarrow$ θ。GP 区为 Cu 原子偏聚区，易在铝基体的 {100} 面上聚集，与铝基体共格，呈片状结构，只有几个原子的厚度 (4~6 Å)，直径为 80~100 Å。此

时 Cu 原子呈无序分布状态，形成共格应变区，合金的强度、硬度提高。随着时效温度升高或时间延长，Cu 原子继续偏聚且有序化，形成 GP Ⅱ 区，这常被视为中间过渡相，用 θ″ 相表示。θ″ 相仍与基体共格，厚度为 10~40 Å，直径为 100~1000 Å。此时的晶格畸变更大，对位错的阻碍也进一步增大，时效作用增强，接近峰值强化。随着时效过程的发展，当 Cu 原子继续偏聚，与 Al 原子比为 1:2 时，形成过渡相 θ′ 相，此时的共格关系开始破坏，变为局部半共格。因为共格畸变减弱，对位错阻碍作用也减弱，合金性能由峰值开始下降。θ′ 相的厚度可能为 100~150 Å，直径可达 100~6000 Å 或更大，这与时效温度和时间有关。当过渡相从固溶体中完全脱溶时，会形成与基体完全不共格的稳定 θ 相，晶格畸变消失，合金的强度、硬度进一步下降，合金软化发生“过时效”。θ 相可由 θ′ 相或者固/液溶体直接形成，并会发生聚集长大、粗化。

由时效过程的强化机理可见，共格畸变产生的应变强化是造成合金时效强化的重要因素。很多学者研究了 2219 铝合金焊接接头析出强化后的微观组织和机械性能，发现不同的热处理制度可以不同程度地改善接头的性能，一般将此增强现象也归因于热处理后细小均匀分布的亚稳相。

1. 热处理工艺

2319 铝合金是典型的可热处理强化型 Al-Cu 系合金，其直接堆积态和 45 kN 轧制态 WAAM 铝合金的 DSC 分析见图 5-52。直接堆积态和轧制态合金均在 546℃ 附件出现第一个吸热峰，分别在 642.4 ℃ 和 646.7 ℃ 附近出现第二个吸热峰。其中，第一个吸热峰对应该合金组织低熔点共晶相的熔化温度，这与 Al-Cu 二元相图中的共晶温度一致；642~646 ℃ 是合金的熔点。

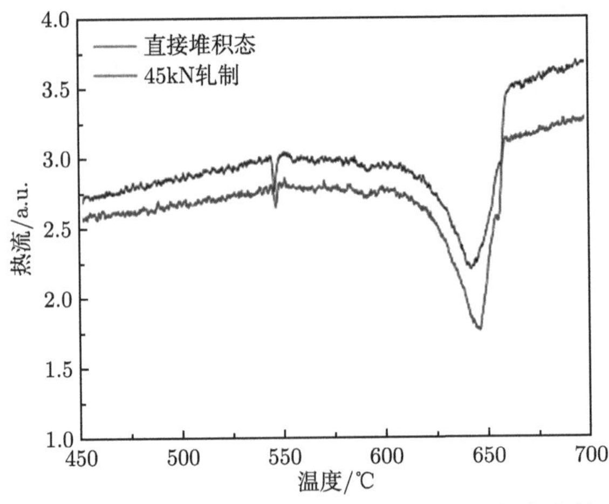

图 5-52　直接堆积态和 45 kN 轧制态 WAAM 2319 铝合金的 DSC 曲线

按照 Al-Cu 二元合金相图以及 DSC 分析，预设 WAAM 2319 铝合金的固溶处理温度为 535 ℃，同时与 525 ℃ 和 542 ℃ 下固溶处理的合金硬度进行对比。此合金不同的固溶处理和时效处理制度下的显微硬度值见表 5-5。由表中的数据可见，WAAM 2319 铝合金在 535 ℃ 保温 60 min 的固溶处理制度下，就能达到接近峰值自然时效 (T4 处理)，硬度值为 97.5 HV。虽然进一步增加固溶温度仍可小幅提高性能，但是存在过烧的风险。

表 5-5 WAAM 2319 铝合金热处理后的显微硬度

序号	固溶温度/℃	固溶时间/min	时效温度/℃	时效时间/h	平均硬度/HV
1	—	—	—	—	68.3
2	525	60	自然时效		91.1
3	535	45	自然时效		95.6
4	535	60	自然时效		97.5
5	535	90	自然时效		98.8
6	542	60	自然时效		99.2
7	535	60	140	6	132.8
8	535	60	160	6	141.4
9	535	60	175	0.5	130.0
10	535	60	175	1	139.5
11	535	60	175	3	145.4
12	535	60	175	6	144.5
13	535	60	175	12	143.0
14	535	60	175	18	147.8
15	535	60	190	6	138.7
16	535	60	210	6	121.8
17	—	—	175	6	81.6

使用 535 ℃ 的固溶温度对合金进行不同制度的人工时效处理，在 175 ℃，3 h 后就能实现峰值人工时效，相比较直接堆积态合金，硬度值提高了 113%。在此温度下，进一步延长时效时间至 18h，硬度值没有显著变化。降低或增大时效温度，硬度值都出现了不同程度的下降，合金处于“欠时效”及“过时效”的状态。而合金在不经历固溶处理，只是人工时效处理后，硬度值提高的幅度较小，只有 19%。

2. 微观组织与力学性能

1) 力学性能

直接堆积态和 45 kN 层间轧制制备的 2319 铝合金进行 T6 热处理 (固溶：535 ℃+ 1 h；时效：175 ℃+ 6 h) 后，显微硬度分布如图 5-53 所示。因为 WAAM 铝合金经轧制后，元素分布的均匀性变好，所以经 T6 热处理后的硬度分布，相比较未经轧制的合金而言更加均匀。但是二者的平均硬度值基本一致，为 142.2 HV 左右。

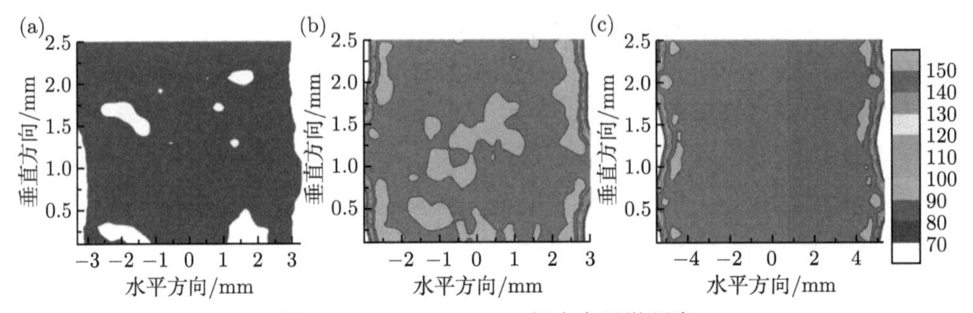

图 5-53　WAAM 2319 铝合金显微硬度

(a) 直接堆积；(b)T6 热处理；(c)45 kN 轧制 +T6 热处理

WAAM 2319 铝合金经固溶 + 时效热处理后，材料的强度与塑性如图 5-54(a) 所示，试样的纵向和横向性能基本一致。T4 热处理后，材料的抗拉强度和屈服强度分别提高 40%和 46%，断后伸长率提高 30%。T6 热处理后的抗拉强度、屈服强度和断后伸长率分别提高 77%和 146%，断后伸长率降低 24%。工业 2219 变形铝合金 T4 态和 T6 态处理后的抗拉强度、屈服强度和断后伸长率分别为 359 MPa、186 MPa 和 20%；414 MPa、290 MPa 和 10%。可见，WAAM 2319 铝合金的性能均高于同成分的 2219 变形合金，原因一可能是 WAAM 工艺熔池小，凝固快，偏析缺陷相对铸态或其他工艺制备的合金要小，因此固溶处理后，析出相在基体中均匀弥散析出；原因二可能与其微观组织有关，WAAM 合金的晶粒细小，且无伸长的纤维组织，性能各向相同。经过 T6 热处理后，45 kN 轧制比未经轧制合金 T6 处理后的断后伸长率提高 23%，但二者的强度性能趋于一致，两者在纵向上的抗拉强度和屈服强度都分别可以达到 450 MPa 和 305 MPa。由图 5-54(b) 的应力–应变曲线可见，直接堆积态和热处理态合金拉伸时的弹性变形段相似。T4 态的应力–应变曲线与直接堆积态合金的均匀塑性变形段类似，应力在波动中上升。两种 T6 热处理合金的曲线基本重合，只是未经轧制处理合金的塑性相对较差。

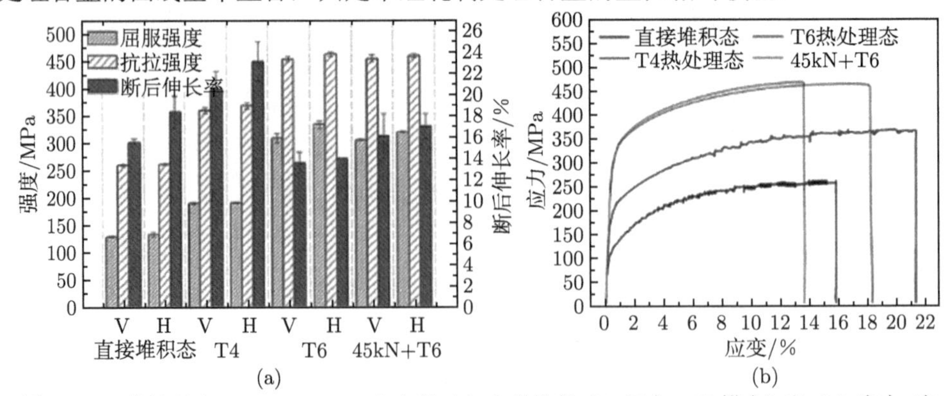

图 5-54　热处理态 WAAM 2319 合金的 (a) 力学性能 (V-纵向，H-横向) 和 (b) 应力–应变曲线

图 5-55(a) 为 T4 热处理试样的拉伸断口，存在大量尺寸分布均匀的韧窝，并且大多数韧窝中无第二相颗粒。未经层间轧制和经过层间轧制试件 T6 热处理后拉伸断口的形貌相似，见图 5-55(b) 和 (c)，说明其断裂机制相同，表现出典型的穿晶韧性断裂特征，断面具有两种尺寸规格的韧窝：放大图中较浅的小韧窝是拉伸时在晶内细小析出相周围产生的韧性断口，是 2219 铝合金热处理后断口的典型特征；大韧窝是沿未溶解的 θ 相周围产生的撕裂棱，在大韧窝中可见大颗粒第二相的残留，其数量比直接堆积态合金拉伸后大大减少。

45 kN 轧制试件热处理后的断口相较未经轧制直接热处理试件的大韧窝尺寸减小，且分布均匀。经 T6 热处理的 WAAM 2319 合金拉伸断口的形貌和工业 2219-T87 变形合金 (图 5-55(d)) 比较接近，都由大量的细小韧窝构成，这是高强高韧的标志，但是工业变形合金组织和性能的均匀性略差。而 WAAM 合金经轧制 + 热处理的工艺处理后，材料断口形貌的均匀性可以得到较大改善。

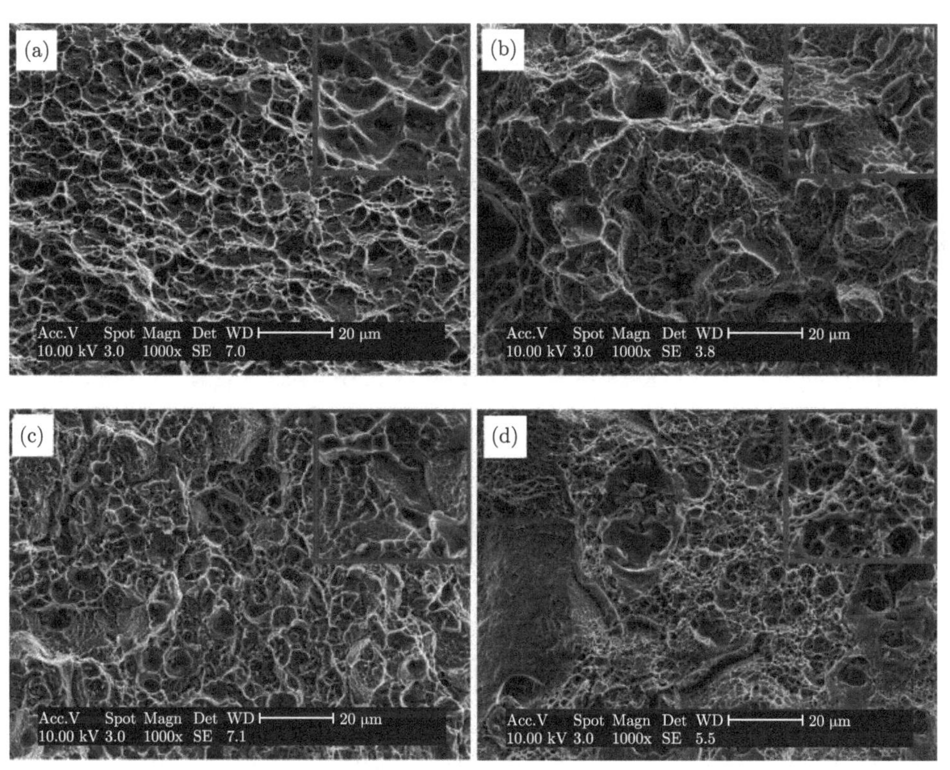

图 5-55 WAAM 2319 铝合金拉伸断口形貌 (SEM)

(a)～(c) 依次为 T4、T6、45 kN 轧制 +T6 态 WAAM 2319 合金；(d)2219-T87 变形铝合金

2) 微观组织

直接堆积态的 WAAM 2319 铝合金经 T4、T6 热处理后的微观组织见图 5-56，

热处理前大量存在的枝晶组织及晶间、晶内的第二相颗粒在热处理后被基本消除，且晶粒稍微长大并均匀化。在不同的热处理制度下，组织变化不大。45 kN 层间轧制合金热处理后为再结晶组织，晶粒显著细化。

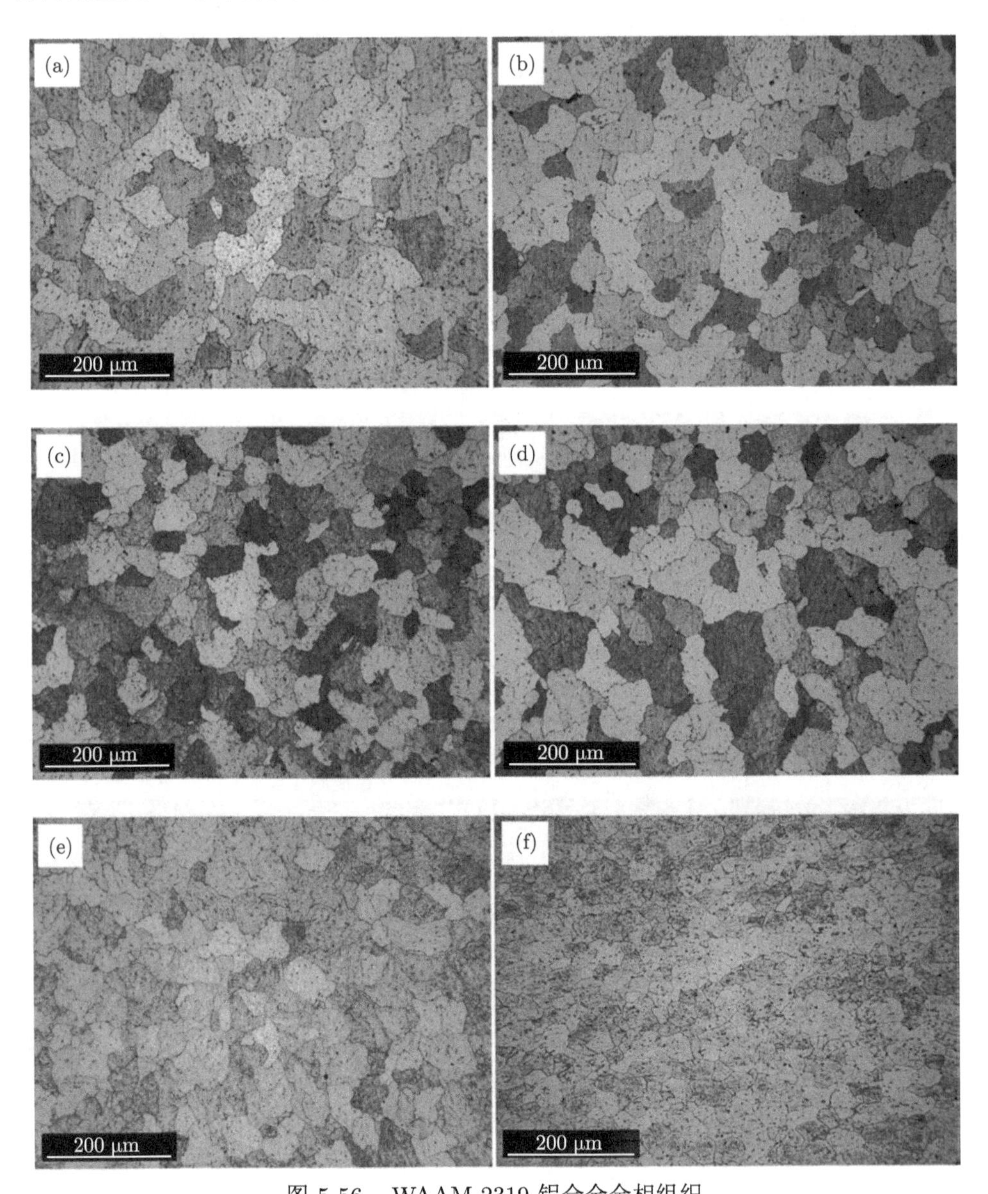

图 5-56　WAAM 2319 铝合金金相组织

(a) 自然时效；(b)~(e) 人工时效 175 ℃×1 h、175 ℃×3 h、175 ℃×6 h 和 175 ℃×18 h;(f)45 kN 轧制 + 人工时效 175 ℃×6 h

固溶处理后，随着枝晶的长大和枝晶界的消失，附着在晶界上的大部分共晶物颗粒发生溶解，扩散进入铝基体。但是因为 Cu 在铝中的极限固溶度 (5.7%) 小于合金中的 Cu 含量 (6.3%)，因此会有一部分 Cu 原子无法溶解，在合金凝固后仍然以 Al-Cu 化合物的形式存在。如图 5-57 不同工艺热处理合金的 SEM 背散射照片所示，在基体上仍均匀分布着一些白色颗粒状第二相。EDS 分析 (图 5-58)

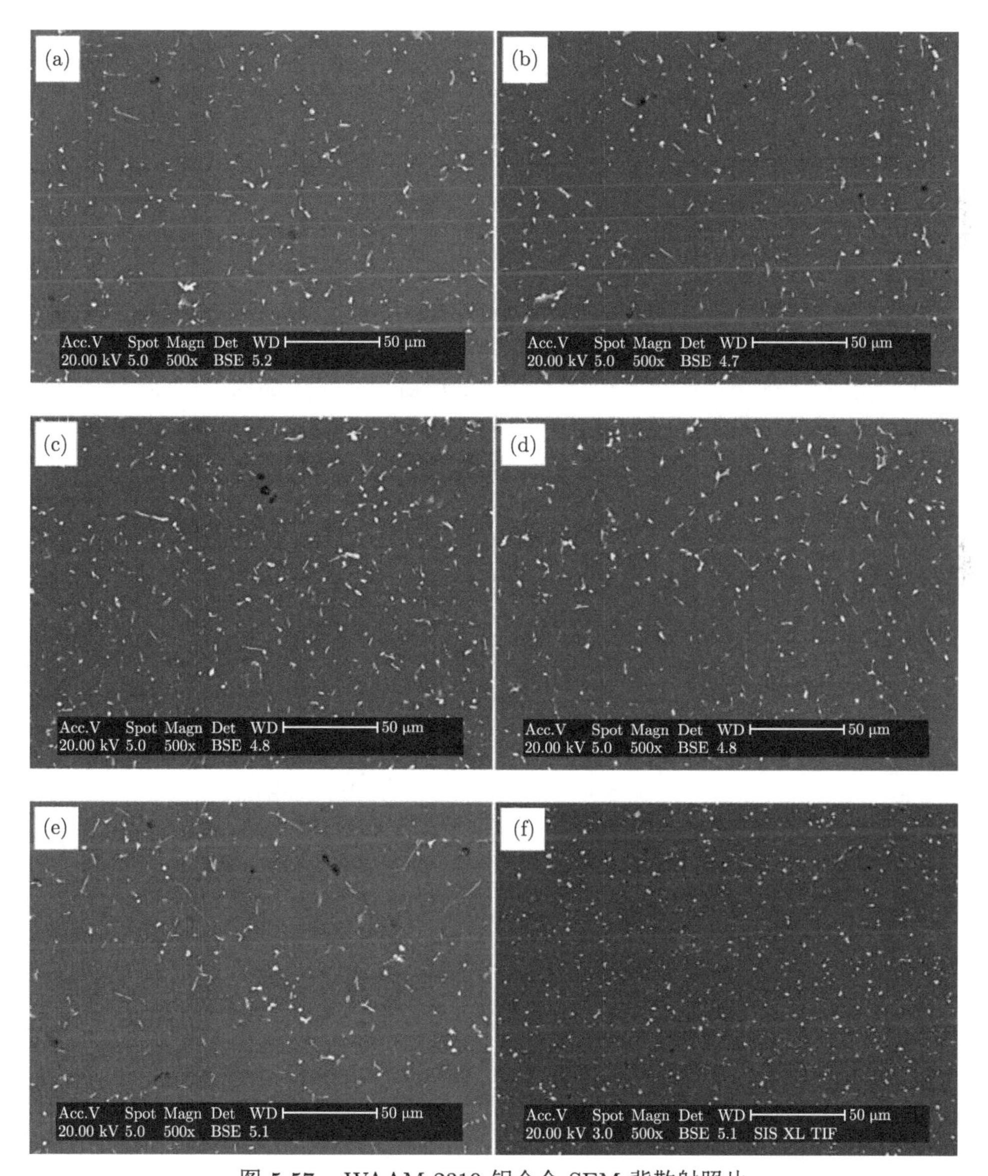

图 5-57 WAAM 2319 铝合金 SEM 背散射照片

(a) 自然时效；(b)~(e) 人工时效 175 ℃×1 h、175 ℃×3 h、175 ℃×6 h 和 175 ℃×18 h；(f)45 kN 轧制 + 人工时效 175 ℃×6 h

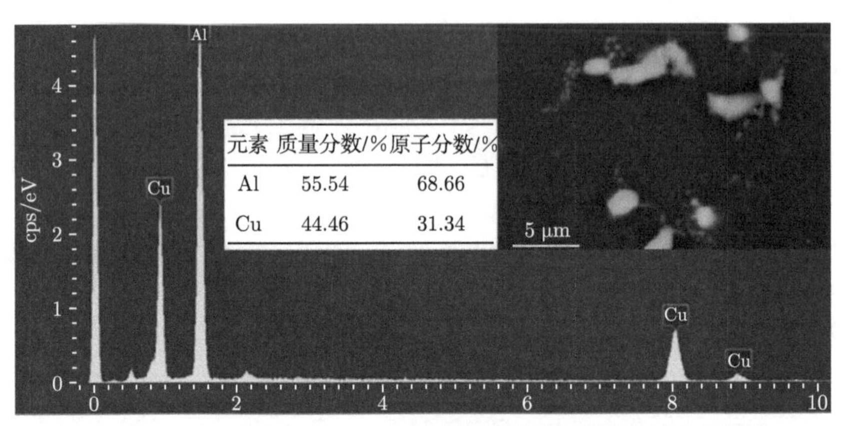

图 5-58 热处理态 WAAM 2319 铝合金的物相形貌和 EDS 分析

结果表明这些白色的颗粒物都是 θ 相，其尺寸和数量与热处理前相比均明显减小。层间轧制 +T6 热处理后的合金中第二相的尺寸更细小，是因为这些第二相在热处理前的轧制过程中已经被轧碎，因此热处理后其分布更加均匀。固溶处理过程形成的高温固溶体在随后的水淬过程中快速冷却，形成了具有大量空位的 Cu 溶质原子过饱和固溶体，这是 2319 铝合金析出强化的基础条件。

3) 强化机制

通过比较图 5-59 中合金热处理前后的晶粒尺寸变化可见，直接堆积态 WAAM 合金经 T6 热处理后的晶粒分布更加均匀，同时平均晶粒尺寸由 26.7 μm 增大到 32.3 μm。45 kN 层间轧制的样品经热处理后，如图 5-59(c) 所示，晶粒尺寸分布相比较热处理前趋于一致，平均尺寸为 19.2 μm。

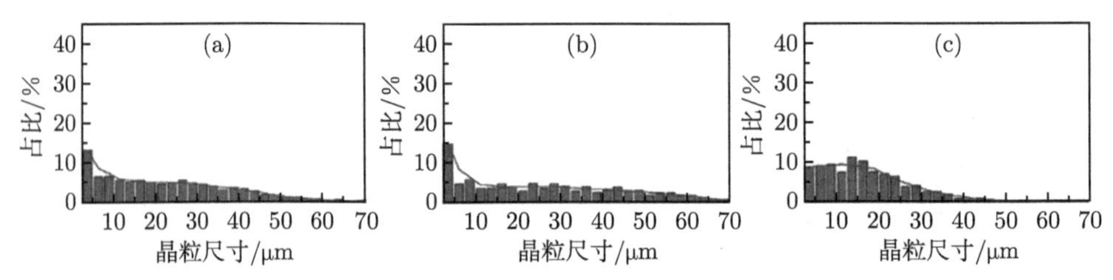

图 5-59 WAAM 2319 铝合金晶粒尺寸分布图

(a) 直接堆积态；(b)T6 热处理态；(c)45 kN 轧制 +T6 热处理态

热处理后晶粒长大的驱动力是因为晶粒的热力学驱动力和阻碍晶界运动的钉扎作用之间的平衡状态被破坏了。对于本合金来说在基体中散布的第二相可以提供钉扎效应，阻碍晶粒长大，但这些第二相在高温下发生溶解，钉扎作用减弱。尤其是轧制态合金在亚晶长大形核机制作用下发生明显的晶粒长大，平均晶粒尺寸从 7.7 μm 增长到 19.2 μm，涨幅为 149%。虽然未经轧制 T6 热处理的合金比经过轧制 T6 热处理合金的平均晶粒尺寸大 70%，但是这两种合金具有相似的强度、硬度，因此细晶不是此合金的主要强化方式。

由图 5-60 可知直接堆积态和轧制态合金热处理后都有 95%左右的大角度晶界。直接堆积的热处理态与未热处理态合金的晶界状态相似，说明其热处理后变化不大。但是 45 kN 轧制合金热处理后发生了较为完全的静态再结晶，其再结晶的晶界组织见图 5-61。再结晶晶粒间的界面一般为大角度晶界，这是再结晶晶粒与冷加工过程所产生亚晶界的主要区别，因为小角度晶界通过位错的热运动发生合并长大，形成大角度晶界，冷变形产生的亚晶界强化效应消失。

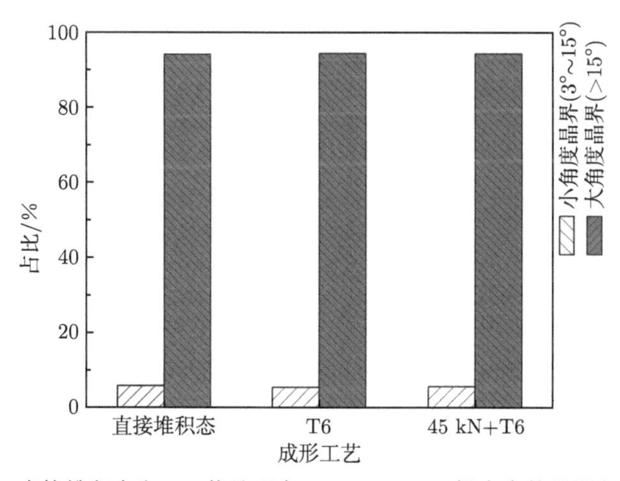

图 5-60 直接堆积态和 T6 热处理态 WAAM 2319 铝合金的晶界角度分布图

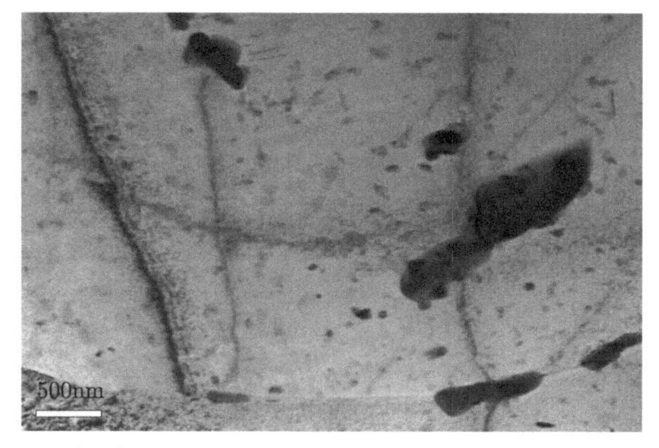

图 5-61 经 45 kN 轧制 +T6 热处理态 WAAM 2319 铝合金的再结晶组织 TEM 图

Huang 和 Kou 研究指出 θ 相的尺寸在根本上决定了焊态 2219 铝合金的性能。焊态中存在的粗大 θ 相颗粒对位错的阻碍作用非常低，但是如图 5-62(a) 合金 T6 热处理后 TEM 照片所示，在基体两个方向上垂直分布着大量的针状析出物。这些析出物的尺寸为 50~100 nm，通过其他学者对 2219 铝合金热处理析出强化行为的研究，已经证明这些析出物是 θ″ 相。这些细小析出物对位错的阻碍运动非常强烈，可以极大地增强合金的界面能，形成析出强化。如图 5-62(b) 所示，合金轧制后产生的位错环、位错缠结及位错堆积等缺陷在经热处理后全部消失，基体中同样出现了密布的针状 θ″ 相，这说明此工艺处理合金的增强方式与未经轧制直接热处理合金的增强相同，即析出强化。

图 5-62 WAAM 2319 铝合金 TEM 照片
(a)T6 热处理态；(b)45 kN+T6 热处理态

5.3.3 经过后热处理 WAAM 铝合金制件与基板的结合性

出于节省材料和加工时间，或者制造梯度材料的需要，部分 WAAM 结构件需要保留部分基板作为整体结构的一部分。而 WAAM 铝合金未来的发展和研究方向之一正是进行部件的结构和性能的整体性设计。因此，WAAM 堆积层和基板之间界面的结合性非常重要。

1. 微观组织

为了提高与基板的熔敷效率和熔透率，第一层打底工艺通常采用热输入较高的工艺参数或者进行预热处理。这里对比了两种打底层工艺对 WAAM 2319 铝合金与 2219-T87 铝合金基板之间界面的组织和性能的影响。为了获得更好的成形形状，当第一层用 CMT-PA 工艺打底时，热输入为 144.6 J/mm，基板需预热至 100°。而使用脉冲 MIG 工艺打底时，热输入可以达到 317.3 J/mm，不需要预热。两种接头在第二层以后采用同样的 CMT-PA 工艺进行 WAAM 堆积。

由图 5-63 可见，用脉冲 MIG 工艺打底时，试件的有效宽度比 CMT 工艺试件要大 29%，而熔深 P 和熔深面积 A_1 分别增大 386%和 553%。此外，使用脉冲 MIG 打底时，表面波动小，因此材料利用率较高。两种工艺成形后的气孔尺寸都在 5 μm 到 120 μm 之间，但是采用 CMT 工艺打底时气孔的平均尺寸和面积占比要低 41%和 30%。

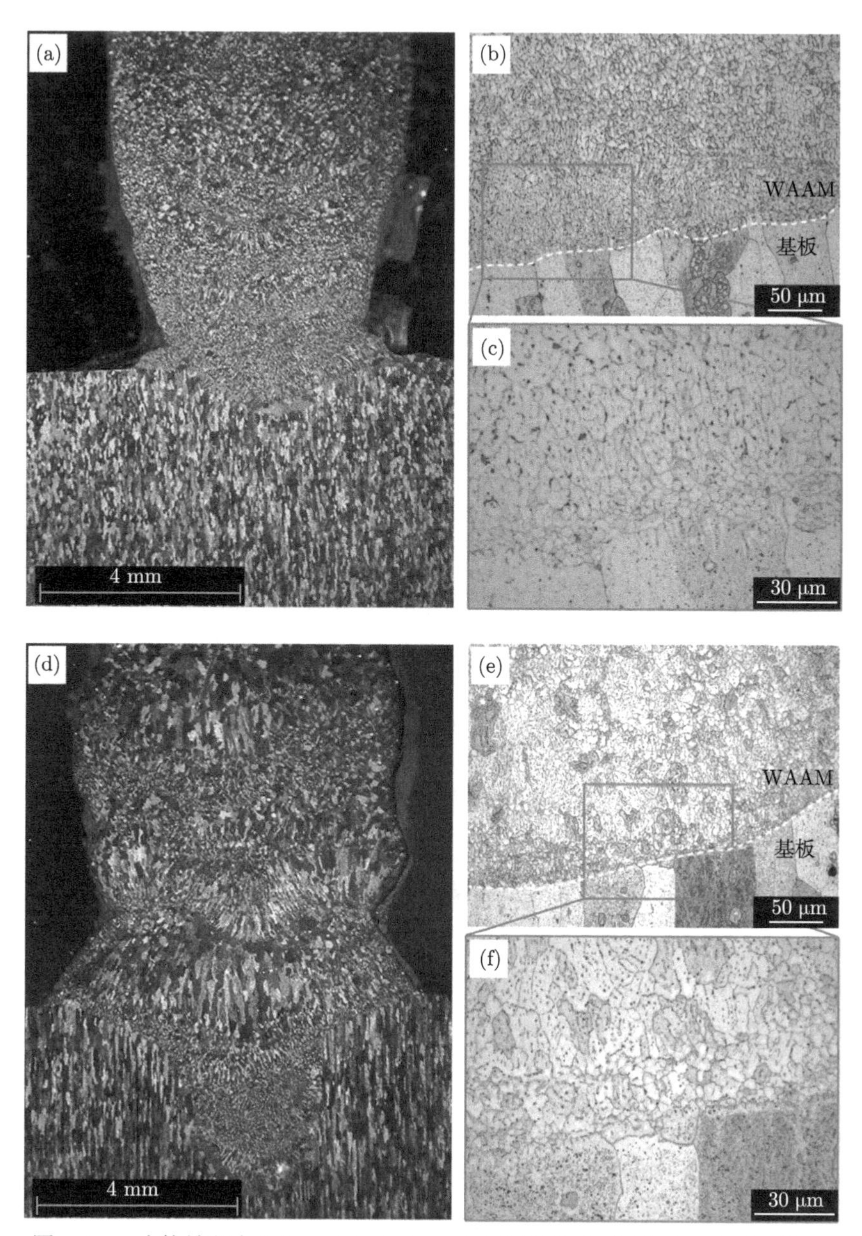

图 5-63 直接堆积态 WAAM 2319 铝合金与基板结合界面的宏观和微观组织
第一层工艺分别为 (a)~(c)CMT-PA；(d)~(f)MIG-P

电弧模式和热输入通常对焊接接头和 WAAM 试件的力学性能有较大的影响。两种打底工艺获得的不同界面组织如图 5-63 所示，熔合线分别呈半椭圆和水滴形。CMT-PA 工艺打底形成的界面主要由大量细小的 (5~10 μm) 等轴晶粒和柱状晶组成，并在两层以后逐渐长大到 23 μm 左右。而脉冲 MIG 工艺打底界面主要为由等轴晶和较多粗大细长的柱状枝晶组成的混晶，首层顶部的柱状晶尺寸与 2219-T87 基板合金的粗大纤维状晶粒组织相似。二到三层的堆积金属中交替形成等轴晶和柱状晶，四层以后的等轴晶尺寸也达到了 27 μm 左右。而在五层以后两种接头界面都长成为较均匀的等轴枝晶。因此，两种工艺打底后虽然都是由细小的晶粒组成，但是由于两种工艺的热输入差别较大，温度梯度和冷却速度各异，在经历不同的生长过程后，四到五层左右晶粒形貌逐渐一致。

经过 T6 热处理后，两种接头界面的晶粒长大 5%左右，但是除枝晶大大消除以外，整体结构变化不大，见图 5-64。基板侧的热影响区发生了较为明显的晶粒异常长大，这是具有 7%左右塑性变形 (小于临界变形度) 的 T87 态合金在电弧热输入下发生的二次再结晶。而熔合线处 WAAM 合金侧由于晶粒尺寸差形成的内应力也会导致少量的晶粒异常长大。但是由力学性能分析可知，这些粗大晶粒对界面的力学性能影响并不大。

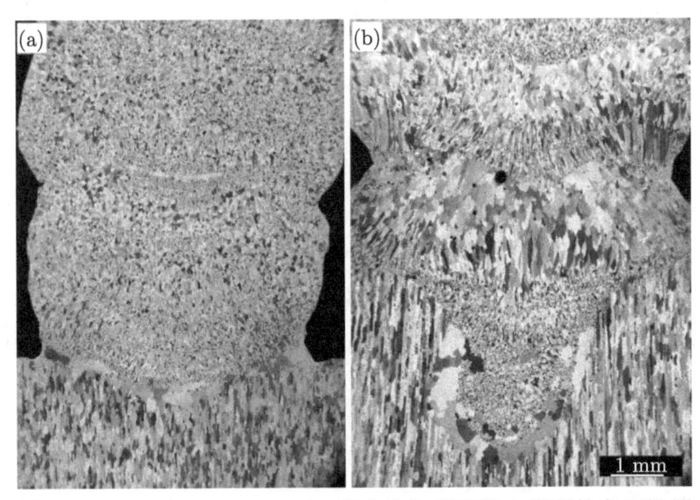

图 5-64 T6 态 WAAM 2319 铝合金与基板结合界面的宏观组织

第一层工艺分别为 (a)CMT-PA；(b)MIG-P

2. 力学性能

由图 5-65 中两种界面热处理前后的硬度分布云图可见，其直接堆积态合金接头软化区都呈现为匙孔形，并且脉冲 MIG 打底的热影响区更宽。两种接头的 WAAM 区的硬度分布都比较均匀，平均硬度值分别达到了 84.6 HV 和 77.4 HV，其中 CMT-PA 工艺略高。这只是基板硬度的 52%~56%。热处理后，两种接头的硬度一致，分别为 148.2 HV 和 148.7 HV。

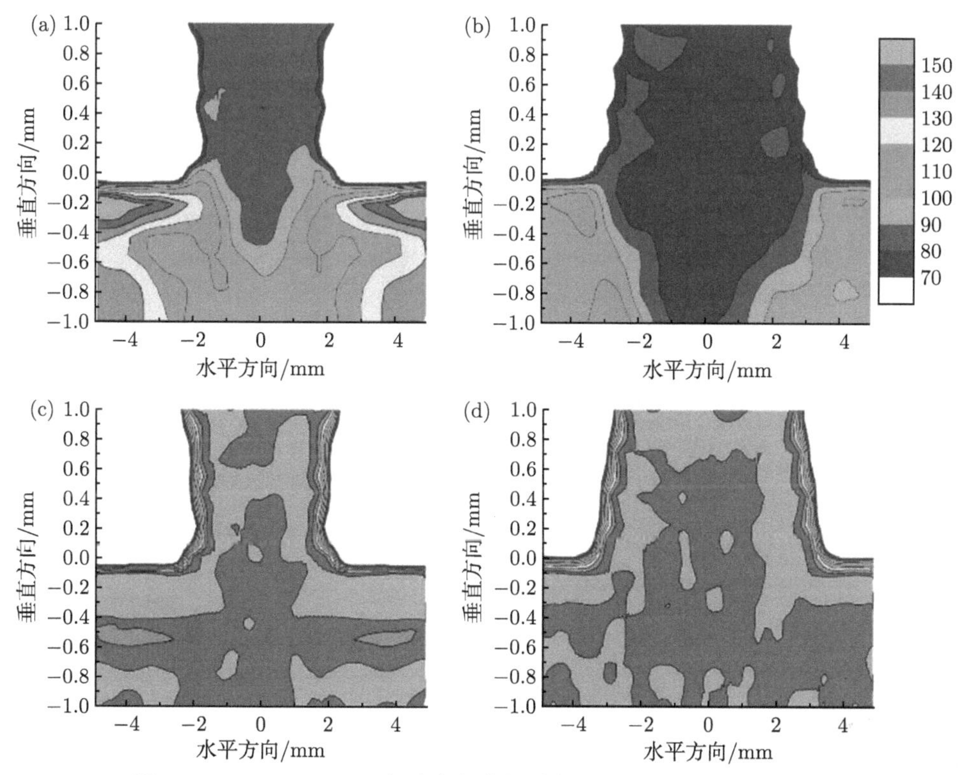

图 5-65　WAAM 2319 铝合金与基板结合界面的显微硬度分布云图

第一层工艺分别为 (a)、(c)CMT-PA；(b)、(d)MIG-P，其中 (a)、(b) 为直接堆积态，(c)、(d) 为 T6 热处理态

两种接头的室温拉伸性能相同，屈服强度、抗拉强度和断后伸长率分别为 120~125 MPa、260~265 MPa，13.5%~15%(图 5-66)。供货态的基板材料的相应性能分别为 330 MPa、434 MPa 和 10.5%。因此，见图 5-67(b) 中 1-AD、2-AD 和 (c) 中 1、2，两种直接堆积态合金的拉伸断裂位置都在 WAAM 金属的 5~7 层之间，而不是在两种材料的界面上，说明两种工艺打底的 WAAM 试件的界面强度都高于直接堆积态 WAAM 合金的强度。

经过 T6 热处理后，CMT-PA 和 MIG-P 打底工艺的屈服强度和抗拉强度分别增长了 154%和 167%以及 68%和 63%，而断后伸长率分别降低了 36%和 38%，这些数据都达到了工业应用的要求。CMT-PA 打底结构的断裂位置并不固定，在 WAAM 合金上、基板合金上或界面熔合线附近都发生了断裂，见图 5-67(b) 中 3-T6~5-T6 和 (c) 中 3~5。三个位置的断裂线分别与拉伸方向垂直，与拉伸方向成 45° 角以及具有与界面熔合线近似的曲率。而 MIG-P 工艺打底的结构的断裂位置主要发生在 WAAM 合金和基板上，并未发现界面处的断裂，说明此种工艺形成界面的结合性要略优于 CMT-PA 工艺。

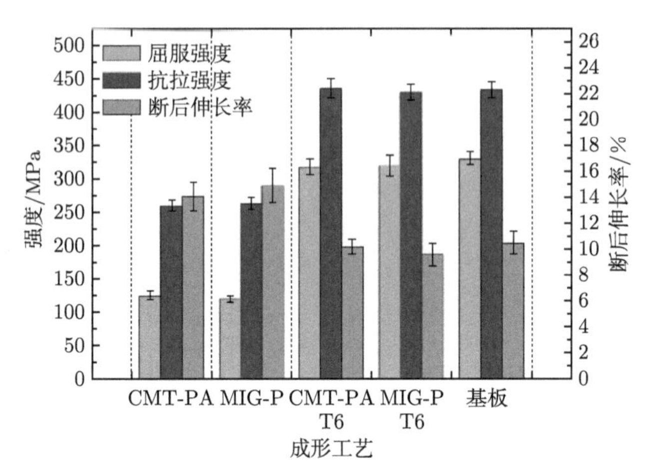

图 5-66　2219 基板以及 WAAM 2319 铝合金与基板结合界面的拉伸性能

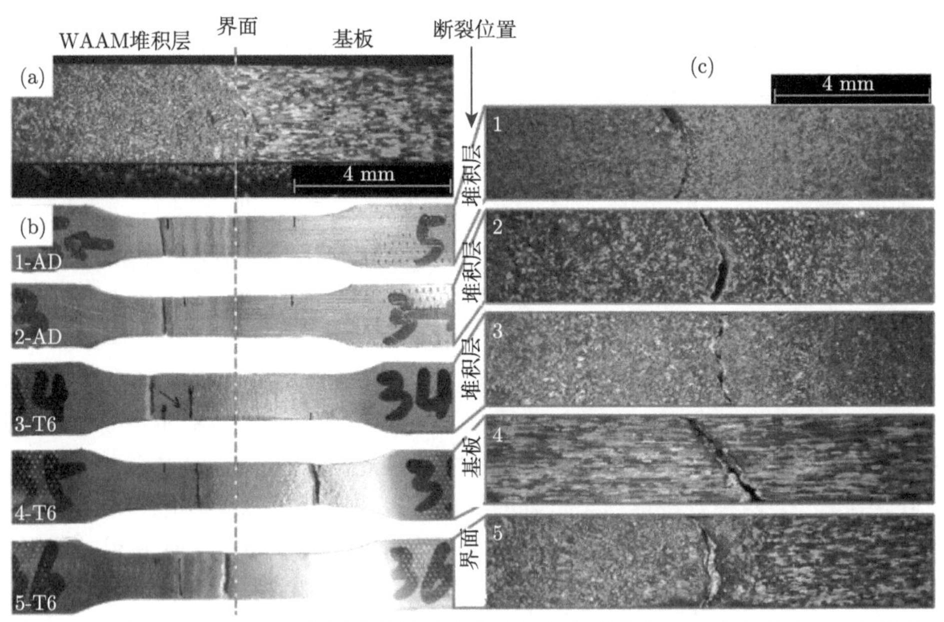

图 5-67　(a)CMT-PA 打底界面拉伸试样在拉伸前的宏观组织；(b) 断裂位置；(c) 断后宏观组织

3. 断裂机制

两种工艺打底形成的界面在直接堆积态下的断裂都是发生在 WAAM 合金上。如图 5-68(a) 所示为直接堆积态 WAAM 合金断口两侧的金相组织，可见两侧靠近断口的位置晶粒分别为等轴晶和等轴枝晶，这是层间的熔合线位置。在这个区域晶粒形貌差异大，存在链状气孔 (白色箭头)，容易发生断裂。由图 5-69(c)

可见拉伸断口形貌均匀，并分布着尺寸不一的圆形气孔。由图 5-69(d) 可见断口上韧窝的尺寸为 6~14 μm，这远大于 2219-T87 基板断面的韧窝尺寸 (图 5-69(a)、(b))。EDS 分析直接堆积态 WAAM 合金断面上发生破碎的第二相颗粒的成分为 $Al_{71.84}Cu_{27.52}Fe_{0.64}$，接近 Al-Cu 共晶物的标准成分 67/33，可能是裂纹萌生的位置。

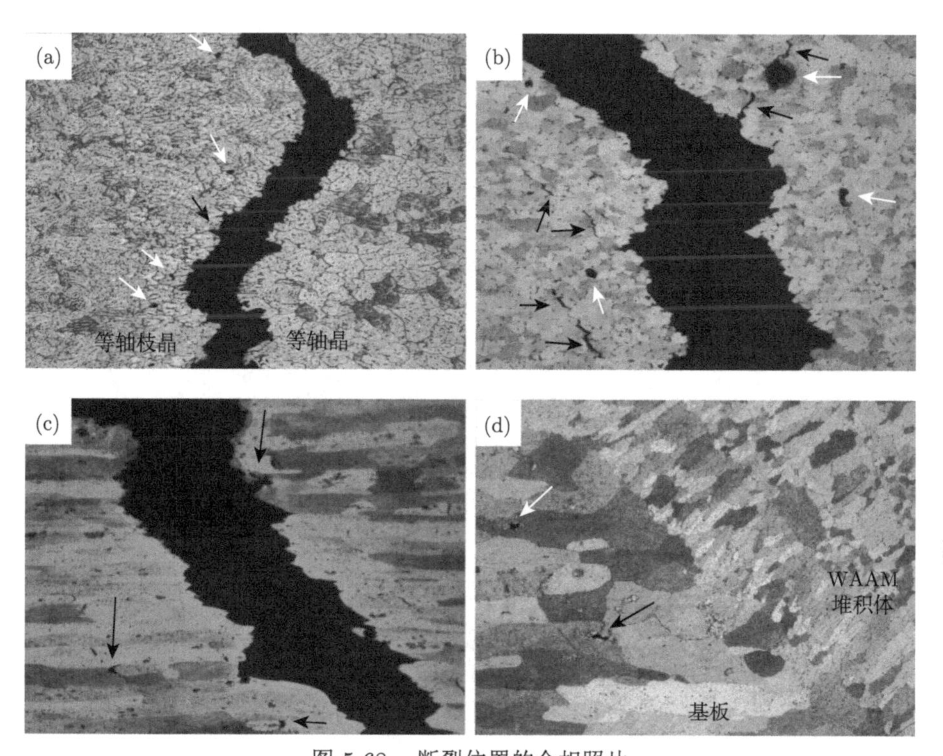

图 5-68 断裂位置的金相照片

(a)、(b) 分别为直接堆积态和 T6 态的 WAAM 2319 铝合金；(c)T6 态的基板合金，(d) 未发生断裂的 T6 态界面组织

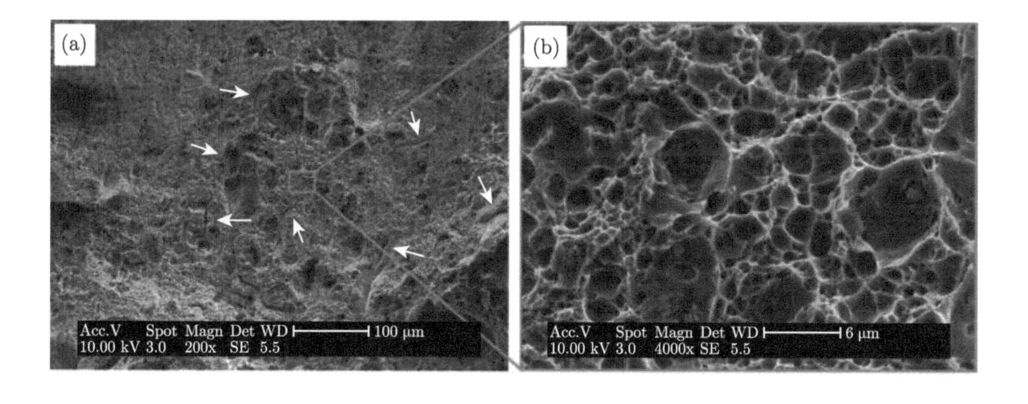

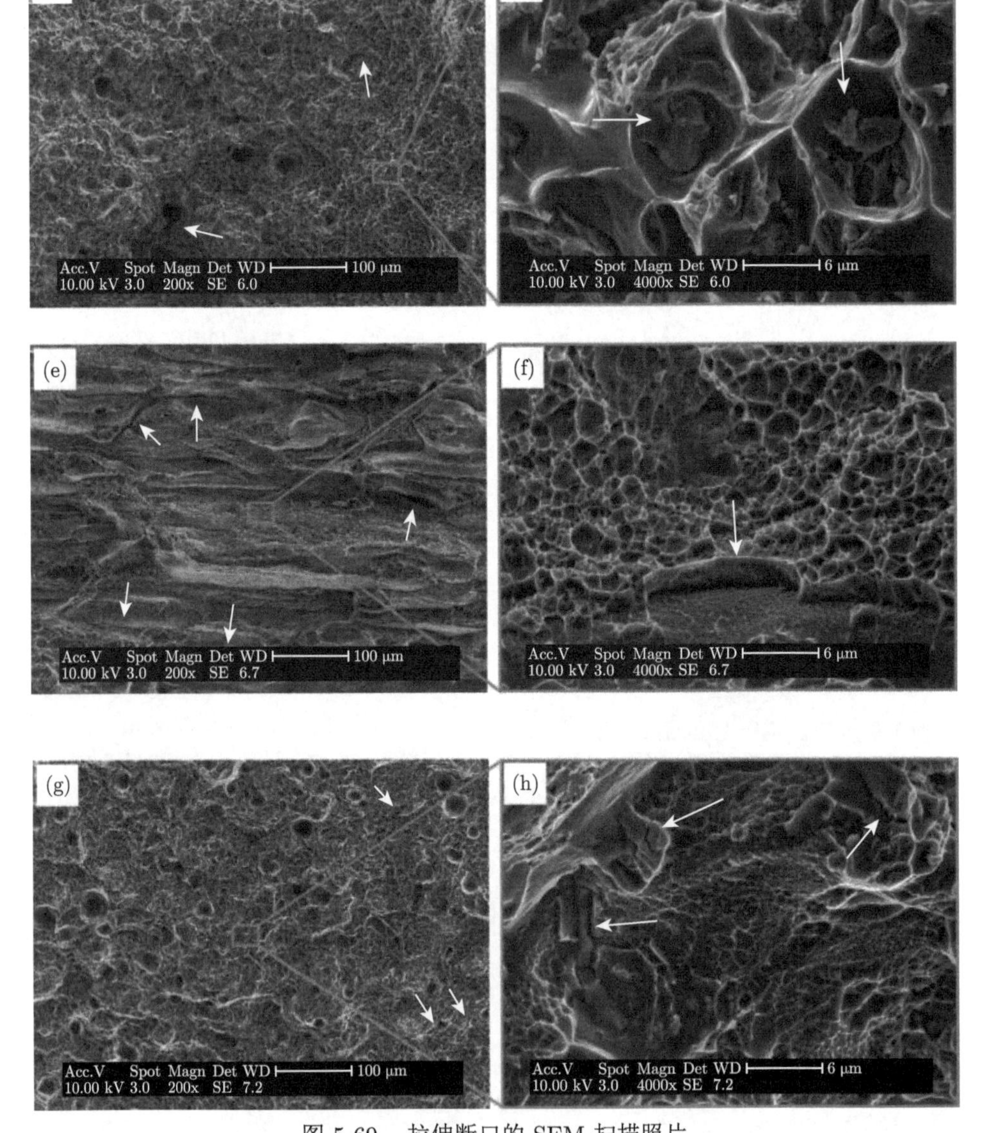

图 5-69　拉伸断口的 SEM 扫描照片

(a)、(b)2219-T87 铝合金基板；(c)、(d) 直接堆积态 WAAM 2319 铝合金；(e)、(f)T6 热处理态的基板；(g)、(h)T6 热处理态 WAAM 合金

如图 5-70 所示，在两种打底策略形成的界面上，从基板到直接堆积态 WAAM 合金的微观硬度变化相似，但是 CMT-PA 界面的硬度值变化的斜率更大。这与相应的微观组织形貌分布一致。基板表面 5 mm 以上的 WAAM 合金的硬度分布趋于均匀。由图 5-71 可见，这一区域的平均硬度值为 71.2 HV，比 CMT-PA

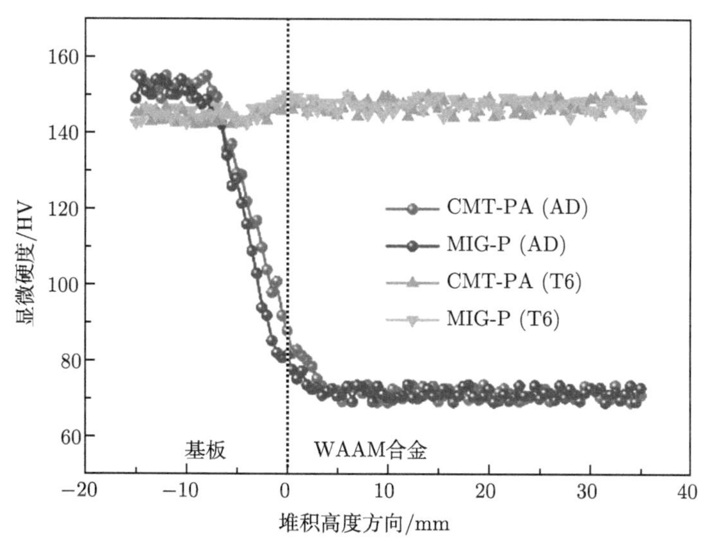

图 5-70　从基板到 WAAM 堆积合金的硬度变化

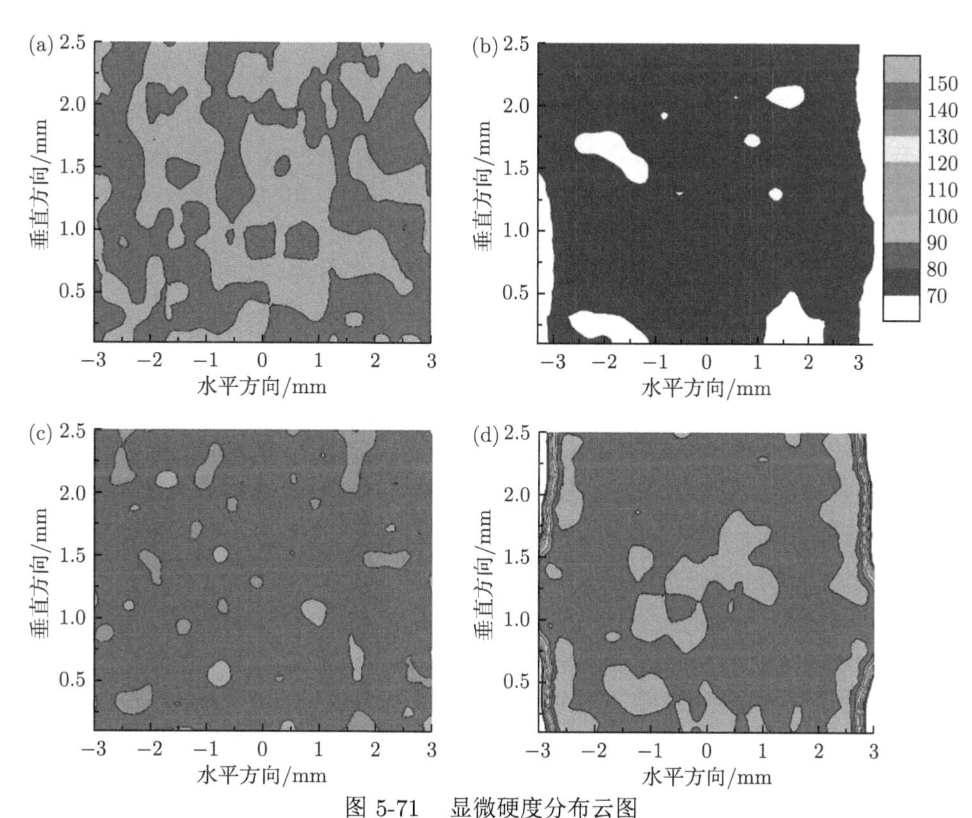

图 5-71　显微硬度分布云图

(a)2219-T87 铝合金基板；(b) 直接堆积态 WAAM 2319 铝合金；(c)T6 热处理态基板；(d)T6 热处理态 WAAM 合金

和 MIG-P 界面的硬度值分别降低了 16%和 8%，因此远离基板 5 mm 左右的 WAAM 合金逐渐成为整体界面结构的薄弱区。这种力学性能分布状态的形成原因可能有两个：一是界面处的残余应力较大，沿堆积高度方向逐渐减小；二是界面处含有超细的第二相、晶粒和气孔等结构。在多层堆积过程中的多周期循环短时高峰热流的影响下，WAAM 2319 铝合金中会析出少量针状的 θ′ 亚稳相，见图 5-72(b)。该照片摄自第 6 层的断裂位置附近，因此这些亚稳相对合金并没有明显的强化效果。而基板合金中含有高密度的纳米亚稳相和位错 (图 5-72(a))，因此直接堆积态 WAAM 2319 铝合金的强度相对较低，首先发生断裂。

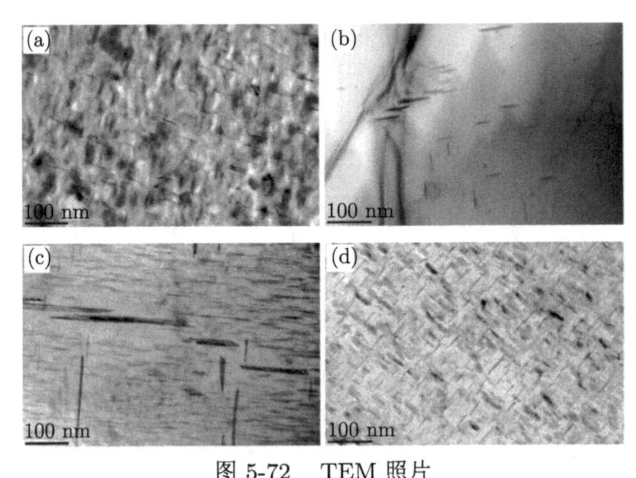

图 5-72　TEM 照片

(a)2219-T87 铝合金基板；(b) 直接堆积态 WAAM 2319 铝合金；(c)T6 热处理态基板；(d)T6 热处理态 WAAM 合金

在 T6 热处理后试件的断裂位置并不固定，表明整体结构具有较为均匀的力学性能。如图 5-68(b) 所示，WAAM 铝合金拉伸断口处形成的裂纹垂直于拉伸方向。此外，由图 5-69(g)、(h) 可见，断面上的气孔数量更多，并且含有大量较浅的细小韧窝，大韧窝中仍然可见破碎的未溶 θ 相，说明了高强韧的断裂特性。因此，T6 热处理的 WAAM 铝合金的拉伸裂纹起源可能是气孔或粗大颗粒物，与直接堆积态合金相似。如图 5-68(c) 所示，断裂位置发生在基板上时，裂纹起源于纤维晶粒的短边晶界，与拉伸方向垂直。其断口形貌表明同时发生了韧性断裂和脆性断裂 (图 5-69(e)、(f))。

如图 5-71(a) 所示的 2219-T87 铝合金的条带形硬度分布与其晶粒延伸方向相同，平均值为 152 HV，略高于 T6 热处理的 WAAM 2319 铝合金 (146.2 HV)。整体试件结构在进行 T6 热处理后的硬度分布趋于均匀化，但是在界面连接处出现了明显的波动 (图 5-70)。WAAM 合金在 T6 热处理后析出了大量纳米亚稳相 (图 5-72(d))，平均硬度升高 105%，并且硬度分布比加工态合金更加均匀 (图 5-71(c) 和 (d))。由于析出相粗化以及微裂纹延展等因素，T87 加工态基板再次进行 T6 热处理后的力学性能降低，其中硬度降低至 144.4 HV(图 5-71(c))。

因此，所有 T6 热处理后的材料拉伸时都主要表现出穿晶断裂和韧性断裂的特征。CMT-PA 和 MIG-P 两种打底工艺制备的整体 WAAM 部件都表现出较为均衡的力学性能，不存在特别明显的薄弱区。断裂位置可能主要是由各个区域存在的缺陷决定的。首先，基板中的裂纹在 T6 热处理后由于淬火应力发生了扩展，这会加速断裂并降低塑性，从而表现出一定的脆性。其次，WAAM 合金在 T6 热处理后形成非均匀韧窝和复杂形貌的撕裂棱，以及大量的气孔和微裂纹，会在一定程度上影响拉伸强度和塑性。

对于两种打底工艺来说，尤其是 MIG-P 工艺的结构界面在热处理后，并不是整体结构的最薄弱位置。这是因为：第一，WAAM 合金和基板具有相同的化学成分，因此它们具有相同的晶体结构，在凝固过程中不会生成新相，结构界面处不存在其他脆性相界面。第二，界面处的超细晶结构有利于材料的强韧化。第三，结构界面处生成的超细气孔和第二相颗粒等减少了裂纹源，还可能具有沉淀强化的效果。第四，基板中的 Cu、Si 和 Fe 含量稍高，而 Ti 含量略低，易于形成更多的θ、Al_6Fe 和 $Al_6(FeMnSi)$ 脆性相，并且无明显的 Ti 细化晶粒效应。因此，整体结构在 T6 热处理后，加工态基板处具有更高的断裂可能性，这与实验观察结果相符。

5.4 电弧增材制造 Al-Cu-Mg 合金

增材制造技术可以最大限度地实现设计自由性和制造灵活性，缩短研发和加工周期，打破规模经济的制约，在“三航”、汽车、军工、生物医学等领域具有很大的应用潜力。但是截至目前，能够稳定地用于电弧增材制造的铝合金仅限于 2319(AlCu6.3)、5356(AlMg5Mn)、4043(AlSi5) 等几种基于传统焊丝牌号的材料。这些铝合金构件的力学性能虽然都好于传统铸态和退火态的同成分合金，但是仍然不能满足工业应用对结构件强度的要求。由于增材制造过程具有特殊的熔化和凝固动力学，在传统工业领域广泛应用的上百种高强铝合金材料大都还不能被稳定地打印出来，这成为制约铝合金增材制造技术成熟及其工业推广的关键问题。因此，改进增材制造工艺以及开发适用于增材制造的新型高强铝合金材料成为研究热点之一。

我们知道一般通过向 Al-Cu 合金中加入第三组元 Mg 制备 Al-Cu-Mg 合金，可以显著地提高合金尤其是热处理后的力学性能。但是工业领域并没有 Al-Cu-Mg 三元成分的标准焊丝，而定制非标牌号焊丝的成本较高，因此无法对 Al-Cu-Mg 系三元合金进行系统的 WAAM 成形研究。在 5.2.3 节中介绍了将双丝焊用于 WAAM 制造，在不显著降低力学性能的前提下，可以有效地提高成形效率。此外，在双丝 WAAM 成形过程中送入两根不同成分的丝材，还可以实现 WAAM

金属的原位合金化，用于设计新型材料。

5.4.1 双丝 WAAM 与原位合金化

本节将介绍采用双丝 WAAM 技术向 Al-Cu 合金中添加第三组元 Mg，通过原位合金化制备 Al-Cu-Mg 合金的研究进展。Al-Cu-Mg 合金与 Al-Cu 二元合金相比具有更好的力学性能，例如代表性的 AA2024 合金目前广泛应用于航空航天结构件、导弹构件和螺旋桨元件等。Al-Cu 合金中添加 Mg 元素后，铸态和热处理态的显微维氏硬度可增加 30 HV 左右。据实验研究表明，含 4.0%Cu 和 2.0% Mg 的合金抗拉强度值较大，含 3.0%～4.0%Cu 和 0.5%～1.3%Mg 的合金淬火后自然时效效果最好。含 4.0～6.0%Cu 和 1%～2%Mg 的 Al-Cu-Mg 三元合金淬火后自然时效状态下，抗拉强度可达 490～510 MPa。

但是 Al-Cu 合金的焊接性随着 Mg 元素的加入会变差。因此，开发增材制造适用的 Al-Cu-Mg 合金的重点是找到具有较低开裂倾向和较好力学性能的成分区间。由 Al-Cu-Mg 合金的三元相图可知主要共晶相为 θ 相和 S-Al_2CuMg 相，507 ℃ 发生三元共晶反应：$L \longrightarrow \alpha+\theta+S$，共晶点成分为 63.1%Al、29.7%Cu 和 7.2%Mg。Al-Cu-Mg 合金可热处理析出强化，S 相的析出序列与 Al-Cu 合金中的 θ 相类似：过饱和固溶体 (α_{ss}) $\longrightarrow$GP 区 (GP Ⅰ 区)$\longrightarrow$ S″(GP Ⅱ 区)$\longrightarrow$ S′ $\longrightarrow$S。

5.4.2 Al-Cu-Mg 合金成分设计及 WAAM 成形

1. 热力学模拟进行成分设计

克兰菲尔德大学 C.G. Pickin 等和曼彻斯特大学 A. Norman 等利用相图计算 (CALPHAD) 的方法模拟了 Al-Cu-Mg 合金系的成分比与生成相的关系，并对合金的反应温度和最终液态凝固行为进行模拟，并计算出每种合金成分的三元共晶凝固区间。当凝固区间较小时，液态合金受到热应力 (一般为拉应力) 作用时间较小，合金的开裂倾向减小。如果能有大量的液态共晶物补充晶粒间的裂纹缺陷，则可进一步减小合金的热裂倾向。因此，根据模拟的结果可以进行合金成分优化。

以 Cu 元素含量为 4.3 wt%为例，图 5-73 为反应温度和 Mg 含量之间的关系。当 Mg 含量从 0 增至 3.5%时，合金的液相线温度变化很小，从二元合金 Al-Cu4.3 的 660 ℃ 左右降至 Al-Cu4.3-Mg3.5 三元合金的 630 ℃ 左右。Al-Cu4.3 合金的最终反应温度 (固相线) 为 550 ℃，而 Al-Cu4.3-Mg3.5 合金为 450 ℃。当 Mg 元素含量增加至 2.5%左右时，凝固区间 (残留液相的温度范围，与最终凝固阶段液相的含量有关) 缓慢变小，固相线温度开始快速下降。当 Mg 含量增至 2.8%时，固相线温度保持不变，凝固区间较大。

Al-Cu4.3-Mgx 合金的凝固温度区间和液相共晶物的体积分数随 Mg 含量的变化见图 5-74。图中的蓝色实线表示理想合金成分的最小凝固区间，黑色虚线表示该成分合金焊接时形成的液态共晶物的体积比。当合金具有较大的凝固区间和较少的共晶物时，易于形成裂纹。当 Mg 含量为 0 时，生成二元共晶 α+θ 相。向此二元合金中逐渐添加 Mg 会在二元共晶物形成并生长时将 Mg 元素排斥进入残留的液相中。当 Mg 含量达到 1.6%时，在凝固的过程中会发生三元共晶反应生成 α+θ + S 相。当 Mg 含量继续增至 2.6%时，发生伪二元共晶反应，在残留的液相中直接生成 α + S 相。当 Mg 含量在 0.2%~1.1%时，合金的凝固区间相对较大，为 4~42 ℃；当 Mg 含量为 1.1%~1.5%时，合金凝固区间稳定为 4 ℃ 左右。随着 Mg 含量增长至 1.5%~2.6%时，共晶反应的凝固区间也较小，随着 Mg 含量的增加缓慢增长，为 4~12 ℃。同时在此含量范围内，液态共晶的体积分数相对较高，因此在此区间具有最低的裂纹敏感性。当 Mg 含量超过 2.6%左右后，合金的凝固区间急剧增大。随着 α + S 共晶物的生成，过剩的 Cu 和 Mg 会被排斥进入残留液相中，形成 T 相 ($Mg_{32}(Al, Cu)_{49}$)，机械性能恶化。

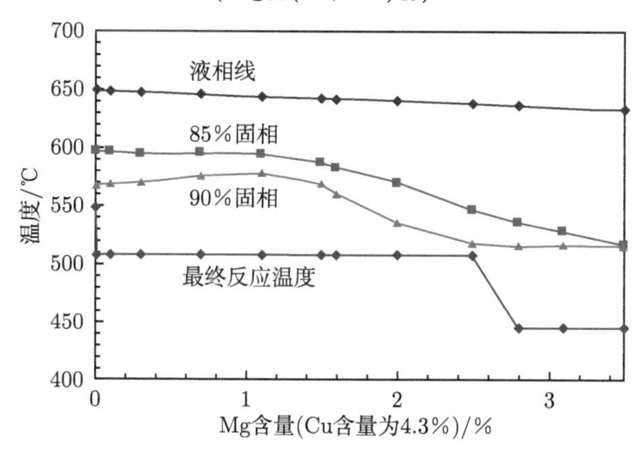

图 5-73 Mg 含量对 Al-Cu4.3 合金最终反应温度的影响 (Pickin et al.,2009)

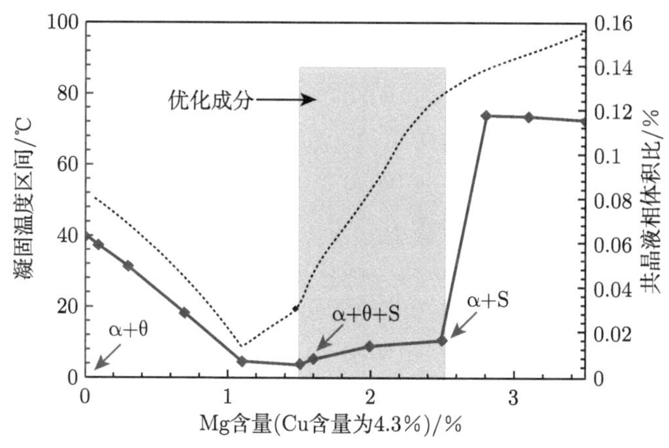

图 5-74 Al-Cu-Mg 三元合金系的凝固温度区间和液态共晶物体积分数 (Pickin et al.,2009)

不同 Cu 和 Mg 含量的 Al-Cu-Mg 合金系的凝固路径如图 5-75 所示。当 Cu、Mg 含量都非常低，接近于 0 时，反应从液相转变为 α-Al 开始，图中的第一条黑线代表在此线上有非常低的凝固区间，是较为理想的目标成分。这条黑线右侧到第二条黑线之间的范围是凝固区间较低、液态共晶物较多的区域，固相线温度范围为 502～507 ℃。在第二条黑线右侧为反应温度急剧增高的拐点位置。

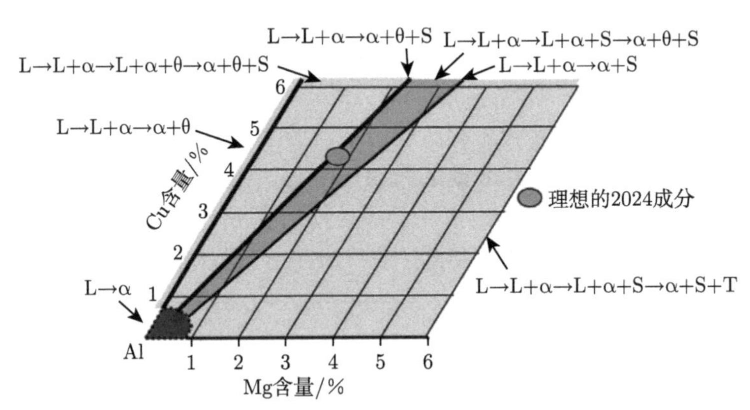

图 5-75　Scheil 分析得到的 Al-Cu-Mg 合金系的凝固路径模型 (Pickin et al., 2009)

2. WAAM 合金制备及成分控制

WAAM 堆积过程中两根丝的化学成分不同，按照行进方向分别设为第一丝和第二丝。两根丝的 WAAM 电弧波形如图 5-76 所示。通过调整每根丝的送丝速度就可以调整送入熔池的液态金属体积，控制不同合金丝液滴在熔池中的体积比，从而得到成分范围内任意组元的三元或多元合金成分。从而进行成分优化，得到性能较好且无热裂纹缺陷的合金。

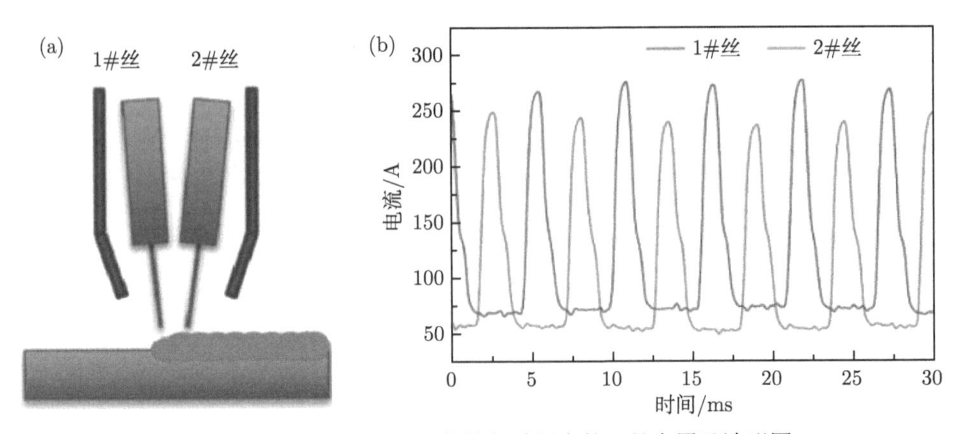

图 5-76　双丝 WAAM 工艺堆积过程中的双丝布置及波形图

两种不同成分的合金丝混合后，理想合金中某元素的质量分数由下式求得

$$E\%_{\text{output}} = (V_{\text{filler1}}\rho_{\text{filler1}}E_{\text{filler1}} + V_{\text{filler2}}\rho_{\text{filler2}}E_{\text{filler2}}) \times 100/(V_{\text{filler1}+}V_{\text{filler2}})\rho_{\text{mixed}} \tag{5-3}$$

$$V_i = \pi r^2 \times \text{WFS} \tag{5-4}$$

式中，V_i 表示消耗合金丝的体积，由公式 (5-4) 求得；E_i 表示所求元素在合金丝中的含量 (%)；ρ_i 表示合金丝的密度 (g/cm^3)；ρ_{mixed} 表示 WAAM 合金的密度；r 表示合金丝半径，本实验中都为 0.6 mm。Cu 源可采用 2319 或 AlCu10 等 Al-Cu 合金丝、Mg 源可采用 5087、5554 等 Al-Mg 合金丝。不同成分的 Al-Cu-Mg 合金的元素含量与送丝速度的关系示意图见图 5-77。

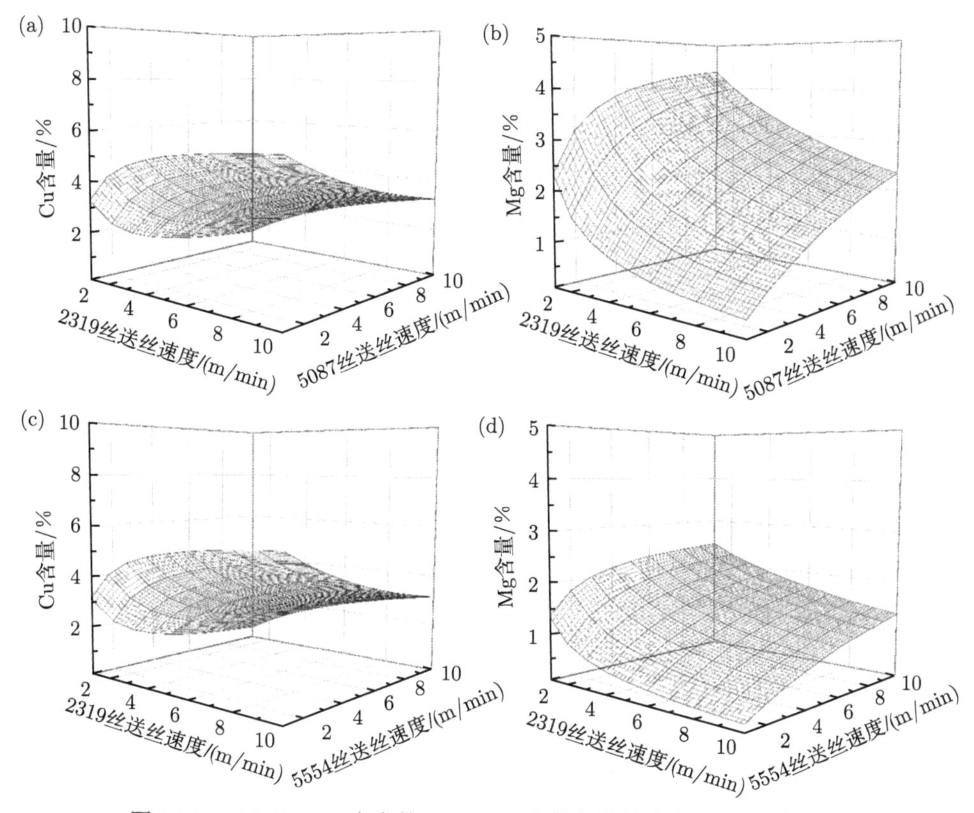

图 5-77 Al-Cu-Mg 合金的 Cu、Mg 含量与送丝速度 (WFS) 的关系
(a)、(b)2319+5087；(c)、(d)2319+5554

3. 双丝 WAAM 成形合金的成分可靠性

以 2319 和 5087 两种合金丝混合制备 Al-Cu-Mg 合金为例，图 5-78(a) 和 (b) 分别为设计、计算和实测的 Al-Cu-Mg 合金中的 Cu、Mg 含量与送丝速度之间的关

系。设计成分是指根据合金的密度和预设的送丝速度，由公式 (5-3) 求得的元素含量的理论值；计算成分是指根据用线速计测得的实际平均送丝速度，由公式 (5-3) 求得的元素含量的计算值；实测成分则是由电感耦合等离子体测得各合金的实际成分。经过对比可以发现，各合金元素的计算成分和理论成分基本一致，说明送丝机送丝平稳，WAAM 成形过程可控并且稳定。而通过与实测成分进行对比，证实了双丝 WAAM 成形过程的可靠性。但是，Cu 元素的实测含量比计算含量高 0.05%～0.4%，而 Mg 元素的实测含量比计算含量低 0.15%～0.35%，这种现象可能是在堆积的过程中在高温下由于 Mg 元素的挥发引起的。所以在设计含 Mg 的 WAAM 铝合金丝或焊丝时，需要考虑到此因素对最终 WAAM 合金成分的影响。

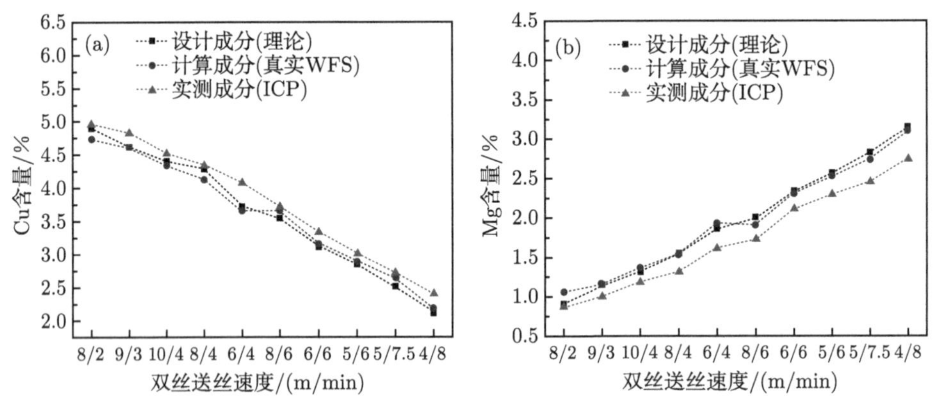

图 5-78　双丝 WAAM Al-Cu-Mg 合金中的设计、计算和实测元素含量
(a)Cu 含量；(b)Mg 含量

5.4.3　双丝 WAAM Al-Cu-Mg 合金的微观组织与力学性能

1. 微观组织

图 5-79 为上述典型双丝 WAAM Al-Cu-Mg 合金的金相组织。各合金内部的微气孔含量较多，尺寸为 5～130 μm，这与双丝成形过程中的电弧扰动和相互干扰有关。各合金的微观组织相似，都是由大量的枝晶组成，主要为柱状晶和等轴晶。

当合金中的合金元素含量较大时，因为凝固过程中的形核质点多，晶粒尺寸会减小。Al-Cu4.4-Mg1.5 合金的晶粒尺寸最大，按照图 5-79(c)、(a)、(d)、(e)、(f) 的顺序递减。尤其是 Cu 元素的细化作用显著，当保持 Mg 元素含量为 1.3%～1.5% 时，逐渐增大 Cu 元素的含量，晶粒细化显著。Al-Cu7.4-Mg1.3 合金的晶粒最细小。同时，晶粒尺寸还与成形过程中的热输入有关。虽然图 5-79(b) 和 (c) 的合金成分相同，但是试件成形过程中使用的合金丝和送丝速度不同，图 5-79(b) 合金 WAAM 成形的热输入为 477 J/mm，而图 5-79(c) 合金的热输入只有 256 J/mm。比较二者可以发现，热输入的增大可以显著促进晶粒的长大。

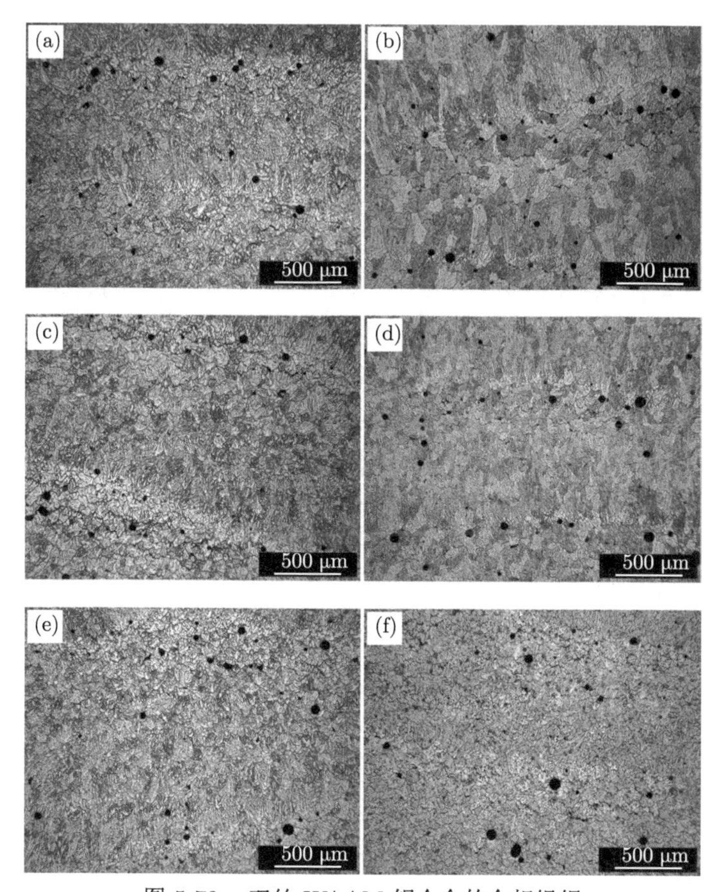

图 5-79 双丝 WAAM 铝合金的金相组织

(a)Al-Cu4.5-Mg2.5；(b)、(c)Al-Cu4.4-Mg1.5(双丝的送丝速度分别为 10 m/min、5 m/min 和 5 m/min、7 m/min；(d)Al-Cu5.6-Mg1.3；(e)Al-Cu6.6-Mg1.5；(f)Al-Cu7.4-Mg1.3

图 5-80 为 Al-Cu4.4-Mg1.5 合金和 Al-Cu4.5-Mg2.5 合金中第二相分布的 SEM 背散射照片。两合金中的 Cu 含量接近，其主要区别是 Mg 含量相差较大，分别为 1.5%和 2.5%。第一种合金中存在很多亮白色的 θ 相以及大量颜色稍深的 S 相，二者与 α-Al 共同形成三元共晶物；而在第二种合金中主要存在单一白色的 S 相，θ 相含量非常少，因此在这个合金中主要是二元共晶。这与 Scheil 分析模型的结果基本一致，即 Al-Cu4.3-Mgx 合金系两个拐点位置 (1.5%Mg 和 2.6%Mg) 的最终共晶产物分别为三元共晶 $(\alpha+\theta+\mathrm{S})$ 和二元共晶 $(\alpha+\mathrm{S})$。

2. 力学性能

双丝 WAAM 技术制备的一系列 Al-Cu-Mg 合金的显微维氏硬度和 Cu/Mg 比值与 Cu 和 Mg 含量之间的关系见图 5-81。Cu 和 Mg 的含量及两种元素的比值对合金的硬度值有很大的影响。从图中可以发现，随着 Cu/Mg 比值的线性降低，合

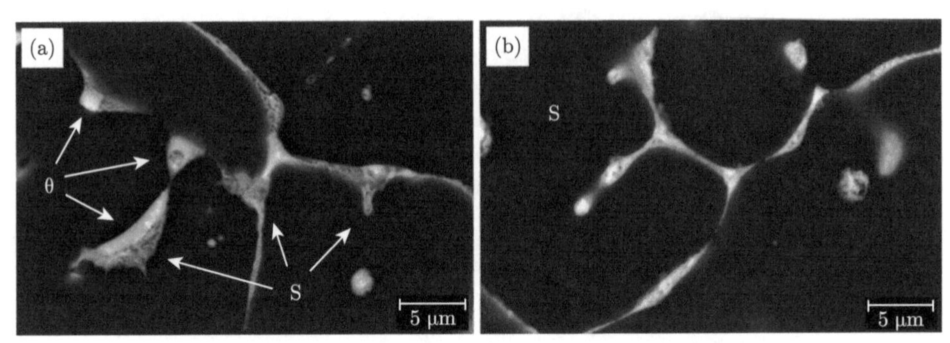

图 5-80　双丝 WAAM 合金第二相 SEM 背散射照片
(a)Al-Cu4.4-Mg1.5；(b)Al-Cu4.5-Mg2.5

金的平均硬度值也逐渐降低。合金的硬度变化曲线出现两个拐点。在 Cu/Mg 比值为 5.5~7 时，合金硬度波动较大，主要集中于 110~117 HV。随着 Cu/Mg 比值的降低，合金的硬度基本保持在 106~109 HV。比值小于 2.7 时，硬度开始持续下降，由 106 HV 降至 96 HV。在比值为 1.7 左右曲线会出现另外一个拐点，此时硬度值开始缓慢下降，为 85 HV 左右。

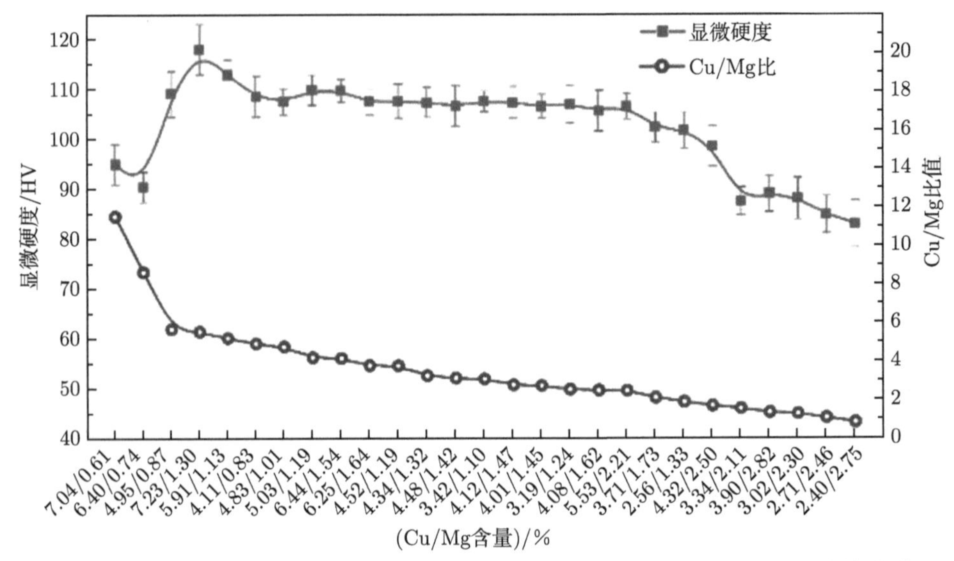

图 5-81　不同成分的双丝 WAAM Al-Cu-Mg 合金的硬度值及 Cu/Mg 比值的关系

具有代表性成分合金的拉伸性能包括抗拉强度、屈服强度和断后伸长率，见表 5-6。当 Cu 含量为 4.3%~4.5%，Mg 含量分别为 1.5%和 2.5%的两种合金的力学性能接近时，断后伸长率可以达到 7%以上。保持 Mg 含量为 1.3%~1.5%，而 Cu 含量从 5.5%逐渐增加至 7.5%时，Al-Cu-Mg 合金的强度会先上升后下降，而塑性则持续变差，断后伸长率最低只有 4.6%。这五种成分的 WAAM 铝合金的拉伸断口都表现出脆性和韧性断裂的混合模式，断面平整，无“铅笔头”现象的出现。

表 5-6 具有不同成分的双丝 WAAM Al-Cu-Mg 合金的力学性能

合金	抗拉强度/MPa	屈服强度/MPa	断后伸长率/%
Al-Cu4.5-Mg2.5	271	174.5	7.1
Al-Cu4.4-Mg1.5	287	189	8.4
Al-Cu5.6-Mg1.3	290.3	185	6.1
Al-Cu6.6-Mg1.5	297.5	205	6
Al-Cu7.4-Mg1.3	287.8	194	4.6

和单丝 WAAM 2319(Al-Cu6.3) 铝合金相比，这些双丝 WAAM Al-Cu-Mg 合金的抗拉强度可提高 4%~13%，屈服强度提高较大，可达 34%~57%。含 1.5% Mg 和 2.5%Mg 合金的延伸率要高于其他合金，这是因为这两种成分都处于设计模型的低裂纹敏感性区域，合金内部无裂纹，保证了其较好的塑性，而除这两个合金之外的其他合金具有稍高的裂纹敏感性，塑性可能会降低。而抗拉强度涨幅不大的原因也与此有关，材料承受静拉力在超过屈服强度后迅速发生断裂，降低了整体试件的抗拉强度。

5.4.4 WAAM Al-Cu4.3-Mg1.5 合金

基于上述分析可知，Al-Cu(4.3~4.5)-Mg(1.3~1.5) 的成分范围具有较低的凝固区间，裂纹倾向小，性能良好。此合金成分与工业 2024 变形铝合金的化学成分相似，加工态的 2024 合金是一种航空航天材料，经常应用于对损伤容限具有较高要求的部件，如下翼板结构。

1. 合金丝原材料及其 WAAM 制件

该非标牌号 Al-Cu-Mg 合金丝的化学成分为 Cu4.36%、Mg1.57%、Mn0.67%、Ti0.15%，主要杂质元素 Zn、Si 和 Fe 的含量分别为 0.02%、0.13%和 0.11%，余量为 Al。加入 Mn、Ti 是为了提高强度和韧性。丝材表面光洁，无明显缺陷 (图 5-82(a))。在铝基体上均匀分布着尺寸不一、形状不规则的白色第二相颗粒 (图 5-82(b))。经 EDS 分析可知，该合金中主要含有 θ 相 (A 处亮白色颗粒，成分为 $Al_{70.34}Cu_{29.66}$)、S 相 (B 处暗白色颗粒，成分为 $Al_{61.23}Cu_{21.93}Mg_{16.84}$) 和 Al_6(Fe, Mn, Si) 相 (C 处不规则的粗大颗粒，成分为 $Al_{67.80}Cu_{14.69}Fe_{6.82}Mn_{6.61}Si_{4.08}$)。

选用 2024-T351 变形铝合金作为基板，利用 CMT-PA 工艺可以较好地实现这种合金的 WAAM 成形 (图 5-83)，由其横截面可见此 WAAM 合金试件成形稳定、优良，效率高，表面波动小，制件后期的加工余量较小。具体的工艺参数包括：热输入 134.7 J/mm、送丝速度 6 m/min、堆积速度 0.6 m/min、保护气流量

25 L/min、干伸长 13 mm、层间冷却时间 2 min。其 WAAM 成形合金中的 Cu、Mg、Mn、Ti、Zn、Si 和 Fe 的含量分别为 4.42%、1.45%、0.68%、0.13%、0.02%、0.08%和 0.14%。由于 Mg 元素的烧损，WAAM 合金中的含量出现较为明显的下降，主要合金元素成分都在设计范围之内。

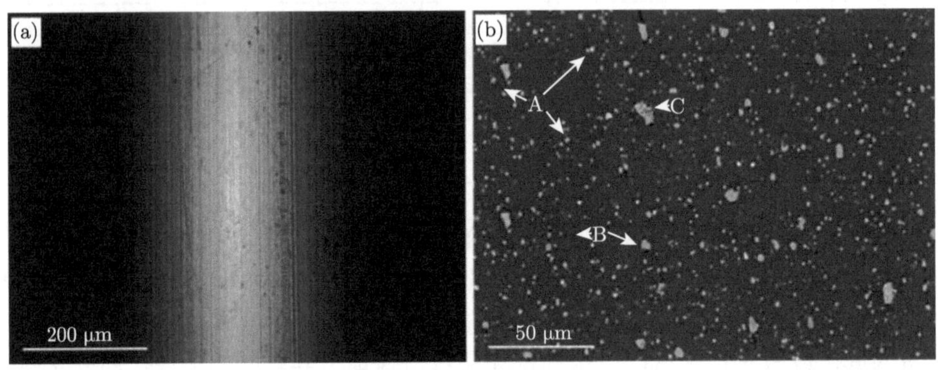

图 5-82　Al-Cu4.3-Mg1.5 合金丝
(a) 表面宏观照片；(b) 物相分布

图 5-83　WAAM Al-Cu4.3-Mg1.5 合金试件

2. 直接堆积态 WAAM 合金的微观组织与力学性能

1) 微观组织

直接堆积态 WAAM Al-Cu4.3-Mg1.5 合金的金相组织见图 5-84。与 WAAM 2319 铝合金的晶粒结构类似，Al-Cu4.3-Mg1.5 试件横截面上的晶粒分布并不均匀，主要由等轴 (枝) 晶组成，还有少量的柱状晶。重熔区的熔合线附近形成了细小等轴晶。在后续堆积过程中，由于热累积效应，散热速度减慢，温度梯度变弱，逐渐接近热平衡。因此，在远离层间熔合线的晶粒内部逐渐长成均匀的等轴枝晶，平均晶粒尺寸 (16.8 μm) 远小于传统加工态的合金。从图 5-84(a) 和 (c) 可见，层间位置的等轴晶区的高度为 50~800 μm，平均晶粒尺寸为 17.5 μm。这一区域是热影响区，位于已凝固堆积层的顶部。由于后续熔覆金属的热影响，该区域晶粒中枝晶的数量大大降低，晶粒尺寸稍微长大。如图 5-84(d) 所示，堆积体在经过热处理之后，直接堆积态合金中大量的枝晶会消失，晶粒长大 10%左右，平均晶粒尺寸达 18.9 μm。

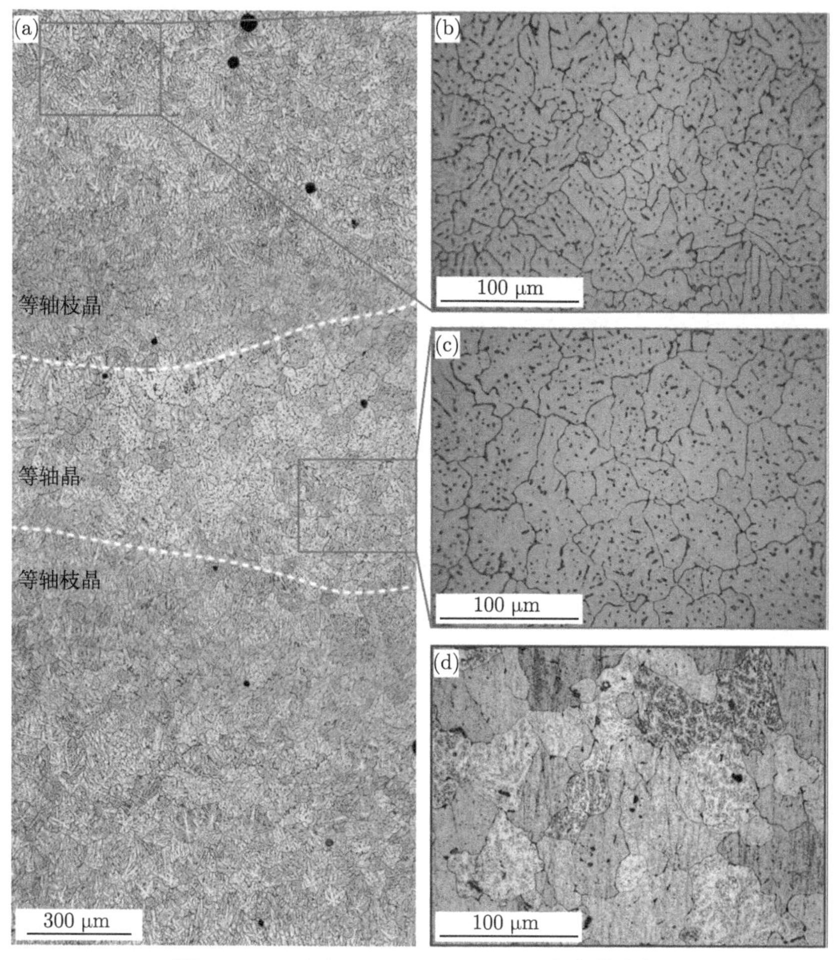

图 5-84 WAAM Al-Cu4.3-Mg1.5 合金的金相
(a)～(c) 直接堆积态；(d)T6 热处理态，其中 (b) 和 (c) 分别为层内和层间位置

WAAM Al-Cu4.3-Mg1.5 铝合金的基体中分布着大量联结成网状的共晶物 (图 5-85(a))，一般为三相共生。根据图 5-85(b) 的面扫描分析可知，Cu 元素沿晶分布明显，偏析较重，主要以化合物的形式存在；Mg 元素分布略均匀，除了存在于基体中以外，主要也是存在于第二相中，但是在晶界的交叉地带没有 Mg，这些区域主要存在着 Al-Cu 相。EDS 分析表明 *A* 处的亮白色颗粒与 *B* 处的暗白

色颗粒的成分分别为 $Al_{62.36}Cu_{36.46}Mg_{1.18}$ 和 $Al_{71.24}Cu_{16.62}Mg_{12.14}$，分别是 θ 相和 S 相，其中 S 相占比较大。在第二相周围的铝基体中的 Cu 元素含量只有 1.5%～3%，存在着较为明显的溶质原子贫化区。另外，Mn、Fe 元素一般同时出现，以 Al_6(Mn, Fe) 化合物的形式与合金中的主要第二相共生存在。

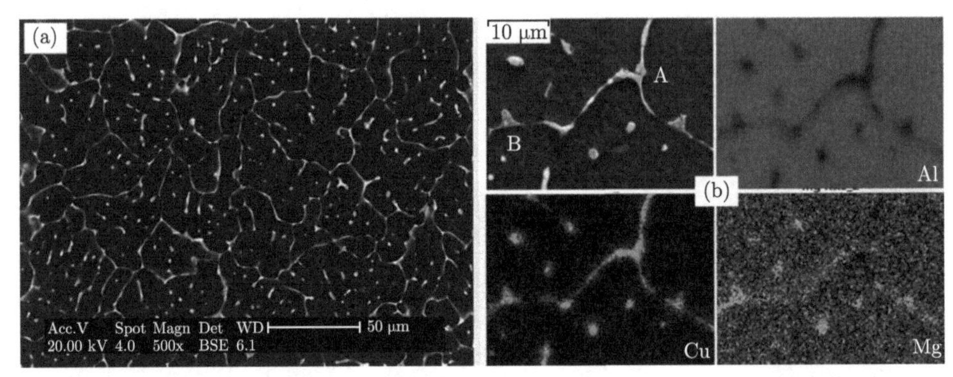

图 5-85　WAAM Al-Cu4.3-Mg1.5 合金的 (a)SEM 照片及 (b) 面扫描能谱分析

2) 力学性能

由直接堆积态 WAAM Al-Cu4.3-Mg1.5 合金从试件顶部到基板的硬度分布 (图 5-86) 可见，试件顶部向下 10 mm 内 (顶层厚度) 材料的维氏硬度由 90 HV 逐渐上升至稳定段，波动范围为 100～115 HV，平均硬度值为 106.8 HV。从初始段之后硬度值逐渐提高，这是因为凝固金属受到后续堆积层的持续热影响，相当于经历了一定时间的热处理，性能逐渐提升，并达到稳定状态。其硬度值波动的原因：一是可能因为晶粒类型及尺寸分布不均匀，二是因为合金中有微气孔等缺陷。材料的硬度值在接近基板的位置急剧上升，基板下 8 mm 左右是未受热影响的 2024-T351 板材，硬度值稳定于 153 HV 左右。

相比较 WAAM 2319 铝合金，此合金在横向上性能较稳定，性能改善较明显。抗拉强度只增加了 7%，屈服强度增加了 42%，达到了 185 MPa，断后伸长率可达到 12%；虽然纵向上的屈服强度也增加了 40%，但是断后伸长率只有 3%。因此，此合金的拉伸性能表现出各向异性。由图 5-87 可见，横向拉伸的断口贯穿整个堆积层，断裂方向与拉伸方向 (L 向) 垂直。此合金的横向断口两侧具有相同的组织分布 (图 5-88(a))。而纵向拉伸时，层间熔合线与拉伸方向垂直，裂纹沿着熔合线发生扩展。断口两侧的组织分布不同，分别为等轴晶和枝晶 (图 5-88(b))，说明层间是容易产生裂纹的薄弱区。这种两向性能的不均匀性是由层间位置较多的气孔和裂纹缺陷造成的 (图 5-87(a))。对比来看，层间断裂面上的缺陷分布则非常均匀 (图 5-87(b))。由于层间位置的受力面减小，承载能力变弱，因此在纵向拉伸时，裂纹非常易于沿缺陷面扩展，并最终表现出脆性断裂的特性。

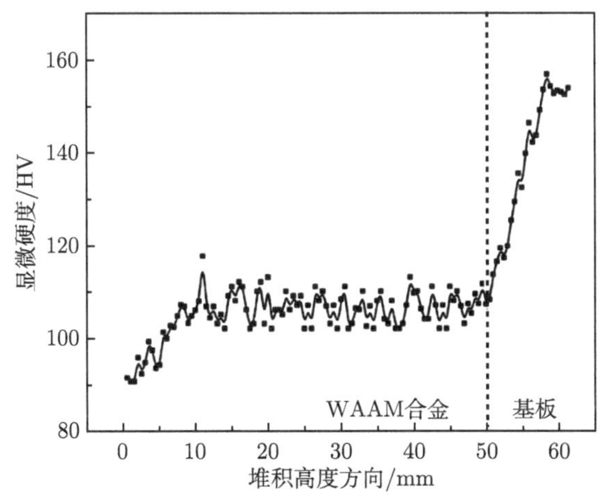

图 5-86 直接堆积态 WAAM Al-Cu4.3-Mg1.5 合金的硬度分布

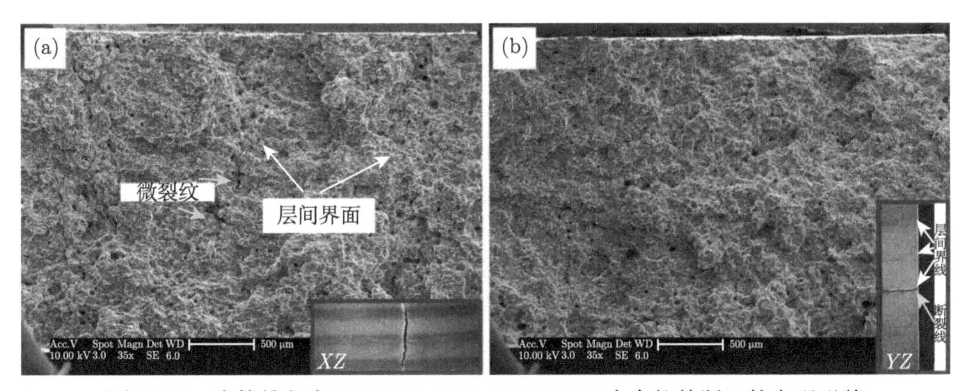

图 5-87 直接堆积态 WAAM Al-Cu4.3-Mg1.5 合金拉伸断口的宏观形貌

(a) 横向；(b) 纵向

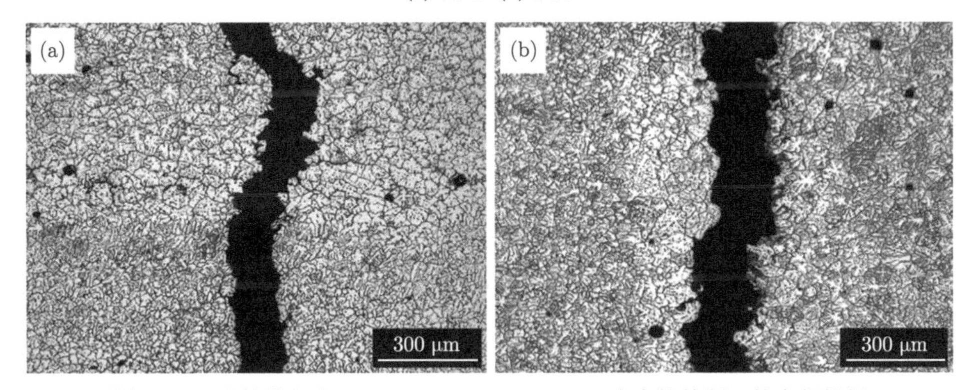

图 5-88 直接堆积态 WAAM Al-Cu4.3-Mg1.5 合金拉伸断口的金相组织

(a) 横向；(b) 纵向

如图 5-89 所示，直接堆积态合金在两个方向上都表现出脆性断裂 + 韧性断裂的复杂断裂特征。横向上的韧性断裂表现在穿晶断裂以及大量的韧窝，但是各个韧窝的内部都是层状断面，碎片较多，具有脆断特征。因此，横向拉伸断口以韧性断裂为主。纵向试样断面上也表现出一定的穿晶断裂特征，但是在断面上有大量的微裂纹，这是引起断裂的主要原因。在合金承受静载荷时，裂纹扩展形成裂纹源发生断裂。因此纵向拉伸时，脆性断裂占据了主导地位。

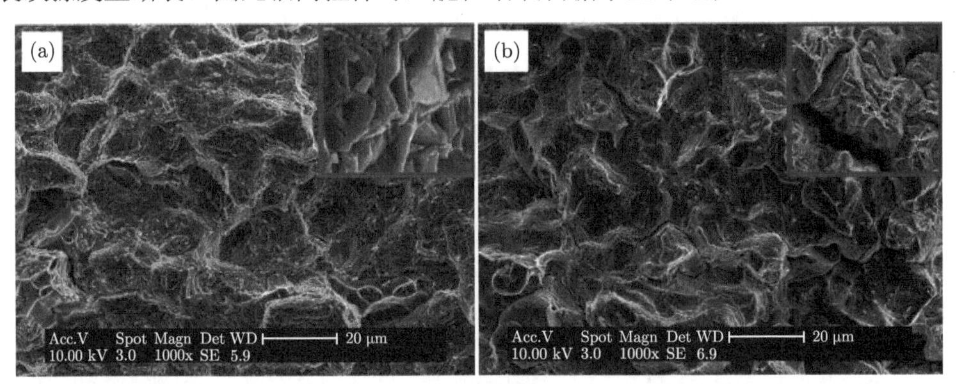

图 5-89 直接堆积态 WAAM Al-Cu4.3-Mg1.5 合金拉伸断口形貌 (SEM)
(a) 横向；(b) 纵向

5.4.5 材料强化

1. 层间冷加工 (轧制) 强化

直接堆积态 WAAM Al-Cu4.3-Mg1.5 合金纵向的塑性较差，其应用将受到极大的限制。层间冷加工可消除大部分的缺陷，因此首先采用层间轧制的方法对此合金进行冷加工成形。在本节中，此合金的堆积和层间轧制的工艺过程与 WAAM 2319 铝合金相同，研究了三种轧制力 (15 kN、30 kN 和 45 kN) 对此合金的微观组织和力学性能的影响。

1) 微观组织

由图 5-90 的金相组织照片可见，随着轧制力的增加，层间轧制成形的 Al-Cu4.3-Mg1.5 合金的晶粒细化程度有所增加，在厚度方向上随着合金的自由变形，晶粒被拉长。

WAAM Al-Cu4.3-Mg1.5 合金中的物相组成在轧制前后并未发生变化。但是，随着轧制力的增加，衍射峰位和峰强有所不同，这一点与 WAAM 5087 铝合金的原因一致。横截面上的第二相颗粒的分布如图 5-91(a)~(c) 所示，晶粒随着轧制力的增加沿着轧制方向逐渐拉长，第二相颗粒也逐渐沿着轧制的方向进行排列。基体上的白色颗粒相发生破碎，破碎程度随轧制力的增加变严重，这在一定程度上增加了第二相颗粒的弥散强化。而纵截面上的物相只发生了少量的破碎，见图 5-91(d)~(f)，其分布随着轧制力的增大逐渐变形，但是变形程度比横截面要小，这是由于沿此方向的变形受到试件长度方向的限制，不能自由变形所致。

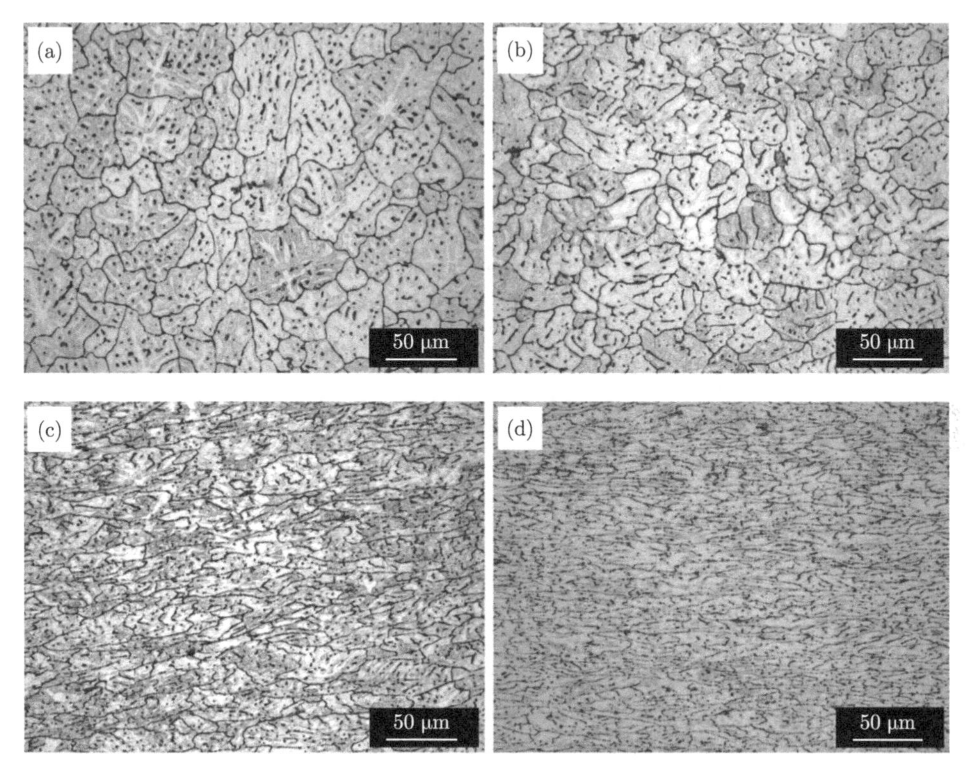

图 5-90　WAAM Al-Cu4.3-Mg1.5 合金的横截面 (a) 直接堆积态;(b)～(d)15 kN、30 kN 和 45 kN 轧制

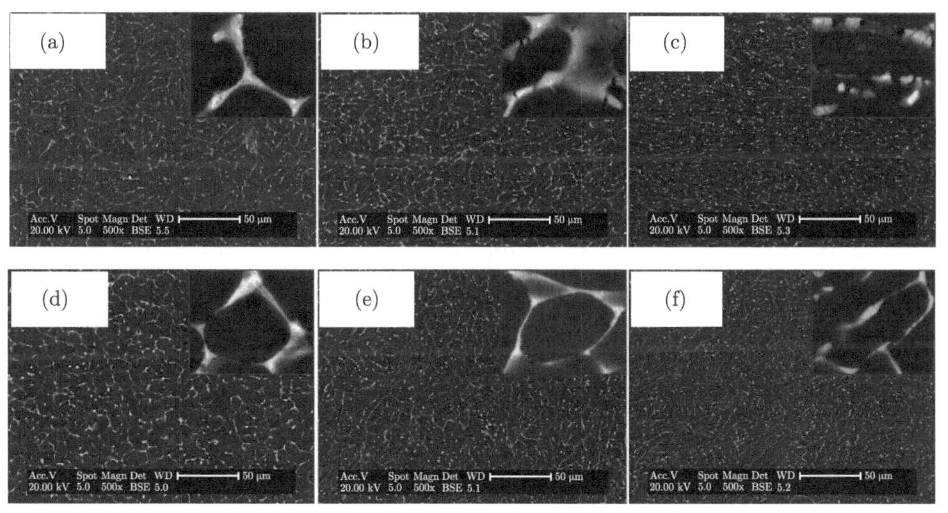

图 5-91　层间轧制态 WAAM Al-Cu4.3-Mg1.5 合金的 SEM 背散射

(a)～(c) 依次为 15 kN、30 kN、45 kN 轧制横截面；(d)～(f) 依次为 15 kN、30 kN、45 kN 轧制纵截面

层间轧制复合成形的 WAAM Al-Cu4.3-Mg1.5 合金中第二相断裂位置的 TEM 照片见图 5-92。可见在此破碎区除 α-Al 外，还存在三种相。破碎的三个角分别为 S、Al(Mn, Fe) 和 θ 相。在三相结合区的界面能较小，在较大轧制力下发生破裂。因此和轧制态 WAAM 2319 铝合金一样，Al-Cu4.3-Mg1.5 铝合金经轧制后一般会在各物相的结合面处开裂。

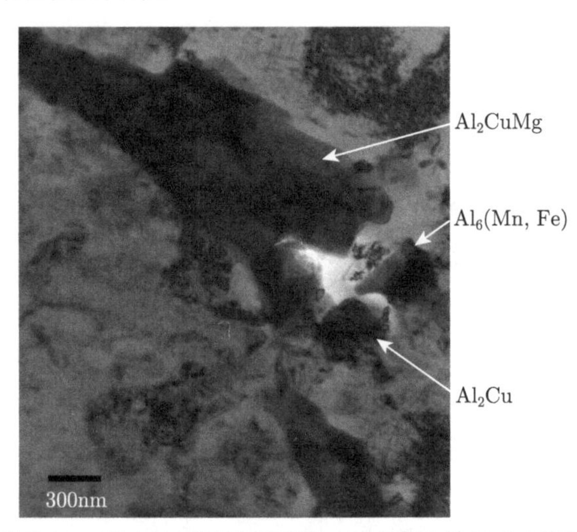

图 5-92　45 kN 层间轧制后第二相破裂处的 TEM 照片

2) 力学性能

WAAM Al-Cu4.3-Mg1.5 合金分别经三种力轧制后的平均硬度值见图 5-93(a)，每当轧制力增加 15 kN 时，变形量增加 12%～20%，硬度值增大 6%～8%。由图 5-93(b) 的拉伸性能可见，此合金随着轧制力的递增，抗拉强度和屈服强度线性增大，而断后伸长率线性减小。屈服强度的增速大于抗拉强度。合金在 45 kN 轧制力下横向试样的抗拉强度、屈服强度分别可达 380 MPa 和 315 MPa，但是断后伸长率降至 7.6%。纵向的抗拉强度和屈服强度分别可达 326 MPa、275 MPa。虽然强度值的增长不及横向，但是其断后伸长率增长至 8.4%，可见经过层间轧制合金的层间裂纹缺陷被消除，与直接成形态合金相比，此方向上的塑性增长较大。45 kN 轧制下试样的横向和纵向断口形貌的 SEM 扫描照片分别见图 5-94(a) 和 (b)。因为横向的合金组织细化效果明显，而在纵向较差，所以横向试样断口的韧窝较小，而纵向试样断口的韧窝尺寸较大。在两个方向断口的韧窝内都密布着大量破碎的第二相。

2. 热处理强化

1) 热处理工艺

Al-Cu-Mg 合金是一类可以通过热处理实现析出强化的材料。由 Al-Cu-Mg

三元合金相图可知此合金系在 507 ℃ 存在一个三元共晶点，构成相为 α−Al + S + θ。本节对比了 480 ℃、498 ℃ 和 535 ℃ 等固溶处理温度，以及自然时效和不同人工时效制度下合金的显微硬度值 (表 5-7)。WAAM Al-Cu4.3-Mg1.5 合金 T4 热处理的优化工艺为固溶处理 498 ℃×1.5 h，显微维氏硬度可达 149.2 HV。在此基础上，人工时效的优化工艺为 190 ℃×6 h，硬度可以进一步升高至 161.5 HV。

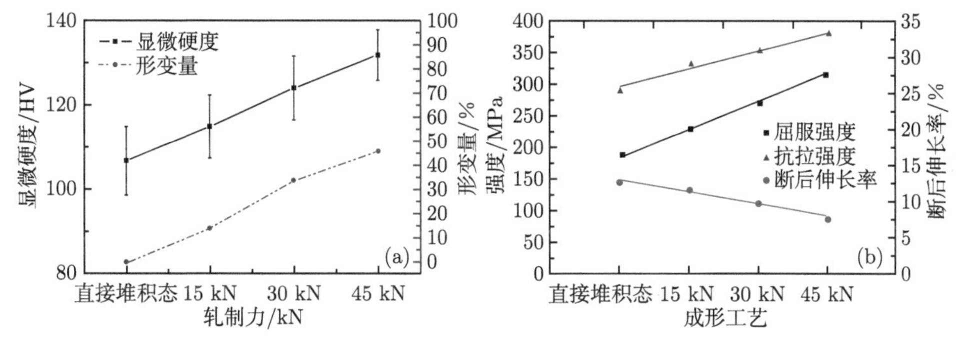

图 5-93 层间轧制态 WAAM Al-Cu4.3-Mg1.5 合金的 (a) 平均硬度和 (b) 拉伸性能

表 5-7 WAAM Al-Cu4.3-Mg1.5 合金热处理后的显微硬度

序号	固溶温度/℃	固溶时间/min	时效温度/℃	时效时间/h	平均硬度/HV
1	—	—	—	—	106.8
2	480	90	自然时效		138.7
3	498	60	自然时效		140.9
4	498	90	自然时效		149.2
5	498	120	自然时效		134.4
6	535	90	自然时效		135.4
7	498	90	140	6	143.8
8	498	90	160	6	140.6
9	498	90	175	3	141.4
10	498	90	175	6	148.3
11	498	90	175	9	150.7
12	498	90	175	18	157.6
13	498	90	190	3	158.0
14	498	90	190	6	161.5
15	498	90	190	9	158.0
16	498	90	190	18	153.9
17	498	90	210	3	133.5

2) 微观组织

由图 5-95 的金相照片可见，WAAM Al-Cu4.3-Mg1.5 合金经热处理后枝晶减少，大部分晶界及晶内散布的第二相消失。45 kN 轧制的 WAAM 合金经过 T6 热处理后的晶粒得到了显著的细化，并在自由变形方向上被压长。

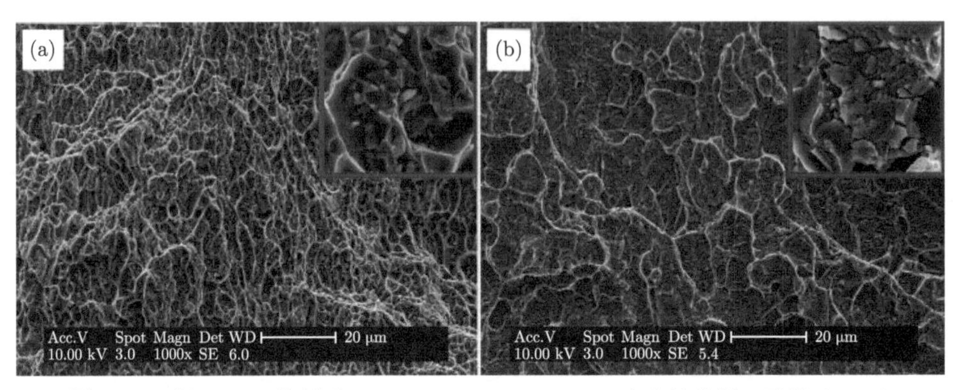

图 5-94　经 45 kN 轧制后 WAAM Al-Cu4.3-Mg1.5 合金拉伸断口形貌 (SEM)
(a) 横向；(b) 纵向

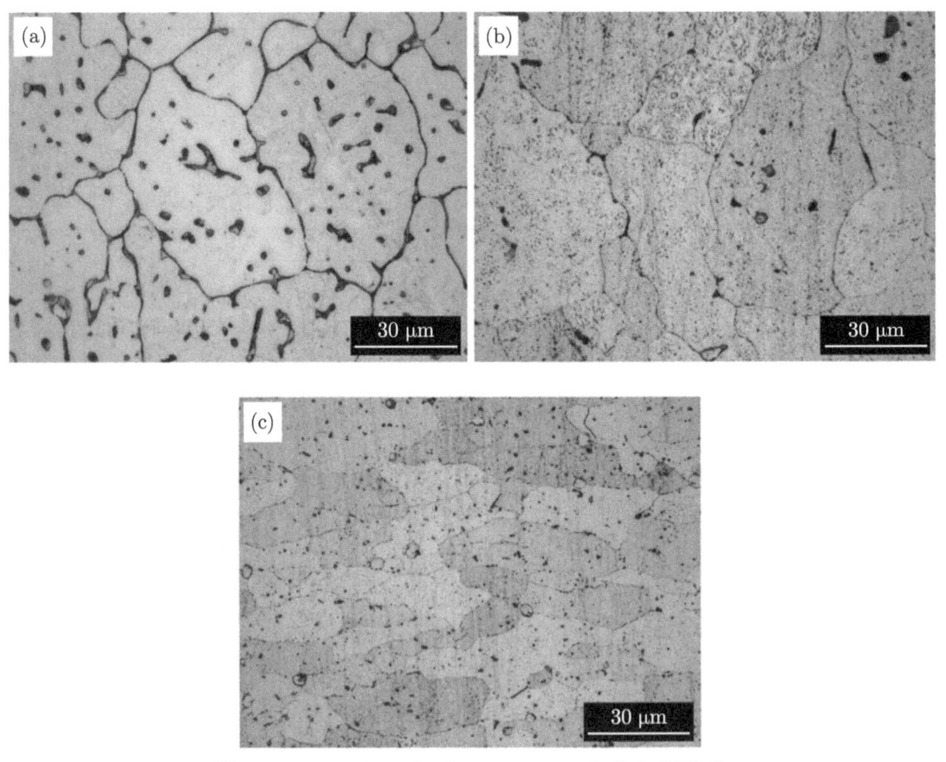

图 5-95　WAAM Al-Cu4.3-Mg1.5 合金金相照片
(a) 直接堆积态;(b)T6 态；(c)45 kN 轧制 +T6 态

通过比较 T6 态未经轧制和经过轧制合金的 SEM 扫描照片 (图 5-96(a) 和 (b)) 可以发现，虽然两种 T6 态的 WAAM 合金中仍有大量的残留第二相，但是其分布均匀性及尺寸控制相比较工业 2024-T6 变形合金 (图 5-96(c)) 得到了较大的改善。此外，轧制 + 热处理后的合金中分布的第二相更加均匀细小。

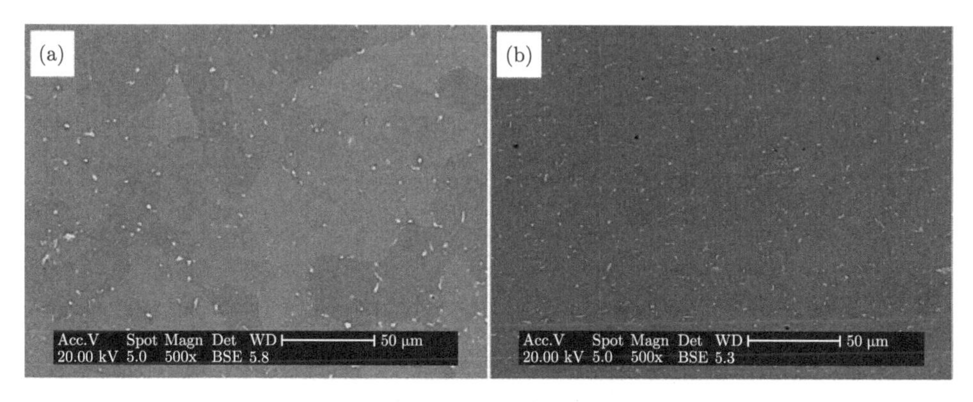

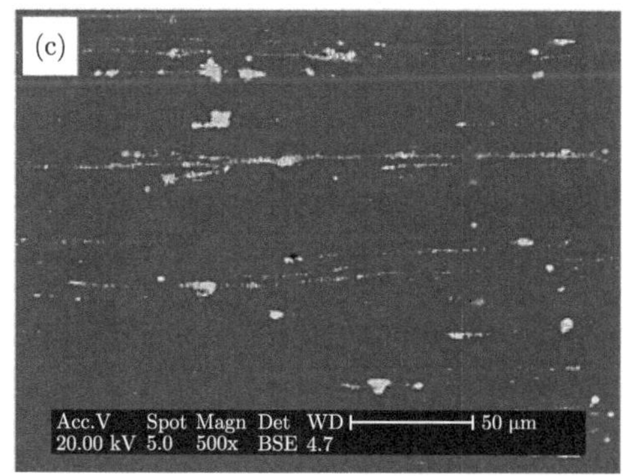

图 5-96 SEM 扫描照片
(a)、(b) 分别为 T6 态和 45 kN+T6 态 WAAM Al-Cu4.3-Mg1.5 合金；(c)2024-T6 变形合金

图 5-97 为通过 X 射线断层扫描技术 (XRT) 测试获得的 WAAM Al-Cu4.3-Mg1.5 合金中第二相 (红色) 和气孔 (蓝色) 的三维分布和形貌。直接堆积态 WAAM 合金中大量的第二相颗粒通常呈网状沿晶分布，平均尺寸为 2.8 μm。层间位置熔合线附近的第二相由于部分溶解会呈不连续状，间距增大。空间密度由层内金属的 1.04×10^6 mm^{-3} 增长至 1.22×10^6 mm^{-3}，提高了 17%。但是，层间第二相颗粒的体积比却下降了 10%。经过 T6 热处理后，大部分的颗粒物重熔进入合金基体中，残留第二相的二维形貌一般近圆形，但从图 5-97 的三维分布可知，气孔周围的未熔颗粒物的形貌与热处理前相比，一般变化不大。试件层内和层间区域第二相的空间密度分别降低 83%和 88%。也就是说，在热处理过程中，有 0.13×10^6 mm^{-3} 到 0.21×10^6 mm^{-3} 的颗粒物未发生溶解，其体积占比为 0.9%~1%。与热处理前相比，降低了 95%。

由面扫描 (图 5-98) 分析可知，此合金在 T6 热处理后的未溶相是熔点相对较高的 θ 相和 $Al_6(Mn, Fe)$ 相，而 S 相则接近完全溶解。这是因为：第一，

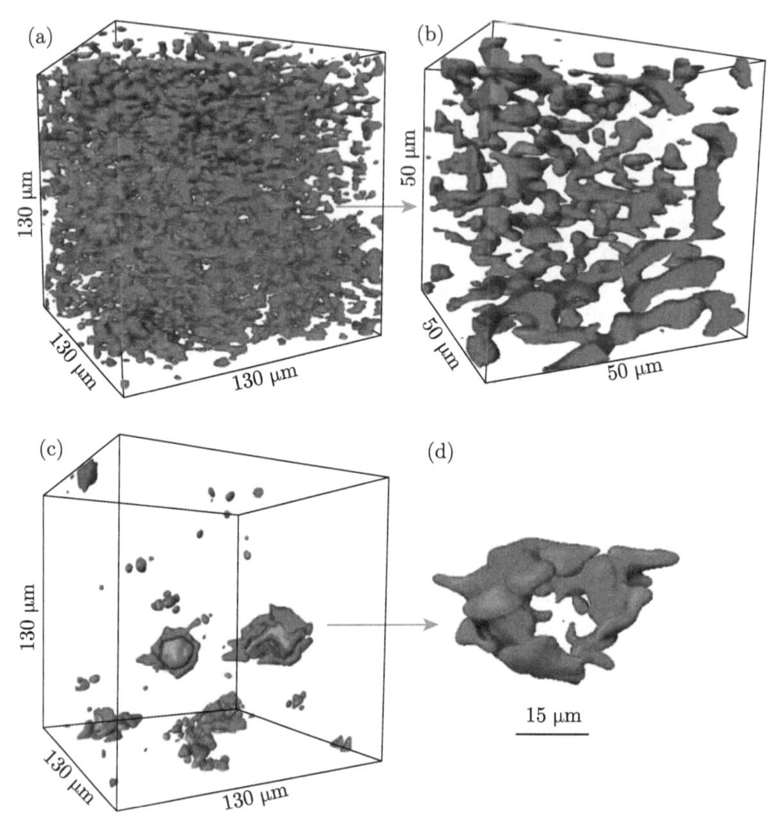

图 5-97　WAAM Al-Cu4.3-Mg1.5 合金中第二相 (红色) 和气孔 (蓝色) 的三维分布和形貌
(a)、(b) 直接堆积态；(c)、(d)T6 热处理态，其中 (b) 和 (d) 为第二相颗粒的局部放大

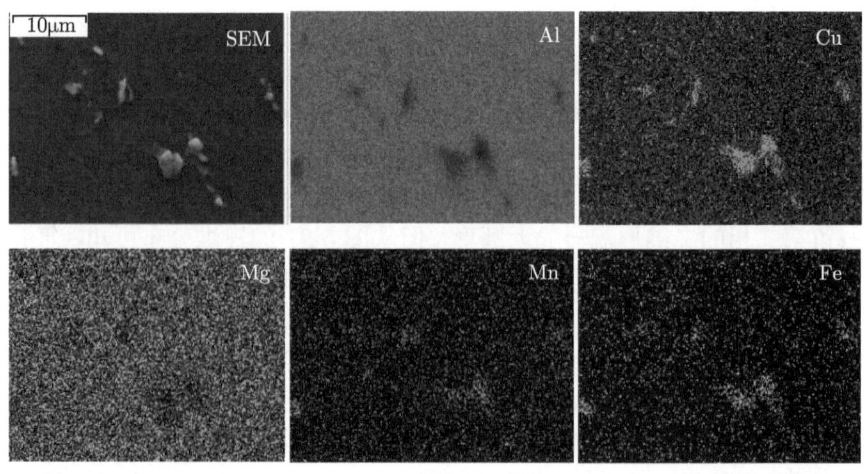

图 5-98　WAAM Al-Cu4.3-Mg1.5 合金 T6 热处理后 SEM 面扫描元素分布

450℃ 时，Mg 在 α-Al 中的极限固溶度较大，达到 17%。因此在固溶处理温度下，S 相溶解后，Mg 可以实现完全的扩散进入基体中。第二，θ 相的熔点为 548 ℃，远高于此合金的固溶处理温度，因此，大量的难熔 θ 相在 T6 热处理后保留在基体中。

3) 力学性能

图 5-99 为未经轧制和经过轧制的 WAAM Al-Cu4.3-Mg1.5 合金在 20 mm 长度内的硬度分布，二者的平均硬度值分别可达到 161.5 HV 和 160.8 HV，比直接堆积态合金提高 51% 。热处理后合金硬度的波动较小，尤其是轧制 + 热处理的工艺较大地改善了合金的均匀性。

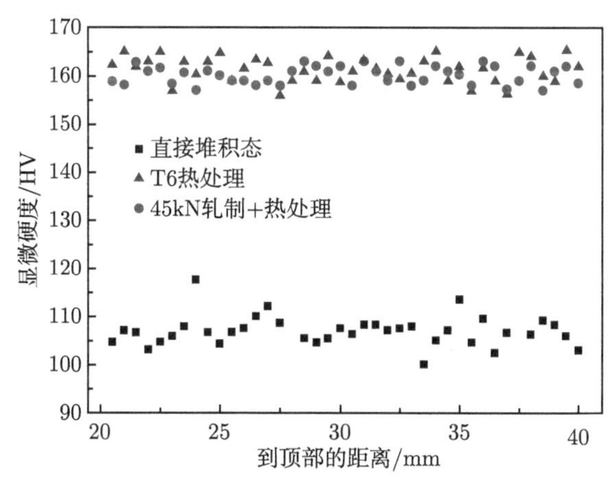

图 5-99 WAAM Al-Cu4.3-Mg1.5 合金 T6 热处理后的硬度分布

T4 热处理态、T6 热处理态、45 kN 轧制态以及 45 kN 轧制 +T6 热处理态合金在纵向和横向的拉伸性能与直接堆积态合金的对比如图 5-100 所示。经 T4 和 T6 热处理后合金的强度性能有较大的提高，两种状态下横向的抗拉强度和屈服强度可分别达到 470 MPa、332 MPa 以及 500 MPa、407 MPa，断后伸长率可分别达到 15%和 8%。这些性能都高于相应状态的 2024 变形铝合金，而断后伸长率略低。但是 WAAM 合金纵向的性能较差，尤其是断后伸长率只有 3.7%和 1.6%，断裂都是发生在层间熔合线的位置。当合金被 45 kN 的力层间轧制后，其纵向的塑性显著改善，T6 热处理后纵向的断后伸长率仍可保持在 8.2%，横向可达 10.5%。同时，两个方向的强度性能较均匀，抗拉强度和屈服强度均可达 495 MPa 及 400 MPa 以上。

本合金未经轧制 T6 热处理后的横向和纵向拉伸试样的断口形貌照片分别见图 5-101(a) 和 (b)，它们都是穿晶断裂。横向试样的断面由大量的小韧窝组成，是典型的韧性断裂，而在纵向可见较多的裂纹，属于脆性断裂，导致了其较差的塑性。但是此合金经过层间轧制 + 热处理后两个拉伸方向的断面形貌趋于一致，都由大量小韧窝组成，是穿晶韧断。

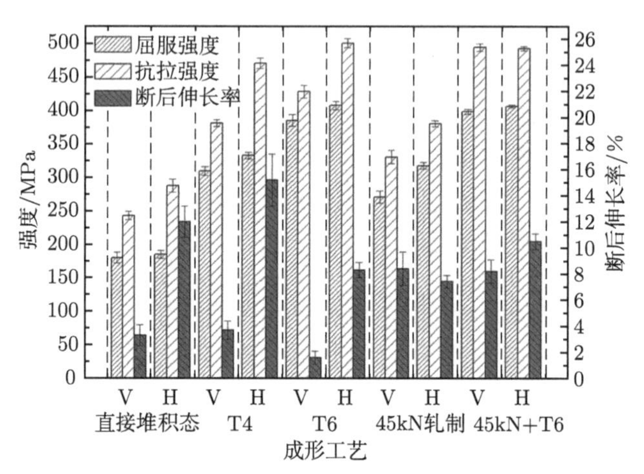

图 5-100　WAAM Al-Cu4.3-Mg1.5 合金热处理后的力学性能

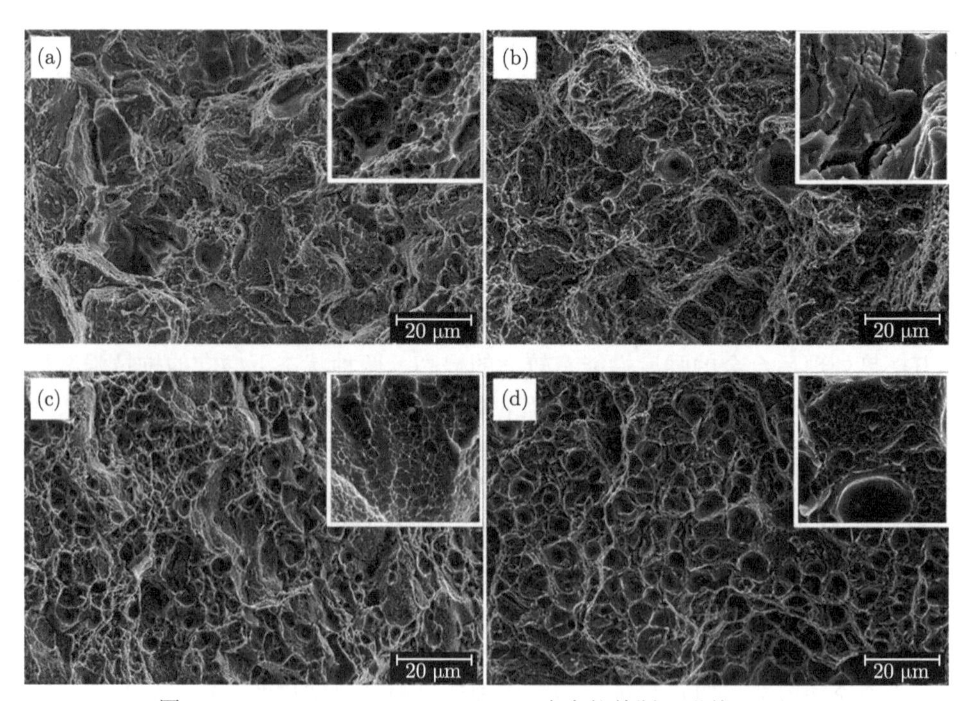

图 5-101　WAAM Al-Cu4.3-Mg1.5 合金拉伸断口形貌 (SEM)

(a)、(b) 分别为 T6 态的横向和纵向；(c)、(d) 分别为 45 kN+T6 态的横向和纵向

3. 强化机制

由图 5-102(a) 直接堆积态 WAAM Al-Cu4.3-Mg1.5 合金的 TEM 明场像可见，基体中的位错和第二相 (主要是 T-$Al_{20}Cu_2Mn_3$ 相) 非常少。图 5-102(b) 和 (c) 分别为 45 kN 轧制态和 T6 热处理态合金的 TEM 图像。由图可见，与 WAAM 2319 铝合金类似，本合金经轧制后基体中的位错密度大大增加，形成加工强化。T6 热处理后在基体中分布着大量垂直分布的针状亚稳 S 相，尺寸为 100~1000 nm，以及少量的 T 相。目前对 Al-Cu-Mg 合金热处理后峰值时效时的析出相类型还没有定论，比如 Wolverton 等通过计算和实验认为是 S″ 相，而 Ringer 等则认为没有直接的晶体学证据可以证明是 S″ 相引起峰值强化，Cheng 等认为是 S′ 相引起强化。但是 S′ 相与基体半共格，同时与 S 相没有明显区别，所以很难分辨。因此本节称此强化析出相为亚稳 S 相，它与 θ″ 析出相一样对位错的阻碍运动非常强烈，可以极大地增强合金的界面能，形成析出强化。

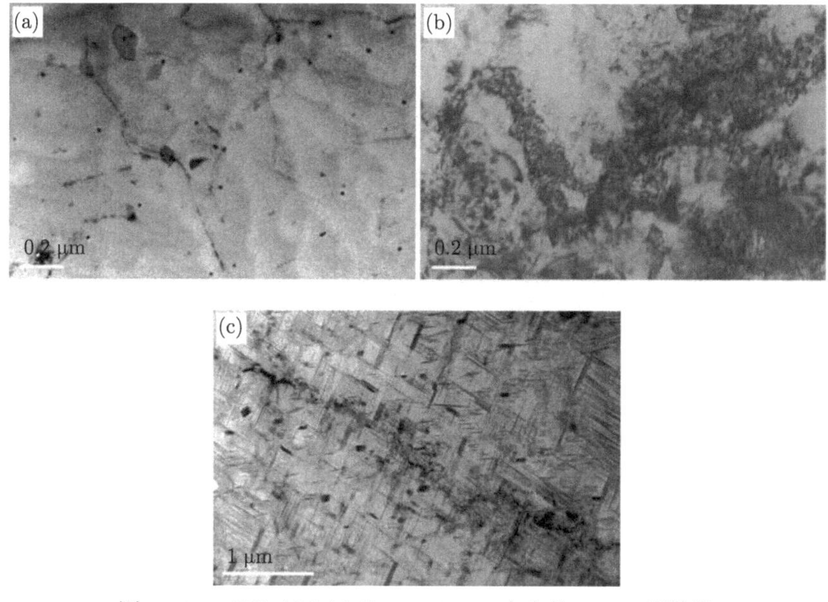

图 5-102 WAAM Al-Cu4.3-Mg1.5 合金的 TEM 明场像
(a) 直接堆积态；(b)45 kN 层间轧制态；(c)T6 热处理态

WAAM Al-Cu4.3-Mg1.5 合金的 IPF 图见图 5-103，轧制复合制备合金的晶粒细化明显。由晶粒尺寸分布 (图 5-104) 可见随着轧制力的增加，小晶粒的数量逐渐增加，平均直径逐渐减小。当轧制力为 15 kN 时，平均晶粒直径由 15.2 μm 降为 11.8 μm。在 30 kN 和 45 kN 的轧制力下，平均晶粒直径降为 6.7 μm 和 4.4 μm。这是因为合金在轧制后形成了大量细小的亚晶粒。当轧制力为 45 kN 时，合金内 94%的晶粒尺寸为 5 μm 左右，明显高于 5087 铝合金，这说明轧制对 Al-Cu4.3-Mg1.5 合金的组织细化作用要远大于对 5087 铝合金的作用。

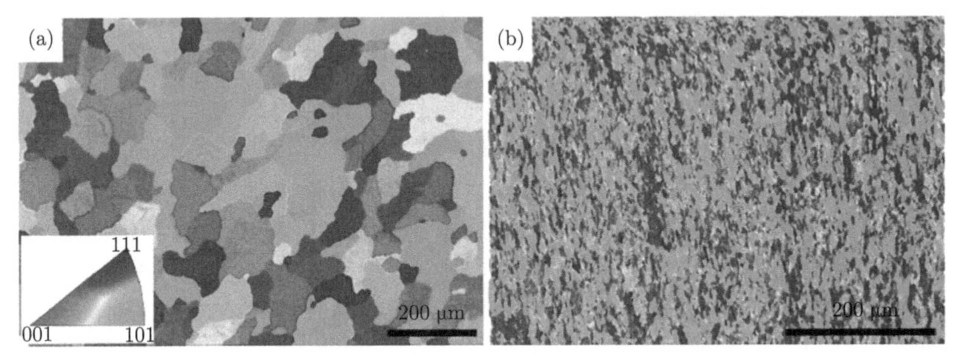

图 5-103　WAAM Al-Cu4.3-Mg1.5 合金 IPF 图

(a) 直接堆积；(b)45 kN 轧制

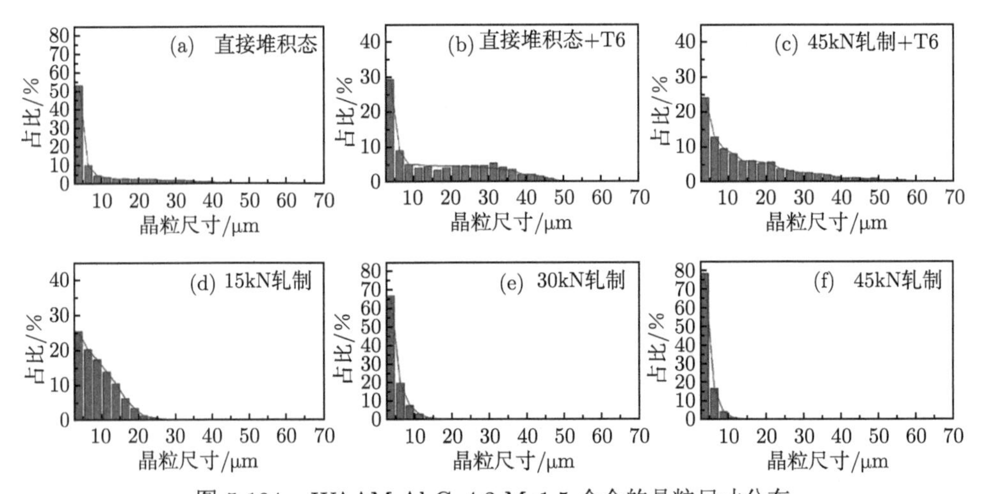

图 5-104　WAAM Al-Cu4.3-Mg1.5 合金的晶粒尺寸分布

(a) 直接堆积态；(b) 直接堆积态 +T6 热处理态；(c)45 kN+T6 热处理态；(d)～(f)15 kN、30 kN、45 kN 轧制态

直接堆积态 WAAM 合金 T6 热处理后的晶粒分布更加均匀，平均晶粒尺寸由 15.2 μm 增大到 17.3 μm。45 kN 层间轧制样品热处理后的晶粒尺寸分布相比较热处理前趋于一致，平均尺寸为 9.2 μm。晶粒长大的驱动力是晶粒的热力学驱动力和阻碍晶界运动的钉扎作用的平衡状态被破坏了。对于本合金来说在基体中散布的第二相可以提供钉扎效应阻碍晶粒长大，但是这些第二相在高温下发生溶解，钉扎作用减弱。尤其是轧制态合金在亚晶长大形核机制作用下发生了明显的晶粒长大，平均晶粒尺寸增长 109% 。

WAAM 合金经历层间轧制后，大部分组织成为变形组织，亚晶的含量随着轧制力的增加而增加，因此小角度晶界 (3° ~15°) 的占比越来越大，见图 5-105。当采用 45 kN 的轧制力时，小角度晶界的占比达到了 77%，与 WAAM 2319 铝合金相似。直接堆积的热处理态与未热处理态合金都有 95%~97%的大角度晶界，说明其热处理后变化不大。45 kN 轧制合金 T_6 热处理后大角度结晶也占到了 96%，发生了较为完全的静态再结晶。小角度晶界通过位错的热运动发生合并长大，形成大角度晶界，冷变形产生的亚晶界强化效应消失。

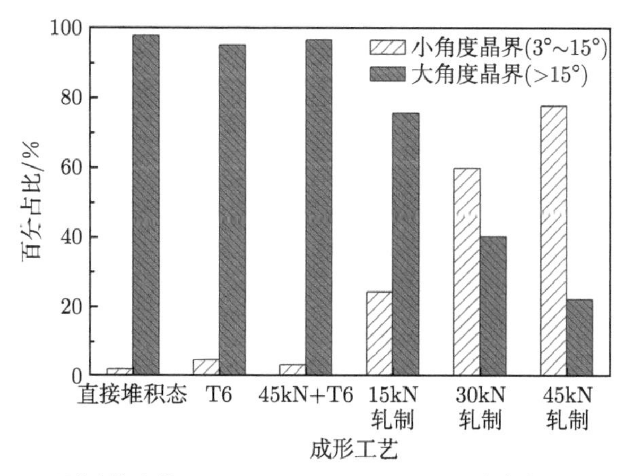

图 5-105 不同状态的 WAAM Al-Cu4.3-Mg1.5 合金的晶界角度分布

5.5 电弧增材制造铝合金中的气孔与裂纹

铝合金的弧焊金属缺陷通常包括气孔、裂纹和偏析，这些缺陷的存在会严重影响合金的力学性能。气孔的形成会损害合金的机械性能，尤其是疲劳性能，因此一直是铝焊接研究的热点。WAAM 铝合金成形基于传统焊接工艺，因此 WAAM 铝合金中会产生难以避免的气孔。从保强等在最近的研究中指出，气孔的存在可能会在很大程度上限制 WAAM 铝合金的应用，并且单道多层和多道多层堆积成形对 WAAM 铝合金中气孔以及微观组织和力学性能的影响较大。为了改善性能，WAAM 铝合金需要进行热处理强化，但是铝合金在高温热处理后易形成二次气孔，使得气孔的总量和尺寸都变大。Toda 等利用 XRT 研究发现这些二次气孔的形成是由于气孔在高温下的 Ostwald 熟化作用，小气孔不断合并长大形成较大的气孔。在冷/热加工过程中，铝合金中气孔的闭合现象近年来受到了人们的关注。比如 Toda 等发现 Al-Mg4 合金的冷轧处理可以导致铝合金气孔的闭合；Chaijaruwanich 等发现 Al-Mg6 合金在 400 ℃ 热轧时气孔数量会大量减少。但是这些研究都基于铸锭或板材，而 WAAM 铝合金的相关报道较少。

5.5.1 WAAM 铝合金中缺陷的类型及形成原因

1. 气孔

1) 焊缝气孔

Toda 等和 Kobayashi 等曾分别报道微观气孔可以使得铝合金的疲劳性能和力学性能变差。这是因为在承受载荷时，气孔区域的承载能力较差，较高的应力集中会造成较大的应变，微观气孔在静拉力或周期应力下可能成为裂纹源，因而造成永久断裂，当其直径大于 50~100 μm 时这种情况会变得更差。所以消除铝合金中的气孔缺陷对改善合金的力学性能非常重要。如图 5-106 所示，气孔的形状可能为圆形或沿枝晶臂长大。不同的焊接条件下，这些气孔可能会随机均匀分布，也有可能形成链状分布。链状气孔对性能的影响最大，通常分布于层间。

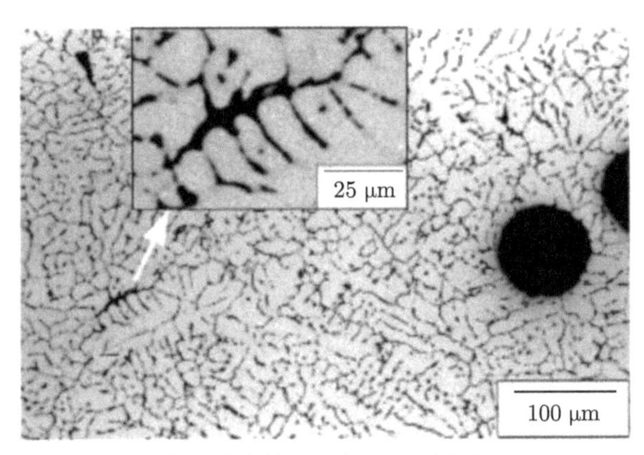

图 5-106　铝合金焊缝中的圆形气孔和晶间气孔 (Kou, 2002)

2)WAAM 铝合金中气孔的来源

WAAM 铝合金的成形工艺是建立在焊接的基础上，因此在成形合金中会不可避免地存在气孔。气孔缺陷的存在也会极大地限制 WAAM 铝合金的应用。一般认为铝合金焊接气孔的主要来源是氢气孔，这是因为氢在液态和固态铝合金中的溶解度差别非常大，分别为 0.65 mL/100g 和 0.034 mL/100g。焊态金属在冷却过程中，过饱和的氢分子会通过固液界面不断被排斥进入周围的液态金属中，随着冷却过程的进行，氢分子的浓度在特定区域持续增加，并最终超过其溶解度，在固态金属中形成不同尺寸的氢气孔。对于焊接过程来说，氢的来源包括焊接材料、母板、空气和保护气等。而对于 WAAM 过程来说，合金丝 (堆积原材料) 是最主要的氢源，这是因为在金属成形过程中，丝材原材料不断送入熔池，其在加工过程中表面和内部残留的水分、油脂和其他碳氢污染物会在电弧的高温作用下迅速分解为氢原子进入熔池，形成气孔。除此之外，也有少量孔洞是因为凝固过程中晶间金属补充不及时形成的孔洞。因此，也有学者认为枝晶间的铝合金焊接孔洞很难被完全界定为是气孔还是因为金属凝固时收缩形成的孔洞。

3)WAAM 铝合金中气孔的形貌

实际上，WAAM 铝合金中的气孔通常与第二相颗粒伴生存在。这是因为氢气孔会依附第二相颗粒或枝晶臂等形核质点在凝固前沿形核并长大。在直接堆积态 WAAM 2319 铝合金中有大量形状不规则的共晶物。这些网状的共晶物和枝晶会为气孔提供形核质点，促进其形核和脱离。但是此合金存在的大量细小的枝晶组织又会阻碍这些小气孔相互合并，这就是直接堆积态 2319 铝合金中有大量 5~20 μm 尺寸小气孔的原因。形核后的气孔会随着枝晶的扩张而长大，出现不规则的内壁，从图 5-107(a) 可见气孔内壁清晰的枝晶结构。但是因为 5087 铝合金中的第二相及枝晶等形核质点非常少，所以气孔尺寸较大，内壁光滑 (图 5-107(b))。

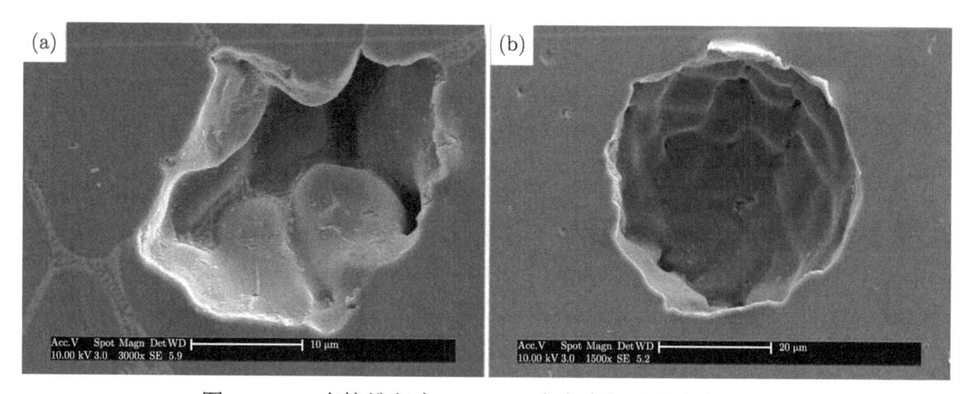

图 5-107 直接堆积态 WAAM 合金中气孔的内部形貌
(a)2319 铝合金；(b)5087 铝合金

以热处理前后的 WAAM Al-Cu4.3-Mg1.5 合金为例，其气孔的三维形貌及分布见图 5-108。虽然此直接堆积态合金的致密性较高，为 99.4%。但是气孔仍然有较高的密度，达到 $15.4\times10^3\ \mathrm{mm}^{-3}$。热处理之后，气孔密度降低 15%，但是体积占比增加了 11%，尺寸也增大了 9%。从图 5-108(a) 的直接堆积态合金中能够明显地看到气孔倾向于在局部位置呈层带状聚集分布，这里是 WAAM 合金层间的部分熔合区位置，通过二维观察也能看到这一点。可能有三个原因：①微气孔在液态金属中形核长到足够大后会脱离形核质点上浮，但是由于晶臂阻碍，最后大部分的气孔会集中于凝固后金属的上部，并逐层累积；②合金凝固后，金属的温度较高，所以外表面与空气接触面会迅速形成氧化薄膜，此氧化膜会吸收空气中的氢和水汽，增加金属中的氢含量，下一层熔化堆积后，氢气孔在层间聚集长大；③由于后续堆积的热影响，凝固金属热影响区中的气孔趋于长大或出现二次新生气孔。

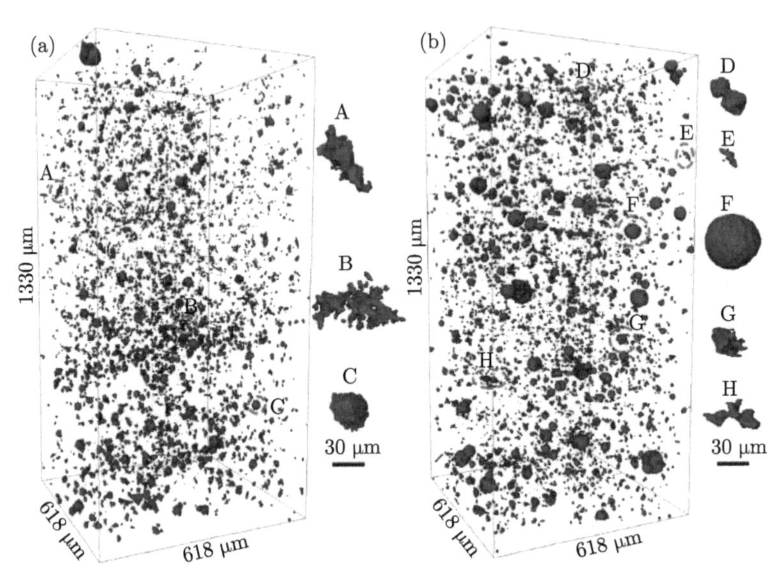

图 5-108 WAAM Al-Cu4.3-Mg1.5 合金中气孔的三维形貌及分布
(a) 直接堆积态；(b)T6 热处理态

热处理前后合金中气孔的尺寸和形貌差异较大，即使在同一材料内部的不同位置也存在着很大的差别。图 5-108 中的 A~H 为提取出的具有典型特征的单个孔洞，它们表面的光滑程度差别很大。直接堆积态合金中孔洞的平均圆度为 0.74，主要是如 C 处所示的近圆形孔洞，一般是氢气孔。A 处的尖角缺陷和 B 处的链状缺陷可能是由于凝固收缩形成孔洞，虽然在成形合金中分布较少，但是其不规则形貌容易形成较高的应力集中，对力学性能的影响比较大。高温热处理之后，气孔发生合并 (D 处) 或球化 (F 处)，趋于长大，平均圆度增加 7%。但是，合金中仍然存在很多不规则的孔洞 (见 E、G、H 处)。

2. 裂纹

凝固裂纹的典型特征是晶间断裂裂纹。这是因为当焊后拉应力累积超过半固态金属相邻晶粒的结合强度之后，晶粒会被拉开，发生断裂。影响焊缝金属固态裂纹敏感度的冶金因素包括：凝固温度区间、在最终凝固阶段液相的含量和分布、晶粒结构。当然，以上因素都与焊缝金属成分直接相关。前两个为主要因素，受凝固时微观偏析的影响，与特定合金的凝固特性有关。如图 5-109(a) 所示，不同 Cu 含量铝合金的凝固温度区间差别很大，裂纹敏感程度也会不同。通常凝固温度区间越宽，固液混合区间即弱化区也就越宽，凝固裂纹的敏感性随之增加。当铝合金中的合金元素含量非常低时，焊后无裂纹，如图 5-109(b)，这是因为此种合金的晶界不存在能够引起凝固裂纹的低熔点共晶物。当合金元素的含量较高时也不易产生裂纹 (图 5-109(d))，这是因为此合金中含有大量的共晶物可以有效地愈合初始裂纹。但是中间成分的合金会具有较高的裂纹敏感性，如图 5-109(c) 所示，因为虽然晶粒间存在一定含量的液态共晶物，但是只够形成一层较薄的共晶物薄膜，而没有足够的液态共晶物弥补裂纹缺陷。

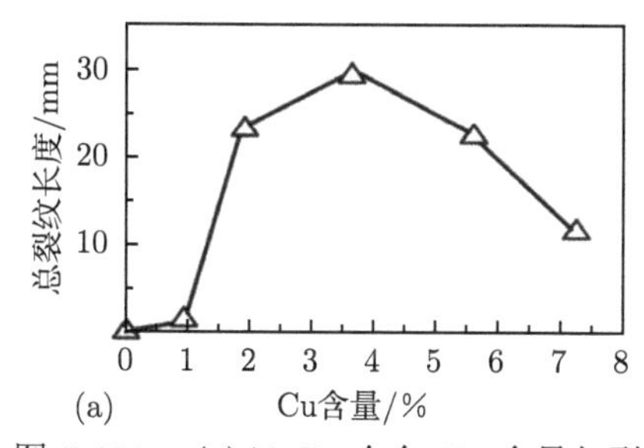

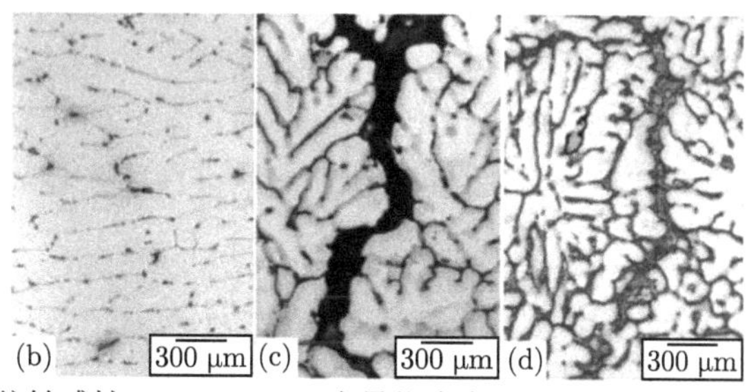

图 5-109 (a)Al-Cu 合金 Cu 含量与裂纹敏感性；(b)~(d)Cu 含量依次为 0%、4%、8%的焊接接头 (Michaud et al., 1995)

而 7075 等传统高强铝合金采用 WAAM 制备后呈现出等轴枝晶与柱状晶组织层状分布的特征，并且基体上分布着大量的穿层热裂纹。这与 Kaufmann 等利用激光选区熔化增材制造高强铝合金的研究结果一致。该铝合金的伸长率不超过 2%，抗拉强度小于 200 MPa，而目前工业应用中同成分传统合金的相应性能则分别可以达到 10%和 510 MPa。

5.5.2 WAAM 铝合金中的气孔缺陷及其控制

1. 材料与工艺

本章除了对 WAAM 2319(Al-Cu6.3) 可热处理强化铝合金进行热处理和层间轧制外，还对 WAAM 5087(Al-Mg4.5) 不可热处理强化铝合金进行了对比分析，以说明热处理对 WAAM 铝合金中气孔的影响以及层间轧制对消除气孔的益处。第一，这两种铝合金丝是代表性的 Al-Cu 和 Al-Mg 合金，均为工业应用较广的合金成分；第二，不同的合金元素可能会对铝合金的凝固和气孔形成过程产生不同的影响。Anyalebechi 曾经就报道过 Al-Cu 和 Al-Mg 合金在固、液状态下具有不同的氢溶解度；第三，两种合金的高温热处理效果不同。2319 铝合金的熔点为 547~643 ℃，5087 铝合金的熔点为 568~635 ℃。

2319 铝合金丝用 CMT-PA 工艺进行成形，5087 铝合金丝用 CMT-P 工艺进行成形，具体工艺参数为送丝速度 6 m/min、堆积速度 0.6 m/min、层间冷却时间 2 min、保护气流量 25 L/min、干伸长 15 mm、热输入 177.9 J/mm。两种合金采用相同的热处理工艺过程及参数：将炉温从室温以 200 ℃/h 的升温速度升至 535 ℃，保温 90 min 后快速水淬火。两种合金的变形量和压强等非常接近。

2. 气孔缺陷的定量统计

1) 金相观察法

图 5-110(a)~(f) 和图 5-111(a)~(f) 分别为直接堆积态、直接堆积后热处理态、15 kN、30 kN、45 kN 轧制态及 45 kN 轧制 + 热处理态 WAAM 2319 及 WAAM 5087 铝合金中气孔的金相照片。直接堆积态合金在热处理前、后都含有较多大小不同的微米气孔。经层间轧制后，气孔的形状被压扁，数量减少。当采用 45 kN 的轧制力时，合金在热处理前后不存在光学显微镜可见的气孔。

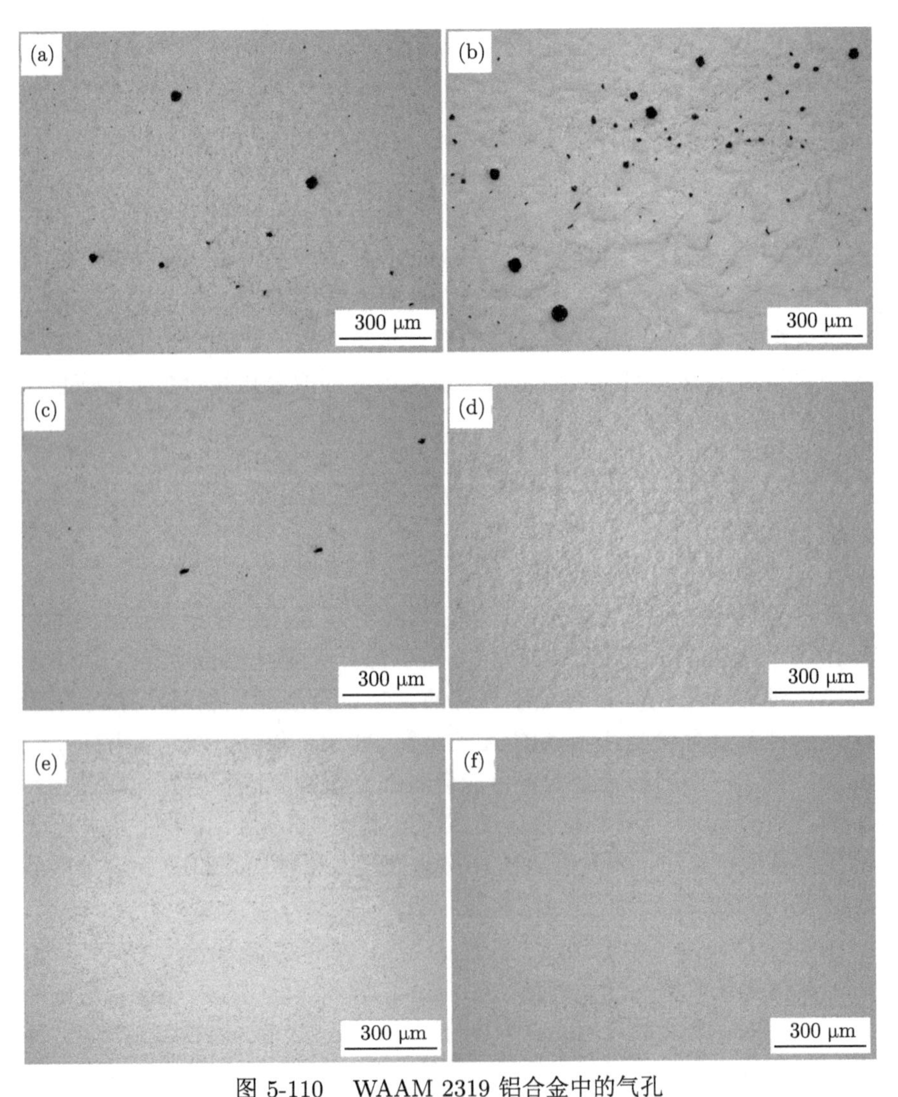

图 5-110　WAAM 2319 铝合金中的气孔

(a)~(f) 依次为直接堆积态、直接堆积后热处理态、15 kN、30 kN、45 kN 轧制态和 45 kN 轧制 + 热处理态

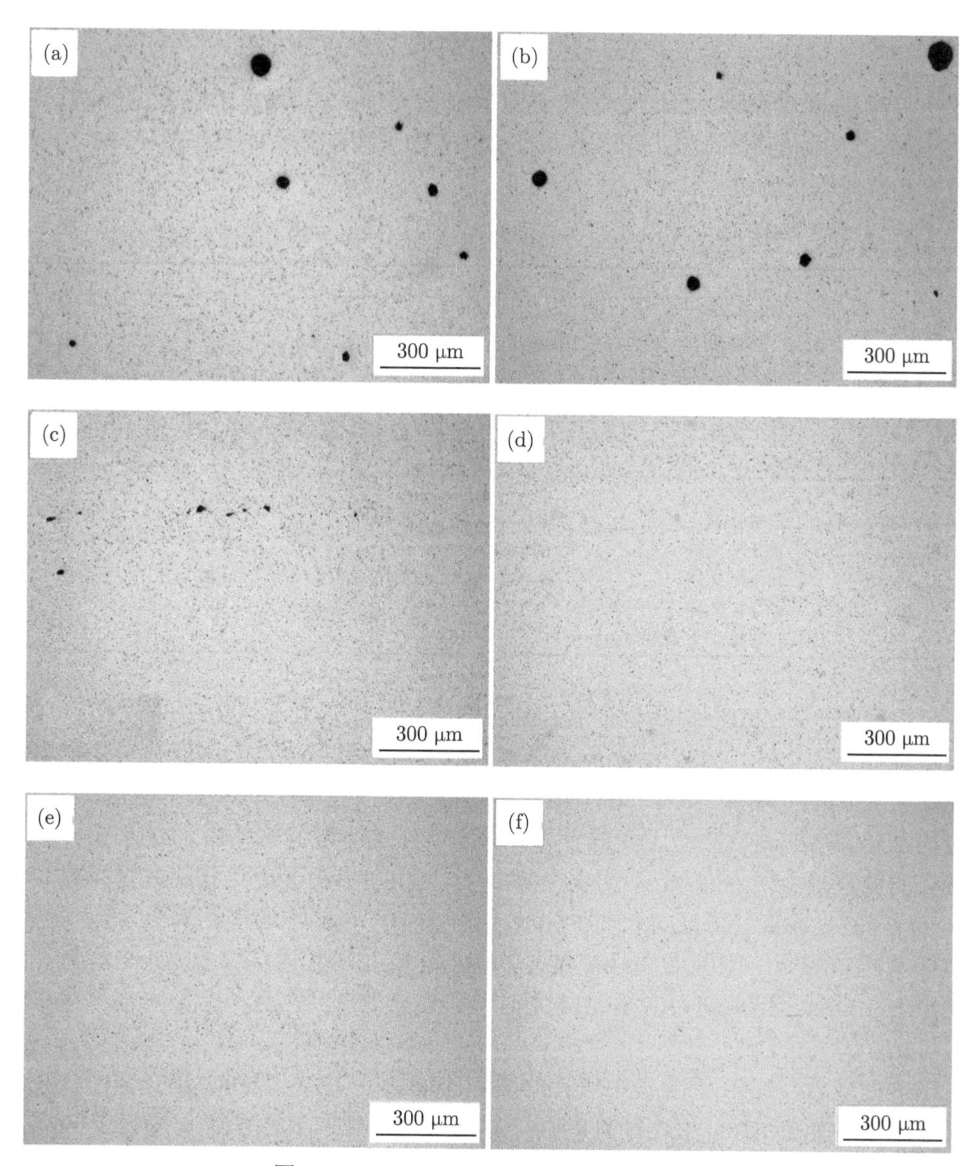

图 5-111 WAAM 5087 铝合金中的气孔

(a)~(f) 依次为直接堆积态、直接堆积后热处理态、15 kN、30 kN、45 kN 轧制态和 45 kN 轧制 + 热处理态

气孔总数量、面积比、平均直径和平均圆度的统计分析结果见表 5-8。因为所用显微镜分辨率的限制，直径小于 5 μm 的气孔不予统计。气孔面积比为气孔的总面积占该试样受分析总面积的比例。气孔圆度系数反映了实际气孔形状相对理想圆形气孔的偏离，其计算公式如下

$$K = A_{\mathrm{m}}/A_i \tag{5-5}$$

$$A_i = P_{\mathrm{m}}^2/4 \times \pi \tag{5-6}$$

式中，K 为圆度系数；A_{m} 为气孔实际的横截面积；A_i 为理想气孔的横截面积；P_{m} 为气孔实际的周长。K 值越小，表示气孔的圆度越差。如果系数 $K=1$，则表示气孔具有绝对圆度。

表 5-8　不同状态 WAAM 2319 和 WAAM 5087 铝合金中的气孔分析

铝合金	工艺	气孔总数量/(120 mm^2)	面积比/%	平均直径/μm	平均圆度
2319	直接堆积	614	0.176	13.5	0.74
	热处理	2001	0.657	15.5	0.76
	15 kN 轧制	192	0.029	12.5	0.67
	30 kN 轧制	5	0.005	8.8	0.37
	45 kN 轧制	在光学显微镜下不可见			
	45 kN 轧制 + 热处理				
5087	直接堆积	454	0.232	25.1	0.74
	热处理	359	0.365	33.2	0.82
	15 kN 轧制	336	0.061	13	0.63
	30 kN 轧制	11	0.007	9.6	0.42
	45 kN 轧制	在光学显微镜下不可见			
	45 kN 轧制 + 热处理				

热处理后的 2319 铝合金中气孔的总数量超过未热处理合金中的 3 倍。气孔平均直径增加 15%。5087 铝合金经热处理后气孔数量减少 21%，但是气孔平均直径增大 8.1 μm，增加 32%。5087 铝合金热处理前气孔的平均直径将近 2319 铝合金的 2 倍，热处理后此差距变得更大。用 15 kN 的力层间轧制后，2319 铝合金中气孔的数量减少了 68.7%，平均直径降低 7.4%。5087 铝合金气孔的数量只减少了 26%，但是平均直径降低 48.2%。5087 铝合金中气孔的平均直径降至 13 μm，与 2319 铝合金接近。当施加 30 kN 的轧制力时，气孔的数量急剧减少，平均直径降至小于 10 μm。当轧制力增至 45 kN 时，即使热处理后，两种合金中也不存在大于 5 μm 的气孔。

热处理后，2319 铝合金中气孔的面积比增加了 273%，5087 铝合金中气孔的面积比只增加了 57%。15 kN 轧制后，2319 铝合金中气孔的面积比降低了 83.5%，5087 铝合金降低了 73.7%。30 kN 下，两种合金中的气孔面积都减少了 97%。两种合金直接堆积态中气孔的平均圆度都为 0.74。但是热处理后，5087 铝合金增至 0.82，说明气孔明显变圆。这与 Toda 等的研究结果一致，他们发现铸态 Al-4Mg 合金均匀化热处理前后气孔的圆度分别为 0.76 和 0.82。而 WAAM 2319 铝合金热处理后气孔圆度未发生明显变化。当这两种合金被层间轧制后，随着轧制力的增加，气孔圆度开始逐渐下降，形状变为椭圆。

不同工艺制备的合金中气孔的直径和圆度分布分别如图 5-112 和图 5-113 所示。而 45 kN 轧制合金热处理前、后并没有出现大于 5 μm 的气孔，所以在这两个图中未给出。由图 5-112 可见，WAAM 2319 铝合金在热处理后，各尺寸区间的气孔数量都有所增加，尤其以 5~20 μm 的小气孔的数量增长最多，涨幅达到 266%。但是 WAAM 5087 铝合金中这种小气孔的数量减少了 55%，而其余稍大的气孔都有不同程度的增加。层间轧制后，WAAM 2319 铝合金中所有的气孔都随着轧制力的增大而减少；WAAM 5087 铝合金中的气孔虽然也都随轧制趋于减少，但是在 15 kN 下大于 20 μm 气孔的数量减少，而小气孔 (5~20 μm) 的数量在 15 kN 下增加。由图 5-113 的分析可知，WAAM 2319 铝合金热处理后，气孔圆度基本没有变化，而 5087 铝合金中的圆度较差的气孔的比例降低，圆度较高的气孔的比例升高。随着轧制力的增加，两种合金中气孔圆度分布的峰值向左移动，说明气孔的圆度逐渐变差。

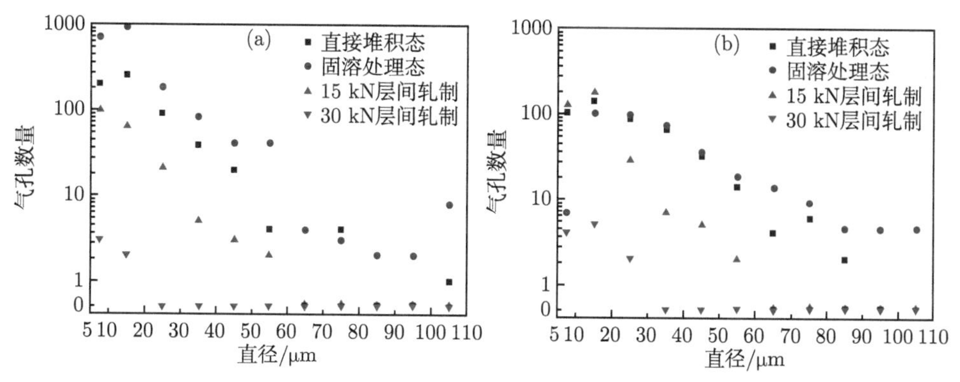

图 5-112　气孔尺寸数量分布
(a)WAAM 2319 铝合金；(b)WAAM 5087 铝合金

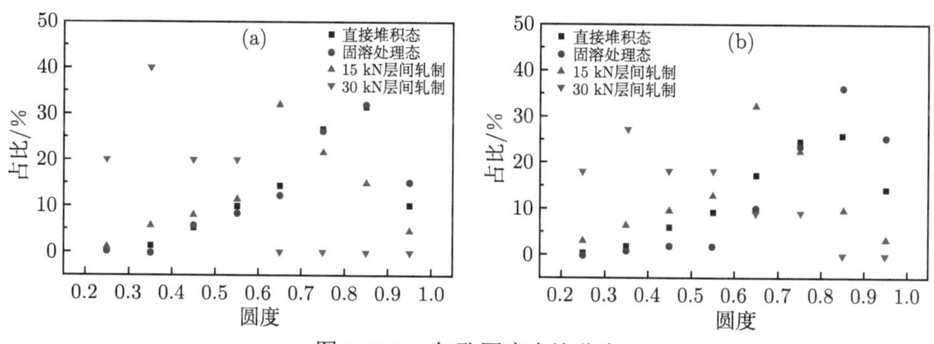

图 5-113　气孔圆度占比分布
(a)WAAM 2319 铝合金；(b)WAAM 5087 铝合金

2) 三维观察法定量统计

图 5-114 和图 5-115 为不同状态的 2319 和 5087 铝合金中气孔的三维分布。直接堆积态合金在热处理前、后都含有较多大小不同的微米气孔。经轧制后，气

孔被压扁数量逐渐减少，残留的孔洞聚集在层间位置。将 45 kN 轧制的合金热处理后，大量的细小孔洞均匀分布。

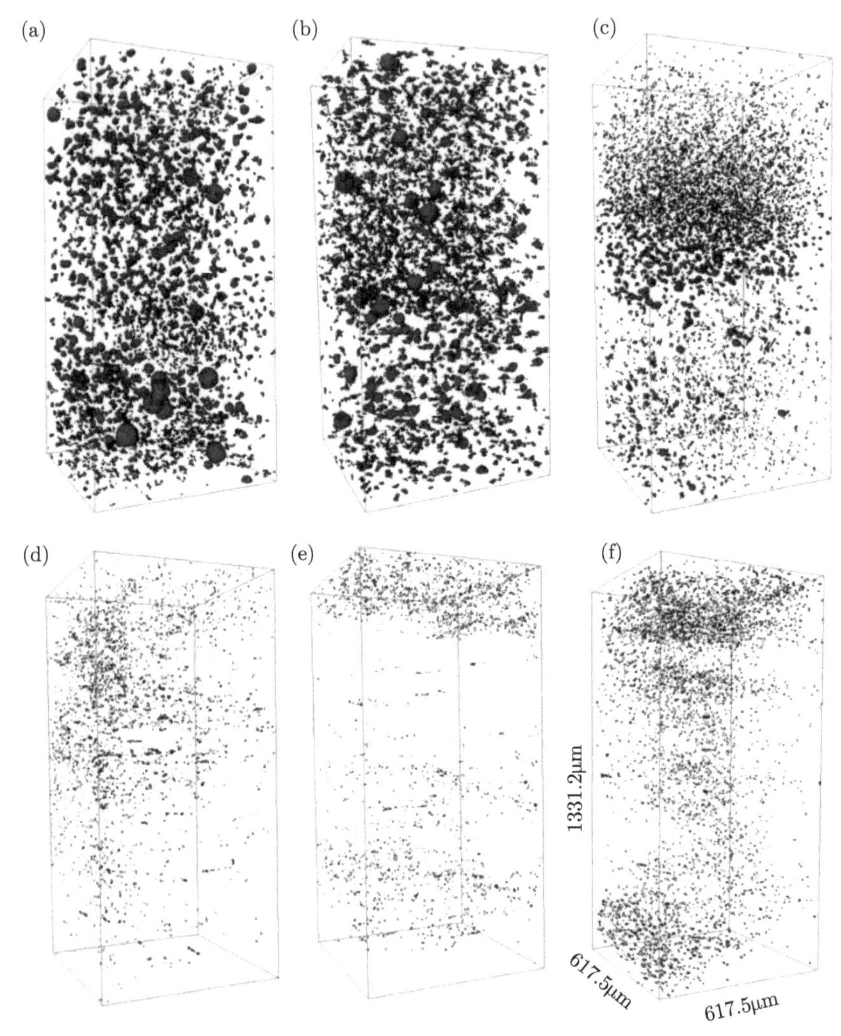

图 5-114　WAAM2319 铝合金中的气孔分布

(a)~(f) 依次为直接堆积态，直接堆积后热处理态，15 kN、30 kN、45 kN 轧制态及 45 kN 轧制 + 热处理态

气孔的定量统计结果见表 5-9。采用三维观察法统计气孔的等效直径 d 和圆度 S_P 分别采用式 (5-7) 和式 (5-8)

$$d = 2\sqrt[3]{3V/4\pi} \tag{5-7}$$

$$S_P = \sqrt[3]{36\pi V^2}/A \tag{5-8}$$

式中，V 和 A 是每个气孔的实测体积和表面积。2319 铝合金在热处理后，气孔数量增加了将近一倍，体积分数分数增长了 20%。5087 铝合金中气孔的数量减少了 7%，体积分数增长了 17%。2319 和 5087 铝合金中的气孔平均直径分别减少 1.73 μm 和增加 0.3 μm。两种合金中气孔的平均圆度分别减少 8%和增加 4%。两种合金热处理后气孔的数量、平均尺寸和圆度表现相反。

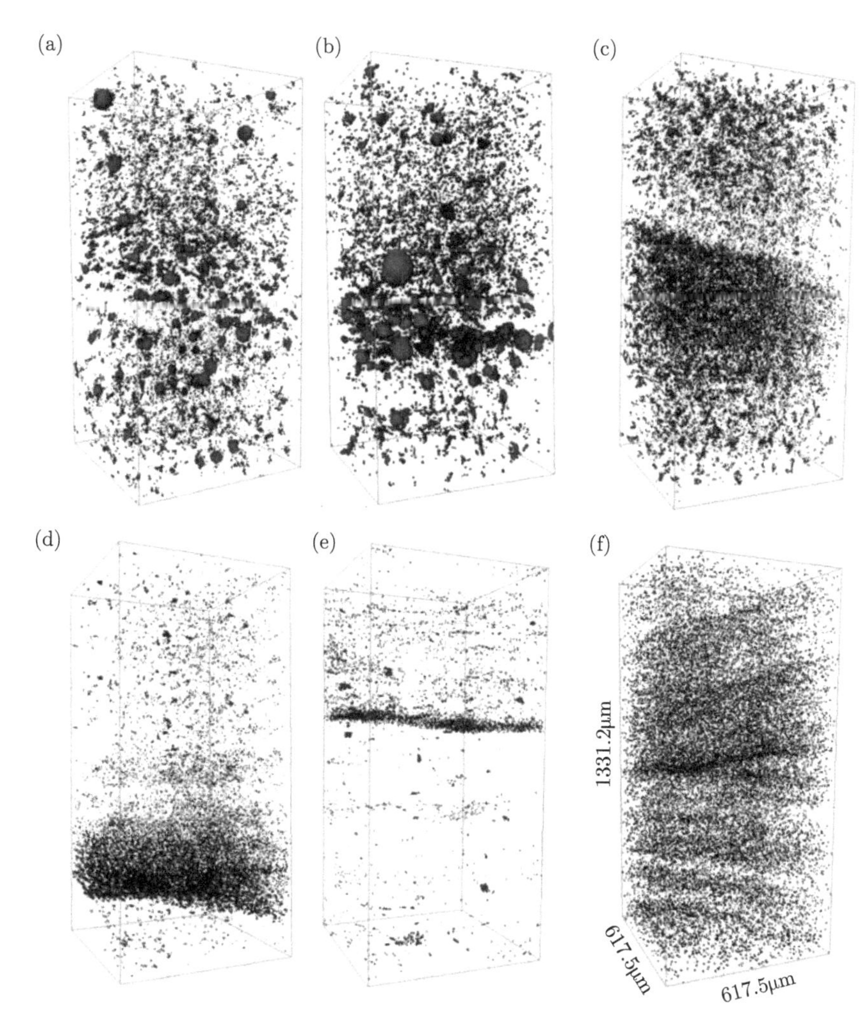

图 5-115 WAAM5087 铝合金中的气孔分布

(a)~(f) 依次为直接堆积态，直接堆积后热处理态，15 kN、30 kN、45 kN 轧制态及 45 kN 轧制 + 热处理态

15 kN 轧制后，2319 铝合金中气孔的数量和平均圆度分别增长了 176%和 11%，但是 5087 铝合金却降低了 26%和 13%。两种合金气孔的体积分数变化相似分别降低了 40%和 37%。2319 铝合金中的气孔平均直径减小了 2.55 μm，但是

5087 铝合金基本没变。30 kN 轧制后，两种合金中气孔的数量、体积分数和平均直径分别进一步减小了 42%和 36%、85%和 67%、30%和 14%。2319 铝合金中气孔的平均圆度降低了 8%，但是 5087 铝合金增长了 17%。45 kN 轧制后，气孔数量、体积分数、平均尺寸和圆度分别进一步降低了 31%和 49%、50%和 68%、8%和 12%、15%和 29%。两种 45 kN 轧制的材料在热处理后直径为 5.3 μm 的细小孔洞均匀弥散分布，数量增长了 4~5 倍，体积增长了 9~10 倍。

表 5-9　不同状态 WAAM 2319 和 5087 铝合金中气孔的定量分析结果

合金	工艺	数量密度/(10^3mm^{-3})	体积分数/%	平均直径/μm	平均圆度
2319	直接堆积	10.72	1.08	8.82	0.64
	热处理	19.72	1.30	7.09	0.59
	15 kN 轧制	29.64	0.65	6.27	0.71
	30 kN 轧制	15.24	0.10	4.37	0.65
	45 kN 轧制	10.46	0.05	4.01	0.55
	45 kN 轧制 + 热处理	53.44	0.51	5.30	0.70
5087	直接堆积	56.10	1.06	5.38	0.69
	热处理	52.24	1.24	5.68	0.72
	15 kN 轧制	41.76	0.67	5.50	0.60
	30 kN 轧制	26.80	0.22	4.71	0.70
	45 kN 轧制	13.63	0.07	4.13	0.50
	45 kN 轧制 + 热处理	80.50	0.74	5.31	0.74

图 5-116 表明了气孔数量和等效直径之间的关系。不同状态的两种合金中气孔集中于 10 μm。直接堆积后 2319 铝合金中不同尺寸气孔的数量都有所增加，尤其是尺寸为 3.25~10.25 μm 的气孔增长了 124.5%。而 5087 铝合金中在此范围内的气孔，尤其是小于 6.25 μm 的气孔减少了 8%。轧制后曲线的峰值随着轧制力的增加向左移动，数量减少。但是 15 kN 轧制后的 2319 铝合金中 3.25~10.25 μm 范围的数量异常增长。15 kN 轧制后 2319 铝合金中大于 10.25 μm 的气孔数量减少了 54%并且在经过 30 和 45 kN 轧制后接近消失。而 5087 铝合金在经过 15 和 30 kN 轧制后大于 10.25 μm 的气孔减少了将近 12%和 92%，在 45 kN 轧制后大气孔基本消失。在两种经 45 kN 轧制后的合金中气孔的平均直径集中于小于 5 μm，分别占据了两种合金中的 90%和 93%。当两种 45 kN 轧制后的合金热处理后，气孔数量急剧增加，峰值均为 5.3 μm。5087 铝合金中直径为 3.25~7 μm 范围内的气孔数量是 2319 铝合金中 1.6 倍。

图 5-117 是气孔数量分布与圆度的关系图。直接堆积态 2319 铝合金经热处理后，圆度小于 0.5 的气孔增加了 204%，大于 0.5 的仅增加了 6%。5087 铝合金中与此对应范围内的气孔却减少了 21%和增加了 12%。两种合金轧制后气孔都逐渐扁平化。可是 2319 铝合金在 15 kN 轧制下出现更多具有较大圆度的气孔。45 kN 轧制后的合金经过热处理后气孔的圆度集中在 0.6~0.85。

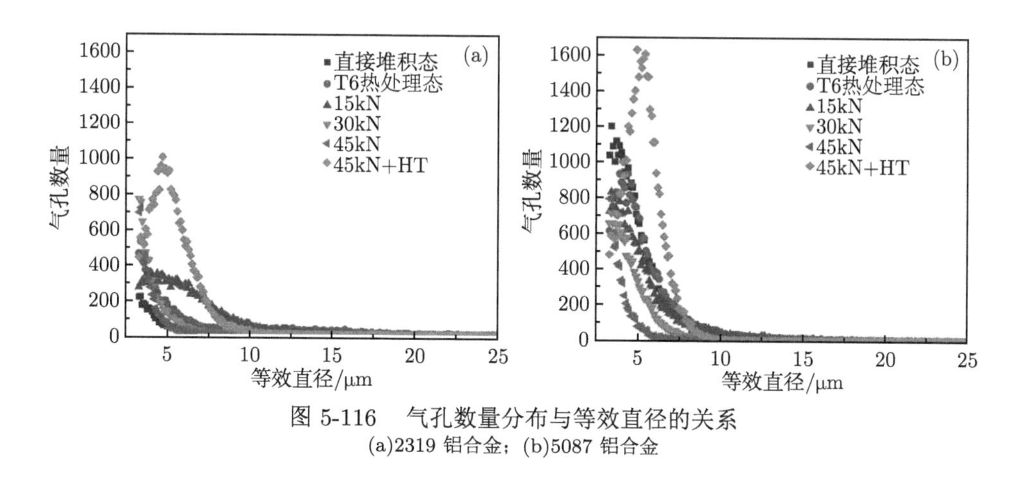

图 5-116 气孔数量分布与等效直径的关系
(a)2319 铝合金；(b)5087 铝合金

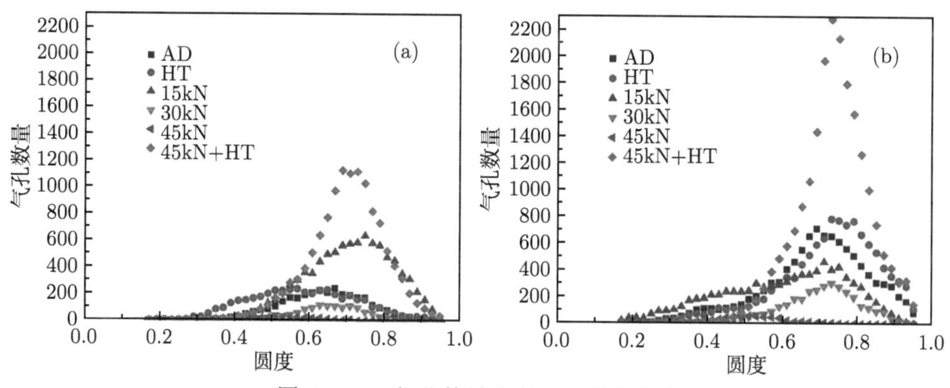

图 5-117 气孔数量分布与圆度的关系
(a)2319 铝合金；(b)5087 铝合金

3. 堆积过程中的气孔生成和热处理后的气孔演化

图 5-118 为直接堆积态铝合金中的单个圆形气孔和链状孔洞。比较而言，5087 铝合金中的单个气孔表现出更加光滑的表面。单个氢气孔是由过饱和氢的析出导致的，经常依托第二相、晶界或者夹杂等形核并长大而成。而孔洞缺陷的形成通常是由于凝固收缩或者相间和枝晶臂间的液态金属补充不足。

WAAM 5087 铝合金热处理后气孔尺寸变大，数量变少，总面积增加，并且变圆。这些变化都说明了 5087 铝合金热处理后气孔的变化主要受 Ostwald 熟化和氢扩散的影响。见图 5-119(d)，5087 铝合金中有较多的 2 μm 左右的气孔，这可能与电弧作用下 Mg 元素的挥发，或者 Mg 元素对凝固过程和气孔形成的影响有关。热处理后，这些小气孔的数量也减少并发生合并长大。

WAAM 2319 铝合金与 WAAM 5087 铝合金热处理后气孔的变化截然不同，其气孔平均直径和平均圆度变化不大，而总数量和面积比增加。所以 WAAM 2319

铝合金中的气孔也会因为 Ostwald 熟化发生长大，但这不是主要的影响因素。由图 5-119(d)、(e) 可知，5087 铝合金热处理前、后的微观组织变化不明显，而 2319 铝合金在热处理后，基体中原本存在的大量初生共晶相会熔入铝基体 (图 5-119(a)、(b))。2319 铝合金热处理后出现了大量直径为 5~20 μm 的气孔，这与 2319 铝

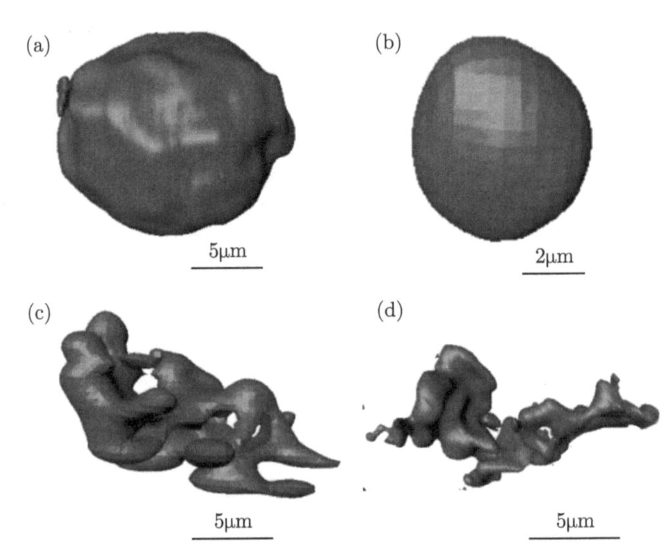

图 5-118　直接堆积态铝合金中的单个圆形气孔和链状孔洞
(a)，(c) 和 (b)，(d) 分别为 WAAM 2319 和 5087 铝合金

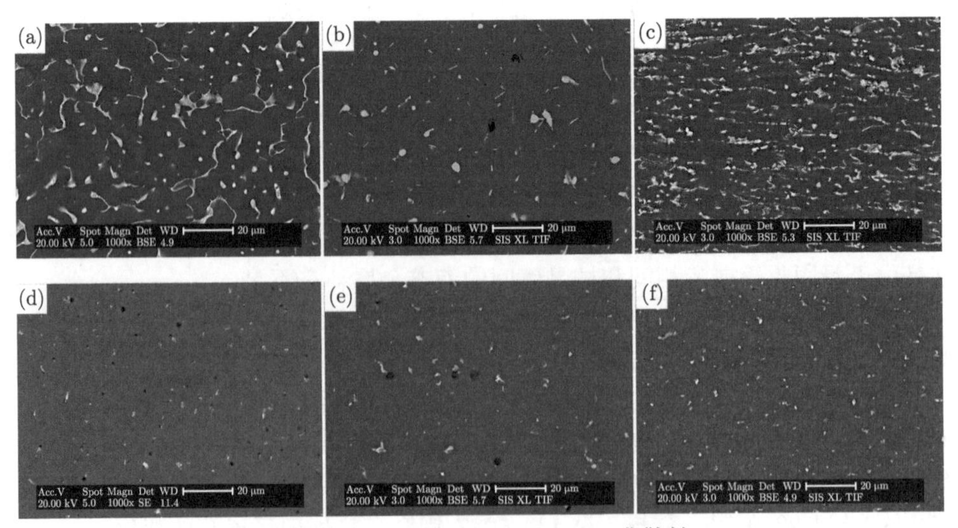

图 5-119　微观组织和气孔 SEM 背散射
(a)~(c)WAAM 2319 铝合金和 (d)~(f)WAAM 5087 铝合金直接堆积态、热处理态、45 kN 轧制态

合金中热处理前共晶物的尺寸接近。因此可以设想 2319 铝合金中的共晶物溶解后，在其原位形成了貌似气孔的孔洞。Anyalebechi 和 Hogarth 曾证明 2014 铝合金热处理后会因为共晶物颗粒的溶解形成孔洞缺陷。这些大量的新生气孔多存在于原来的枝晶臂间，表现出不规则的形状，这也是 2319 铝合金热处理后虽然在先气孔发生 Ostwald 熟化，但是气孔的平均圆度值依然保持不变的原因。所以 2319 铝合金中气孔面积的增大是由初生气孔的合并、长大和大量新生气孔共同作用的结果。

气孔的空间分布如图 5-120 所示。直接堆积态的 2319 铝合金中的不规则孔洞较多，而 5087 中均匀分布着近圆形小气孔。2319 铝合金热处理后出现了更多不规则形状的气孔，而 5087 铝合金的气孔发生粗化并且变少。虽然两种合金中的氢含量 M_{H} 热处理后变化不大，但是热处理态合金中的气孔数量 ρ_{P} 变化却不相同。考虑到气孔尺寸的变化，5087 合金中气孔的生长属于 Ostwald 熟化。这是因为 WAAM 合金是快速凝固形成，如果总表面自由能 γ 不是最小值，气孔经常不稳定。γ 会随着曲率半径的降低而增大，所以在不同尺寸的气孔间会建立一个能量梯度。基于 Gibbs-Thomson 效应和公式 (5-9)，气孔的平均半径 r_{ave} 随时间降低，同时数量减少。

$$r_{\mathrm{ave}}^3 - r_0^3 = kt \tag{5-9}$$

r_0 是 $t=0$ 时的平均直径，生长系数 k 与扩散系数 D 和总表面自由能 γ 成正比。气孔的粗化速度随着温度的增大快速增长。空位和氢在高温下沿着局部小气孔向大气孔的方向扩散，所以会发生小气孔的闭合和大气孔的长大。

相比较而言，2319 铝合金的 ρ_{P} 增长了 84%，同时体积分数也变大，平均直径和圆度变小，这表明了 Ostwald 熟化不是这种合金中气孔演化的主要机制。2319 铝合金中气孔和第二相颗粒的依附关系 (小于 1 个像素) 如图 5-121 所示。第二相主要是 α-Al 和 Al_2Cu 的共晶物。图 5-121(a) 是 2D 灰度真实切片，黑色和白色分别代表基体中的气孔和第二相。第二相和气孔的分割图如图 5-121(b) 所示。空间分布的气孔通常依附于周围的第二相颗粒的界面上 (图 5-121(c))。在直接堆积态 WAAM 2319 铝合金中有大量形状不规则的共晶物和枝晶为气孔提供形核质点，促进形核和脱离。但是此合金存在的大量细小的枝晶组织又会阻碍这些小气孔相互合并，形成大量小气孔。

5087 铝合金中有 61%的气孔依附于第二相上，而在直接堆积态和热处理态的 2319 铝合金中达到了 83%和 76%。图 5-122 是第二相颗粒的三维空间分布。直接堆积态的 2319 铝合金中第二相颗粒的体积分数达 22%。气孔通常沿着网络共晶物生长，这导致形成大量低圆度的大气孔。在热处理后共晶物的数量大大减少并且变圆，如图 5-122(b) 所示。5087 铝合金中的第二相较少，在热处理后基本没有变化，但是气孔变少变大 (图 5-122(c)，(d))。

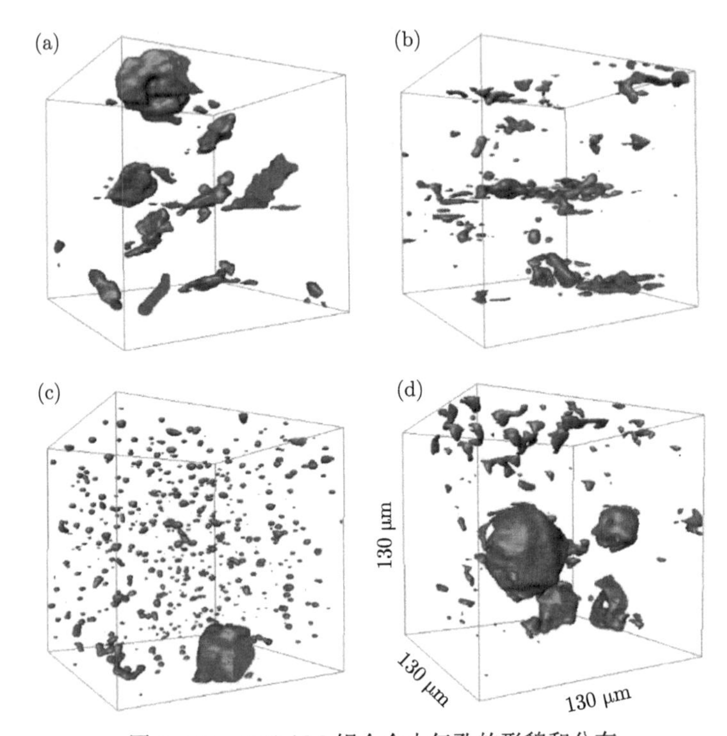

图 5-120　WAAM 铝合金中气孔的形貌和分布

(a)，(b) 和 (c)，(d) 分别为 2319 和 5087 铝合金；(a)，(c) 和 (b)，(d) 分别为直接堆积态和热处理态

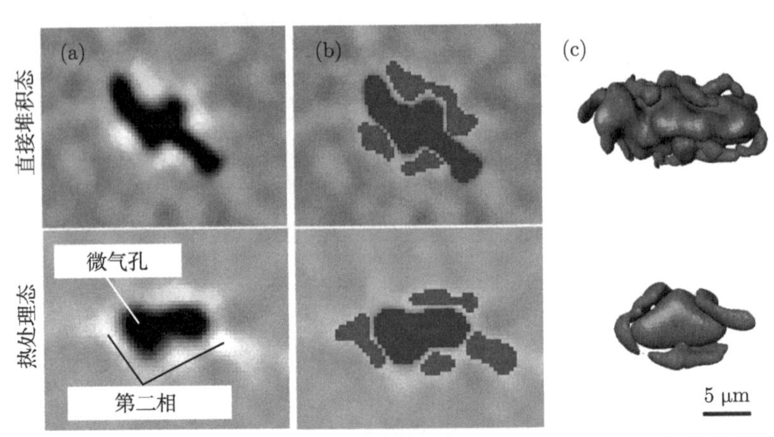

图 5-121　气孔 (蓝色) 和第二相 (红色) 在直接堆积态和热处理态 2319 铝合金中的依附关系

(a)2D 切片；(b) 气孔和第二相分割图；(c)3D 图

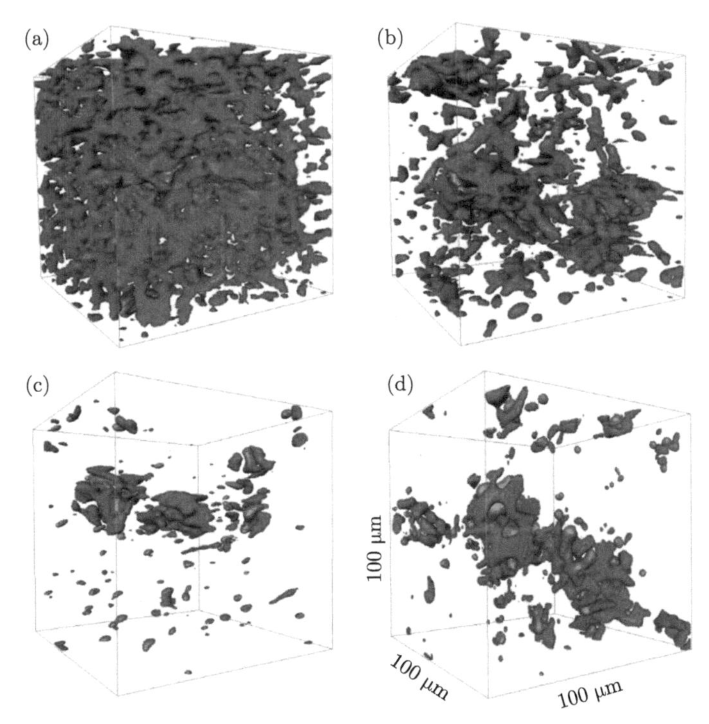

图 5-122 WAAM 铝合金中的第二相和气孔的空间分布

(a)，(b) 和 (c)，(d) 分别为 2319 和 5087 铝合金；(a)，(c) 和 (b)，(d) 分别为直接堆积态和热处理态

2319 铝合金经过热处理后 81%的第二相溶解，而在 5087 铝合金只有 18%，尽管气孔的体积分数增长很小。可以推测由于 2319 铝合金热处理后第二相溶解形成的孔洞导致了不规则气孔的增加。由于初生共晶物尺寸很小，通常小于 15 μm，具有更小尺寸的气孔大大增加，并导致 2319 铝合金中气孔的平均圆度增加 8%，平均直径减小 20%。所以 2319 铝合金热处理后气孔的演化主要是由于第二相溶解、气孔长大和氢气孔析出导致的。

4. 轧制后气孔的演化

层间轧制后气孔的形状逐渐扁平，其内壁的形貌如图 5-123 所示。与热处理不同，层间轧制后两种合金中气孔的总数量、平均直径、平均圆度和面积比的演化非常相似，说明这两种合金的气孔闭合机制相同。气孔闭合率与合金变形量和气孔尺寸有关，而与接触压力 (压强) 的关系较小。Wang 等就曾经根据有限元模拟结果做出预测，气孔的闭合对压力大小和受力合金的变形程度有要求。在本实验中，随着轧制力从 15 kN 增长至 30 kN、45 kN，合金的变形量越来越大，而变形量越大，气孔闭合得越彻底。15 kN 的轧制力下，2319 合金中气孔闭合的数量要多于 5087 合金，这是因为 2319 合金中有大量的 5~20 μm 的小气孔，它们在

15 kN 的力下就发生闭合，但是这个作用力还不足以使尺寸较大的气孔闭合，而只能将它们压扁。在更大的轧制力下，这些气孔也会逐渐消失。

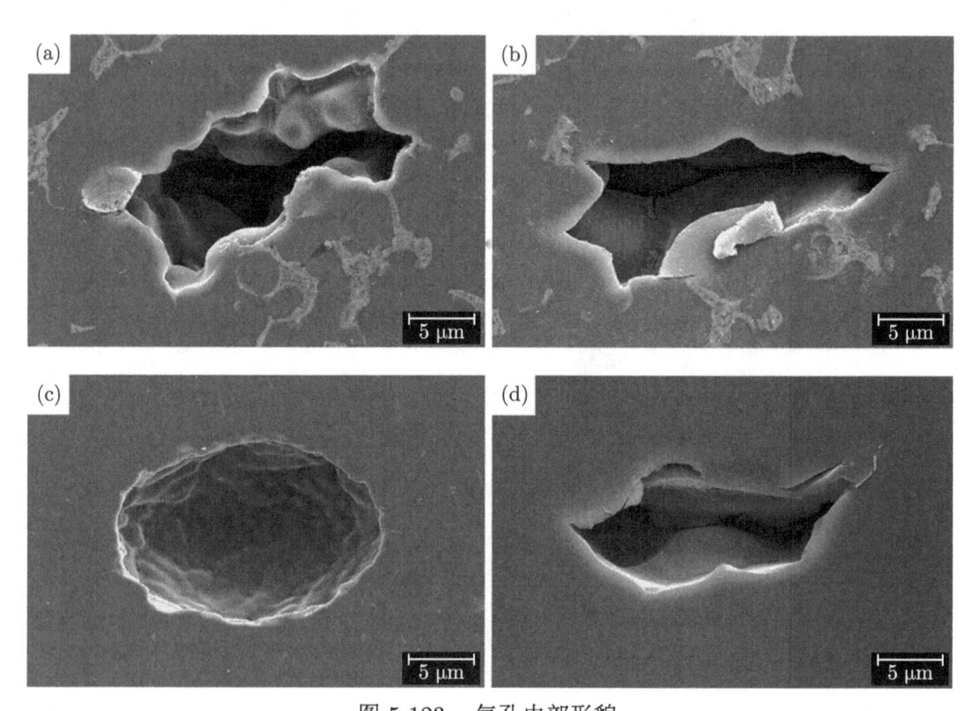

图 5-123　气孔内部形貌
(a)，(b)15 kN、30 kN 轧制态 WAAM 2319 铝合金；(c)，(d)15 kN、30 kN 轧制态 WAAM 5087 铝合金

在各轧制力轧制后未完全闭合的单个气孔的典型形貌如图 5-124 所示。随着轧制力从 15 kN 增长至 30 kN、45 kN，合金的变形量越来越大，而变形量越大，气孔闭合得越彻底。小气孔在较大的轧制力下会发生闭合，而较大的气孔只会发生扁平化。如图 5-124(d) 所示，不规则的凝固孔洞会逐渐破裂成很多的小尺寸圆孔，这解释了 2319 合金在 15 kN 轧制后出现小气孔数量大大增加的异常现象。压缩后气孔内的平衡状态被破坏，氢分子分解成原子进入基体中。

另外，气孔距离样品受力表面的相对深度也会影响气孔闭合的效果。Chaijaruwanich 等曾经对此进行了研究，并建立了轧制金属内部的受力模型 (图 5-125)。他们发现金属内部缺陷的压缩变形主要集中于被轧制试件的上部，随着轧制力的增加，此受力变形范围会变宽。在有关利用轧制减少铝合金厚板内部缺陷的最早的报道中，在 90%的变形量下才得到较好的效果。WAAM 合金与之前研究所采用的工艺完全不同，主要受力对象被逐层堆积，逐层轧制，每个堆积层的厚度在 2 mm 左右。较小的层高保证了堆积体可以集中受力，因此 45%的变形量就足以使大部分的气孔缺陷闭合。

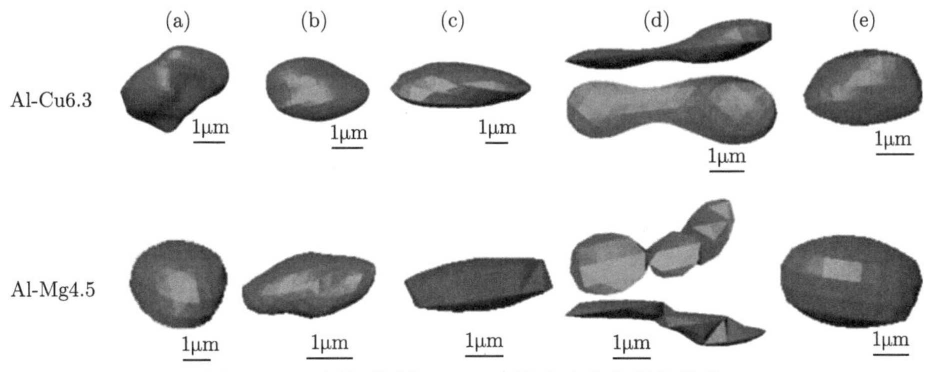

图 5-124 层间轧制 WAAM 铝合金中气孔的演化
(a)~(e) 依次为直接堆积态、15 kN、30 kN、45 kN 轧制态及 45 kN 轧制 + 热处理态

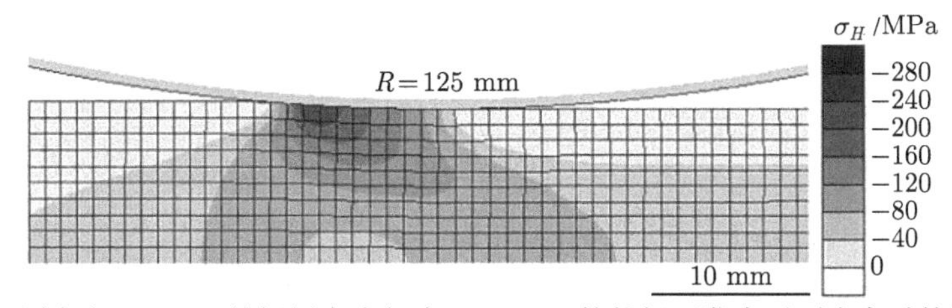

图 5-125 厚度为 20 mm 的铝板在直径为 125 mm 的轧辊下发生平面应变时的静压力分布 (Chaijaruwanich et al., 2006)

轧制态的两种合金中第二相含量分别稳定在 22%和 5%。但是如图 5-126 所示，随着轧制力变大，破裂的第二相颗粒呈现出逐渐均匀化分布的趋势，而气孔发生了伸长。45 kN 热处理后合金中第二相的体积分数减少到 5%，尺寸为 5 μm 左右，与残留或析出的气孔伴生出现。轧制态 5087 合金中气孔和第二相的演化与 2319 铝合金类似。但是图 5-126(h) 中的第二相发生了明显粗化，这与 2319 铝合金不同。

45 kN 轧制合金经过热处理后出现了细小圆形气孔。因此，如果在轧制过程中气孔没有被完全消除，它们在随后的热处理过程中由于长大和熟化效应会被重新打开并可见。通过光学显微镜观察，在两种 45 kN 轧制 + 热处理的合金中并没有发现大于 5 μm 的气孔。但是通过 SEM 观测，在两种合金中可见一些 2~3 μm 的气孔，如图 5-127 所示。这些二次气孔形成于固态金属中，是由于热处理高温下位错释放、局部应变恢复、空位迁移等运动，氢分子再次从基体析出并发生非均质形核，长大为 2~3 μm。另外，也有可能存在一些轧制过程中被压扁而未完全闭合的气孔，它们在高温作用下发生圆化重新可见。这些 2.5 μm 左右的微气孔与普通工业变形铝合金中的气孔级别一致，对性能的影响较小。

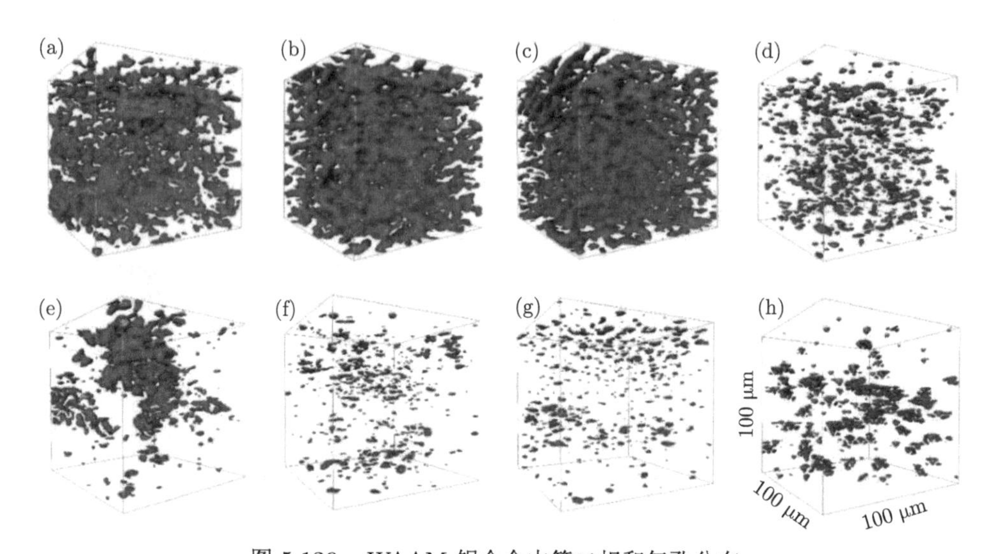

图 5-126　WAAM 铝合金中第二相和气孔分布

(a)～(d) 和 (e)～(h) 分别为 2319 和 5087 铝合金；(a)、(e)，(b)、(f)，(c)、(g) 依次为 15 kN、30 kN、45 kN 轧制，(d)、(h) 为 45 kN 轧制 + 热处理态

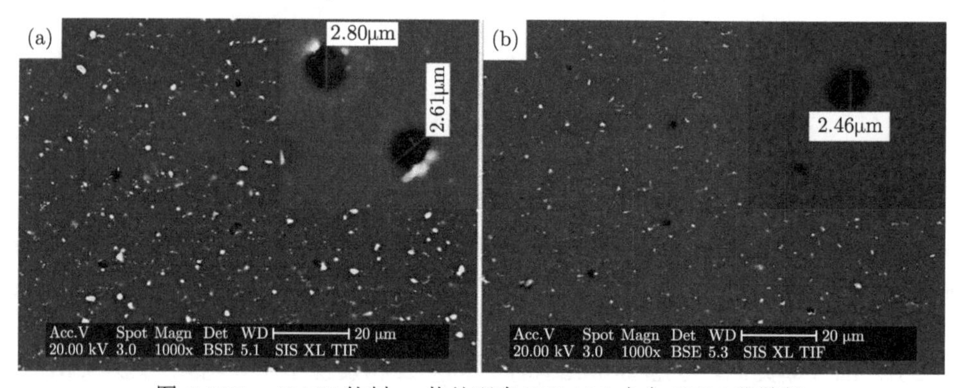

图 5-127　45 kN 轧制 + 热处理态 WAAM 合金 SEM 背散射

(a)2319 铝合金；(b)5087 铝合金

综上所述，轧制态合金热处理后的气孔演化机制包括：①在高温下由于位错释放和界面迁移，氢原子释放出来并非均质形核，形成二次气孔；②2319 合金中的第二相颗粒溶解；③在 45 kN 的作用力下有 0.1%的气孔没有被完全闭合，随后的热处理会重新打开并圆化。

在未来实际的工业生产中，WAAM 合金成形后可能会需要进行热处理以提高性能或改善偏析问题。但是本书中两种直接堆积成形的 WAAM 金属在热处理后的二次气孔都非常严重，虽然这些气孔对本研究合金的拉伸性能影响较小，但可能会导致其他性能 (如疲劳性能、韧性等) 的恶化。因此在实际生产中，可在

WAAM 金属成形的过程中对其进行层间轧制，然后再进行热处理，以消除大气孔。层间轧制不仅可以消除气孔，还可能有助于消除裂纹等凝固缺陷。因此，层间轧制工艺可为 WAAM 铝合金成形技术提供一种有效的气孔控制方法，并可将其推广应用于普通焊接过程。

5.5.3 WAAM 铝合金中的裂纹缺陷及其控制

1. 宏观裂纹及形貌

WAAM 铝合金中的严重热裂纹主要出现在高强铝合金中，以及性能不匹配的界面处。如图 5-128 所示 WAAM Al-Cu3.71-Mg1.73 和 Al-Cu4.08-Mg1.62 合金中分别有 4 条和 2 条宏观裂纹，贯穿堆积试件。由断口的 SEM 扫描 (图 5-129) 可见，凝固裂纹可能萌生和扩展于等轴晶、柱状晶或混合晶区的晶间位置。断口上枝晶和胞晶的洁净表面表明在 WAAM 的快速凝固过程中形成的晶间共晶物的含量较低。另外，裂缝中可见二次裂纹和一些细小的碎片颗粒。由 EDS 分析可知柱状晶表面的圆形、棒形或其他不规则的颗粒物是 Al_6(Mn,Fe) 或 θ 相。图 5-129(d) 中枝晶臂间覆盖的第二相为 Al_6(Mn,Fe)、θ 或 S 相。这种第二相的薄膜层表明晶间共晶物体积不足，是裂纹萌生的源点。这是因为沿晶裂纹通常形成于凝固末期，少量高合金元素含量的液相会形成薄膜阻碍晶粒生长。

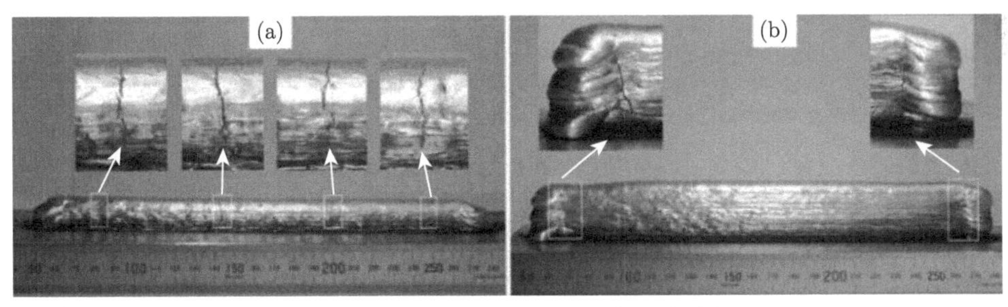

图 5-128 WAAM 铝合金试件上的裂纹
(a)Al-Cu3.71-Mg1.73；(b)Al-Cu4.08-Mg1.62

2. 微观组织

如图 5-130 所示，WAAM 合金的微观组织由柱状晶、等轴晶过渡到等轴枝晶。等轴晶区处于层间位置，在此位置的枝晶由于二次熔融和加热得到消除。由于此区域的气孔在合金二次熔化时上浮并长大，因此形成了气孔的聚集区。

不同成分的 Al-Cu-Mg 合金的微观组织主要由以下因素决定：首先，每一种晶粒类型的比例和形貌主要取决于成分。图 5-130(a) 中的 Al-Cu5.53-Mg2.21 合金的合金元素和第二相含量较多，因此具有更多的形核核心，并且表现出更强烈的钉扎作用，所以该合金的晶粒生长受阻，形成更多的枝晶结构。虽然在此合金

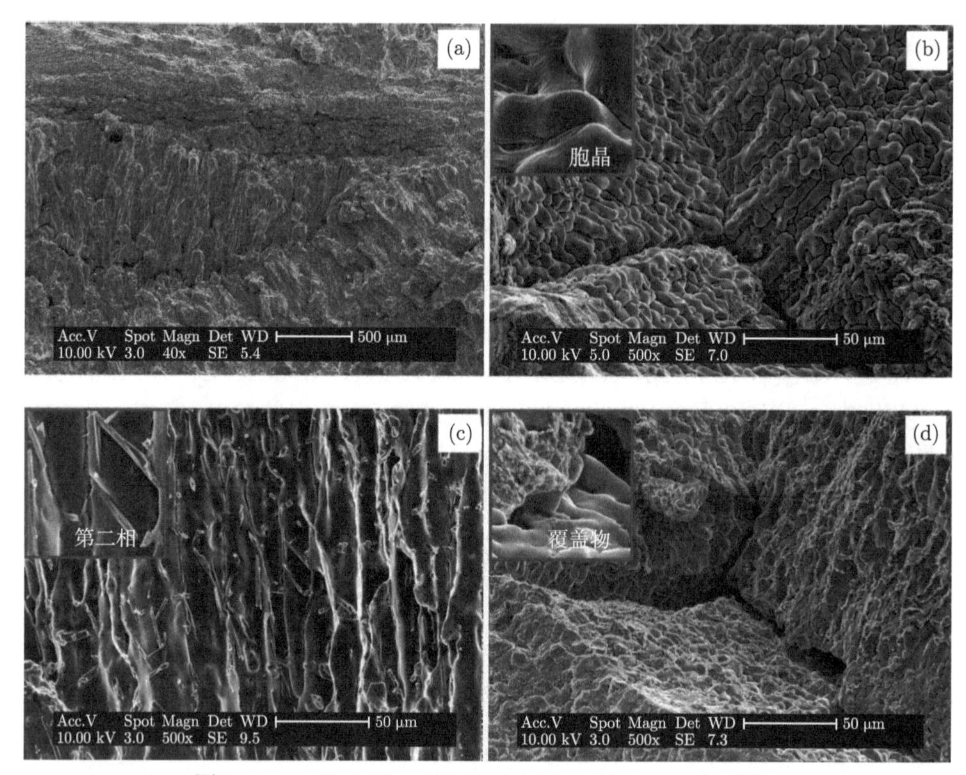

图 5-129　WAAM Al-Cu-Mg 合金裂纹断口 SEM 照片
(a) 断面；(b) 等轴晶面；(c) 柱状晶面；(d) 第二相薄膜

中没有宏观裂纹，但是由图 5-130(b) 的层间等轴晶区可见一定的晶间微裂纹。因此，Cu 和 Mg 含量的增加可以加宽凝固区间，促进裂纹的形成。对比来看，图 5-130(c) 中的 Al-Cu4.34-Mg1.32 合金和图 5-130(d) 中 Al-Cu4.48-Mg1.42 合金的 Cu、Mg 含量减少，微裂纹也更少。其次，高热输入会促进晶粒生长。图 5-130(c) 合金的电流和送丝速度较大，热输入达到 251.4 J/mm 是图 5-130(d) 合金的 1.4 倍。因此，虽然这两种合金的成分相同，但晶粒尺寸不同，分别为 46 μm 和 31 μm。此外，图 5-130(c) 合金的二次枝晶臂间距为 8～13 μm，小于图 5-130(d) 合金的 5～11 μm。而 Al-Cu5.53-Mg2.21 与 Al-Cu4.48-Mg1.42 两种合金的 WAAM 堆积热输入虽然非常接近，但是前者的等轴晶区有更多的枝晶，这进一步印证了合金的成分是决定其微观组织的首要因素。

图 5-131 是 WAAM 合金中第二相和微裂纹的 SEM 照片。第二相沿着晶界和枝晶界呈网状分布，或者在晶粒内部以近圆形分布。图 5-131(b)Al-Cu5.53-Mg2.21 合金中可见沿晶形成的微裂纹，这是共晶物的贫化区。此外，该合金还含有大量的气孔缺陷与微裂纹伴生存在。第二相的形貌示于图 5-131(c)，(d) 中，由 EDS

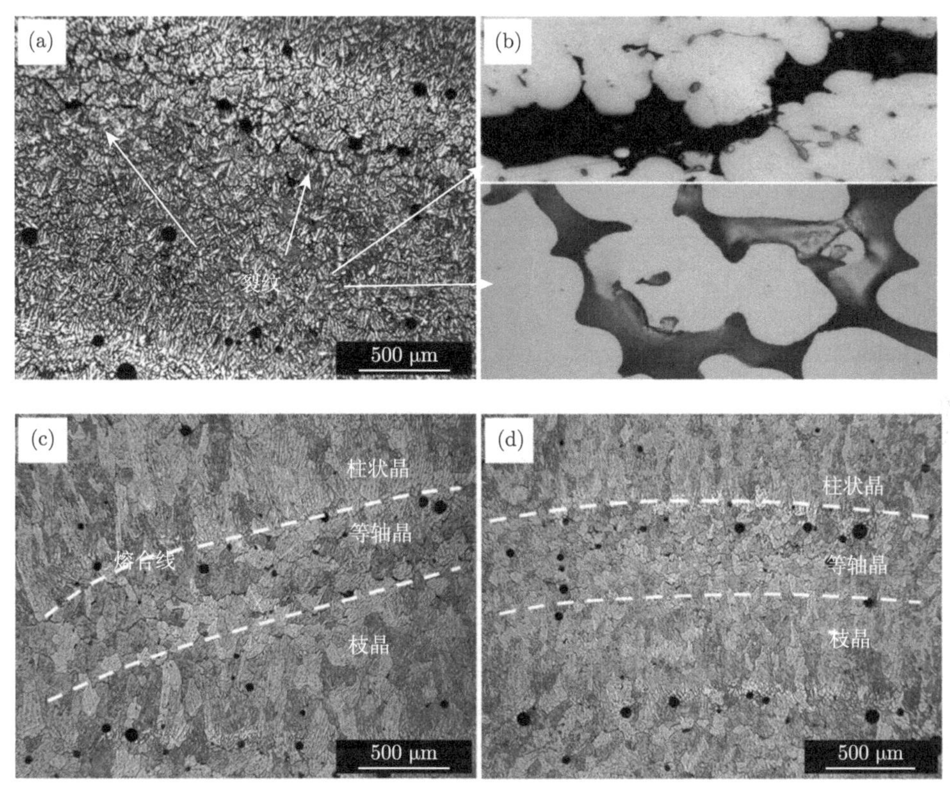

图 5-130 (a)，(b) 分别为 Al-Cu5.53-Mg2.21 合金 (178.8 J/mm) 腐蚀后和腐蚀前的金相；(c)，(d) 分别为 Al-Cu4.34-Mg1.32(251.4 J/mm) 和 Al-Cu4.48-Mg1.42(170.1 J/mm) 合金的金相

分析可知灰色和白色颗粒分别为 θ 和 S 相。因此，Al-Cu4.48-Mg1.42 合金中的颗粒物主要是 θ 和 S 相组成的共晶物，而 Al-Cu4.32-Mg2.5 合金中含有更多的 S 相，这是由于两种合金的 Mg 含量不同造成的。这与 Scheil 热力学模拟结果相同，Al-Cu4.3-Mgx 合金在 Mg 含量分别为 1.5%和 2.6%时的凝固路径不同，在这两个拐点位置分别可以获得二元和三元共晶产物。

3. 裂纹形成机理

1)Cu、Mg 含量

Kou 于 2015 年提出了影响铝合金热裂纹形成的三个因素，包括残余应力导致的晶粒分离、晶粒的长大速度以及晶间液相的填充能力。Ding 等对电弧增材制造构件拘束条件的研究证实在堆积体中由于凝固收缩不可避免地要产生残余拉应力而促进裂纹形成。Kou 提出的后两个影响因素与合金成分和结晶过冷度密切相关。合金成分直接决定了晶粒结构和第二相类型。此外，晶粒生长越快，凝固温

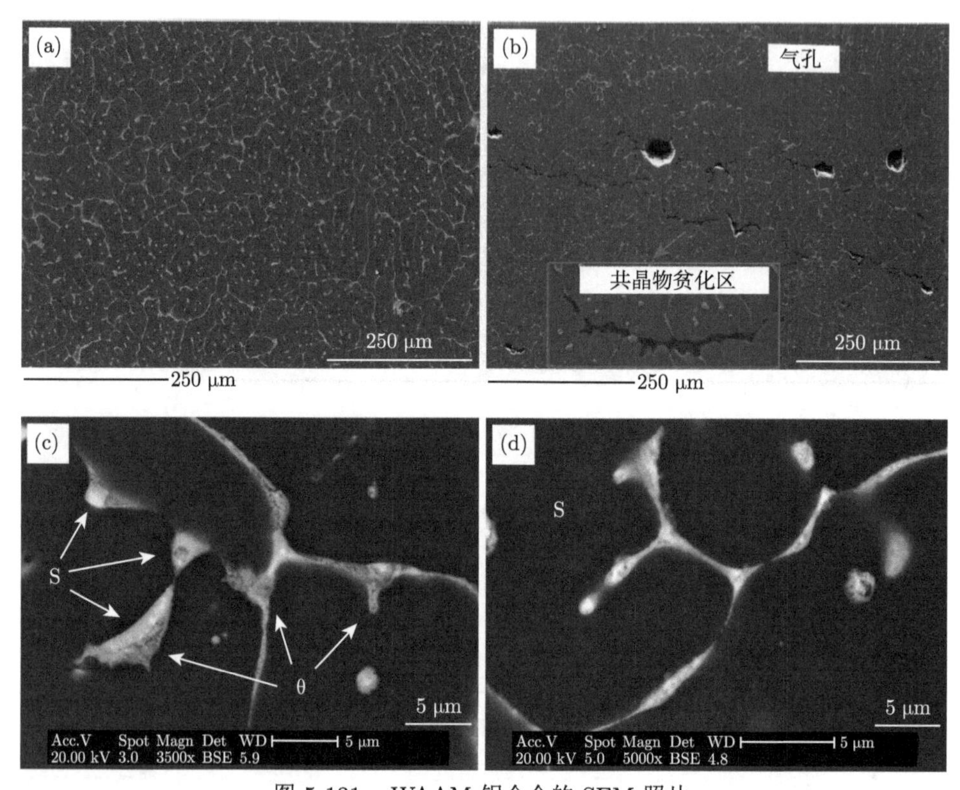

图 5-131　WAAM 铝合金的 SEM 照片

(a)~(d) 依次为 Al-Cu4.48-Mg1.42、Al-Cu5.53-Mg2.21、Al-Cu4.48-Mg1.42、Al-Cu4.32-Mg2.5 合金

度区间越小，晶间液相含量越多且流动性越好，则形成裂纹的倾向就越小。

裂纹敏感度与 Cu 和 Mg 含量之间的关系见图 5-132(a)，这里用裂纹数量表示裂纹敏感度。数值 “0~5” 表示堆积样品表面的宏观裂纹数量。“0.5” 表示没有肉眼可见的裂纹，但是 SEM 可见微观裂纹。“0” 表示在 SEM 观察下无微观裂纹。此裂纹状态分布图和 Scheil 分析模型的趋势一致，在靠近 Al 角 Mg 含量较少的合金系的裂纹数量较少。

为了减少裂纹倾向，合金需要具有较窄的凝固区间和较大体积比的共晶物，以填充凝固过程中由于收缩形成的晶间空隙。在 Al-Cu-Mg 合金凝固的过程中，Cu 和 Mg 被排斥进入固液前沿。当三元合金中 Cu 和 Mg 的含量发生变化时，会形成不同的共晶物，从而导致不同的合金具有较大的裂纹敏感性差异。如图 5-132(a) 所示，当合金成分处于 Cu 4.2%~6.3%和 Mg 0.8%~1.5%的范围内，三元 WAAM 合金具有较小的开裂倾向。在此成分区间的合金具有最小的凝固区间，其凝固过程终止于等温共晶反应，实现 $L \longrightarrow \alpha + \theta + S$ 的三元共晶反应。而在此成分区间外的合金的凝固会终止于非等温共晶反应，则相对容易产生裂纹。

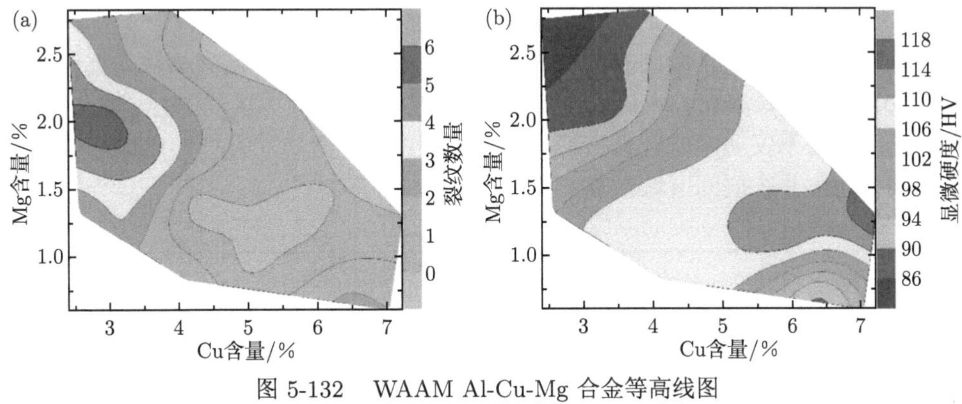

图 5-132 WAAM Al-Cu-Mg 合金等高线图

(a) 裂纹敏感性；(b) 显微硬度与 Cu/Mg 成分

当 Al-Cu-Mg 合金中的 Mg 含量较低时，在合金中很容易生成 α+θ 二元共晶物。Mg 含量的增加会导致凝固区间的急剧增加，发生伪二元共晶反应 L ⟶ α+S。这就是 Al-Cu4.32-Mg2.5 合金凝固后的主要组织组成物是 α + S 相的原因。随着 Cu、Mg 元素含量的增加，会有更多的合金元素被排出到残留液相中。二元共晶反应产物 α + S 会持续生长，直至形成粗大的 T -$Mg_{32}(Al,Cu)_{49}$ 相，这种脆性相非常容易形成裂纹源。图 5-132(b) 所示的微观硬度分布和裂纹敏感性模型的分布基本相反，说明高硬度通常对应着低的裂纹倾向。因为高硬度通常是由细晶和高密度的析出相导致的，这些都有助于补充晶间间隙，从而大大减小裂纹敏感性。

2) 微观组织和微量元素

WAAM Al-Cu-Mg 合金等轴晶区的晶间位置的液化裂纹敏感性相对较高，这是 WAAM 合金的层间区域。因为这个区域的温度高于共晶温度，因此这个区域对应于焊接过程的部分熔化区，其边界是与下一层形成的熔合线。因为共晶物通常聚集于晶间或枝晶臂间，所以后续堆积的高温导致的共晶物液化很容易形成沿晶生长的裂纹。图 5-132 中 WAAM 合金具有不同的裂纹敏感性的另一个原因可能来自于微量合金元素的影响，包括 Ti、Zr、Mn 和 Fe 元素。虽然这些元素在合金中的含量只有 0.1%~0.25%，它们也会对凝固过程产生不可忽视的影响。Ti、Zr 化合物在凝固时会成为非均质形核质点，具有细化晶粒和第二相的作用，通过增加界面面积来减少裂纹。比较而言，Mn 和 Fe 一般会形成 Al_6Mn 和 $Al_6(Mn,Fe)$ 相，这对于抑制裂纹具有负面影响。

3) 热输入和材料密度

从上节的分析可以知道，热输入与合金的微观组织以及裂纹的形成有密切关系。热输入和材料密度与双丝的送丝速度之间的关系见图 5-133。材料密度主要与气孔和裂纹的体积有关，因此代表了 WAAM 合金的致密性。虽然一系列 WAAM Al-Cu-Mg 合金的最高密度可以达到 99.75%，但是仍然存在着大量尺寸为 5~130

μm 的气孔。如图 5-133 所示，高送丝速度下的热输入增大，但是合金密度较低。在高热输入的情况下，凝固时间长，晶粒相对长大。同时，高的热输入会给气孔的生成、上浮、聚集和长大提供更多的时间，对具有宽凝固区间的合金尤其有害，而气孔的存在不仅会降低合金密度还会成为裂纹源。例如，从图 5-131(b) 中可见在孔洞处萌生并在层间区域扩展的微裂纹。

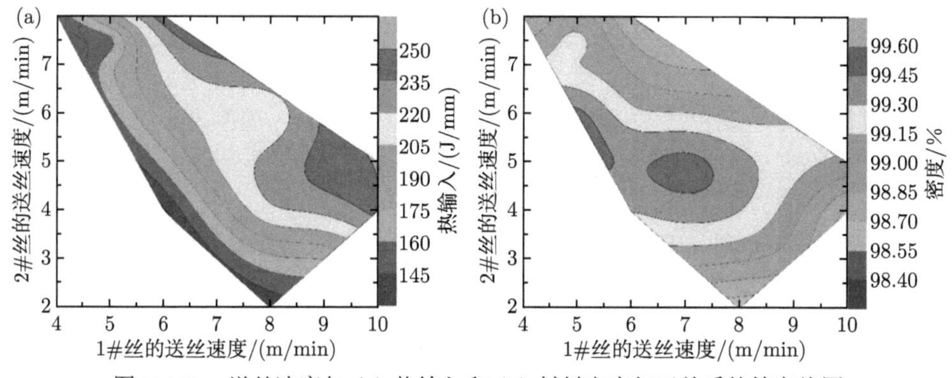

图 5-133 送丝速度与 (a) 热输入和 (b) 材料密度相互关系的等高线图

在 WAAM 合金堆积过程中，低的热输入会降低晶粒生长速度，减弱液相补充能力，从而诱发裂纹。因此，如果热堆积过程具有细晶和晶粒生长快等特性，裂纹会被抑制。

第 6 章　ZL205A 合金

6.1　ZL205A 合金的应用

ZL205A 合金属于硬铝合金，可进行热处理强化，具有强度高、韧性好、承载性和机械加工性能优异等特点，在某些领域实现了“以铝代钢”，为承力结构件的轻量化提供了基础，在航空航天和汽车工业结构部件中有着重要而不可替代的作用，在军工和民用领域广泛应用。

在军工领域的应用：

经过多年研究与发展，ZL205A 合金材料及生产工艺日趋成熟，在众多武器型号上得到了成功应用。例如，用 ZL205A 合金生产多种型号的火箭，在保证轻质量、稳定性能的前提下，大幅度缩短火箭生产周期，降低生产成本。作为飞机上的重要部件，飞机挂件具有尺寸大、结构复杂，且在使用过程中承受较大静载荷和冲击载荷等特点，它要求材料具有高强度，高疲劳性能和高整体力学性能。目前这些挂件多数采用 ZL205A 合金砂型整体铸造成形。

在民用领域的应用：

ZL205A 合金在民用领域的应用目前主要集中在飞机制造和汽车行业。ZL205A 合金在民用飞机上的应用主要用来生产蒙皮。在飞机飞行过程中，空气动力首先作用在蒙皮上，再由蒙皮传递到机身机翼的骨架，受力复杂。另外，飞机蒙皮直接与外界接触，在要求蒙皮材料强韧性高的同时，还要求其具有抗腐蚀能力，ZL205A 合金能满足这些需求。近年来汽车行业的迅猛发展，用户对汽车品质、安全和环保提出了较高要求，汽车零部件的轻量化、强韧化和精密化是一个不可避免的发展方向。这为 ZL205A 合金材料在汽车行业的应用打下了基础。在汽车承力零部件，特别是发动机中，如缸体、活塞、缸盖等部件，使用 ZL205A 合金铸件，取得了较好的效果。

6.1.1　ZL205A 合金的成分

ZL205A 合金的化学成分如表 6-1 所示。

表 6-1　ZL205A 合金的化学成分

元素	Cu	Mn	Ti	Cd	Zr	B	V	Al
GB/T 1173—2013	4.6～5.3	0.3～0.5	0.15～0.35	0.15～0.25	0.15～0.25	0.005～0.6	0.05～0.3	余量
含量/%	5.15	0.42	0.28	0.22	0.16	0.03	0.12	余量

6.1.2　ZL205A 的应用现状

由于 ZL205A 合金固有的结晶温度范围宽，不易实现顺序凝固等特点，造成 ZL205A 合金的铸造性能较差，铸造产品容易出现热裂、偏析、缩孔缩松等缺陷，造成产品的成品率低，生产周期不稳定。

1. 热裂

ZL205A 合金的热裂缺陷是铸造过程中产生的最严重的缺陷之一, 它意味着铸造产品尚未完全凝固就产生了不可逆转的质量问题。通过大量实验研究，不断探索热裂纹的形成机制。在铸件凝固时，各部分因为散热条件的不同会存在温度差，这一温度差会引起液相的流动和固相的收缩变形。对于 ZL205A 合金这种糊状凝固合金来说，固相的强度和液相在晶间的流动对固相变形的影响非常明显。当固相的体积分数达到 80%～95%时，收缩引起的剪切应力和拉伸应力会影响糊状区内固相搭接形成的枝晶网络，并使其发生变形，应力大于该温度下的固相强度，会发生金属间撕裂，形成热裂缺陷的概率很大。在凝固过程中，由于糊状区内固相的收缩及液相的补缩不足，在晶间的液膜内会产生较大的应力和微小的孔洞，这些孔洞则是热裂产生的裂纹源。热裂纹萌生后，在晶间液膜内快速扩张，而糊状区的渗透率很低，液相无法及时补缩导致热裂的形成。

图 6-1 是 Suyitno 在铸造铝铜合金铸件中观察到的热裂纹沿晶间具有较高溶质分布的微观孔洞形成的现象。

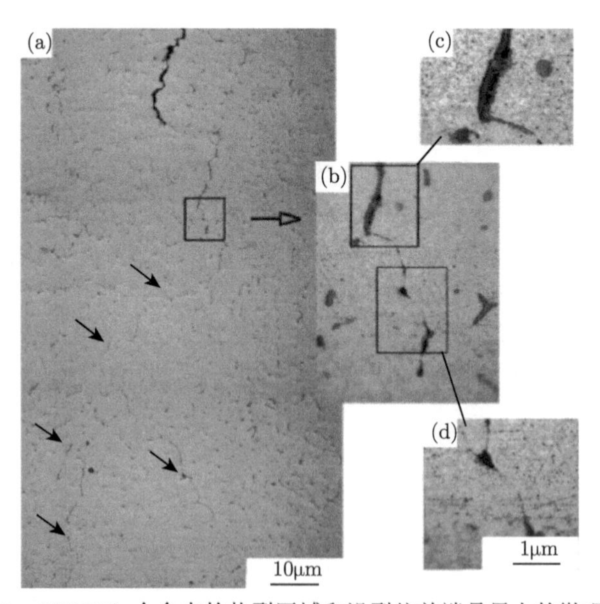

图 6-1　ZL205A 合金中的热裂区域和沿裂纹前端晶界上的微观孔洞
黑色箭头表示溶质富集通道

2. 偏析

偏析分为微观偏析和宏观偏析，微观偏析是由合金凝固单元中的胞状和树枝状晶间分布不均造成的。宏观偏析是凝固组织由于溶质元素和杂质在凝固过程中重新分布导致组分差异在宏观尺度上发生变化。对于 ZL205A 合金，宏观偏析受到收缩引起的枝晶间流动、热溶质对流、重力作用和铸件几何形状的影响。

大量的研究结果表明，ZL205A 合金的宏观偏析与残余液相在糊状区的流动有关，这种流动是由重力和凝固收缩引起的。铸件中另一种常见缺陷缩孔缩松一般认为是由残余液相不能够及时补充凝固收缩引起的空腔和气相析出造成的。绝大部分的试验研究和建模都将二者单独处理，而 Rousser 和 Voller 等研究人员在模拟宏观偏析和微观缩孔时发现，因为宏观偏析的补缩流动作用，该处的缩孔缩松率明显降低，二者之间有明显的联系。

3. 缩孔缩松

铸件中产生缩孔缩松后，无法消除，对产品的抗拉强度、伸长率和表面质量等综合性能产生极大的消极影响。铸件使用过程中出现的时效断裂，主要也是由缩孔缩松引起的。ZL205A 合金铸件缩松缩孔产生的主要原因是合金收缩、液相的补缩机制、产生液相孤立区。容易理解，由于凝固过程合金体积减小，液相补缩不足，本来应该在晶界上分布的共晶组织会被空腔取代，如图 6-2 所示。

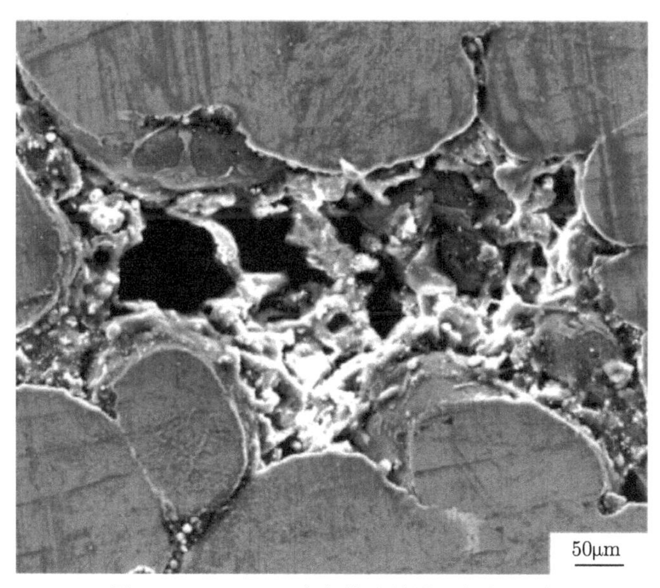

图 6-2 ZL205A 合金缩孔的微观组织形貌

另外，合金液相中存在杂质以及熔体的含气量较大，也是铸件中产生缩松缩孔的重要原因。特别是熔体中的气体，John Campbel 认为气体在合金液体中直接克服表面张力形核的过程异常困难，但是仍具有形核并长大的可能性。气体在合金液中的扩散和微观孔洞曲率会影响气相的形核和长大。凝固时间短且气体扩散系数小，能够使糊状区保持过饱和状态，能够减少缩孔缩松的形成。

6.1.3　ZL205A 合金增材制造成形和铸造成形样件的组织、结构与性能

1. 直接堆积态组织

1) 气孔

铝合金中的气孔为氢气孔，主要是由氢在铝中的溶解度从液相到固相转变的过程中发生突变造成的。研究表明，受力时气孔是合金的裂纹源，对合金的力学性能和疲劳性能具有重要的破坏性影响，因此研究合金中的气孔是非常必要的。铸造 ZL205A 合金和 WAAM ZL205A 合金的气孔如图 6-3 所示。铸造 ZL205A 合金的低倍组织中存在大量形状不规则的气孔，气孔沿晶界不均匀分布，如图 6-3(a) 所示。铸造 Zl205A 合金的气孔尺寸在 20～40μm，气孔带有尖角，如图 6-3(b) 所示。说明在铸造 ZL205A 合金中除了氢气孔，还存在合金液凝固过程中产生的缩孔。这些带尖角的孔洞，使合金在使用过程中容易产生应力集中，成为疲劳断裂的裂纹源。与铸造 ZL205A 合金相比，WAAM ZL205A 合金中的气孔数量大大减少，形状多为圆形，尺寸在 10～20μm。这些气孔与基体界面过渡圆滑，对力学性能影响较小。

气孔的形成有三个阶段：气泡的形核，气泡的长大和气泡的溢出。在气泡形核过程中，溶解在铝液中的氢经过扩散和吸附形核。扩散和吸附的时间称为形核的孕育期，由于 WAAM 工艺快速凝固的特点，所以 WAAM ZL205A 合金中气泡形核的孕育期短，形核数量少。气泡形核后经历长大的过程。气泡长大时，通过扩散从周围的铝液中吸附氢，所以凝固时间越长，气泡的长大时间越长，气泡的体积越大。由于传热，铸造合金从四周向中心逐渐凝固，所以气孔的逸出通道在凝固初始阶段已经关闭，大量的气孔留在了合金中。基于上述原因，WAAM ZL205A 合金中气孔的数量和尺寸小于铸造合金。由于 WAAM 是逐层堆积的，后一层对前一层具有重熔作用，所以 WAAM ZL205A 合金中没有缩孔的存在。

2) 晶粒

WAAM ZL205A 合金和铸造 ZL205A 合金的微观组织如图 6-4 所示。由于凝固顺序的不同，WAAM ZL205A 合金微观组织中存在两种晶粒，层内区域自上而下为等轴晶、等轴枝晶，由等轴晶向等轴枝晶逐渐过渡；层间区域自上而下为等轴枝晶、等轴晶。两种晶粒之间存在明显的分界线，如图 6-4(a) 所示。在 WAAM

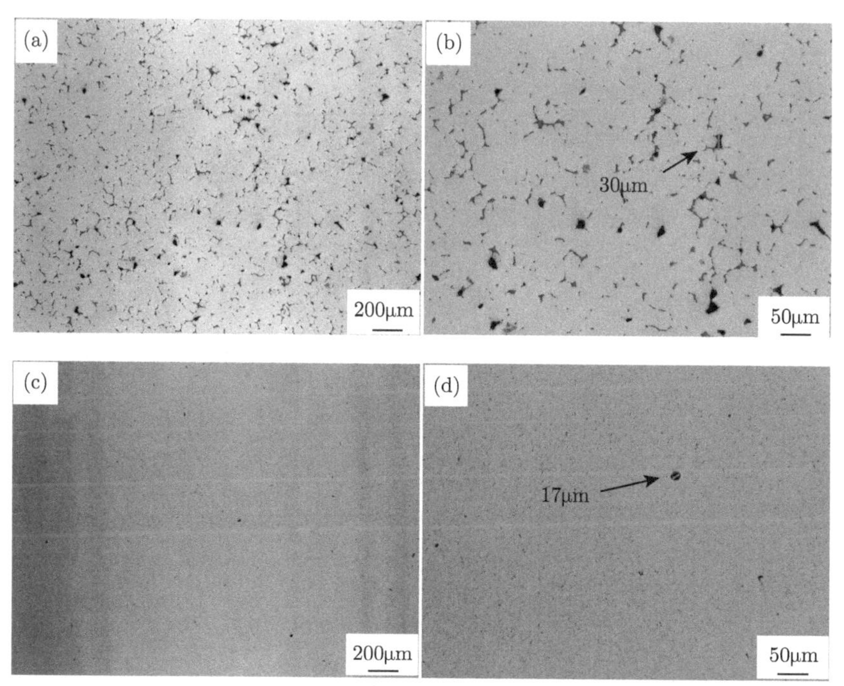

图 6-3 铸态铸造 ZL205A 合金和直接堆积态 WAAM ZL205A 合金的气孔
(a)、(b) 铸造试样; (c)、(d)WAAM 试样

的堆积过程中，前一个堆积层对后一个堆积层具有预热作用。堆积体通过向空气中散热降温凝固。每个堆积层都是由外壳到中心的凝固顺序，在高度方向上从上到下凝固。在层内靠上的位置凝固速度快，所以形成了等轴晶，如图 6-4(b) 所示。另外由于 ZL205A 合金中含有 Ti、Zr 等细晶元素，根据 Ganaha 等的研究，合金中 Zr 大于 0.1%或 Ti 大于 0.01%，由于先析出的 Ti 和 Zr 的异质形核作用，凝固过程中容易形成尺寸细小的等轴晶。随着凝固过程的继续进行，层内区域逐渐形成了等轴枝晶。由于 CMT 工艺的整体热输入较小，液态金属在高温时的停留时间短，所以等轴枝晶的尺寸与等轴晶基本一致。不同位置的等轴枝晶大小均匀，如图 6-4(c) 所示。层间区域的等轴枝晶是堆积层最后凝固的位置，等轴晶是前一个堆积层的组织。两者之间的分界线为堆积过程的熔合线，如图 6-4(d) 所示，熔合线处的晶界宽度没有明显增加。整个堆积体的微观组织就是由等轴晶和等轴枝晶的交替分布组成的。虽然后一个堆积层对前一个堆积层有重复加热的作用，但是由于 CMT 工艺的热输入量小，前一个堆积层的等轴晶粒没有明显的粗化。另外，由于电弧对熔池具有搅动作用，熔池产生微振荡，其凝固过程为动态凝固，所以形成的晶粒细小、均匀。由图 6-4(e) 可见，铸造 ZL205A 合金的晶粒尺寸约为 80μm，晶粒大小不均匀。

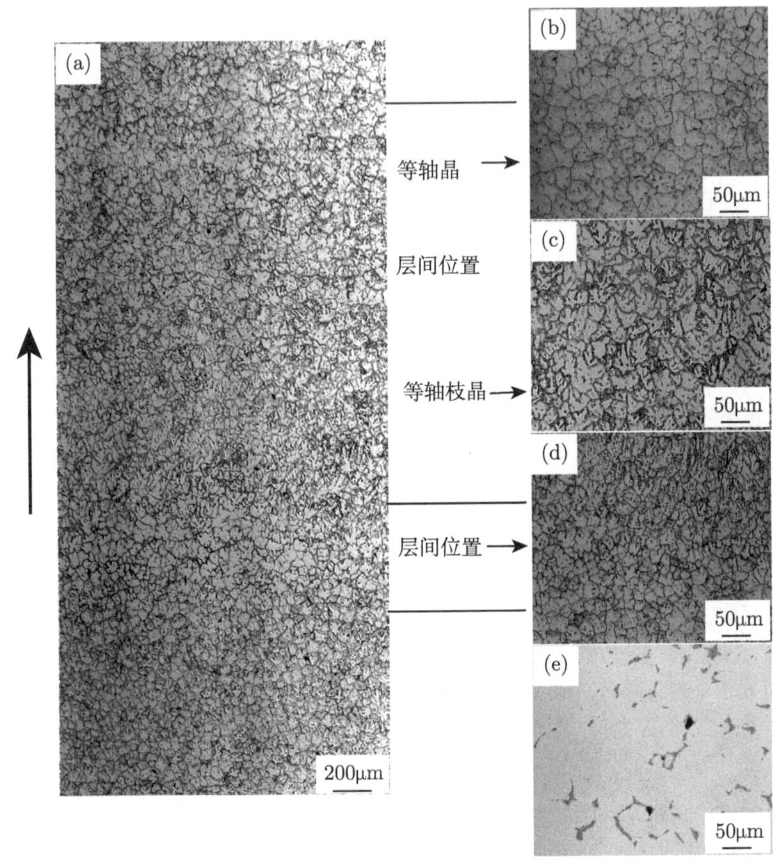

图 6-4　WAAM ZL205A 合金和铸造 ZL205A 合金的微观组织

(a) 堆积体层内和层间; (b) 等轴晶;(c) 等轴枝晶;(d) 层间区域;(e) 铸造 ZL205A

经过电子背散射衍射 (EBSD) 扫描和数据分析，WAAM ZL205A 合金直接堆积态的晶粒尺寸分布和晶粒种类如图 6-5 所示。堆积体的平均晶粒尺寸为 26.2μm，小于铸造 ZL205A 合金的晶粒尺寸。且 WAAM ZL205 合金的晶粒尺寸均匀，尺寸在 (26.2±15) μm 范围的晶粒占到了 82.64%，如图 6-5(a) 所示。主要是由于 WAAM 工艺熔池的凝固速度快，并且在 ZL205A 合金中添加了 Ti、Zr 等细化元素，造成凝固后的晶粒尺寸细小、均匀。由图 6-5(b) 可见，在直接堆积态的 WAAM ZL205A 合金中，存在三种状态的晶粒组织。数量最多的为蓝色组织，该组织为再结晶组织，这种晶粒没有小角度晶界，且内部的位错密度较小。其次为黄色组织，该组织为亚晶组织，有少量的小角度亚晶界和位错。数量最少的为红色组织，该组织为变形组织，该组织含有大量的小角度晶界，位错密度高。直接堆积态的微观组织以再结晶组织为主。主要是因为电弧熔丝增材制造过程中，堆积体经历反复的热循环，后一个堆积层对前一个堆积层具有再结晶退火的作用。堆积体的成形过程是在自由状态下进行的，没有外加的拘束，所以变形组织含量少。以再结晶组织为主，堆积体的内应力小，有利于控制堆积过程的变形。ZL205A 合金的主要强化方式为热处理的析出强化，所以直接堆积态微观组织中位错密度含量低不会影响合金的强度。

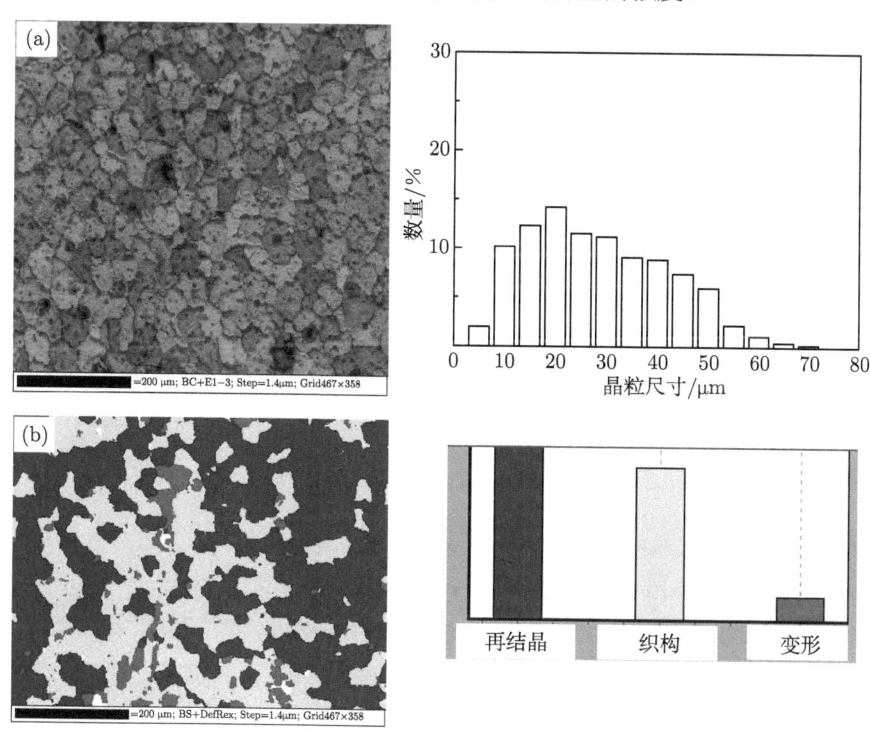

图 6-5 WAAM ZL205A 合金直接堆积态的晶粒尺寸分布和晶粒种类

(a) 晶粒尺寸分布;(b) 晶粒种类

3) 析出相

直接堆积态 WAAM ZL205A 合金和铸态铸造 ZL205A 合金的 SEM 和 EDS 如图 6-6 所示。由 EDS 分析图可见两种成形方法中主要析出相的种类一致，以 θ 相 (Al_2Cu) 为主，该析出相为初生 θ 相，但是析出相的形态、尺寸和分布有明显不同。在 WAAM ZL205A 合金中，层内区域等轴晶区初生 θ 相的形态主要有长条状和块状。长条状初生 θ 相分布在晶界上，块状初生 θ 相分布在晶粒内部，如图 6-6(a)、(b) 所示。在 WAAM ZL205A 合金的层内区域等轴枝晶区，初生 θ 相的形态主要有鱼骨状和块状，在晶内和晶界上均有分布，数量增加，如图 6-6(c)、(d) 所示。在 WAAM ZL205A 合金的层间区域，初生 θ 相的形态同样为鱼骨状和块状，分布在晶内和晶界上，数量进一步增加，如图 6-6(e)、(f) 所示。层间区域没有出现明显的大尺寸连续析出初生 θ 相。由于层内首先凝固的位置，形成的组织为等轴晶，所以析出相沿晶界连续分布。在层内后凝固的位置，形成的组织为等轴枝晶，析出相分布在枝晶臂上，所以分布不连续。在堆积体的层间区域，由于 ZL205A 合金原材料中 Cu 的含量较低，凝固时液相中 Cu 的浓度较小，所以在层间区域没有连续分布的大尺寸初生 θ 相。

溶质 Cu 在 Al 基体中形成固溶体，容易引起晶格畸变，增大内能。在凝固过程中，在内能驱动力的作用下溶质 Cu 原子通过固液界面的扩散在晶界上析出。由于 WAAM 工艺的凝固速度快，Cu 原子的扩散不充分，所以在晶粒内部也存在 θ 相。θ 相的尺寸小且弥散分布，在固溶处理时有利于该相固溶到 Al 基体中，缩短固溶时间，提高固溶 Cu 含量。从而在时效处理时析出更多的强化相，提高合金的强度。铸造 ZL205A 合金的组织中，在晶内几乎没有 θ 相存在，全部分布在晶界上，呈鱼骨状，且尺寸较大，如图 6-6(g)、(h) 所示。这是因为铸造 ZL205A 合金的冷却速度慢，接近平衡冷却，Cu 原子有足够的时间通过固液界面迁移在晶

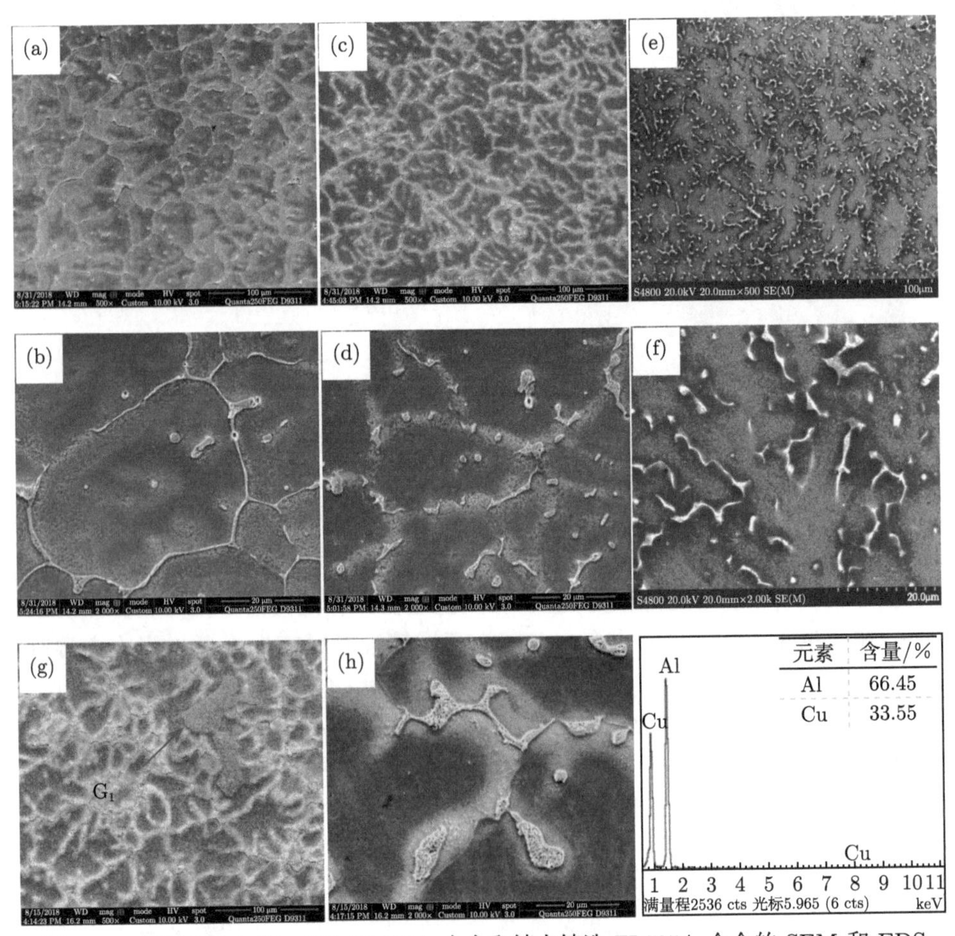

图 6-6　直接堆积态 WAAM ZL205A 合金和铸态铸造 ZL205A 合金的 SEM 和 EDS
(a)、(b) 等轴晶区;(c)、(d) 等轴枝晶区;(e)、(f) 层间区域;(g)、(h) 铸造试样

界上析出。如图 6-6(g)G_1 所示，在铸态的铸造 ZL205A 合金中，出现了致密的大尺寸块状 θ 相，根据贤福超等的研究，该析出相为铸造 ZL205A 合金的块状偏析，是由 Ti、V、Zr 等形核质点元素聚集长大造成的。块状偏析无法通过固溶处理消除，对基体具有割裂作用，破坏合金性能。

2. T4 态微观组织

1) 气孔

铸造 ZL205A 合金和 WAAM ZL205A 合金 T4 态的气孔分布如图 6-7 所示。与铸态的气孔相比，固溶处理后铸造 ZL205A 合金的气孔数量变化不大，形状有改变，尺寸增大，如图 6-7(a)、(b) 所示。与直接堆积态的气孔相比，固溶处理后 WAAM ZL205A 合金的气孔数量和形状均没有明显变化，气孔尺寸增大。气孔的变化通常有以下三方面的原因：第一，Ostwald 熟化机制，在固溶处理过程中，由于界面能的驱动力，造成小尺寸的气孔消融，大尺寸的气孔尺寸增加。但是两种成形合金的气孔数量没有明显减小，所以气孔的变化受 Ostwald 熟化机制的影响但不是主要影响因素。第二，氢的扩散，固态基体中固溶的氢，在固溶处理过程中发生扩散迁移进入到气孔当中造成气孔的尺寸增大。WAAM ZL205A 合金的气孔变化受这个因素的影响较大，由于 WAAM 工艺液态金属凝固速度快，所以形成氢的过饱和固溶体，固态中含有更多的氢。在热处理过程中发生扩散进入气孔中，使其尺寸增大，铸态铸造 ZL205A 合金因为冷却速度慢，在凝固过程中氢已经迁移形成了气孔。第三，析出相溶解，铸造 ZL205A 合金凝固后析出大量的析出相，在固溶过程中析出相重新溶解到基体中，淬水后形成孔洞。Anyalebechi 曾在铝合金 2014 热处理过程中发现了共晶相溶解形成的孔洞。在铸造 ZL205A 合金的微观组织中发现了这种类型的缺陷，如图 6-7(b)B1 所示，而 WAAM ZL205A 合金中未发现此种气孔。说明析出相的溶解是影响铸造试样气孔变化的关键因素，由于铸造 ZL205A 合金的析出相尺寸较大，所以固溶后容易遗留空洞，而 WAAM ZL205A 合金的析出相尺寸较小，溶解后不容易遗留空洞。

2) 晶粒

WAAM ZL205A 合金和铸造 ZL205A 合金的 T4 态的金相组织如图 6-8 所示。WAAM ZL205A 合金固溶处理后，晶内和晶界上的析出相基本完全溶解，层内区域的晶粒全部为等轴晶，如图 6-8(b) 所示；层间区域的等轴枝晶转变为等轴晶，如图 6-8(c) 所示。晶粒大小均匀。铸造 ZL205A 合金固溶处理后，晶粒同样以等轴晶为主，但晶粒尺寸较大，在晶界上还存在大量不规则的析出相，如图 6-8(d) 所示。

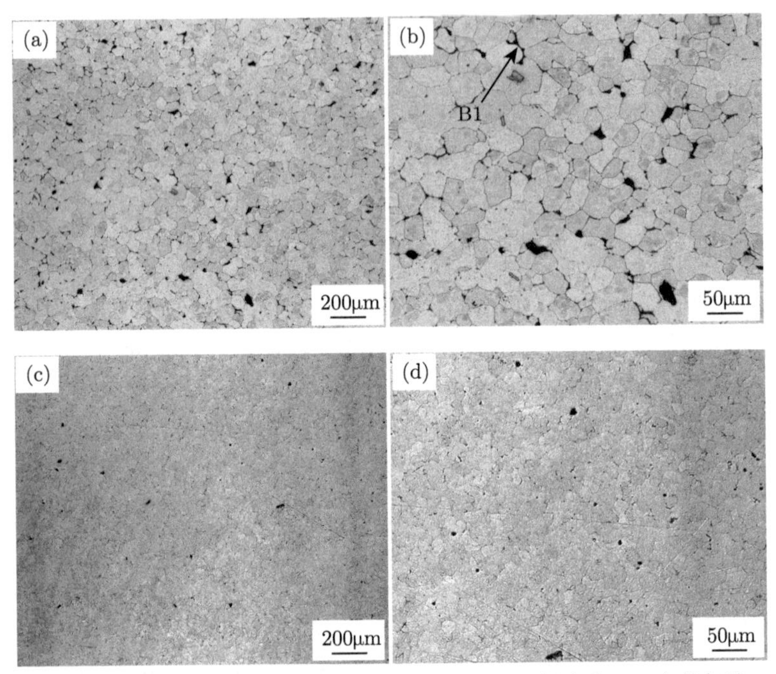

图 6-7　铸造 ZL205A 合金和 WAAM ZL205A 铝合金 T4 态的气孔
(a)、(b) 铸造试样;(c)、(d)WAAM 试样

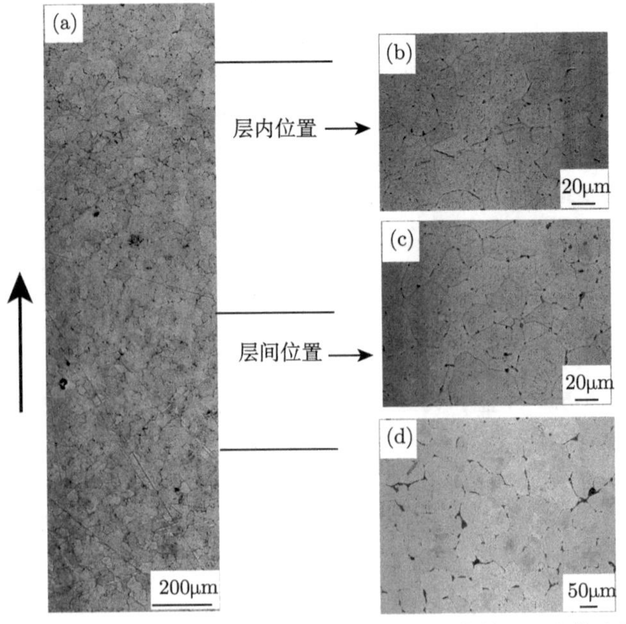

图 6-8　WAAM ZL205A 合金和铸造 ZL205A 合金的 T4 态的金相组织
(a) 组织分布;(b) 层内区域;(c) 层间区域;(d) 铸造试样

WAAM ZL205A 合金 T4 态的晶粒尺寸分布和晶粒种类如图 6-9 所示。固溶处理后，WAAM ZL205A 合金的晶粒全部为等轴晶，如图 6-9(a) 所示。平均晶粒尺寸为 24.12μm，小于直接堆积态的平均晶粒尺寸。这是由于热处理具有调质作用，层间区域尺寸较大的等轴枝晶在枝晶臂处熔断形成尺寸较小的等轴晶，所以平均晶粒尺寸降低。固溶处理后，晶粒尺寸的均匀度提高，尺寸在 (24.12±15)μm 范围的晶粒占 96.1%，大尺寸晶粒基本消除。固溶处理后，WAAM ZL205A 合金中红色的变形组织基本消除，黄色的亚晶组织含量降低，大部分为蓝色的再结晶组织。说明固溶处理后，堆积体的应力进一步释放，并且在淬水的过程中没有产生变形。

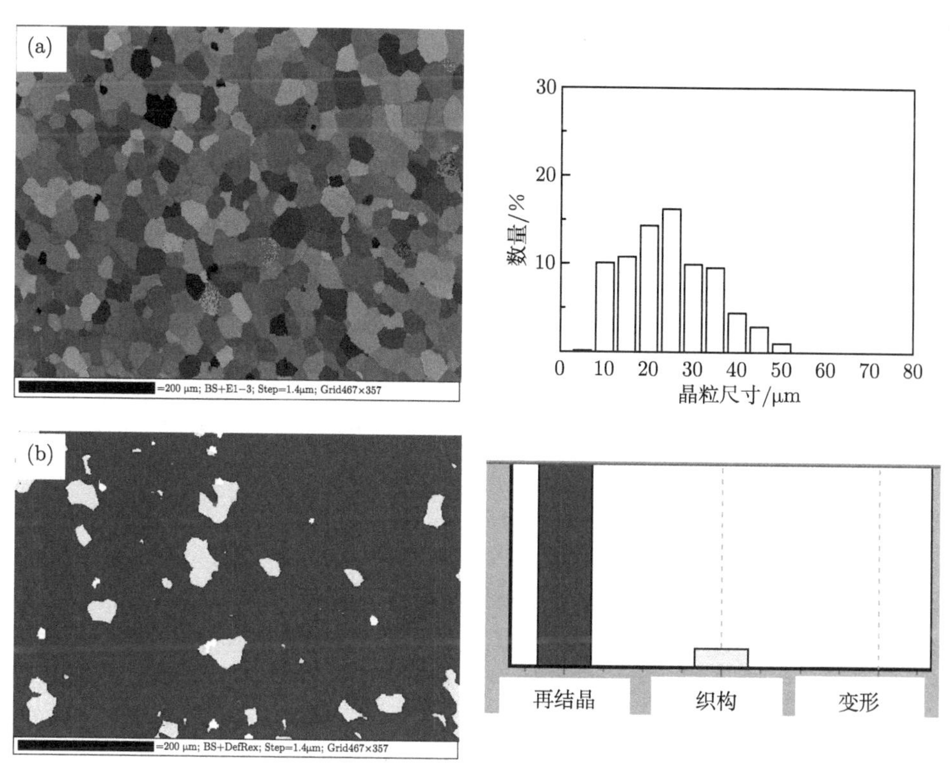

图 6-9 WAAM ZL205A 合金 T4 态的晶粒尺寸和晶粒种类分布
(a) 晶粒尺寸; (b) 晶粒种类

3) 析出相

WAAM ZL205A 合金和铸造 ZL205A 合金 T4 态的 SEM 和 EDS 如图 6-10 所示。WAAM ZL205A 合金固溶处理后层内区域剩余两种析出相，一种为棒状的析出相，如图 6-10(a)A1 所示。该相含有 Al、Mn、Cu、Fe 四种元素，为含有杂质 Fe 的复熔 T 相 ($Al_{12}Mn_2Cu$)。另一种呈不规则形状，如图 6-10(a)A2 所示。

EDS 分析其为 θ 相 (Al_2Cu)。WAAM ZL205A 合金的层间区域同样存在复熔 T 相和 θ 相，如图 6-10(b)B1、B2 所示。层内和层间区域的 θ 相是在固溶处理过程中未完全固溶的，主要分布在多个晶粒的交叉点处，层间区域 θ 相的数量和尺寸大于层内区域。这是由于在直接堆积态，多个晶粒的交叉位置，析出 θ 相的尺寸相对较大，与基体接触的比表面积小，所以在固溶时相对扩散界面小，在相同的固溶制度下，θ 相溶解不完全。直接堆积态中层间区域的 θ 相尺寸大于层内区域，所以层间区域的未固溶 θ 相的数量更多，尺寸更大。铸造 ZL205A 合金铸态 θ 相的尺寸进一步增大，所以固溶处理后剩余大量的未固溶 θ 相，如图 6-10(c)C1 所示。

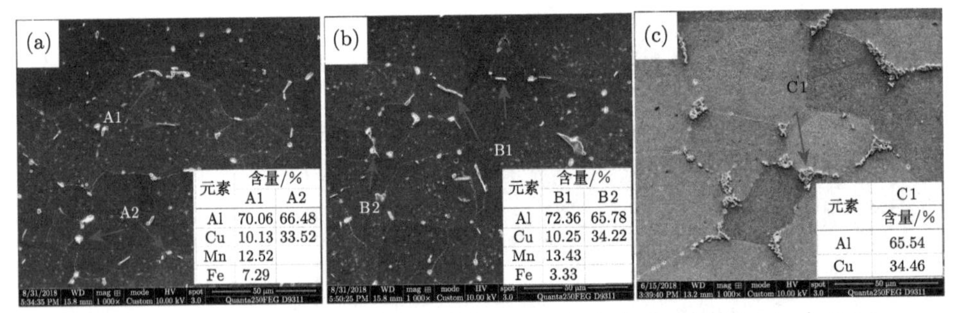

图 6-10　WAAM ZL205A 合金和铸造 ZL205A 合金 T4 态的 SEM 和 EDS

(a) 层内区域；(b) 层间区域；(c) 铸造试样

WAAM ZL205A 合金和铸造 ZL205A 合金固溶处理后的固溶 Cu 含量如图 6-11 所示。由图可见，固溶处理后 WAAM ZL205A 合金层间区域的固溶 Cu 含量为 4.74%，层内区域的 Cu 含量为 4.71%，两个区域的固溶 Cu 含量基本一致。铸造 ZL205A 合金固溶处理后的固溶 Cu 含量为 4.01%，低于 WAAM ZL205A 合金的固溶 Cu 含量。从 T4 态的微观组织可见，铸造 ZL205A 合金中存在大量的未固溶 θ 相，WAAM ZL205A 合金的 θ 相基本完全固溶，所以铸造 ZL205A 合金的固溶 Cu 含量低。固溶到基体中的 Cu 以原子状态存在，进入到铝晶格内部，形成间隙固溶体或置换固溶体，起到固溶强化的作用。根据 Al-Cu 合金的时效进程，在一定温度下，Cu 原子发生偏聚，脱溶出纳米级弥散分布的析出相，提高合金强度，起析出强化作用。固溶 Cu 含量越大，引起的晶格畸变度越大，时效过程析出的强化相数量越多，合金的强度越高。

3. T6 态微观组织

WAAM ZL205A 合金和铸造 ZL205A 合金 T6 态的微观组织如图 6-12 所示。由图可见，WAAM ZL205A 合金层内区域和层间区域 T6 态的晶粒都是尺寸均匀的等轴晶。析出相与 T4 状态相同，主要是小尺寸的复熔 T 相和 θ 相，如图

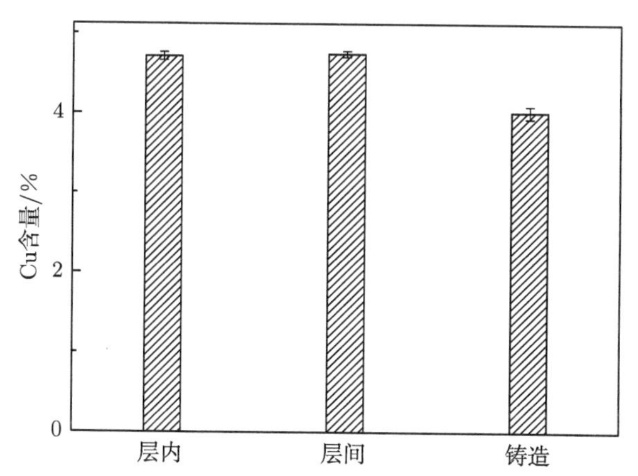

图 6-11 WAAM ZL205A 合金和铸造 ZL205A 合金的固溶 Cu 含量

6-12(a)、(b) 所示。铸造 ZL205A 合金 T6 态的晶粒也是等轴晶，晶粒尺寸大于 WAAM 试样，如图 6-12(c) 所示。在铸造试样 T6 态的微观组织中可见大尺寸的析出相分布在晶界上，与 T4 态一致，该析出相为未固溶 θ 相。经过时效处理后，晶粒和析出相没有发生变化。WAAM ZL205A 合金中的析出相尺寸较小，呈圆形且弥散分布，具有钉轧晶界的作用，能够提高合金强度。铸造 ZL205A 合金的析出相尺寸较大，在拉伸载荷的作用下，与周围 Al 基体的连接位置容易萌生裂纹，并且与周围基体作用形成微剪切区，微剪切区与裂纹尖端塑性区相互作用形成宏观剪切区域，促进了裂纹的扩展，降低了合金力学性能。

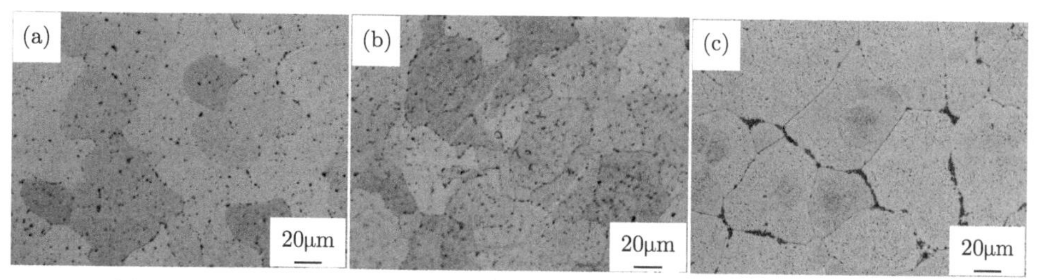

图 6-12 WAAM ZL205A 合金和铸造 ZL205A 合金 T6 态的微观组织
(a) 层内区域;(b) 层间区域;(c) 铸造试样

WAAM ZL205A 合金 T6 态的极图如图 6-13 所示。T6 态微观组织织构沿 ⟨100⟩、⟨110⟩、⟨111⟩ 三个方向分布无差异，最大的取向密度为 2.22，数值较小，所以 T6 态的电弧熔丝增材制造 ZL205A 合金没有明显的择优取向。

WAAM ZL205A 合金和铸造 ZL205A 合金 T6 态的 TEM 明场相如图 6-14 所示。两种方法成形的合金，均可见三种形貌的析出相：片状和两个方向的针

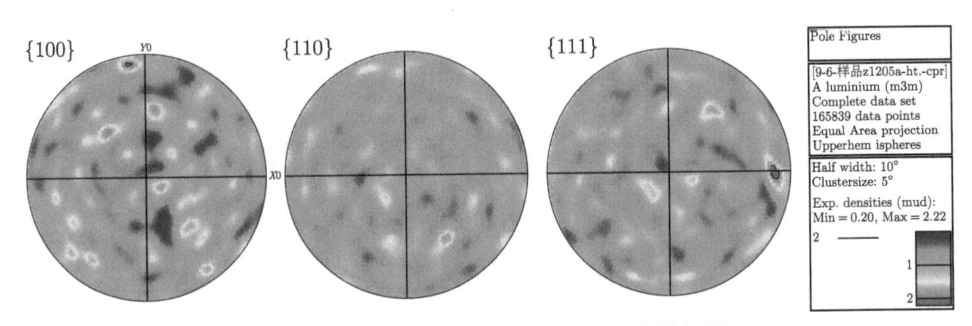

图 6-13　WAAM ZL205A 合金 T6 态的极图

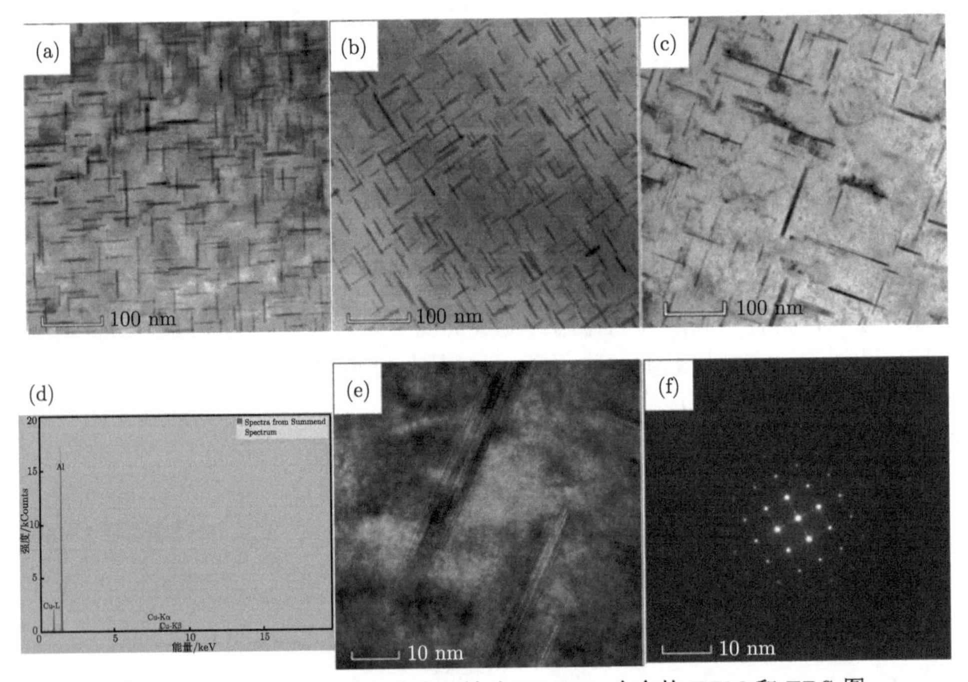

图 6-14　WAAM ZL205A 合金和铸造 ZL205A 合金的 TEM 和 EDS 图

(a) WAAM ZL205A 层内区域;(b) WAAM ZL205A 层间区域;(c) 铸造 ZL205A 合金的 TEM 明场相，(d) 析出相的 EDS 分析;(e) 析出相的高分辨;(f) 析出相的选取衍射花样 $\langle B = 001\rangle$

状。通过 EDS 能谱分析，该析出相含有 Al、Cu 两种元素，通过选区衍射花样分析，确定该析出相为 θ′ 相。θ′ 相为椭圆形板状结构，由于射线入射角度的不同，所以在明场中呈现了 3 种形态。两种成形方法 T6 态下析出的强化相种类一致，均为 θ′ 相。θ′ 相是 Al-Cu 合金时效过程析出的主要强化相，其尺寸、数量、相间距对合金的力学性能具有重大影响。在 WAAM ZL205A 合金的层内区域和层间区域，如图 6-14(b)、(c) 所示，析出了大量的 θ′ 相，尺寸约为 100nm 长，70nm 宽，5nm 厚，相间距约为 15nm，弥散分布，两个区域 θ′ 相的尺寸、数量、相间距基本一致。铸造 ZL205A 合金的 θ′ 相数量少，分布稀疏，这主要是由于固溶处理后铸造 ZL205A 合金的固溶 Cu 含量低。θ′ 相的形成过程为：过饱和固溶体 (α_{ss}) ⟶GP 区 (GPI 区)⟶ θ″(GPⅡ 区)⟶ θ′ ⟶ θ。铜原子偏聚形成 GP 区，进而形成 θ′ 相，铸造 ZL205A 合金的固溶 Cu 含量低，所以析出的 θ′ 相的数量少，分布稀疏。由图 6-14(e) 可见，θ′ 相于基体部分共格，能够阻碍位错的运动，提高合金强度，θ′ 相的数量越多且弥散分布，合金的强度越高。

4. 力学性能和断口形貌

1) 力学性能

WAAM ZL205A 合金和铸造 ZL205A 合金 T6 态的力学性能如图 6-15 所示。图中对比了 T6 热处理后 WAAM ZL205A 合金堆积体横向、纵向和铸造 ZL205A 合金的力学性能。可见，WAAM ZL205A 合金的抗拉强度为 500MPa，屈服强度为 450MPa，伸长率为 10%，横纵向基本一致，强度和塑性均高于铸造 ZL205A 合金，其中抗拉强度均值提高 20MPa，屈服强度均值提高 15MPa，伸长率提高约 100%。力学性能提高的原因：①WAAM 工艺液相金属凝固速度快、晶粒细小、强化相分布均匀；②WAAM ZL205A 合金固溶处理后固溶 Cu 含量提高，所以在时效过程中析出更多的 θ′ 相；③WAAM ZL205A 合金固溶处理后初生 θ 相基本完全溶解，未固溶 θ 相尺寸较小且弥散分布具有钉轧晶界的作用，铸造 ZL205A 合金未固溶 θ 相数量多、尺寸大，受拉力时容易产生裂纹。

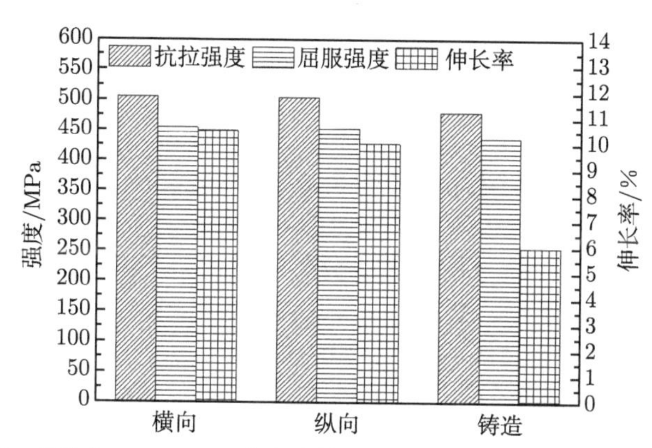

图 6-15 WAAM ZL205A 合金和铸造 ZL205A 合金 T6 态的力学性能

2) 断口形貌

WAAM ZL205A 合金和铸造 ZL205A 合金的断口形貌如图 6-16 所示。由图 6-16(a)、(b) 可见，WAAM ZL205A 合金堆积体横向和纵向的断口形貌基本一致，都是由大小不等的韧窝构成的，显示出材料良好的韧性，为典型的韧性断裂。在韧窝内部有较多的小颗粒，是在晶界上弥散分布的强化相。由图 6-16(c) 可见，铸造 ZL205A 合金的断口被大量的第二相粒子覆盖，只有少量的韧窝，说明其断裂方式为脆性断裂。EDS 能谱显示，这些第二相为 θ 相 Al_2Cu，是固溶处理后未溶解的 θ 相。由图 6-16(c) 可见，裂纹首先在 θ 相上产生，然后向韧窝扩展，造成力学性能低，尤其是伸长率。

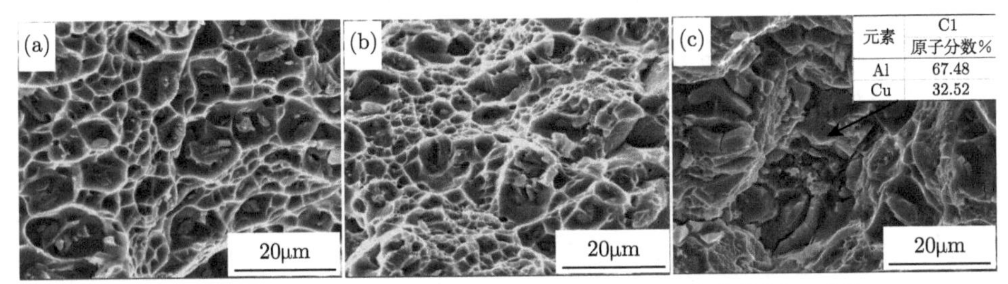

图 6-16 WAAM ZL205A 合金和铸造 ZL205A 合金的断口形貌

6.2 以 Sn 代替 ZL205A 中 Cd 的合金

6.2.1 不同 Sn 含量的 Al-Cu-Sn 合金丝的制备

按照目标成分进行配料，待高纯铝锭熔化后，将 AlCu50、AlMn20、AlTi5B1、AlZr5、AlV5、Cd 等中间合金锭依次加入到铝液中进行合金化。合金化后除气，制备直径 11.5mm 的盘条。然后经过轧制、拉拔、刮削制备直径 1.2mm 的合金丝。

6.2.2 不同 Sn 含量的 Al-Cu-Sn 合金堆积体的成分

不同 Sn 含量堆积体的平均化学成分如图 6-17 所示。由图可见，在不同 Sn 含量的堆积体中，Cu、Mn、Ti、Zr、V、B 等合金元素的含量基本一致，Sn 元素的含量随着焊丝 Sn 含量的增加稳步升高，说明 Sn 元素含量对其自身烧损率及其他元素的烧损率没有影响。

6.2.3 不同 Sn 含量的 Al-Cu-Sn 合金堆积体的形貌

不同 Sn 含量 WAAM Al-Cu 合金堆积体的表面形貌如图 6-18 所示。堆积体表面呈现银白色的金属光泽，表面出现周期性凸起，这是由 WAAM 工艺逐层堆积产生的。不同 Sn 含量的堆积体表面质量没有明显变化，说明 Sn 的添加量对电弧熔丝增材制造过程熔池的流动性没有影响。

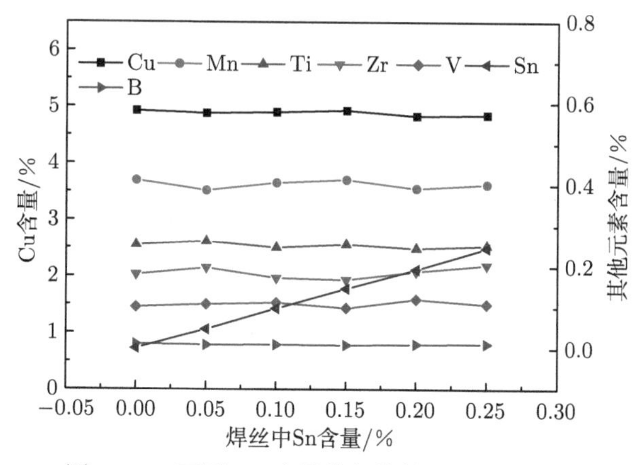

图 6-17 不同 Sn 含量堆积体的平均化学成分

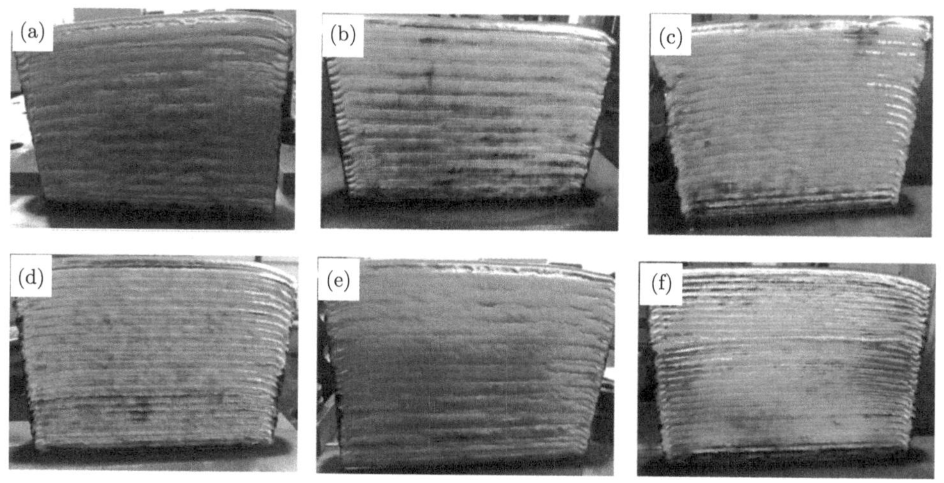

图 6-18 不同 Sn 含量 WAAM Al-Cu 合金堆积体的表面形貌
(a)0%;(b)0.05%;(c)0.10%;(d)0.15%;(e)0.20%;(f)0.25%

6.3 不同 Sn 含量的 Al-Cu-Sn 合金堆积体的微观组织

6.3.1 不同 Sn 含量的 Al-Cu-Sn 合金堆积体直接堆积态的微观组织

1. 气孔

不同 Sn 含量 WAAM Al-Cu 合金堆积体直接堆积态的气孔分布如图 6-19 所示。堆积体中可见尺寸小于 20μm 的气孔，气孔数量少，没有聚集的现象，不同 Sn 含量的堆积体中气孔的数量、尺寸和分布没有明显变化。说明采用 WAAM 工艺成形的堆积体时，Sn 含量对气孔没有影响。

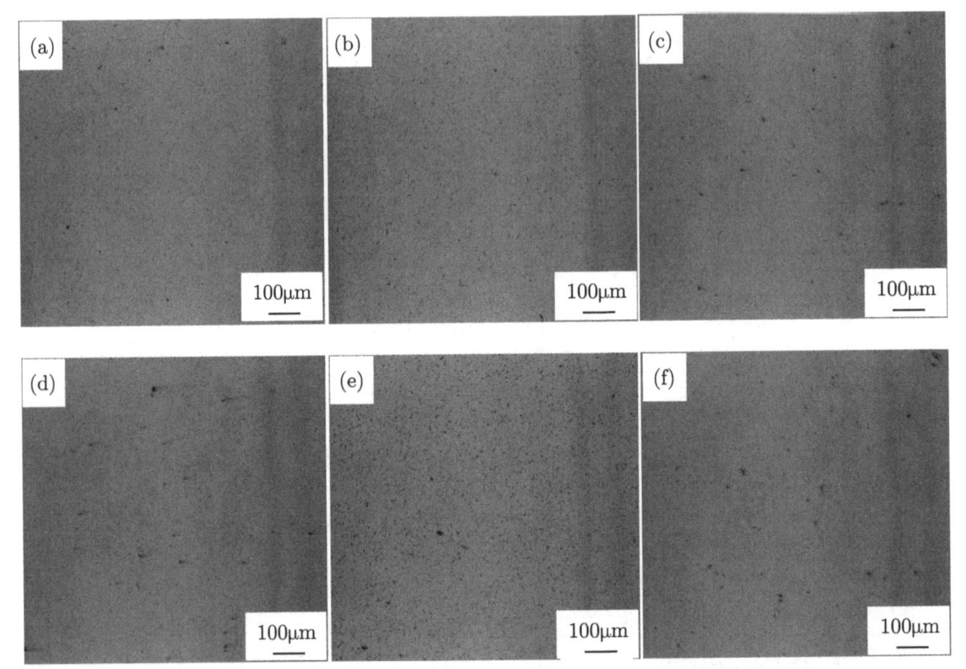

图 6-19 不同 Sn 含量 WAAM Al-Cu 合金堆积体直接堆积态的气孔分布
(a)0%;(b)0.05%;(c)0.10%;(d)0.15%;(e)0.20%;(f)0.25%

2. 晶粒

不同 Sn 含量 WAAM Al-Cu 合金堆积体直接堆积态层内区域的晶粒组织如图 6-20 所示。由图可见，与 WAAM ZL205A 合金相同，不同 Sn 含量堆积体层内区域的晶粒都为等轴晶。堆积体中 Sn 含量为 0，堆积体的晶粒尺寸较大，晶粒尺寸的差异大，如图 6-20(a) 所示。随着 Sn 元素的加入，堆积体直接堆积态的晶粒尺寸明显细化，Sn 含量为 0.05%，堆积体的晶粒尺寸明显减小，且晶粒大小均匀，如图 6-20(b) 所示。随着 Sn 含量的增加，堆积体层内的晶粒没有进一步细化，如图 6-20(c)、(d)、(e) 所示。Sn 含量达到 0.25%，堆积体的层内区域晶粒由等轴晶转变为胞状晶，晶粒大小均匀，如图 6-20(f) 所示。

不同 Sn 含量 WAAM Al-Cu 合金堆积体直接堆积态层间区域的晶粒组织如图 6-21 所示。Sn 含量为 0%，堆积体层间区域的晶粒为大尺寸枝晶，具有明显的二次枝晶，其枝晶臂间距大于 10μm，枝晶尺寸具有较大差异，如图 6-21(a) 所示。Sn 含量为 0.10%，堆积体层间区域的晶粒尺寸明显减小，由大尺寸枝晶转化为等轴枝晶，晶粒大小均匀，如图 6-21(b) 所示。随着 Sn 含量增大到 0.15%，堆积体层间区域晶粒没有明显变化，仍旧为尺寸均匀的等轴枝晶，如图 6-21(c) 所示。Sn 含量为 0.15%，堆积体层间区域的晶粒逐渐由等轴枝晶向等轴晶过渡，Sn

含量为 0.20%，堆积体层间区域的枝晶全部转化为等轴晶，如图 6-21(d)、(e) 所示。Sn 含量为 0.25%，堆积体层间的晶粒也由等轴晶转化为胞状晶，晶粒大小均匀，如图 6-21(f) 所示。

图 6-20 不同 Sn 含量 WAAM Al-Cu 合金堆积体直接堆积态层内区域的晶粒组织
(a)0%;(b)0.05%;(c)0.10%;(d)0.15%;(e)0.20%;(f)0.25%

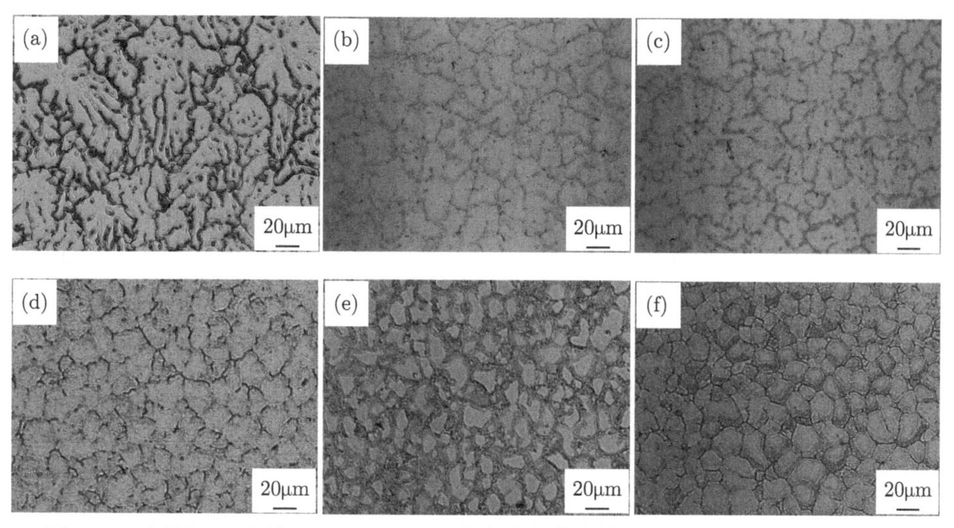

图 6-21 不同 Sn 含量 WAAM Al-Cu 合金堆积体直接堆积态层间区域的晶粒组织
(a)0%;(b)0.05%;(c)0.10%;(d)0.15%;(e)0.20%;(f)0.25%

不同 Sn 含量 WAAM Al-Cu 合金堆积体直接堆积态的晶粒尺寸分布如图 6-22 所示。由图可见，堆积体中的 Sn 含量为 0%，堆积体的平均晶粒尺寸为 50.24μm，晶粒尺寸均匀度差异大，如图 6-22(a) 所示。随着 Sn 的加入，堆积体的平均晶粒尺寸大幅度降低，Sn 含量为 0.05%，堆积体的平均晶粒尺寸为 25.48μm，如图 6-22(b) 所示。与 ZL205A 合金堆积体的晶粒尺寸一致。Sn 含量继续增加，堆积体的晶粒尺寸基本不变，均匀度略有提高，如图 6-22(c)、(d)、(e)、(f) 所示。

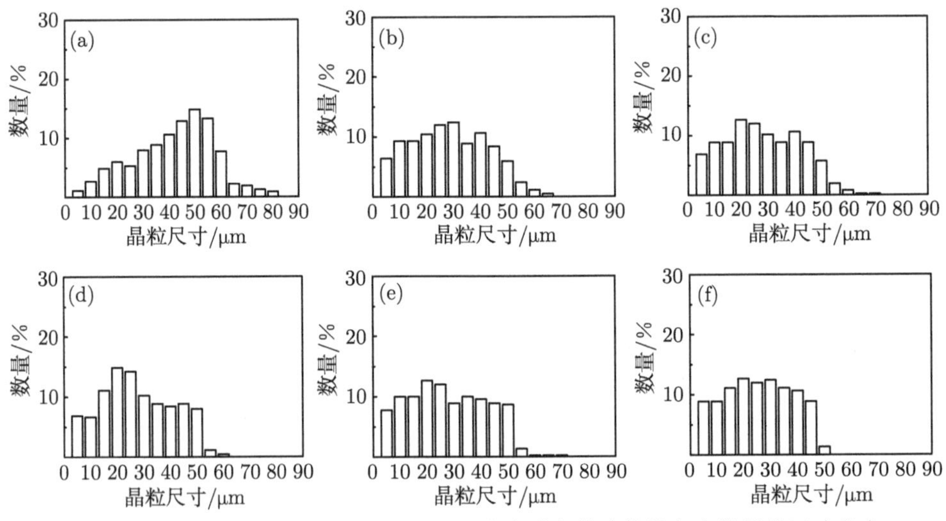

图 6-22　不同 Sn 含量 WAAM Al-Cu 合金堆积体直接堆积态的晶粒尺寸分布

(a)0%;(b)0.05%;(c)0.10%;(d)0.15%;(e)0.20%;(f)0.25%

WAAM Al-Cu 合金中添加 Sn 具有细化晶粒尺寸、改善晶粒形貌的作用。Al-Cu 合金的凝固顺序为:

$$\mathrm{L} \longrightarrow \alpha\text{-Al} \longrightarrow \theta(\mathrm{Al_2Cu})\ /\ \alpha\text{-Al} + \theta(\mathrm{Al_2Cu}) + \mathrm{T}(\mathrm{Al_{12}Mn_2Cu}) \longrightarrow \text{各向等大的}$$

凝固过程中，首先析出的是 α-Al，其粒径大小决定了合金的晶粒尺寸。凝固过程中合金的晶粒大小是由形核率和长大速率控制的。若形核率大，长大速率小，则晶粒尺寸小，反之晶粒尺寸大。一般认为合金元素对铝合金的晶粒细化有两种作用机制：①合金元素与铝形成了高熔点化合物，作为异质形核质点，提高晶粒形核率，从而细化晶粒。②合金元素在固液前沿富集，阻碍晶粒的长大，降低晶粒的生长速率，起到细化晶粒的效果，也有研究人员认为这两种作用同时存在。从异质形核质点角度分析，Sn 与 Al、Cu 等元素无法形成化合物，无法作为形核质点，Sn 单质的析出温度为 231.9℃，远低于 α-Al 的形成温度，不满足异质形核质点先析出的条件。

根据合金凝固原理，合金元素易在固液界面前沿偏析。由 Al-Sn 合金相图可知，Sn 在 Al 中的平衡分配系数小，偏析系数较大，因此 Sn 在固液界面前沿富集，阻碍了晶粒的长大，对等轴晶区晶粒具有细化作用。在晶粒长大过程中，受扩散动力学条件限制，聚集在固液界面前沿的 Sn 对 Cu、Mn 等原子向固溶体中的扩散具有阻碍作用，使其平衡分配系数减小。韩青有等针对多元合金的结晶过程，建立了二次枝晶间距粗化模型，如下式

$$d=\left[\sum_{i-1}^{N-1}\left(p_i\frac{C_{Li}^r(1-K_i)}{D_i}\right)\right]^{-1/3}\left[\frac{r_0}{a}+\ln\left(1-\frac{r_o}{a}\right)\right]^{-1/3}\left[\frac{t_c oT}{\Delta T}\right]^{1/3}[\phi(f_{\rm s})]^{-1/3} \tag{6-1}$$

式中，d 为二枝晶臂间距；p_i 为溶质 i 的液相线斜率；C_{Li}^r 为各组元在枝晶臂处的浓度；K_i 为各组元在固液界面的平衡分配系数；D_i 为各组元在液相内的扩散系数；$f_{\rm s}$ 为固相体积百分数；$\phi(f_{\rm s})=a/d$。溶质的平衡分配系数减小，枝晶粗化时间延长，所以 Sn 的加入对等轴枝晶区的晶粒具有细化作用。

在枝晶生长的过程中，枝晶臂处的溶质扩散条件差，所以在枝晶臂处 Sn 的析出量大，该处的生长受到抑制。在枝晶端部溶质易于扩散，生长速度快，所以在枝晶臂处产生了“缩颈”现象。在温度反复波动所形成热冲击的作用下，枝晶臂熔断，使枝晶转化为等轴晶，改变了晶粒形态。姜容票等在 Al-Zn-Mg-Cu 合金中发现了 Sn 具有相同的作用。Sn 含量达到 0.25%，成分过冷区进一步增大，凝固界面失稳转变为胞状界面，所以堆积体的晶粒主要为胞状晶。

3. 析出相

由图 6-20、图 6-21 可见，不同 Sn 含量的堆积体在直接堆积态的析出相没有偏聚现象，在晶内和晶界上弥散分布。Sn 含量大于 0.1%，随着 Sn 含量的增加，晶界的宽度逐渐增大。不同 Sn 含量堆积体的 SEM 如图 6-23 所示，由图可见，Sn 含量为 0%，堆积体的主要析出相为网状、长条状的 θ 相 (Al_2Cu)，以及含有少量杂质的 T 相 ($Al_{12}Mn_2Cu$)，析出相分布在晶内和晶界。随着 Sn 的加入，堆积体析出相依然以 θ 相和 T 相为主，但是晶内的析出相逐渐减少，析出相主要分布在晶界。熔体凝固过程中，在内能驱动力的作用下，溶质原子通过固液界面迁移逐渐在晶界析出，此时整个体系的自由能最低。Al-Cu 合金加入 Sn 后，晶粒显著细化，所以溶质原子的迁移路径大大缩短，晶内的析出相减少，析出相主要分布在晶界。

Sn 含量为 0.05%和 0.1%，析出相的种类和形态没有发生变化，如图 6-23(b)、(c) 所示。Sn 含量进一步增加，析出相的形态由连续的长条状和网状转变为间断的块状，析出相的尺寸增大，如图 6-23(d)、(e)、(f) 所示。所以在图 6-20 和图 6-21 金相中看到随着 Sn 含量的增加，晶界的宽度增大。由于 Sn 在 Al 基体中的固溶度小，过多的 Sn 在晶界上析出，阻止 Al、Cu 原子沿晶界迁移，抑制了 θ 相沿晶界生长的趋势，使其调整生长方向，由连续的细长条转变为间断的块状。Sn

含量达到 0.25%，如图 6-23(f) 所示，在晶界上检测到单质 Sn 的存在，Sn 粒子出现在 θ 相的边缘，阻断了 θ 相沿晶界生长，使其调整生长方向，宽度增大。

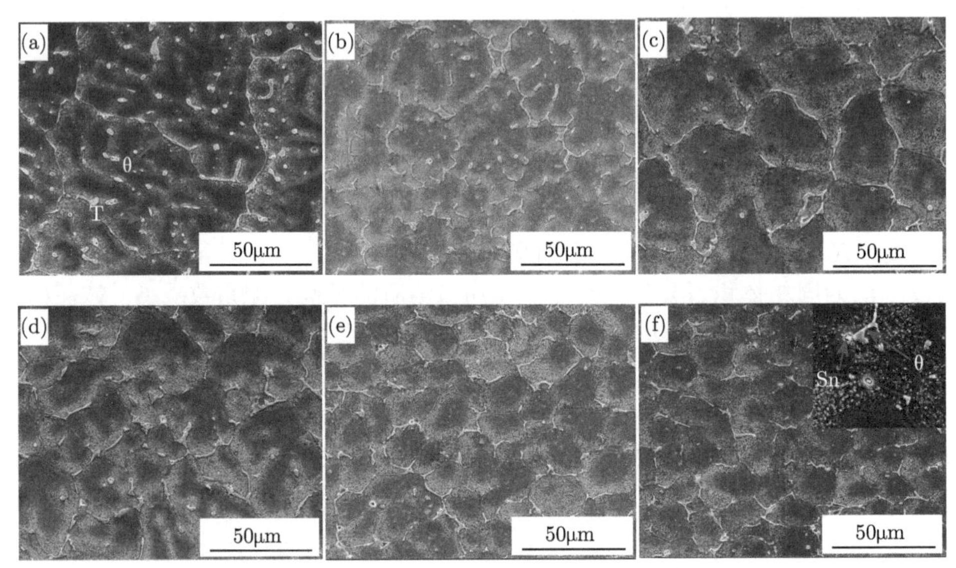

图 6-23　不同 Sn 含量 WAAM Al-Cu 合金堆积体直接堆积态的 SEM
(a)0%;(b)0.05%;(c)0.10%;(d)0.15%;(e)0.20%;(f)0.25%

6.3.2　不同 Sn 含量的 Al-Cu-Sn 合金堆积体 T4 态的微观组织

1. 晶粒

不同 Sn 含量堆积体 T4 态的金相组织如图 6-24 所示。T4 处理后，不同 Sn 含量堆积体的晶粒全部为等轴晶。由图 6-25 不同 Sn 含量堆积体 T4 态的晶粒尺寸分布可见，Sn 含量为 0%的堆积体固溶处理后的平均晶粒尺寸为 48.32μm，比直接堆积态的晶粒尺寸略有减小，这是由于枝晶臂处的析出相溶解，枝晶臂熔断转化为等轴晶。Sn 含量为 0.05%的堆积体的晶粒尺寸为 24.03μm，晶粒尺寸均匀，比直接堆积态略有降低。与 WAAM ZL205A 合金堆积体 T4 态的晶粒尺寸一致。随着 Sn 含量的增加，堆积体的晶粒尺寸无明显变化。Sn 含量为 0.25%，热处理后堆积体中出现了裂纹，如图 6-24(f) 所示，裂纹沿晶界分布。由直接堆积态的微观组织可见，堆积体中 Sn 含量达到 0.25%，在晶界上存在单质 Sn。Sn 的熔点低 (232℃)，在本实验所采用的固溶温度 (535℃)，单质 Sn 液化，形成沿晶界分布的液态薄膜，在堆积体内应力的作用下形成沿晶界分布的液化裂纹。Sn 含量小于 0.2%，在固溶温度，Sn 同样发生液化，但是由于含量较低无法形成连续分布的液态薄膜，没有出现裂纹。

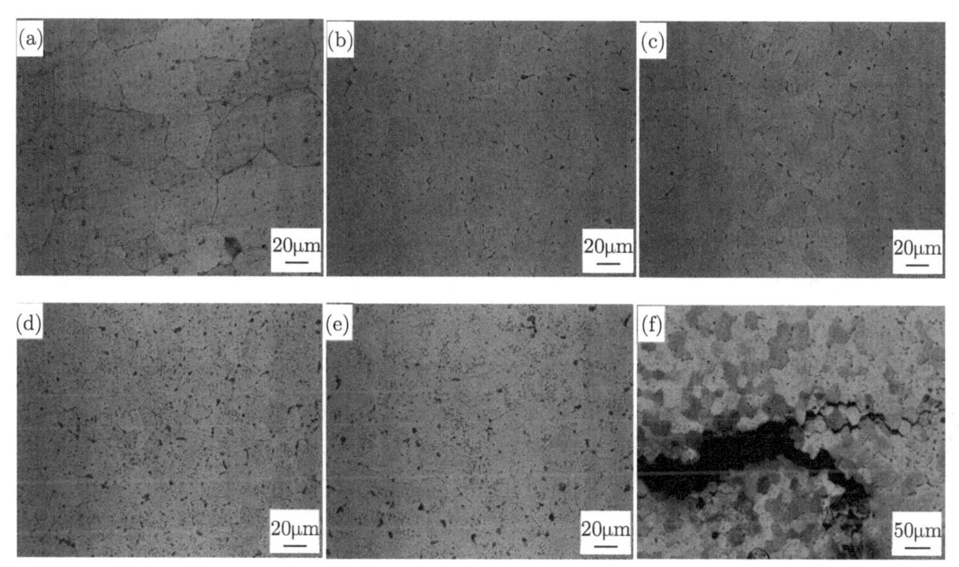

图 6-24 不同 Sn 含量 WAAM Al-Cu 合金堆积体 T4 态的金相组织
(a)0%;(b)0.05%;(c)0.10%;(d)0.15%;(e)0.20%;(f)0.25%

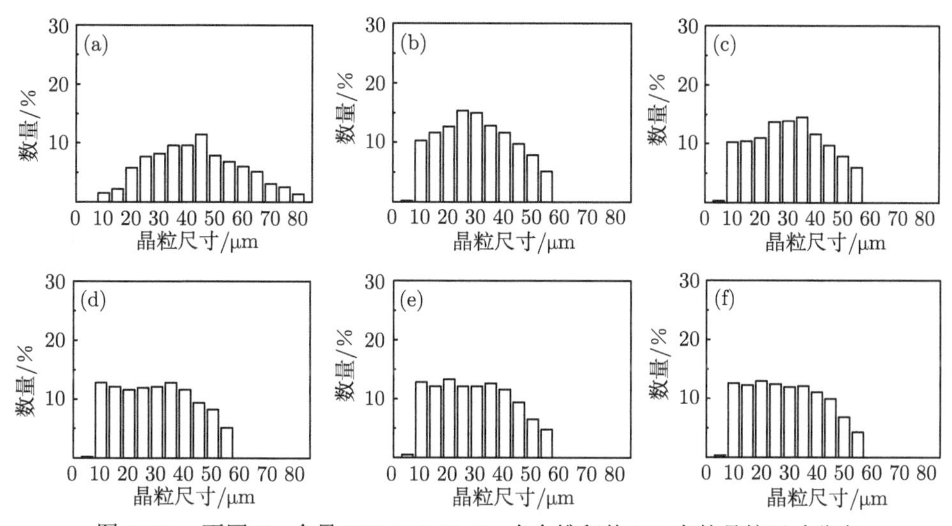

图 6-25 不同 Sn 含量 WAAM Al-Cu 合金堆积体 T4 态的晶粒尺寸分布
(a)0%;(b)0.05%;(c)0.10%;(d)0.15%;(e)0.20%;(f)0.25%

2. 析出相

由图 6-24 可见，随着 Sn 含量的增加，固溶处理后的微观组织中析出相的数量逐渐增加。不同 Sn 含量 WAAM Al-Cu 合金堆积体 T4 态的 SEM 和 EDS 如图 6-26 所示。含 Sn 量为 0%的堆积体在固溶处理后，在晶内和晶界初生的 θ 相基本完全固溶到 Al 基体中，堆积体中分布着的 T 相和少量小尺寸的 θ 相，如图 6-26(a) 所示。Sn 含量达到 0.05%和 0.1%，堆积体 T4 处理后，初生 θ 相同样基本完全固溶到 Al 基体中，晶界上分布着 T 相和少量小尺寸的 θ 相，如图 6-26(b)、(c) 所示。这三种 Sn 含量 Al-Cu 合金中的小尺寸 θ 相是在固溶处理过程中未溶入到基体中的未固溶 θ 相，其尺寸小于 5μm，数量少，分布稀疏。随着堆积体中 Sn 含量的增加，固溶处理后晶界上的析出相除了 T 相还有尺寸较大的未固溶 θ 相，如图 6-26(d)、(e) 所示。并且随着 Sn 含量的增加，晶界上未固溶 θ 相的数量增多，尺寸增大，相对距离减小。在直接堆积态的组织中，由于 Sn 在晶界析出，改变了 θ 相的形态与分布，增大了 θ 相的尺寸，减小了 θ 相与 Al 基体接触的比表面积，所以固溶处理过程中初生 θ 相没有完全固溶到 Al 基体中。如图 6-26(f) 所示，在含 Sn 量 0.25%的堆积体热处理后的裂纹中，存在的相为含 Sn 相，进一步证实了 Sn 产生的液态薄膜导致了裂纹的出现。C、Si 等杂质是由于淬水过程中，外界杂质进入到裂纹中导致的。

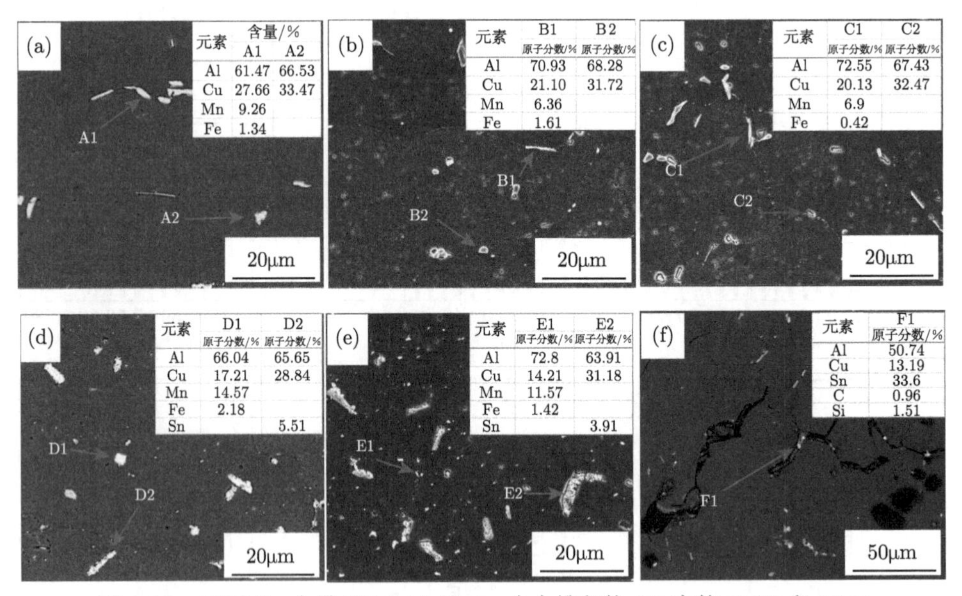

图 6-26　不同 Sn 含量 WAAM Al-Cu 合金堆积体 T4 态的 SEM 和 EDS

(a)0%;(b)0.05%;(c)0.10%;(d)0.15%;(e)0.20%;(f)0.25%

不同 Sn 含量 WAAM Al-Cu 合金堆积体固溶处理后的固溶 Cu 含量如图 6-27 所示。由图可见，堆积体中 Sn 含量为 0%，固溶处理后的固溶 Cu 含量为 4.74%。添加 0.05%和 0.10%的 Sn 后，堆积体的固溶 Cu 含量分别为 4.70%和 4.68%，变化不大。Sn 含量达到 0.15%，固溶 Cu 含量为 4.31%，出现了大幅度降低，随着 Sn 含量的增加，固溶 Cu 含量持续降低。由于原材料中的 Cu 含量基本一致，在固溶处理后，Sn 含量大于 0.15%的堆积体中存在大量的未固溶 θ 相，所以导致固溶 Cu 含量降低。Sn 含量越高，未固溶 θ 相的数量越多，固溶 Cu 含量越低。Al-Cu 合金的主要强化方式有固溶强化和析出强化，当溶质原子 Cu 溶入到 Al 基体中形成间隙固溶体或置换固溶体，引起晶格畸变，产生固溶强化的作用，所以固溶 Cu 含量越高，引起的晶格畸变度越大，固溶强化作用越大。Al-Cu 合金时效过程析出强化相，固溶 Cu 原子是析出强化相的原料，所以固溶 Cu 含量越高，析出的强化相数量越多，合金强度越高。对 Al-Cu 合金而言，固溶 Cu 含量是控制合金性能的关键因素。Sn 含量小于等于 0.1%，对固溶 Cu 含量没有影响，应控制 Sn 含量在这一范围内。

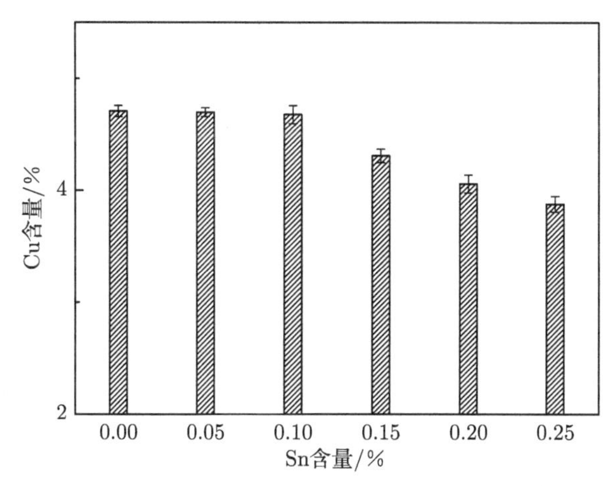

图 6-27 不同 Sn 含量 WAAM Al-Cu 合金堆积体 T4 态的固溶 Cu 含量

6.3.3 不同 Sn 含量的 Al-Cu-Sn 合金堆积体 T6 态的微观组织

1. 晶粒和析出相

Sn 含量为 0.25%的堆积体在固溶处理过程中出现了裂纹，在后续的研究中排除了这一 Sn 含量的堆积体。不同 Sn 含量堆积体 T6 态的金相组织如图 6-28 所示，由图可见，不同 Sn 含量堆积体 T6 处理后的晶粒依然是等轴晶，尺寸与 T4 态的一致，添加 Sn 后，晶粒显著细化。Sn 含量为 0%，堆积体的金相组织中没有大尺寸的析出相，如图 6-28(a) 所示。Sn 含量为 0.05%的堆积体中也没有大尺寸的析出相，如图 6-28(b) 所示。堆积体中 Sn 含量达到 0.1%，出现了形状不规则的析出相。通过 EDS 能谱检测，该析出相为 θ 相，其为固溶过程中未固溶 θ 相。含 Sn 量 0.1%的堆积体中，未固溶 θ 相的尺寸小于 5μm，形状多为圆形或椭圆形，与基体紧密结合，分布稀疏，如图 6-28(c) 所示。随着 Sn 含量的继续增加，未固溶 θ 相的数量显著增加，如图 6-28(e) 所示，Sn 含量 0.15%的堆积体中，θ 相的尺寸约为 10μm，呈长条状，带有棱角，对铝基体有割裂作用，两个 θ 相之间的距离小，分布密集。Sn 含量达到 0.2%，θ 相的数量进一步增多，尺寸增大，分布密集。

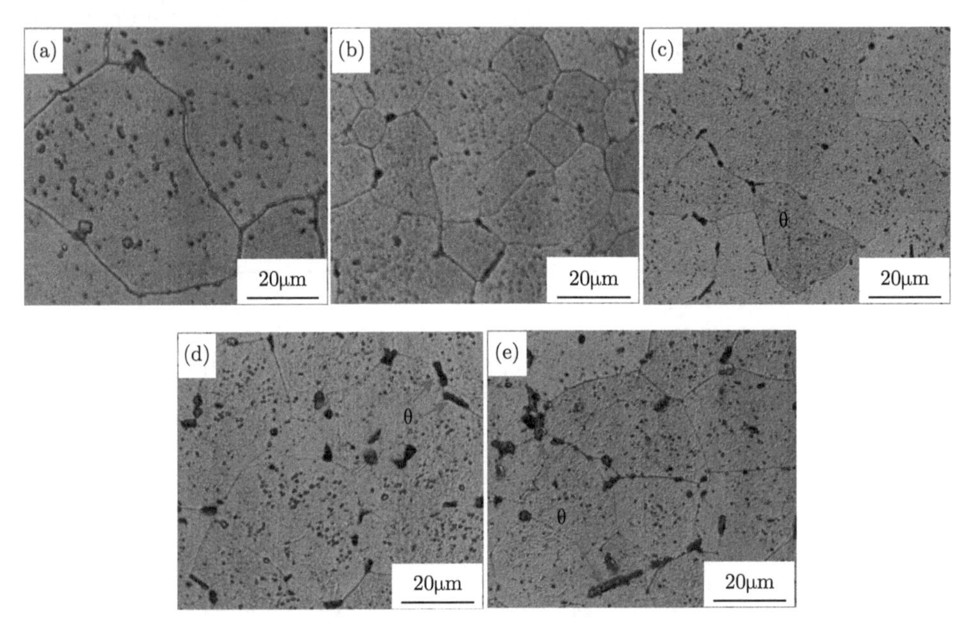

图 6-28 不同 Sn 含量 WAAM Al-Cu 合金堆积体 T6 态的金相组织
(a)0%;(b)0.05%;(c)0.10%;(d)0.15%;(e)0.20%

根据 Bahl 等的研究结果，T6 态未固溶 θ 相为金属间化合物颗粒，Al_2Cu 颗粒尺寸较小，呈圆形且弥散分布，具有钉轧晶界的作用，提高了合金强度。Al_2Cu 颗粒尺寸较大且密集分布，由于金属间化合物为脆性相，在拉伸载荷下容易破裂，促使裂纹萌生。Al_2Cu 颗粒距离较近，由于相邻颗粒应力场之间的相互作用，导致颗粒内应力的增加，促进裂纹在颗粒内扩展。尺寸较大颗粒与周围基质作用形成微剪切区，微剪切区与裂纹尖端塑性区相互作用形成宏观剪切区域，促进了裂纹向基体的扩展。

2. 时效析出相

图 6-29 为不同 Sn 含量堆积体峰值时效下的析出相形貌。堆积体中的 Sn 含量为 0%，在峰值时效下，析出相主要为长度约 1μm，宽度约 0.2μm 的相，如图 6-29(a) 所示，通过 EDS 分析发现该相为 θ 相 Al_2Cu。含 Sn 量为 0%的堆积体在峰值时效时还存在针状相，通过选区衍射花样显示，该针状相为 θ′ 相，如图 6-29(b) 所示。由于入射角度的问题，在 ⟨001⟩ 带轴上，θ′ 相与 Al 基体呈现三种位向关系，θ′ 相尺寸差异大，分布稀疏，相间距大。随着 Sn 的加入，由图 6-29(c)

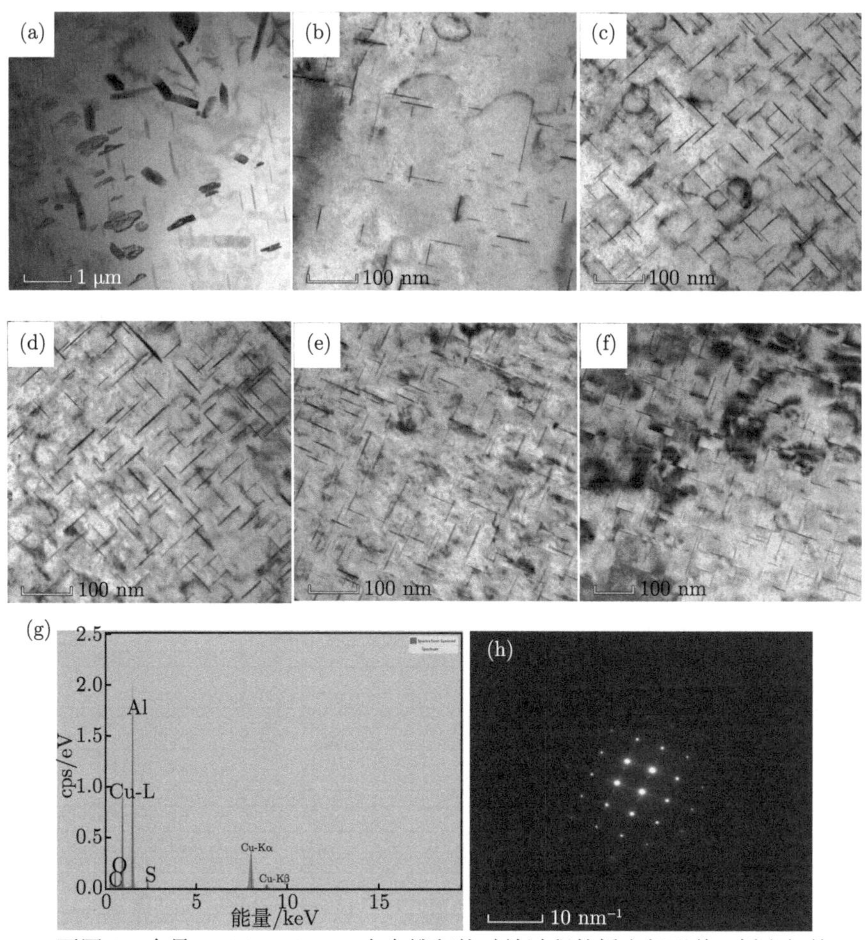

图 6-29 不同 Sn 含量 WAAM Al-Cu 合金堆积体时效过程的析出相形貌、析出相的 EDS 能谱和选区衍射花样 $\langle B = 001\rangle$

(a)、(b)0%;(c)0.05%;(d)0.10%;(e)0.15%;(f)0.20%;(g) 析出相的 EDS; (h) 析出相的衍射花样

可见，堆积体峰值时效时，θ′ 相与基体的位向关系没有发生变化，依然呈现 3 种位向关系。但是 θ′ 相的数量显著增加，尺寸均匀，分布弥散，相间距大大减小。Sn 含量达到 0.1%，如图 6-29(d) 所示，堆积体 θ′ 相的密度略有增加。通常认为 Al-Cu 合金强化相的生长过程包括三个阶段：形核—长大—粗化。Al-Cu-Sn 合金中由于 Sn-Sn 原子团簇能够束缚空位，所以延缓了 GP 区的形成。Sn 通过降低 θ′ 相与基体的错配度或作为 θ′ 相的形核质点促进 θ′ 相的形核。由于在 Al-Cu-Sn 合金中，θ′ 相的生长涉及多种原子团簇的迁移和聚集，所以生长速度较慢。在 θ′ 相粗化阶段前，还要经历 β-Sn 粒子与 θ′ 相的分离阶段，所以 Sn 的加入能够促进 θ′ 相的形核与稳定存在。

堆积体中 Sn 含量增大到 0.15%，峰值时效下，θ′ 相的密度有所降低，如图

6-29(e) 所示。并且随着 Sn 含量的继续增加，堆积体 θ′ 相的密度继续下降，如图 6-29(f) 所示。这是由于 Sn 含量为 0.15%和 0.20%，Sn 在晶界上析出导致初生 θ 相尺寸增大，与 Al 基体接触的比表面积减小，固溶过程中没有完全溶解到基体当中，剩余大量的未固溶 θ 相，如图 6-26(d)、(e) 所示，导致堆积体的固溶 Cu 含量降低。根据 Al-Cu 合金的时效过程，固溶 Cu 含量降低，导致时效过程中形成的 Cu 原子团簇的数量减少，形成 θ′ 相的数量降低，但是 θ′ 相的尺寸没有发生变化。另外，由图 6-29(f) 可见大量由应力产生的位错，这是由于过多 Sn 的加入造成在固溶温度下，堆积体软化变形，淬水急冷产生了应力。Sn 含量进一步增多，即可沿晶界产生裂纹，如图 6-25(f) 所示。Sn 含量为 0.1%时，堆积体中 θ′ 相的密度最大。

如图 6-30(a) 所示，在峰值时效状态下，θ′ 相的边缘附着黑色圆形相。EDS 能谱显示这些黑色圆形相主要成分为 Sn，在能谱中还有 Cu 元素峰的存在，是由于电子探针与富 Cu θ′ 相有重叠。这与 Silcock 等观察到的现象一致，他们认为这种黑色圆形相为 β-Sn 粒子。由图 6-30(b)θ′ 相的 HRTEM 可见，圆形 β-Sn 粒子的直径约为 10nm，与基体完全共格。说明加入 Al-Cu 合金中的 Sn，能够以 β-Sn 析出相的形式作为 θ′ 相的异相形核质点，促进其形核。

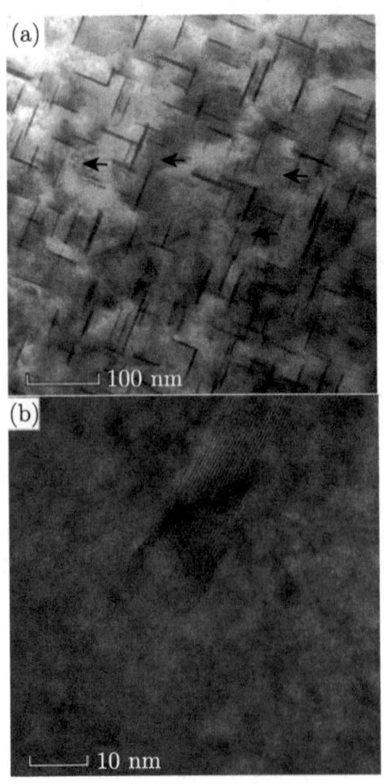

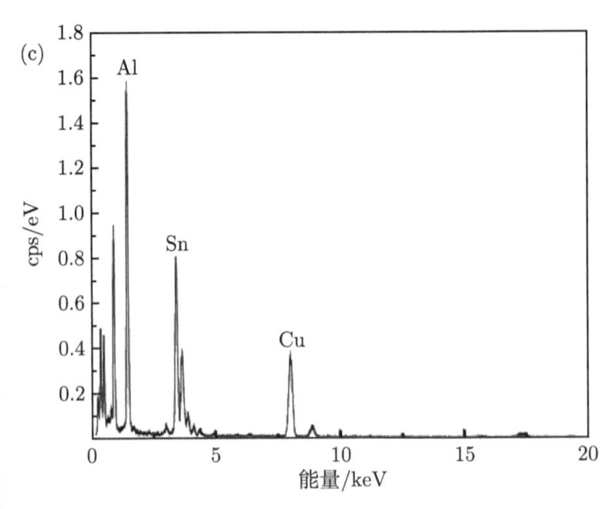

图 6-30　WAAM Al-Cu-0.1%Sn 合金时效处理后 Sn 的分布

(a)TEM;(b)HRTEM;(c)EDS

6.4 不同 Sn 含量的 Al-Cu-Sn 合金堆积体的力学性能和断口形貌

6.4.1 不同 Sn 含量的 Al-Cu-Sn 合金堆积体的力学性能

不同 Sn 含量堆积体 T6 热处理后横向 (a) 和纵向 (b) 的力学性能如图 6-31 所示。Sn 含量为 0%时，堆积体的力学性能较低，横向：抗拉强度 435MPa，屈服强度 356MPa，伸长率 10%；纵向：抗拉强度 432MPa，屈服强度 353MPa，伸长率 10%，横纵向力学性能基本一致。Sn 的含量为 0.05%时，堆积体的力学性能大幅度提高，其中抗拉强度提高 60MPa，屈服强度提高 70MPa，伸长率保持不变，横、纵向力学性能一致。力学性能的提高：第一是由于 Sn 的加入细化了堆积体的晶粒，起细晶强化的作用；第二是时效过程中 Sn 促进 θ′ 强化相的析出，提高了 θ′ 相的密度，增强了析出强化的效果。随着 Sn 含量增加到 0.1%，堆积体的抗拉强度不变，屈服强度提高 19MPa，伸长率下降 0.5%，这是由于 Sn 含量的增加促进了 θ′ 强化相的析出，所以强化相的密度增加。Sn 含量进一步增加，堆积体的力学性能呈下降趋势，抗拉强度和屈服强度的降低是由初生 θ 相固溶不完全，使固溶 Cu 含量降低，强化相 θ′ 的密度降低造成的。伸长率的下降是因为在其 T6 态的微观组织中存在未固溶的金属间化合物 Al_2Cu，Sn 含量越大，未固溶 Al_2Cu 的数量越多，尺寸越大，这些 Al_2Cu 颗粒有助于裂纹的萌生与扩展，所以伸长率不断降低。随着 Sn 含量的增加，堆积体力学性能呈现先增加后降低的趋势，Sn 含量为 0.1%时，综合力学性能最佳，抗拉强度为 493MPa，屈服强度为 434MPa，伸长率为 9.5%，横、纵向力学性能一致。

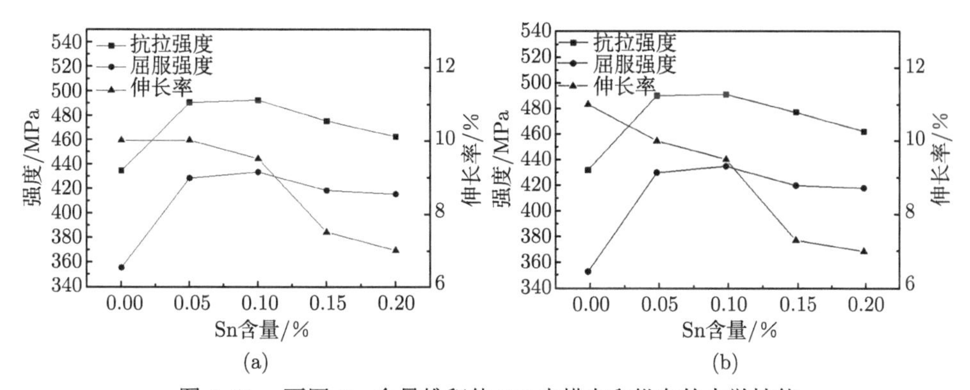

图 6-31 不同 Sn 含量堆积体 T6 态横向和纵向的力学性能

6.4.2　不同 Sn 含量的 Al-Cu-Sn 合金堆积体的断口形貌

不同 Sn 含量堆积体横向和纵向的断口形貌如图 6-32 所示。Sn 含量为 0%的

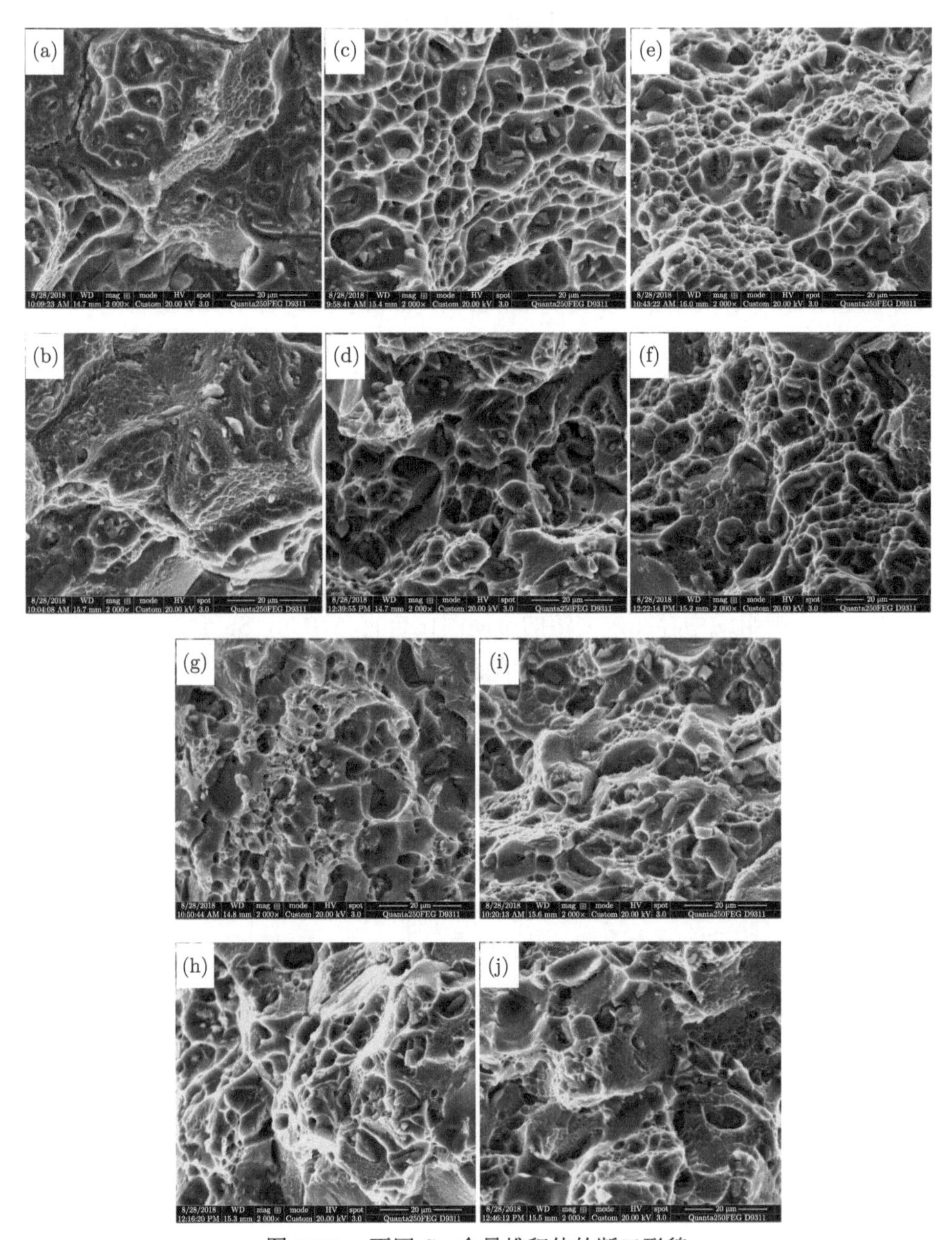

图 6-32　不同 Sn 含量堆积体的断口形貌

(a)0%Sn-横向;(b)0%Sn-纵向 (c)0.05%Sn-横向;(d)0.05%Sn-纵向； (e)0.10%Sn-横向; (f)0.10%Sn-纵向;(g)0.15%Sn-横向;(h)0.15%Sn-纵向;(i)0.20%Sn-横向;(j)0.20%Sn-纵向

堆积体横、纵向断口由大量的韧窝组成，由于晶粒尺寸较大，所以断口中韧窝的尺寸普遍较大，韧窝的深度小，如图 6-32(a)、(b) 所示。Sn 含量为 0.05%和 0.1%，如图 6-32(c)、(d)、(e)、(f) 所示，堆积体横、纵向断口的韧窝尺寸明显减小，均匀性提高，韧窝深度增大，韧窝的底部存在大量的第二相粒子，为典型的韧性断裂。在 Sn 含量为 0.05%和 0.1%堆积体横、纵向断口中，存在明显的撕裂棱，均匀的韧窝和撕裂棱是合金高强、高韧性的标志。由图 6-32(g)、(h) 可见，Sn 的含量继续增大，达到 0.15%，断口中韧窝的数量和深度减小，说明合金的韧性降低，是由于时效后堆积体析出的强化相减少。在断口中出现了滑移面，这是由于 Sn 含量 0.15%的堆积体 T6 处理后存在未固溶 θ 相，所以合金的伸长率降低。由图 6-32(i)、(j) 可见，Sn 含量为 0.20%，断口中韧窝的数量继续减少，滑移面的数量增加，断裂方式由韧性断裂转化为混合型断裂。所有堆积体横、纵向断口形貌基本一致，表现为所有堆积体横、纵向力学性能一致。

第 7 章　Al-Cu-Sn 合金

Cu 在铝铜合金中的主要存在形式有：固溶体、θ 相、θ′ 相。Al-Cu 合金固溶体具有固溶强化的作用，Cu 的固溶度越高，产生的晶格畸变越大，固溶强化效果越明显。固溶体中的 Cu 是析出强化相的原料，固溶 Cu 含量越高，析出强化相的数量越多。θ 相在 Al-Cu 合金凝固过程中与 α-Al 同时析出构成共晶组织。θ 相是一种金属间化合物，其特点是硬而脆，小尺寸弥散分布的 θ 相可作为沉淀相提高合金的强度。大尺寸、密集分布的 θ 相，在拉伸载荷下破裂，萌生裂纹。θ′ 相在时效过程中由固态 α-Al 中析出，为过渡相，与 α-Al 基体为半共格结构，可起到显著的沉淀强化作用。Al-Cu 合金的主要强化方式为固溶强化和析出强化，各种强化方式均与 Cu 有关，Cu 固溶体、θ′ 相、θ 相之间存在此消彼长的关系。研究表明 Cu 的几种存在形式的数量和分布特征对 Al-Cu 合金的力学性能具有显著的影响。本章考查 Cu 含量对 WAAM Al-Cu-Sn 合金堆积体组织与性能的影响，得到优化的 Cu 含量。工业常用高强 Al-Cu 合金中 Cu 的范围为：铸造合金 4.8%~5.3%，形变合金 5.8%~7.8%，Cu 在 Al 中的最大固溶度为 5.65%，本章选择的堆积体目标 Cu 含量为 5.0%、5.65%、6.3%。Cu 含量为 5.0%的堆积体已在 6.2 节进行了研究，本章重点考查 Cu 含量为 5.65%和 6.3%堆积体的组织与性能。

7.1　Al-Cu-Sn 合金丝材的制备

按照目标成分含量进行配料，将纯铝熔化后加入中间合金，经过精炼—铸造—旋锻—拉丝—刮削，制备直径为 1.2mm 的合金丝，鉴于在增材制造过程中 Cu 的烧损率约为 5%，控制 Al-Cu-Sn 合金丝的化学成分如表 7-1 所示。

表 7-1　不同 Cu 含量 Al-Cu-Sn 合金丝的化学成分

编号	Cu	Sn	Mn	Ti	Zr	B	V	Al
5.65%	5.89	0.102	0.401	0.163	0.175	0.0261	0.122	余量
6.3%	6.62	0.101	0.410	0.158	0.167	0.0312	0.116	余量

7.2 不同 Cu 含量的 Al-Cu-Sn 合金增材制造堆积体的化学成分和形貌

7.2.1 WAAM 不同 Cu 含量 Al-Cu-Sn 合金的表面形貌

WAAM 不同 Cu 含量 Al-Cu-Sn 合金堆积体的表面形貌如图 7-1 所示。由图可见，不同 Cu 含量的堆积体呈银白色，表面显示出逐层堆积产生的周期性凸起，可以区分出每个独立的堆积层，表面成形均匀。可见，在本实验选择的范围内 Cu 含量对堆积体的表面质量无明显影响。

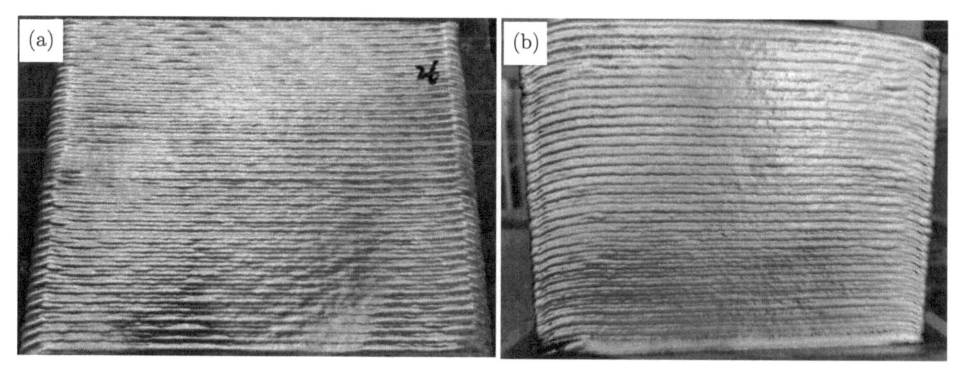

图 7-1 WAAM 不同 Cu 含量 Al-Cu-Sn 合金堆积体的表面形貌
(a)5.65%Cu；(b)6.3%Cu

7.2.2 WAAM Al-5.65%Cu-0.1%Sn 合金的化学成分

使用电感耦合等离子体 (ICP) 测量堆积体的化学成分，WAAM 不同 Cu 含量 Al-Cu-Sn 合金化学成分的宏观分布如图 7-2 所示。可见各合金元素在堆积体中的分布均匀，没有宏观偏析现象。这是由 WAAM 逐层堆积体的工艺特点决定的，成形过程中每个堆积体层的厚度约为 2mm，每个堆积层都是由多个体积小的熔池组成的，由于原材料合金丝没有偏析，所以每个熔池的成分均匀，形成的堆积层成分均匀，最终决定了堆积体的成分均匀。通过公式 (7-1) 计算出在 WAAM 不同 Cu 含量 Al-Cu-Sn 合金中，Cu 的烧损率为 5.0%，与 ZL205A 合金一致，说明在 WAAM 过程中 Cu 的烧损率没有随着 Cu 含量的增加而增大。

$$\eta = \frac{A_{\mathrm{w}} - A_{\mathrm{d}}}{A_{\mathrm{w}}} \times 100\% \tag{7-1}$$

式中，η 表示各元素的烧损率，A_{w} 表示合金丝中的元素含量，A_{d} 表示堆积体的元素含量。

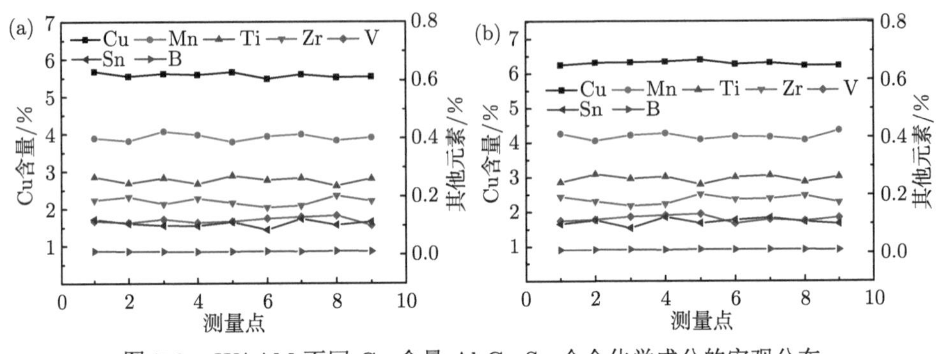

图 7-2　WAAM 不同 Cu 含量 Al-Cu-Sn 合金化学成分的宏观分布
(a)5.65%Cu；(b)6.3%Cu

7.3　不同 Cu 含量的 Al-Cu-Sn 合金增材制造堆积体的微观组织

7.3.1　直接堆积态微观组织

1. 气孔

WAAM 不同 Cu 含量堆积体直接堆积态的气孔如图 7-3 所示。由图 7-3(a) 可见，Cu 含量为 5.65%的堆积体中存在直径小于 20μm 的气孔，呈弥散分布。由图 7-3(b) 可见，Cu 含量为 6.3%的堆积体中同样存在弥散分布的直径小于 20μm 的气孔。两种 Cu 含量堆积体气孔的数量、尺寸和分布基本一致，与 Cu 含量为 5.0%的堆积体相同。可见，本实验考查的范围内，Cu 含量对 WAAM Al-Cu-Sn 合金直接堆积态的气孔没有影响。本实验所用的不同 Cu 含量的 Al-Cu-Sn 合金丝在制备过程中选用高纯铝及中间合金作为原材料，在氩气的保护下精炼和浇铸，

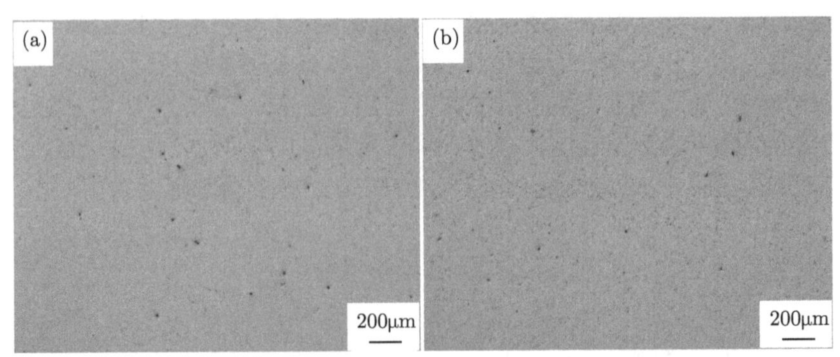

图 7-3　WAAM 不同 Cu 含量 Al-Cu-Sn 合金直接堆积态的气孔分布
(a)5.65%Cu；(b)6.3%Cu

铝液中的氢含量较低。在电弧增材制造过程中选择 CMT+P+ADV 工艺，该工艺为交流电源，对丝材表面和堆积层表面具有良好的阴极雾化效果，去除氧化层减少了熔池中的氢含量。熔池中的氢含量是控制气孔形成的关键因素，由于氢含量低所以整个堆积层的气孔数量较少。根据王明等的研究结果，Cu 的加入有利于减少铝合金熔体中的氢含量，但是本实验选择的 Cu 含量区间较小，对熔体中氢含量的影响较小，所以不同 Cu 含量堆积体直接堆积态的气孔基本一致。

2. 晶粒

Cu 含量为 5.65%的堆积体直接堆积态的金相组织如图 7-4 所示。每个堆积层分为层内区域和层间区域，层内区域为单一的堆积层，层间区域为两个堆积体层搭接的位置。由图 7-4(a) 可见，层内区域的组织包括等轴晶和等轴枝晶两种晶粒。在每个堆积层的顶部为等轴晶，如图 7-4(b) 所示；从上到下逐渐过渡到等轴枝晶，如图 7-4(c) 所示；中间没有明显的界线。根据 WAAM 堆积体的工艺特点，每个堆积层成形后，由于前一层温度较高，通过向空气中散热进行凝固，其凝固顺序为由表面向内部凝固，在高度方向上由上向下凝固。堆积体的顶部凝固速度

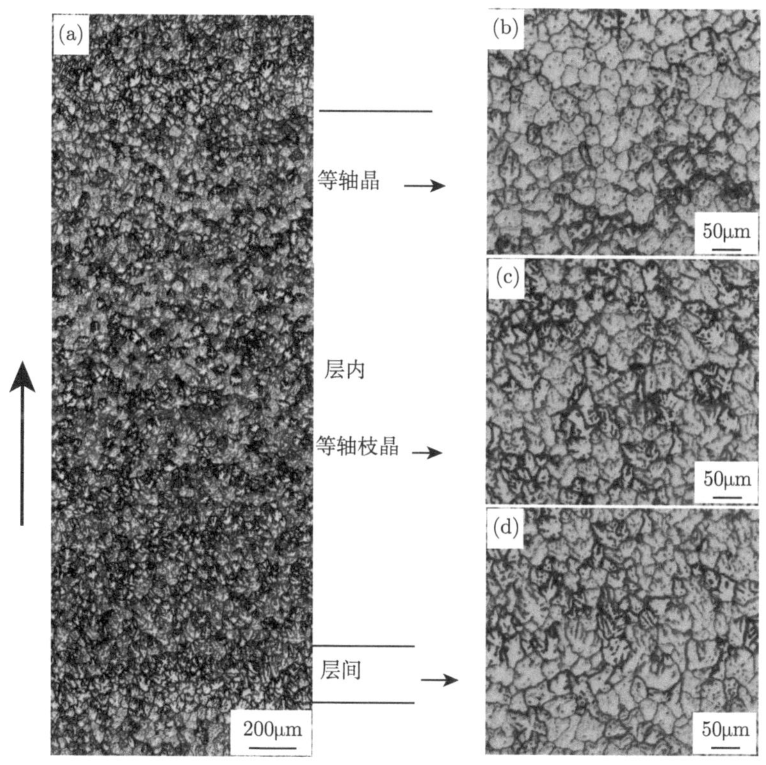

图 7-4 Cu 含量为 5.65%Al-Cu-Sn 合金堆积体直接堆积态的金相组织
(a) 组织分布；(b) 层内等轴晶；(c) 层内等轴直径；(d) 层间区域

最快，形成了等轴晶，随着凝固过程的进行，凝固速度逐渐降低，晶粒组织由等轴晶逐渐过渡为等轴枝晶。WAAM 工艺的整体热输入量较小，凝固速度相对较快，等轴枝晶的尺寸与等轴晶基本一致。堆积体的层间区域同样存在两种晶粒，上部为等轴枝晶，下部为等轴晶，两者之间存在明显的界线，如图 7-4(d) 所示。层间区域上部的等轴枝晶是新堆积层底部，是最后凝固的位置，下部的等轴晶是前一个堆积层的顶部。

由图 7-4(b) 可见，在 Cu 含量为 5.65%的堆积体层内等轴晶区域，析出相均匀地分布在晶内和晶界，晶界的宽度较小，说明晶界上析出相的尺寸较小。由图 7-4(c) 可见，在 Cu 含量为 5.65%的堆积体层内等轴枝晶区域，析出相分布在晶界和枝晶臂处，等轴枝晶区晶界的宽度与等轴晶区一致，枝晶臂间距较小，说明析出相没有偏聚的现象。由图 7-4(d) 可见，在层间区域，上层的等轴枝晶和下层的等轴晶之间存在分界线，分界线处晶界的宽度大于层内区域，说明在层间区域析出相的尺寸较大。

Cu 含量为 6.3%的堆积体直接堆积态的金相组织如图 7-5 所示。由于堆积体凝固顺序的关系，从上到下，堆积体的晶粒组织同样分为层内等轴晶、层内等轴枝晶和层间区域，如图 7-5(a) 所示。在层内区域由等轴晶逐渐过渡到等轴枝晶，没有分界线，如图 7-5(b)、(c) 所示。在层间区域，等轴枝晶和等轴晶之间存在明显分界线，如图 7-5(d) 所示。Cu 含量为 6.3%的堆积体直接堆积态的晶粒分布与 Cu 含量为 5.0%和 5.65%的堆积体相同。

由图 7-5(b) 可见，在 Cu 含量为 6.3%堆积体的层内等轴晶区，析出相在晶内和晶界均匀分布，晶界的宽度大于 Cu 含量为 5.65%的堆积体，说明析出相的数量增加，尺寸增大。由图 7-5(c) 可见，在层内等轴枝晶区，析出相分布在晶界和枝晶臂处，晶界的宽度增大。由图 7.5(d) 可见，在层间区域，等轴枝晶和等轴晶的分界线更加明显，分界线处的晶界宽度大于层内区域，说明析出相的数量和尺寸进一步增大。

不同 Cu 含量堆积体直接堆积态的晶粒尺寸分布如图 7-6 所示。由图 7-6(a) 可见，Cu 含量为 5.65%的堆积体直接堆积态的平均晶粒尺寸为 25.23μm，与 WAAM ZL205A 合金晶粒尺寸一致。晶粒尺寸在 (25.23±15)μm 的晶粒比例为 84.9%，晶粒尺寸均匀。由图 7-6(b) 可见，Cu 含量为 6.3%的堆积体直接堆积态的平均晶粒尺寸为 24.95μm，晶粒尺寸在 (25 ± 15)μm 的晶粒比例为 86.2%，晶粒的尺寸和均匀度没有明显变化。通过以上分析可见，堆积体中的 Cu 含量对堆积体直接堆积态的晶粒尺寸和分布没有影响。在电弧熔丝增材制造的过程中，晶粒的种类和尺寸主要受凝固速度的影响，凝固速度快的区域形成等轴晶，随着凝固速度的降低逐渐过渡为等轴枝晶。本章研究内容选择相同的成形工艺，堆积体经历了相同的热过程，所以不同 Cu 含量的堆积体晶粒种类和尺寸基本一致。

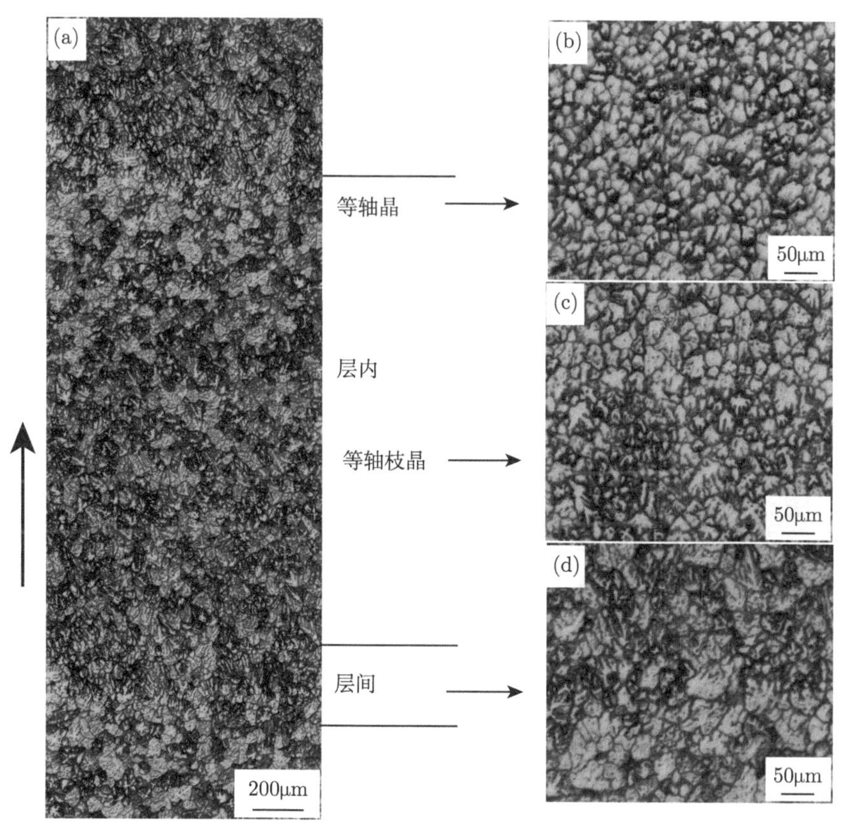

图 7-5 Cu 含量为 6.3%Al-Cu-Sn 合金堆积体直接堆积态的金相组织
(a) 组织分布；(b) 层内等轴晶；(c) 层内等轴直径；(d) 层间区域

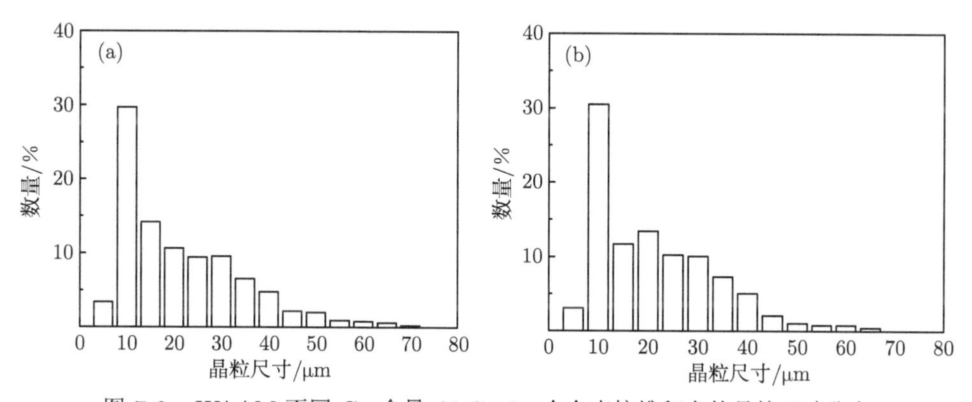

图 7-6 WAAM 不同 Cu 含量 Al-Cu-Sn 合金直接堆积态的晶粒尺寸分布
(a)5.65%Cu；(b)6.3%Cu

3. 析出相

Cu 含量为 5.65%的 Al-Cu-Sn 合金直接堆积态不同区域的 SEM 和 EDS 如图 7-7 所示。堆积体不同区域直接堆积态的主要析出相种类一致，通过 EDS 分析为 Al_2Cu，该析出相为初生 θ 相。不同区域初生 θ 相的形态和尺寸有所不同。由图 7-7(a) 可见，在层内等轴晶区初生 θ 相在晶粒内为块状，在晶界为连续的长条状。在等轴枝晶区，初生 θ 相主要分布在枝晶臂处，形状不规则，由于等轴枝晶区的枝晶臂间距较小，所以初生 θ 相分布密集，如图 7-7(b) 所示。在堆积体的层间区域，初生 θ 相连续分布，没有明显的偏析现象，如图 7-7(c) 所示。

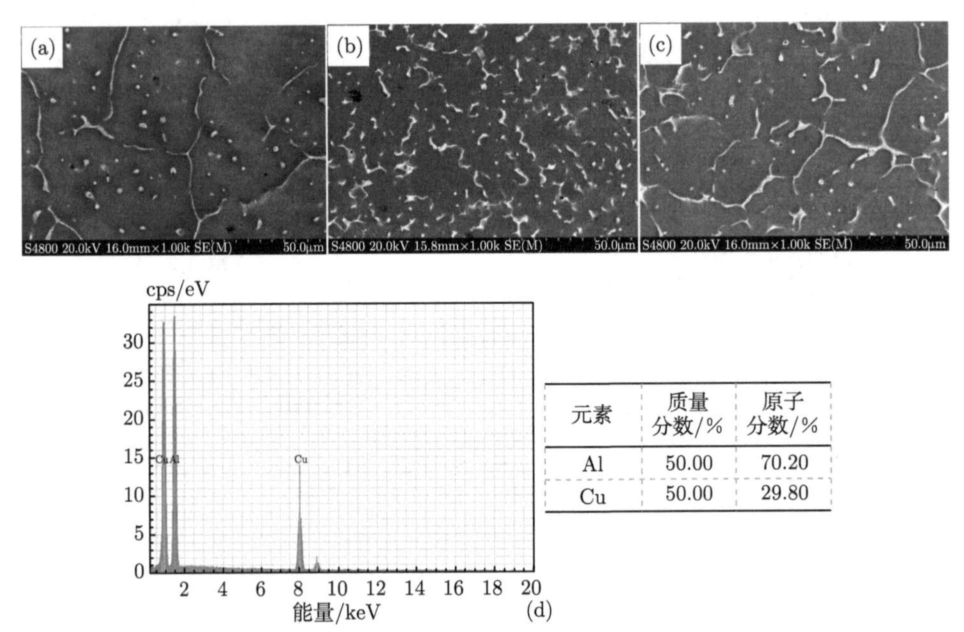

元素	质量分数/%	原子分数/%
Al	50.00	70.20
Cu	50.00	29.80

图 7-7　Cu 含量为 5.65% Al-Cu-Sn 合金堆积体直接堆积态不同区域的 SEM 和 EDS
(a) 等轴晶区；(b) 等轴枝晶区；(c) 层间区域；(d) 析出相的 EDS

Cu 含量为 6.3%的 Al-Cu-Sn 合金直接堆积态不同区域的 SEM 和 EDS 如图 7-8 所示。由 EDS 能谱分析可见，不同区域的主要析出相同样为初生 θ 相 Al_2Cu，不同区域初生 θ 相的形态和尺寸不同。由图 7-8(a) 可见，在层内等轴晶区 θ 相以块状和长条状分布在晶内和晶界处，初生 θ 相的尺寸较小。由图 7-8(b) 可见，在层内等轴枝晶区，初生 θ 相呈不规则形状，未发现大尺寸的偏聚相。由于初生 θ 相主要在枝晶臂处析出，所以形状不规则，分布不连续。堆积体等轴枝晶区域的晶粒尺寸小，枝晶臂间距小，所以初生 θ 相分布密集，尺寸小。由图 7-8(c) 可见，层间区域初生 θ 相有明显的偏聚现象，可见尺寸大于 50μm 的析出相。Cu 含量为 6.3%堆积体析出相的数量明显大于 Cu 含量为 5.65%的堆积体。

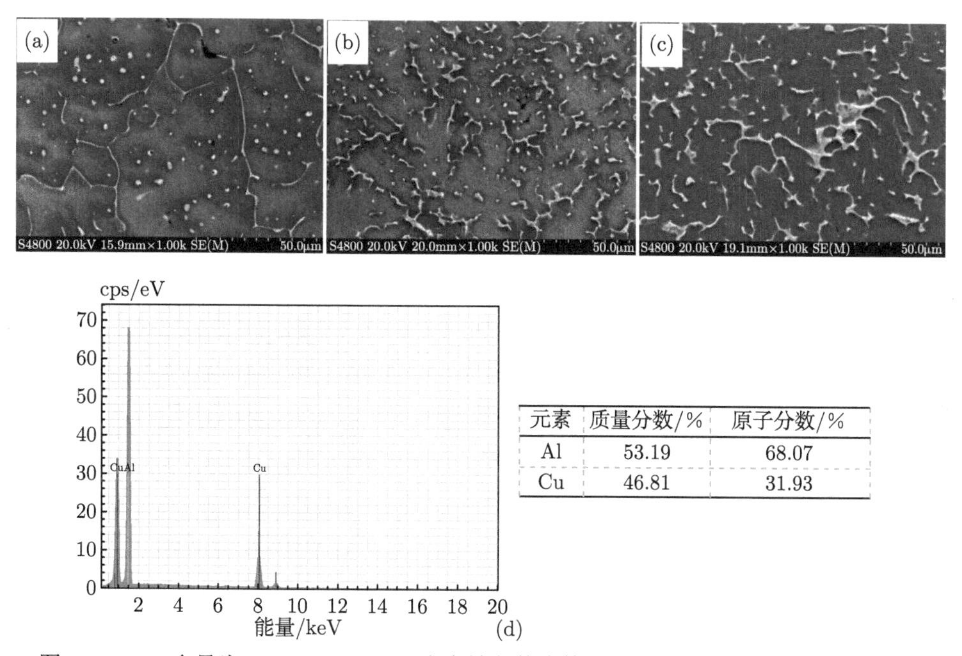

元素	质量分数/%	原子分数/%
Al	53.19	68.07
Cu	46.81	31.93

图 7-8 Cu 含量为 6.3% Al-Cu-Sn 合金堆积体直接堆积态不同区域的 SEM 和 EDS
(a) 等轴晶区；(b) 等轴枝晶区；(c) 层间区域；(d) 析出相的 EDS

7.3.2 T4 态微观组织

Cu 含量为 5.65%堆积体 T4 态的微观组织如图 7-9 所示。由图 7-9(a) 可见，经过固溶处理后气孔的尺寸增大，层间区域的气孔数量多于层内区域。由于在固溶处理过程中发生了小尺寸气孔的合并，以及固溶在基体中的 H 原子扩散迁移到气孔中造成气孔的尺寸增大。由于层间区域是堆积层最后凝固的位置，凝固过程中 H 不断向液相迁移，所以基体中小尺寸气孔的数量较多，且固溶的过饱和 H 含量较高，所以层间区域的气孔数量多于层内区域。由于固溶处理的调质作用，枝晶臂的析出相溶解，枝晶臂发生熔断，固溶处理后，层内和层间的组织全部转化为等轴晶，如图 7-9(b)、(c) 所示。通过 EBSD 测量统计堆积体 T4 态的晶粒尺寸分布如图 7-9(d) 所示，平均晶粒尺寸为 24.32μm，小于直接堆积态的平均晶粒尺寸。这主要是由于尺寸较大的枝晶固溶处理过程中在枝晶臂处熔断，形成尺寸较小的等轴晶，所以在晶粒尺寸分布图中未发现大于 60μm 的晶粒。另外，小于 5μm 的晶粒也消失了，是因为随着晶界上的第二相固溶到基体当中，对晶界的钉扎作用消失，小尺寸晶粒长大。晶粒尺寸在 (24.32 ± 15) μm 范围内的比例为 94.85%，晶粒的均匀度提高。

Cu 含量为 5.65%的堆积体经过固溶处理后，初生 θ 相基本完全固溶到基体当中，在层内和层间区域只能看到黑色的析出相，如图 7-9(b)B1 所示。该析出相的尺寸小于 5μm，弥散分布。

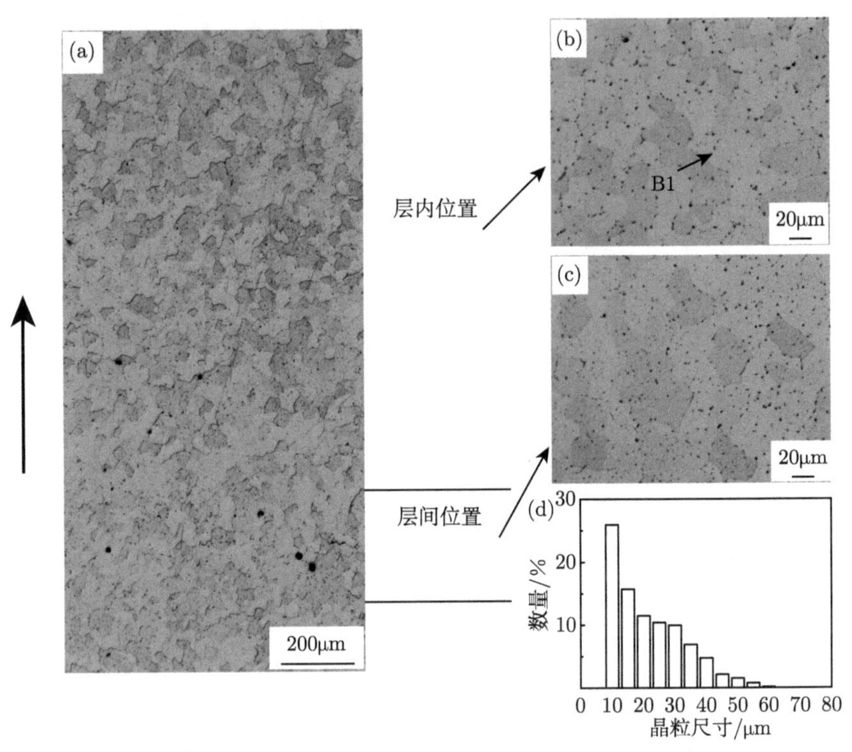

图 7-9　Cu 含量为 5.65%Al-Cu-Sn 合金堆积体 T4 态的微观组织

(a) 晶粒分布；(b) 层内区域；(c) 层间区域;(d) 晶粒尺寸分布

Cu 含量为 6.3%堆积体 T4 态的微观组织如图 7-10 所示。由图 7-10(a) 可见，堆积体经过固溶处理后，气孔的数量增多，尺寸增大，与 Cu 含量为 5.65%的堆积体相同。由于固溶处理的调质作用，层内和层间区域的气孔全部转化为尺寸均匀的等轴晶，如图 7-10(b)、(c) 所示。通过 EBSD 统计 Cu 含量为 7.3%堆积体 T4 态的晶粒尺寸分布如图 7-10(d) 所示，平均晶粒尺寸为 24.25μm，晶粒尺寸在 (24.25 ± 15) μm 范围内的比例为 96.32%，平均晶粒尺寸和晶粒均匀度与 Cu 含量为 5.65%的堆积体相同。

Cu 含量为 6.3%的堆积体经过固溶处理后，在层内区域存在黑色的析出相，如图 7-10(b)B1 所示。除此之外还存在灰色的析出相，如图 7-10(b)B2 所示。该灰色相的尺寸约为 10μm，数量较少，弥散分布。由图 7-10(c) 可见，在堆积体的层间区域也存在灰色析出相，如图 7-10(c)C2 所示。灰色析出相的数量增多，尺寸增大，沿晶界呈线性分布。

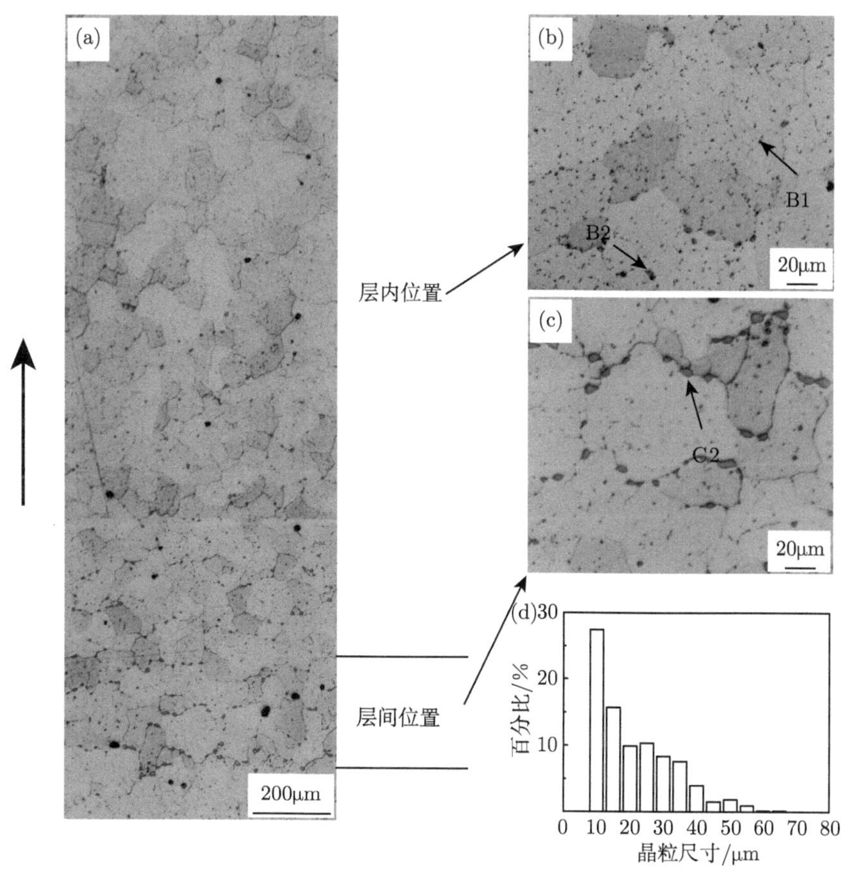

图 7-10 Cu 含量为 6.3%Al-Cu-Sn 合金堆积体 T4 态的微观组织
(a) 晶粒分布；(b) 层内区域；(c) 层间区域；(d) 晶粒尺寸分布

不同 Cu 含量堆积体 T4 态的 SEM 如图 7-11 所示。由图 7-11(a) 可见，在 Cu 含量为 5.65%的堆积体层内区域，存在小尺寸的析出相。通过 EDS 分析该相含有 Al、Mn、Cu、Fe 四种元素，为含有杂质铁的复熔 T 相 ($Al_{12}Mn_2Cu$)，对应金相组织中的黑色相。另外在层内区域还存在尺寸较大的析出相。通过 EDS 分析为 Al_2Cu 相，这些 Al_2Cu 是固溶处理后未固溶的 θ 相。未固溶的 θ 相的尺寸小于 5μm，数量少分布稀疏。由图 7-11(b) 可见，在 Cu 含量为 5.65%堆积体的层间区域，同样存在复熔 T 相和未固溶 θ 相，未固溶 θ 相的尺寸略有增大，小于 10μm，数量较少弥散分布。

由图 7-11(c) 可见，在 Cu 含量为 6.3%堆积的层内区域同样存在复熔 T 相和未固溶 θ 相，未固溶 θ 相的尺寸小于 10μm，数量较少弥散分布。由图 7-11(d) 可见，在 Cu 含量为 6.3%堆积体的层间区域，复熔 T 相未发生变化，未固溶 θ 相的数量增加，尺寸大于 20μm，沿晶界密集分布。

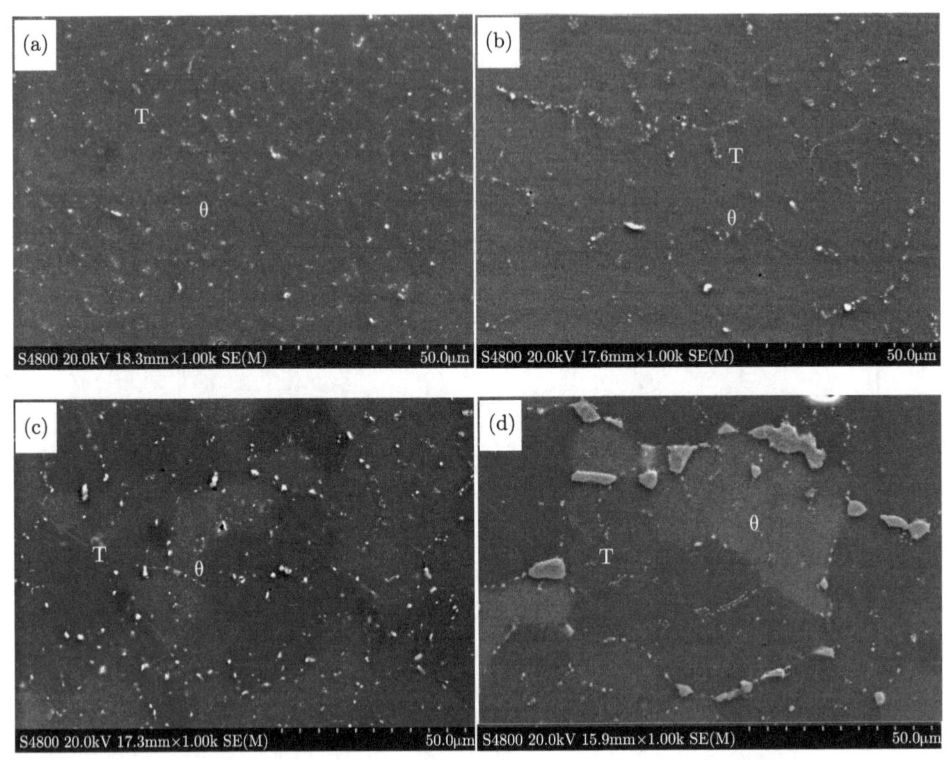

图 7-11　WAAM 不同 Cu 含量 Al-Cu-Sn 合金 T4 态不同区域的 SEM
(a)5.65%Cu-层内；(b)5.65%-层间；(c)6.3%Cu-层内；(d)6.3%Cu-层间

7.3.3　T6 态微观组织

不同 Cu 含量堆积体 T6 态的微观组织如图 7-12 所示。由图 7-12(a)、(b) 可见，Cu 含量为 5.65%堆积体 T6 处理后，层内和层间区域的晶粒仍然为等轴晶，说明在时效过程中晶粒的种类没有发生变化。由图 7-12(e) 晶粒的尺寸分布可见，T6 态的平均晶粒尺寸为 24.22μm，晶粒尺寸在 (24.22 ± 15)μm 之间的比例为 95.12%, 在时效过程中晶粒尺寸及均匀性没有变化。由图 7-12(c)、(d) 可见，Cu 含量为 6.3%堆积体 T6 处理后，层内和层间区域的晶粒同样为等轴晶。T6 态的平均晶粒尺寸为 24.32μm，晶粒尺寸在 (24.32 ± 15)μm 之间的比例为 96.18%, 与 Cu 含量为 5.65%的堆积体一致。

由图 7-12(a)、(b) 可见，Cu 含量为 5.65%的堆积体时效处理后在金相组织下只存在黑色的小尺寸析出相。在 Cu 含量为 6.3%的堆积体时效处理后的金相组织中，除了小尺寸黑色相还存在尺寸较大的灰色相，如图 7-12 C1、D1 所示。在堆积体的层间区域，灰色相的数量和尺寸均大于层内区域，沿晶界密集分布。由图 7-13 不同 Cu 含量堆积体 T6 态不同区域的 SEM 和 EDS 可见，Cu 含量为

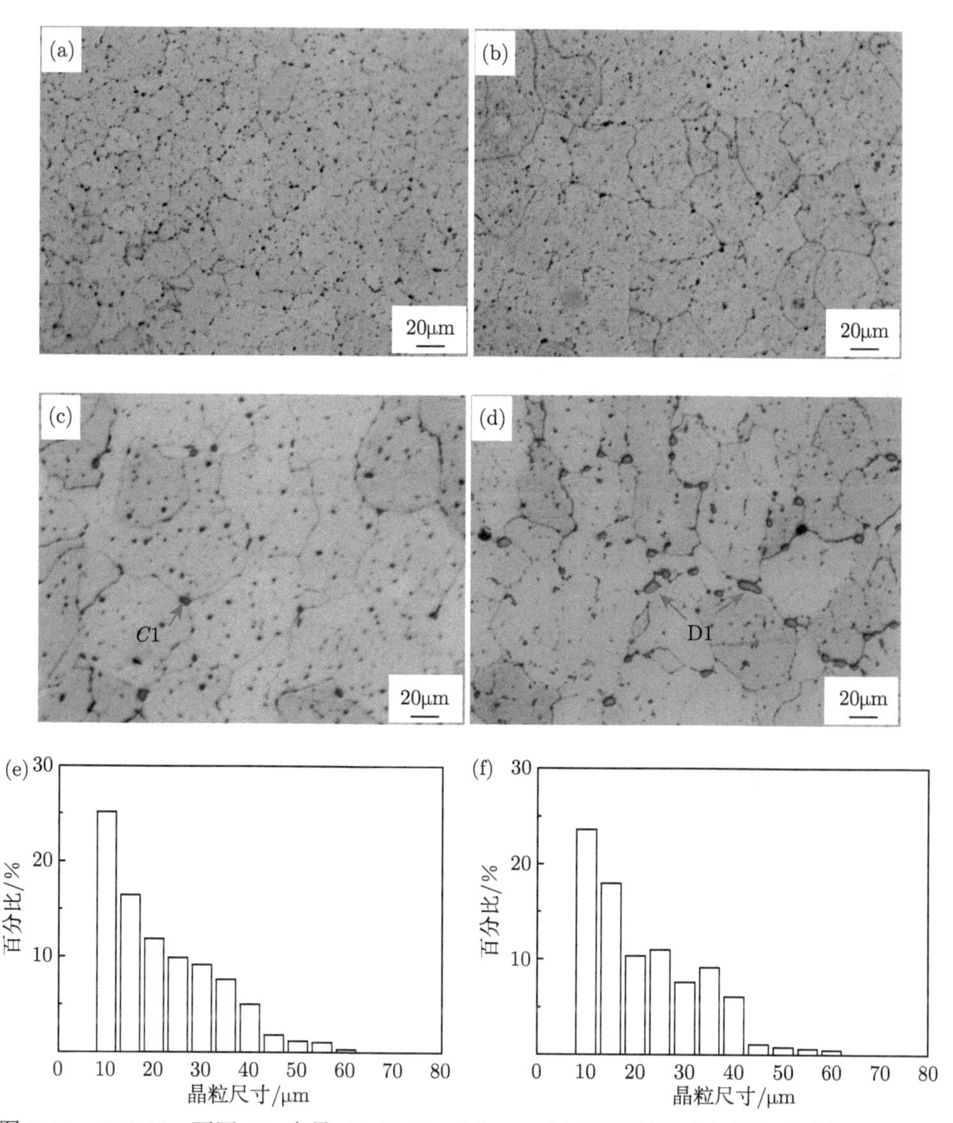

图 7-12 WAAM 不同 Cu 含量 Al-Cu-Sn 合金 T6 态不同区域的金相组织和晶粒尺寸分布
(a)5.65%Cu-层内区域；(b)5.65%Cu-层间区域；(c)6.3%Cu-层内区域；(d)6.3%Cu-层间区域；(e)5.65%Cu；(f)6.3%Cu

5.65%的堆积体层内区域，小尺寸的为复熔 T 相，尺寸稍大的为未固溶 θ 相，如图 7-13(a) 所示。在层内区域未固溶 θ 相的尺寸小于 5μm，主要分布在晶界上，尤其是多个晶粒的交叉晶界处。由于在堆积体凝固过程中，多个晶粒内部的 Cu 原子都向晶界扩散，所以多晶粒交叉晶界处的 θ 相尺寸较大，固溶困难，容易出现未固溶相。Cu 含量为 5.65%的堆积体层间区域同样存在复熔 T 相和未固溶 θ

相，未固溶 θ 相的数量增加，尺寸略有增大，如图 7-13(b) 所示。Cu 含量为 6.3%堆积体的层内区域，复熔 T 相没有变化，出现了尺寸大于 20μm 的未固溶 θ 相，如图 7-13(c) 所示。在层内区域大尺寸未固溶 θ 相的数量较少，弥散分布。在 Cu 含量为 6.3%的层间区域，复熔 T 相和层内区域的一致，未固溶 θ 相的尺寸仍然大于 20μm，数量大大增加，沿晶界呈线性密集分布，如图 7-13(d) 所示。

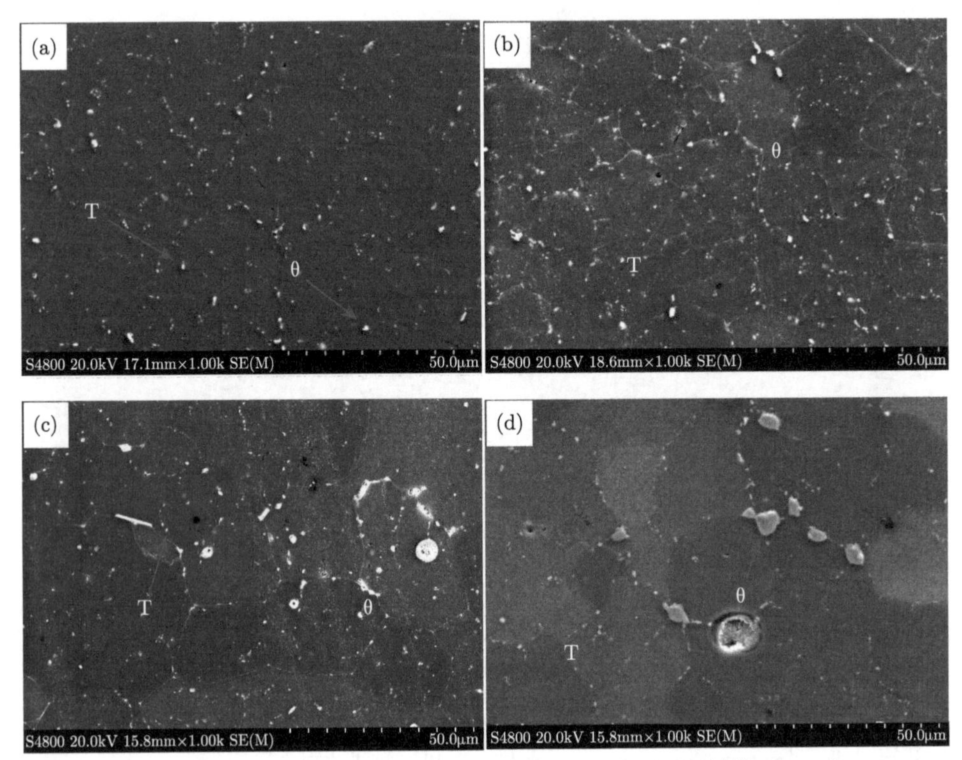

图 7-13　WAAM 不同 Cu 含量 Al-Cu-Sn 合金 T6 态不同区域的 SEM 和 EDS

(a)5.65%Cu-层内区域；(b)5.65%Cu-层间区域；(c)6.3%Cu-层内区域；(d)6.3%Cu-层间区域；(e)5.65%Cu；(f)6.3%Cu

可见，堆积体经过时效过程，复熔 T 相和未固溶 θ 相的数量和尺寸均不发生变化。由于时效温度下，铝基体为 Cu 的过饱和固溶体，所以未固溶 θ 相无法继续溶解到基体当中，未固溶 θ 相没有变化。Cu 含量为 5.65%的堆积体层内和层间区域，未固溶 θ 相的数量少，尺寸小，弥散分布，具有钉轧晶界的作用。Cu 含量为 6.3%的堆积体，未固溶 θ 相尺寸大，θ 相具有硬脆的特点，受到拉伸载荷时容易产生裂纹。这些大尺寸的未固溶 θ 相大多带有尖角，对基体具有割裂的作用。在 Cu 含量为 6.3%堆积体的层间区域。大尺寸未固溶 θ 相的距离较近，由于相邻未固溶 θ 相应力场之间的相互作用，导致颗粒内应力的增加。大尺寸未固溶 θ 相与周围基质作用形成微剪切区，微剪切区与裂纹尖端塑性区相互作用形成宏观剪切区域，促进了裂纹的扩展。

7.4 不同 Cu 含量的 Al-Cu-Sn 合金增材制造堆积体的力学性能和断口形貌

7.4.1 力学性能

不同 Cu 含量堆积体的力学性能如图 7-14 所示，H 表示横向的力学性能，V 表示纵向的力学性能。含 Cu 量为 5.0%的堆积体，T6 热处理后横向的力学性能为：抗拉强度 493MPa，屈服强度 434MPa，伸长率 11%，纵向力学性能为：抗拉强度 490MPa，屈服强度 436MPa，伸长率 10%，横纵向力学性能一致。当堆积体 Cu 含量增大到 5.65%后，抗拉强度、屈服强度和伸长率均有提高。达到抗拉强度：538MPa，屈服强度：478MPa，伸长率：12%，横、纵向力学性能依然一致。当 Cu 含量为 6.3%时，横、纵向的力学性能均降低，横、纵向力学性能存在较大差异，纵向力学性能低于横向，尤其是伸长率仅为 2%。堆积体中 Cu 含量由 5%升高到 5.65%，堆积体横、纵向力学性能均提高，是由于随着 Cu 含量的增加，固溶处理时溶解到基体中的 Cu 含量增加，在时效过程中能够析出更多的 θ′ 强化相，并且热处理后微观组织中无大尺寸的未固溶 θ 相。堆积体 Cu 含量从 5.65%增大到 6.3%后，横、纵向的力学性能均降低，横纵向力学性能不均匀，是因为固溶处理后有大量的大尺寸未固溶 θ 相作为金属间化合物在晶界上，试样受力时，裂纹首先在此处萌生，影响了力学性能。由图 7-13(d) 可见，未固溶 θ 相平行于堆积层呈线性分布，所以对纵向的力学性能影响更大，造成纵向力学性能低于横向。所以堆积体 Cu 含量过高，造成在层间区域有大量的未固溶 θ 相富集

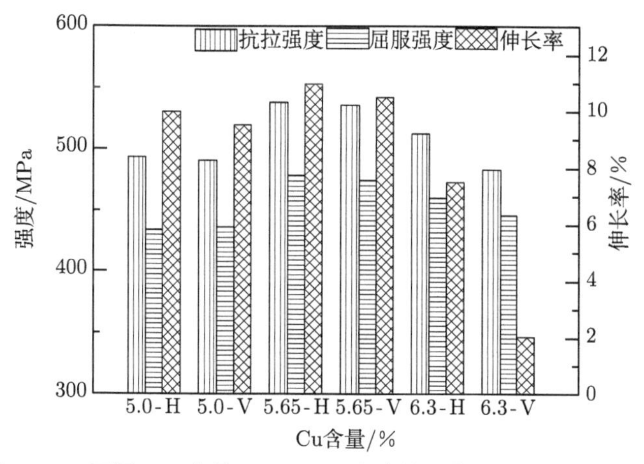

图 7-14 不同 Cu 含量 Al-Cu-Sn 合金堆积体 T6 态的力学性能

使堆积体横、纵向力学性能不一致。

7.4.2　断口形貌

不同 Cu 含量堆积体横、纵向断口形貌如图 7-15 所示。Cu 含量为 5.65%堆积体的横向断口主要由大量尺寸均匀的韧窝组成，韧窝的尺寸均匀，深度大，是典型韧性断裂的标志，如图 7-15(a) 所示。在横向断口中可见明显的撕裂棱，显示了合金横向试样具有高强、高韧的特点。堆积体的纵向断口同样由大量的韧窝组成，在韧窝的底部存在第二相粒子，如图 7-15(b) 所示。在纵向试样的断口中未见大尺寸的未固溶 θ 相，说明该堆积体层间区域未固溶 θ 相尺寸小，分布稀疏，没有导致裂纹的萌生与扩展，所以横、纵向力学性能一致。Cu 含量为 6.3%堆积体的横向断口以韧窝为主，说明其断裂方式仍为韧性断裂，如图 7-15(c) 所示。Cu 含量为 6.3%的堆积体纵向断口被大量的第二相粒子覆盖，只有少量的韧窝，如图 7-15(d) 所示，说明纵向的断裂方式为脆性断裂。EDS 能谱显示，这些第二相为 θ 相 Al_2Cu，是固溶处理后未固溶的 θ 相。由图 7-15(d) 可见，裂纹首先在 θ 相上产生，然后向韧窝扩展，造成纵向力学性能低，尤其是伸长率。

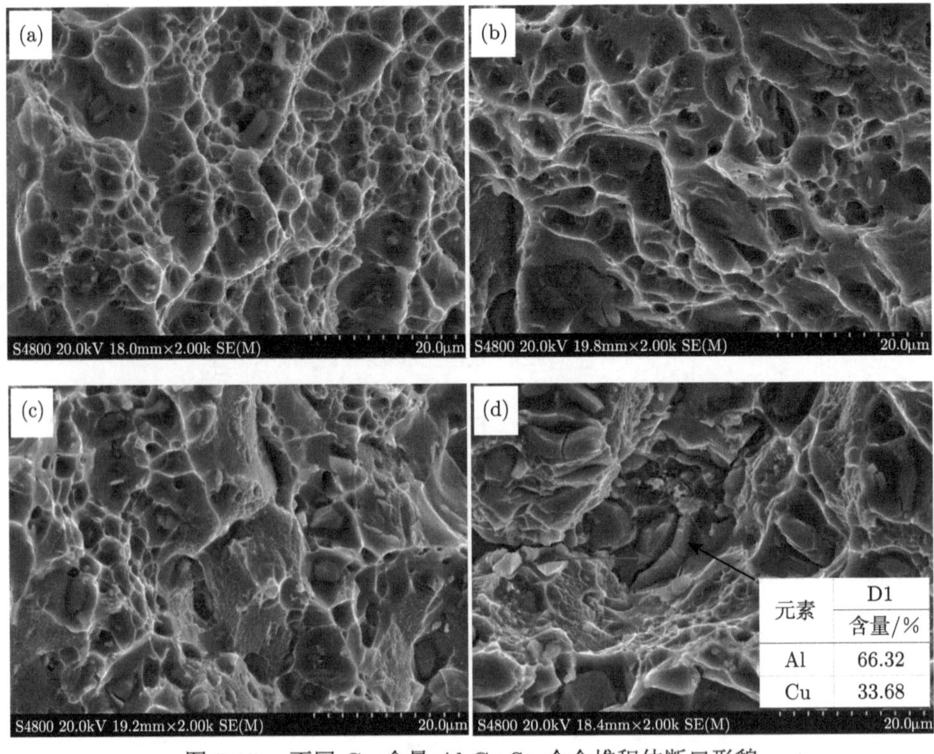

图 7-15　不同 Cu 含量 Al-Cu-Sn 合金堆积体断口形貌

(a)5.65%Cu 横向断口；(b)5.65% Cu 纵向断口；(c)6.3%Cu 横向断口；(d)6.3%Cu 纵向断口

7.5 Al-Cu-Sn 合金增材制造堆积体 Cu 的分布与存在形式

7.5.1 直接堆积态

对 Cu 含量为 5.65%和 6.3%堆积体直接堆积态的等轴晶区域、等轴枝晶区域和层间区域使用 EDS 在基体打点，微区面扫描，测量不同区域的 Cu 含量分布及存在形式。EDS 微区面扫描对应微区总的 Cu 含量，EDS 的基体打点对应固溶 Cu 含量，按下式计算形成初生 θ 相的 Cu 含量。

$$W_{\theta} = W_{t} - W_{s} \tag{7-2}$$

其中，W_{θ} 表示形成初生 θ 相的 Cu 含量，W_{t} 表示微区 Cu 的总含量，W_{s} 表示固溶 Cu 含量。两种 Al-Cu 合金原材料除 Cu 以外的其余合金元素含量低且一致，所以除初生 θ 相以外的其余含 Cu 相，如 T 相 ($Al_{12}Mn_2Cu$) 的含量低且一致，以式 (7-2) 计算的结果表示初生 θ 相的 Cu 含量理论可行。

Cu 含量为 5.65%和 6.3%的堆积体直接堆积态的 Cu 分布和存在形式如图 7-16 所示。由图 7-16(a) 可见，Cu 含量为 5.65%的堆积体直接堆积态 Cu 元素的分布为等轴晶区：5.45%，等轴枝晶区：5.56%，层间区域：5.83%。由图 7-16(b) 可见，原材料 Cu 含量为 6.3%的堆积体直接堆积态 Cu 元素的分布为等轴晶区：5.92%，等轴枝晶区：6.25%，层间区域：6.67%。两种原材料 Cu 含量不同的堆积体中，Cu 的分布规律是一致的：等轴晶区 < 等轴枝晶区 < 层间区域，说明堆积体中 Cu 的分布规律是受成形工艺控制的，WAAM 逐层堆积的成形方式造成了 Cu 的分布规律。依据 WAAM 堆积体的凝固特点，堆积层的凝固顺序为自上而下，等轴晶区–等轴枝晶区–层间区域。根据 Al-Cu 合金凝固过程 Cu 的分布规律，随着凝固过程的进行，Cu 原子不断地通过固液界面由固态向液态迁移，所以液相中的 Cu 含量逐渐升高。对于堆积层来说，后凝固位置的 Cu 含量大于先凝固位置，所以 Cu 的分布规律为：等轴晶区 < 等轴枝晶区 < 层间区域。Al-Cu 合金的这一凝固特点造成从铸锭的边缘到中心 Cu 含量逐渐升高，产生宏观偏析，在铸造工艺中获得广泛的研究。WAAM 类似微铸造过程，每个堆积层相当于一个小尺寸铸锭，遵循铸锭的凝固特点，产生了微观分布不均匀。

在直接堆积体态的 Al-Cu 合金堆积体中，Cu 主要有两种存在形式：固溶到基体中或析出初生 θ 相。如图 7-16 所示，在原材料 Cu 含量为 5.65%的堆积体中，直接堆积态不同区域的固溶 Cu 含量为等轴晶区：1.18%，等轴枝晶区：1.12%；层间区域：0.93%；在原材料 Cu 含量为 6.3%的堆积体中，直接堆积态不同区域的固溶 Cu 含量为等轴晶区：1.22%，等轴枝晶区：1.18%，层间区域：0.98%。可见在 Cu 含量不同的堆积体中，直接堆积态各区域固溶 Cu 含量的分

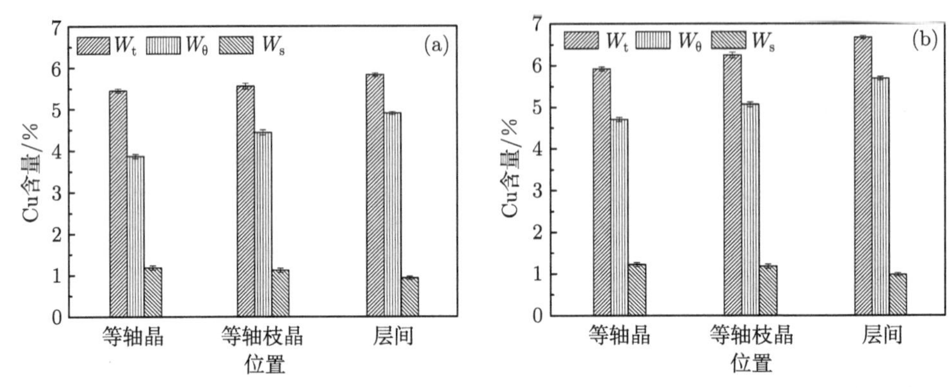

图 7-16　WAAM 不同 Cu 含量 Al-Cu-Sn 合金直接堆积体态 Cu 的分布和存在形式

(a)5.65%Cu；(b)6.3%Cu

布规律为：等轴晶区 > 等轴枝晶区 > 层间区域，不同 Cu 含量对直接堆积态各区域的固溶 Cu 含量影响不大。由 Al-Cu 合金相图可知，在平衡凝固条件下，Cu 在铝中室温固溶度为 0.05%，由于电弧熔丝增材制造工艺合金的凝固速度快，在直接堆积态基体的固溶 Cu 含量远大于平衡状态。WAAM Al-Cu 合金堆积体中，各部分的凝固速度存在差异，所以固溶 Cu 含量也存在差异，但是堆积体的整体冷却速度较快，所以各区域的差异不大。由于堆积体直接堆积态的固溶 Cu 含量受冷却速度控制，堆积体 Cu 含量对直接堆积态各区域的固溶 Cu 含量没有影响。

Cu 含量为 5.65%的堆积体形成初生 θ 相的 Cu 含量：等轴晶区：3.87%，等轴枝晶区：4.44%，层间区域：4.9%。原材料 Cu 含量为 6.3%的堆积体形成初生 θ 相的 Cu 含量：等轴晶区：4.7%，等轴枝晶区：5.07%，层间区域：5.69%。两者初生 θ 相含量的分布规律一致：等轴晶区 < 等轴枝晶区 < 层间区域，与 SEM 中显示的规律一致。不同区域初生 θ 相的含量是由微区 Cu 含量和固溶 Cu 含量共同决定的，受凝固速度的影响。结合图 7-16 可知，原材料 Cu 含量越高，凝固速度越慢，微区初生 θ 相的含量越高，尺寸越大。初生 θ 相的尺寸越大，与基体接触的比表面积越小，固溶处理时越难溶解到基体当中，直接影响了固溶处理后的固溶 Cu 含量和未固溶 θ 相的含量。

7.5.2　T4 态

对不同 Cu 含量的堆积体 T4 态的层内区域和层间区域，利用 EDS 进行基体打点和微区面扫描，测量固溶处理后 Cu 的分布和存在形式。EDS 微区面扫描对应固溶后微区总的 Cu 含量，EDS 的基体打点对应固溶处理后的固溶 Cu 含量，按下式计算形成未固溶 θ 相 Cu 含量。

$$M_\theta = M_t - M_s \tag{7-3}$$

其中，M_θ 表示形成未固溶 θ 相的 Cu 含量，M_t 表示微区 Cu 的总含量，M_s 表示固溶 Cu 含量。

不同 Cu 含量的堆积体固溶处理后 Cu 的分布和存在形式如图 7-17 所示。由图 7-17(a) 可见，原材料 Cu 含量为 5.65%的堆积体固溶处理后，Cu 的分布为层内区域 Cu 含量为 5.52%，层间区域 Cu 含量为 5.78%。层内和层间区域 Cu 含量的差异相对直接堆积态减小，这是由于在固溶处理过程中，Cu 原子的扩散起到均匀化的作用，所以含量差异减小。从 Cu 的存在形式来看，层内区域的固溶 Cu 含量为 5.03%，形成未固溶 θ 相中的 Cu 含量为 0.49%，层间区域的固溶 Cu 含量为 5.07%，未固溶 θ 相中的 Cu 含量为 0.74%。说明固溶处理后，Cu 主要以固溶 Cu 原子的形式存在，在层内和层间区域固溶 Cu 含量接近。层间区域未固溶 θ 相中的 Cu 高于层内区域，这也是导致 Cu 的微区分布不均匀的主要原因。

由图 7-17(b) 可见，原材料 Cu 含量为 6.3%的堆积体固溶处理后，Cu 的分布为：层内区域 Cu 含量为 6.04%，层间区域 Cu 含量为 6.6%。由于固溶过程的均匀化作用，层内和层间区域 Cu 含量的差异相对直接堆积态同样减小，并且 Cu 的微区分布不均匀性相对 5.65%Cu 的堆积体增大。Cu 的存在形式为：层内区域的固溶 Cu 含量 5.09%，未固溶 θ 相中的 Cu 含量为 0.95%，层间区域的固溶 Cu 含量为 5.10%，未固溶 θ 相中的 Cu 含量为 1.5%。固溶处理后，在层内和层间区域固溶 Cu 含量接近，未固溶 θ 相中的 Cu 含量差异增大，所以微区 Cu 含量的不均匀性增大。

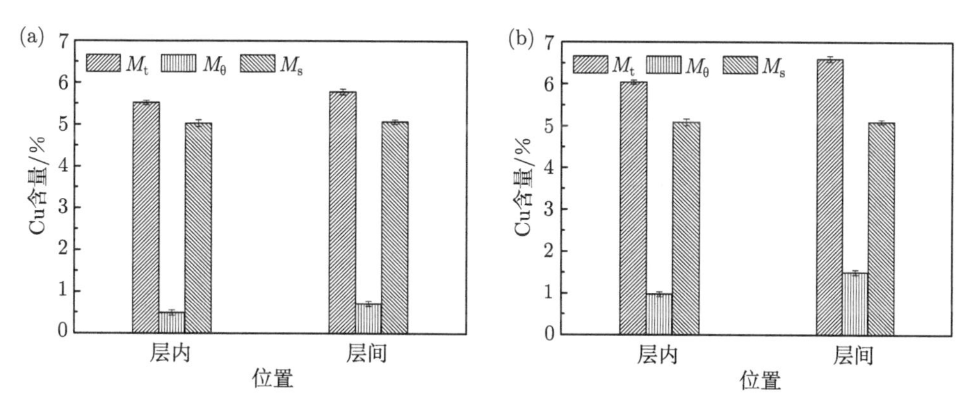

图 7-17 WAAM 不同 Cu 含量 Al-Cu-Sn 合金 T4 态 Cu 的分布和存在形式

(a)5.65%Cu；(b)6.3%Cu

不同 Cu 含量的堆积体固溶处理后，Cu 的分布规律一致，均为层间区域含量高于层内区域。这是因为在堆积体凝固过程中，随着凝固的进行，液相中溶质 Cu 的含量逐渐升高，凝固后的层间 Cu 含量高于层内 Cu 含量。不同 Cu 含量的堆积体固溶处理后，层内和层间区域的固溶 Cu 含量基本一致。堆积体 Cu 含量在 5.0%~5.65%范围内，随着堆积体中 Cu 含量的增大，固溶 Cu 含量由 4.72%增大到 5.05%，说明 Cu 含量在 5.0%~5.65%范围内，随着堆积体 Cu 含量的增加，固溶 Cu 含量增大。Cu 含量为 5.65%和 6.3%的堆积体之间固溶 Cu 含量没有差距，说明 Cu 含量在 5.65%~6.3%范围内，固溶 Cu 含量不能随着堆积体 Cu 含量的增加持续增大。Cu 在 Al 中的固溶量主要受固溶温度的控制，在本实验所采用的固溶温度下 (535°)，Cu 在 Al 中的极限固溶度为 5.29%，所以堆积体 Cu 含量小于 5.29%，随着堆积体中的 Cu 含量提高，固溶 Cu 含量增加。堆积体 Cu 含量大于 5.29%，堆积体中 Cu 含量增大，固溶 Cu 含量不会增大。Al-Cu 合金中主要强化方式有固溶强化和析出强化，固溶 Cu 含量越高，引起的晶格畸变度越大，固溶强化效果越大。固溶的 Cu 原子是时效析出强化相的原材料，所以固溶 Cu 含量越高，时效析出的强化相越多，为提高合金强度应尽量提高合金中的固溶 Cu 含量。

根据 Al-Cu 合金相图可知，在 548℃ 时，Cu 在 Al 中的固溶量最大为 5.65%，所以当 Cu 含量大于 5.65%时，固溶处理后必然存在未固溶 θ 相，Cu 含量越高未固溶 θ 相的数量越多。根据电弧熔丝增材制造 Al-Cu 合金溶质 Cu 的分布规律，未固溶 θ 相在层间区域富集，所以 Cu 含量为 6.3%的堆积体层间区域的未固溶 θ 相的数量多，尺寸大。

7.5.3 T6 态

使用 EDS 面扫描测量不同 Cu 含量堆积体 T6 态 Cu 的微区含量，得到 Cu 的分布如图 7-18 所示。不同 Cu 含量堆积体 T6 态 Cu 的分布规律为：层间区域 > 层内区域，如图 7-18 所示。堆积体 T6 态 Cu 的分布规律与 T4 态一致，说明在时效过程中 Cu 的分布没有发生变化。在时效制度下 (175℃，4h)，基体是相对 Cu 的过饱和固溶体，未固溶 θ 相无法继续溶入到基体当中，所以未固溶 θ 相的数量和分布规律不变，导致固溶到基体中 Cu 的数量没有变化，不具有均匀化的效果，所以 Cu 的分布规律不变。

不同 Cu 含量 Al-Cu-Sn 合金堆积体时效处理后的析出相形貌如图 7-19 所示。在 ⟨001⟩ 带轴上析出三种形貌的析出相，在图 7-19(a) 中可清晰地看到呈 90° 分布的针状相，另外一种与针状相构成的平面平行，呈椭圆形的板状，由于透光率的原因，图像不太清晰。通过 EDS 分析和选区衍射花样，如图 7-19(e)、(f) 所示，析出相为 θ′ 相，该相为椭圆形板状结构，在基体中立体交叉分布，所以投射到平面上呈现了三种形貌。θ′ 相是 Al-Cu 合金时效过程析出的主要强化

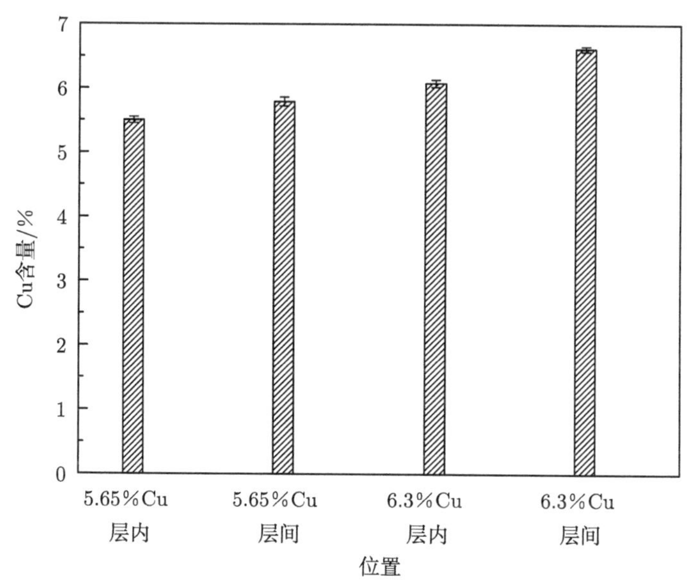

图 7-18 WAAM 不同 Cu 含量 Al-Cu-Sn 合金 T6 态不同区域 Cu 的分布

相，其尺寸、密度、相间距对合金的力学性能具有重大影响。Cu 含量为 5.65% 堆积体 θ′ 相的尺寸约为 100nm 长，70nm 宽，5nm 厚，相间距约为 10nm。由图 7-19(b)HRTEM 图可见，θ′ 相与基体半共格，对位错运动具有强烈的阻碍作用，可提高合金强度。

与 Cu 含量为 5.0%的堆积体相比，Cu 含量为 5.65%的堆积体中 θ′ 相的数量与密度大大提高。这主要是由于堆积体中的 Cu 含量升高，固溶处理后堆积体的固溶 Cu 含量升高。Al-Cu 合金的时效析出过程为：过饱和固溶体 (α_{ss}) →GP 区 (GPI 区)→ θ″(GPⅡ 区)→ θ′ → θ。铜原子偏聚形成 GP 区，进而形成 θ′ 相，所以固溶在 Al 基体中的铜数量越多，析出的 θ′ 相的数量越多。另外，堆积体中的 Sn 加快了 θ′ 相的析出速度，并使其稳定存在，所以堆积体中 θ′ 相的数量多，密度大。大量 θ′ 相弥散分布，对提高合金的力学性能极为有利。

由图 7-19(c)、(d) 可见，当堆积体中的 Cu 含量增大到 6.3%时，θ′ 相的数量、尺寸和相间距没有发生变化。主要是由于虽然堆积体中的 Cu 含量升高，但是固溶处理后固溶 Cu 含量没有变化。根据 Al-Cu 合金的时效进程，固溶 Cu 含量决定时效析出 θ′ 相的数量，不同 Cu 含量的堆积体固溶 Cu 含量一致，所以时效析出的 θ′ 相一致。

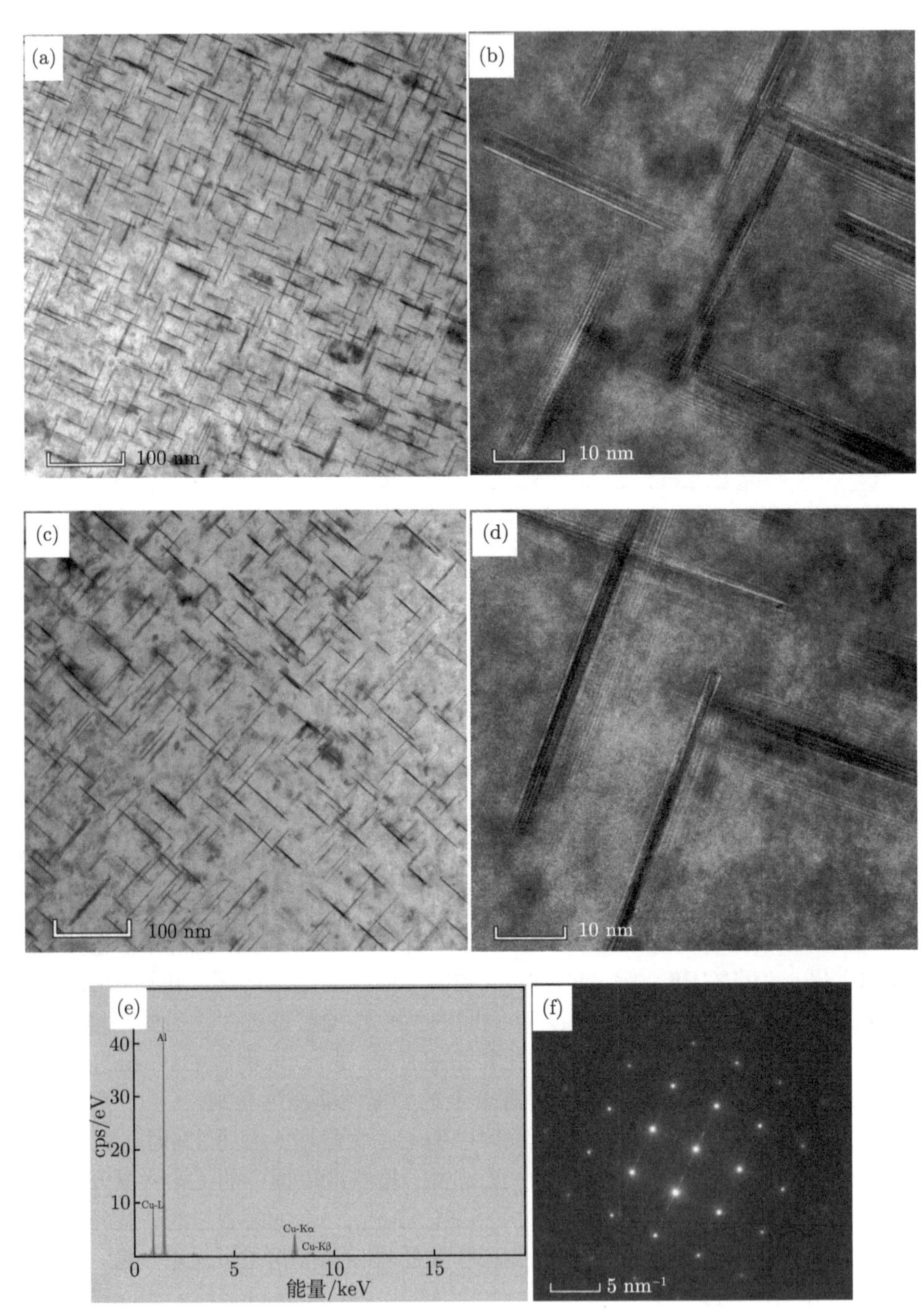

图 7-19　WAAM 不同 Cu 含量 Al-Cu-Sn 合金时效处理后的析出相

(a)5.65%Cu TEM；(b)5.65%Cu HRTEM；(c)6.3%Cu TEM；(d)6.3%Cu HRTEM；(e)EDS；(f) 选区衍射花样 $\langle B = 001 \rangle$

第 8 章　2219 合金的优化

8.1　两种 Cu 含量的 Al-Cu 合金丝材的比较

2219 合金是一款工业应用广泛的高强 Al-Cu 合金，前人对 WAAM 2219 合金进行了大量研究。发现该合金堆积体横、纵向存在差异，但一直没能确定横、纵向力学性能差异的原因，限制了该合金的应用。通过第 7 章的研究发现，堆积体 Cu 含量过高是造成 WAAM Al-Cu 合金横、纵向力学性能差异的主要原因。因此，通过调整 2219 合金堆积体中的 Cu 含量，验证 WAAM Al-Cu 合金横、纵向力学性能差异的原因，解决 2219 合金堆积体横、纵向力学性能差异。根据《GB/T1173—2013》，2219 合金的 Cu 含量范围为 5.8%~6.8%。根据第 7 章的研究结果，当 Cu 含量为 5.65%时，堆积体具有最优的力学性能，横、纵向一致。本章选择 2219 堆积体目标 Cu 含量为 6.30%、5.65%，研究不同状态下 Cu 的分布和存在形式，验证 WAAM Al-Cu 合金横、纵向差异的原因。

8.1.1　两种 Cu 含量的 Al-Cu 合金丝材的化学组成

不同 Cu 含量的 2219 合金丝材由抚顺东工冶金材料技术有限公司生产，鉴于堆积过程 Cu 的烧损率约为 5%，控制丝材的化学成分如表 8-1 所示。

表 8-1　不同 Cu 含量 2219 合金丝材化学成分

样品	Cu	Mn	Ti	Zr	V	Fe	Si	Mg
6.3%	6.57	0.274	0.136	0.163	0.112	0.115	0.036	0.007
5.65%	5.92	0.271	0.124	0.165	0.110	0.113	0.083	0.007

8.1.2　两种 Cu 含量的 Al-Cu 合金丝材 Cu 的分布及存在形式

不同 Cu 含量 2219 合金丝材的金相和 EDS 能谱分析如图 8-1 所示。含 Cu 量为 6.3%的 Al-Cu 合金丝中，存在大量弥散分布的灰色圆形相，通过 EDS 能谱分析发现该相含有 Al、Cu 两种元素，原子比接近 2∶1，该相为 θ 相 Al_2Cu。含 Cu6.3%的 Al-Cu 合金丝中，θ 相的尺寸小于 5μm，均匀分布，说明在原材料中 Cu 没有发生偏析。在 Cu 含量为 5.65%的 Al-Cu 合金丝中，同样存在灰色的圆形 θ 相，θ 相的尺寸没有明显变化，数量减少，Cu 没有偏析的现象。

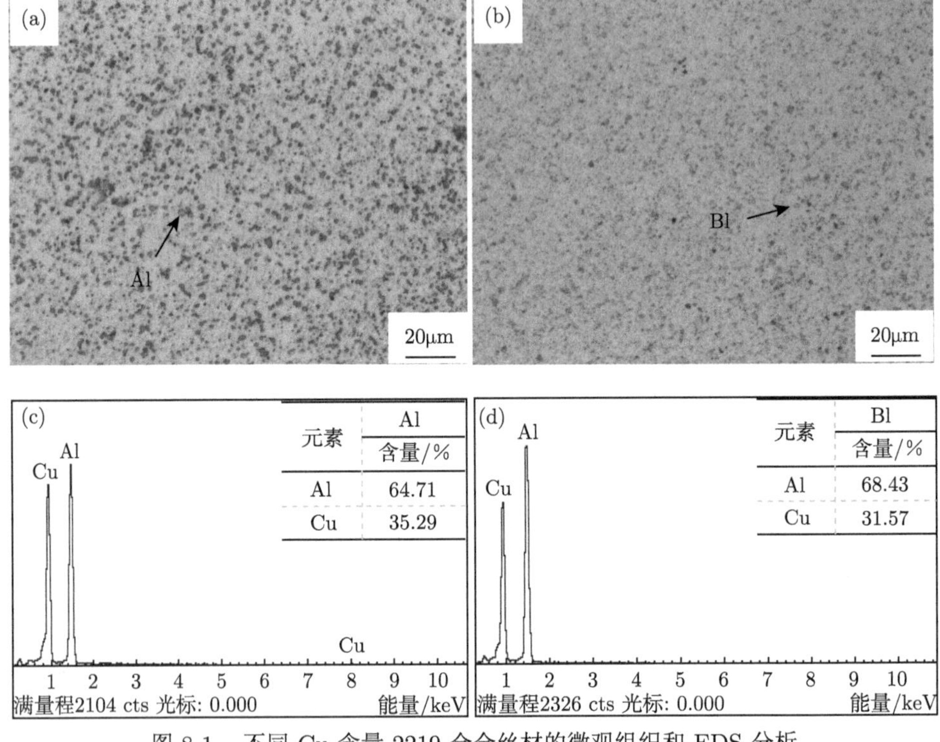

图 8-1　不同 Cu 含量 2219 合金丝材的微观组织和 EDS 分析
(a)6.3%Cu；(b)5.65%Cu；(c)6.3%Cu EDS；(d)5.65%Cu EDS

8.2　两种 Cu 含量的 Al-Cu 合金堆积体的比较

8.2.1　两种 Cu 含量的 Al-Cu 合金堆积体直接堆积态 Cu 的分布及存在形式

Cu 含量为 6.3%的 2219 堆积体直接堆积态的金相组织如图 8-2 所示。根据 WAAM 堆积体的工艺特点，每个堆积层成形后，由于前一层温度较高，通过向空气中散热进行凝固，其凝固顺序为由表面向内部凝固，在高度方向上由上向下凝固。每个堆积层分为层内区域和层间区域，层内区域为单一的堆积层，层间区域为两个堆积层搭接的位置。由图 8-2(a) 可见，层内区域的组织包括等轴晶和等轴枝晶两种晶粒。在每个堆积层的顶部为等轴晶，如图 8-2(b) 所示；逐渐过渡到等轴枝晶，如图 8-2(c) 所示；中间没有明显的界线。堆积体的顶部凝固速度最快，形成了等轴晶，随着凝固过程的进行，由等轴晶逐渐过渡为等轴枝晶。WAAM 工艺的整体热输入量较小，凝固速度相对较快，等轴枝晶的尺寸与等轴晶基本一致。堆积体的层间区域同样存在两种晶粒，上部为等轴枝晶，下部为等轴晶，两者之间存在明显的界限，如图 8-2(d) 所示。层间区域上部的等轴枝晶是新堆积层底部

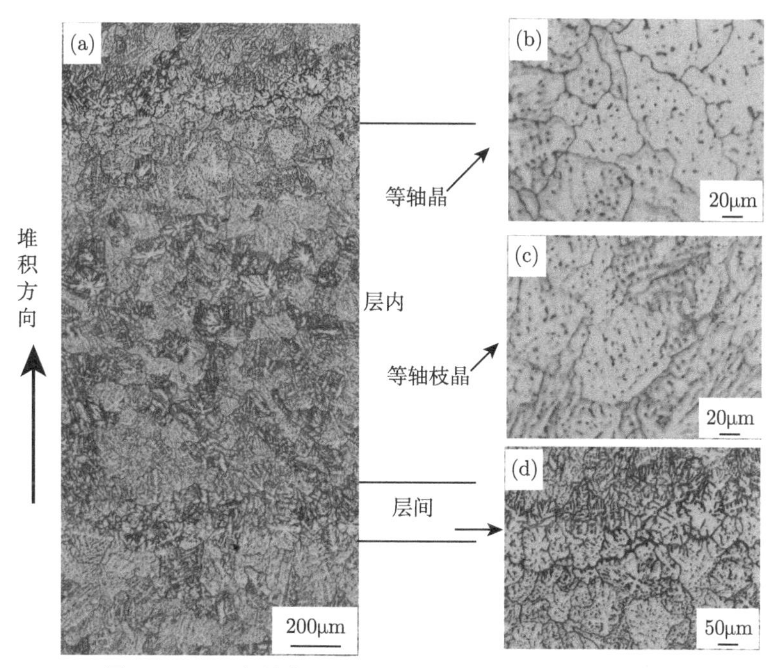

图 8-2 Cu 含量为 6.3%堆积体直接堆积态的金相组织
(a) 组织分布；(b) 层内等轴晶；(c) 层内等轴枝晶；(d) 层间区域

最后凝固的位置，下部的等轴晶是上一个堆积层的顶部。

由图 8-2(a) 可见，在堆积体的层间区域存在少量尺寸 20μm 左右的气孔，与 Cong 等发现的气孔分布规律一致。铝合金中的气孔主要为氢气孔，是由氢原子在 Al 中的溶解度在液态到固态的相变中发生突变造成的。本实验所用的 Al-Cu 合金丝在制备过程中选用高纯铝及中间合金作为原材料，在氩气的保护下精炼和浇铸，铝液中的氢含量较低。在电弧增材制造过程中选择 CMT+P+ADV 工艺，该工艺为交流电源，对丝材表面和堆积层表面具有良好的阴极雾化效果，去除氧化层减少了熔池中的氢含量。熔池中的氢含量是控制气孔形成的关键因素，由于氢含量低所以整个堆积层的气孔数量较少。由于氢在液态铝中的溶解度远大于固态，所以在堆积体凝固过程中，氢沿固液凝固界面不断向液相中迁移，导致最后凝固的位置液相中的氢含量较高。根据堆积体的凝固模型，层间区域是堆积体最后凝固的区域，所以氢含量高，容易形成气孔。

由图 8-2(b)、(c) 可见，在 Cu 含量 6.3%的 2219 堆积体层内区域，析出相在晶内和晶界上均匀分布，晶界的宽度较小，说明晶界上析出相的尺寸较小。在层间区域，析出相同样分布在晶内和晶界上，但是数量明显增加，存在一条平行于焊枪移动方向的晶界，宽度较大，如图 8-2(d) 所示。说明该处的析出相尺寸较大。

Cu 含量为 5.65%的 2219 堆积体直接堆积态的金相组织如图 8-3 所示。在一个堆积层中同样存在层内和层间区域。由图 8-3(b)、(c) 可见，层内区域的组织从上到下由等轴晶逐渐过渡到尺寸相同的等轴枝晶。层间区域上部为等轴枝晶，下部为等轴晶，两者存在明显的界线，如图 8-3(d) 所示。在层间区域分布着少量尺寸 20μm 左右的气孔。在直接堆积态晶粒和气孔两个方面，Cu 含量为 5.65%的 2219 堆积体与 Cu 含量为 6.3%的 2219 堆积体没有差异。Cu 含量为 5.65%的 2219 堆积体层内区域的析出相分布在晶内和晶界，由于溶质 Cu 的含量低，所以层内区域析出相的数量少于 Cu 含量为 6.3%的 2219 堆积体。由图 8-3(d) 可见，在 Cu 含量为 5.65%的 2219 堆积体层间区域也存在一条平行于焊枪移动方向的晶界，该晶界的宽度小于 Cu 含量为 6.3%的 2219 堆积体。

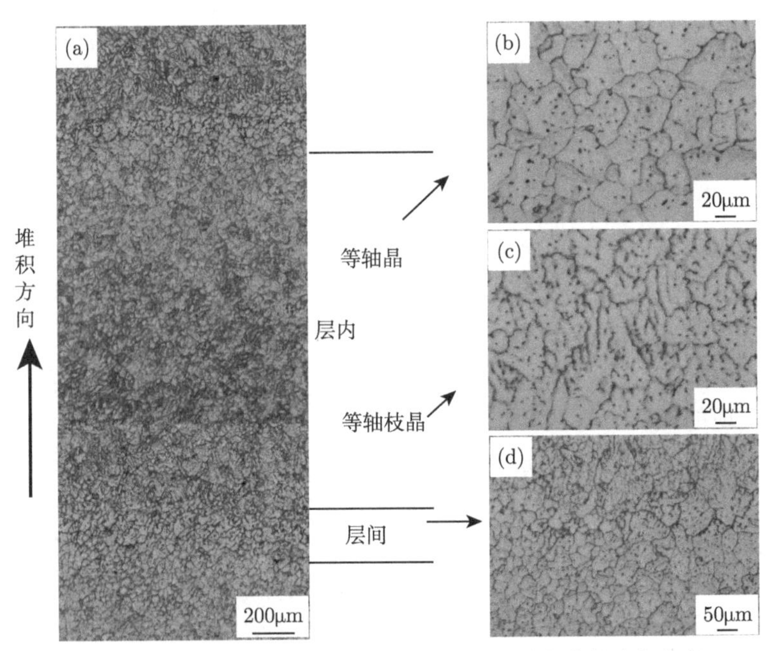

图 8-3　Cu 含量为 5.65%2219 堆积体直接堆积态的金相组织
(a) 组织分布；(b) 层内等轴晶；(c) 层内等轴枝晶；(d) 层间区域

Cu 含量为 6.3%的 2219 堆积体直接堆积态各个位置的 SEM 如图 8-4 所示。通过 EDS 分析，堆积体直接堆积态的析出相主要为初生 θ 相 Al_2Cu。在等轴晶区，初生 θ 相主要为块状或长条状，分布在晶内和晶界上，初生 θ 相的分布方式说明该处组织凝固速度快，如图 8-4(a) 所示。在等轴枝晶区，连续长条状的初生 θ 相减少，主要为间断的块状，分布在等轴枝晶臂处，初生 θ 相的尺寸较小，分布弥散，如图 8-4(b) 所示。与等轴晶区域的初生 θ 相相比，等轴枝晶区域的析出相数量增加。在层间区域，晶粒有等轴枝晶和等轴晶，初生 θ 相有块状和长条状两种形式，在等轴晶和等轴枝晶的分界线上，具有大尺寸、连续析出的初生 θ 相，如图 8-4(c) 所示。该大尺寸析出相对应金相组织中层间区域宽度较大的晶界。依据堆积体的凝固顺序，随着凝固过程的进行，初生 θ 相的数量增多，在层间区域出现了大尺寸的初生 θ 相。

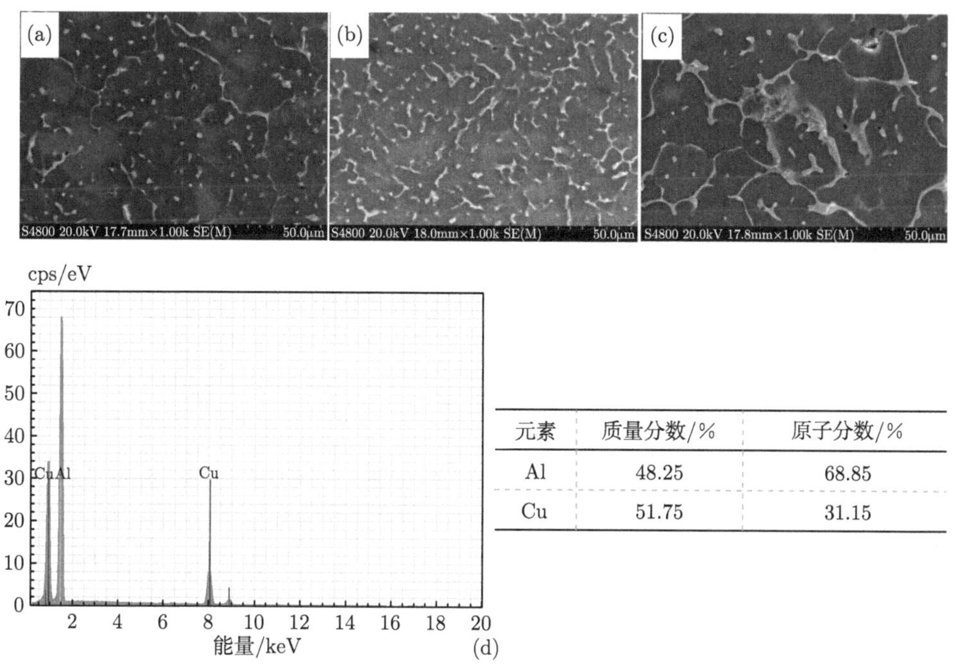

元素	质量分数/%	原子分数/%
Al	48.25	68.85
Cu	51.75	31.15

图 8-4　Cu 含量为 6.3% 2219 堆积体直接堆积态的 SEM 和 EDS
(a) 等轴晶区域；(b) 等轴枝晶区域；(c) 层间区域；(d) 析出相的 EDS

Cu 含量为 5.65%的 2219 堆积体直接堆积态各个位置的 SEM 如图 8-5 所示。根据 EDS 分析结果，直接堆积体态的析出相同样为初生 θ 相。初生 θ 相的形状和分布规律与 Cu 含量为 6.3%的堆积体相同，由于 Cu 含量的降低，其各个位置初生 θ 相的数量减少。由图 8-3(c) 可见，在层间区域，初生 θ 相的尺寸大于层内区域，但与 Cu 含量为 6.3%的堆积体层间区域的初生 θ 相相比，该初生 θ 相的尺寸大大减小。

对 Cu 含量为 6.3%和 5.65% 2219 堆积体直接堆积态的等轴晶区域，等轴枝晶区域和层间区域，使用 EDS 在基体打点，微区面扫描，测量不同区域的 Cu 含量分布及存在形式。EDS 微区面扫描对应微区 Cu 的总含量，EDS 的基体打点对应固溶 Cu 含量，按下式计算形成初生 θ 相的 Cu 含量。

$$W_{\theta} = W_{\mathrm{t}} - W_{\mathrm{s}} \tag{8-1}$$

其中，W_{θ} 表示形成初生 θ 相的 Cu 含量，W_{t} 表示微区 Cu 的总含量，W_{s} 表示固溶 Cu 含量。两种 Al-Cu 合金原材料除 Cu 以外的其余合金元素含量低且一致，所以除初生 θ 相以外的其余含 Cu 相，如 T 相 ($Al_{12}Mn_{2}Cu$) 的含量低且一致，以式 (8-1) 计算的结果表示形成初生 θ 相的 Cu 含量理论可行。

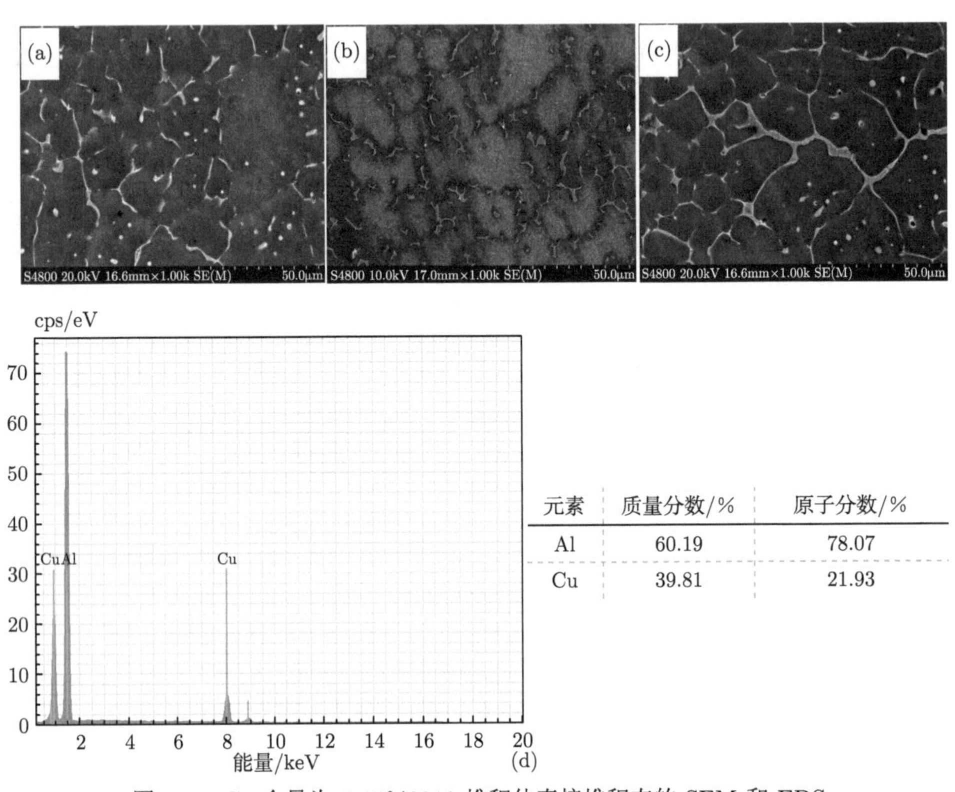

元素	质量分数/%	原子分数/%
Al	60.19	78.07
Cu	39.81	21.93

图 8-5　Cu 含量为 5.65%2219 堆积体直接堆积态的 SEM 和 EDS

(a) 等轴晶区域；(b) 等轴枝晶区域；(c) 层间区域；(d) 析出相的 EDS

Cu 含量为 6.3%和 5.65%的 2219 合金堆积体直接堆积态的 Cu 分布和存在形式如图 8-6 所示。由图 8-6(a) 可见，Cu 含量为 6.3%的堆积体直接堆积态 Cu 元素的分布为等轴晶区：5.83%，等轴枝晶区：6.20%，层间区域：6.72%。Cu 含量为 5.65%的堆积体直接堆积态 Cu 元素的分布为等轴晶区：5.34%，等轴枝晶区：5.50%，层间区域：5.89%。两种 Cu 含量不同的堆积体中，Cu 的分布规律是一致的：等轴晶区 < 等轴枝晶区 < 层间区域，说明堆积体中 Cu 的分布规律是受成形工艺控制的，WAAM 逐层堆积的成形方式造成了 Cu 的分布规律。依据 WAAM 堆积体的凝固特点，堆积层的凝固顺序为自上而下，等轴晶区–等轴枝晶区–层间区域。根据 Al-Cu 合金凝固过程 Cu 的分布规律，随着凝固过程的进行，Cu 原子不断地通过固液界面由固态向液态迁移，所以液相中的 Cu 含量逐渐升

高。对于堆积层来说，后凝固位置的 Cu 含量大于先凝固位置，所以 Cu 的分布规律为：等轴晶区 < 等轴枝晶区 < 层间区域。Al-Cu 合金的这一凝固特点造成从铸锭的边缘到中心 Cu 含量逐渐升高，产生宏观偏析，在铸造工艺中获得广泛的研究。WAAM 的凝固过程与铸造类似，遵循铸锭的凝固特点，产生了微观分布不均匀。

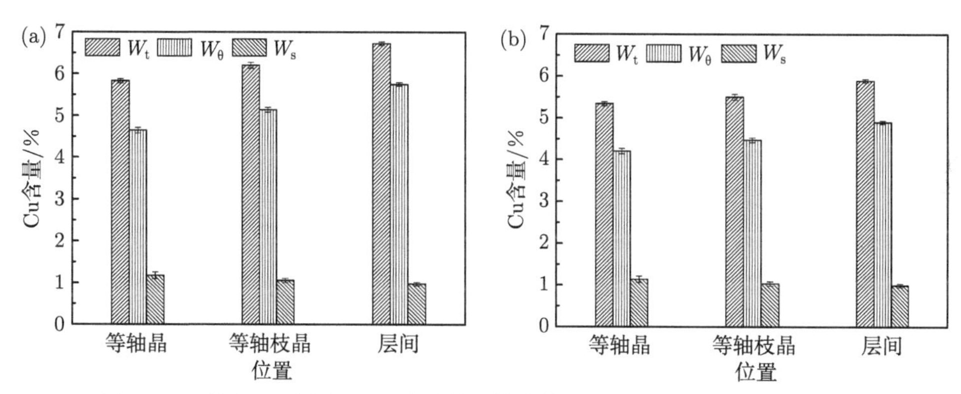

图 8-6 不同 Cu 含量 2219 合金堆积体直接堆积态的 Cu 分布和存在形式
(a)6.3%; (b)5.65%

在直接堆积体态的 2219 合金堆积体中，Cu 主要有两种存在形式：固溶到基体中或析出初生 θ 相。如图 8-6 所示，在 Cu 含量为 6.3%的 2219 堆积体中，直接堆积态不同区域的固溶 Cu 含量为等轴晶区：1.18%；等轴枝晶区：1.06%；层间区域：0.97%；在 Cu 含量为 5.65%的 2219 堆积体中，直接堆积态不同区域的固溶 Cu 含量为等轴晶区：1.14%；等轴枝晶区：1.03%；层间区域：0.99%。可见在 Cu 含量不同的 2219 堆积体中，直接堆积态各区域固溶 Cu 含量的分布规律为：等轴晶区 > 等轴枝晶区 > 层间区域，不同 Cu 含量对直接堆积态各区域的固溶 Cu 含量影响不大。由 Al-Cu 合金相图可知，在平衡凝固条件下，Cu 在铝中室温固溶度为 0.05%，由于电弧熔丝增材制造工艺合金的凝固速度快，在直接堆积态基体的固溶 Cu 含量远大于平衡状态。WAAM 2219 合金堆积体中，各区域的凝固速度存在差异，所以固溶 Cu 含量也存在差异，但是堆积体的整体冷却速度较快，所以各区域的差异不大。由于堆积体直接堆积态的固溶 Cu 含量受冷却速度控制，Cu 含量对直接堆积态各区域的固溶量没有影响。

Cu 含量为 6.3%的 2219 堆积体初生 θ 相的 Cu 含量为等轴晶区：4.65%；等轴枝晶区：5.14%；层间区域：5.75%。Cu 含量为 5.65%的 2219 堆积体形成初生 θ 相的 Cu 含量为等轴晶区：4.20%；等轴枝晶区：4.47%；层间区域：4.90%。两者初生 θ 相含量的分布规律一致：等轴晶区 < 等轴枝晶区 < 层间区域。不同区域初生 θ 相的含量是由微区 Cu 的总含量和固溶 Cu 含量共同决定的，受凝固速度

的影响。结合图 8-5，图 8-6 可知，Cu 含量越高，凝固速度越慢，微区初生 θ 相的含量越高，尺寸越大。初生 θ 相的尺寸越大，与基体接触的比表面积越小，固溶处理时越难溶解到基体当中，直接影响了固溶处理后的固溶 Cu 含量和未固溶 θ 相的含量。

8.2.2　两种 Cu 含量的 Al-Cu 合金堆积体 T4 态 Cu 的分布及存在形式

Cu 含量为 6.3%的 2219 堆积体 T4 态的金相组织如图 8-7 所示。堆积体经过固溶处理后，所有的晶粒均转变为等轴晶，尺寸均匀。由于固溶处理的调质作用，等轴枝晶的枝晶臂处的析出相溶解，枝晶臂发生熔断，所以等轴枝晶转化为等轴晶。由图 8-7(a) 可见，固溶处理后，堆积体层内和层间区域的气孔数量增加，尺寸增大。这是由于在固溶处理过程中发生微气孔的迁移与合并，直接堆积态金相组织中不可见的气孔发生合并导致气孔的数量增多。另外，由于 WAAM Al-Cu 合金的凝固速度快，为非平衡态凝固，形成的堆积体为相对于氢原子的过饱和固溶体，在固溶处理的温度下氢原子的溶解度变化不大，高温加速氢原子的迁移，进入气孔中使气孔长大。气孔在层间区域的数量多于层内区域，与直接堆积态的趋势一致。

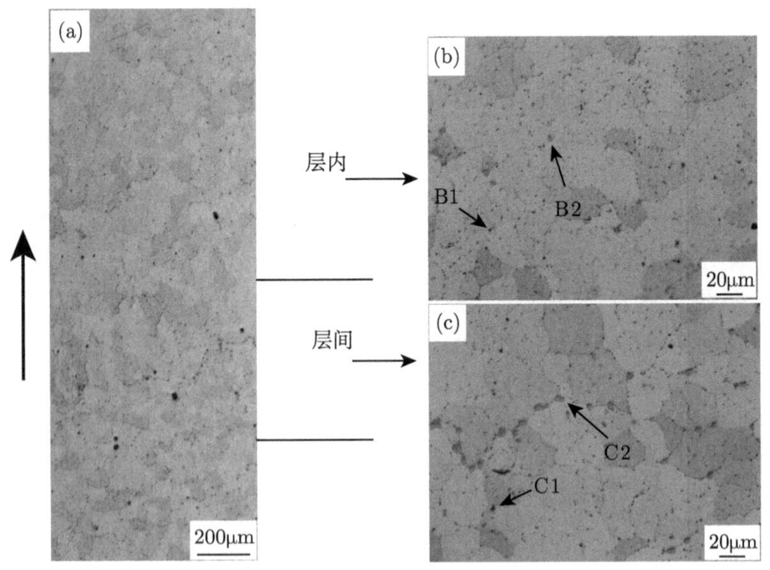

图 8-7　原材料 Cu 含量为 6.3%2219 堆积体 T4 态的金相组织

(a) 组织分布；(b) 层内区域；(c) 层间区域

由图 8-7(b) 可见，Cu 含量为 6.3%的 2219 堆积体 T4 态层内区域的微观组织中存在两种形态的析出相，小尺寸黑色相和较大尺寸灰色相，如图 8-7(b)B1、B2 所示。在层间组织中，同样存在两种析出相，如图 8-7(c)C1、C2 所示。层间区域灰色相的尺寸增大，数量增加，相对距离减小，沿晶界呈线性分布。层间区域灰色相的分布与焊枪的移动方向平行，垂直于纵向。

Cu 含量为 5.65%的 2219 堆积体 T4 态的金相组织如图 8-8 所示。堆积体经过固溶处理后，组织同样转变为大小均匀的等轴晶。气孔经过固溶处理后数量增多、尺寸增大，层间区域的气孔数量多于层内，如图 8-8(a) 所示。晶粒和气孔的数量、尺寸及分布在两种 Cu 含量不同的堆积体中没有差异。Cu 含量为 5.65%的 2219 堆积体 T4 态的层内区域，只有短棒状黑色的析出相，如图 8-8(b) 所示，未发现图 8-7 中出现的灰色块状相。在该堆积体的层间区域同样只有黑色的析出相。

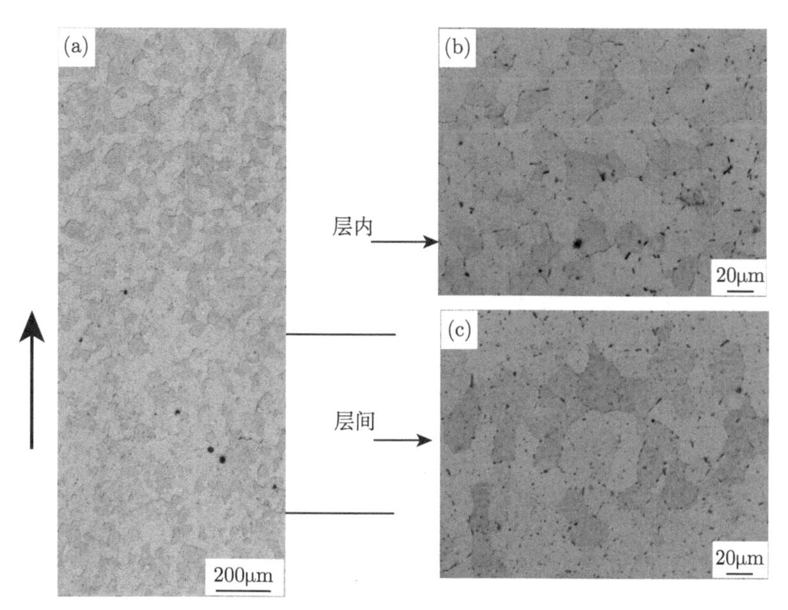

图 8-8 Cu 含量为 5.65%2219 堆积体 T4 态的金相组织
(a) 组织分布；(b) 层内区域；(c) 层间区域

不同 Cu 含量的 2219 堆积体 T4 态的 SEM 和 EDS 如图 8-9 所示。在 Cu 含量为 6.3%的 2219 堆积体层内区域，存在小尺寸的棒状相。通过 EDS 分析，该相含有 Al、Mn、Cu、Fe 四种元素，如图 8-9(a)A1 所示，为含有杂质铁的复熔 T 相 ($Al_{12}Mn_2Cu$)，对应金相组织中的黑色相。另外，在层间区域还存在块状相，通过 EDS 分析为 Al_2Cu 相，这些 Al_2Cu 相是固溶处理后未固溶的 θ 相，如图 8-9(a)A2 所示。未固溶 θ 相有两种尺寸，一种尺寸小于 5μm，弥散分布。另一种尺寸大于 10μm，数量较少分布稀疏。在 Cu 含量为 6.3%的 2219 堆积体层间区域，同样存在复熔 T 相 (图 8-9(b)B1) 和未固溶 θ 相 (图 8-9(b)B2)。未固溶 θ 相的尺寸大于 20μm，两相之间距离较近。相对于层内区域，大尺寸未固溶

θ 相的数量增加，尺寸增大，分布密集。

由图 8-9(c)、(d) 可见，在 Cu 含量为 5.65%的 2219 堆积体层内和层间区域，固溶处理后，析出相的种类没有发生变化，都是复熔 T 相和未固溶 θ 相，但是未固溶 θ 相的数量和尺寸具有明显的变化。在层内区域，未固溶 θ 相尺寸小，弥散分布，在层间区域，未固溶 θ 相的尺寸小于 5μm，比层内区域的略有增加。与 Cu 含量为 6.3%的 2219 堆积体层间区域相比，其数量、尺寸明显减小，分布稀疏。

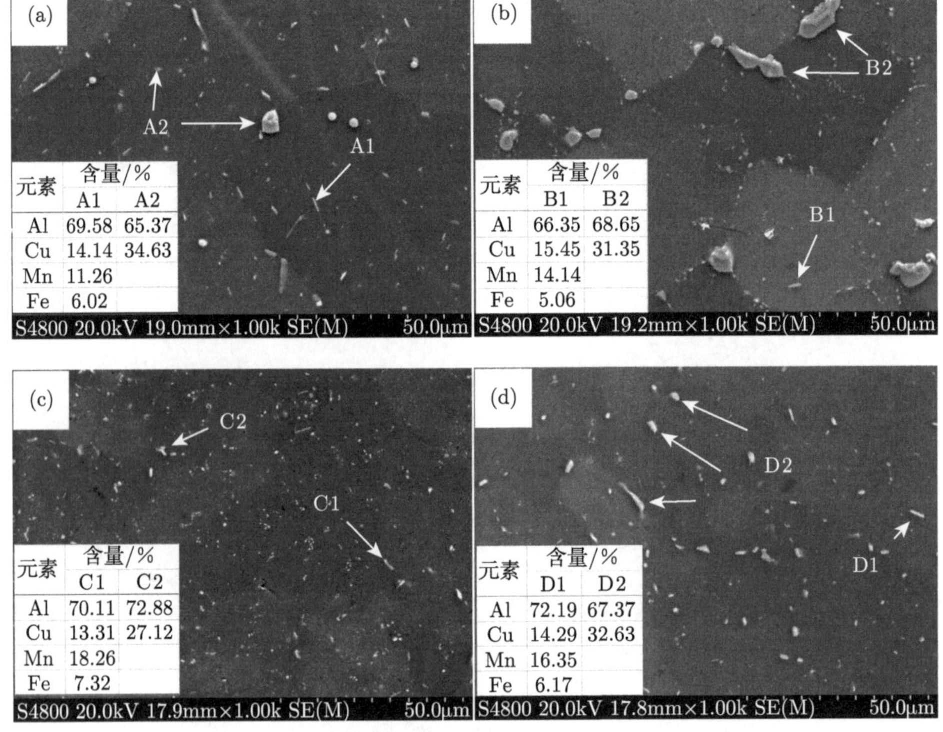

图 8-9　不同 Cu 含量 2219 堆积体 T4 态的 SEM 和 EDS

(a)6.3%Cu 层内区域；(b)6.3%Cu 层间区域；(c)5.65%Cu 层内区域；(d)5.65%Cu 层间区域；

对不同 Cu 含量的 2219 堆积体 T4 态的层内区域和层间区域，利用 EDS 进行基体打点和微区面扫描，测量固溶处理后 Cu 的分布和存在形式。EDS 微区面扫对应固溶后微区 Cu 的总含量，EDS 的基体打点对应固溶处理后的固溶 Cu 含量，按下式计算形成未固溶 θ 相 Cu 含量

$$M_{\theta} = M_{\mathrm{t}} - M_{\mathrm{s}} \tag{8-2}$$

其中，M_{θ} 表示形成未固溶 θ 相的 Cu 含量，M_{t} 表示微区 Cu 的总含量，M_{s} 表示固溶 Cu 含量。

不同 Cu 含量的 2219 堆积体固溶处理后 Cu 的分布和存在形式如图 8-10 所示。由图 8-10(a) 可见，Cu 含量为 6.3%的 2219 堆积体固溶处理后，Cu 的分布：层内区域 Cu 含量为 6.01%，层间区域 Cu 含量为 6.68%。层内和层间区域 Cu 含量的差异相对直接堆积态减小，这是由于在固溶处理过程中，Cu 原子的扩散起到均匀化的作用，所以含量差异减小。从 Cu 的存在形式看，层内区域的固溶 Cu 含量为 5.04%，未固溶 θ 相中的 Cu 含量为 0.97%，层间区域的固溶 Cu 含量为 5.06%，未固溶 θ 相中的 Cu 含量为 1.62%。说明固溶处理后，Cu 主要以固溶 Cu 原子的形式存在，在层内和层间区域固溶 Cu 含量接近。但是层间区域未固溶 θ 相中的 Cu 高于层内区域，这也是导致 Cu 的微区分布不均匀的主要原因。

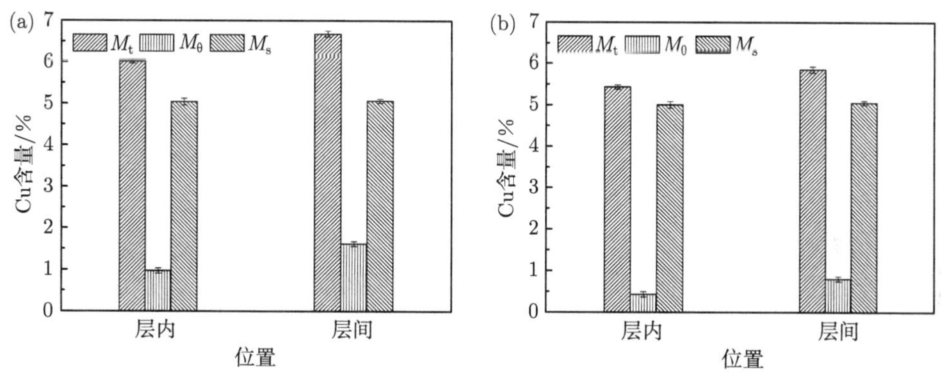

图 8-10 不同 Cu 含量的 2219 堆积体 T4 态 Cu 的分布和存在形式

(a)6.3%Cu；(b)5.65%Cu

由图 8-10(b) 可见，Cu 含量为 5.65%的 2219 堆积体固溶处理后，Cu 的分布：层内区域 Cu 含量为 5.43%，层间区域 Cu 含量为 5.85%。由于固溶过程的均匀化作用，层内和层间区域 Cu 含量的差异相对直接堆积态同样减小，并且 Cu 的微区分布不均匀性相对原材料 6.3%Cu 的堆积体降低。Cu 的存在形式：层内区域的固溶 Cu 含量为 5%，未固溶 θ 相中的 Cu 含量为 0.43%，层间区域的固溶 Cu 含量为 5.05%，未固溶 θ 相中的 Cu 含量为 0.8%。固溶处理后，在层内和层间区域固溶 Cu 含量接近，未固溶 θ 相中的 Cu 含量差异减小，所以微区 Cu 含量的不均匀性降低。

不同 Cu 含量的 2219 堆积体固溶处理后，Cu 的分布规律一致，均为层间区域含量高于层内区域。这是因为在堆积体凝固过程中，随着凝固的进行，溶质 Cu 的含量逐渐升高，凝固后的层间 Cu 含量高于层内 Cu 含量。不同 Cu 含量的 2219 堆积体固溶处理后，层内和层间区域的固溶 Cu 含量基本一致，不同 Cu 含量 2219 堆积体之间的固溶 Cu 含量差距较小，说明固溶 Cu 含量与堆积体 Cu 含量没有对应关系。Cu 在 Al 中的固溶量主要受固溶温度的控制，在本实验所采用的固溶温度下 (535℃)，Cu 在 Al 中的极限固溶度为 5.29%，所以 2219 堆积体中的 Cu 含量提高，固溶 Cu 含量没有明显增加。Al-Cu 合金中主要强化方式有固溶强化和析出强化，固溶 Cu 含量越高，引起的晶格畸变度越大，固溶强化效果越大。固溶的 Cu 原子是时效析出强化相的原材料，所以固溶 Cu 含量越高，时效析出的强化相越多，为提高合金强度应尽量提高合金中的固溶 Cu 含量。

根据 Al-Cu 合金相图可知，在 548℃ 时，Cu 在 Al 中的固溶量最大为 5.65%，所以当 Cu 含量大于 5.65%时，固溶处理后必然存在未固溶 θ 相，Cu 含量越高未固溶 θ 相的数量越多。根据电弧熔丝增材制造 Al-Cu 合金溶质 Cu 的分布规律，未固溶 θ 相在层间区域富集，所以 Cu 含量为 6.3%的堆积体，层间区域的未固溶 θ 相的数量多，尺寸大。

8.2.3 两种 Cu 含量的 Al-Cu 合金堆积体 T6 态 Cu 的分布及存在形式

不同 Cu 含量的 2219 堆积体 T6 态的 Cu 分布如图 8-11 所示。堆积体中 Cu 的分布与 T4 态一致，均为层间含量高于层内含量。根据 Al-Cu 合金的时效进程可知，时效处理过程中主要的变化为固溶到基体中的 Cu 原子发生脱溶，析出纳米级的强化相。所以时效处理后堆积体中 Cu 的分布规律不会发生变化，而存在形式会发生变化，除了固溶体和宏观析出相，还会析出纳米级的 θ′ 相。

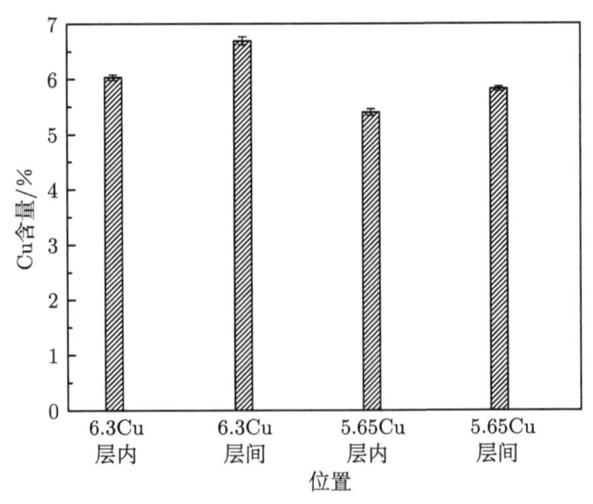

图 8-11 不同 Cu 含量的 2219 堆积体 T6 态 Cu 的分布

不同 Cu 含量的 2219 堆积体 T6 态的微观组织如图 8-12 所示。由图可见，堆积体层内和层间的组织均为等轴晶。Cu 含量为 6.3%的 2219 堆积体层内区域的析出相仍然是黑色的 T 相和灰色的 θ 相，如图 8-12(a)A1、A2 所示。层间区域的析出相同样为黑色的 T 相和灰色的 θ 相，如图 8-12(b)B1、B2 所示。θ 相的数量和尺寸明显大于层内区域，沿晶界呈线性分布。由图 8-12(c)、(d) 可见，Cu 含量为 5.65%的 2219 堆积体 T6 处理后，层内区域和层间区域的析出相一致，均为黑色 T 相，金相组织中未见大尺寸 θ 相。晶界上 θ 相的尺寸和分布对合金的力学性能具有重大影响，析出相尺寸较小，呈圆形且弥散分布，如图 8-12(c)、(d) 所示，具有钉轧晶界的作用，能够提高合金强度。析出相尺寸大、分布密集，如图 8-12(b) 所示，在拉伸载荷的作用下，与周围 Al 基体的连接位置容易萌生裂纹，并且与周围基质作用形成微剪切区，微剪切区与裂纹尖端塑性区相互作用形成宏观剪切区域，促进了裂纹的扩展，降低合金力学性能。Cu 含量为 6.3%的 2219 堆积体层间呈线性分布的 θ 相，作为大尺寸金属间化合物，是受力的起裂位置，降低合金的力学性能。

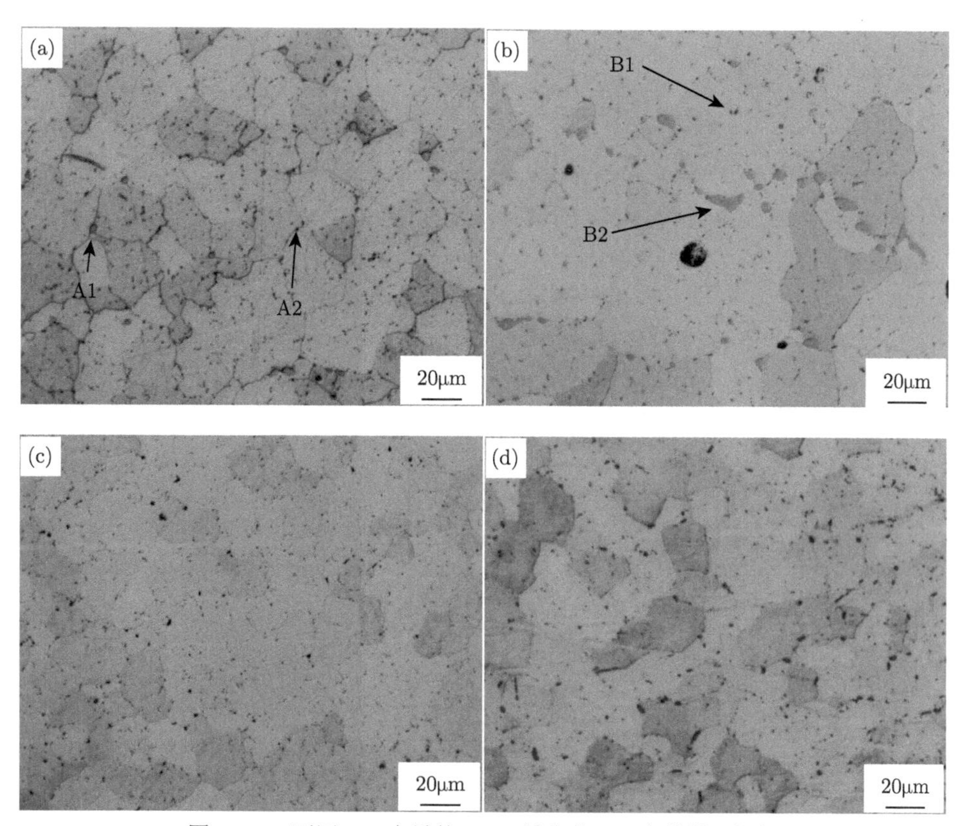

图 8-12 不同 Cu 含量的 2219 堆积体 T6 态的微观组织
(a)6.3%Cu 层内区域；(b)6.3%Cu 层间区域；(c)5.65%Cu 层内区域；(d)5.65%Cu 层间区域

不同 Cu 含量 2219 堆积体时效处理后析出相的形貌如图 8-13 所示。由图可见，时效处理后两种堆积体均析出了大量的针状相，针状相沿两个方向垂直分布。通过 EDS 能谱分析，该针状相主要含有 Al、Cu 两种元素，通过选区衍射花样分析，该针状相为 θ′ 相。通过 HRTEM 可见，θ′ 相与 Al 基体半共格，对位错运动具有强烈的阻碍作用，可大幅度提高合金的力学性能。由图 8-13(a) 可见，Cu 含量为 6.3%的 2219 堆积体析出 θ′ 相的尺寸约为 50nm，相间距约为 30nm，弥散分布。Cu 含量为 5.65%的 2219 堆积体析出 θ′ 相的数量、尺寸、相间距与原材料 Cu 含量为 6.3%的堆积体一致，如图 8-13(b) 所示。在时效过程中固溶 Cu 原子偏聚产生 GP 区，GP 区生长形成 θ′ 相，θ′ 相以固溶 Cu 原子作为原材料。由于两种不同 Cu 含量的 2219 堆积体固溶处理后，固溶 Cu 含量基本一致，两种堆积体析出 θ′ 相的数量和形貌一致。

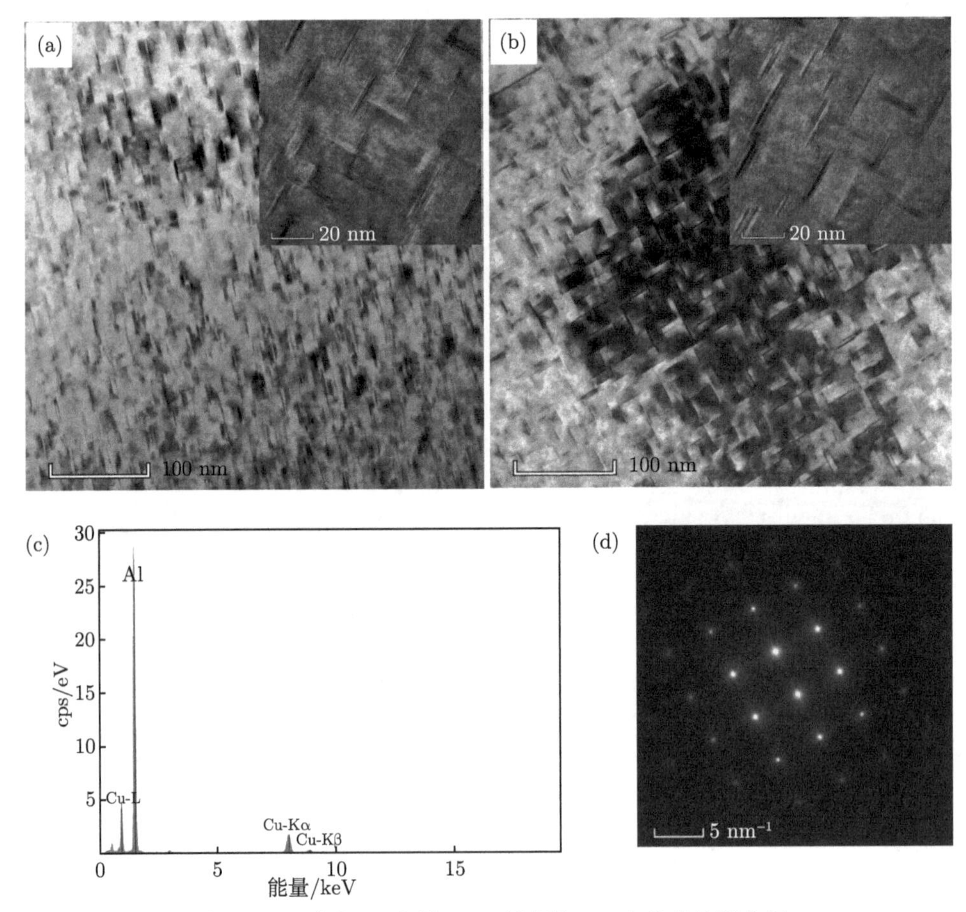

图 8-13　不同 Cu 含量 2219 堆积体 T6 态的时效析出相

(a)6.3%Cu TEM 和 HRTEM；(b)5.65%Cu TEM 和 HRTEM；(c) 析出相 EDS；(d) 选区衍射花样 $\langle B=001\rangle$

8.2.4 两种 Cu 含量的 Al-Cu 合金堆积体力学性能和断口形貌

1. 力学性能

不同 Cu 含量的 2219 堆积体 T6 态的力学性能如图 8-14 所示。由图可见，Cu 含量为 6.3%的 2219 合金堆积体横、纵向存在明显差异，横向力学性能高于纵向，尤其是伸长率横向为 17%，纵向只有 7%。这主要是在热处理后的组织中，在层间区域有大尺寸未固溶 θ 相平行于堆积层呈线性分布。层间区域平行于纵向试样的断面，所以对纵向力学性能影响更大。Cu 含量为 5.65%的 2219 堆积体，由于 Cu 含量的降低，在堆积体的层间区域，没有大尺寸未固溶 θ 相，所以其热处理后，横、纵向的力学性能一致，如图 8-14 所示。另外，降低 Cu 含量后发现堆积体的横向力学性能并没有明显降低，纵向力学性能大幅度提高。这主要是因为 Al-Cu 合金的强化机理为固溶在基体中的 Cu 原子在时效过程中析出 θ′ 强化相，而这两种合金堆积体中固溶的 Cu 含量基本相同，所以横向力学性能没有明显降低。层间没有聚集的未固溶 θ 相，所以纵向力学性能大幅度提高。堆积体 Cu 含量过高是造成 2219 合金堆积体横、纵向力学性能不一致的关键因素。2219 合金 Cu 的标准范围为 5.8%～6.8%，均高于 Cu 在铝中的最大固溶度 (5.65%)。因此选择标准范围的 2219 合金材料，电弧熔丝成形后的堆积体横、纵向均会出现差异。应为电弧熔丝增材制造设计专用的 2219 合金材料，控制堆积体中的 Cu 含量小于 5.65%。

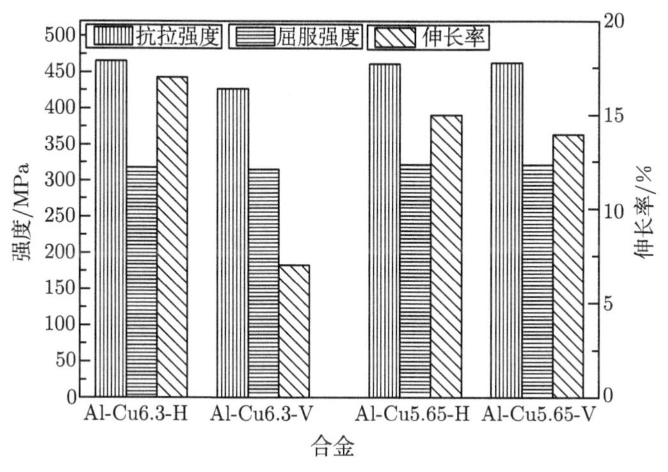

图 8-14 不同 Cu 含量 2219 堆积体 T6 态的力学性能

2. 断口形貌

不同 Cu 含量 2219 堆积体横、纵向试样的断口形貌如图 8-15 所示。Cu 含量为 6.3%的 2219 堆积体的横向断裂模式为典型的韧性断裂，断口由大量的韧窝组成，在韧窝的底部存在尺寸小于 5μm 的第二相粒子，如图 8-15(a) 所示。堆积体的纵向以脆性断裂为主伴随有少量的韧窝，整个断口被尺寸 20~30μm 的第二相粒子覆盖，裂纹从第二相扩展到韧窝，如图 8-15(b) 所示。EDS 能谱显示这些第二相粒子为 Al_2Cu，如图 8-15(b)B1 所示。说明纵向断口对应堆积体的层间区域，层间未固溶的大尺寸 θ 相造成纵向力学性能差。由图 8-15(c) 和图 8-15(d) 可见，2219 堆积体的 Cu 含量降低到 5.65%，堆积体横向和纵向的断口均由大量的韧窝组成，为韧性断裂。当试样受力时，首先在大尺寸第二相周围萌生裂纹，然后向基体扩展，所以要想获得优异的力学性能，要控制第二相的数量和尺寸，对于 WAAM Al-Cu 合金应严格控制堆积体的 Cu 含量。

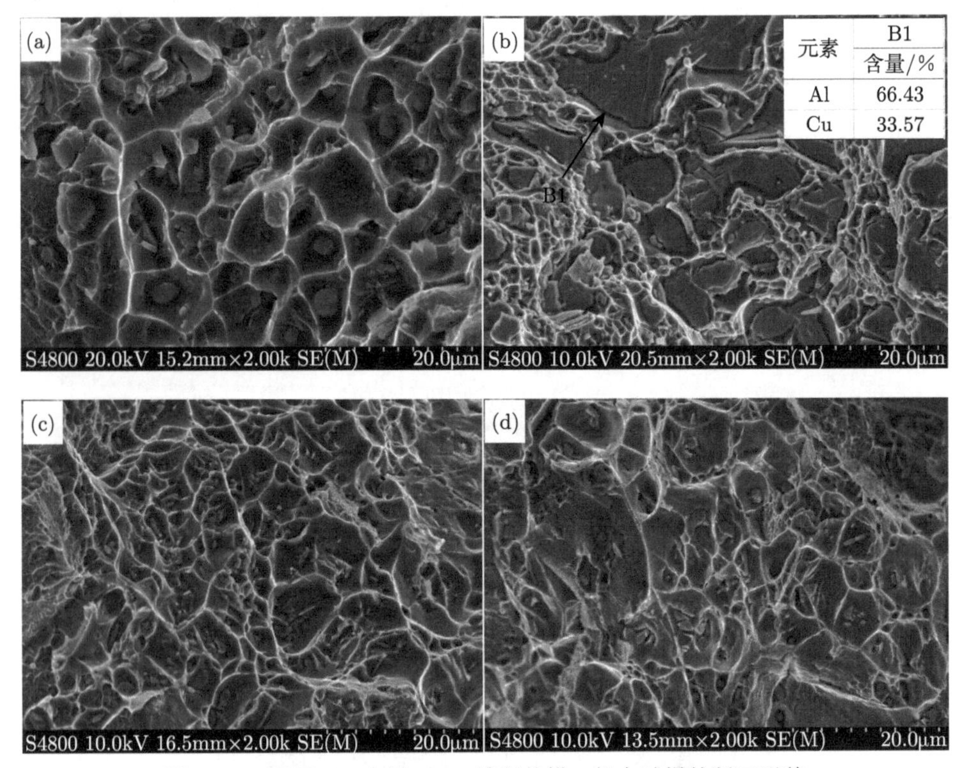

图 8-15　不同 Cu 含量 2219 堆积体横、纵向试样的断口形貌

(a)6.3%Cu 横向；(b)6.3%Cu 纵向；(c)5.65%Cu 横向；(d)5.65%Cu 纵向

8.3　Al-Cu 合金增材制造工艺参数的优化

通过上面的研究，优化出了适合电弧熔丝增材制造工艺的 Al-Cu 合金成分。除合金成分外，工艺参数是决定最终产品微观组织和力学性能的又一关键因素。

研究发现，对 WAAM 过程影响较大的工艺参数有焊接电流、焊接电压、送丝速度、堆积速度等。热输入是各工艺参数影响的综合体现，决定熔池的过热度和冷却速度，影响了堆积体的晶粒形状和尺寸以及析出相的分布。

8.3.1 热输入量的计算

热输入量由下式计算可得

$$HI = \eta UI / v_{\mathrm{TS}} \tag{8-3}$$

其中，HI 表示堆积过程中的瞬时热输入量；U 表示堆积过程的平均电压；I 表示堆积过程的平均电流；v_{TS} 表示焊接速度。对于 CMT+P 工艺，能量利用率 η 取 0.8。

8.3.2 热输入量对 Al-Cu 合金堆积体直接堆积态微观组织的影响

1. 热输入量对直接堆积态气孔的影响

气孔可造成应力集中，减小有效受力面积，对铝合金性能有重大影响。不同热输入量下堆积体的气孔如图 8-16 所示。由图可见，热输入量为 30 J/mm 和 60 J/mm，微观组织中未见尺寸大于 20 μm 的气孔，如图 8-16(a)、图 8-16(b) 所示。热输入量达到 90 J/mm，微观组织中可见直径 50 μm 的气孔，如图 8-16(c) 所示。随着热输入的继续增大，微观组织中气孔的数量增加，尺寸增大，达到 100μm，且气孔平行于沉积层，呈线性分布，与 Cong 等观察到的气孔分布趋势相同。铝合金

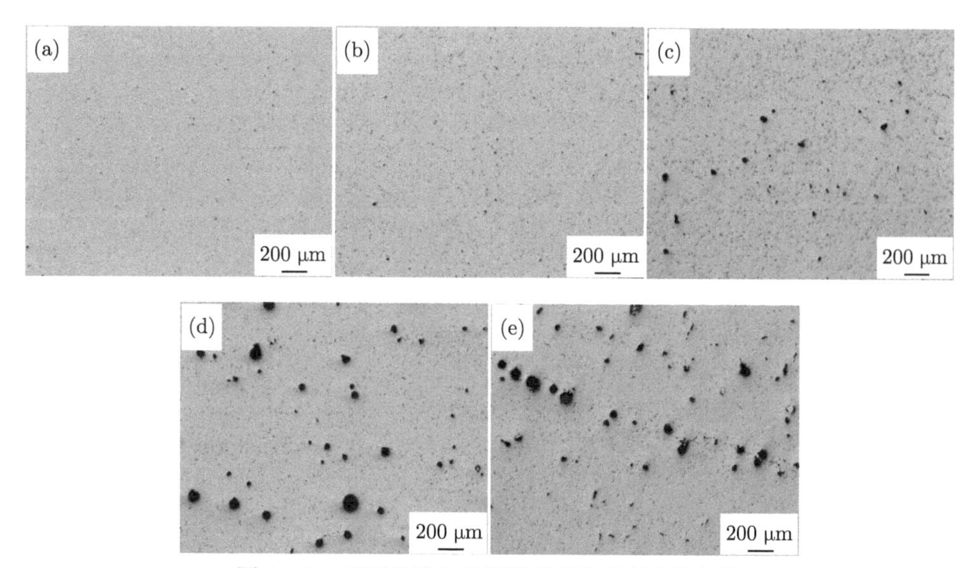

图 8-16 不同热输入量堆积体直接堆积态的气孔

(a) 30 J/mm；(b) 60 J/mm；(c) 90 J/mm；(d) 120 J/mm；(e) 150 J/mm

焊缝中的气孔主要是氢气孔，是由氢在固液两种状态的差异大造成的。不同热输入量下堆积体的气孔变化趋势，首先由于热输入不同导致熔池的过热度不同。氢在铝液中的溶解度随温度的升高而增大，所以热输入量越大，熔池中溶解的氢越多。其次，气孔的形成先经历形核阶段，形核速度符合式 (8-4) 的方程，式中 j 表示单位时间的形核数量，r 表示气泡的临界半径，K 表示玻尔兹曼常量 ($K = 1.38 \times 10^{-23}$J/K)，σ 表示表面张力。由式 (8-4) 可知，温度越高，形核速度越快。热输入越高，层高越大，气孔的溢出通道越长，不利于气孔的溢出。由以上三点可知，热输入量越大，堆积体中气孔数量越多，尺寸越大。

$$j = C\mathrm{e}^{-\frac{4\pi r\sigma}{3KT}} \tag{8-4}$$

2. 热输入量对直接堆积态晶粒的影响

不同热输入量堆积体直接堆积体态的微观组织如图 8-17 所示。由图可见，随着热输入量的提高，堆积体直接堆积态的晶粒尺寸逐渐增大，晶粒的形状由等轴晶逐渐过渡到柱状晶。热输入为 30 J/mm，晶粒为等轴晶，如图 8-17(a) 所示。热输入增加到 60 J/mm、90 J/mm、120 J/mm，晶粒为等轴晶和柱状晶混合存在，且柱状晶的比例逐渐增大，如图 8-17(b)、(c)、(d) 所示。这是由于热输入的增大，导致了熔池的凝固速率降低，为晶粒长大提供了条件，晶粒沿堆积体温度梯度方向长大。热输入量达到 150 J/mm，堆积体晶粒为柱状晶，晶粒方向平行于堆积体增长方向，如图 8-17(e) 所示。晶粒的生长方向受冷却过程的温度梯度方向控制，

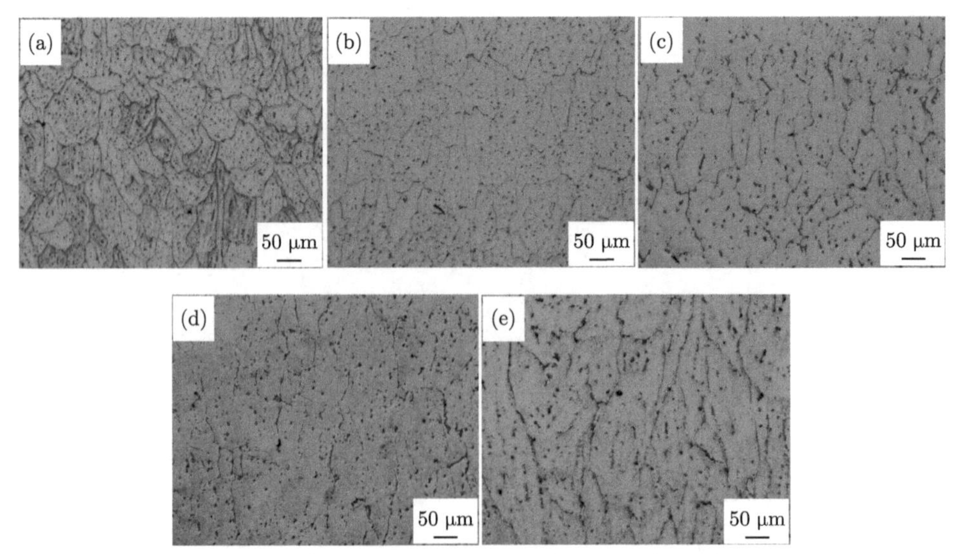

图 8-17　不同热输入量堆积体直接堆积态的微观组织

(a) 30 J/mm；(b) 60 J/mm；(c) 90 J/mm；(d) 120 J/mm；(e) 150 J/mm

总是沿着温度梯度最大的方向生长。在堆积过程中，已成形的堆积体温度较高，对新堆积层具有预热的作用，新堆积体主要通过向空气散热进行凝固。在高度方向上，堆积层由上向下进行凝固，最大温度梯度方向平行于堆积体增长方向，所以柱状晶的生长方向也平行于堆积体增长方向。

3. 热输入量对直接堆积态析出相的影响

不同热输入量堆积体的 SEM 如图 8-18 所示。由图可见，不同热输入量堆积体的析出相是相同的，主要为长条状和块状的初生 θ 相 (Al_2Cu)，以及尺寸小的块状 T 相，如图 8-18(a) 所示。Al-Cu 合金中，共晶组织的数量符合 Sheil 定律，可由下式计算

$$f_{\mathrm{s}} = (C_{\mathrm{e}}C_1^{-1})k_0^1 - 1 \tag{8-5}$$

其中，C_{e} 表示共晶组织中 Cu 的含量，其值为 0.33；C_1 是合金中 Cu 的质量分数，其值为 0.05，k_0 为 Cu 元素的平衡分配系数，取 0.17。由式 (8-5) 可见，热输入量对堆积体中共晶组织的含量没有太大影响。但是由图 8-18 可见，热输入量对共晶相的形貌和分布影响较大。随着热输入量的增大，晶内的析出相逐渐减少，晶界上的析出相数量增多，尺寸增大，如图 8-18(a)、(b)、(c) 所示。热输入

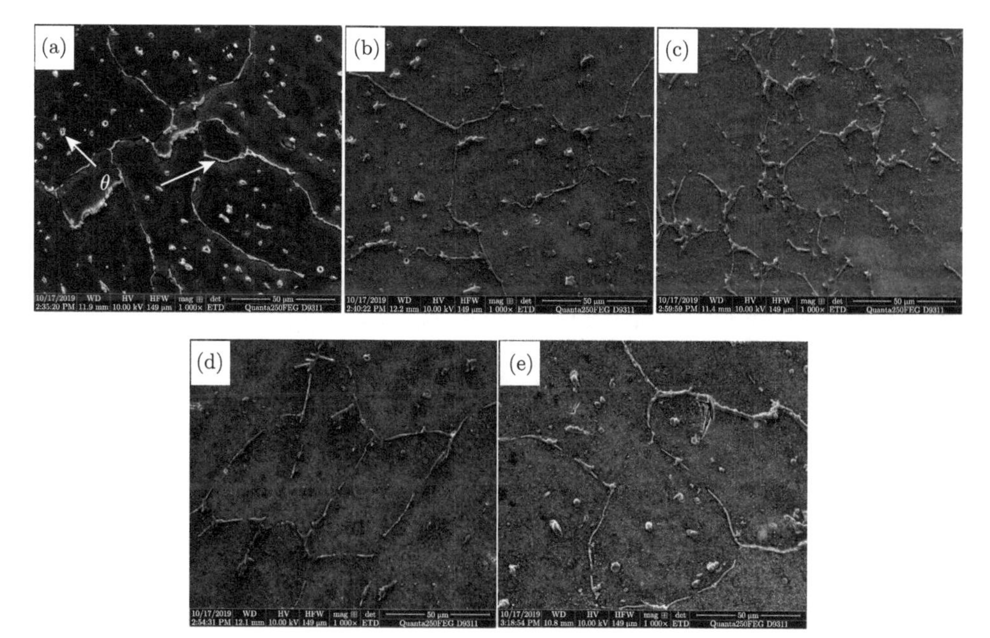

图 8-18 不同热输入量堆积体直接堆积态的 SEM
(a)30 J/mm；(b) 60 J/mm；(c) 90 J/mm；(d) 120 J/mm；(e) 150 J/mm

量达到 120 J/mm，晶内的析出相基本消失，如图 8-18(d) 所示。热输入量增大到 150 J/mm，晶界上大尺寸的块状析出相的数量增多，有偏聚现象，如图 8-18(e) 所示。这是由于热输入量的增大，导致熔池的凝固速度降低，凝固过程中 Cu 原子通过固液界面充分扩散，在晶界上形成大尺寸初生 θ 相。初生 θ 相的尺寸较大，与基体的相对接触面积减小，增大了 Cu 原子溶解到基体中的势能垒，不利于固溶过程 θ 相的溶解。

8.3.3　热输入量对 Al-Cu 合金堆积体 T4 态微观组织的影响

不同热输入量堆积体 T4 态的微观组织如图 8-19 所示。由图可见，在固溶处理后，直接堆积态存在的柱状晶转化为了等轴晶，这是由热处理的调质作用造成的。热输入量为 30 J/mm，堆积体的晶粒尺寸约为 30 μm，且晶粒大小均匀，如图 8-19(a) 所示。由图 8-19(b)、(c)、(d) 可见，随着热输入量的增大，堆积体的晶粒尺寸不断增大，且晶粒尺寸的均匀度降低。热输入量达到 150 J/mm，在热处理之后依然存在柱状晶，如图 8-19(e) 所示。热输入量为 30 J/mm，热处理后堆积体中只有小尺寸的黑色相在晶界上弥散分布，如图 8-19(a)A1 所示。热输入量达到 60 J/mm，微观组织中除了有黑色的相，还有少量灰色的形状不规则的相分布在晶界上，如图 8-19(b)B2 所示。焊接热输入量进一步增大，微观组织中不规则灰色相的数量增多，尺寸增大，两相之间的相对距离降低，如图 8-19 中 C2、D2、E2 所示。

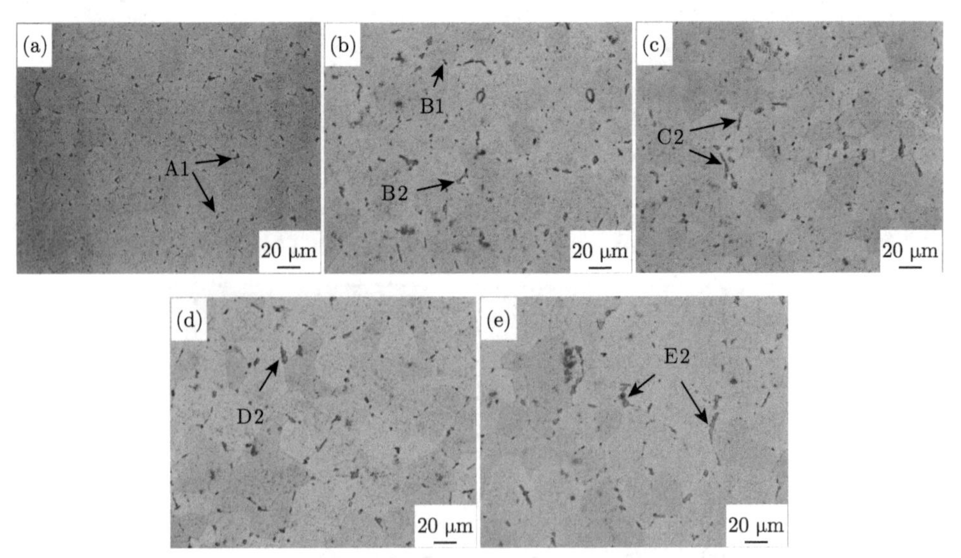

图 8-19　不同热输入量堆积体 T4 态的微观组织

(a) 30 J/mm；(b) 60 J/mm；(c) 90 J/mm；(d) 120 J/mm；(e) 150 J/mm

由不同热输入量堆积体的 SEM 可知，小尺寸的黑色析出相为复熔 T 相，如图 8-20(a)A1 所示。形状不规则的灰色析出相为 θ 相，如图 8-20(b)B2 所示，该 θ 相是固溶过程中没有完全溶解在基体的未固溶 θ 相。由 SEM 可知，热输入量越大，热处理后未固溶 θ 相数量越多，尺寸越大，相对距离越近。这是由于热输入量越大，晶界上初生 θ 相的尺寸越大，固溶处理时越难溶解。未固溶 θ 相尺寸较小，具有钉轧晶界的作用，能够提高合金的强度。未固溶 θ 相尺寸较大，作为金属间化合物，为硬脆相，受到拉伸载荷时萌生裂纹。未固溶 θ 相距离较近，提高微区内应力，对铝基体具有割裂作用，促进裂纹的扩展。根据前面的研究可知，未固溶 θ 相多存在于层间区域，对纵向力学性能的影响较大。

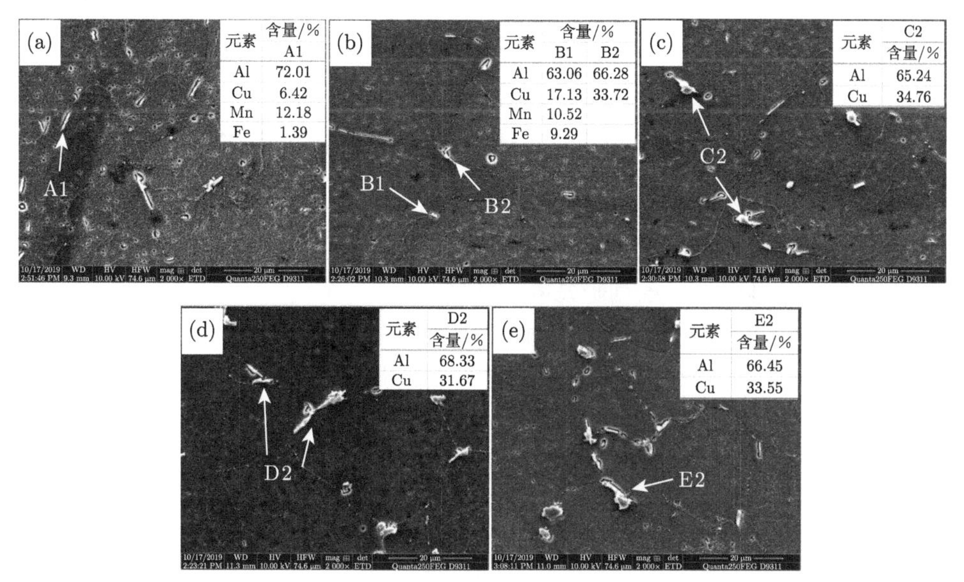

图 8-20　不同热输入量堆积体 T4 态的 SEM

(a)30 J/mm；(b) 60 J/mm；(c) 90 J/mm；(d) 120 J/mm；(e) 150 J/mm

不同热输入量堆积体固溶处理后的固溶 Cu 含量如图 8-21 所示。热输入量为 30 J/mm 时，Cu 的固溶量为 4.89%。随着热输入量的提高，固溶 Cu 含量逐渐降低，热输入量为 150 J/mm 时，Cu 的固溶量为 4.65%。由于热输入量的提高，初生 θ 相的尺寸增大，微观偏析严重，与基体接触的比表面积减小，所以固溶处理过程中的扩散通道相对较小，固溶处理时难以溶解到基体当中，导致固溶 Cu 含量降低。Cu 的固溶量决定了时效过程中析出强化相的数量，决定了合金的力学性能。

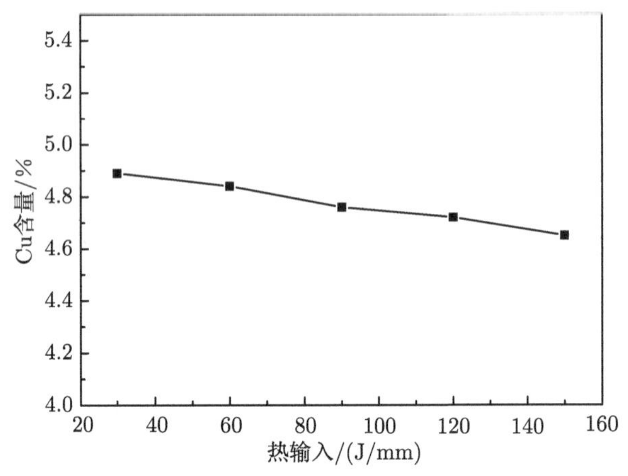

图 8-21　不同热输入量堆积体 T4 态的固溶 Cu 含量

8.3.4　热输入量对 Al-Cu 合金堆积体 T6 态微观组织的影响

根据前面的研究，时效处理过程中，晶粒的形状和尺寸没有变化。未固溶 θ 相的大小和分布也没有变化，固溶到基体中的 Cu 析出纳米级的 θ′ 强化相，在研究 T6 态的微观组织时，重点研究 θ′ 强化相。

θ′ 相是 Al-Cu 合金的主要强化相，其尺寸、密度直接影响了合金的力学性能。图 8-22 为不同热输入堆积体峰值时效状态下强化相的形貌。由图可见，沿 ⟨001⟩

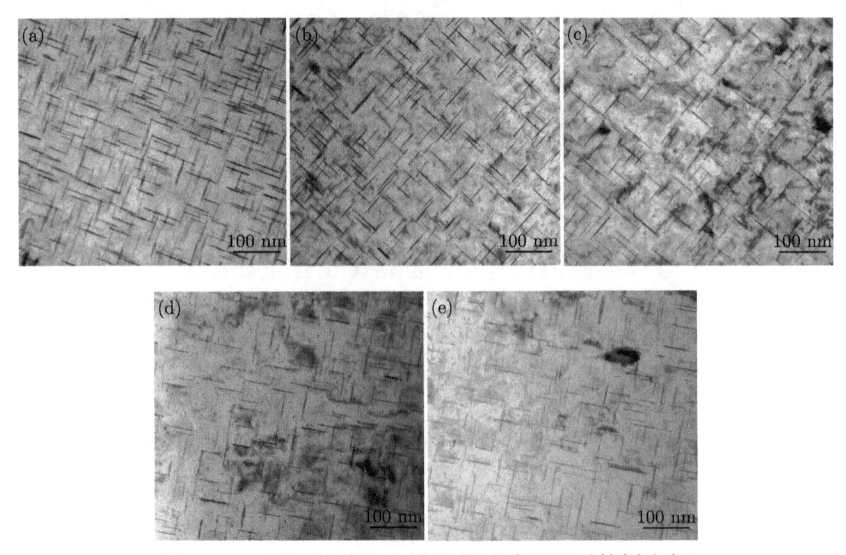

图 8-22　不同热输入量堆积体时效处理后的析出相

(a) 30 J/mm；(b) 60 J/mm；(c) 90 J/mm；(d) 120 J/mm；(e) 150 J/mm

带轴，不同热输入的堆积体在峰值时效状态下具有相同的形貌，均为 θ′ 相。热输入为 30 J/mm，θ′ 相尺寸均匀，呈弥散密集分布，如图 8-22(a) 所示。随着热输入的增大，θ′ 相的密度降低，相间距增大。Al-Cu 合金的时效析出过程为：过饱和固溶体 (α_{ss}) →GP 区 (GPI 区)→ θ″(GPⅡ 区)→ θ′ → θ。铜原子偏聚形成 GP 区，进而形成 θ′ 相，所以固溶在 Al 基体中的铜原子数量决定了析出的 θ′ 相的数量。热输入的增大，导致了初生 θ 相的尺寸增大，如图 8-5 所示，固溶处理后剩余的 θ 相数量增加，固溶到铝基体中的 Cu 原子数量减少，从而导致在时效过程中，析出的 θ′ 相数量减少。

8.3.5 热输入量对堆积体力学性能的影响

不同热输入量堆积体的力学性能如图 8-23 所示。由图可见，随着热输入量的提高，堆积体横、纵向力学性能均呈现降低的趋势。热输入量为 30J/mm，堆积体横向力学性能为：抗拉强度 515MPa，屈服强度 458MPa，伸长率 10.3%，纵向力学性能为：抗拉强度 510MPa，屈服强度 460MPa，伸长率 10%，横、纵向力学性能一致。热输入量增大到 60 J/mm，横、纵向的力学性能出现了小幅度的降低。热输入量继续增大，横向力学性能继续小幅度下降，纵向力学性能下降幅度较大，横、纵向性能差异增大。横、纵向力学性能降低的原因：第一，热输入量的增大导致堆积体的晶粒尺寸增大，晶界的数量减少；第二，热输入量增大导致初生 θ 相的尺寸增大，微观偏析程度增大，导致固溶处理过程中溶解不完全，固溶 Cu 含量降低，时效过程中析出 θ′ 相的数量减少；第三，固溶处理后的未固溶 θ 相数量增多，尺寸增大，对基体具有割裂作用；第四，随着热输入量的增大，堆积体中的气孔数量增多，尺寸增大。热输入量增大导致堆积体中的气孔数量增多，垂直于纵向方向分布，未固溶 θ 相和分布趋势与气孔一致，导致了纵向力学性能大幅度降低，横、纵向差异增大。

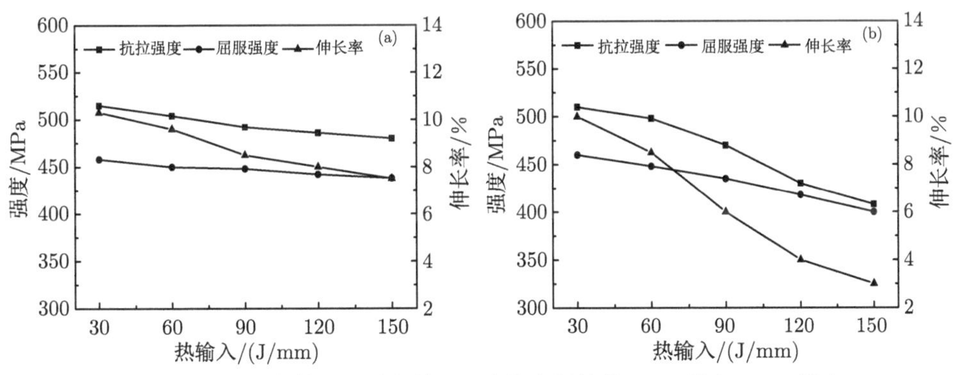

图 8-23 不同热输入量堆积体 T6 态的力学性能：(a) 横向；(b) 纵向

8.4 Al-Cu 二元系降温过程的非平衡态热力学

8.4.1 Al-Cu 二元系降温过程的热力学

图 8-24 是 Al-Cu 二元系相图。在恒压条件下，物质组成点为 P 的 Al-Cu 溶液降温凝固。

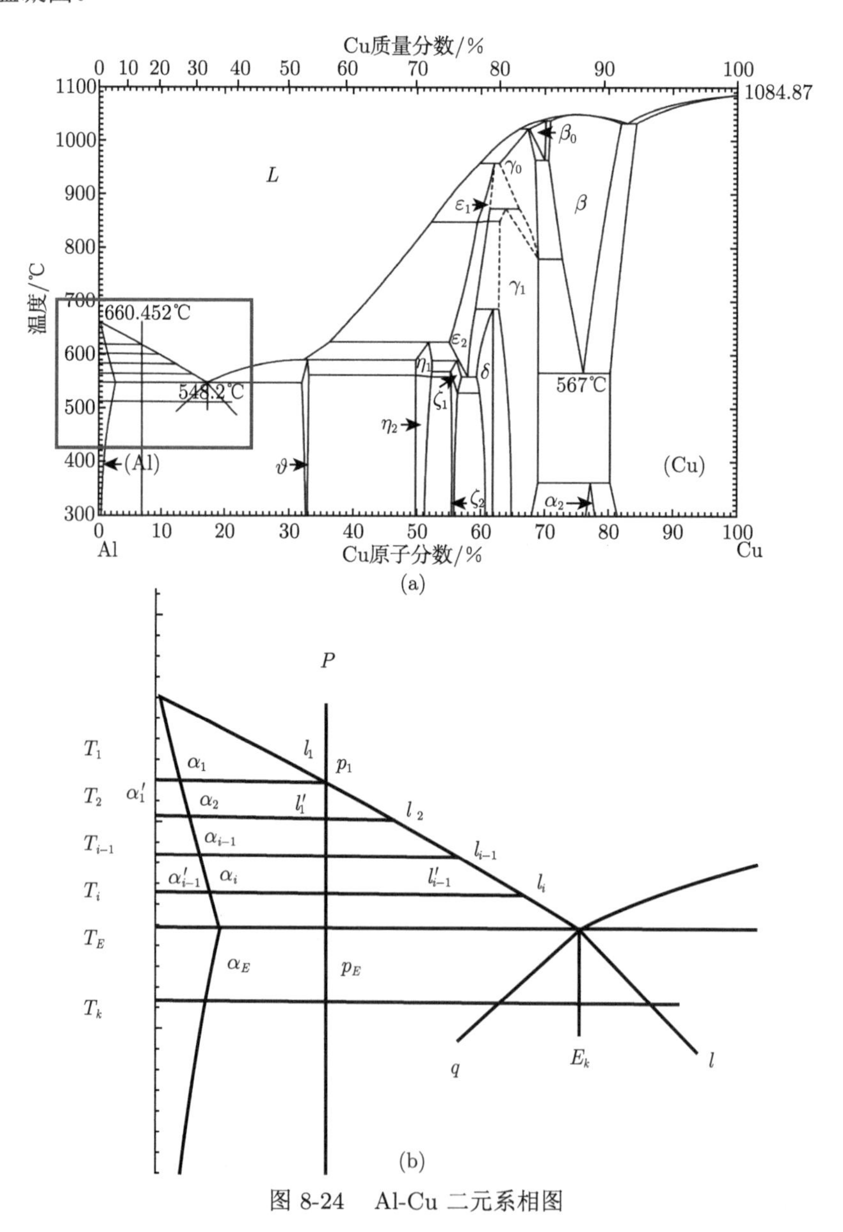

图 8-24 Al-Cu 二元系相图

Al-Cu 溶液降温。在温度 T_1，物质组成点到达液相线上的 P_1 点，也是平衡液相组成的 l_1 点，两者重合。有

$$\alpha_1 \rightleftharpoons l_1$$

即

$$(\alpha_1)_{l_1} \equiv (\alpha_1)_{饱} \rightleftharpoons \alpha_1$$

或

$$(\text{Al})_{l_1} \rightleftharpoons (\text{Al})_{\alpha_1}$$

$$(\text{Cu})_{l_1} \rightleftharpoons (\text{Cu})_{\alpha_1}$$

该过程的摩尔吉布斯自由能变化为零。继续降温至 T_2，在温度刚降至 T_2，溶液 l_1 还未来得及析出固相组元 α_1 或 Al 和 Cu 时，液相组成未变，但已由组元 α_1 饱和的 l_1 变成组元 α_1 过饱和的 l_1'，析出固相 α_1 或 Al 和 Cu。有

$$(\alpha_1)_{l_1'} \equiv (\alpha_1)_{过饱} = \alpha_1$$

即

$$(\text{Al})_{l_1'} = (\text{Al})_{\alpha_1}$$

$$(\text{Cu})_{l_1'} = (\text{Cu})_{\alpha_1}$$

上式表示，组元 Al 和 Cu 从 l_1' 进入 α_1，一直到 l_1' 成为 l_2，溶液由 α_1 的过饱和转变为 α_2 的饱和。液固两相达到新的平衡。有

$$\alpha_2 \rightleftharpoons l_2$$

$$(\alpha_2)_{l_2} \equiv (\alpha_2)_{饱} \rightleftharpoons \alpha_2$$

即

$$(\text{Al})_{l_2} \rightleftharpoons (\text{Al})_{\alpha_2}$$

$$(\text{Cu})_{l_2} \rightleftharpoons (\text{Cu})_{\alpha_2}$$

以纯固溶体 α_1 或纯固态组元 Al 和 Cu 为标准状态，浓度以摩尔分数表示，在温度 T_2 析晶过程的摩尔吉布斯自由能变化为

$$\Delta G_{\text{m},\alpha_1} = \mu_{\alpha_1(晶体)} - \mu_{(\alpha_1)_{过饱}}$$

$$
\begin{aligned}
&= \mu_{\alpha_1(\text{晶体})} - \mu_{(\alpha_1)_{l_1'}} \\
&= -RT\ln a^{\mathrm{R}}_{(\alpha_1)_{\text{过饱}}} \\
&= -RT\ln a^{\mathrm{R}}_{(\alpha_1)_{l_1'}}
\end{aligned}
$$

式中，

$$
\mu_{\alpha_1(\text{晶体})} = \mu^*_{\alpha_1(\text{晶体})}
$$

$$
\begin{aligned}
\mu_{(\alpha_1)_{\text{过饱}}} &= \mu^*_{\alpha_1(\text{晶体})} + RT\ln a^{\mathrm{R}}_{(\alpha_1)_{\text{过饱}}} \\
&= \mu^*_{\alpha_1(\text{晶体})} + RT\ln a^{\mathrm{R}}_{(\alpha_1)_{l_1'}}
\end{aligned}
$$

及

$$
\begin{aligned}
\Delta G_{\mathrm{m,Al}} &= \mu_{(\mathrm{Al})_{\alpha_1}} - \mu_{(\mathrm{Al})_{l_1'}} \\
&= RT\ln\frac{a^{\mathrm{R}}_{(\mathrm{Al})_{\alpha_1}}}{a^{\mathrm{R}}_{(\mathrm{Al})_{l_1'}}}
\end{aligned}
$$

$$
\begin{aligned}
\Delta G_{\mathrm{m,Cu}} &= \mu_{(\mathrm{Cu})_{\alpha_1}} - \mu_{(\mathrm{Cu})_{l_1'}} \\
&= RT\ln\frac{a^{\mathrm{R}}_{(\mathrm{Cu})_{\alpha_1}}}{a^{\mathrm{R}}_{(\mathrm{Cu})_{l_1'}}}
\end{aligned}
$$

式中，

$$
\begin{aligned}
\mu_{(\mathrm{Al})_{\alpha_1}} &= \mu^*_{\mathrm{Al}(\text{晶体})} + RT\ln a^{\mathrm{R}}_{(\mathrm{Al})_{\alpha_1}} \\
\mu_{(\mathrm{Al})_{l_1'}} &= \mu^*_{\mathrm{Al}(\text{晶体})} + RT\ln a^{\mathrm{R}}_{(\mathrm{Al})_{l_1'}} \\
\mu_{(\mathrm{Cu})_{\alpha_1}} &= \mu^*_{\mathrm{Cu}(\text{晶体})} + RT\ln a^{\mathrm{R}}_{(\mathrm{Cu})_{\alpha_1}} \\
\mu_{(\mathrm{Cu})_{l_1'}} &= \mu^*_{\mathrm{Cu}(\text{晶体})} + RT\ln a^{\mathrm{R}}_{(\mathrm{Cu})_{l_1'}} \\
\Delta G_{\mathrm{m},\alpha_1} &= x_{\mathrm{Al}}\Delta G_{\mathrm{m,Al}} + x_{\mathrm{Cu}}\Delta G_{\mathrm{m,Cu}} \\
&= RT\left[x_{\mathrm{Al}}\ln\frac{a^{\mathrm{R}}_{(\mathrm{Al})_{\alpha_1}}}{a^{\mathrm{R}}_{(\mathrm{Al})_{l_1'}}} + x_{\mathrm{Cu}}\ln\frac{a^{\mathrm{R}}_{(\mathrm{Cu})_{\alpha_1}}}{a^{\mathrm{R}}_{(\mathrm{Cu})_{l_1'}}}\right]
\end{aligned}
$$

或者，

$$
\begin{aligned}
\Delta G_{\mathrm{m},\alpha_1}(T_2) &= G_{\mathrm{m},\alpha_1}(T_2) - \bar{G}_{\mathrm{m},(\alpha_1)_{l_1'}}(T_2) \\
&= \left[H_{\mathrm{m},\alpha_1}(T_2) - T_2 S_{\mathrm{m},\alpha_1}(T_2)\right] - \left[\bar{H}_{\mathrm{m},(\alpha_1)_{l_1'}}(T_2) - T_2 \bar{S}_{\mathrm{m},(\alpha_1)_{l_1'}}(T_2)\right] \\
&= \left[H_{\mathrm{m},\alpha_1}(T_2) - \bar{H}_{\mathrm{m},(\alpha_1)_{l_1'}}(T_2)\right] - T_2\left[S_{\mathrm{m},\alpha_1}(T_2) - \bar{S}_{\mathrm{m},(\alpha_1)_{l_1'}}(T_2)\right] \\
&= \Delta H_{\mathrm{m},\alpha_1}(T_2) - T_2 \Delta S_{\mathrm{m},\alpha_1}(T_2) \\
&\approx \Delta H_{\mathrm{m},\alpha_1}(T_1) - T_2 \Delta S_{\mathrm{m},\alpha_1}(T_1) \\
&= \Delta H_{\mathrm{m},\alpha_1}(T_1) - T_2 \frac{\Delta H_{\mathrm{m},\alpha_1}(T_1)}{T_1} \\
&= \frac{\theta_{\alpha_1,T_2} \Delta H_{\mathrm{m},\alpha_1}(T_1)}{T_1} \\
&= \eta_{\alpha_1,T_2} \Delta H_{\mathrm{m},\alpha_1}(T_1)
\end{aligned}
$$

同理，

$$
\Delta G_{\mathrm{m,Al}}(T_2) = \frac{\theta_{\mathrm{Al},T_2} \Delta H_{\mathrm{m,Al}}(T_1)}{T_1} = \eta_{\alpha_1,T_2} \Delta H_{\mathrm{m,Al}}(T_1)
$$

$$
\Delta G_{\mathrm{m,Cu}}(T_2) = \frac{\theta_{\mathrm{Cu},T_2} \Delta H_{\mathrm{m,Cu}}(T_1)}{T_1} = \eta_{\alpha_1,T_2} \Delta H_{\mathrm{m,Cu}}(T_2)
$$

式中，

$$
\Delta G_{\mathrm{m},\alpha_1}(T_2) = x_{\mathrm{Al}} \Delta G_{\mathrm{m,Al}}(T_2) + x_{\mathrm{Cu}} \Delta G_{\mathrm{m,Cu}}(T_2)
$$

$$
\theta_{\alpha_1,T_2} = \theta_{\mathrm{Al},T_2} = \theta_{\mathrm{Cu},T_2} = T_1 - T_2
$$

$$
\eta_{\alpha_1,T_2} = \eta_{\mathrm{Al},T_2} = \eta_{\mathrm{Cu},T_2} = \frac{T_1 - T_2}{T_1}
$$

继续降温，重复以上过程。从温度 T_2 到温度 T_n，降温析晶过程可以描述如下：在温度 T_{i-1}，液固两相达成平衡，有

$$
l_{i-1} \rightleftharpoons \alpha_{i-1}
$$

即

$$
(\alpha_{i-1})_{l_{i-1}} \equiv (\alpha_{i-1})_{\text{饱}} \rightleftharpoons \alpha_{i-1}
$$

或

$$
(\mathrm{Al})_{l_{i-1}} \rightleftharpoons (\mathrm{Al})_{\alpha_{i-1}}
$$

$$(\mathrm{Cu})_{l_{i-1}} \rightleftharpoons (\mathrm{Cu})_{\alpha_{i-1}}$$

温度降至 T_i。温度刚降至 T_i，还未来得及析出固相组元 α_{i-1} 或 Al 和 Cu 时，液相组成未变，但已由组元 α_{i-1} 饱和的 l_{i-1} 变成组元 α_{i-1} 过饱和的 l'_{i-1}，析出固相 α_{i-1} 或 Al 和 Cu。有

$$(\alpha_{i-1})_{l'_{i-1}} \equiv (\alpha_{i-1})_{饱} = \alpha_{i-1}$$

或

$$(\mathrm{Al})_{l'_{i-1}} = (\mathrm{Al})_{\alpha_{i-1}}$$

$$(\mathrm{Cu})_{l'_{i-1}} = (\mathrm{Cu})_{\alpha_{i-1}}$$

以纯固态 α_{i-1} 和纯固态组元 Al 和 Cu 为标准状态，浓度以摩尔分数表示，在温度 T_i，析晶过程的摩尔吉布斯自由能变化为

$$\begin{aligned}
\Delta G_{\mathrm{m},\alpha_{i-1}} &= \mu_{\alpha_{i-1}(晶体)} - \mu_{(\alpha_{i-1})_{过饱}} \\
&= \mu_{\alpha_{i-1}(晶体)} - \mu_{(\alpha_{i-1})_{l'_{i-1}}} \\
&= -RT\ln a^{\mathrm{R}}_{(\alpha_{i-1})_{过饱}} \\
&= -RT\ln a^{\mathrm{R}}_{(\alpha_{i-1})_{l'_{i-1}}}
\end{aligned}$$

式中，

$$\mu_{\alpha_{i-1}(晶体)} = \mu^*_{\alpha_{i-1}(晶体)}$$

$$\mu_{(\alpha_{i-1})_{过饱}} = \mu^*_{\alpha_{i-1}(晶体)} + RT\ln a^{\mathrm{R}}_{(\alpha_{i-1})_{过饱}}$$

$$\mu_{(\alpha_{i-1})_{l'_{i-1}}} = \mu^*_{\alpha_{i-1}(晶体)} + RT\ln a^{\mathrm{R}}_{(\alpha_{i-1})_{l'_{i-1}}}$$

$$\begin{aligned}
\Delta G_{\mathrm{m,Al}} &= \mu_{(\mathrm{Al})_{\alpha_{i-1}}} - \mu_{(\mathrm{Al})_{l'_{i-1}}} \\
&= RT\ln\frac{a^{\mathrm{R}}_{(\mathrm{Al})_{\alpha_{i-1}}}}{a^{\mathrm{R}}_{(\mathrm{Al})_{l'_{i-1}}}}
\end{aligned}$$

$$\begin{aligned}
\Delta G_{\mathrm{m,Cu}} &= \mu_{(\mathrm{Cu})_{\alpha_{i-1}}} - \mu_{(\mathrm{Cu})_{l'_{i-1}}} \\
&= RT\ln\frac{a^{\mathrm{R}}_{(\mathrm{Cu})_{\alpha_{i-1}}}}{a^{\mathrm{R}}_{(\mathrm{Cu})_{l'_{i-1}}}}
\end{aligned}$$

式中，

$$\mu_{(\text{Al})_{\alpha_{i-1}}} = \mu_{\text{Al}}^{*} + RT\ln a_{(\text{Al})_{\alpha_{i-1}}}^{\text{R}}$$

$$\mu_{(\text{Al})_{l'_{i-1}}} = \mu_{\text{Al}}^{*} + RT\ln a_{(\text{Al})_{l'_{i-1}}}^{\text{R}}$$

$$\mu_{(\text{Cu})_{\alpha_{i-1}}} = \mu_{\text{Cu}}^{*} + RT\ln a_{(\text{Cu})_{\alpha_{i-1}}}^{\text{R}}$$

$$\mu_{(\text{Cu})_{l'_{i-1}}} = \mu_{\text{Cu}}^{*} + RT\ln a_{(\text{Cu})_{l'_{i-1}}}^{\text{R}}$$

$$\Delta G_{\text{m},\alpha_{\text{i}-1}} = x_{\text{Al}}\Delta G_{\text{m,Al}} + x_{\text{Cu}}\Delta G_{\text{m,Cu}}$$

或者如下计算：

$$\begin{aligned}\Delta G_{\text{m},\alpha_{\text{i}-1}}(T_i) &= \frac{\theta_{\alpha_{i-1},T_i}\Delta H_{\text{m},\alpha_{\text{i}-1}}(T_{i-1})}{T_{i-1}} \\ &= \eta_{\alpha_{i-1},T_i}\Delta H_{\text{m},\alpha_{\text{i}-1}}(T_{i-1})\end{aligned}$$

$$\begin{aligned}\Delta G_{\text{m,Al}}(T_i) &= \frac{\theta_{\text{Al},T_i}\Delta H_{\text{m,Al}}(T_{i-1})}{T_{i-1}} \\ &= \eta_{\text{Al},T_i}\Delta H_{\text{m,Al}}(T_{i-1})\end{aligned}$$

$$\begin{aligned}\Delta G_{\text{m,Cu}}(T_i) &= \frac{\theta_{\text{Cu},T_i}\Delta H_{\text{m,Cu}}(T_{i-1})}{T_{i-1}} \\ &= \eta_{\text{Cu},T_i}\Delta H_{\text{m,Cu}}(T_{i-1})\end{aligned}$$

有

$$\Delta G_{\text{m},\alpha_{\text{i}-1}}(T_i) = x_{\text{Al}}\Delta G_{\text{m,Al}}(T_i) + x_{\text{Cu}}\Delta G_{\text{m,Cu}}(T_i)$$

式中，

$$\theta_{\alpha_{i-1},T_i} = \theta_{(\text{Al})_{\alpha_{i-1}}T_i} = \theta_{(\text{Cu})_{\alpha_{i-1}}T_i} = T_{i-1} - T_i$$

$$\eta_{\alpha_{i-1},T_i} = \eta_{(\text{Al})_{\alpha_{i-1}}T_i} = \eta_{(\text{Cu})_{\alpha_{i-1}}T_i} = \frac{T_{i-1} - T_i}{T_{i-1}}$$

直至 l'_{i-1} 成为 l_i，溶液由 α_{i-1} 的过饱和变成 α_i 的饱和，液固两相达成新的平衡，有

$$l_i \rightleftharpoons \alpha_i$$

$$(\alpha_i)_{l_i} \equiv (\alpha_i)_{饱} \rightleftharpoons \alpha_i$$

即

$$(\mathrm{Al})_{l_i} \rightleftharpoons (\mathrm{Al})_{\alpha_i}$$

$$(\mathrm{Cu})_{l_i} \rightleftharpoons (\mathrm{Cu})_{\alpha_i}$$

温度降到 T_{E-1}，析晶后液固两相达成平衡，平衡液相为 l_{E-1}，有

$$(\alpha_E)_{l_{E-1}} \equiv (\alpha_E)_{饱和} \rightleftharpoons \alpha_E$$

$$(\mathrm{Al_2Cu})_{l_{E-1}} \equiv (\mathrm{Al_2Cu})_{饱和} \rightleftharpoons \mathrm{Al_2Cu}$$

继续降温到 T_E，平衡液相组成为 $E(\mathrm{l})$，温度刚降到 T_E，尚未析出固体 α_E 和 Al_2Cu 时，液相组成未变，但已由 α_E 和 Al_2Cu 饱和的溶液 l_{E-1} 变成由 α_E 和 Al_2Cu 过饱和的溶液 l'_{E-1}，析出固体 α_E 和 Al_2Cu。析出过程表示为

$$(\alpha_E)_{l'_{E-1}} \equiv (\alpha_E)_{过饱} = \alpha_E$$

$$(\mathrm{Al_2Cu})_{l'_{E-1}} \equiv (\mathrm{Al_2Cu})_{过饱} = \mathrm{Al_2Cu}$$

以纯固态 α_E 和 Al_2Cu 为标准状态，浓度以摩尔分数表示，析晶过程的摩尔吉布斯自由能变化为

$$\begin{aligned}\Delta G_{\mathrm{m},\alpha_E} &= \mu_{\alpha_E} - \mu_{(\alpha_E)_{l'_{E-1}}} \\ &= \mu_{\alpha_E} - \mu_{(\alpha_E)_{过饱}} \\ &= -RT\ln a^{\mathrm{R}}_{(\alpha_E)_{l'_{E-1}}} \\ &= -RT\ln a^{\mathrm{R}}_{(\alpha_E)_{过饱}}\end{aligned}$$

式中，

$$\mu_{\alpha_E} = \mu^*_{\alpha_E}$$

$$\begin{aligned}\mu_{(\alpha_E)_{l'_{E-1}}} &= \mu^*_{\alpha_{E(\mathrm{s})}} + RT\ln a^{\mathrm{R}}_{(\alpha_E)_{l'_{E-1}}} \\ &= \mu^*_{\alpha_{E(\mathrm{s})}} + RT\ln a^{\mathrm{R}}_{(\alpha_E)_{过饱}}\end{aligned}$$

$$\begin{aligned}\Delta G_{\mathrm{m,Al_2Cu}} &= \mu_{\mathrm{Al_2Cu}} - \mu_{(\mathrm{Al_2Cu})_{l'_{E-1}}} \\ &= \mu_{\mathrm{Al_2Cu}} - \mu_{(\mathrm{Al_2Cu})_{过饱}}\end{aligned}$$

$$= -RT\ln a^{\mathrm{R}}_{(\mathrm{Al_2Cu})_{l'_{E-1}}}$$

$$= -RT\ln a^{\mathrm{R}}_{(\mathrm{Al_2Cu})_{过饱}}$$

式中，

$$\mu_{\mathrm{Al_2Cu}} = \mu^*_{\mathrm{Al_2Cu}}$$

$$\mu_{(\mathrm{Al_2Cu})_{l'_{E-1}}} = \mu^*_{\mathrm{Al_2Cu}} + RT\ln a^{\mathrm{R}}_{(\mathrm{Al_2Cu})_{l'_{E-1}}}$$

$$= \mu^*_{\mathrm{Al_2Cu}} + RT\ln a^{\mathrm{R}}_{(\mathrm{Al_2Cu})_{过饱}}$$

或者如下计算：

$$\begin{aligned}
\Delta G_{\mathrm{m},\alpha_E}(T_E) =& G_{\mathrm{m},\alpha_E}(T_E) - \overline{G}_{\mathrm{m},(\alpha_E)_{l'_{E-1}}}(T_E) \\
=& \left[H_{\mathrm{m},\alpha_E}(T_E) - T_E S_{\mathrm{m},\alpha_E}(T_E)\right] \\
& - \left[\overline{H}_{\mathrm{m},(\alpha_E)_{l'_{E-1}}}(T_E) - T_E \overline{S}_{\mathrm{m},(\alpha_E)_{l'_{E-1}}}(T_E)\right] \\
=& \left[H_{\mathrm{m},\alpha_E}(T_E) - \overline{H}_{\mathrm{m},(\alpha_E)_{l'_{E-1}}}(T_E)\right] \\
& - T_E\left[S_{\mathrm{m},\alpha_E}(T_E) - \overline{S}_{\mathrm{m},(\alpha_E)_{l'_{E-1}}}(T_E)\right] \\
=& \Delta H_{\mathrm{m},\alpha_E}(T_E) - \Delta S_{\mathrm{m},\alpha_E}(T_E) \\
\approx& \Delta H_{\mathrm{m},\alpha_E}(T_{E-1}) - \Delta S_{\mathrm{m},\alpha_E}(T_{E-1}) \\
=& \Delta H_{\mathrm{m},\alpha_E}(T_{E-1}) - T_E\frac{\Delta H_{\mathrm{m},\alpha_E}(T_{E-1})}{T_{E-1}} \\
=& \frac{\theta_{\alpha_E,T_E}\Delta H_{\mathrm{m},\alpha_E}(T_{E-1})}{T_{E-1}} \\
=& \eta_{\alpha_E,T_E}\Delta H_{\mathrm{m},\alpha_E}(T_{E-1})
\end{aligned}$$

式中，

$$\theta_{\alpha_E,T_E} = T_{E-1} - T_E$$

为 α_E 的绝对饱和过冷度；

$$\eta_{\alpha_E,T_E} = \frac{T_{E-1} - T_E}{T_{E-1}}$$

为 α_E 的相对饱和过冷度；

$$\begin{aligned}
\Delta G_{\mathrm{m,Al_2Cu}}(T_E) &= G_{\mathrm{m,Al_2Cu}}(T_E) - \overline{G}_{\mathrm{m,(Al_2Cu)}_{l'_{E-1}}}(T_E) \\
&= [H_{\mathrm{m,Al_2Cu}}(T_E) - T_E S_{\mathrm{m,Al_2Cu}}(T_E)] \\
&\quad - \left[\overline{H}_{\mathrm{m,(Al_2Cu)}_{l'_{E-1}}}(T_E) - T_E \overline{S}_{\mathrm{m,(Al_2Cu)}_{l'_{E-1}}}(T_E)\right] \\
&= \left[H_{\mathrm{m,Al_2Cu}}(T_E) - \overline{H}_{\mathrm{m,(Al_2Cu)}_{l'_{E-1}}}(T_E)\right] \\
&\quad - T_E\left[S_{\mathrm{m,Al_2Cu}}(T_E) - \overline{S}_{\mathrm{m,(Al_2Cu)}_{l'_{E-1}}}(T_E)\right] \\
&= \Delta H_{\mathrm{m,Al_2Cu}}(T_E) - \Delta S_{\mathrm{m,Al_2Cu}}(T_E) \\
&\approx \Delta H_{\mathrm{m,Al_2Cu}}(T_{E-1}) - \Delta S_{\mathrm{m,Al_2Cu}}(T_{E-1}) \\
&= \Delta H_{\mathrm{m,Al_2Cu}}(T_{E-1}) - T_E \frac{\Delta H_{\mathrm{m,Al_2Cu}}(T_{E-1})}{T_{E-1}} \\
&= \frac{\theta_{\mathrm{Al_2Cu},T_E} \Delta H_{\mathrm{m,Al_2Cu}}(T_{E-1})}{T_{E-1}} \\
&= \eta_{\mathrm{Al_2Cu},T_E} \Delta H_{\mathrm{m,Al_2Cu}}(T_{E-1})
\end{aligned}$$

式中，

$$\theta_{\mathrm{Al_2Cu},T_E} = T_{E-1} - T_E$$

为 Al_2Cu 的绝对饱和过冷度；

$$\eta_{\mathrm{Al_2Cu},T_E} = \frac{T_{E-1} - T_E}{T_{E-1}}$$

为 Al_2Cu 的相对饱和过冷度；

保持温度 T_E 不变，析晶过程达到平衡，液相 $E(\mathrm{l})$ 是 α_E 和 Al_2Cu 的饱和溶液，三相平衡共存，有

$$E(\mathrm{l}) \rightleftharpoons \alpha_E + \mathrm{Al_2Cu}$$

即

$$(\alpha_E)_{E(\mathrm{l})} \equiv (\alpha_E)_{饱} \rightleftharpoons \alpha_E$$

$$(\mathrm{Al_2Cu})_{E(\mathrm{l})} \equiv (\mathrm{Al_2Cu})_{饱} \rightleftharpoons \mathrm{Al_2Cu}$$

温度降到 T_E 以下，温度降到 T_k。在温度 T_k，组元 α_E 的平衡相为 q_k，Al_2Cu 的平衡相为 l_k。当温度刚降到 T_k，还未来得及析出组元 α_E 和 Al_2Cu 时，溶液

$E(\mathrm{l})$ 的组成未变，但已由 α_E 和 $\mathrm{Al_2Cu}$ 饱和溶液 $E(\mathrm{l})$ 变成 α_E 和 $\mathrm{Al_2Cu}$ 过饱和溶液 $E_k(\mathrm{l})$，析出固相组元 α_E 和 $\mathrm{Al_2Cu}$。

(1)α_E 和 $\mathrm{Al_2Cu}$ 同时析出。

$$E_k(\mathrm{l}) = \alpha_E + \mathrm{Al_2Cu}$$

即

$$(\alpha_E)_{过饱} \equiv (\alpha_E)_{E_k(\mathrm{l})} = \alpha_E$$

$$(\mathrm{Al_2Cu})_{过饱} \equiv (\mathrm{Al_2Cu})_{E_k(\mathrm{l})} = \mathrm{Al_2Cu}$$

由于 α_E 和 $\mathrm{Al_2Cu}$ 同时析出，$E_k(\mathrm{l})$ 的组成不变，析出的 α_E 和 $\mathrm{Al_2Cu}$ 均匀混合。

以纯固态 α_E 和 $\mathrm{Al_2Cu}$ 为标准状态，浓度以摩尔分数表示，该过程的摩尔吉布斯自由能变化为

$$\begin{aligned}\Delta G_{\mathrm{m},\alpha_E} &= \mu_{\alpha_E} - \mu_{(\alpha_E)_{过饱}} \\ &= \mu_{\alpha_E} - \mu_{(\alpha_E)_{E_k(\mathrm{l})}} \\ &= -RT\ln a^{\mathrm{R}}_{(\alpha_E)_{过饱}} \\ &= -RT\ln a^{\mathrm{R}}_{(\alpha_E)_{E_k(\mathrm{l})}}\end{aligned}$$

$$\begin{aligned}\Delta G_{\mathrm{m,Al_2Cu}} &= \mu_{\mathrm{Al_2Cu}} - \mu_{(\mathrm{Al_2Cu})_{过饱}} \\ &= \mu_{\mathrm{Al_2Cu}} - \mu_{(\mathrm{Al_2Cu})_{E_k(\mathrm{l})}} \\ &= -RT\ln a^{\mathrm{R}}_{(\mathrm{Al_2Cu})_{过饱}} \\ &= -RT\ln a^{\mathrm{R}}_{(\mathrm{Al_2Cu})_{E_k(\mathrm{l})}}\end{aligned}$$

式中，

$$\mu_{\alpha_E} = \mu^*_{\alpha_E}$$

$$\mu_{(\alpha_E)_{过饱}} = \mu^*_{\alpha_E} + RT\ln a^{\mathrm{R}}_{(\alpha_E)_{过饱}}$$

$$\mu_{(\alpha_E)_{E_k(\mathrm{l})}} = \mu^*_{\alpha_E} + RT\ln a^{\mathrm{R}}_{(\alpha_E)_{E_k(\mathrm{l})}}$$

$$\mu_{\mathrm{Al_2Cu}} = \mu^*_{\mathrm{Al_2Cu}}$$

$$\mu_{(\mathrm{Al_2Cu})_{过饱}} = \mu^*_{\mathrm{Al_2Cu}} + RT\ln a^{\mathrm{R}}_{(\mathrm{Al_2Cu})_{过饱}}$$

$$\mu_{(\mathrm{Al_2Cu})_{E_k(\mathrm{l})}} = \mu^*_{\mathrm{Al_2Cu}} + RT\ln a^{\mathrm{R}}_{(\mathrm{Al_2Cu})_{E_k(\mathrm{l})}}$$

或者如下计算：

$$\Delta G_{\mathrm{m},\alpha_E}(T_k)=\frac{\theta_{\alpha_E,T_k}\Delta H_{\mathrm{m},\alpha_E}(T_E)}{T_E}=\eta_{\alpha_E,T_k}\Delta H_{\mathrm{m},\alpha_E}(T_E)$$

$$\Delta G_{\mathrm{m,Al_2Cu}}(T_k)=\frac{\theta_{\mathrm{Al_2Cu},T_k}\Delta H_{\mathrm{m,Al_2Cu}}(T_E)}{T_E}=\eta_{\mathrm{Al_2Cu},T_k}\Delta H_{\mathrm{m,Al_2Cu}}(T_E)$$

式中，

$$\theta_{\alpha_E,T_k}=\theta_{\mathrm{Al_2Cu},T_k}=T_E-T_k$$

$$\eta_{\alpha_E,T_k}=\eta_{\mathrm{Al_2Cu},T_k}=\frac{T_E-T_k}{T_k}$$

$$\Delta H_{\mathrm{m},\alpha_E}(T_E)=H_{\mathrm{m},\alpha_E}(T_E)-\overline{H}_{\mathrm{m},(\alpha_E)_{\text{饱和}}}(T_E)$$

$$\Delta H_{\mathrm{m,Al_2Cu}}(T_E)=H_{\mathrm{m,Al_2Cu}}(T_E)-\overline{H}_{\mathrm{m,(Al_2Cu)_{\text{饱和}}}}(T_E)$$

(2)α_E 先析出，$\mathrm{Al_2Cu}$ 后析出。

α_E 先析出，有

$$(\alpha_E)_{\text{过饱}}=\!=\!=(\alpha_E)_{E_k(l)}=\!=\!=\alpha_E$$

随着组元 α_E 的析出，$\mathrm{Al_2Cu}$ 的过饱和度增大，溶液 $E_k(l)$ 的组成偏离共晶点 $E(l)$ 的组成，向 α_E 的平衡相 q_k 靠近，以 q_k' 表示。达到一定程度后，$\mathrm{Al_2Cu}$ 析出，有

$$(\mathrm{Al_2Cu})_{\text{过饱}}\equiv(\mathrm{Al_2Cu})_{q_k'}=\!=\!=\mathrm{Al_2Cu}$$

α_E 和 $\mathrm{Al_2Cu}$ 交替析出，如此循环。析出的 α_E 和 $\mathrm{Al_2Cu}$ 分别聚集。以纯固态组元 α_E 和 $\mathrm{Al_2Cu}$ 为标准状态，浓度以摩尔分数表示，该过程的摩尔吉布斯自由能变化为

$$\begin{aligned}\Delta G_{\mathrm{m},\alpha_E}&=\mu_{\alpha_E}-\mu_{(\alpha_E)_{\text{过饱}}}\\&=\mu_{\alpha_E}-\mu_{(\alpha_E)_{E_k(1)}}\\&=-RT\ln a^{\mathrm{R}}_{(\alpha_E)_{\text{过饱}}}\\&=-RT\ln a^{\mathrm{R}}_{(\alpha_E)_{E_k(1)}}\end{aligned}$$

$$\begin{aligned}\Delta G_{\mathrm{m,Al_2Cu}}&=\mu_{\mathrm{Al_2Cu}}-\mu_{(\mathrm{Al_2Cu})_{\text{过饱}}}\\&=\mu_{\mathrm{Al_2Cu}}-\mu_{(\mathrm{Al_2Cu})_{E_k(1)}}\\&=-RT\ln a^{\mathrm{R}}_{(\mathrm{Al_2Cu})_{\text{过饱}}}\end{aligned}$$

$$= -RT\ln a^{\mathrm{R}}_{(\mathrm{Al_2Cu})_{E_k(\mathrm{l})}}$$

式中，

$$\mu_{\alpha_E} = \mu^*_{\alpha_E}$$

$$\mu_{(\alpha_E)_{过饱}} = \mu^*_{\alpha_E} + RT\ln a^{\mathrm{R}}_{(\alpha_E)_{过饱}}$$

$$\mu_{(\alpha_E)_{E_k(\mathrm{l})}} = \mu^*_{\alpha_E} + RT\ln a^{\mathrm{R}}_{(\alpha_E)_{E_k(\mathrm{l})}}$$

$$\mu_{\mathrm{Al_2Cu}} = \mu^*_{\mathrm{Al_2Cu}}$$

$$\mu_{(\mathrm{Al_2Cu})_{过饱}} = \mu^*_{\mathrm{Al_2Cu}} + RT\ln a^{\mathrm{R}}_{(\mathrm{Al_2Cu})_{过饱}}$$

$$\mu_{(\mathrm{Al_2Cu})_{E_k(\mathrm{l})}} = \mu^*_{\mathrm{Al_2Cu}} + RT\ln a^{\mathrm{R}}_{(\mathrm{Al_2Cu})_{E_k(\mathrm{l})}}$$

或者

$$\Delta G_{\mathrm{m},\alpha_E}(T_k) = \frac{\theta_{\alpha_E,T_k}\Delta H_{\mathrm{m},\alpha_E}(T_E)}{T_E} = \eta_{\alpha_E,T_k}\Delta H_{\mathrm{m},\alpha_E}(T_E)$$

$$\Delta G_{\mathrm{m,Al_2Cu}}(T_k) = \frac{\theta_{\mathrm{Al_2Cu},T_k}\Delta H_{\mathrm{m,Al_2Cu}}(T_E)}{T_E} = \eta_{\mathrm{Al_2Cu},T_k}\Delta H_{\mathrm{m,Al_2Cu}}(T_E)$$

式中，

$$\theta_{\alpha_E,T_k} = \theta_{\mathrm{Al_2Cu},T_k} = T_E - T_k$$

$$\eta_{\alpha_E,T_k} = \eta_{\mathrm{Al_2Cu},T_k} = \frac{T_E - T_k}{T_E}$$

$$\Delta H_{\mathrm{m},\alpha_E}(T_E) = H_{\mathrm{m},\alpha_{E(\mathrm{s})}}(T_E) - \bar{H}_{\mathrm{m},(\alpha_E)_{E(\mathrm{l})}}(T_E)$$

$$\Delta H_{\mathrm{m,Al_2Cu}}(T_E) = H_{\mathrm{m,Al_2Cu}}(T_E) - \bar{H}_{\mathrm{m},(\mathrm{Al_2Cu})_{E(\mathrm{l})}}(T_E)$$

继续降低温度到 T_{k+1}，如果上面的反应没有进行完，就继续重复上述过程，直到 $E(\mathrm{l})$ 完全转化为 α_E 和 $\mathrm{Al_2Cu}$。

8.4.2 凝固速率

(1) 在温度 T_2。

在压力恒定，温度为 T_2 的条件下，二元系 Al-Cu 单位体积内析出组元 α_1 的速率为

$$\frac{\mathrm{d}n_{\alpha_1}}{\mathrm{d}t} = -\frac{\mathrm{d}n_{(\alpha_1)_{l'_{i-1}}}}{\mathrm{d}t} = j_{\alpha_1}$$

$$= -l_1\left(\frac{A_{\mathrm{m},\alpha_{i-1}}}{T}\right) - l_2\left(\frac{A_{\mathrm{m},\alpha_{i-1}}}{T}\right)^2 - l_3\left(\frac{A_{\mathrm{m},\alpha_{i-1}}}{T}\right)^3 - \cdots$$

(2) 从温度 T_2 到 T_E。

从温度 T_2 到温度 T_E，在温度 $T_i(i=(1,2,3,\cdots,N))$，单位体积内析晶速率为

$$\begin{aligned}\frac{\mathrm{d}n_{\alpha_{i-1}}}{\mathrm{d}t}&=-\frac{\mathrm{d}n_{(\alpha_{i-1})_{l'_{i-1}}}}{\mathrm{d}t}=j_{\alpha_{i-1}}\\&=-l_1\left(\frac{A_{\mathrm{m},\alpha_{i-1}}}{T}\right)-l_2\left(\frac{A_{\mathrm{m},\alpha_{i-1}}}{T}\right)^2-l_3\left(\frac{A_{\mathrm{m},\alpha_{i-1}}}{T}\right)^3-\cdots\end{aligned}$$

(3) 温度在 T_E。

在压力恒定，温度为 T_E 的条件下，单位体积内析晶速率为

$$\begin{aligned}\frac{\mathrm{d}n_{\alpha_E}}{\mathrm{d}t}&=-\frac{\mathrm{d}n_{(\alpha_E)_{l'_{E-1}}}}{\mathrm{d}t}=j_{\alpha_E}\\&=-l_1\left(\frac{A_{\mathrm{m},\alpha_E}}{T}\right)-l_2\left(\frac{A_{\mathrm{m},\alpha_E}}{T}\right)^2-l_3\left(\frac{A_{\mathrm{m},\alpha_E}}{T}\right)^3-\cdots\end{aligned}$$

$$\begin{aligned}\frac{\mathrm{d}n_{\mathrm{Al_2Cu}}}{\mathrm{d}t}&=-\frac{\mathrm{d}n_{(\mathrm{Al_2Cu})_{l'_{E-1}}}}{\mathrm{d}t}=j_{\mathrm{Al_2Cu}}\\&=-l_1\left(\frac{A_{\mathrm{m,Al_2Cu}}}{T}\right)-l_2\left(\frac{A_{\mathrm{m,Al_2Cu}}}{T}\right)^2-l_3\left(\frac{A_{\mathrm{m,Al_2Cu}}}{T}\right)^3-\cdots\end{aligned}$$

考虑耦合作用，有

$$\begin{aligned}\frac{\mathrm{d}n_{\alpha_E}}{\mathrm{d}t}&=-\frac{\mathrm{d}n_{(\alpha_E)_{l'_{E-1}}}}{\mathrm{d}t}=j_{\alpha_E}\\&=-l_{11}\left(\frac{A_{\mathrm{m},\alpha_E}}{T}\right)-l_{12}\left(\frac{A_{\mathrm{m,Al_2Cu}}}{T}\right)-l_{111}\left(\frac{A_{\mathrm{m},\alpha_E}}{T}\right)^2\\&\quad-l_{112}\left(\frac{A_{\mathrm{m},\alpha_E}}{T}\right)\left(\frac{A_{\mathrm{m,Al_2Cu}}}{T}\right)-l_{122}\left(\frac{A_{\mathrm{m,Al_2Cu}}}{T}\right)^2\\&\quad-l_{1111}\left(\frac{A_{\mathrm{m},\alpha_E}}{T}\right)^3-l_{1112}\left(\frac{A_{\mathrm{m},\alpha_E}}{T}\right)^2\left(\frac{A_{\mathrm{m,Al_2Cu}}}{T}\right)\\&\quad-l_{1122}\left(\frac{A_{\mathrm{m},\alpha_E}}{T}\right)\left(\frac{A_{\mathrm{m,Al_2Cu}}}{T}\right)^2-l_{1222}\left(\frac{A_{\mathrm{m,Al_2Cu}}}{T}\right)^3-\cdots\end{aligned}$$

$$\frac{\mathrm{d}n_{\mathrm{Al_2Cu}}}{\mathrm{d}t}=-\frac{\mathrm{d}n_{(\mathrm{Al_2Cu})_{l'_{E-1}}}}{\mathrm{d}t}=j_{\mathrm{Al_2Cu}}$$

$$= -l_{21}\left(\frac{A_{\mathrm{m},\alpha_E}}{T}\right) - l_{22}\left(\frac{A_{\mathrm{m,Al_2Cu}}}{T}\right) - l_{211}\left(\frac{A_{\mathrm{m},\alpha_E}}{T}\right)^2$$

$$- l_{212}\left(\frac{A_{\mathrm{m},\alpha_E}}{T}\right)\left(\frac{A_{\mathrm{m,Al_2Cu}}}{T}\right) - l_{222}\left(\frac{A_{\mathrm{m,Al_2Cu}}}{T}\right)^2$$

$$- l_{2111}\left(\frac{A_{\mathrm{m},\alpha_E}}{T}\right)^3 - l_{2112}\left(\frac{A_{\mathrm{m},\alpha_E}}{T}\right)^2\left(\frac{A_{\mathrm{m,Al_2Cu}}}{T}\right)$$

$$- l_{2122}\left(\frac{A_{\mathrm{m},\alpha_E}}{T}\right)\left(\frac{A_{\mathrm{m,Al_2Cu}}}{T}\right)^2 - l_{2222}\left(\frac{A_{\mathrm{m,Al_2Cu}}}{T}\right)^3 - \cdots$$

温度在 T_E 以下，同时析出组元 α_E 和 $\mathrm{Al_2Cu}$，有

$$\frac{\mathrm{d}n_{\alpha_E}}{\mathrm{d}t} = -\frac{\mathrm{d}n_{(\alpha_E)_{E_k(l)}}}{\mathrm{d}t} = j_{\alpha_E}$$

$$= -l_1\left(\frac{A_{\mathrm{m},\alpha_E}}{T}\right) - l_2\left(\frac{A_{\mathrm{m},\alpha_E}}{T}\right)^2 - l_3\left(\frac{A_{\mathrm{m},\alpha_E}}{T}\right)^3 - \cdots$$

$$\frac{\mathrm{d}n_{\mathrm{Al_2Cu}}}{\mathrm{d}t} = -\frac{\mathrm{d}n_{(\mathrm{Al_2Cu})_{E_k(l)}}}{\mathrm{d}t} = j_{\mathrm{Si}}$$

$$= -l_1\left(\frac{A_{\mathrm{m,Al_2Cu}}}{T}\right) - l_2\left(\frac{A_{\mathrm{m,Al_2Cu}}}{T}\right)^2 - l_3\left(\frac{A_{\mathrm{m,Al_2Cu}}}{T}\right)^3 - \cdots$$

考虑耦合作用，有

$$\frac{\mathrm{d}n_{\alpha_E}}{\mathrm{d}t} = -\frac{\mathrm{d}n_{(\alpha_E)_{E_k(l)}}}{\mathrm{d}t} = j_{\alpha_E}$$

$$= -l_{11}\left(\frac{A_{\mathrm{m},\alpha_E}}{T}\right) - l_{12}\left(\frac{A_{\mathrm{m,Al_2Cu}}}{T}\right) - l_{111}\left(\frac{A_{\mathrm{m},\alpha_E}}{T}\right)^2$$

$$- l_{112}\left(\frac{A_{\mathrm{m},\alpha_E}}{T}\right)\left(\frac{A_{\mathrm{m,Al_2Cu}}}{T}\right) - l_{122}\left(\frac{A_{\mathrm{m,Al_2Cu}}}{T}\right)^2$$

$$- l_{1111}\left(\frac{A_{\mathrm{m},\alpha_E}}{T}\right)^3 - l_{1112}\left(\frac{A_{\mathrm{m},\alpha_E}}{T}\right)^2\left(\frac{A_{\mathrm{m,Al_2Cu}}}{T}\right)$$

$$- l_{1122}\left(\frac{A_{\mathrm{m},\alpha_E}}{T}\right)\left(\frac{A_{\mathrm{m,Al_2Cu}}}{T}\right)^2 - l_{1222}\left(\frac{A_{\mathrm{m,Al_2Cu}}}{T}\right)^3 - \cdots$$

$$\begin{aligned}\frac{\mathrm{d}n_{\mathrm{Al_2Cu}}}{\mathrm{d}t} &= -\frac{\mathrm{d}n_{(\mathrm{Al_2Cu})_{E_k(1)}}}{\mathrm{d}t} = j_{\mathrm{Al_2Cu}} \\ &= -l_{21}\left(\frac{A_{\mathrm{m},\alpha_E}}{T}\right) - l_{22}\left(\frac{A_{\mathrm{m,Al_2Cu}}}{T}\right) - l_{211}\left(\frac{A_{\mathrm{m},\alpha_E}}{T}\right)^2 \\ &\quad - l_{212}\left(\frac{A_{\mathrm{m},\alpha_E}}{T}\right)\left(\frac{A_{\mathrm{m,Al_2Cu}}}{T}\right) - l_{222}\left(\frac{A_{\mathrm{m,Al_2Cu}}}{T}\right)^2 \\ &\quad - l_{2111}\left(\frac{A_{\mathrm{m},\alpha_E}}{T}\right)^3 - l_{2112}\left(\frac{A_{\mathrm{m},\alpha_E}}{T}\right)^2\left(\frac{A_{\mathrm{m,Al_2Cu}}}{T}\right) \\ &\quad - l_{2122}\left(\frac{A_{\mathrm{m},\alpha_E}}{T}\right)\left(\frac{A_{\mathrm{m,Al_2Cu}}}{T}\right)^2 - l_{2222}\left(\frac{A_{\mathrm{m,Al_2Cu}}}{T}\right)^3 - \cdots\end{aligned}$$

先析出组元 α_E，再析出 $\mathrm{Al_2Cu}$，有

$$\begin{aligned}\frac{\mathrm{d}n_{\alpha_E}}{\mathrm{d}t} &= -\frac{\mathrm{d}n_{(\alpha_E)_{E_k(1)}}}{\mathrm{d}t} = j_{\alpha_E} \\ &= -l_1\left(\frac{A_{\mathrm{m},\alpha_E}}{T}\right) - l_2\left(\frac{A_{\mathrm{m},\alpha_E}}{T}\right)^2 - l_3\left(\frac{A_{\mathrm{m},\alpha_E}}{T}\right)^3 - \cdots\end{aligned}$$

$$\begin{aligned}\frac{\mathrm{d}n_{\mathrm{Al_2Cu}}}{\mathrm{d}t} &= -\frac{\mathrm{d}n_{(\mathrm{Al_2Cu})_{q_k'}}}{\mathrm{d}t} = j_{\mathrm{Si}} \\ &= -l_1\left(\frac{A_{\mathrm{m,Al_2Cu}}}{T}\right) - l_2\left(\frac{A_{\mathrm{m,Al_2Cu}}}{T}\right)^2 - l_3\left(\frac{A_{\mathrm{m,Al_2Cu}}}{T}\right)^3 - \cdots\end{aligned}$$

$$A_{\mathrm{m},\alpha_E} = \Delta G_{\mathrm{m},\alpha_E}$$

$$A_{\mathrm{m,Al_2Cu}} = \Delta G_{\mathrm{m,Al_2Cu}}$$

8.5　Al-Cu 二元系升温过程的非平衡态力学

8.5.1　Al-Cu 二元系升温过程的热力学

图 8-25 是 Al-Cu 二元系相图。在恒压条件下，物质组成点为 P 的 Al-Cu 二元系升温。在温度 T_1，物质组成点为 P_1。P_1 在 α_1 和 $\mathrm{Al_2Cu}$ 两相区内，体系由 Al 饱和的 $\mathrm{Al_2Cu}$(即 α_1 相) 与 $\mathrm{Al_2Cu}$ 组成。

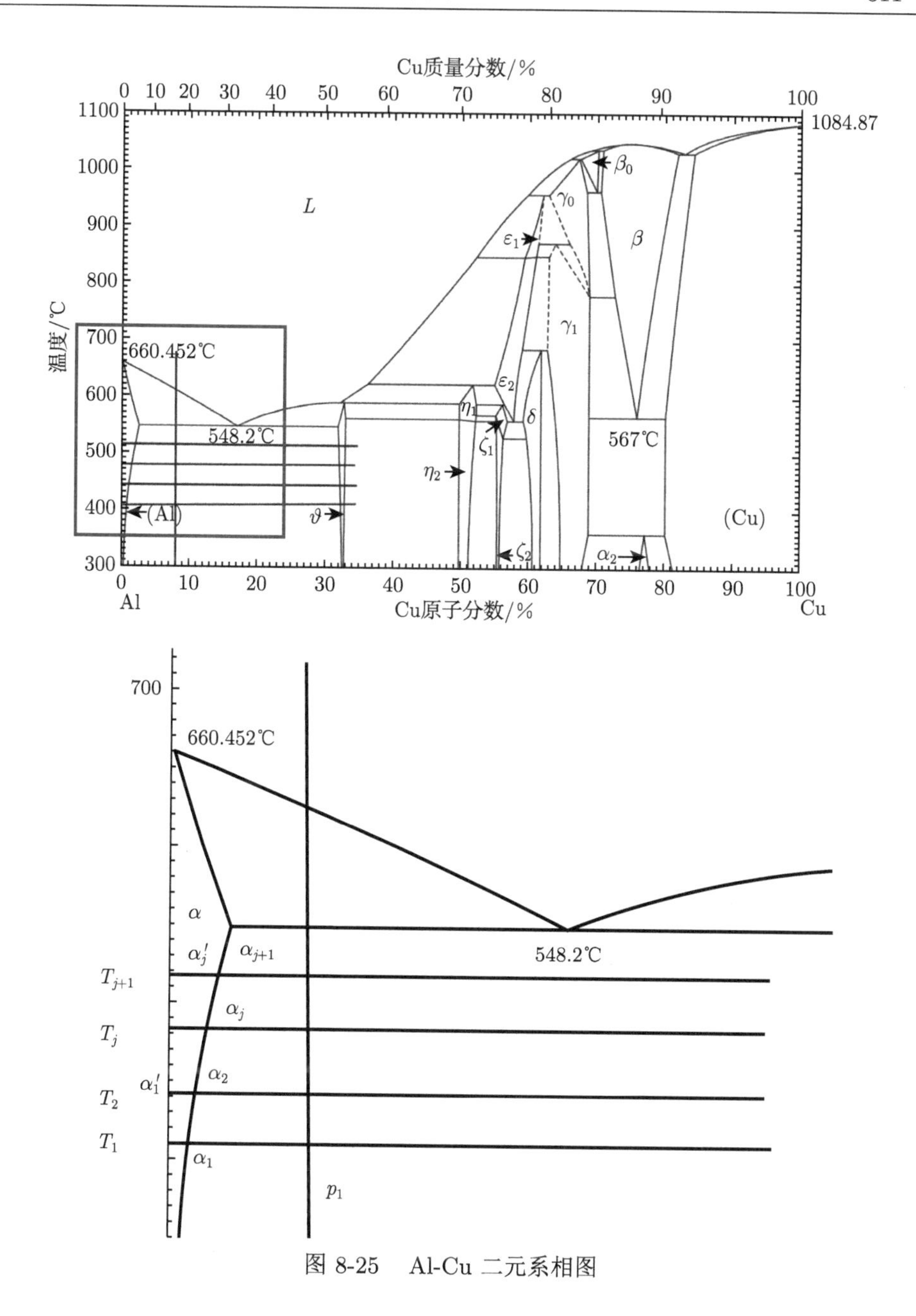

图 8-25 Al-Cu 二元系相图

在温度 T_1，金属化合物 Al_2Cu 与 α_1 达成平衡，有

$$Al_2Cu \rightleftharpoons \alpha_1$$

即

$$Al_2Cu \rightleftharpoons (Al_2Cu)_{饱} \equiv (Al_2Cu)_{\alpha_1}$$

该过程的摩尔吉布斯自由能变化为零。

继续升高温度到 T_2。在温度刚升到 T_2，Al_2Cu 还未来得及溶入 α_2 时，α_1 组成未变。但已由 Al_2Cu 饱和的 α_1 变成 Al_2Cu 不饱和的 α_1'。Al_2Cu 向 α_1' 中溶解，有

$$Al_2Cu = (Al_2Cu)_{\alpha_1'} \equiv (Al_2Cu)_{不饱}$$

以纯固态 Al_2Cu 为标准状态，浓度以摩尔分数表示，该过程的摩尔吉布斯自由能变化为

$$\begin{aligned}\Delta G_{m,Al_2Cu} &= \mu_{(Al_2Cu)_{\alpha_1'}} - \mu_{Al_2Cu}\\ &= \mu_{(Al_2Cu)_{不饱}} - \mu_{Al_2Cu}\\ &= RT\ln a_{(Al_2Cu)_{\alpha_1'}}\\ &= RT\ln a_{(Al_2Cu)_{不饱}}\end{aligned}$$

式中，

$$\mu_{(Al_2Cu)_{\alpha_1'}} = \mu^*_{Al_2Cu} + RT\ln a_{(Al_2Cu)_{\alpha_1'}}$$

$$\mu_{(Al_2Cu)_{不饱}} = \mu^*_{Al_2Cu} + RT\ln a_{(Al_2Cu)_{不饱}}$$

$$\mu_{Al_2Cu} = \mu^*_{Al_2Cu}$$

直到 Al_2Cu 与 α_2 相达到平衡，有

$$Al_2Cu \rightleftharpoons (Al_2Cu)_{\alpha_2} \equiv (Al_2Cu)_{饱}$$

体系由 Al_2Cu 和 Al_2Cu 饱和的 α_2 相组成，其比例可由杠杆定则给出。

继续升高温度。从温度 T_2 到温度 T_E，Al_2Cu 的溶解过程可以统一描述如下。

在温度 T_j，Al_2Cu 在 α 相中的溶解达成平衡，有

$$Al_2Cu \rightleftharpoons (Al_2Cu)_{\alpha_j} \equiv (Al_2Cu)_{饱}$$

继续升高温度到 T_{j+1}，在温度刚升到 T_{j+1}，Al_2Cu 还未来得及溶入 α_j 时，α_j 的组成未变，但已由 Al_2Cu 饱和的 α_j，变成 Al_2Cu 不饱和的 α_j'。Al_2Cu 向其中溶解，有

$$Al_2Cu = (Al_2Cu)_{\alpha_j'} \equiv (Al_2Cu)_{不饱}$$

该过程的摩尔吉布斯自由能变化为

$$\begin{aligned}\Delta G_{m,Al_2Cu} &= \mu_{(Al_2Cu)_{\alpha'_j}} - \mu_{Al_2Cu} \\ &= \mu_{(Al_2Cu)_{不饱}} - \mu_{Al_2Cu} \\ &= RT\ln a_{(Al_2Cu)_{\alpha'_j}} \\ &= RT\ln a_{(Al_2Cu)_{不饱}}\end{aligned}$$

式中，

$$\mu_{Al_2Cu} = \mu^*_{Al_2Cu}$$

$$\mu_{(Al_2Cu)_{\alpha'_j}} = \mu^*_{Al_2Cu} + RT\ln a_{(Al_2Cu)_{\alpha'_j}}$$

$$\mu_{(Al_2Cu)_{不饱}} = \mu^*_{Al_2Cu} + RT\ln a_{(Al_2Cu)_{不饱}}$$

直到溶解达成平衡，有

$$Al_2Cu \rightleftharpoons (Al_2Cu)_{\alpha_{j+1}} \equiv (Al_2Cu)_{饱}$$

体系由 Al_2Cu 和 Al_2Cu 饱和的 α_{j+1} 相组成，其比例可由杠杆定则给出。

也可以如下计算：

$$\begin{aligned}\Delta G_{m,Al_2Cu}(T_{j+1}) =& \overline{G}_{m,(Al_2Cu)_{\alpha'_j}}(T_{j+1}) - G_{m,Al_2Cu}(T_{j+1}) \\ =& \left[\overline{H}_{m,(Al_2Cu)_{\alpha'_j}}(T_{j+1}) - T_{j+1}\overline{S}_{m,(Al_2Cu)_{\alpha'_j}}(T_{j+1})\right] \\ & - [H_{m,Al_2Cu}(T_{j+1}) - T_{j+1}S_{m,Al_2Cu}(T_{j+1})] \\ =& \left[\overline{H}_{m,(Al_2Cu)_{\alpha'_j}}(T_{j+1}) - H_{m,Al_2Cu}(T_{j+1})\right] \\ & - T_{j+1}\left[\overline{S}_{m,(Al_2Cu)_{\alpha'_j}}(T_{j+1}) - S_{m,Al_2Cu}(T_{j+1})\right] \\ =& \Delta H_{m,Al_2Cu}(T_{j+1}) - T_{j+1}\Delta S_{m,Al_2Cu}(T_{j+1}) \\ \approx& \Delta H_{m,Al_2Cu}(T_j) - T_{j+1}\Delta S_{m,Al_2Cu}(T_j) \\ =& \Delta H_{m,Al_2Cu}(T_j) - T_{j+1}\frac{\Delta H_{m,Al_2Cu}(T_j)}{T_j} \\ =& \frac{\theta_{Al_2Cu,T_{j+1}}\Delta H_{m,Al_2Cu}(T_j)}{T_j} \\ =& \eta_{Al_2Cu,T_{j+1}}\Delta H_{m,Al_2Cu}(T_j)\end{aligned}$$

式中，

$$\theta_{\mathrm{Al_2Cu},T_{j+1}} = T_j - T_{j+1}$$

为 $\mathrm{Al_2Cu}$ 的绝对饱和过冷度；

$$\eta_{\mathrm{Al_2Cu},T_{j+1}} = \frac{T_j - T_{j+1}}{T_j}$$

为 $\mathrm{Al_2Cu}$ 的相对饱和过冷度。

随着温度的升高，$\mathrm{Al_2Cu}$ 在 α 相中的含量增加，体系组成未变，这对 Al-Cu 合金的性能有重大影响。

8.5.2　相变速率

(1) 在温度 T_2。

在恒压条件下，在温度 T_2，单位体积内的 $\mathrm{Al_2Cu}$ 的溶解速率为

$$\begin{aligned}\frac{\mathrm{d}n_{(\mathrm{Al_2Cu})_{\alpha'}}}{\mathrm{d}\tau} &= -\frac{\mathrm{d}n_{\mathrm{Al_2Cu}}}{\mathrm{d}\tau} = j_{\mathrm{Al_2Cu}}\\ &= -l_1\left(\frac{A_{\mathrm{m,Al_2Cu}}}{T}\right) - l_2\left(\frac{A_{\mathrm{m,Al_2Cu}}}{\mathrm{d}\tau}\right)^2 - l_3\left(\frac{A_{\mathrm{m,Al_2Cu}}}{\mathrm{d}\tau}\right)^3 - \cdots\end{aligned}$$

(2) 在温度 T_{j+1}。

在恒压条件下，在温度 T_{j+1}，相变速率为

$$\begin{aligned}\frac{\mathrm{d}n_{(\mathrm{Al_2Cu})_{\alpha'_j}}}{\mathrm{d}\tau} &= -\frac{\mathrm{d}n_{\mathrm{Al_2Cu}}}{\mathrm{d}\tau} = j_{\mathrm{Al_2Cu}}\\ &= -l_1\left(\frac{A_{\mathrm{m,Al_2Cu}}}{T}\right) - l_2\left(\frac{A_{\mathrm{m,Al_2Cu}}}{T}\right)^2 - l_3\left(\frac{A_{\mathrm{m,Al_2Cu}}}{T}\right)^3 - \cdots\end{aligned}$$

式中，

$$A_{\mathrm{m,Al_2Cu}} = \Delta G_{\mathrm{m,Al_2Cu}}$$

第 9 章 Al-Mg 合金

9.1 Al-Mg 合金的组成

Al-Mg 合金是以 Mg 为主要元素的铝合金，具有中等强度以及良好的导电性、导热性、塑性、耐磨性、抗蚀性、可加工性和良好的焊接性，该系铝合金属于热处理不可强化铝合金，图 9-1 是 Al-Mg 二元合金相图。

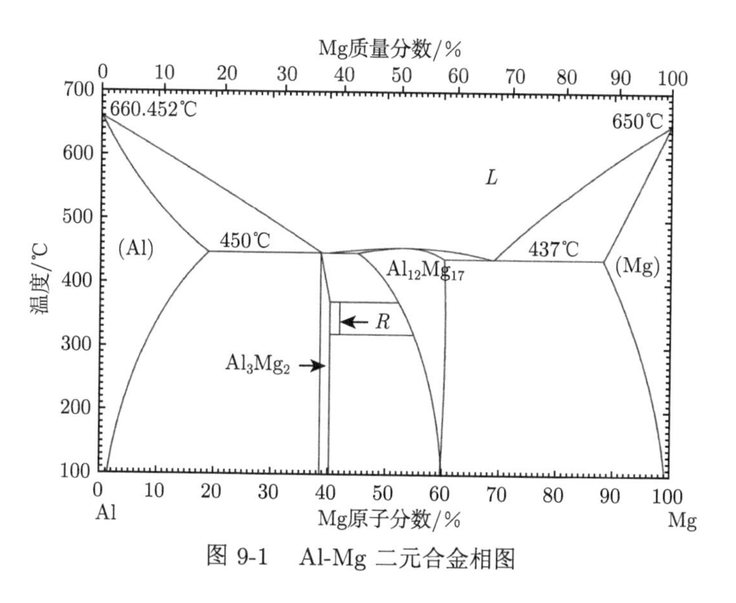

图 9-1 Al-Mg 二元合金相图

Al-Mg 合金是固溶强化铝合金，其强度随 Mg 含量的增加而提高，塑性则随之降低，加工工艺性能也随之变差，合金中每增加 1%的 Mg，强度约提高 35MPa。Al-Mg 合金中一般添有 Mn、Cr、Ti、Be 等元素，Mn 可使含 Mg 相沉淀均匀、提高合金的抗蚀性，特别是抗应力腐蚀的能力，可提高合金强度，其提高强度的效果比同量 Mg 的效果大一倍，另外，Mn 还可提高再结晶温度，抑制晶粒长大；Cr 和 Mn 有相似的作用，可提高合金的抗应力腐蚀开裂能力，提高强度，但其含量一般不超过 0.35%，否则 Cr 会与 Mn、Fe、Ti 等形成粗大的中间金属化合物，降低力学性能；加入少量的 Ti 主要是细化晶粒；在高 Mg 合金中加入微量的 Be，能减少 Mg 的烧损及氧化物的形成，降低裂纹倾向。

9.2　Al-Mg 合金的研究及应用现状

Al-Mg 合金是铝合金中耐蚀性最好的合金，这是因为在固态下 Mg 能全部固溶在 α-Al 中，形成单相固溶体，在腐蚀介质中不易形成电化学腐蚀。Jones 等研究了 Mg 在 Al-Mg 合金应力腐蚀开裂中的作用，Oguocha 等研究了 AA5083 合金的腐蚀，均证明了 Al-Mg 合金应力腐蚀敏感性与晶界 β(Mg_2Al_3) 相的析出有关，当 Mg 含量小于 3%时，对应力腐蚀不敏感，当 Mg 含量大于 3%时，由于 β(Mg_2Al_3) 相沿 α-Al 晶界析出，合金应力腐蚀敏感性增加，用热处理方法改变晶界析出物的状态，可降低合金对应力腐蚀的敏感性。例如，将合金加热到 204~260℃，β(Mg_2Al_3) 相沿晶界的析出物聚集为不连续的球状，可显著降低应力腐蚀现象。

Al-Mg 合金具有良好的焊接性能，很多研究者对不同牌号 Al-Mg 合金的焊接性进行了考察，闫洪华等对 5183 铝合金的激光焊接接头组织和力学性能进行了分析，通过激光功率和焊接速度的控制，得到了较好的焊接表面和较高的力学性能；王宝瑞等研究了 LF6 铝镁合金电子束焊接，其焊接接头抗拉强度可达母材的 91.2%；蹇海根等采用 MIG 焊接方法，用铝镁锆合金焊丝焊接了铝镁合金板材，并对微观组织、析出相进行了表征，得到了良好的焊接效果，焊接强度系数达 85%，伸长率约为基材的 75%。

Al-Mg 合金焊接过程中易产生的缺陷主要有两种，气孔和热裂纹。这方面的报道较多，并对气孔和热裂纹产生的原因及预防措施进行了分析，铝及铝镁合金中气孔为氢气孔，在承受载荷时，气孔及其周围区域的承载能力较差，会造成较高的应力集中及较大的应变，从而成为裂纹源，引起过早的断裂，降低铝合金的力学性能和疲劳性能，气孔产生的原因主要与丝材及母材表面氧化膜、气体保护、镁元素的氧化烧损等因素有关；热裂纹是焊接凝固过程中产生的凝固收缩裂纹，是由铝镁合金流动性差，凝固过程中不能及时补缩造成的，与镁含量及冷却速度等因素有关。可通过焊前预处理，如母材预热、焊丝表面氧化膜的去除、母材的酸碱洗及焊接工艺和焊接参数的调整等方法预防或减少气孔及热裂纹的产生。

基于铝镁合金的优良性能，可加工成板材、棒材、型材、线材及锻件等半成品，被广泛地应用于航空、航天、船舶、海洋设施、压力容器、军工、运输等领域。例如，5083 用于有高的抗蚀性、良好的可焊性和中等强度的场合，诸如舰艇和飞机板焊接件；5A02 用于飞机油箱、铆钉、船舶结构件；5A06 用于冷模锻零件，焊接容器受力零件，飞机蒙皮骨架部件；5356 多用于制成焊接 Mg 含量大于 3%的 Al-Mg 合金焊条及焊丝。

Al-Mg 合金的应用范围广泛，但由于其铸造性能差，多以组板焊接的形式应用，难以实现复杂结构件的制备。且不可避免地存在焊接接头软化问题，使零部件在焊接接头部位出现薄弱点，组织性能不一致。WAAM Al-Mg 合金可有效解决这些问题。

9.3 Al-Mg 合金增材制造

9.3.1 Mg 含量对 Al-Mg 合金增材制造堆积体组织、结构和性能的影响

Mg 为 Al-Mg 合金的主元素，为固溶强化元素，具有较 Al 更高的化学活性，易烧损、易氧化。Mg 在 Al-Mg 合金中的氧化程度、存在形式、固溶量等与熔体的温度及冷却速度直接相关。CMT 工艺与传统铸造、锻造等工艺相比，具有热输入低、熔体冷却速度快、电弧温度高的特点，Mg 含量对 WAAM Al-Mg 合金堆积体的性能将产生重要影响。目前以 CMT 工艺为基础 WAAM Al-Mg 合金的研究非常少，仅局限于现有牌号。因此本章系统研究了 Mg 含量对 WAAM Al-Mg 合金堆积体的表面氧化程度、几何成形、Mg 元素的烧损、气孔、微观组织、力学性能及拉伸断裂机制的影响。

1. 原材料及 WAAM 工艺参数

对 Mg 含量范围的选择，参照了 Ralph 等对 Al-(Mg)-0.5Sc 合金的性能研究，Ralph 等对 Mg 含量从 0%~6%的合金性能进行了对比，如表 9-1 所示，可见随着 Mg 含量的增加，力学性能提高。为了进一步探究 Mg 含量对 WAAM Al-Mg 合金堆积体的影响，找到适合 WAAM 的最佳 Mg 含量范围，本章参考 Ralph 等考察的 Mg 含量范围，考察了四种不同 Mg 含量的堆积体，目标质量分数分别为 5%、6%、7%和 8%。编号分别为 1#、2#、3# 和 4#，实测化学成分如表 9-2 所示。工艺参数如表 9-3 所示。

表 9-1 热轧 + 时效处理后合金的力学性能

合金	抗拉强度/MPa	屈服强度/MPa	伸长率/%
Al-0.5Sc	286	297	14.5
Al-2Mg-0.5Sc	341	370	13.5
Al-4Mg-0.5Sc	381	443	14.5
Al-6Mg-0.5Sc	381	467	10.5

表 9-2 丝材化学成分 (质量分数/%)

	Si	Fe	Cu	Mn	Mg	Zn
1#	0.046	0.107	0.0034	0.84	5.03	0.0083
2#	0.049	0.102	0.002	0.85	6.10	0.0073
3#	0.041	0.120	0.0019	0.85	6.88	0.0074
4#	0.042	0.137	0.0063	0.84	7.91	0.0098

表 9-3　堆积体沉积工艺参数

工艺参数	
工艺	CMT+A
电流	90 A
电压	10 V
焊炬行走速度	8 mm/s
送丝速度	5.5 m/min
层间等待时间	60 s
氩气流量	25 L/min

2. WAAM Al-Mg 合金堆积体化学成分均匀性

堆积体化学成分均匀是 WAAM Al-Mg 合金堆积体中 Mg 含量考察的必要条件。对不同 Mg 含量堆积体上、中、下三点分别进行化学成分检测，数值如表 9-4 所示。可见，WAAM Al-Mg 合金堆积体中各元素含量分布的均匀性较好，不因为 Mg 含量的变化而变化。这是因为 WAAM 是一个由点逐面的累积过程，熔滴为最小单元，冷却速度快，化学成分不会出现大程度的偏析。

表 9-4　堆积体化学成分 (质量分数/%)

	位置	Si	Fe	Cu	Mn	Mg	Zn
1#	上	0.047	0.114	0.0040	0.83	4.67	0.0093
	中	0.055	0.113	0.0044	0.79	4.58	0.0096
	下	0.048	0.109	0.0045	0.78	4.61	0.0087
	平均	**0.050**	**0.112**	**0.0043**	**0.80**	**4.62**	**0.0092**
2#	上	0.052	0.105	0.0030	0.81	5.68	0.0083
	中	0.057	0.109	0.0029	0.85	5.65	0.0087
	下	0.050	0.113	0.0025	0.80	5.59	0.0082
	平均	**0.053**	**0.109**	**0.0028**	**0.82**	**5.64**	**0.0084**
3#	上	0.042	0.131	0.0028	0.74	6.18	0.0074
	中	0.043	0.124	0.0023	0.82	6.23	0.0079
	下	0.047	0.126	0.0027	0.81	6.19	0.0078
	平均	**0.044**	**0.127**	**0.0026**	**0.79**	**6.20**	**0.0077**
4#	上	0.050	0.141	0.0062	0.78	7.00	0.0094
	中	0.045	0.138	0.0063	0.85	6.97	0.0099
	下	0.043	0.145	0.0070	0.80	7.06	0.0086
	平均	**0.046**	**0.141**	**0.0065**	**0.81**	**7.01**	**0.0093**

3. 堆积体表面氧化及几何成形

图 9-2 是不同 Mg 含量 WAAM Al-Mg 合金堆积体成形及表面氧化程度对比图，Mg 含量分别为 (a)5% Mg、(b) 6% Mg、(c) 7% Mg、(d) 8% Mg。可见，堆积体层内与层间纹路清晰，随着 Mg 含量的增加，堆积体的表面颜色逐渐加深，由银白色逐渐变为深黑色。Mg 含量小于 7%，表面纹理工整，Mg 含量为 8%，沉积层呈“波浪”状。

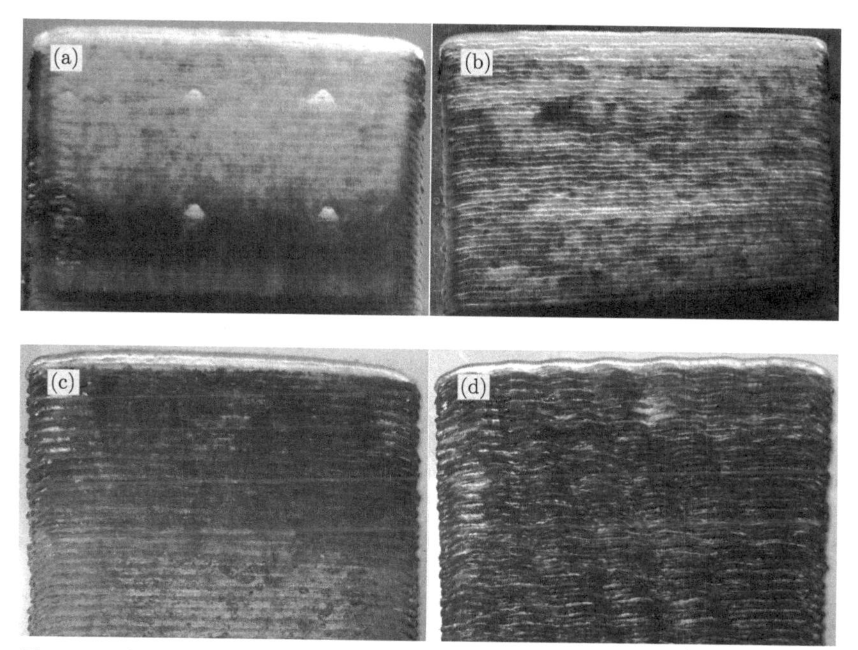

图 9-2 不同 Mg 含量 WAAM Al-Mg 合金堆积体成形及表面氧化程度对比图

(a) 5% Mg；(b) 6% Mg；(c) 7% Mg；(d) 8% Mg

WAAM Al-Mg 合金堆积体表面氧化及成形规律与 Mg 的活性、熔体的黏度有关。Mg 具有比铝更强的化学活性，易氧化易烧损，因此 Mg 含量越高，堆积体表面氧化程度越大。图 9-3 是 Al-Mg 合金流动性与 Mg 含量的关系图，可见在变形铝合金的成分范围内，Mg 含量越高，熔体的流动性越差。铝合金熔体中 Mg 含量高，会生成较多的氧化镁，使铝合金熔体中的夹杂物增多，增大熔体的黏度。

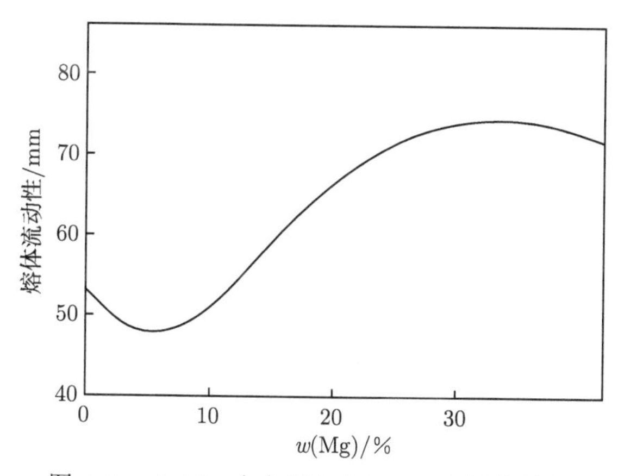

图 9-3 Al-Mg 合金流动性与 Mg 含量的关系

这是 Mg 含量为 8%，堆积体出现“波浪”状变形的原因。

图 9-4 是不同 Mg 含量 WAAM Al-Mg 合金堆积体的厚度。可见，随着 Mg 含量的增加，堆积体的厚度略有减小。Mg 含量为 8%，与 Mg 含量为 5%相比，堆积体厚度减小 8.25%。这是因为，随着 Mg 含量的增加，熔池黏度增大，流动性和铺展性变差。

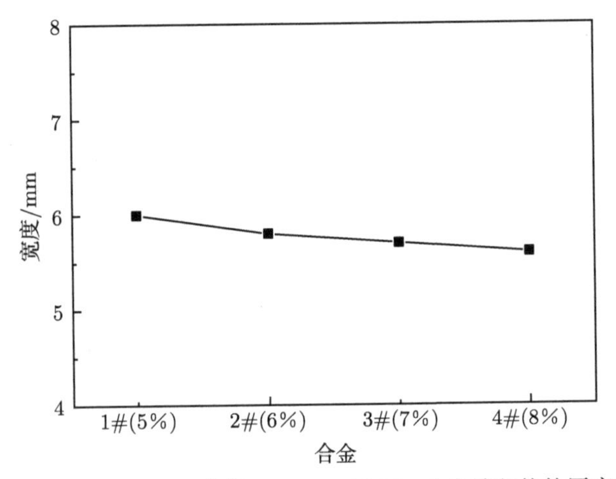

图 9-4　不同 Mg 含量 WAAM Al-Mg 合金堆积体的厚度

4. Mg 元素的烧损

WAAM Al-Mg 合金堆积体中 Mg 的烧损按照下式计算

$$A = \frac{X_1 - X_2}{X_1} \times 100\% \tag{9-1}$$

式中，A 表示元素的烧损率；X_1 表示丝材中元素的含量；X_2 表示堆积体中元素的含量。

图 9-5 是不同 Mg 含量 WAAM Al-Mg 合金堆积体中 Mg 的烧损情况。可见，堆积体中 Mg 的烧损率随着 Mg 含量的增加而增加，但非线性变化。Mg 含量从 5%增加到 6%，Mg 的烧损率增加幅度小，从 8.15%增加到 8.29%；Mg 含量大于 6%，Mg 的烧损率显著提高。Mg 含量为 7%和 8%，Mg 的烧损率分别达到 9.88%和 11.34%。

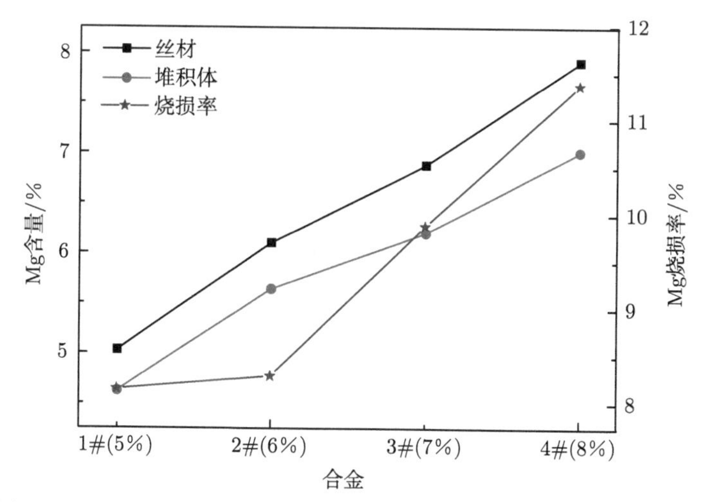

图 9-5 不同 Mg 含量 WAAM Al-Mg 合金堆积体中 Mg 的烧损情况

5. 微观组织

1) 气孔和裂纹

图 9-6 是不同 Mg 含量 WAAM Al-Mg 合金堆积体中的气孔和裂纹，Mg 含量分别为：(a) 5% Mg、(b) 6% Mg、(c) 7% Mg、(d) 8% Mg；图 9-6(e) 为图 9-6(d) 中裂纹的放大图。从图 9-6(a)~(d) 堆积体的气孔对比可见，堆积体气孔呈圆形，随着 Mg 含量的增加，气孔呈现数量先减少后增多，直径先减小后增大的趋势，Mg 含量达到 8%，气孔出现聚集现象。Mg 含量为 6%，孔隙的数量最少、尺寸最小。WAAM Al-Mg 合金堆积体中气孔随 Mg 含量的变化规律归因为以下三点。

(1)Mg 含量从 5%增加到 6%，气孔的数量和尺寸主要是受气孔的形核和长大两个阶段控制。Mg 含量增加，熔体的黏度增加，气泡和熔体间的表面张力增大，根据形成气泡核概率公式 (9-2) 可知，形成气泡核的概率 j 下降，因此堆积体中气孔的数量减少。另外，由气泡长大公式 (9-3) 可知，熔体的黏度增加，气泡周围外界的压力 p_o 增大，阻碍气泡的长大，因此堆积体中气孔的尺寸减小。

$$j = C\mathrm{e}^{-\frac{4\pi r\sigma}{3KT}} \tag{9-2}$$

式中，j 为单位时间内形成气泡核的数目；r 为气泡核的临界半径；σ 为气泡与液态金属间的表面张力；K 为玻尔兹曼常量 ($K = 1.38 \times 10^{-23}$ J/K)；T 为温度 (K)；C 为常数。

$$p_h > p_o \tag{9-3}$$

式中，p_h 为气泡的内部压力；p_o 为阻碍气泡长大的外部压力。

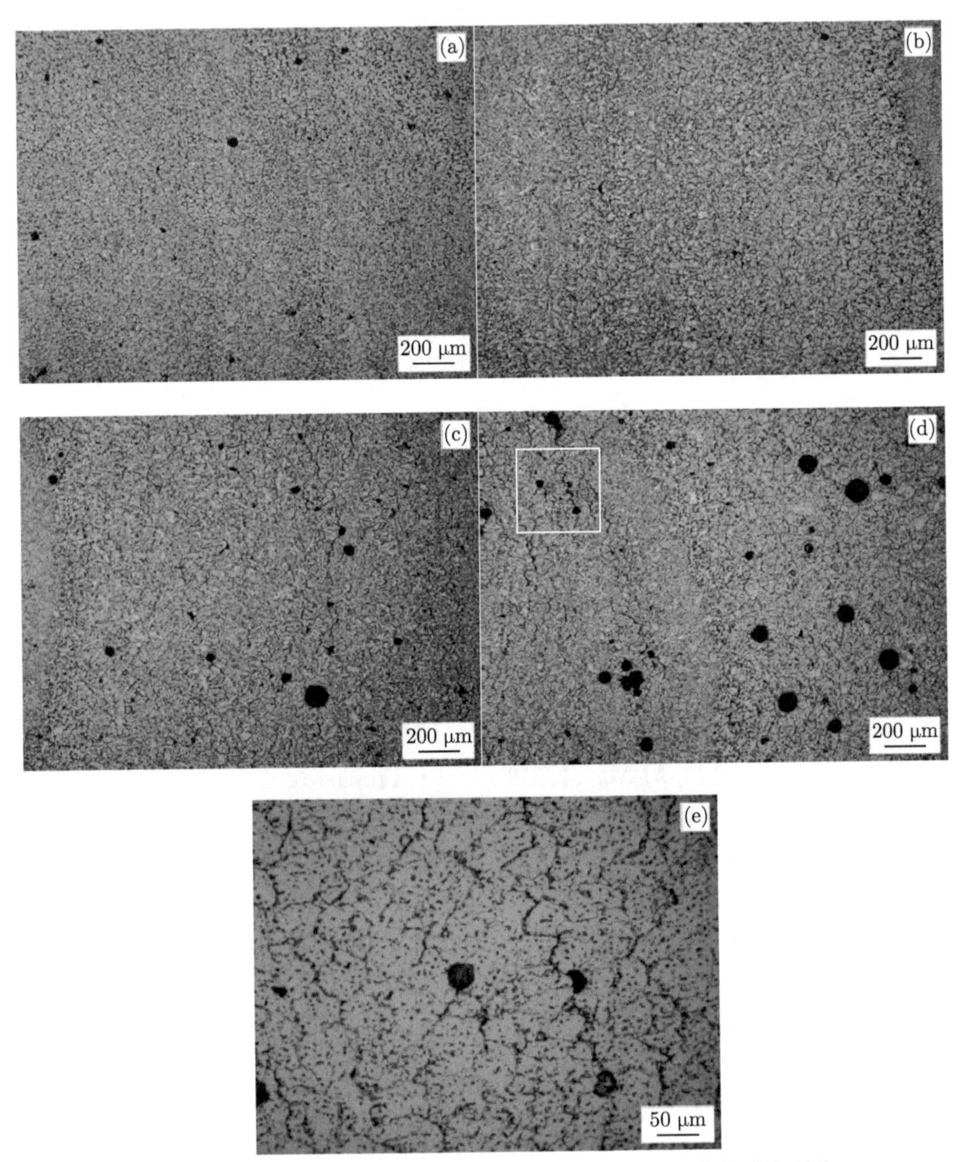

图 9-6 不同 Mg 含量 WAAM Al-Mg 合金堆积体中的气孔和裂纹
(a) 5% Mg；(b) 6% Mg；(c) 7% Mg；(d) 8% Mg；(e) 图 (d) 方框中裂纹的放大图

(2)Mg 含量大于 6%，熔体的黏度继续增加，但气孔数量没有继续下降，相反气孔的数量增多、尺寸增大。产生这一现象的原因与气孔的来源有关。氢是 WAAM 方法制备铝合金过程中气孔产生的主要原因。弧柱气氛中的水分、丝材及基体所吸附的水分，都是堆积体中氢的重要来源。Mg 的活性高，易氧化，增加 Mg 含量会加大以下两种氢的来源：第一，铝合金丝材表面的氧化膜不能阻止 Mg 的继续氧化，因而生成疏松多孔的氧化膜，极易吸收水分；第二，WAAM 制备过程中已堆积的基体中，随着 Mg 含量的增加，Mg 的氧化烧损多 (这点从图 9-2 和图 9-3 不难看出)，Mg 氧化烧损的产物是 MgO，极易吸附空气中的水分。因此 Mg 含量大于 6%，气孔的数量增多、尺寸增大。

(3)Mg 含量大于 6%，Mg 的烧损率显著提高，形成了较多的 MgO 夹杂。氢是表面活化元素，容易被现成表面所吸附，MgO 夹杂与液态金属的接触表面即为现成表面，引起局部氢元素的浓度增高，使气泡的形核及长大变得很容易。因此 Mg 含量大于 6%，气孔的数量增多、尺寸增大。

图 9-6(c) 和图 9-6(d) 中裂纹清晰可见，而图 9-6(a) 和图 9-6(b) 中并没有发现明显的裂纹。由图 9-6(e) 裂纹的放大图可见，裂纹沿晶界发生和发展，主体延伸方向与层平行，垂直于堆积方向，属于结晶热裂纹。

在堆积体新沉积层沉积过程及凝固过程中，层内和层间热量的分布是不一样的。层间温度较高，层内的温度较低，因此在凝固过程中会造成堆积体中各部分凝固速度不一致，由于凝固收缩会造成堆积体内产生拉应力。增加合金中的 Mg 含量，熔池黏度增大、流动性差，熔池快速凝固过程中，不能及时补缩，受拉应力影响而产生了结晶热裂纹。由于堆积体是逐层堆积的，热量的等温线与沉积层平行分布，在堆积体的增长方向上呈交替式分布，堆积体内部拉应力的方向是垂直于沉积层，平行于堆积方向的，因此裂纹主体延伸方向与沉积层平行，这对纵向力学性能造成严重影响。

2) 金相组织和析出相

图 9-7 是不同 Mg 含量 WAAM Al-Mg 合金堆积体的金相组织，Mg 含量分别为：(a) 5% Mg、(b) 6% Mg、(c) 7% Mg、(d) 8% Mg；图中 A 区为层内，B 区为层间。可见，层内和层间组织可明显区分，层内的晶粒较小，层间组织较粗大。层内和层间晶粒随着 Mg 含量增加而增大。对于层内 (A 区)，Mg 含量从 5% 增加到 6%，晶粒尺寸略有增加，均是细小的等轴晶；Mg 含量增加到 7%，晶粒尺寸明显增大；Mg 含量增加到 8%，已有大尺寸的柱状晶出现。对于层间 (B 区)，Mg 含量从 5%增加到 6%，晶粒尺寸略有增加；Mg 含量增加到 7%，晶粒尺寸明显增大；Mg 含量增加到 8%，晶粒尺寸进一步增大，且晶界出现析出相聚集团聚现象。

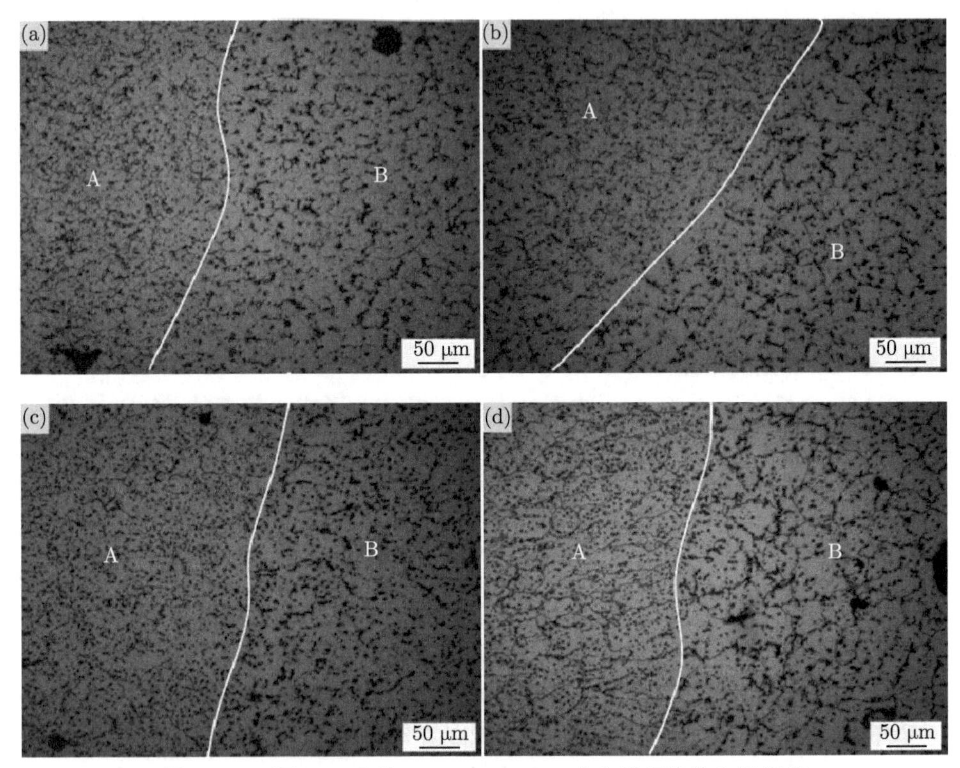

图 9-7　不同 Mg 含量 WAAM Al-Mg 合金堆积体的金相组织

(a) 5% Mg；(b) 6% Mg；(c) 7% Mg；(d) 8% Mg；A：层内；B：层间

图 9-8 表征了 WAAM Al-Mg 合金堆积体中两种主要析出相，图 9-8(a) 中为 (FeMn)Al_6 相，图 9-8(b) 中为 β(Mg_2Al_3) 相。可见这两种析出相主要分布在晶界。图 9-9 是 EDS 测量不同 Mg 含量 WAAM Al-Mg 合金堆积体晶粒内 Mg 和 Mn 的含量。可见，随着 Mg 含量的增加，Mg 在晶粒内固溶量逐渐增加，Mn 在晶粒内固溶量逐渐减少。图 9-10 是不同 Mg 含量 WAAM Al-Mg 合金堆积体中非固溶 Mg 含量。非固溶 Mg 含量由关系式 (9-4) 得出。可见随着 Mg 含量增加，堆积体中非固溶 Mg 含量增加。

$$X_{\mathrm{A}} = X_{\mathrm{B}} - X_{\mathrm{C}} \tag{9-4}$$

式中，X_{A} 为堆积体中非固溶 Mg 含量；X_{B} 为堆积体中 Mg 总含量；X_{C} 为堆积体晶粒内 Mg 含量。

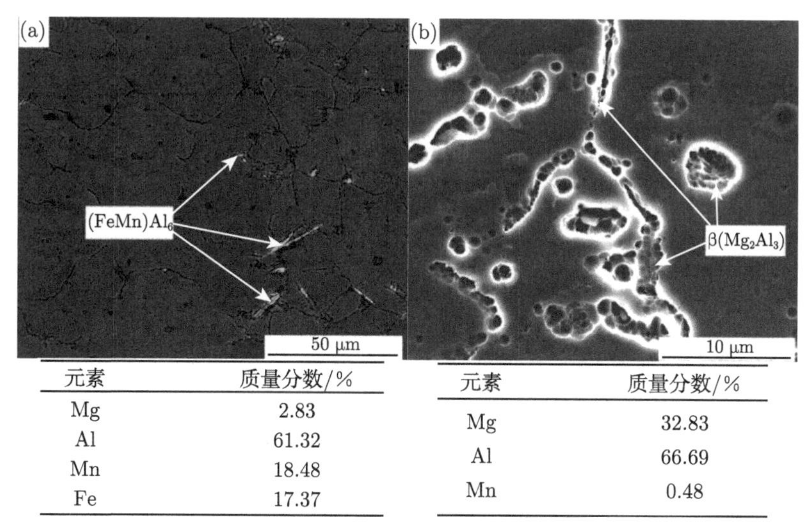

元素	质量分数/%
Mg	2.83
Al	61.32
Mn	18.48
Fe	17.37

元素	质量分数/%
Mg	32.83
Al	66.69
Mn	0.48

图 9-8 WAAM Al-Mg 合金堆积体中析出相形貌和成分
(a) $(FeMn)Al_6$ 相；(b) $\beta(Mg_2Al_3)$ 相

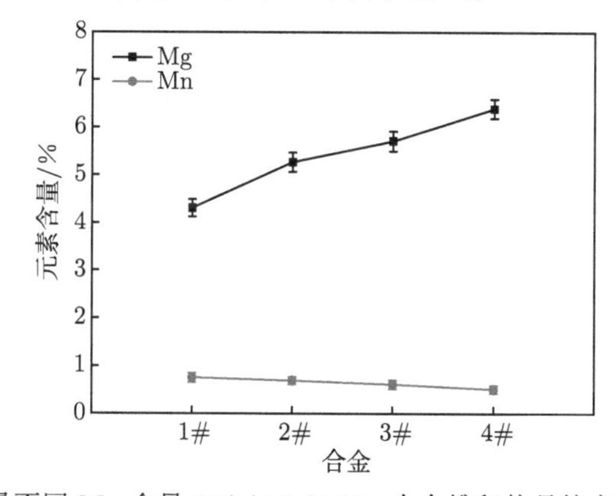

图 9-9 EDS 测量不同 Mg 含量 WAAM Al-Mg 合金堆积体晶粒内 Mg 和 Mn 的含量

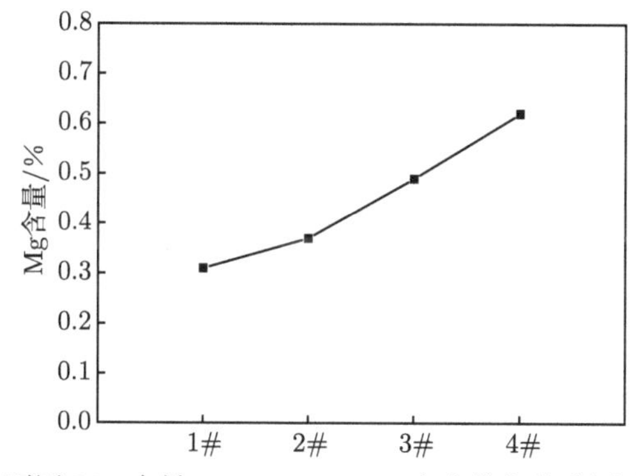

图 9-10 不同 Mg 含量 WAAM Al-Mg 合金堆积体非固溶 Mg 含量

Al-Mg 合金是一种固溶强化合金，部分 Mg 固溶在 α-Al 基体中，其余的以 $\beta(Mg_2Al_3)$ 相形式析出。Mn 在 Al-Mg 合金中同样是起到固溶强化作用。结合图 9-7、图 9-8、图 9-9 和图 9-10 可知，随着 Mg 含量的增加，会增大非固溶 Mg 含量，降低 Mn 在基体中的固溶量，促进 $\beta(Mg_2Al_3)$ 和 $(FeMn)Al_6$ 相沿晶界大量析出，这两种相的大量析出和聚集均会使组织粗化，降低堆积体的力学性能。

6. 力学性能及断口形貌

1) 力学性能

图 9-11 是不同 Mg 含量 WAAM Al-Mg 合金堆积体的力学性能，其中图 9-11 (a) 为横向试样力学性能，图 9-11 (b) 为纵向试样力学性能。

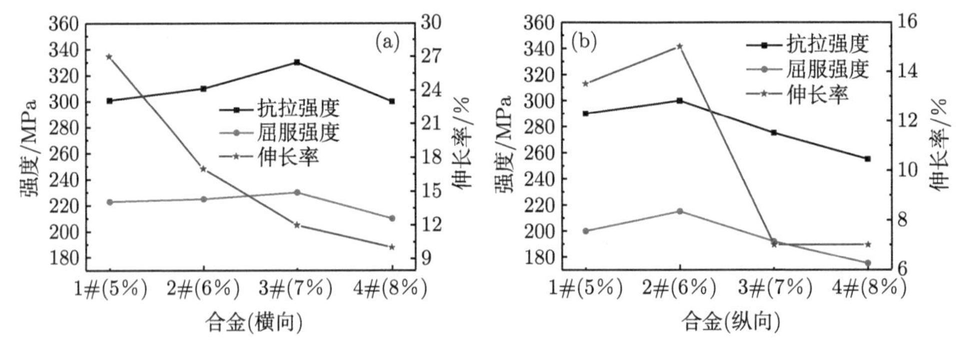

图 9-11　不同 Mg 含量 WAAM Al-Mg 合金堆积体的力学性能

(a) 横向试样力学性能；(b) 纵向试样力学性能

如图 9-11(a) 所示，横向试样力学性能数据显示：堆积体中 Mg 含量小于 7%，抗拉强度和屈服强度随 Mg 含量的增加而增加；Mg 含量大于 7%，抗拉强度和屈服强度均下降；伸长率随 Mg 含量的增加而下降。Mg 的强化机制为固溶强化，因此随着 Mg 含量的增加，基体中固溶的 Mg 含量增加，抗拉强度和屈服强度增加。但 Mg 含量大于 7%，由于组织粗化、气孔增多及严重的结晶热裂纹而造成了抗拉强度和屈服强度的下降。伸长率的下降主要是析出相的增多及结晶热裂纹导致的。

如图 9-11(b) 所示，纵向试样力学性能数据显示：堆积体纵向抗拉强度、屈服强度以及伸长率均出现先增加后降低的趋势，在 Mg 含量为 6%出现峰值；Mg 含量大于 6%力学性能明显下降，尤其是伸长率，Mg 含量为 7%与 6%相比伸长率下降了 53%。Mg 含量的增加可以提高纵向试样力学性能，但 Mg 含量大于 6%，热裂纹的出现使纵向试样力学性能急剧下降。

对比图 9-11(a) 和图 9-11(b) 的横、纵向力学性能，Mg 含量为 5%~6%，横、纵向性能较均匀；Mg 含量为 6%差距最小；Mg 含量大于 6%，横、纵向力学性能差距明显增大。造成这种力学性能差异的原因有两点：一是层内与层间组织的差异性。随着 Mg 含量的增加，层内和层间组织差异性增大，再加上 $\beta(Mg_2Al_3)$ 和

$(FeMn)Al_6$ 析出相沿晶界平行于沉积层的大量析出，使堆积体形成了平行于沉积层的类似“三明治”的夹层结构。二是热裂纹的产生。从图 9-6(c) 和 9-6(d) 可以看出，随着 Mg 含量的增加，垂直于沉积方向，即平行于沉积层产生了结晶热裂纹。以上这两种原因都会严重降低纵向试样的力学性能，增加横、纵向力学性能差距。

综合数据分析可知，Mg 含量为 5%~6%，力学性能较优；Mg 含量为 6%的综合力学性能最优，横向抗拉强度、屈服强度、伸长率分别为 310MPa、225MPa、17%，纵向抗拉强度、屈服强度、伸长率分别为 300MPa、215MPa、15%。力学性能数据与微观组织所呈现的趋势是一致的。

在工业应用中，为了降低气孔、裂纹、夹杂等缺陷，Al-Mg 合金中 Mg 含量多在 5%左右，如 5183、5554、5357、5087 等，且多为组板焊接结构。焊缝抗拉强度一般在 275~310MPa，屈服强度在 150~200MPa。通过本章 WAAM 工艺制备 Al-Mg 合金堆积体的研究，证明在 WAAM Al-Mg 合金中可使用较高的 Mg 含量 (6%左右)，得到堆积体的力学性能高出上述焊缝力学性能范围，具有实际应用价值。

2) 断口形貌

图 9-12 是不同 Mg 含量 WAAM Al-Mg 合金堆积体拉伸试样断口形貌，Mg 含量分别为 (a)、(e): 5% Mg；(b)、(f): 6% Mg；(c)、(g): 7% Mg；(d)、(h): 8% Mg，其中图 9-12(a)、(b)、(c) 和 (d) 为横向试样断口形貌；图 9-12(e)、(f)、(g) 和 (h) 为纵向试样断口形貌。可见，WAAM Al-Mg 合金堆积体拉伸试样断口韧窝明显，断裂机制为韧性断裂。Mg 含量为 5%和 6%，韧窝细小均匀，横、纵向拉伸试样断口形态基本一致。当 Mg 含量增加到 7%以上时，韧窝数量减少，出现较多的类似“葡萄粒”样的疏松组织，特别是纵向拉伸试样断口。这是在熔池凝固过程中由液态合金补缩不及时及内部拉应力的作用造成的。这种收缩疏松组织大面积出现，与图 9-6(c) 和图 9-6(d) 中的热裂纹相对应，进一步解释了结晶热裂纹产生的原因。

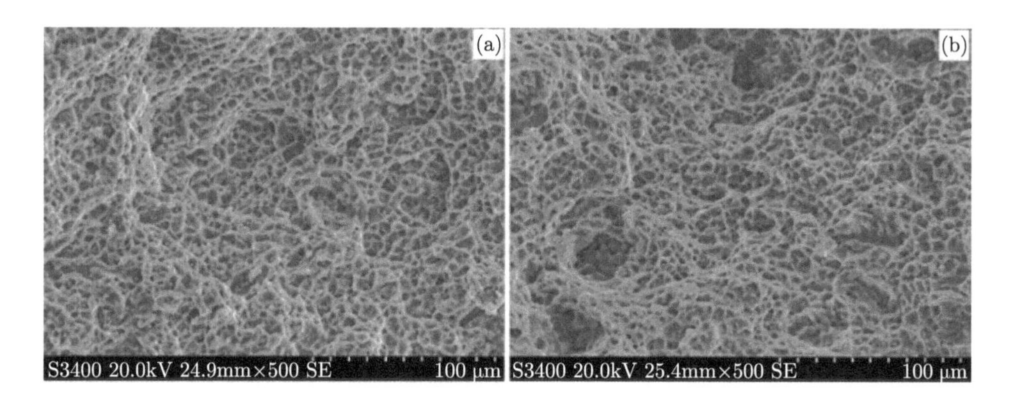

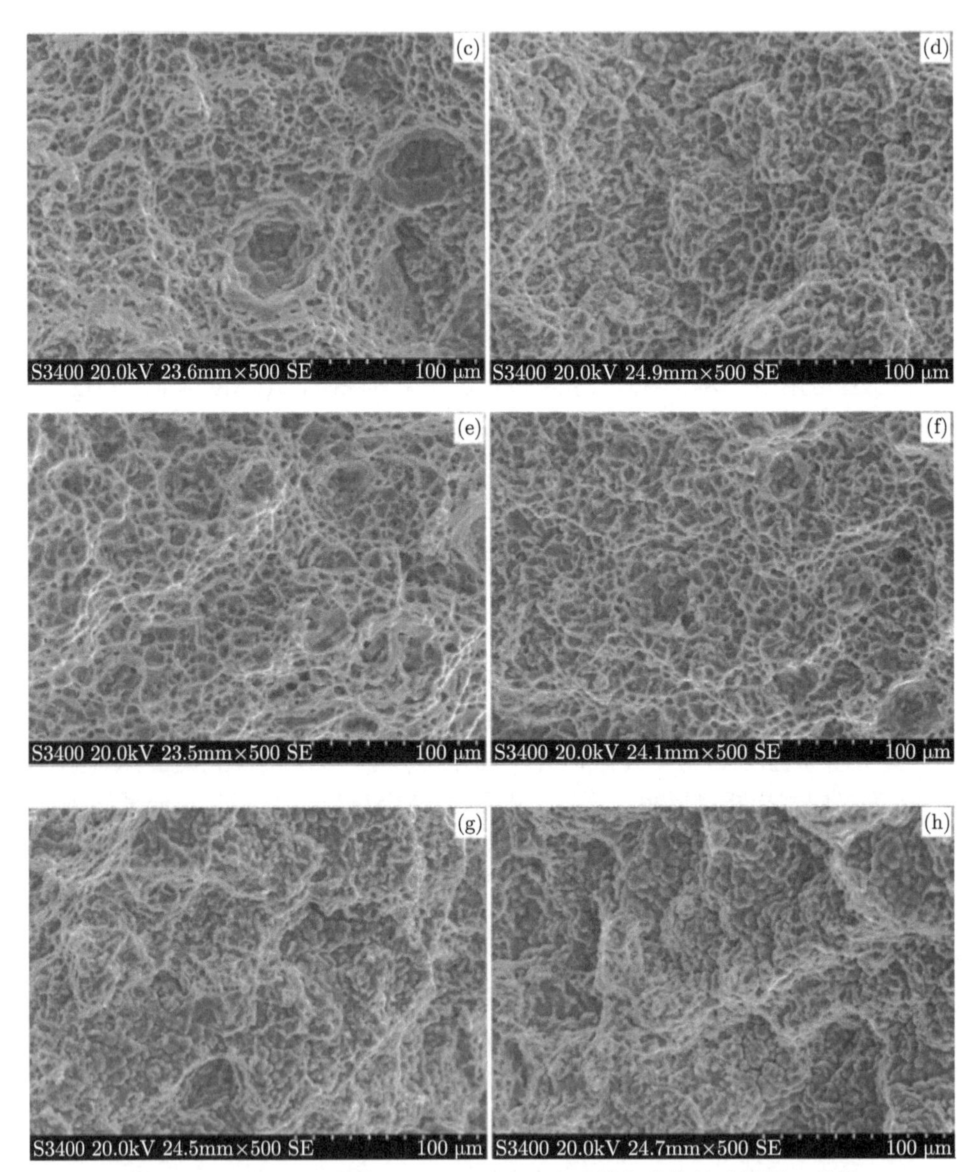

图 9-12　不同 Mg 含量 WAAM Al-Mg 合金堆积体拉伸试样断口形貌

(a)，(e)：5% Mg；(b)，(f)：6% Mg；(c)，(g)：7% Mg；(d)，(h)：8% Mg。(a)，(b)，(c) 和 (d)：横向试样断口形貌；(e)，(f)，(g) 和 (h)：纵向试样断口形貌

9.3.2　Ti+Sc 复合和 Zr+Sc 复合对 Al-Mg 合金增材制造堆积体组织、结构和性能的影响

Sc 被誉为是铝合金中最有效的合金化元素，由于 Sc 在铝合金中有一定的固溶量，单独加入 Sc 进行微合金化，Sc 的用量较大，且 Sc 价格昂贵，成本将大幅增

加。以 Sc 和其他组元组成的复合元素微合金化 Al-Mg 合金，可降低 Sc 在 Al-Mg 合金中的溶解度，增强 Sc 的强化作用，降低合金成本。目前用于同 Sc 一起复合强化 Al-Mg 合金的元素主要是 Zr 和 Ti，用得较多的是 Zr。例如，对 Al-Mg-Sc 合金研究较深入的俄罗斯，用于工业应用的所有牌号的 Al-Mg-Sc 合金都是采用 Sc 和 Zr 复合微合金化。以 Ti 和 Sc 进行复合微合金化 Al-Mg-Sc 合金的研究较少，李绍禄等研究了 Sc 和 Ti 在 Al-5Mg 合金中的作用，所用 Ti 含量较低。

WAAM 与传统的铸造、锻造工艺相比，电弧温度高 ($>$ 3000℃)、熔体冷却速度快，对于适合 WAAM Al-Mg 合金的复合微合金化体系需重新进行考察，因此本节对比研究了 Sc+Zr 和 Sc+Ti 两种复合微合金化体系对 WAAM Al-Mg 合金堆积体的影响。

1. 原材料及 WAAM 工艺参数

本节使用的是 Al-Mg-Sc-Ti 和 Al-Mg-Sc-Zr 合金丝材，化学成分如表 9-5 所示。两种丝材采用相同的工艺参数进行堆积体的沉积，工艺参数如表 9-6 所示。

表 9-5 Al-Mg-Sc-Ti 和 Al-Mg-Sc-Zr 合金丝材的化学成分 (质量分数/%)

合金	Si	Fe	Cu	Mn	Mg	Zn	Ti/Zr	Sc
Al-Mg-Sc-Ti	0.0179	0.0905	0.0032	0.724	6.39	0.0189	0.134	0.28
Al-Mg-Sc-Zr	0.0201	0.0847	0.0034	0.730	6.31	0.0212	0.101	0.28

表 9-6 WAAM Al-Mg 合金工艺参数

工艺	CMT+A
电流	90 A
电压	10 V
焊炬行走速度	8 mm/s
送丝速度	5.5 m/min
层间温度	80℃
氩气流量	25 L/min

2. 高温电弧下 Ti 和 Zr 的烧损

表 9-7 是 WAAM Al-Mg-Sc-Ti 和 Al-Mg-Sc-Zr 合金堆积体中 Ti 和 Zr 的烧损。烧损率按照下式进行计算。

$$A = \frac{X_1 - X_2}{X_1} \times 100\% \tag{9-5}$$

式中，A 为 Ti/Zr 的烧损率；X_1 为丝材中 Ti/Zr 的含量；X_2 为堆积体中 Ti/Zr 的含量。

表 9-7　堆积体中 Ti 和 Zr 的烧损

合金	丝材中 Ti/Zr 含量/%	堆积体中 Ti/Zr 含量/%	烧损率/%
Al-Mg-Sc-Ti	0.134	0.105	21.64
Al-Mg-Sc-Zr	0.101	0.035	65.35

可见，Zr 的烧损率远高于 Ti，堆积体中 Zr 的含量少。这是因为 Zr 对氧的亲和力很强，1000℃ 氧气可溶于 Zr 中，WAAM 工艺电弧温度高于 3000℃，因此 Zr 烧损严重。

3. WAAM Al-Mg-Sc-Ti 和 Al-Mg-Sc-Zr 合金堆积体力学性能

图 9-13 是 WAAM Al-Mg-Sc-Ti 和 Al-Mg-Sc-Zr 合金直接堆积态堆积体力学性能，H 为横向试样，V 为纵向试样。可见，WAAM Al-Mg-Sc-Ti 合金堆积体力学性能高，横、纵向均匀。WAAM Al-Mg-Sc-Zr 合金，力学性能较低，横、纵向差距大。与 Al-Mg-Sc-Ti 合金堆积体相比，Al-Mg-Sc-Zr 合金堆积体纵向试样抗拉强度下降 45MPa，屈服强度下降 68 MPa，伸长率从 20%下降到 10%。

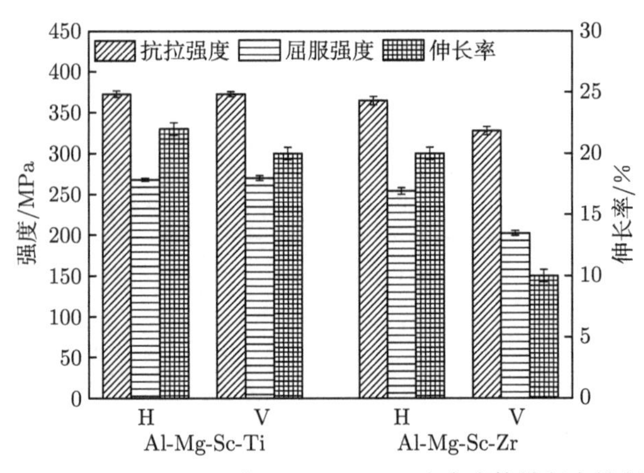

图 9-13　WAAM Al-Mg-Sc-Ti 和 Al-Mg-Sc-Zr 合金直接堆积态堆积体力学性能

由 Al-Mg-Sc-Ti 和 Al-Mg-Sc-Zr 合金堆积体的力学性能，结合两种合金中 Ti 和 Zr 的烧损率可知，在 WAAM 工艺中，由于 Zr 的烧损严重，Zr+Sc 无法体现复合强化作用。

4. Ti 在 WAAM Al-Mg-Sc 合金中的作用

Ti 是一种稀有金属，原子序数为 22，与 Sc 同属第四周期。图 9-14 是 Al-Ti 二元合金相图，可见，铝合金熔体中 Ti 的含量超过 0.15%，当温度下降到 655℃ 时，铝合金熔体会发生包晶反应，表达式如下

$$L\,(液) + Al_3Ti \longrightarrow \alpha - Al \tag{9-6}$$

在包晶反应过程中，形成 Al_3Ti 粒子的结晶。这种 Al_3M(M=Ti，Zr，Sc 等)型结构的金属间化合物具有高熔点、低密度、高温抗氧化性等特点，在铝合金熔体凝固过程中可作为异质形核中心，起到细化晶粒的作用。Ti 是铝合金中常用的细晶元素。

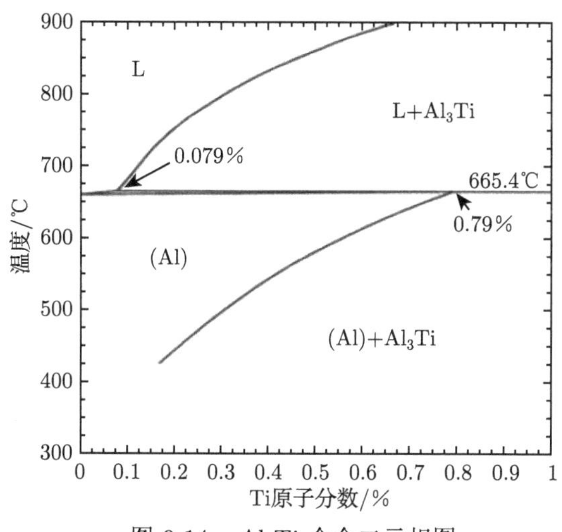

图 9-14 Al-Ti 合金二元相图

Sc 和 Ti 有着极为相近的结构和性质。因此，在 WAAM Al-Mg-Sc 合金过程中，将 Sc 和 Ti 作为复合微合金化元素添加到合金中进行考察。Ti 的作用主要有以下几种。

(1)Ti 与 Sc 一起加入到 Al-Mg 合金中，与 Zr 有类似的作用，可取代 Al_3Sc 中的 Sc，形成 $Al_3(Sc_{1-x},Ti_x)$ 相，其中 $X = 0 \sim 1$，可降低 Sc 在 Al-Mg 合金中的溶解度，增强 Sc 的强化作用。表 9-8 是 Al、Al_3Sc 和 $Al_3(Sc_{0.5},Ti_{0.5})$ 晶格常数对比，可见 $Al_3(Sc_{0.5},Ti_{0.5})$ 相也具有 $L1_2$ 型结构，晶格常数相对 Al_3Sc 相更接近 Al 基体。$Al_3(Sc_{0.5},Ti_{0.5})$ 相与 Al_3Sc 相对于铝合金具有相同的作用。

表 9-8 Al、Al_3Sc 和 $Al_3(Sc_{0.5}, Ti_{0.5})$ 的晶格常数

	晶体结构	a
Al	$L1_2$	4.05
Al_3Sc	$L1_2$	4.103
$Al_3(Sc_{0.5}, Ti_{0.5})$	$L1_2$	4.036

(2)Sc 是铝合金最有效的变质元素，但 Sc 在 Al 中的扩散速率大，易发生偏析和聚集。缓慢扩散动力学是任何合金在高温下长期暴露时保持稳定的基本要求，

特别是对于铝合金，铝合金体系中弥散相的体积分数很低，因此更需要具有一定抗粗化能力的细小析出相。图 9-15 (a) 为在 300℃、400℃ 和 660℃ 下几种元素在铝中的扩散系数，图 9-15 (b) 为在 Al 中几种元素的扩散速率与温度倒数的半对数图。对比可知，Ti 的扩散系数明显低于 Sc，可知 $Al_3(Sc_{1-x}，Ti_x)$ 相比 Al_3Sc 相更稳定，具有更好的抗聚集粗化能力。

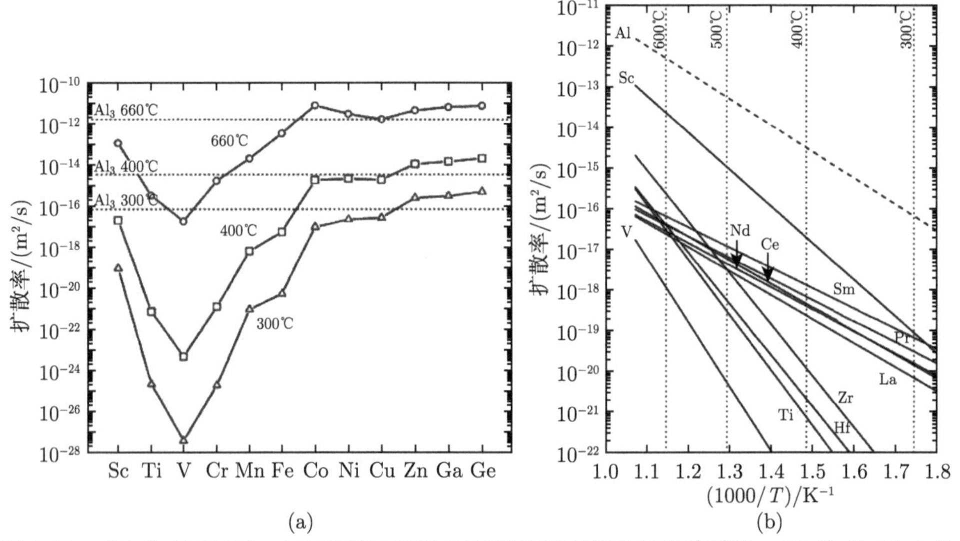

图 9-15　(a) 为在 300℃、400℃ 和 660℃ 下几种元素在铝中的扩散系数；(b) 为在 Al 中几种元素的扩散速率与温度倒数的半对数图

(3) 在本章研究的 Al-Mg 合金中添加了大约 0.7%的 Mn，Mn 在 Al-Mg 合金中形成板条状及长针状的 $MnAl_6$ 相和 $(MnFe)Al_6$ 相，图 9-16 为 $MnAl_6$ 相和 $(MnFe)Al_6$ 相的形貌，及 $(MnFe)Al_6$ 相的 EDS 能谱分析。在铝合金中针状的第二相对合金性能影响是最大的，很容易在其尖端产生应力集中，使裂纹过早形核，严重降低合金的断裂韧性。其次是板状、棒状析出相，它们与基体结合力较弱，也易成为裂纹的形核中心。孟显娜等提出，Ti 可以有效改善铸态 Al-Mn-Mg-RE(稀土金属元素) 合金中富 Fe 相的形貌与分布，提高力学性能。在 WAAM Al-Mg-Sc 合金中 Ti 也表现出了类似的作用。

图 9-17 是一种 WAAM Al-Mg-Sc-Ti 合金堆积体中含 (Ti, Mn, Sc) 的析出相及 EDS 能谱分析，图 9-18 是 WAAM Al-Mg-Sc-Ti 合金堆积体中含 (Ti, Mn, Fe, Sc) 的析出相及 EDS 能谱分析。可见，加入 Ti 后，Ti 可以结合 Mn 及少量的 Sc 形成不规则块状析出相，可以结合 Mn、Fe 及少量的 Sc 形成亮白色圆形析出相，从而减少板条状及长针状 $MnAl_6$ 相和 $(MnFe)Al_6$ 相的数量。这两种析出

相极易在层内和层间连接的位置偏析聚集，严重降低堆积体纵向力学性能。Ti 对含 Mn 相和含 (Mn,Fe) 相这种形貌上的改变，可有效减少含 Mn 和 Fe 相的危害，降低应力集中，减小横、纵向力学性能差距。

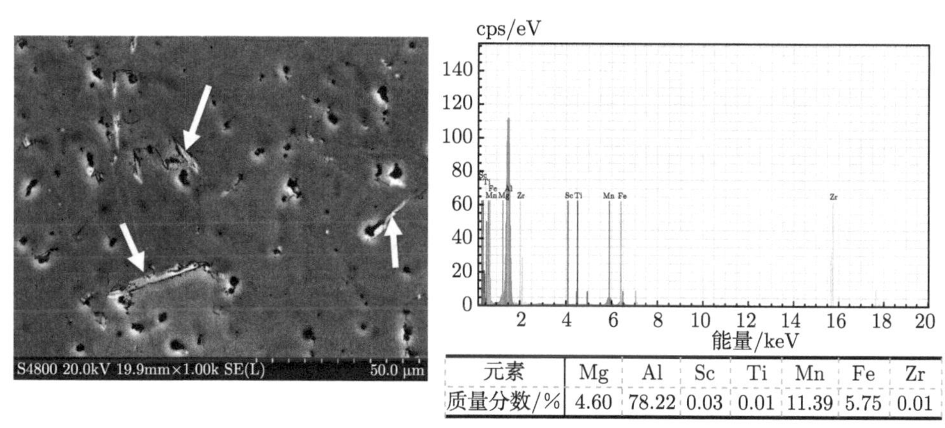

元素	Mg	Al	Sc	Ti	Mn	Fe	Zr
质量分数/%	4.60	78.22	0.03	0.01	11.39	5.75	0.01

图 9-16　WAAM Al-Mg-Sc 合金堆积体中 $MnAl_6$ 相及 $(MnFe)Al_6$ 相形貌

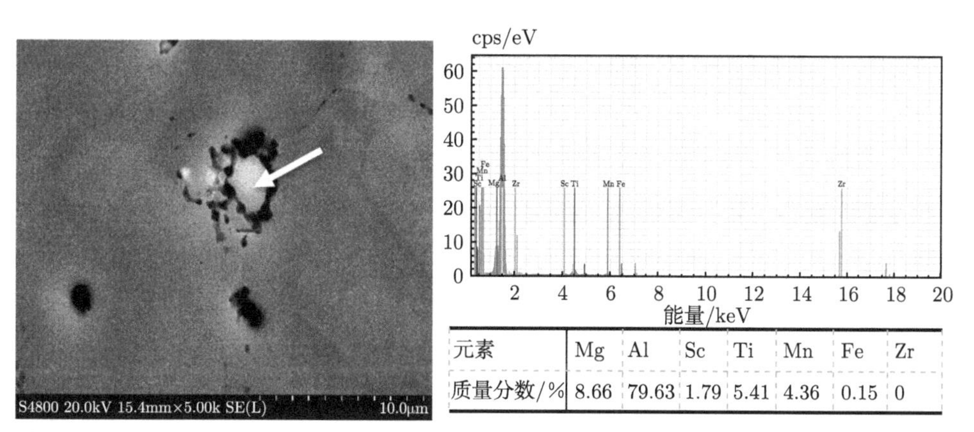

元素	Mg	Al	Sc	Ti	Mn	Fe	Zr
质量分数/%	8.66	79.63	1.79	5.41	4.36	0.15	0

图 9-17　WAAM Al-Mg-Sc-Ti 合金堆积体中含 (Ti，Mn，Sc) 的析出相及 EDS 能谱分析

由以上分析可知，WAAM 与传统 Al 合金的制备工艺不同，传统制备工艺熔体温度一般在 650℃ 左右，而 WAAM 工艺电弧温度超过 3000℃。由于 Zr 在高温下抗氧化能力差，在 WAAM 过程中会造成严重烧损，失去作用，因此 Zr+Sc 复合微合金化不适用于 WAAM Al-Mg 合金。Ti 在电弧下烧损较少，且具有能增强 Sc 的强化效果，改善析出相形貌的作用，因此 Ti+Sc 复合微合金化适用于 WAAM Al-Mg 合金。在接下来的章节，均采用 Ti+Sc 复合微合金化 WAAM Al-Mg 合金堆积体。

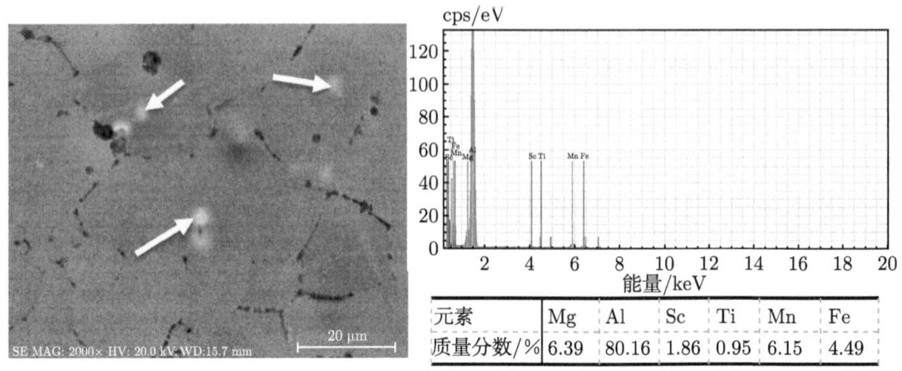

图 9-18　WAAM Al-Mg-Sc-Ti 合金堆积体中含 (Ti，Mn，Fe, Sc) 的析出相及 EDS 能谱分析

9.3.3　Sc 含量对 Al-Mg 合金增材制造堆积体组织、结构和性能的影响

Sc 的加入可大幅提高 WAAM Al-Mg 合金堆积体的力学性能。$Al_3(Sc_{1-x},Ti_x)$ 相的析出数量、尺寸及分布与 Sc 含量及制备工艺关系密切。因此，Sc 含量对电弧增材制造 Al-Mg-Sc 合金堆积体组织和性能影响的研究很有必要。本章制备了不同 Sc 含量 (0%、0.15%、0.3%、0.45%) 的堆积体，对堆积体气孔、直接堆积态及时效处理后的微观组织、力学性能进行了研究，意在得到具有优良力学性能的 Al-Mg-Sc 合金堆积体，及 WAAM 方法制备 Al-Mg-Sc 合金的最佳 Sc 含量，为 WAAM Al-Mg 合金的发展奠定基础、提供参考。

1. *原材料和 WAAM 工艺参数*

本研究制备了四种不同 Sc 含量的 Al-Mg-Sc 合金丝材，目标质量百分比成分分别为 0%、0.15%、0.3%和 0.45%，编号分别为 1#、2#、3# 和 4#，实测成分如表 9-9 所示。除特殊说明，本文提及 Sc 含量均为目标成分。堆积体沉积工艺参数如表 9-10 所示。

表 9-9　Al-Mg 合金化学成分

合金	Si	Fe	Mn	Mg	Ti	Sc
Al-Mg	0.0191%	0.0889%	0.745%	6.32%	0.137%	–
Al-Mg-0.15Sc	0.0162%	0.0875%	0.714%	6.29%	0.127%	0.141%
Al-Mg-0.3Sc	0.0179%	0.0905%	0.724%	6.39%	0.134%	0.282%
Al-Mg-0.45Sc	0.0167%	0.0912%	0.727%	6.34%	0.129%	0.429%

表 9-10　WAAM Al-Mg-Sc 合金工艺参数

工艺	CMT+A	送丝速度	5.5 m/min
电流	90 A	层间温度	80°C
电压	10 V	氩气流量	25 L/min
焊炬行走速度	8 mm/s		

2. 不同 Sc 含量丝材的性能

丝材是 WAAM 工艺的唯一原材料，其性能直接影响堆积体的性能。因此本节对不同 Sc 含量丝材的性能进行了考察。图 9-19 是不同 Sc 含量丝材的成品率。成品率按照公式 (9-7) 计算。可见，随着 Sc 含量的增加，成品率下降。Sc 含量从 0%增加到 0.3%，成品率从 95%下降到 92%，下降幅度较小。Sc 含量增加到 0.45%，成品率大幅下降，下降到 80%。表 9-11 是不同 Sc 含量丝材生产过程中各工序折断次数 (按原材料投入为 100kg 统计)。可见，随着 Sc 含量的增加，各工序的折断次数增加，Sc 含量增加到 0.45%，折断次数大幅增加，加工难度大，这也是成品率下降的主要原因。

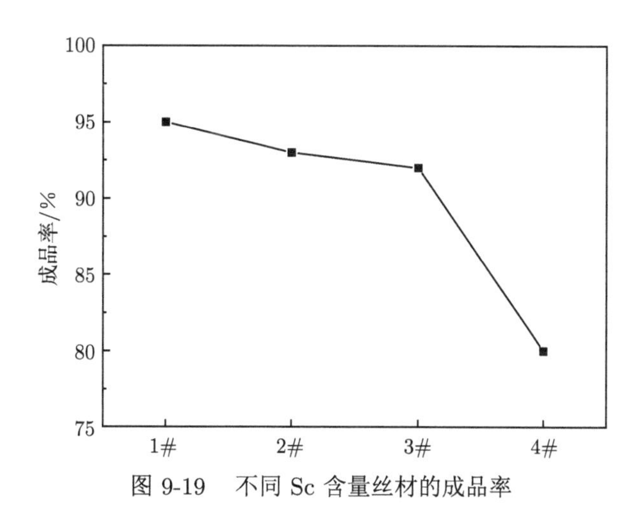

图 9-19 不同 Sc 含量丝材的成品率

表 9-11 不同 Sc 含量丝材生产过程中各工序折断次数 (每 100kg 原材料)

合金	盘条	锻造 (Φ10～ Φ4.8mm)	锻造 (Φ4.8～ Φ2.4mm)	拉拔 (Φ2.4～ Φ1.27mm)	刮削 (Φ1.27～ Φ1.18mm)
1#	0	0	0	2	5
2#	0	0	0	3	6
3#	0	0	0	4	7
4#	1	1	1	8	12

成品率计算公式如下：

$$A = \frac{B}{C} \times 100\% \tag{9-7}$$

式中，A 为丝材的成品率；B 为丝材成品重量；C 为熔炼过程投入铝锭及中间合金的总重量。

图 9-20 是不同 Sc 含量丝材的力学性能。可见，随着 Sc 含量增加，丝材的抗拉强度增加，伸长率下降。Sc 含量从 0.3%增加到 0.45%，丝材抗拉强度仅增

加 5MPa，伸长率从 5%下降到 4 %。

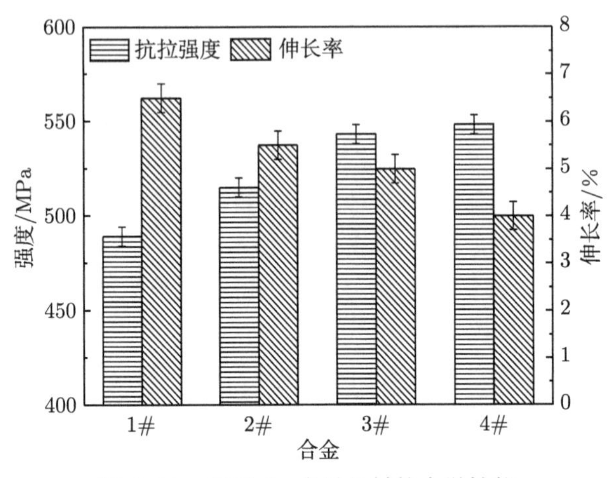

图 9-20 不同 Sc 含量丝材的力学性能

3. 不同 Sc 含量 WAAM Al-Mg-Sc 合金堆积体中 Sc 的均匀性

堆积体中元素分布均匀，是考察堆积体性能的前提。在前面 WAAM Al-Mg 合金的 Mg 含量研究中，对堆积体中元素的均匀性进行了考察，证明了基于 WAAM 快熔快冷及熔滴小的特点，其元素分布均匀。本节对 Sc 元素在堆积体中的均匀性进行考察。对不同 Sc 含量堆积体上、中、下三点分别进行化学成分检测，如图 9-21 所示。可见 WAAM Al-Mg-Sc 合金堆积体中 Sc 含量分布的均匀性均较好，不因为 Sc 含量的变化而变化。证明 Sc 含量为 0~0.45%范围内，可进行 WAAM Al-Mg-Sc 合金堆积体性能的研究。

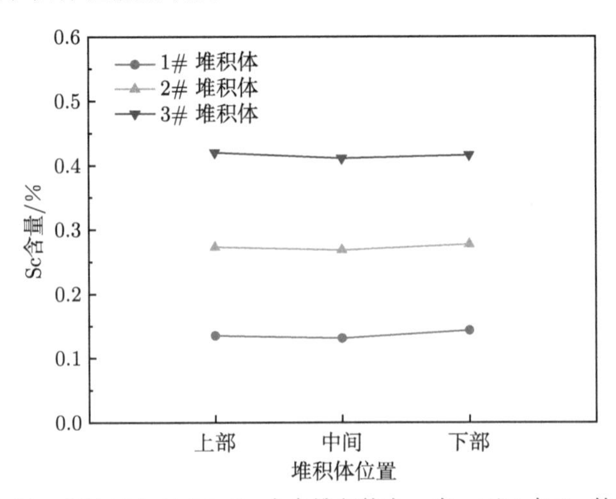

图 9-21 WAAM Al-Mg-Sc 合金堆积体上、中、下三点 Sc 的含量

4. 直接堆积态堆积体微观组织

图 9-22 是不同 Sc 含量 Al-Mg-Sc 合金直接堆积态堆积体的金相组织，其中图 9-22(a) 为 0%Sc，图 9-22(b) 为 0.15%Sc，图 9-22(c) 为 0.3%Sc，图 9-22(d) 为 0.45%Sc。可见，Sc 含量从 0%增加到 0.15%，晶粒无细化现象。Sc 含量为 0.3%时，组织出现突变，晶粒显著细化，晶粒平均尺寸由 80μm 左右细化到 30μm 左右。Sc 含量为 0.45%时，晶粒进一步细化，细化幅度不大。

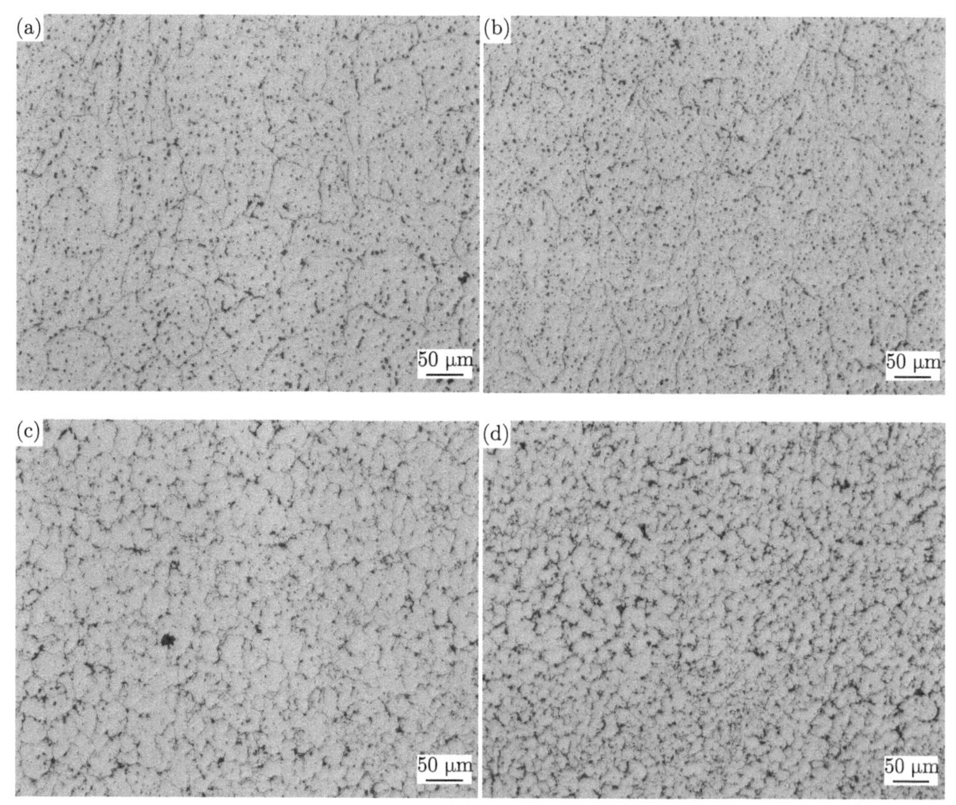

图 9-22 不同 Sc 含量 WAAM Al-Mg-Sc 合金堆积体金相组织

(a)0%Sc；(b)0.15%Sc；(c)0.3%Sc；(d)0.45%Sc

图 9-23 是不同 Sc 含量 Al-Mg-Sc 合金直接堆积态堆积体的 SEM 图，其中图 9-23(a) 为 0%Sc，图 9-23(b) 为 0.15%Sc，图 9-23(c) 为 0.3%Sc，图 9-23(d) 为 0.45%Sc。可见，Sc 含量从 0%增加到 0.15%，析出相形状、尺寸一致，无明显变化，结合图 9-22(a) 和图 9-22(b) 可见，析出相在晶内呈点状大量分布。Sc 含量为 0.3%时，晶内析出相数量减少，晶界细化，晶界处析出相呈非连续状。Sc 含量为 0.45%时，晶内析出相仍较少，但晶界析出相出现聚集现象，晶界粗化。

图 9-23(e) 为两种主要析出相的形貌。晶界及晶内呈点状分布的析出相为

β(Mg_2Al_3) 相。亮白色，呈“团簇”状，多与 β(Mg_2Al_3) 相相伴而生的为初生 $Al_3(Sc_{1-x},Ti_x)$ 相。随着 Sc 含量增加，初生 $Al_3(Sc_{1-x},Ti_x)$ 相数量逐渐增多，由图 9-23(d) 可见，Sc 含量为 0.45%，初生 $Al_3(Sc_{1-x},Ti_x)$ 相尺寸大，数量多。

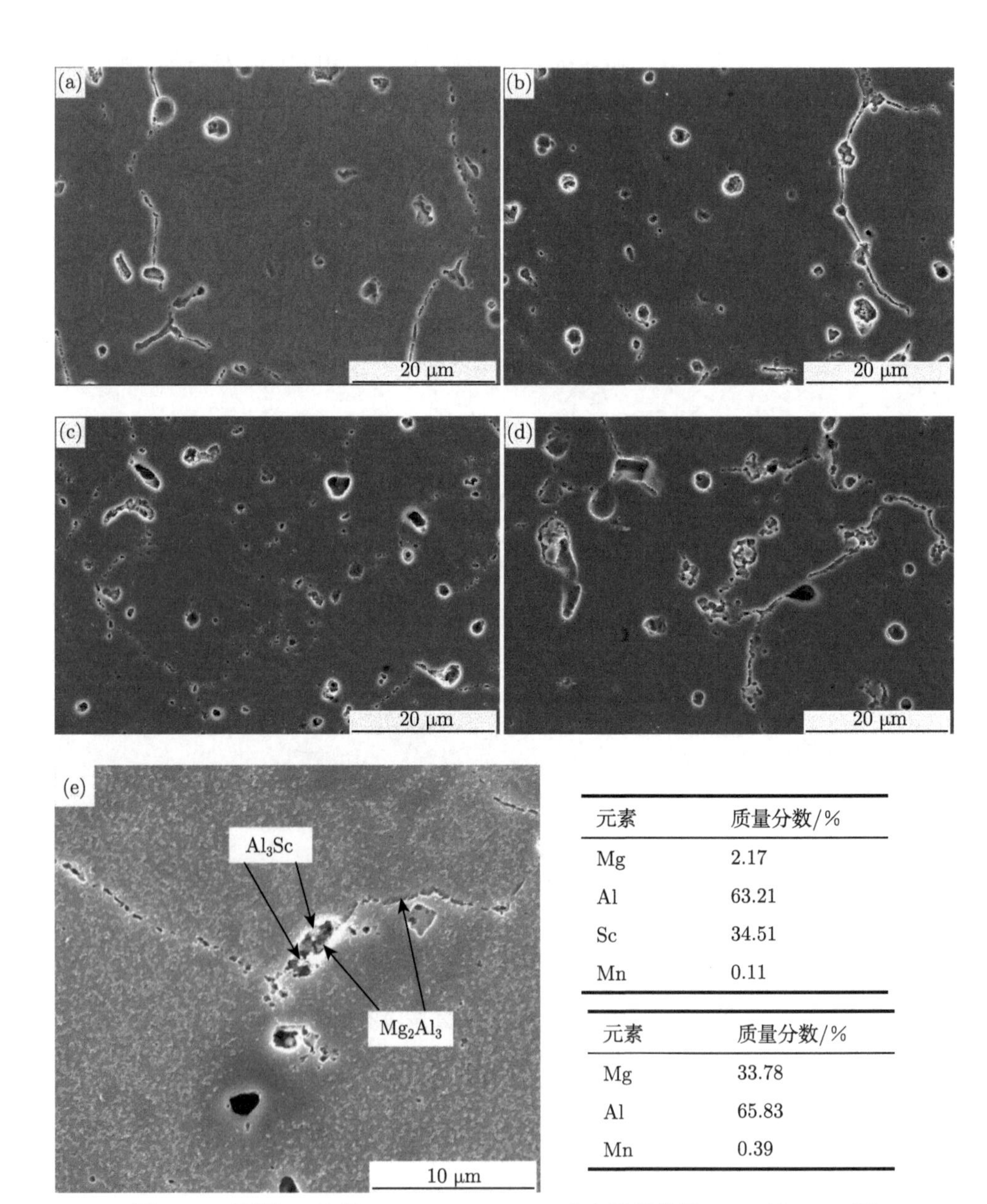

元素	质量分数/%
Mg	2.17
Al	63.21
Sc	34.51
Mn	0.11

元素	质量分数/%
Mg	33.78
Al	65.83
Mn	0.39

图 9-23　不同 Sc 含量 WAAM Al-Mg-Sc 合金堆积体的 SEM 及 EDS 图

(a)0%Sc；(b)0.15%Sc；(c)0.3%Sc；(d)0.45%Sc；(e) 析出相形貌及成分

初生 $Al_3(Sc_{1-x},Ti_x)$ 相可作为异质形核质点，起细化晶粒作用。Sc 含量为 0.15%，受 WAAM 冷却速度影响，Sc 可全部固溶到 α-Al 基体中，无明显细晶作用。Sc 含量为 0.3%，初生 $Al_3(Sc_{1-x},Ti_x)$ 相析出，尺寸小，细晶效果显著，且由于初生 $Al_3(Sc_{1-x},Ti_x)$ 析出相多与 $\beta(Mg_2Al_3)$ 相相伴而生，从而阻碍了 $\beta(Mg_2Al_3)$ 相的析出和长大，使更多的 Mg 元素固溶在 α-Al 基体中，起固溶强化作用。而当 Sc 含量继续增多，为 0.45%时，初生 $Al_3(Sc_{1-x},Ti_x)$ 析出相出现聚集团聚现象，也由于其多与 $\beta(Mg_2Al_3)$ 相相伴而生，促进了 $\beta(Mg_2Al_3)$ 相的析出，导致其偏聚、晶界粗化。Sc 的扩散系数较大，且随温度升高而增大，Sc 含量过高，在高温电弧作用下，初生 $Al_3(Sc_{1-x},Ti_x)$ 析出相极易发生团聚。因此在 WAAM 工艺下，控制初生 $Al_3(Sc_{1-x},Ti_x)$ 相的数量是非常重要的。

5. Sc 含量对堆积体气孔的影响

由前面 Sc 对 Al-Mg-0.3Sc 合金堆积体气孔影响的介绍可知，在 Al-Mg 合金中增加 Sc，由于 $Al_3(Sc_{1-x},Ti_x)$ 异质颗粒的形成，一方面为气泡的形成提供了更多的现成形核表面，使气泡的形成更容易，另一方面增加了熔体黏度，降低了气泡的形核概率、阻碍气泡的长大。这两个方面因素相互连续、相互制约，因此 Al-Mg-0.3Sc 合金堆积体气孔没有明显增加现象。

图 9-24 是不同 Sc 含量 Al-Mg-Sc 合金堆积体直接堆积态气孔对比，其中图 9-24(a) 为 0%Sc，图 9-24(b) 为 0.15%Sc，图 9-24(c) 为 0.3%Sc，图 9-24(d) 为 0.45%Sc。可见 Al-Mg-Sc 合金堆积体气孔呈圆形，尺寸小于 100μm，离散分布。Sc 含量从 0%增加到 0.3%，气孔无明显变化。Sc 含量增加到 0.45%时，气孔仍没有明显增加，但不难看出有较大气孔出现，气孔有增多、长大的趋势。这是因为当 Sc 含量增加到 0.45%时，堆积体中析出相出现聚集团聚现象，现成表面增大，减少了气泡形核所需的能量。

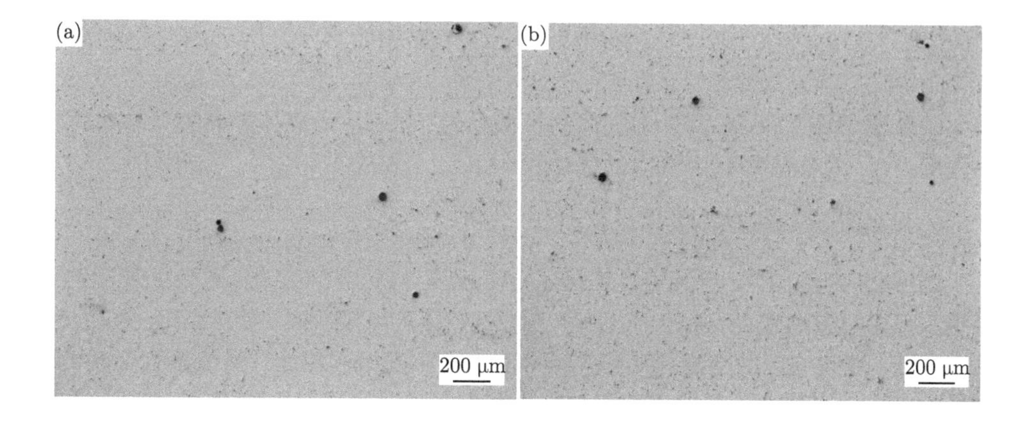

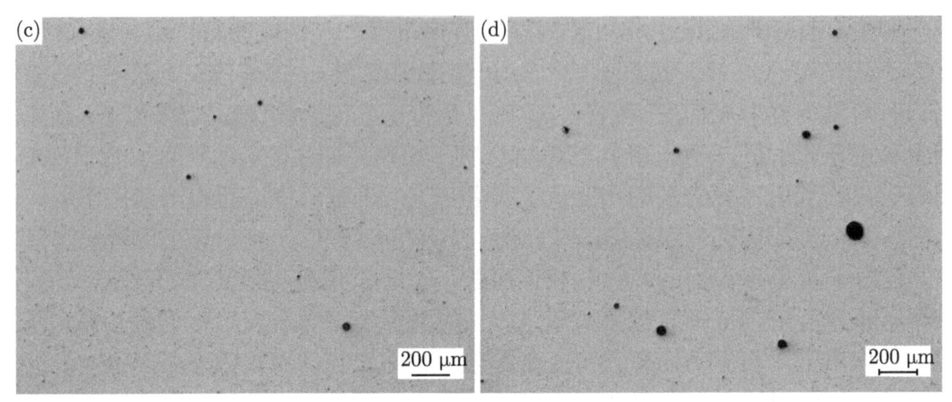

图 9-24　不同 Sc 含量 WAAM Al-Mg-Sc 合金堆积体气孔对比
(a)0%Sc；(b)0.15%Sc；(c)0.3%Sc；(d)0.45%Sc

当气体被吸附到现成表面时，气泡形核所需的能量符合关系

$$E_p = -(P_h - P_L)V + \sigma F[1 - F_a F(1 - \cos\theta)] \tag{9-8}$$

式中，V 为气泡核的体积；F 为气泡核的表面积；P_h 为气泡内的气体压力；P_L 为液体压力；σ 为相间张力；θ 为气泡核与现成表面的浸润角；F_a 为吸附力的作用表面积。

可见，气泡依附在现成表面上形成时，F_a/F 比值最大的地方就是最有可能产生气泡的地方。堆积体中析出相出现聚集团聚现象时，气泡吸附力的作用表面积 F_a 就会增加。另外，堆积体中析出相出现聚集团聚现象时，会使气体在局部区域内吸附量增多，导致气体局部浓度高。由下式可知，气泡的长大速度与气体的过饱和度成正比，气体局部浓度增高会使进入气泡的气体大为增加，增大气泡长大的速度。

$$\mathrm{d}R/\mathrm{d}t = D\Delta C_L/RC_g \tag{9-9}$$

式中，R 为气泡的半径；D 为气体的扩散系数；ΔC_L 为液体金属被气体过饱和的程度；C_g 为单位体积内气泡的气体量。

6. 时效处理后堆积体微观组织

图 9-25 为不同 Sc 含量 Al-Mg-Sc 合金堆积体经 350℃、1h 时效处理后的金相组织，其中图 9-25(a) 为 0.15%Sc，图 9-25(b) 为 0.3%Sc，图 9-25(c) 为 0.45% Sc。可见，时效处理后与直接堆积态堆积体 (图 9-25(a)) 相比，晶粒略有长大。Sc 含量为 0.15%，时效处理前后堆积体析出相数量、尺寸及分布变化不大。Sc 含量

为 0.3%和 0.45%，晶界析出相数量减少，晶内点状析出相数量增多。Sc 含量为 0.45%，由于直接堆积态晶界析出相出现聚集现象，时效处理不能将其完全消除，仍有较多尺寸较大的析出相存在。

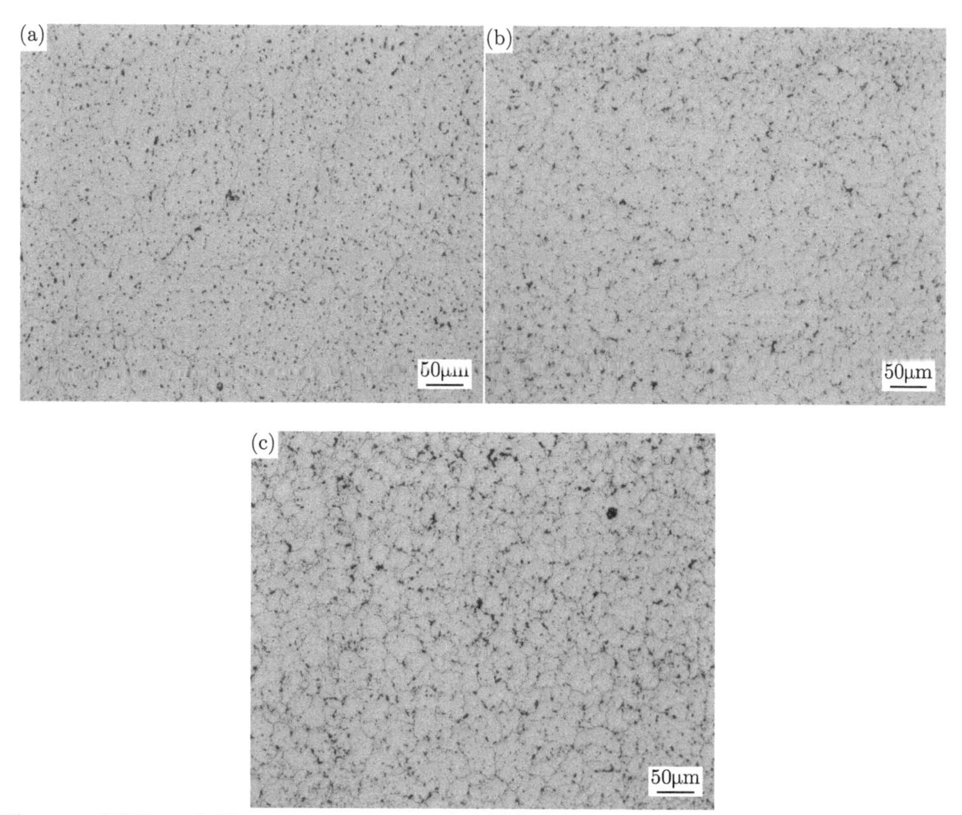

图 9-25 不同 Sc 含量 WAAM Al-Mg-Sc 合金堆积体经 350℃、1h 时效处理后的金相组织图
(a) 0.15%Sc；(b) 0.3%Sc；(c) 0.45%Sc

655℃、627℃ 和 527℃ 下，Sc 在 Al 中的固溶度分别为 0.27%、0.2%和 0.07%，Sc 在 Al 中的固溶度不高，但在一定冷却速度下 Sc 可形成非平衡态的过饱和固溶体，此过饱和固溶体不稳定可在后续热加工过程析出次生 $Al_3(Sc_{1-x}, Ti_x)$ 质点。可见，次生 $Al_3(Sc_{1-x}, Ti_x)$ 与 Sc 在 Al 基体中的固溶量直接相关，而 Sc 在 Al 基体中的固溶量与熔体的冷却速度直接相关。图 9-26 为 EDS 测量的不同 Sc 含量 Al-Mg-Sc 合金堆积体直接堆积态基体 Sc 含量变化曲线。可见，Sc 含量为 0.15%可全部固溶在基体中。Sc 含量为 0.3%和 0.45%，Sc 在 α-Al 基体中的固溶量都为 0.25%左右，不随着 Sc 含量的增加而增加。

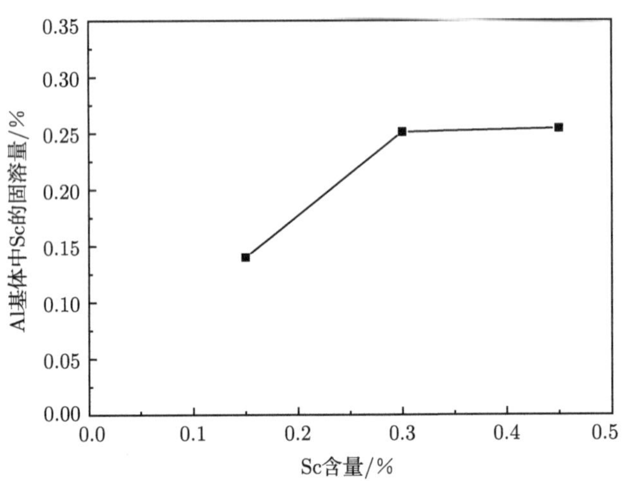

图 9-26　EDS 测量的不同 Sc 含量 WAAM Al-Mg-Sc 合金 Al 基体中 Sc 的固溶量与 Sc 含量的关系图

由以上分析可知，时效处理对析出相的作用有三种，一是为晶界的析出相提供了能量，向浓度较低的晶内扩散，固溶到基体中，晶界细化。二是晶内之前由于初生 $Al_3(Sc_{1-x},Ti_x)$ 相的抑制作用而没来得及析出的 β(Mg_2Al_3) 相，在时效处理过程中得到了足够的能量得以析出。三是促进了次生 $Al_3(Sc_{1-x},Ti_x)$ 相的析出，由 9.3.2 节对次生 $Al_3(Sc_{1-x},Ti_x)$ 的研究可知，次生 $Al_3(Sc_{1-x},Ti_x)$ 相可在后续时效处理过程中析出，次生 $Al_3(Sc_{1-x},Ti_x)$ 相与基体完全共格，细小，弥散分布，可强烈钉扎位错和亚晶界。受 WAAM 工艺冷却速度限制，Sc 含量为 0.3%和 0.45%，α-Al 基体中 Sc 的固溶量相同，因此时效处理后次生 $Al_3(Sc_{1-x},Ti_x)$ 相的数量理论上也是相同的，这一点从以下的力学性能变化可以证明。

晶界细化和次生 $Al_3(Sc_{1-x},Ti_x)$ 相的析出对力学性能的提高是有益的。晶粒粗化和晶内 β(Mg_2Al_3) 相的析出会降低力学性能。

7. 力学性能及断口形貌

图 9-27 为不同 Sc 含量 Al-Mg-Sc 合金堆积体直接堆积态及时效处理后力学性能图，其中抗拉强度 1、屈服强度 1 和伸长率 1 分别为直接堆积态堆积体抗拉强度、屈服强度和伸长率；抗拉强度 2、屈服强度 2 和伸长率 2 分别为 350℃、1h 时效处理后堆积体抗拉强度、屈服强度和伸长率。可见，直接堆积态堆积体，Sc 含量从 0%增加到 0.15%，抗拉强度和屈服强度略有增加，伸长率无变化；Sc 含量增加到 0.3%，抗拉强度和屈服强度大幅增加，伸长率从 28%下降到 22.5%；Sc 含量从 0.3%增加到 0.45%，抗拉强度、屈服强度和伸长率稳

定。350℃、1h 时效处理后，不同 Sc 含量堆积体的抗拉强度和屈服强度都进一步增加，伸长率下降。Sc 含量为 0.15%与 0.3%和 0.45%相比，抗拉强度和屈服强度增加幅度小，伸长率下降少。时效处理后堆积体力学性能随 Sc 含量的变化趋势与直接堆积态一致。Sc 含量为 0.3%，直接堆积态堆积体抗拉强度、屈服强度、伸长率分别为 372MPa、270MPa、22.5%；时效处理后堆积体抗拉强度、屈服强度、伸长率分别为 415MPa、279MPa、18.5%。

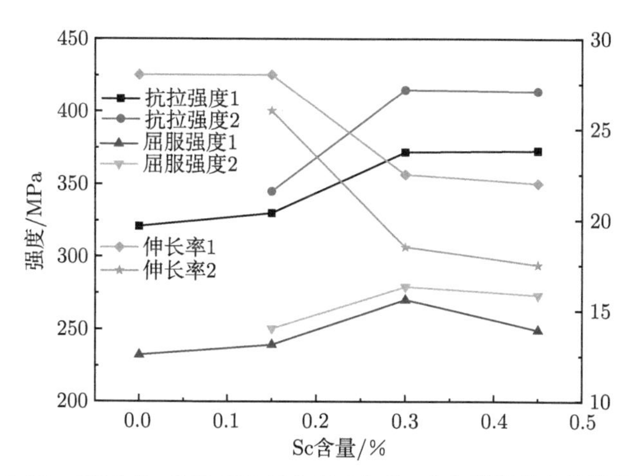

图 9-27 不同 Sc 含量 WAAM Al-Mg-Sc 合金堆积体力学性能图

抗拉强度 1，屈服强度 1 和伸长率 1 分别为：直接堆积态堆积体抗拉强度、屈服强度和伸长率；抗拉强度 2，屈服强度 2 和伸长率 2 分别为：350℃、1h 时效处理后堆积体抗拉强度、屈服强度和伸长率

直接堆积态堆积体力学性能变化主要受晶粒细化和析出相影响。Sc 含量从 0%增加到 0.15%，晶粒无细化，Sc 可全部固溶在 α-Al 基体中，力学性能略有增加。Sc 含量增加到 0.3%，晶粒细化明显，抗拉强度和屈服强度大幅提高。Sc 含量为 0.45%，虽然晶粒进一步细化，但析出相聚集团聚，晶界粗化，因此力学性能没有进一步提高。

时效处理后，由于晶界析出相的固溶及次生 $Al_3(Sc_{1-x},Ti_x)$ 相的析出，抗拉强度和屈服强度进一步提高。Sc 含量为 0.15%，由于固溶在基体中的 Sc 含量少，次生 $Al_3(Sc_{1-x},Ti_x)$ 相少，抗拉强度和屈服强度增加幅度小。Sc 含量从 0.3%增加到 0.45%，力学性能持平，这是因为 Sc 含量为 0.3%和 0.45%，α-Al 基体中 Sc 的固溶量相同，次生 $Al_3(Sc_{1-x},Ti_x)$ 的数量也是相同的。

Sc 的价格昂贵，且 Al-Mg 合金中 Sc 的含量越高，制成丝材的成品率越低。合金成分中每增加 0.1%的 Sc，合金的成本增加 2 万 ~3 万元/吨。综合考虑，针对 WAAM 工艺，Al-Mg 合金中最佳的 Sc 含量为 0.3%。

图 9-28 为不同 Sc 含量堆积体直接堆积态拉伸试样断口形貌，其中图 9-28(a)

为 0%Sc，图 9-28(b) 为 0.15%Sc，图 9-28(c) 为 0.3%Sc，图 9-28(d) 为 0.45% Sc。可见，不同 Sc 含量拉伸试样断口均有明显韧窝，为韧性断裂。Sc 含量为 0% 和 0.15%试样，拉伸试样断口无明显区别。Sc 含量为 0.3%和 0.45%，韧窝数量明显增多，抗拉强度和屈服强度增加，韧窝底部出现析出相，为断裂提供了裂纹源，拉伸试样伸长率下降。

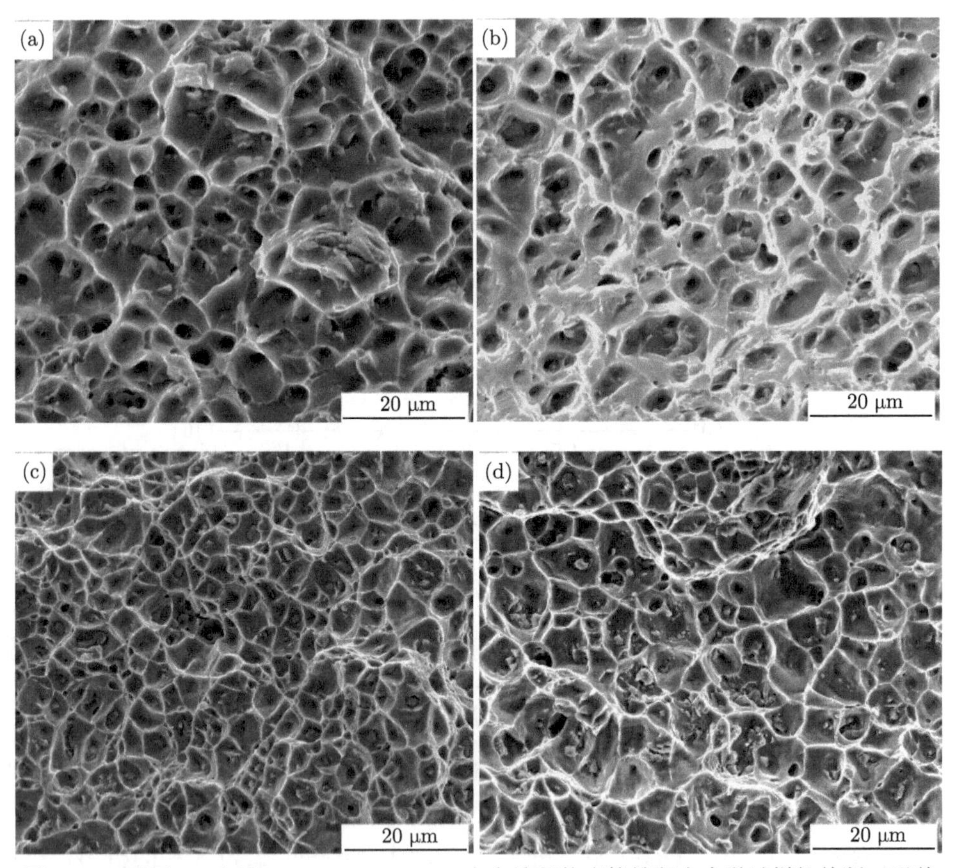

图 9-28　不同 Sc 含量 WAAM Al-Mg-Sc 合金堆积体直接堆积态力学试样拉伸断口形貌

(a) 0%Sc；(b) 0.15%Sc；(c) 0.3%Sc；(d) 0.45%Sc

8. 最佳 Sc 含量堆积体密度

20 世纪 70 年代，人们对于提高材料的哪一项性能可以带来最大的减重效益开展了对比研究，结果表明，减小密度具有最大优势，如图 9-29 所示。

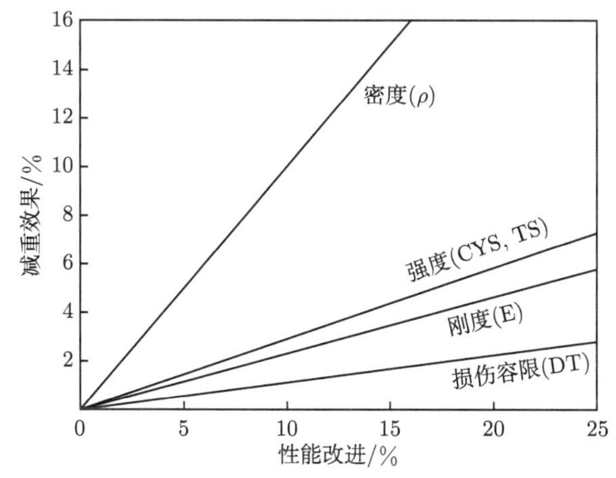

图 9-29 材料性能的改进对飞机结构潜在减重效果的影响

本研究通过最佳 Mg 含量和 Sc 含量的实验优化，得到了适合 WAAM 的最佳成分的 Al-Mg-Sc 合金丝材，并获得了优异的力学性能。由元素周期表可知，Mg 较 Al 更轻，本研究得到的合金 Mg 含量较高，Sc 的原子序数亦不高，因此，本研究得到的合金有望实现令人瞩目的组合强度和密度。利用阿基米德原理对本研究得到的最优成分合金 (3#) 进行了密度检测。检测得到本合金的密度为 2.59 g/cm^3。

航空航天对材料轻量化的要求日益提高。低密度的 Al-Li 合金一直是研究者关注的对象，应用较好的第三代 Al-Li 合金，密度范围为 2.63~2.72g/cm^3。可见本合金 2.59 g/cm^3 的密度完全符合航空航天轻量化的要求，将具有广阔的应用前景。

Sc 含量为 0.45%，丝材成品率从不加 Sc 的 95%下降到 80%，丝材制备难度大。直接堆积态堆积体晶粒可进一步细化，但析出相聚集团聚，晶界粗化，堆积体力学性能没有进一步提高。经 350℃/h 时效处理后，晶界团聚的析出相不能完全消除，由于 Sc 在基体中固溶量 (0.25%左右) 一定，次生 $Al_3(Sc_{1-x},Ti_x)$ 相数量与 0.3%Sc 堆积体相同，力学性能与 0.3%Sc 堆积体持平。

9.4 Al-Mg 二元系的非平衡态热力学

9.4.1 Al-Mg 二元系降温过程的非平衡态热力学

1. Al-Mg 二元系降温过程的热力学

图 9-30 是 Al-Mg 二元系相图。在恒压条件下，物质组成点为 P 的 Al-Mg 溶液降温凝固。

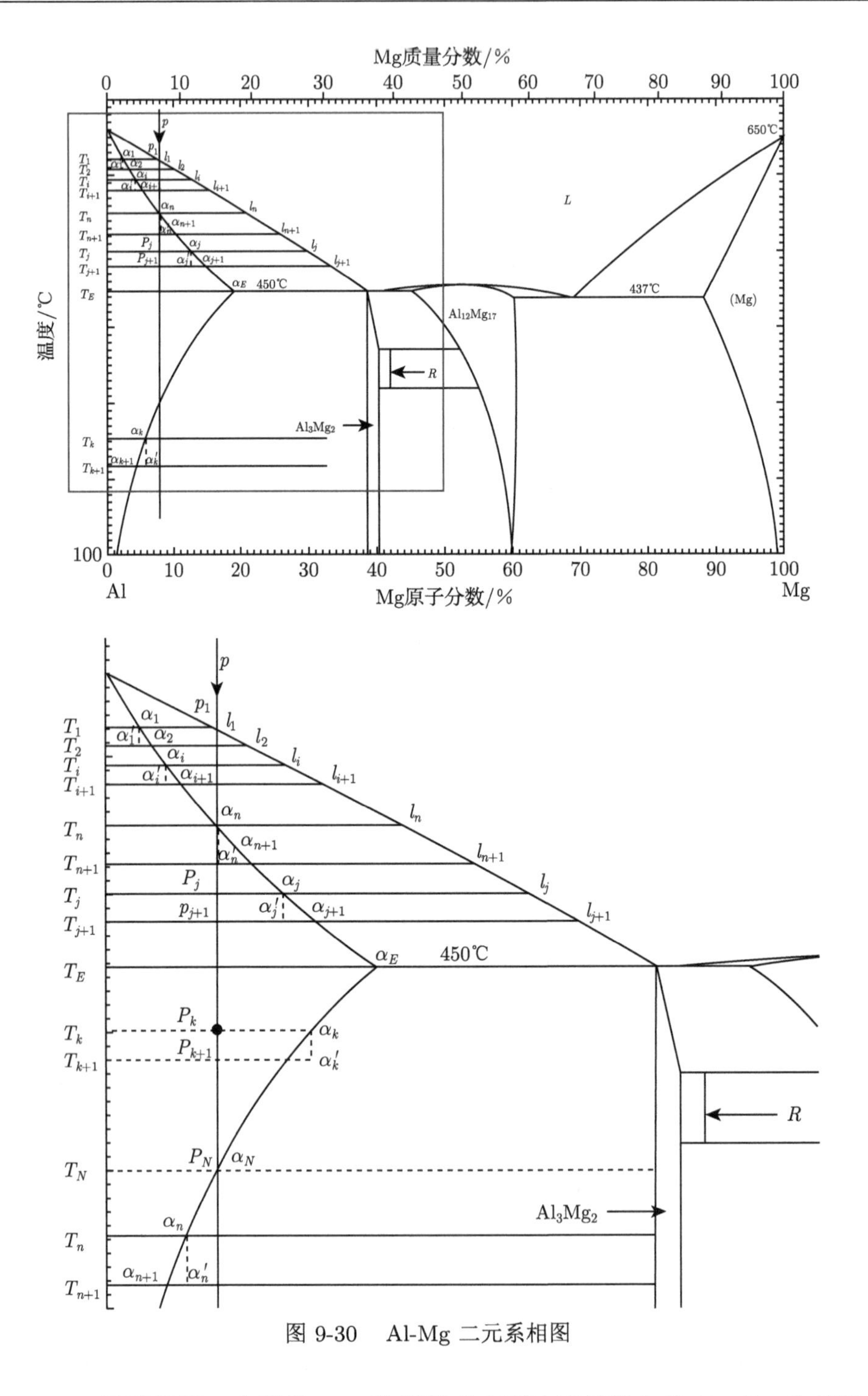

图 9-30　Al-Mg 二元系相图

Al-Mg 溶液降温。在温度 T_1，物质组成点到达液相线上的 P_1 点，也是平衡

液相组成的 l_1 点，两者重合。有

$$\alpha_1 \rightleftharpoons l_1$$

即

$$(\alpha_1)_{l_1} \equiv (\alpha_1)_{饱} \rightleftharpoons \alpha_1$$

或

$$(\text{Al})_{l_1} \rightleftharpoons (\text{Al})_{\alpha_1}$$

$$(\text{Mg})_{l_1} \rightleftharpoons (\text{Mg})_{\alpha_1}$$

该过程的摩尔吉布斯自由能变化为零。继续降温至 T_2，在温度刚降至 T_2，溶液 l_1 还未来得及析出固相组元 α_1 或 Al 和 Mg 时，液相组成未变，但已由组元 α_1 饱和的 l_1 变成组元 α_1 过饱和的 l_1'，析出固相 α_1 或 Al 和 Mg。有

$$(\alpha_1)_{l_1'} \equiv (\alpha_1)_{过饱} = \alpha_1$$

即

$$(\text{Al})_{l_1'} = (\text{Al})_{\alpha_1}$$

$$(\text{Mg})_{l_1'} = (\text{Mg})_{\alpha_1}$$

上式表示，组元 Al 和 Mg 从 l_1' 进入 α_1，一直到 l_1' 成为 l_2，溶液由 α_1 的过饱和转变为 α_2 的饱和。液固两相达到新的平衡。有

$$\alpha_2 \rightleftharpoons l_2$$

$$(\alpha_2)_{l_2} \equiv (\alpha_2)_{饱} \rightleftharpoons \alpha_2$$

即

$$(\text{Al})_{l_2} \rightleftharpoons (\text{Al})_{\alpha_2}$$

$$(\text{Mg})_{l_2} \rightleftharpoons (\text{Mg})_{\alpha_2}$$

以纯固溶体 α_1 或纯固态组元 Al 和 Mg 为标准状态，浓度以摩尔分数表示，在温度 T_2 析晶过程的摩尔吉布斯自由能变化为

$$\begin{aligned}\Delta G_{\text{m},\alpha_1} &= \mu_{\alpha_1(\text{晶体})} - \mu_{(\alpha_1)_{过饱}} \\ &= \mu_{\alpha_1(\text{晶体})} - \mu_{(\alpha_1)_{l_1'}}\end{aligned}$$

$$= -RT \ln a^{\mathrm{R}}_{(\alpha_1)_{过饱}}$$
$$= -RT \ln a^{\mathrm{R}}_{(\alpha_1)_{l_1'}}$$

式中，

$$\mu_{\alpha_1(晶体)} = \mu^*_{\alpha_1(晶体)}$$

$$\begin{aligned}\mu_{(\alpha_1)_{过饱}} &= \mu^*_{\alpha_1(晶体)} + RT \ln a^{\mathrm{R}}_{(\alpha_1)_{过饱}} \\ &= \mu^*_{\alpha_1(晶体)} + RT \ln a^{\mathrm{R}}_{(\alpha_1)_{l_1'}}\end{aligned}$$

及

$$\begin{aligned}\Delta G_{\mathrm{m,Al}} &= \mu_{(\mathrm{Al})_{\alpha_1}} - \mu_{(\mathrm{Al})_{l_1'}} \\ &= RT \ln \frac{a^{\mathrm{R}}_{(\mathrm{Al})_{\alpha_1}}}{a^{\mathrm{R}}_{(\mathrm{Al})_{l_1'}}} \\ \Delta G_{\mathrm{m,Mg}} &= \mu_{(\mathrm{Mg})_{\alpha_1}} - \mu_{(\mathrm{Mg})_{l_1'}} \\ &= RT \ln \frac{a^{\mathrm{R}}_{(\mathrm{Mg})_{\alpha_1}}}{a^{\mathrm{R}}_{(\mathrm{Mg})_{l_1'}}}\end{aligned}$$

式中，

$$\begin{aligned}\mu_{(\mathrm{Al})_{l_1'}} &= \mu^*_{\mathrm{Al}(晶体)} + RT \ln a^{\mathrm{R}}_{(\mathrm{Al})_{l_1'}} \\ \mu_{(\mathrm{Mg})_{\alpha_1}} &= \mu^*_{\mathrm{Mg}(晶体)} + RT \ln a^{\mathrm{R}}_{(\mathrm{Mg})_{\alpha_1}} \\ \mu_{(\mathrm{Mg})_{l_1'}} &= \mu^*_{\mathrm{Mg}(晶体)} + RT \ln a^{\mathrm{R}}_{(\mathrm{Mg})_{l_1'}} \\ \Delta G_{\mathrm{m},\alpha_1} &= x_A \Delta G_{\mathrm{m,Al}} + x_B \Delta G_{\mathrm{m,Mg}} \\ &= RT \left[x_{\mathrm{Al}} \ln \frac{a^{\mathrm{R}}_{(\mathrm{Al})_{\alpha_1}}}{a^{\mathrm{R}}_{(\mathrm{Al})_{l_1'}}} + x_{\mathrm{Mg}} \ln \frac{a^{\mathrm{R}}_{(\mathrm{Mg})_{\alpha_1}}}{a^{\mathrm{R}}_{(\mathrm{Mg})_{l_1'}}} \right]\end{aligned}$$

或者，

$$\begin{aligned}\Delta G_{\mathrm{m},\alpha_1}(T_2) &= G_{\mathrm{m},\alpha_1}(T_2) - \bar{G}_{\mathrm{m},(\alpha_1)_{l_1'}}(T_2) \\ &= \left[H_{\mathrm{m},\alpha_1}(T_2) - T_2 S_{\mathrm{m},\alpha_1}(T_2)\right] - \left[\bar{H}_{\mathrm{m},(\alpha_1)_{l_1'}}(T_2) - T_2 \bar{S}_{\mathrm{m},(\alpha_1)_{l_1'}}(T_2)\right] \\ &= \left[H_{\mathrm{m},\alpha_1}(T_2) - \bar{H}_{\mathrm{m},(\alpha_1)_{l_1'}}(T_2)\right] - T_2 \left[S_{\mathrm{m},\alpha_1}(T_2) - \overline{S}_{\mathrm{m},(\alpha_1)_{l_1'}}(T_2)\right]\end{aligned}$$

$$
\begin{aligned}
&= \Delta H_{\mathrm{m},\alpha_1}(T_2) - T_2\Delta S_{\mathrm{m},\alpha_1}(T_2) \\
&\approx \Delta H_{\mathrm{m},\alpha_1}(T_1) - T_2\Delta S_{\mathrm{m},\alpha_1}(T_1) \\
&= \Delta H_{\mathrm{m},\alpha_1}(T_1) - T_2\frac{\Delta H_{\mathrm{m},\alpha_1}(T_1)}{T_1} \\
&= \frac{\theta_{\alpha_1,T_2}\Delta H_{\mathrm{m},\alpha_1}(T_1)}{T_1} \\
&= \eta_{\alpha_1,T_2}\Delta H_{\mathrm{m},\alpha_1}(T_1)
\end{aligned}
$$

同理，

$$
\Delta G_{\mathrm{m,Al}}(T_2) = \frac{\theta_{\mathrm{Al},T_2}\Delta H_{\mathrm{m,Al}}(T_1)}{T_1} = \eta_{\alpha_1,T_2}\Delta H_{\mathrm{m,Al}}(T_1)
$$

$$
\Delta G_{\mathrm{m,Mg}}(T_2) = \frac{\theta_{\mathrm{Mg},T_2}\Delta H_{\mathrm{m,Mg}}(T_1)}{T_1} = \eta_{\alpha_1,T_2}\Delta H_{\mathrm{m,Mg}}(T_1)
$$

式中，

$$
\Delta G_{\mathrm{m},\alpha_1}(T_2) = x_{\mathrm{Al}}\Delta G_{\mathrm{m,Al}}(T_2) + x_{\mathrm{Mg}}\Delta G_{\mathrm{m,Mg}}(T_2)
$$

$$
\theta_{\alpha_1,T_2} = \theta_{\mathrm{Al},T_2} = \theta_{\mathrm{Mg},T_2} = T_1 - T_2
$$

$$
\eta_{\alpha_1,T_2} = \eta_{\mathrm{Al},T_2} = \eta_{\mathrm{Mg},T_2} = \frac{T_1 - T_2}{T_1}
$$

继续降温，重复以上过程。从温度 T_2 到温度 T_n，降温析晶过程可以描述如下：

在温度 T_{i-1}，液固两相达成平衡，有

$$
l_{i-1} \rightleftharpoons \alpha_{i-1}
$$

即

$$
(\alpha_{i-1})_{l_{i-1}} \equiv (\alpha_{i-1})_{饱} \rightleftharpoons \alpha_{i-1}
$$

或

$$
(\mathrm{Al})_{l_{i-1}} \rightleftharpoons (\mathrm{Al})_{\alpha_{i-1}}
$$

$$
(\mathrm{Mg})_{l_{i-1}} \rightleftharpoons (\mathrm{Mg})_{\alpha_{i-1}}
$$

温度降至 T_i。温度刚降至 T_i，还未来得及析出固相组元 α_{i-1} 或 Al 和 Mg 时，液相组成未变，但已由组元 α_{i-1} 饱和的 l_{i-1} 变成组元 α_{i-1} 过饱和的 l'_{i-1}，析出固相 α_{i-1} 或 Al 和 Mg。有

$$
(\alpha_{i-1})_{l'_{i-1}} \equiv (\alpha_{i-1})_{过饱} = \alpha_{i-1}
$$

或

$$(\mathrm{Al})_{l'_{i-1}} = (\mathrm{Al})_{\alpha_{i-1}}$$

$$(\mathrm{Mg})_{l'_{i-1}} = (\mathrm{Mg})_{\alpha_{i-1}}$$

以纯固态固溶体 α_{i-1} 和纯固态组元 Al 和 Mg 为标准状态，浓度以摩尔分数表示，在温度 T_i，析晶过程的摩尔吉布斯自由能变化为

$$\begin{aligned}\Delta G_{\mathrm{m},\alpha_{i-1}} &= \mu_{\alpha_{i-1}(\text{晶体})} - \mu_{(\alpha_{i-1})_{\text{过饱}}} \\ &= \mu_{\alpha_{i-1}(\text{晶体})} - \mu_{(\alpha_{i-1})_{l'_{i-1}}} \\ &= -RT\ln a^{\mathrm{R}}_{(\alpha_{i-1})_{\text{过饱}}} \\ &= -RT\ln a^{\mathrm{R}}_{(\alpha_{i-1})_{l'_{i-1}}}\end{aligned}$$

式中，

$$\mu_{\alpha_{i-1}(\text{晶体})} = \mu^*_{\alpha_{i-1}(\text{晶体})}$$

$$\mu_{(\alpha_{i-1})_{\text{过饱}}} = \mu^*_{\alpha_{i-1}(\text{晶体})} + RT\ln a^{\mathrm{R}}_{(\alpha_{i-1})_{\text{过饱}}}$$

$$\mu_{(\alpha_{i-1})_{l'_{i-1}}} = \mu^*_{\alpha_{i-1}(\text{晶体})} + RT\ln a^{\mathrm{R}}_{(\alpha_{i-1})_{l'_{i-1}}}$$

$$\begin{aligned}\Delta G_{\mathrm{m,Al}} &= \mu_{(\mathrm{Al})_{\alpha_{i-1}}} - \mu_{(\mathrm{Al})_{l'_{i-1}}} \\ &= RT\ln\frac{a^{\mathrm{R}}_{(\mathrm{Al})_{\alpha_{i-1}}}}{a^{\mathrm{R}}_{(\mathrm{Al})_{l'_{i-1}}}}\end{aligned}$$

$$\begin{aligned}\Delta G_{\mathrm{m,Mg}} &= \mu_{(\mathrm{Mg})_{\alpha_{i-1}}} - \mu_{(\mathrm{Mg})_{l'_{i-1}}} \\ &= RT\ln\frac{a^{\mathrm{R}}_{(\mathrm{Mg})_{\alpha_{i-1}}}}{a^{\mathrm{R}}_{(\mathrm{Mg})_{l'_{i-1}}}}\end{aligned}$$

式中，

$$\mu_{(\mathrm{Al})_{\alpha_{i-1}}} = \mu^*_{\mathrm{Al}} + RT\ln a^{\mathrm{R}}_{(\mathrm{Al})_{\alpha_{i-1}}}$$

$$\mu_{(\mathrm{Al})_{l'_{i-1}}} = \mu^*_{\mathrm{Al}} + RT\ln a^{\mathrm{R}}_{(\mathrm{Al})_{l'_{i-1}}}$$

$$\mu_{(\mathrm{Mg})_{\alpha_{i-1}}} = \mu^*_{\mathrm{Mg}} + RT\ln a^{\mathrm{R}}_{(\mathrm{Mg})_{\alpha_{i-1}}}$$

$$\mu_{(\mathrm{Mg})_{l'_{i-1}}} = \mu^*_{\mathrm{Mg}} + RT\ln a^{\mathrm{R}}_{(\mathrm{Mg})_{l'_{i-1}}}$$

$$\Delta G_{\mathrm{m},\alpha_{i-1}} = X_{\mathrm{Al}}\Delta G_{\mathrm{m,Al}} + X_{\mathrm{Mg}}\Delta G_{\mathrm{m,Mg}}$$

或者如下计算:

$$\begin{aligned}
\Delta G_{\mathrm{m},\alpha_{i-1}}(T_i) &= \frac{\theta_{\alpha_{i-1},T_i}\Delta H_{\mathrm{m},\alpha_{i-1}}(T_{i-1})}{T_{i-1}} \\
&= \eta_{\alpha_{i-1},T_i}\Delta H_{\mathrm{m},\alpha_{i-1}}(T_{i-1}) \\
\Delta G_{\mathrm{m,Al}}(T_i) &= \frac{\theta_{\mathrm{Al},T_i}\Delta H_{\mathrm{m,Al}}(T_{i-1})}{T_{i-1}} \\
&= \eta_{\mathrm{Al},T_i}\Delta H_{\mathrm{m,Al}}(T_{i-1}) \\
\Delta G_{\mathrm{m,Mg}}(T_i) &= \frac{\theta_{\mathrm{Mg},T_i}\Delta H_{\mathrm{m,Mg}}(T_{i-1})}{T_{i-1}} \\
&= \eta_{\mathrm{Mg},T_i}\Delta H_{\mathrm{m,Mg}}(T_{i-1})
\end{aligned}$$

有

$$\Delta G_{\mathrm{m},\alpha_{i-1}}(T_i) = x_A\Delta G_{\mathrm{m,Al}}(T_i) + x_B\Delta G_{\mathrm{m,Mg}}(T_i)$$

式中,

$$\theta_{\alpha_{i-1},T_i} = \theta_{(\mathrm{Al})_{\alpha_{i-1}}T_i} = \theta_{(\mathrm{Mg})_{\alpha_{i-1}}T_i} = T_{i-1} - T_i$$

$$\eta_{\alpha_{i-1},T_i} = \eta_{(\mathrm{Al})_{\alpha_{i-1}}T_i} = \eta_{(\mathrm{Mg})_{\alpha_{i-1}}T_i} = \frac{T_{i-1} - T_i}{T_{i-1}}$$

直至 l'_{i-1} 成为 l_i，溶液由 α_{i-1} 的过饱和变成 α_i 的饱和，液固两相达成新的平衡，有

$$l_i \rightleftharpoons \alpha_i$$

$$(\alpha_i)_{l_i} \equiv (\alpha_i)_{饱} \rightleftharpoons \alpha_i$$

即

$$(\mathrm{Al})_{l_i} \rightleftharpoons (\mathrm{Al})_{\alpha_i}$$

$$(\mathrm{Mg})_{l_i} \rightleftharpoons (\mathrm{Mg})_{\alpha_i}$$

温度降至 T_n。T_n 是体系组成点与固相溶解度线的交点。固溶体 α_n 与液相 l_n 达成平衡，有

$$l_n \rightleftharpoons \alpha_n$$

即

$$(\alpha_n)_{l_n} \rightleftharpoons \alpha_n$$

或

$$(\mathrm{Al})_{l_n} \rightleftharpoons (\mathrm{Al})_{\alpha_n}$$

$$(\mathrm{Mg})_{l_n} \rightleftharpoons (\mathrm{Mg})_{\alpha_n}$$

继续降低温度至 T_{n+1}，温度刚降至 T_{n+1}，还未来得及析出固相组元 α_n 或组元 A 和 B 时，液相组成未变，但已由 α_n 饱和的溶液 l_n 变成过饱和的溶液 l'_n，析出固溶体 α_n。有

$$(\alpha_n)_{l'_n} = (\alpha_n)_{\text{过饱}} = \alpha_n$$

$$(\mathrm{Al})_{l'_n} = (\mathrm{Al})_{\alpha_n}$$

$$(\mathrm{Mg})_{l'_n} = (\mathrm{Mg})_{\alpha_n}$$

以晶体 α_n 和固态 Al、Mg 为标准状态，浓度以摩尔分数表示。在温度 T_{n+1}，析晶过程的摩尔吉布斯自由能变化为

$$\begin{aligned}
\Delta G_{\mathrm{m},\alpha_n} &= \mu_{\alpha_n(\text{晶体})} - \mu_{(\alpha_n)_{\text{过饱}}} \\
&= \mu_{\alpha_n(\text{晶体})} - \mu_{(\alpha_n)_{l'_n}} \\
&= -RT\ln a^{\mathrm{R}}_{(\alpha_n)_{\text{过饱}}} \\
&= -RT\ln a^{\mathrm{R}}_{(\alpha_n)_{l'_n}}
\end{aligned}$$

式中，

$$\mu_{\alpha_n(\text{晶体})} = \mu^*_{\alpha_n(\text{晶体})}$$

$$\mu_{(\alpha_n)_{\text{过饱}}} = \mu^*_{\alpha_n(\text{晶体})} + RT\ln a^{\mathrm{R}}_{(\alpha_n)_{\text{过饱}}}$$

$$\mu_{(\alpha_n)_{l'_n}} = \mu^*_{\alpha_n(\text{晶体})} + RT\ln a^{\mathrm{R}}_{(\alpha_n)_{l'_n}}$$

$$\begin{aligned}
\Delta G_{\mathrm{m,Al}} &= \mu_{(\mathrm{Al})_{\alpha_n}} - \mu_{(\mathrm{Al})_{l'_n}} \\
&= RT\ln\frac{a^{\mathrm{R}}_{(\mathrm{Al})_{\alpha_n}}}{a^{\mathrm{R}}_{(\mathrm{Al})_{l'_n}}}
\end{aligned}$$

$$\begin{aligned}
\Delta G_{\mathrm{m,Mg}} &= \mu_{(\mathrm{Mg})_{\alpha_n}} - \mu_{(\mathrm{Mg})_{l'_n}} \\
&= RT\ln\frac{a^{\mathrm{R}}_{(\mathrm{Mg})_{\alpha_n}}}{a^{\mathrm{R}}_{(\mathrm{Mg})_{l'_n}}}
\end{aligned}$$

式中，

$$\begin{aligned}\mu_{(\mathrm{Al})_{\alpha_n}} &= \mu_{\mathrm{Al}}^* + RT\ln a_{(\mathrm{Al})_{\alpha_n}}^{\mathrm{R}} \\ &= \mu_{\mathrm{Al}}^* + RT\ln a_{(\mathrm{Al})_{l'_n}}^{\mathrm{R}} \\ \mu_{(\mathrm{Mg})_{\alpha_n}} &= \mu_{\mathrm{Mg}}^* + RT\ln a_{(\mathrm{Mg})_{\alpha_n}}^{\mathrm{R}} \\ &= \mu_{\mathrm{Mg}}^* + RT\ln a_{(\mathrm{Mg})_{l'_n}}^{\mathrm{R}} \\ \Delta G_{\mathrm{m},\alpha_n} &= x_{\mathrm{Al}}\Delta G_{\mathrm{m,Al}} + x_{\mathrm{Mg}}\Delta G_{\mathrm{m,Mg}}\end{aligned}$$

或者如下计算：

$$\begin{aligned}\Delta G_{\mathrm{m},\alpha_n}(T_{n+1}) &= \frac{\theta_{\alpha_n,T_{n+1}}\Delta H_{\mathrm{m},\alpha_n}(T_n)}{T_n} \\ &= \eta_{\alpha_n,T_{n+1}}\Delta H_{\mathrm{m},\alpha_n}(T_n) \\ \Delta G_{\mathrm{m,Al}}(T_{n+1}) &= \frac{\theta_{\mathrm{Al},T_{n+1}}\Delta H_{\mathrm{m,Al}}(T_n)}{T_n} \\ &= \eta_{\mathrm{Al},T_{n+1}}\Delta H_{\mathrm{m,Al}}(T_n) \\ \Delta G_{\mathrm{m,Mg}}(T_{n+1}) &= \frac{\theta_{\mathrm{Mg},T_{n+1}}\Delta H_{\mathrm{m,Mg}}(T_n)}{T_n} \\ &= \eta_{\mathrm{Mg},T_{n+1}}\Delta H_{\mathrm{m,Mg}}(T_n)\end{aligned}$$

有

$$\Delta G_{\mathrm{m},\alpha_n}(T_{n+1}) = x_{\mathrm{Al}}\Delta G_{\mathrm{m,Al}}(T_{n+1}) + x_{\mathrm{Mg}}\Delta G_{\mathrm{m,Mg}}(T_{n+1})$$

式中，

$$\theta_{\alpha_n,T_{n+1}} = \theta_{\mathrm{Al},T_{n+1}} = \theta_{\mathrm{Mg},T_{n+1}} = T_n - T_{n+1}$$

$$\eta_{\alpha_n,T_{n+1}} = \eta_{\mathrm{Al},T_{n+1}} = \eta_{\mathrm{Mg},T_{n+1}} = \frac{T_n - T_{n+1}}{T_n}$$

直至 α_n 变为 α_{n+1}，溶液消失，完全变为固相。这时体系进入 α 相区，α 相的组成与物质组成点 P 相同。也可以将体系看作由纯 Al 和固溶体 α_{n+1} 组成的均匀混合物。其比例符合杠杆定则。

继续降温，固溶体 α 组成不变，仍与物质组成点 P 相同。也可将固溶体 α 看作由 Al 与固相线上组成的固溶体的均匀混合物，随着温度的降低，固相线上的固溶体析出 Al，含 Al 量减少。从 T_{n+1} 到 T_E，析晶过程可以统一描述如下：

在温度 T_j，Al 和 α_j 达成平衡，有

$$\mathrm{Al} \rightleftharpoons \alpha_j$$

$$\mathrm{Al} \rightleftharpoons (\mathrm{Al})_{\alpha_j} \equiv\!\equiv (\mathrm{Al})_{饱}$$

该过程的摩尔吉布斯自由能变化为零。

继续降温至 T_{j+1}，在温度刚降至 T_{j+1}，α_j 相尚未来得及析出 Al 晶体时，α_j 相组成未变，但已由 Al 的饱和 α_j 相变成 Al 过饱和的 α_j' 相，析出 Al。有

$$(\mathrm{Al})_{\alpha_j'} = \mathrm{Al(s)}$$

该过程的摩尔吉布斯自由能变化为

$$\begin{aligned}\Delta G_{\mathrm{m,Al}} &= \mu_{\mathrm{Al(s)}} - \mu_{(\mathrm{Al})_{\alpha_j'}} \\ &= \mu_{\mathrm{Al(s)}} - \mu_{(\mathrm{Al})_{过饱}} \\ &= -RT\ln a_{(\mathrm{Al})_{\alpha_j'}} \\ &= -RT\ln a_{(\mathrm{Al})_{过饱}}\end{aligned}$$

式中，

$$\mu_{\mathrm{Al(s)}} = \mu^*_{\mathrm{Al(s)}}$$

$$\mu_{(\mathrm{Al})_{\alpha_j'}} = \mu^*_{\mathrm{Al(s)}} + RT\ln a_{(\mathrm{Al})_{\alpha_j'}}$$

$$\mu_{(\mathrm{Al})_{过饱}} = \mu^*_{\mathrm{Al(s)}} + RT\ln a_{(\mathrm{Al})_{过饱}}$$

或者，

$$\begin{aligned}\Delta G_{\mathrm{m,Al}}(T_{j+1}) &= G_{\mathrm{m,Al}}(T_{j+1}) - \bar{G}_{(\mathrm{Al})_{\alpha_j'}}(T_{j+1}) \\ &= [H_{\mathrm{m,Al}}(T_{j+1}) - T_{j+1}S_{\mathrm{m,Al}}(T_{j+1})] \\ &\quad - \left[\bar{H}_{\mathrm{m,(Al)}_{\alpha_j'}} - T_{j+1}\bar{S}_{\mathrm{m,(Al)}_{\alpha_j'}}(T_{j+1})\right] \\ &= H_{\mathrm{m,Al}}(T_{j+1}) - T_{j+1}\Delta S_{\mathrm{m,Al}}(T_{j+1}) \\ &\approx \Delta H_{\mathrm{m,Al}}(T_j) - T_j\Delta S_{\mathrm{m,Al}}(T_j) \\ &= \frac{\theta_{\mathrm{Al},T_{j+1}}\Delta H_{\mathrm{m,Al}}(T_j)}{T_j}\end{aligned}$$

$$= \eta_{\mathrm{Al},T_{j+1}} \Delta H_{\mathrm{m,Al}}(T_j)$$

式中，

$$\theta_{\mathrm{Al},T_{j+1}} = T_j - T_{j+1}$$

为绝对饱和过冷度：

$$\eta_{\mathrm{Al},T_{j+1}} = \frac{T_j - T_{j+1}}{T_j}$$

为相对饱和过冷度。

继续降温，在温度 T_E，固相线上的组成点变为 α_E，具有物质组成点为 P 组成的固溶体 α_P 可以看作由纯 Al 和 α_E 均匀混合而成，其组成符合杠杆定则。而 α_E 可以看作由 Al 和 Al_3Mg_2 均匀混合而成，其比例符合杠杆定则。

继续降温，温度从 T_E 降至 T_N，随着温度的降低，Al_3Mg_2 在 α 相中的溶解度降低，Al_3Mg_2 溶解度线上的固溶体析出 Al_3Mg_2。相变过程可以统一描述如下：

在温度 T_k，相变过程达成平衡，有

$$\alpha_k \rightleftharpoons \mathrm{Al_3Mg_2}$$

即

$$(\mathrm{Al_3Mg_2})_{\alpha_k} \rightleftharpoons \mathrm{Al_3Mg_2}$$

继续降温至 T_{k+1}，在温度刚降至 T_{k+1}，尚未来得及析出 Al_3Mg_2 时，α_k 组成未变，但已由 Al_3Mg_2 的饱和相 α_k 变成过饱和相 α_k'，会析出 Al_3Mg_2，有

$$(\mathrm{Al_3Mg_2})_{\alpha_k'} = (\mathrm{Al_3Mg_2})_{过饱} = \mathrm{Al_3Mg_2}$$

该过程的摩尔吉布斯自由能变化为

$$\begin{aligned}
\Delta G_{\mathrm{m,Al_3Mg_2}} &= \mu_{\mathrm{Al_3Mg_2}} - \mu_{(\mathrm{Al_3Mg_2})_{\alpha_k'}} \\
&= \mu_{\mathrm{Al_3Mg_2}} - \mu_{(\mathrm{Al_3Mg_2})_{过饱}} \\
&= -RT \ln a_{(\mathrm{Al_3Mg_2})_{\alpha_k'}} \\
&= -RT \ln a_{(\mathrm{Al_3Mg_2})_{过饱}}
\end{aligned}$$

式中

$$\mu_{\mathrm{Al_3Mg_2}} = \mu^*_{\mathrm{Al_3Mg_2}}$$

$$\mu_{(\mathrm{Al_3Mg_2})_{\alpha_k'}} = \mu^*_{\mathrm{Al_3Mg_2}} + RT \ln a_{(\mathrm{Al_3Mg_2})_{\alpha_k'}}$$

$$\mu_{(\mathrm{Al_3Mg_2})_{过饱}} = \mu^*_{\mathrm{Al_3Mg_2}} + RT\ln a_{(\mathrm{Al_3Mg_2})_{过饱}}$$

温度降至 T_N，物质组成点到达 $\mathrm{Al_3Mg_2}$ 在 α 中的溶解度线上的 N 点，也是平衡相 α_N 相组成的 N 点。有

$$\mathrm{Al_3Mg_2} \rightleftharpoons \alpha_N$$

即

$$(\mathrm{Al_3Mg_2})_{\alpha_N} = (\mathrm{Al_3Mg_2})_{饱} = \mathrm{Al_3Mg_2}$$

该过程的摩尔吉布斯自由能变化为零。继续降温至 T_{N+1}，在温度刚降至 T_{N+1}，α_N 相中还未来得及析出 $\mathrm{Al_3Mg_2}$ 时，α 相的组成未变，但已由 $\mathrm{Al_3Mg_2}$ 饱和的 α_N 变成 $\mathrm{Al_3Mg_2}$ 过饱和的 α'_N，析出 $\mathrm{Al_3Mg_2}$。有

$$(\mathrm{Al_3Mg_2})_{\alpha_N} = (\mathrm{Al_3Mg_2})_{过饱} \rightleftharpoons \mathrm{Al_3Mg_2}$$

以固态 $\mathrm{Al_3Mg_2}$ 为标准状态，组成以摩尔分数表示，上述过程的摩尔吉布斯自由能变化为

$$\begin{aligned}\Delta G_{\mathrm{m,Al_3Mg_2}} &= \mu_{\mathrm{Al_3Mg_2}} - \mu_{(\mathrm{Al_3Mg_2})_{过饱}} \\ &= \mu_{\mathrm{Al_3Mg_2}} - \mu_{(\mathrm{Al_3Mg_2})_{\alpha_N}} \\ &= -RT\ln a^{\mathrm{R}}_{(\mathrm{Al_3Mg_2})_{过饱}} \\ &= -RT\ln a^{\mathrm{R}}_{(\mathrm{Al_3Mg_2})_{\alpha_N}}\end{aligned}$$

式中，

$$\mu_{\mathrm{Al_3Mg_2}} = \mu^*_{\mathrm{Al_3Mg_2}}$$

$$\mu_{(\mathrm{Al_3Mg_2})_{过饱}} = \mu^*_{\mathrm{Al_3Mg_2}} + RT\ln a^{R}_{(\mathrm{Al_3Mg_2})_{过饱}}$$

$$\mu_{(\mathrm{Al_3Mg_2})_{\alpha_N}} = \mu^*_{\mathrm{Al_3Mg_2}} + RT\ln a^{\mathrm{R}}_{(\mathrm{Al_3Mg_2})_{\alpha_N}}$$

继续降温，重复上述过程，可统一描述如下：

在温度 T_n，$\mathrm{Al_3Mg_2}$ 与 α_n 达成平衡，有

$$\mathrm{Al_3Mg_2} \rightleftharpoons \alpha_n$$

即

$$(\mathrm{Al_3Mg_2})_{\alpha_n} = (\mathrm{Al_3Mg_2})_{过饱} \rightleftharpoons \mathrm{Al_3Mg_2}$$

该过程的摩尔吉布斯自由能变化为零。继续降温至 T_{n+1}。在温度刚降至 T_{n+1}，α_n 尚未来得及析出 Al_3Mg_2 时，α_n 的组成未变，但已由 Al_3Mg_2 饱和的 α_n，变成 Al_3Mg_2 过饱和的 α_n'，析出 Al_3Mg_2，有

$$(\mathrm{Al_3Mg_2})_{\alpha_n'} = (\mathrm{Al_3Mg_2})_{过饱} \rightleftharpoons \mathrm{Al_3Mg_2}$$

以固态 Al_3Mg_2 为标准状态，组成以摩尔分数表示，上述过程的摩尔吉布斯自由能变化为

$$\begin{aligned}\Delta G_{\mathrm{m,Al_3Mg_2}} &= \mu_{\mathrm{Al_3Mg_2}} - \mu_{(\mathrm{Al_3Mg_2})_{\alpha_n'}} \\ &= \mu_{\mathrm{Al_3Mg_2}} - \mu_{(\mathrm{Al_3Mg_2})_{过饱}} \\ &= -RT\ln a_{(\mathrm{Al_3Mg_2})_{\alpha_n'}} \\ &= -RT\ln a_{(\mathrm{Al_3Mg_2})_{过饱}}\end{aligned}$$

式中，

$$\mu_{\mathrm{Al_3Mg_2}} = \mu^*_{\mathrm{Al_3Mg_2}}$$

$$\begin{aligned}\mu_{(\mathrm{Al_3Mg_2})_{\alpha_n'}} &= \mu^*_{\mathrm{Al_3Mg_2}} + RT\ln a_{(\mathrm{Al_3Mg_2})_{\alpha_n'}} \\ &= \mu^*_{\mathrm{Al_3Mg_2}} + RT\ln a_{(\mathrm{Al_3Mg_2})_{过饱}}\end{aligned}$$

直至达成平衡，有

$$(\mathrm{Al_3Mg_2})_{\alpha_{n+1}} = (\mathrm{Al_3Mg_2})_{过饱} \rightleftharpoons \mathrm{Al_3Mg_2}$$

继续降温，重复上述过程。

2. 凝固速率

(1) 在温度 T_2。

在压力恒定，温度为 T_2 的条件下，二元系 Al-Mg 单位体积内析出组元 α_1 的速率为

$$\begin{aligned}\frac{\mathrm{d}n_{\alpha_1}}{\mathrm{d}t} &= -\frac{\mathrm{d}n_{(\alpha_1)_{l_{i1}'}}}{\mathrm{d}t} = j_{\alpha_1} \\ &= -l_1\left(\frac{A_{\mathrm{m},\alpha_1}}{T}\right) - l_2\left(\frac{A_{\mathrm{m},\alpha_1}}{T}\right)^2 - l_3\left(\frac{A_{\mathrm{m},\alpha_1}}{T}\right)^3 - \cdots\end{aligned}$$

(2) 从温度 T_2 到 T_n。

从温度 T_2 到温度 T_n，在温度 $T_i(i=1,2,3,\cdots,n)$，单位体积内析晶速率为

$$\frac{\mathrm{d}n_{\alpha_{i-1}}}{\mathrm{d}t}=-\frac{\mathrm{d}n_{(\alpha_{i-1})_{l'_{i-1}}}}{\mathrm{d}t}=j_{\alpha_{i-1}}$$

$$=-l_1\left(\frac{A_{\mathrm{m},\alpha_{i-1}}}{T}\right)-l_2\left(\frac{A_{\mathrm{m},\alpha_{i-1}}}{T}\right)^2-l_3\left(\frac{A_{\mathrm{m},\alpha_{i-1}}}{T}\right)^3-\cdots$$

(3) 在温度 T_{k+1}。

在压力恒定，温度在 T_{k+1}。

$$\frac{\mathrm{d}n_{\mathrm{Al_3Mg_2}}}{\mathrm{d}t}=-\frac{\mathrm{d}n(\mathrm{Al_3Mg_2})_{\alpha_n}}{\mathrm{d}t}$$

$$=j_{\mathrm{Al_3Mg_2}}$$

$$=-l_1\left(\frac{A_{\mathrm{m,Al_3Mg_2}}}{T}\right)-l_2\left(\frac{A_{\mathrm{m,Al_3Mg_2}}}{T}\right)^2-l_3\left(\frac{A_{\mathrm{m,Al_3Mg_2}}}{T}\right)^3-\cdots$$

(4) 在温度 T_{n+1}。

$$\frac{\mathrm{d}n_{\mathrm{Al_3Mg_2}}}{\mathrm{d}t}=-\frac{\mathrm{d}n_{(\mathrm{Al_3Mg_2})_{\alpha_{n+1}}}}{\mathrm{d}t}$$

$$=j_{\mathrm{Al_3Mg_2}}$$

$$=-l_1\left(\frac{A_{\mathrm{m,Al_3Mg_2}}}{T}\right)-l_2\left(\frac{A_{\mathrm{m,Al_3Mg_2}}}{T}\right)^2-l_3\left(\frac{A_{\mathrm{m,Al_3Mg_2}}}{T}\right)^3-\cdots$$

式中

$$A_{\mathrm{m},\alpha_1}=\Delta G_{\mathrm{m},\alpha_1}$$

$$A_{\mathrm{m},\alpha_{i-1}}=\Delta G_{\mathrm{m},\alpha_{i-1}}$$

$$A_{\mathrm{m,Al_3Mg_2}}=\Delta G_{\mathrm{m,Al_3Mg_2}}$$

$$A_{\mathrm{m},(\mathrm{Al_3Mg_2})_{\alpha_l}}=\Delta G_{\mathrm{m},(\mathrm{Al_3Mg_2})_{\alpha_l}}$$

$$l=i,j,k,\cdots$$

9.4.2 Al-Mg 二元系升温过程的非平衡态热力学

1. Al-Mg 二元系升温过程的热力学

图 9-31 是 Al-Mg 二元系相图。在恒压条件下，物质组成点为 P 的 Al-Mg 二元系升温。在温度 T_1，物质组成点为 P_1。P_1 在单相区 α 内，由 Al 与 $\mathrm{Al_3Mg_2}$ 饱和的 α_1 均匀混合而成，其组成符合以 P_1 为支点的杠杆定则。

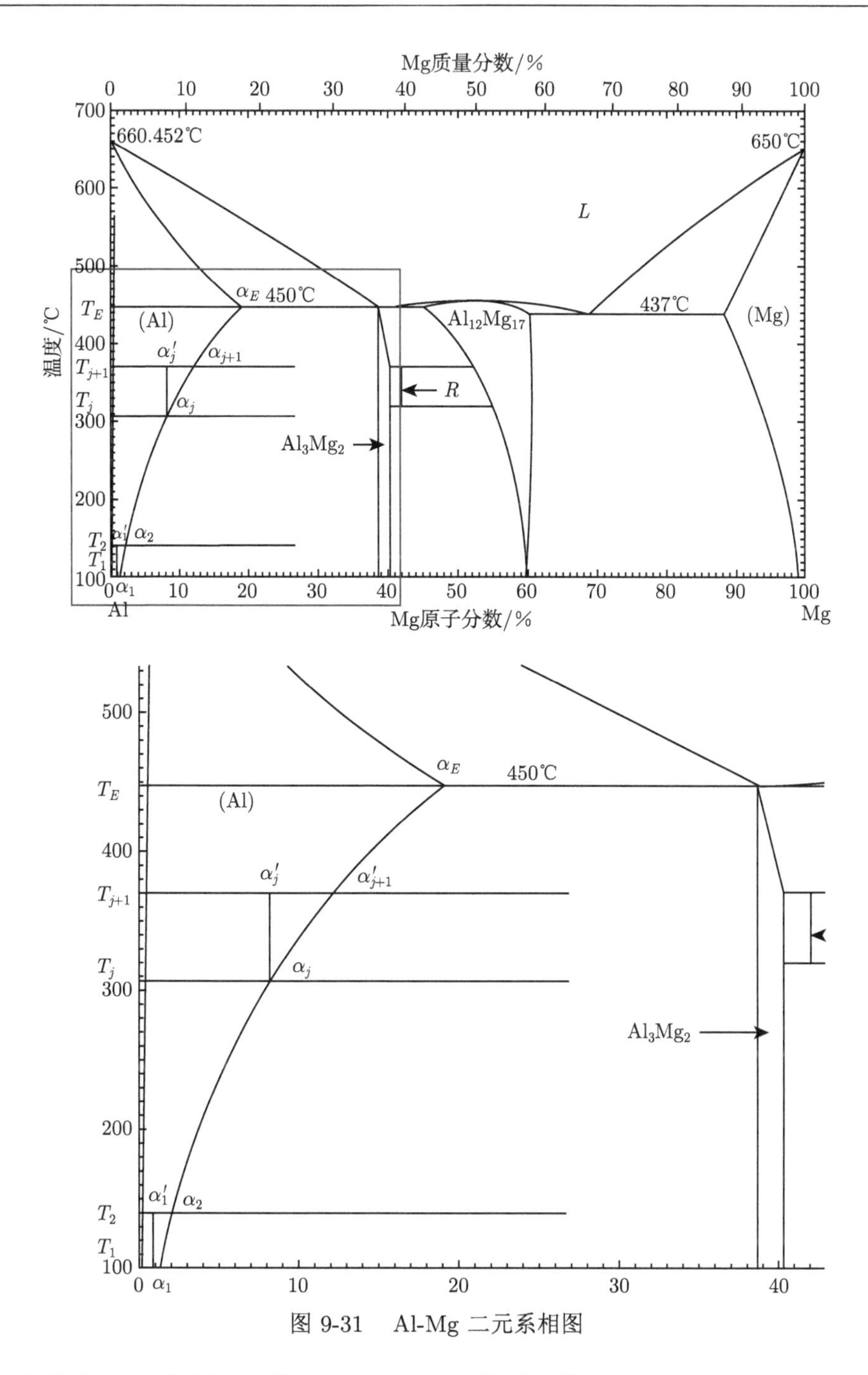

图 9-31 Al-Mg 二元系相图

在温度 T_1，金属化合物 Al_3Mg_2 与 α_1 达成平衡，有

$$Al_3Mg_2 \rightleftharpoons \alpha_1$$

即

$$\mathrm{Al_3Mg_2} \rightleftharpoons (\mathrm{Al_3Mg_2})_{饱} = (\mathrm{Al_3Mg_2})_{\alpha_1}$$

该过程的摩尔吉布斯自由能变化为零。

继续升高温度到 T_2。在温度刚升到 T_2，$\mathrm{Al_3Mg_2}$ 还未来得及溶入 α_2 时，α_1 组成未变。但已由 $\mathrm{Al_3Mg_2}$ 饱和的 α_1 变成不饱和的 α_1'。$\mathrm{Al_3Mg_2}$ 向 α_1' 中溶解，有

$$\mathrm{Al_3Mg_2} = (\mathrm{Al_3Mg_2})_{\alpha_1'} = (\mathrm{Al_3Mg_2})_{不饱}$$

以纯固态 $\mathrm{Al_3Mg_2}$ 为标准状态，浓度以摩尔分数表示，该过程的摩尔吉布斯自由能变化为

$$\begin{aligned}
\Delta G_{\mathrm{m,Al_3Mg_2}} &= \mu_{(\mathrm{Al_3Mg_2})_{\alpha_1'}} - \mu_{\mathrm{Al_3Mg_2}} \\
&= \mu_{(\mathrm{Al_3Mg_2})_{不饱}} - \mu_{\mathrm{Al_3Mg_2}} \\
&= RT\ln a_{(\mathrm{Al_3Mg_2})_{\alpha_1'}} \\
&= RT\ln a_{(\mathrm{Al_3Mg_2})_{不饱}}
\end{aligned}$$

式中，

$$\mu_{(\mathrm{Al_3Mg_2})_{\alpha_1'}} = \mu^*_{\mathrm{Al_3Mg_2}} + RT\ln a_{(\mathrm{Al_3Mg_2})_{\alpha_1'}}$$

$$\mu_{(\mathrm{Al_3Mg_2})_{不饱}} = \mu^*_{\mathrm{Al_3Mg_2}} + RT\ln a_{(\mathrm{Al_3Mg_2})_{不饱}}$$

$$\mu_{\mathrm{Al_3Mg_2}} = \mu^*_{\mathrm{Al_3Mg_2}}$$

也可以如下计算

$$\begin{aligned}
\Delta G_{\mathrm{m,Al_3Mg_2}}(T_2) &= \overline{G}_{\mathrm{m},(\mathrm{Al_3Mg_2})_{\alpha_1'}}(T_2) - G_{\mathrm{m,Al_3Mg_2}}(T_2) \\
&= \frac{\theta_{\mathrm{Al_3Mg_2},T_2}\Delta H_{\mathrm{m,Al_3Mg_2}}(T_1)}{T_1} \\
&= \eta_{\mathrm{Al_3Mg_2},T_2}\Delta H_{\mathrm{m,Al_3Mg_2}}(T_1)
\end{aligned}$$

式中，

$$\theta_{\mathrm{Al_3Mg_2},T_2} = T_2 - T_1$$

为 $\mathrm{Al_3Mg_2}$ 的绝对饱和过冷度；

$$\eta_{\mathrm{Al_3Mg_2},T_2} = \frac{T_2 - T_1}{T_1}$$

为 Al_3Mg_2 的相对饱和过冷度。

直到 Al_3Mg_2 与 α_2 相达到平衡，有

$$Al_3Mg_2 \rightleftharpoons (Al_3Mg_2)_{\alpha_2} \equiv (Al_3Mg_2)_{饱}$$

体系由 Al_3Mg_2 和 Al_3Mg_2 饱和的 α_2 相组成，其比例可由杠杆定则给出。

继续升高温度。Al_3Mg_2 的溶解过程可以统一描述如下：

在温度 T_j，Al_3Mg_2 在 α 相中的溶解达成平衡，有

$$Al_3Mg_2 \rightleftharpoons (Al_3Mg_2)_{\alpha_j} \equiv (Al_3Mg_2)_{饱}$$

继续升高温度到 T_{j+1}，在温度刚升到 T_{j+1}，Al_3Mg_2 还未来得及溶入 α_j 时，α_j 的组成未变，但已由 Al_3Mg_2 饱和的 α_j，变成不饱和的 α_j'。Al_3Mg_2 向其中溶解，有

$$Al_3Mg_2 = (Al_3Mg_2)_{\alpha_j'} \equiv (Al_3Mg_2)_{不饱}$$

该过程的摩尔吉布斯自由能变化为

$$\begin{aligned}\Delta G_{m,Al_3Mg_2} &= \mu_{(Al_3Mg_2)_{\alpha_j'}} - \mu_{Al_3Mg_2}\\ &= \mu_{(Al_3Mg_2)_{不饱}} - \mu_{Al_3Mg_2}\\ &= RT\ln a_{(Al_3Mg_2)_{\alpha_j'}}\\ &= RT\ln a_{(Al_3Mg_2)_{不饱}}\end{aligned}$$

式中，

$$\mu_{(Al_3Mg_2)_{\alpha_j'}} = \mu^*_{Al_3Mg_2} + RT\ln a_{(Al_3Mg_2)_{\alpha_j'}}$$

$$\mu_{(Al_3Mg_2)_{不饱}} = \mu^*_{Al_3Mg_2} + RT\ln a_{(Al_3Mg_2)_{不饱}}$$

$$\mu_{Al_3Mg_2} = \mu^*_{Al_3Mg_2}$$

$$\begin{aligned}\Delta G_{m,Al_3Mg_2}(T_{j+1}) &= \overline{G}_{m,(Al_3Mg_2)_{\alpha_j'}}(T_{j+1}) - G_{m,Al_3Mg_2}(T_{j+1})\\ &= \frac{\theta_{Al_3Mg_2,T_{j+1}}\Delta H_{m,Al_3Mg_2}(T_j)}{T_j}\\ &= \eta_{Al_3Mg_2,T_{j+1}}\Delta H_{m,Al_3Mg_2}(T_j)\end{aligned}$$

式中，

$$\theta_{Al_3Mg_2,T_{j+1}} = T_j - T_{j+1}$$

为 Al_3Mg_2 的绝对饱和过冷度；

$$\eta_{Al_3Mg_2,T_{j+1}} = \frac{T_j - T_{j+1}}{T_j}$$

为 Al_3Mg_2 的相对饱和过冷度；

直到溶解达成平衡，有

$$Al_3Mg_2 \rightleftharpoons (Al_3Mg_2)_{\alpha_{j+1}} \equiv (Al_3Mg_2)_{饱}$$

体系由 Al_3Mg_2 和 Al_3Mg_2 饱和的 α_{j+1} 相组成，其比例可由杠杆定则给出。继续升高温度，重复上述过程。

2. 相变速率

(1) 在温度 T_2。

在恒压条件下，在温度 T_2，单位体积内的 Al_3Mg_2 的溶解速率为

$$\begin{aligned}\frac{dn_{(Al_3Mg_2)_{\alpha'}}}{d\tau} &= -\frac{dn_{Al_3Mg_2}}{d\tau} \\ &= j_{Al_3Mg_2} \\ &= -l_1\left(\frac{A_{m,Al_3Mg_2}}{T}\right) - l_2\left(\frac{A_{m,Al_3Mg_2}}{d\tau}\right)^2 - l_3\left(\frac{A_{m,Al_3Mg_2}}{d\tau}\right)^3 - \cdots\end{aligned}$$

(2) 在温度 T_{j+1}。

在恒压条件下，在温度 T_{j+1}，相变速率为

$$\begin{aligned}\frac{dn_{(Al_3Mg_2)_{\alpha'_j}}}{d\tau} &= -\frac{dn_{Al_3Mg_2}}{d\tau} \\ &= j_{Al_3Mg_2} \\ &= -l_1\left(\frac{A_{m,Al_3Mg_2}}{T}\right) - l_2\left(\frac{A_{m,Al_3Mg_2}}{T}\right)^2 - l_3\left(\frac{A_{m,Al_3Mg_2}}{T}\right)^3 - \cdots\end{aligned}$$

式中，

$$A_{m,Al_3Mg_2} = \Delta G_{m,Al_3Mg_2}$$

9.4.3　Al-Sc 二元系的非平衡态热力学

1. Al-Sc 二元系降温过程的非平衡态热力学

1) Al-Sc 二元系降温过程的热力学

图 9-32 是 Al-Sc 二元系 Al-Al_3Sc 部分的相图。在恒压条件下，物质组成点为 P 的 Al-Sc 溶液降温凝固。

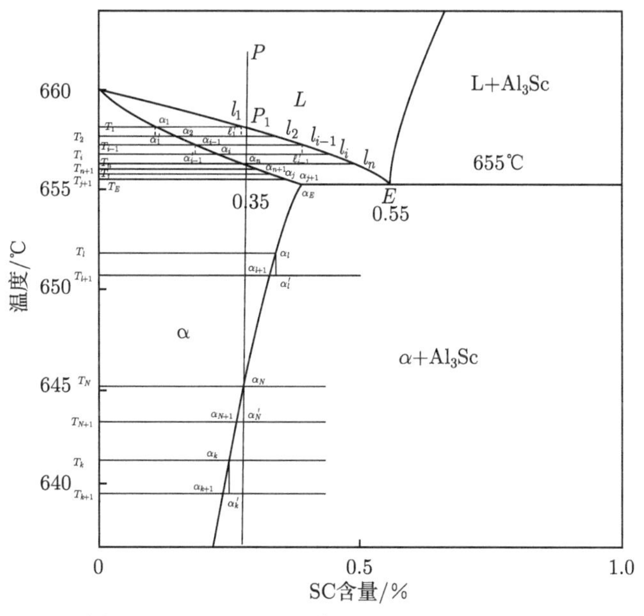

图 9-32 Al-Sc 二元系 Al-Al_3Sc 部分的相图

Al-Sc 溶液降温到 T_1。在温度 T_1，物质组成点到达液相线上的 P_1 点，也是平衡液相组成的 l_1 点，两者重合。有

$$\alpha_1 \rightleftharpoons l_1$$

即

$$(\alpha_1)_{l_1} \equiv (\alpha_1)_{\text{饱}} \rightleftharpoons \alpha_1$$

或

$$(\text{Al})_{l_1} \rightleftharpoons (\text{Al})_{\alpha_1}$$

$$(\text{Sc})_{l_1} \rightleftharpoons (\text{Sc})_{\alpha_1}$$

该过程的摩尔吉布斯自由能变化为零。继续降温至 T_2，在温度刚降至 T_2，溶液 l_1 还未来得及析出固相组元 α_1 或 Al 和 Sc 时，液相组成未变，但已由组元 α_1 饱和的 l_1 变成组元 α_1 过饱和的 l_1'，析出固相 α_1 或 Al 和 Sc。有

$$(\alpha_1)_{l_1'} \equiv (\alpha_1)_{\text{过饱}} = \alpha_1$$

即

$$(\mathrm{Al})_{l_1'} = (\mathrm{Al})_{\alpha_1}$$

$$(\mathrm{Sc})_{l_1'} = (\mathrm{Sc})_{\alpha_1}$$

上式表示组元 Al 和 Sc 从 l_1' 进入 α_1，一直到 l_1' 成为 l_2，溶液由 α_1 的过饱和转变为 α_2 的饱和。液固两相达到新的平衡。有

$$\alpha_2 \rightleftharpoons l_2$$

$$(\alpha_2)_{l_2} \equiv (\alpha_2)_{饱} \rightleftharpoons \alpha_2$$

即

$$(\mathrm{Al})_{l_2} \rightleftharpoons (\mathrm{Al})_{\alpha_2}$$

$$(\mathrm{Sc})_{l_2} \rightleftharpoons (\mathrm{Sc})_{\alpha_2}$$

以纯固溶体 α_1 和纯固态组元 Al、Sc 为标准状态，浓度以摩尔分数表示，在温度 T_2 析晶过程的摩尔吉布斯自由能变化为

$$\begin{aligned}\Delta G_{\mathrm{m},\alpha_1} &= \mu_{\alpha_1(晶体)} - \mu_{(\alpha_1)_{过饱}} \\ &= \mu_{\alpha_1(晶体)} - \mu_{(\alpha_1)_{l_1'}} \\ &= -RT\ln a^{\mathrm{R}}_{(\alpha_1)_{过饱}} \\ &= -RT\ln a^{\mathrm{R}}_{(\alpha_1)_{l_1'}}\end{aligned}$$

式中，

$$\mu_{\alpha_1(晶体)} = \mu^*_{\alpha_1(晶体)}$$

$$\begin{aligned}\mu_{(\alpha_1)_{过饱}} &= \mu^*_{\alpha_1(晶体)} + RT\ln a^{\mathrm{R}}_{(\alpha_1)_{过饱}} \\ &= \mu^*_{\alpha_1(晶体)} + RT\ln a^{\mathrm{R}}_{(\alpha_1)_{l_1'}}\end{aligned}$$

及

$$\begin{aligned}\Delta G_{\mathrm{m,Al}} &= \mu_{(\mathrm{Al})_{\alpha_1}} - \mu_{(\mathrm{Al})_{l_1'}} \\ &= RT\ln\frac{a^{\mathrm{R}}_{(\mathrm{Al})_{\alpha_1}}}{a^{\mathrm{R}}_{(\mathrm{Al})_{l_1'}}}\end{aligned}$$

$$\Delta G_{\mathrm{m,Sc}} = \mu_{(\mathrm{Sc})_{\alpha_1}} - \mu_{(\mathrm{Sc})_{l'_1}}$$
$$= RT \ln \frac{a^{\mathrm{R}}_{(\mathrm{Sc})_{\alpha_1}}}{a^{\mathrm{R}}_{(\mathrm{Sc})_{l'_1}}}$$

式中，

$$\mu_{(\mathrm{Al})_{\alpha_1}} = \mu^*_{\mathrm{Al}(\text{晶体})} + RT \ln a^{\mathrm{R}}_{(\mathrm{Al})_{l'_1}}$$

$$\mu_{(\mathrm{Sc})_{\alpha_1}} = \mu^*_{\mathrm{Al}(\text{晶体})} + RT \ln a^{\mathrm{R}}_{(\mathrm{Sc})_{l'_1}}$$

$$\Delta G_{\mathrm{m},\alpha_1} = x_{\mathrm{Al}} \Delta G_{\mathrm{m,Al}} + x_{\mathrm{Sc}} \Delta G_{\mathrm{m,Sc}}$$
$$= RT \left[x_{\mathrm{Al}} \ln \frac{a^{\mathrm{R}}_{(\mathrm{Al})_{\alpha_1}}}{a^{\mathrm{R}}_{(\mathrm{Al})_{l'_1}}} + x_{\mathrm{Sc}} \ln \frac{a^{\mathrm{R}}_{(\mathrm{Sc})_{\alpha_1}}}{a^{\mathrm{R}}_{(\mathrm{Sc})_{l'_1}}} \right]$$

或者，

$$\begin{aligned}
\Delta G_{\mathrm{m},\alpha_1}(T_2) &= G_{\mathrm{m},\alpha_1}(T_2) - \bar{G}_{\mathrm{m},(\alpha_1)_{l'_1}}(T_2) \\
&= \left[H_{\mathrm{m},\alpha_1}(T_2) - T_2 S_{\mathrm{m},\alpha_1}(T_2)\right] - \left[\bar{H}_{\mathrm{m},(\alpha_1)_{l'_1}}(T_2) - T_2 \bar{S}_{\mathrm{m},(\alpha_1)_{l'_1}}(T_2)\right] \\
&= \left[H_{\mathrm{m},\alpha_1}(T_2) - \bar{H}_{\mathrm{m},(\alpha_1)_{l'_1}}(T_2)\right] - T_2 \left[S_{\mathrm{m},\alpha_1}(T_2) - S_{\mathrm{m},(\alpha_1)_{l'_1}}(T_2)\right] \\
&= \Delta H_{\mathrm{m},\alpha_1}(T_2) - T_2 \Delta S_{\mathrm{m},\alpha_1}(T_2) \\
&\approx \Delta H_{\mathrm{m},\alpha_1}(T_1) - T_2 \Delta S_{\mathrm{m},\alpha_1}(T_1) \\
&= \Delta H_{\mathrm{m},\alpha_1}(T_1) - T_2 \frac{\Delta H_{\mathrm{m},\alpha_1}(T_1)}{T_1} \\
&= \frac{\theta_{\alpha_1,T_2} \Delta H_{\mathrm{m},\alpha_1}(T_1)}{T_1} \\
&= \eta_{\alpha_1,T_2} \Delta H_{\mathrm{m},\alpha_1}(T_1)
\end{aligned}$$

同理，

$$\Delta G_{\mathrm{m,Al}}(T_2) = \frac{\theta_{\mathrm{Al},T_2} \Delta H_{\mathrm{m,Al}}(T_1)}{T_1} = \eta_{\alpha_1,T_2} \Delta H_{\mathrm{m,Al}}(T_1)$$

$$\Delta G_{\mathrm{m,Sc}}(T_2) = \frac{\theta_{\mathrm{Sc},T_2} \Delta H_{\mathrm{m,Sc}}(T_1)}{T_1} = \eta_{\alpha_1,T_2} \Delta H_{\mathrm{m,Sc}}(T_2)$$

式中，

$$\Delta G_{\mathrm{m},\alpha_1}(T_2) = x_{\mathrm{Al}}\Delta G_{\mathrm{m,Al}}(T_2) + x_{\mathrm{Sc}}\Delta G_{\mathrm{m,Sc}}(T_2)$$

$$\theta_{\alpha_1,T_2} = \theta_{\mathrm{Al},T_2} = \theta_{\mathrm{Sc},T_2} = T_1 - T_2$$

$$\eta_{\alpha_1,T_2} = \eta_{\mathrm{Al},T_2} = \eta_{\mathrm{Sc},T_2} = \frac{T_1 - T_2}{T_1}$$

继续降温，重复以上过程。从温度 T_2 到温度 T_n，降温析晶过程可以描述如下：

在温度 T_{i-1}，液固两相达成平衡，有

$$l_{i-1} \rightleftharpoons \alpha_{i-1}$$

即

$$(\alpha_{i-1})_{l_{i-1}} \equiv (\alpha_{i-1})_{饱} \rightleftharpoons \alpha_{i-1}$$

或

$$(\mathrm{Al})_{l_{i-1}} \rightleftharpoons (\mathrm{Al})_{\alpha_{i-1}}$$

$$(\mathrm{Sc})_{l_{i-1}} \rightleftharpoons (\mathrm{Sc})_{\alpha_{i-1}}$$

温度降至 T_i。温度刚降至 T_i，还未来得及析出固相组元 α_{i-1} 或 Al 和 Sc 时，液相组成未变，但已由组元 α_{i-1} 饱和的 l_{i-1} 变成组元 α_{i-1} 过饱和的 l'_{i-1}，析出固相 α_{i-1} 或 Al 和 Sc。有

$$(\alpha_{i-1})_{l'_{i-1}} \equiv (\alpha_{i-1})_{饱} = \alpha_{i-1}$$

或

$$(\mathrm{Al})_{l'_{i-1}} = (\mathrm{Al})_{\alpha_{i-1}}$$

$$(\mathrm{Sc})_{l'_{i-1}} = (\mathrm{Sc})_{\alpha_{i-1}}$$

以纯固态 α_{i-1} 和纯固态组元 Al 和 Sc 为标准状态，浓度以摩尔分数表示，在温度 T_i，析晶过程的摩尔吉布斯自由能变化为

$$\begin{aligned}\Delta G_{\mathrm{m},\alpha_{i-1}} &= \mu_{\alpha_{i-1}(晶体)} - \mu_{(\alpha_{i-1})_{过饱}} \\ &= \mu_{\alpha_{i-1}(晶体)} - \mu_{(\alpha_{i-1})_{l'_{i-1}}} \\ &= -RT\ln a^{\mathrm{R}}_{(\alpha_{i-1})_{过饱}} \\ &= -RT\ln a^{\mathrm{R}}_{(\alpha_{i-1})_{l'_{i-1}}}\end{aligned}$$

式中，

$$\mu_{\alpha_{i-1}(\text{晶体})} = \mu^*_{\alpha_{i-1}(\text{晶体})}$$

$$\mu_{(\alpha_{i-1})_{\text{过饱}}} = \mu^*_{\alpha_{i-1}(\text{晶体})} + RT\ln a^{\text{R}}_{(\alpha_{i-1})_{\text{过饱}}}$$

$$\mu_{(\alpha_{i-1})_{l'_{i-1}}} = \mu^*_{\alpha_{i-1}(\text{晶体})} + RT\ln a^{\text{R}}_{(\alpha_{i-1})_{l'_{i-1}}}$$

$$\begin{aligned}\Delta G_{\text{m,Al}} &= \mu_{(\text{Al})_{\alpha_{i-1}}} - \mu_{(\text{Al})_{l'_{i-1}}} \\ &= RT\ln\frac{a^{R}_{(\text{Al})_{\alpha_{i-1}}}}{a^{\text{R}}_{(\text{Al})_{l'_{i-1}}}}\end{aligned}$$

$$\begin{aligned}\Delta G_{\text{m,Sc}} &= \mu_{(\text{Sc})_{\alpha_{i-1}}} - \mu_{(\text{Sc})_{l'_{i-1}}} \\ &= RT\ln\frac{a^{\text{R}}_{(\text{Sc})_{\alpha_{i-1}}}}{a^{\text{R}}_{(\text{Sc})_{l'_{i-1}}}}\end{aligned}$$

式中，

$$\mu_{(\text{Al})_{\alpha_{i-1}}} = \mu^*_{\text{Al}} + RT\ln a^{\text{R}}_{(\text{Al})_{\alpha_{i-1}}}$$

$$\mu_{(\text{Al})_{l'_{i-1}}} = \mu^*_{\text{Al}} + RT\ln a^{\text{R}}_{(\text{Al})_{l'_{i-1}}}$$

$$\mu_{(\text{Sc})_{\alpha_{i-1}}} = \mu^*_{\text{Sc}} + RT\ln a^{\text{R}}_{(\text{Sc})_{\alpha_{i-1}}}$$

$$\mu_{(\text{Sc})_{l'_{i-1}}} = \mu^*_{\text{Sc}} + RT\ln a^{\text{R}}_{(\text{Sc})_{l'_{i-1}}}$$

$$\Delta G_{\text{m},\alpha_{i-1}} = x_{\text{Al}}\Delta G_{\text{m,Al}} + x_{\text{Sc}}\Delta G_{\text{m,Sc}}$$

或者如下计算：

$$\begin{aligned}\Delta G_{\text{m},\alpha_{i-1}}(T_i) &= \frac{\theta_{\alpha_{i-1},T_i}\Delta H_{\text{m},\alpha_{i-1}}(T_{i-1})}{T_{i-1}} \\ &= \eta_{\alpha_{i-1},T_i}\ H_{\text{m},\alpha_{i-1}}(T_{i-1})\end{aligned}$$

$$\begin{aligned}\Delta G_{\text{m,Al}}(T_i) &= \frac{\theta_{\text{Al},T_i}\Delta H_{\text{m,Al}}(T_{i-1})}{T_{i-1}} \\ &= \eta_{\text{Al},T_i}\ H_{\text{m,Al}}(T_{i-1})\end{aligned}$$

$$\Delta G_{\text{m,Sc}}(T_i) = \frac{\theta_{\text{Sc},T_i}\Delta H_{\text{m,Sc}}(T_{i-1})}{T_{i-1}}$$

$$= \eta_{\mathrm{Sc},T_i} \, H_{\mathrm{m,Sc}} \left(T_{i-1}\right)$$

有

$$\Delta G_{\mathrm{m},\alpha_{i-1}} \left(T_i\right) = x_A \Delta G_{\mathrm{m,Al}} \left(T_i\right) + x_B \Delta G_{\mathrm{m,Sc}} \left(T_i\right)$$

式中，

$$\theta_{\alpha_{i-1},T_i} = \theta_{(\mathrm{Al})_{\alpha_{i-1}}T_i} = \theta_{(\mathrm{Sc})_{\alpha_{i-1}}T_i} = T_{i-1} - T_i$$

$$\eta_{\alpha_{i-1},T_i} = \eta_{(\mathrm{Al})_{\alpha_{i-1}}T_i} = \eta_{(\mathrm{Sc})_{\alpha_{i-1}}T_i} = \frac{T_{i-1} - T_i}{T_{i-1}}$$

直至 l'_{i-1} 成为 l_i，溶液由 α_{i-1} 的过饱和变成 α_i 的饱和，液固两相达成新的平衡，有

$$l_i \rightleftharpoons \alpha_i$$

$$\left(\alpha_i\right)_{l_i} \equiv \left(\alpha_i\right)_{饱} \rightleftharpoons \alpha_i$$

即

$$(\mathrm{Al})_{l_i} \rightleftharpoons (\mathrm{Al})_{\alpha_i}$$

$$(\mathrm{Sc})_{l_i} \rightleftharpoons (\mathrm{Sc})_{\alpha_i}$$

温度降至 T_n，T_n 是体系组成点与固相线交点的温度。固溶体 α_n 与液相 l_n 达成平衡，有

$$l_n \rightleftharpoons \alpha_n$$

即

$$\left(\alpha_n\right)_{l_n} \rightleftharpoons \alpha_n$$

或

$$(\mathrm{Al})_{l_n} \rightleftharpoons (\mathrm{Al})_{\alpha_n}$$

$$(\mathrm{Sc})_{l_n} \rightleftharpoons (\mathrm{Sc})_{\alpha_n}$$

继续降低温度至 T_{n+1}，温度刚降至 T_{n+1}，还未来得及析出固相组元 α_n 或组元 Al 和 Sc 时，液相组成未变，但已由 α_n 饱和的溶液 l_n 变成 α_n 过饱和的溶液 l'_n，析出固溶体 α_n。有

$$\left(\alpha_n\right)_{l'_n} \equiv \left(\alpha_n\right)_{过饱} = \alpha_n$$

$$(\mathrm{Al})_{l'_n} = (\mathrm{Al})_{\alpha_n}$$

$$(\mathrm{Sc})_{l'_n} = (\mathrm{Sc})_{\alpha_n}$$

以晶体 α_n 和固态 Al、Sc 为标准状态，浓度以摩尔分数表示。在温度 T_{n+1}，析晶过程的摩尔吉布斯自由能变化为

$$\begin{aligned}\Delta G_{\mathrm{m},\alpha_n} &= \mu_{\alpha_n(\text{晶体})} - \mu_{(\alpha_n)_{\text{过饱}}} \\ &= \mu_{\alpha_n(\text{晶体})} - \mu_{(\alpha_n)_{l'_n}} \\ &= -RT\ln a^{\mathrm{R}}_{(\alpha_n)_{\text{过饱}}} \\ &= -RT\ln a^{\mathrm{R}}_{(\alpha_n)_{l'_n}}\end{aligned}$$

式中，

$$\mu_{\alpha_n(\text{晶体})} = \mu^*_{\alpha_n(\text{晶体})}$$

$$\mu_{(\alpha_n)_{\text{过饱}}} = \mu^*_{\alpha_n(\text{晶体})} + RT\ln a^{\mathrm{R}}_{(\alpha_n)_{\text{过饱}}}$$

$$\mu_{(\alpha_n)_{l'_n}} = \mu^*_{\alpha_n(\text{晶体})} + RT\ln a^{\mathrm{R}}_{(\alpha_n)_{l'_n}}$$

$$\begin{aligned}\Delta G_{\mathrm{m,Al}} &= \mu_{(\mathrm{Al})_{\alpha_n}} - \mu_{(\mathrm{Al})_{l'_n}} \\ &= RT\ln\frac{a^{\mathrm{R}}_{(\mathrm{Al})_{\alpha_n}}}{a^{\mathrm{R}}_{(\mathrm{Al})_{l'_n}}}\end{aligned}$$

$$\begin{aligned}\Delta G_{\mathrm{m,Sc}} &= \mu_{(\mathrm{Sc})_{\alpha_n}} - \mu_{(\mathrm{Sc})_{l'_n}} \\ &= RT\ln\frac{a^{\mathrm{R}}_{(\mathrm{Sc})_{\alpha_n}}}{a^{\mathrm{R}}_{(\mathrm{Sc})_{l'_n}}}\end{aligned}$$

式中，

$$\begin{aligned}\mu_{(\mathrm{Al})_{\alpha_n}} &= \mu^*_{\mathrm{Al}} + RT\ln a^{\mathrm{R}}_{(\mathrm{Al})_{\alpha_n}} \\ &= \mu^*_{\mathrm{Al}} + RT\ln a^{\mathrm{R}}_{(\mathrm{Al})_{l'_n}}\end{aligned}$$

$$\begin{aligned}\mu_{(\mathrm{Sc})_{\alpha_n}} &= \mu^*_{\mathrm{Sc}} + RT\ln a^{\mathrm{R}}_{(\mathrm{Sc})_{\alpha_n}} \\ &= \mu^*_{\mathrm{Sc}} + RT\ln a^{\mathrm{R}}_{(\mathrm{Sc})_{l'_n}}\end{aligned}$$

$$\Delta G_{\mathrm{m},\alpha_n} = x_{\mathrm{Al}}\Delta G_{\mathrm{m,Al}} + x_{\mathrm{Sc}}\Delta G_{\mathrm{m,Sc}}$$

或者如下计算：

$$\Delta G_{\mathrm{m},\alpha_n}(T_{n+1}) = \frac{\theta_{\alpha_n,T_{n+1}}\Delta H_{\mathrm{m},\alpha_n}(T_n)}{T_n} = \eta_{\alpha_n,T_{n+1}}\Delta H_{\mathrm{m},\alpha_n}(T_n)$$

$$\Delta G_{\mathrm{m,Al}}(T_{n+1}) = \frac{\theta_{\mathrm{Al},T_{n+1}}\Delta H_{\mathrm{m,Al}}(T_n)}{T_n} = \eta_{\mathrm{Al},T_{n+1}}\Delta H_{\mathrm{m,Al}}(T_n)$$

$$\Delta G_{\mathrm{m,Sc}}(T_{n+1}) = \frac{\theta_{\mathrm{Sc},T_{n+1}}\Delta H_{\mathrm{m,Sc}}(T_n)}{T_n} = \eta_{\mathrm{Sc},T_{n+1}}\Delta H_{\mathrm{m,Sc}}(T_n)$$

有

$$\Delta G_{\mathrm{m},\alpha_n}(T_{n+1}) = x_{\mathrm{Al}}\Delta G_{\mathrm{m,Al}}(T_{n+1}) + x_{\mathrm{Sc}}\Delta G_{\mathrm{m,Sc}}(T_{n+1})$$

式中，

$$\theta_{\alpha_n,T_{n+1}} = \theta_{\mathrm{Al},T_{n+1}} = \theta_{\mathrm{Sc},T_{n+1}} = T_n - T_{n+1}$$

$$\eta_{\alpha_n,T_{n+1}} = \eta_{\mathrm{Al},T_{n+1}} = \eta_{\mathrm{Sc},T_{n+1}} = \frac{T_n - T_{n+1}}{T_n}$$

直至 α_n 变为 α_{n+1}，溶液消失，完全变为固相。这时体系进入 α 相区，为 α_P 相，其组成与物质组成点 P 相同。也可看作由纯 Al 和固溶体 α_{n+1} 均匀混合组成。其比例符合杠杆定则。

继续降温，从 T_{n+1} 到 T_E，固溶体 α 组成不变，仍与物质组成点 P 相同。也可以将固溶体 α 看作由纯 Al 和固相线上组成的固溶体的均匀混合物，随着温度的降低，固溶体析出 Al，其含 Al 量减少。析晶过程可以统一描述如下：

在温度 T_j，Al 和 α_j 达成平衡，有

$$\mathrm{Al} \rightleftharpoons \alpha_j$$

$$\mathrm{Al} \rightleftharpoons (\mathrm{Al})_{\alpha_j} = (\mathrm{Al})_{饱}$$

该过程的摩尔吉布斯自由能变化为零。

继续降温至 T_{j+1}，在温度刚降至 T_{j+1}，α_j 相尚未来得及析出 Al 晶体时，α_j 相组成未变，但已由 Al 的饱和 α_j 相变成 Al 过饱和的 α'_j 相，析出 Al。有

$$(\mathrm{Al})_{\alpha'_j} = \mathrm{Al(s)}$$

该过程的摩尔吉布斯自由能变化为

$$\begin{aligned}\Delta G_{\mathrm{m,Al}} &= \mu_{\mathrm{Al(s)}} - \mu_{(\mathrm{Al})_{\alpha'_j}} \\ &= \mu_{\mathrm{Al(s)}} - \mu_{(\mathrm{Al})_{过饱}} \\ &= -RT\ln a_{(\mathrm{Al})_{\alpha'_j}} \\ &= -RT\ln a_{(\mathrm{Al})_{过饱}}\end{aligned}$$

式中，

$$\mu_{\mathrm{Al(s)}} = \mu^*_{\mathrm{Al(s)}}$$

$$\mu_{(\mathrm{Al})_{\alpha'_j}} = \mu^*_{\mathrm{Al(s)}} + RT\ln a_{(\mathrm{Al})_{\alpha'_j}}$$

$$\mu_{(\mathrm{Al})_{过饱}} = \mu^*_{\mathrm{Al(s)}} + \mathrm{RT}\ln a_{(\mathrm{Al})_{过饱}}$$

或者，

$$\begin{aligned}\Delta G_{\mathrm{m,Al}}(T_{j+1}) &= G_{\mathrm{m,Al}}(T_{j+1}) - \bar{G}_{(\mathrm{Al})_{\alpha'_j}}(T_{j+1}) \\ &= [H_{\mathrm{m,Al}}(T_{j+1}) - T_{j+1}S_{\mathrm{m,Al}}(T_{j+1})] \\ &\quad - \left[\bar{H}_{\mathrm{m,(Al)}_{\alpha'_j}} - T_{j+1}\bar{S}_{\mathrm{m,(Al)}_{\alpha'_j}}(T_{j+1})\right] \\ &= H_{\mathrm{m,Al}}(T_{j+1}) - T_{j+1}\ S_{\mathrm{m,Al}}(T_{j+1}) \\ &\approx \Delta H_{\mathrm{m,Al}}(T_j) - T_j\Delta S_{\mathrm{m,Al}}(T_j) \\ &= \frac{\theta_{\mathrm{Al},T_{j+1}}\Delta H_{\mathrm{m,Al}}(T_j)}{T_j} \\ &= \eta_{\mathrm{Al},T_{j+1}}\Delta H_{\mathrm{m,Al}}(T_j)\end{aligned}$$

式中，

$$\theta_{\mathrm{Al},T_{j+1}} = T_j - T_{j+1}$$

为绝对饱和过冷度；

$$\eta_{\mathrm{Al},T_{j+1}} = \frac{T_j - T_{j+1}}{T_j}$$

为相对饱和过冷度。

继续降温，在温度 T_E，固相线上的组成为 α_E，具有物质组成点为 P 的固溶体 α_P 可以看作由纯 Al 与 α_E 均匀混合而成，其组成符合杠杆定则。而 α_E 可以看作由 Al 和 Al_3Sc 均匀混合而成，其比例符合杠杆定则。

继续降温，温度从 T_E 降至 T_N，相变过程可以统一描述如下：

在温度 T_l，相变过程达成平衡，有

$$\alpha_l \rightleftharpoons \mathrm{Al_3Sc}$$

即

$$(\mathrm{Al_3Sc})_{\alpha_l} \rightleftharpoons \mathrm{Al_3Sc}$$

继续降温至 T_{l+1}，在温度刚降至 T_{l+1}，尚未来得及析出 $\mathrm{Al_3Sc}$ 时，α_l 组成未变，但已由 $\mathrm{Al_3Sc}$ 的饱和相 α_l 变成过饱和相 α_l'，会析出 $\mathrm{Al_3Sc}$，有

$$(\mathrm{Al_3Sc})_{\alpha_l'} = \mathrm{Al_3Sc}$$

该过程的摩尔吉布斯自由能变化为

$$\begin{aligned}
\Delta G_{\mathrm{m,Al_3Sc}} &= \mu_{\mathrm{Al_3Sc}} - \mu_{(\mathrm{Al_3Sc})_{\alpha_l'}} \\
&= \mu_{\mathrm{Al_3Sc}} - \mu_{(\mathrm{Al_3Sc})_{过饱}} \\
&= -RT\ln a_{(\mathrm{Al_3Sc})_{\alpha_l'}} \\
&= -RT\ln a_{(\mathrm{Al_3Sc})_{过饱}}
\end{aligned}$$

式中

$$\mu_{\mathrm{Al_3Sc}} = \mu^*_{\mathrm{Al_3Sc}}$$

$$\mu_{(\mathrm{Al_3Sc})_{\alpha_l'}} = \mu^*_{\mathrm{Al_3Sc}} + RT\ln a_{(\mathrm{Al_3Sc})_{\alpha_l'}}$$

$$\mu_{(\mathrm{Al_3Sc})_{过饱}} = \mu^*_{\mathrm{Al_3Sc}} + RT\ln a_{(\mathrm{Al_3Sc})_{过饱}}$$

温度降至 T_N，物质组成点到达 $\mathrm{Al_3Sc}$ 在 α 中的溶解度线上的 N 点，也是平衡 α-Al 相组成的 N 点。有

$$\mathrm{Al_3Sc} \rightleftharpoons \alpha_N$$

即

$$(\mathrm{Al_3Sc})_{\alpha_N} \equiv (\mathrm{Al_3Sc})_{饱} \rightleftharpoons \mathrm{Al_3Sc}$$

该过程的摩尔吉布斯自由能变化为零。继续降温，在温度刚降至 T_{N+1}，α_N 相中还未来得及析出 $\mathrm{Al_3Sc}$ 时，α_N 相的组成未变，但已由 $\mathrm{Al_3Sc}$ 饱和的 α_N 变成 $\mathrm{Al_3Sc}$ 过饱和的 α_N'，析出 $\mathrm{Al_3Sc}$。有

$$(\mathrm{Al_3Sc})_{\alpha_N'} \equiv (\mathrm{Al_3Sc})_{过饱} = \mathrm{Al_3Sc}$$

以固态 Al_3Sc 为标准状态，组成以摩尔分数表示，上述过程的摩尔吉布斯自由能变化为

$$\begin{aligned}\Delta G_{m,Al_3Sc} &= \mu_{Al_3Sc} - \mu_{(Al_3Sc)_{过饱}} \\ &= \mu_{Al_3Sc} - \mu_{(Al_3Sc)_{\alpha'_N}} \\ &= -RT\ln a^R_{(Al_3Sc)_{过饱}} \\ &= -RT\ln a^R_{(Al_3Sc)_{\alpha'_N}}\end{aligned}$$

式中，

$$\mu_{Al_3Sc} = \mu^*_{Al_3Sc}$$
$$\mu_{(Al_3Sc)_{过饱}} = \mu^*_{Al_3Sc} + RT\ln a^R_{(Al_3Sc)_{过饱}}$$
$$\mu_{(Al_3Sc)_{\alpha'_N}} = \mu^*_{Al_3Sc} + RT\ln a^R_{(Al_3Sc)_{\alpha'_N}}$$

继续降温，重复上述过程，可统一描述如下：

在温度 T_k，Al_3Sc 与 α 达成平衡，有

$$Al_3Sc \rightleftharpoons \alpha_k$$

即

$$(Al_3Sc)_{\alpha_k} \equiv (Al_3Sc)_{饱} \rightleftharpoons Al_3Sc$$

该过程的摩尔吉布斯自由能变化为零。继续降温至 T_{k+1}。在温度刚降至 T_{k+1}，α 尚未来得及析出 Al_3Sc 时，α 的组成未变，但已由 Al_3Sc 饱和的 α，变成过饱和的 $(\alpha)_{k'}$，析出 Al_3Sc，有

$$(Al_3Sc)_{\alpha_{k'}} \equiv (Al_3Sc)_{过饱} \rightleftharpoons Al_3Sc$$

以固态 Al_3Sc 为标准状态，组成以摩尔分数表示，上述过程的摩尔吉布斯自由能变化为

$$\begin{aligned}\Delta G_{m,Al_3Sc} &= \mu_{Al_3Sc} - \mu_{(Al_3Sc)_{\alpha'_k}} \\ &= \mu_{Al_3Sc} - \mu_{(Al_3Sc)_{过饱}} \\ &= -RT\ln a_{(Al_3Sc)_{\alpha'_k}} \\ &= -RT\ln a_{(Al_3Sc)_{过饱}}\end{aligned}$$

式中，

$$\mu_{\mathrm{Al_3Sc}} = \mu^*_{\mathrm{Al_3Sc}}$$

$$\begin{aligned}\mu_{(\mathrm{Al_3Sc})_{\alpha'_k}} &= \mu^*_{\mathrm{Al_3Sc}} + RT\ln a_{(\mathrm{Al_3Sc})_{\alpha_{k'}}} \\ &= \mu^*_{\mathrm{Al_3Sc}} + RT\ln a_{(\mathrm{Al_3Sc})_{过饱}}\end{aligned}$$

直至达成平衡，有

$$(\mathrm{Al_3Sc})_{\alpha_{k+1}} =\!=\!= (\mathrm{Al_3Sc})_{饱} \rightleftharpoons \mathrm{Al_3Sc}$$

继续降温，重复上述过程

2) 凝固速率

(1) 在温度 T_2。

在压力恒定，温度为 T_2 的条件下，二元系 Al-Sc 单位体积内析出组元 α_1 的速率为

$$\begin{aligned}\frac{\mathrm{d}n_{\alpha_1}}{\mathrm{d}t} &= -\frac{\mathrm{d}n_{(\alpha_1)_{l'_{i-1}}}}{\mathrm{d}t} \\ &= j_{\alpha_1} \\ &= -l_1\left(\frac{A_{\mathrm{m},\alpha_1}}{T}\right) - l_2\left(\frac{A_{\mathrm{m},\alpha_1}}{T}\right)^2 - l_3\left(\frac{A_{\mathrm{m},\alpha_1}}{T}\right)^3 - \cdots\end{aligned}$$

(2) 从温度 T_2 到 T_n。

从温度 T_2 到温度 T_n，在温度 $T_i(i = 1, 2, 3, \cdots, N)$，单位体积内析晶速率为

$$\begin{aligned}\frac{\mathrm{d}n_{\alpha_{i-1}}}{\mathrm{d}t} &= -\frac{\mathrm{d}n_{(\alpha_{i-1})_{l'_{i-1}}}}{\mathrm{d}t} = j_{\alpha_{i-1}} \\ &= -l_1\left(\frac{A_{\mathrm{m},\alpha_{i-1}}}{T}\right) - l_2\left(\frac{A_{\mathrm{m},\alpha_{i-1}}}{T}\right)^2 - l_3\left(\frac{A_{\mathrm{m},\alpha_{i-1}}}{T}\right)^3 - \cdots\end{aligned}$$

(3) 在温度 T_{n+1}，有

$$\begin{aligned}\frac{\mathrm{d}n_{\alpha_n}}{\mathrm{d}t} &= -\frac{\mathrm{d}n_{(\alpha_n)_{l'_n}}}{\mathrm{d}t} = j_{\alpha_n} \\ &= -l_1\left(\frac{A_{\mathrm{m},\alpha_n}}{T}\right) - l_2\left(\frac{A_{\mathrm{m},\alpha_n}}{T}\right)^2 - l_3\left(\frac{A_{\mathrm{m},\alpha_n}}{T}\right)^3 - \cdots\end{aligned}$$

(4) 在温度 T_{j+1}，有压力恒定，在温度 T_{j+1}，有

$$\begin{aligned}\frac{\mathrm{d}n_{\mathrm{Al}}}{\mathrm{d}t} &= -\frac{\mathrm{d}n_{(\mathrm{Al})_{\alpha_j}}}{\mathrm{d}t} = j_{\mathrm{Al}} \\ &= -l_1\left(\frac{A_{\mathrm{m,Al}}}{T}\right) - l_2\left(\frac{A_{\mathrm{m,Al}}}{T}\right)^2 - l_3\left(\frac{A_{\mathrm{m,Al}}}{T}\right)^3 - \cdots\end{aligned}$$

(5) 从温度 T_E 到 T_N 压力恒定，在温度 T_{l+1}，有

$$\begin{aligned}\frac{\mathrm{d}n_{\mathrm{Al_3Sc}}}{\mathrm{d}t} &= -\frac{\mathrm{d}n_{(\mathrm{Al_3Sc})_{\alpha_E}}}{\mathrm{d}t}\alpha_j = j_{\mathrm{Al_3Sc}} \\ &= -l_1\left(\frac{A_{\mathrm{m,Al_3Sc}}}{T}\right) - l_2\left(\frac{A_{\mathrm{m,Al_3Sc}}}{T}\right)^2 - l_3\left(\frac{A_{\mathrm{m,Al_3Sc}}}{T}\right)^3 - \cdots\end{aligned}$$

(6) 在温度 T_{N+1}，有

$$\begin{aligned}\frac{\mathrm{d}n_{\mathrm{Al_3Sc}}}{\mathrm{d}t} &= -\frac{\mathrm{d}n_{(\mathrm{Al_3Sc})_{\alpha'_N}}}{\mathrm{d}t} = j_{\mathrm{Al_3Sc}} \\ &= -l_1\left(\frac{A_{\mathrm{m,Al_3Sc}}}{T}\right) - l_2\left(\frac{A_{\mathrm{m,Al_3Sc}}}{T}\right)^2 - l_3\left(\frac{A_{\mathrm{m,Al_3Sc}}}{T}\right)^3 - \cdots\end{aligned}$$

(7) 温度低于 T_{N+1}。

在压力恒定，温度在 T_{N+1} 以下，有

$$\begin{aligned}\frac{\mathrm{d}n_{\mathrm{Al_3Sc}}}{\mathrm{d}t} &= -\frac{\mathrm{d}n_{(\mathrm{Al_3Sc})_{\alpha'_k}}}{\mathrm{d}t} = j_{\mathrm{Al_3Sc}} \\ &= -l_1\left(\frac{A_{\mathrm{m,Al_3Sc}}}{T}\right) - l_2\left(\frac{A_{\mathrm{m,Al_3Sc}}}{T}\right)^2 - l_3\left(\frac{A_{\mathrm{m,Al_3Sc}}}{T}\right)^3 - \cdots\end{aligned}$$

上面各式中

$$A_{\mathrm{m},\alpha_1} = \Delta G_{\mathrm{m},\alpha_1}$$

$$A_{\mathrm{m},\alpha_{i-1}} = \Delta G_{\mathrm{m},\alpha_{i-1}}$$

$$A_{\mathrm{m},\alpha_n} = \Delta G_{\mathrm{m},\alpha_n}$$

$$A_{\mathrm{m,Al}} = \Delta G_{\mathrm{m,Al}}$$

$$A_{\mathrm{m,Al_3Sc}} = \Delta G_{\mathrm{m,Al_3Sc}}$$

2. Al-Sc 二元系升温过程的非平衡态热力学

1)Al-Sc 二元系升温过程的热力学

图 9-33 是 Al-Sc 二元系相图的 Al-Al_3Sc 部分。在恒压条件下，物质组成点为 P 的 Al-Sc 二元系升温。在温度 T_1，物质组成点为 P_1。P_1 在两相区内，由 Al_3Sc 与 Al_3Sc 饱和的相 α_1 组成。其组成符合以 P_1 为支点的杠杆定则。

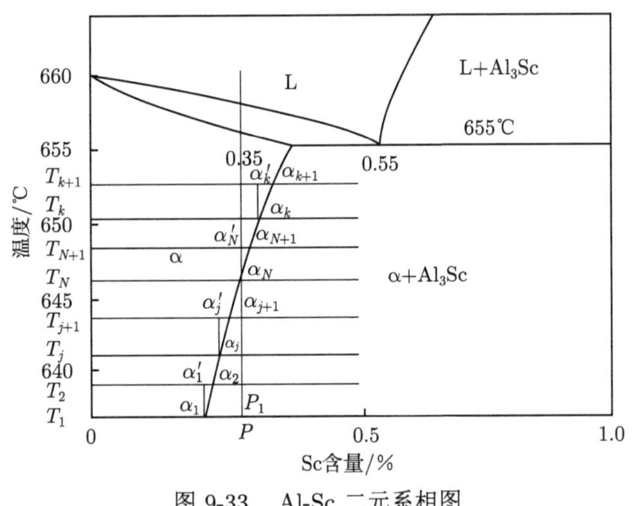

图 9-33　Al-Sc 二元系相图

在温度 T_1，化合物 Al_3Sc 与 α_1 达成平衡，有

$$Al_3Sc \rightleftharpoons \alpha_1$$

即

$$Al_3Sc \rightleftharpoons (Al_3Sc)_{饱} \equiv (Al_3Sc)_{\alpha_1}$$

该过程的摩尔吉布斯自由能变化为零。

继续升高温度到 T_2。在温度刚升到 T_2，Al_3Sc 还未来得及溶入 α_2 时，α_1 组成未变。但已由 Al_3Sc 饱和的 α_1 变成不饱和的 α_1'。Al_3Sc 向 α_1' 中溶解，有

$$Al_3Sc = (Al_3Sc)_{\alpha_1'} \equiv (Al_3Sc)_{不饱}$$

以纯固态 Al_3Sc 为标准状态，浓度以摩尔分数表示。该过程的摩尔吉布斯自由能变化为

$$\Delta G_{m,Al_3Sc} = \mu_{(Al_3Sc)_{\alpha_1'}} - \mu_{Al_3Sc}$$

$$
\begin{aligned}
&= \mu_{(\mathrm{Al_3Sc})_{\text{不饱}}} - \mu_{\mathrm{Al_3Sc}} \\
&= RT \ln a^{\mathrm{R}}_{(\mathrm{Al_3Sc})_{\alpha'_1}} \\
&= RT \ln a^{\mathrm{R}}_{(\mathrm{Al_3Sc})_{\text{不饱}}}
\end{aligned}
$$

式中，

$$\mu_{(\mathrm{Al_3Sc})_{\alpha'_1}} = \mu^*_{\mathrm{Al_3Sc}} + RT \ln a^{\mathrm{R}}_{(\mathrm{Al_3Sc})_{\alpha'_1}}$$

$$\mu_{(\mathrm{Al_3Sc})_{\text{不饱}}} = \mu^*_{\mathrm{Al_3Sc}} + RT \ln a^{\mathrm{R}}_{(\mathrm{Al_3Sc})_{\text{不饱}}}$$

$$\mu_{\mathrm{Al_3Sc}} = \mu^*_{\mathrm{Al_3Sc}}$$

直到 $\mathrm{Al_3Sc}$ 与 α 相达到平衡，有

$$\mathrm{Al_3Sc} \rightleftharpoons \alpha_2$$

即

$$\mathrm{Al_3Sc} \rightleftharpoons (\mathrm{Al_3Sc})_{\alpha_2} \equiv (\mathrm{Al_3Sc})_{\text{饱}}$$

也可以如下计算

$$
\begin{aligned}
\Delta G_{\mathrm{m,Al_3Sc}}(T_2) &= \overline{G}_{\mathrm{m,(Al_3Sc)}_{\alpha'_1}}(T_2) - G_{\mathrm{m,Al_3Sc}}(T_2) \\
&= \left[\overline{H}_{\mathrm{m,(Al_3Sc)}_{\alpha'_j}}(T_2) - T_2\overline{S}_{\mathrm{m,(Al_3Sc)}_{\alpha'_1}}(T_2)\right] \\
&\quad - [H_{\mathrm{m,Al_3Sc}}(T_2) - T_2 S_{\mathrm{m,Al_3Sc}}(T_2)] \\
&= \left[\overline{H}_{\mathrm{m,(Al_3Sc)}_{\alpha'_1}}(T_2) - H_{\mathrm{m,Al_3Sc}}(T_2)\right] \\
&\quad - T_2\left[\overline{S}_{\mathrm{m,(Al_3Sc)}_{\alpha'_1}}(T_2) - S_{\mathrm{m,Al_3Sc}}(T_2)\right] \\
&= \Delta H_{\mathrm{m,Al_3Sc}}(T_2) - T_{j+1}\Delta S_{\mathrm{m,Al_3Sc}}(T_2) \\
&\approx \Delta H_{\mathrm{m,Al_3Sc}}(T_1) - T_2\Delta S_{\mathrm{m,Al_3Sc}}(T_1) \\
&= \Delta H_{\mathrm{m,Al_3Sc}}(T_1) - T_2\frac{\Delta H_{\mathrm{m,Al_3Sc}}(T_1)}{T_1} \\
&= \frac{\theta_{\mathrm{Al_3Sc},T_2}\Delta H_{\mathrm{m,Al_3Sc}}(T_1)}{T_1} \\
&= \eta_{\mathrm{Al_3Sc},T_2}\Delta H_{\mathrm{m,Al_3Sc}}(T_1)
\end{aligned}
$$

式中，

$$\theta_{\mathrm{Al_3Sc},T_2} = T_1 - T_2$$

$$\eta_{\mathrm{Al_3Sc},T_2} = \frac{T_1 - T_2}{T_1}$$

体系由 Al_3Sc 和 Al_3Sc 饱和的 α_2 相组成，其比例可由杠杆定则给出。

继续升高温度。从温度 T_2 到温度 T_N，Al_3Sc 的溶解过程可以统一描述如下：

在温度 T_j，Al_3Sc 在 α 相中的溶解达成平衡，有

$$\mathrm{Al_3Sc} \rightleftharpoons (\mathrm{Al_3Sc})_{\alpha_j} \equiv (\mathrm{Al_3Sc})_{饱}$$

继续升高温度到 T_{j+1}，在温度刚升到 T_{j+1}，Al_3Sc 还未来得及溶入 α_j 时，α_j 的组成未变，但已由 Al_3Sc 饱和的 α_j，变成不饱和的 α_j'。Al_3Sc 向其中溶解，有

$$\mathrm{Al_3Sc} = (\mathrm{Al_3Sc})_{\alpha_j'} \equiv (\mathrm{Al_3Sc})_{不饱}$$

以纯固态 Al_3Sc 为标准状态，浓度以摩尔分数表示，该过程的摩尔吉布斯自由能变化为

$$\begin{aligned}
\Delta G_{\mathrm{m,Al_3Sc}} &= \mu_{(\mathrm{Al_3Sc})_{\alpha_j'}} - \mu_{\mathrm{Al_3Sc}} \\
&= \mu_{(\mathrm{Al_3Sc})_{不饱}} - \mu_{\mathrm{Al_3Sc}} \\
&= RT\ln a^{\mathrm{R}}_{(\mathrm{Al_3Sc})_{\alpha_j'}} \\
&= RT\ln a^{\mathrm{R}}_{(\mathrm{Al_3Sc})_{不饱}}
\end{aligned}$$

式中，

$$\mu_{(\mathrm{Al_3Sc})_{\alpha_j'}} = \mu^*_{\mathrm{Al_3Sc}} + RT\ln a^{\mathrm{R}}_{(\mathrm{Al_3Sc})_{\alpha_j'}}$$

$$\mu_{(\mathrm{Al_3Sc})_{不饱}} = \mu^*_{\mathrm{Al_3Sc}} + RT\ln a^{\mathrm{R}}_{(\mathrm{Al_3Sc})_{不饱}}$$

$$\mu_{\mathrm{Al_3Sc}} = \mu^*_{\mathrm{Al_3Sc}}$$

直到溶解达成平衡，有

$$\mathrm{Al_3Sc} \rightleftharpoons (\mathrm{Al_3Sc})_{\alpha_{j+1}} \equiv (\mathrm{Al_3Sc})_{饱}$$

体系由 Al_3Sc 和 Al_3Sc 饱和的 α_{j+1} 相组成，其比例可由杠杆定则给出。

或者如下计算：

$$\Delta G_{\mathrm{m,Al_3Sc}}(T_{j+1}) = \overline{G}_{\mathrm{m},(\mathrm{Al_3Sc})_{\alpha_j'}}(T_{j+1}) - G_{\mathrm{m,Al_3Sc}}(T_{j+1})$$

$$= \frac{\theta_{\mathrm{Al_3Sc},T_{j+1}} \Delta H_{\mathrm{m,Al_3Sc}}(T_j)}{T_j}$$

$$= \eta_{\mathrm{Al_3Sc},T_{j+1}} \Delta H_{\mathrm{m,Al_3Sc}}(T_j)$$

式中，

$$\theta_{\mathrm{Al_3Sc},T_{j+1}} = T_j - T_{j+1}$$

为 Al_3Sc 的绝对饱和过冷度；

$$\eta_{\mathrm{Al_3Sc},T_{j+1}} = \frac{T_j - T_{j+1}}{T_j}$$

为 Al_3Sc 的相对饱和过冷度。

升高温度到 T_N，T_N 是物质组成点与 Al_3Sc 在固体 Al 中溶解度线的交点。在温度 T_N，Al_3Sc 与 α_N 达成平衡，有

$$(\mathrm{Al_3Sc}) \rightleftharpoons (\mathrm{Al_3Sc})_{\alpha_N} \equiv\!\equiv (\mathrm{Al_3Sc})_{饱}$$

体系由 Al_3Sc 与 Al_3Sc 饱和的 α_N 组成。

继续升高温度到 T_{N+1}，在温度刚升到 T_{N+1}，Al_3Sc 尚未来得及溶入 α_N 中时，α_N 的组成未变，但 α_N 已由 Al_3Sc 的饱和相变成 Al_3Sc 不饱和的 α'_N，Al_3Sc 向其中溶解，有

$$\mathrm{Al_3Sc} = (\mathrm{Al_3Sc})_{\alpha'_N} \equiv\!\equiv (\mathrm{Al_3Sc})_{不饱}$$

以纯固态 Al_3Sc 为标准状态，浓度以摩尔分数表示，该过程的摩尔吉布斯自由能变化为

$$\begin{aligned}
\Delta G_{\mathrm{m}} &= \mu_{(\mathrm{Al_3Sc})_{\alpha'_N}} - \mu_{\mathrm{Al_3Sc}} \\
&= \mu_{(\mathrm{Al_3Sc})_{不饱}} - \mu_{\mathrm{Al_3Sc}} \\
&= RT \ln a^{\mathrm{R}}_{(\mathrm{Al_3Sc})_{\alpha'_N}} \\
&= RT \ln a^{\mathrm{R}}_{(\mathrm{Al_3Sc})_{不饱}}
\end{aligned}$$

式中，

$$\begin{aligned}
\mu_{(\mathrm{Al_3Sc})_{\alpha'_N}} &= \mu^{*}_{\mathrm{Al_3Sc}} + RT \ln a^{\mathrm{R}}_{(\mathrm{Al_3Sc})_{\alpha'_N}} \\
&= \mu^{*}_{\mathrm{Al_3Sc}} + RT \ln a^{\mathrm{R}}_{(\mathrm{Al_3Sc})_{不饱}}
\end{aligned}$$

$$\mu_{Al_3Sc} = \mu^*_{Al_3Sc}$$

直到 Al_3Sc 完全溶解到 α_N 相中。α_N 变为 α_{N-1}，体系由 Al_3Sc 的饱和相 α_{N+1} 和纯 Al 组成，其比例符合杠杆定则。

或者

$$\begin{aligned}\Delta G_{m,Al_3Sc}(T_{N+1}) &= \overline{G}_{m,(Al_3Sc)_{\alpha'_N}}(T_{N+1}) - G_{m,Al_3Sc}(T_{N+1}) \\ &= \frac{\theta_{Al_3Sc,T_{N+1}}\Delta H_{m,Al_3Sc}(T_N)}{T_N} \\ &= \eta_{Al_3Sc,T_{N+1}}\Delta H_{m,Al_3Sc}(T_N)\end{aligned}$$

式中，

$$\theta_{Al_3Sc,T_{N+1}} = T_N - T_{N+1}$$

为 Al_3Sc 的绝对饱和过冷度；

$$\eta_{Al_3Sc,T_{N+1}} = \frac{T_N - T_{N+1}}{T_N}$$

为 Al_3Sc 的相对饱和过冷度；

继续升高温度。从 T_N 到 T_E，Al_3Sc 继续向 α 相中溶解。溶解过程，可以统一描述如下：

在温度 T_k，Al_3Sc 在 α 相中的溶解达到平衡，有

$$Al_3Sc \rightleftharpoons (Al_3Sc)_{\alpha_k} \equiv (Al_3Sc)_{饱}$$

继续升高温度到 T_{k+1}。在温度刚升到 T_{k+1}，Al_3Sc 未来得及溶入 α_k 时，α_k 的组成未变，但已由 Al_3Sc 饱和的 α_k 变成不饱和的 α'_k。Al_3Sc 向其中溶解，有

$$Al_3Sc = (Al_3Sc)_{\alpha'_k} \equiv (Al_3Sc)_{不饱}$$

以纯固态 Al_3Sc 为标准状态，浓度以摩尔分数表示，该过程的摩尔吉布斯自由能变化为

$$\begin{aligned}\Delta G_{m,Al_3Sc} &= \mu_{(Al_3Sc)_{\alpha'_k}} - \mu_{Al_3Sc} \\ &= \mu_{(Al_3Sc)_{不饱}} - \mu_{Al_3Sc} \\ &= RT\ln a^R_{(Al_3Sc)_{\alpha'_k}} \\ &= RT\ln a^R_{(Al_3Sc)_{不饱}}\end{aligned}$$

式中，

$$\mu_{(\mathrm{Al_3Sc})_{\alpha'_k}} = \mu^*_{\mathrm{Al_3Sc}} + RT\ln a^{\mathrm{R}}_{(\mathrm{Al_3Sc})_{\alpha'_k}}$$

$$\mu_{(\mathrm{Al_3Sc})_{不饱}} = \mu^*_{\mathrm{Al_3Sc}} + RT\ln a^{\mathrm{R}}_{(\mathrm{Al_3Sc})_{不饱}}$$

$$\mu_{\mathrm{Al_3Sc}} = \mu^*_{\mathrm{Al_3Sc}}$$

或者如下计算：

$$\begin{aligned}\Delta G_{\mathrm{m,Al_3Sc}} &= \overline{G}_{\mathrm{m,(Al_3Sc)}_{\alpha'_k}}(T_{k+1}) - G_{\mathrm{m,Al_3Sc}}(T_{k+1})\\ &= \frac{\theta_{\mathrm{Al_3Sc},T_{k+1}}\Delta H_{\mathrm{m,Al_3Sc}}(T_k)}{T_k}\\ &= \eta_{\mathrm{Al_3Sc},T_{k+1}}\Delta H_{\mathrm{m,Al_3Sc}}(T_k)\end{aligned}$$

式中，

$$\theta_{\mathrm{Al_3Sc},T_{k+1}} = T_k - T_{k+1}$$

为 $\mathrm{Al_3Sc}$ 的绝对饱和过冷度；

$$\eta_{\mathrm{Al_3Sc},T_{k+1}} = \frac{T_k - T_{k+1}}{T_k}$$

为 $\mathrm{Al_3Sc}$ 的相对饱和过冷度；

2) 相变速率

(1) 在温度 T_2。

在恒压条件下，在温度 T_2，单位体积内的 $\mathrm{Al_3Sc}$ 的溶解速率为

$$\begin{aligned}\frac{\mathrm{d}n_{(\mathrm{Al_3Sc})_{\alpha'}}}{\mathrm{d}\tau} &= -\frac{\mathrm{d}n_{\mathrm{Al_3Sc}}}{\mathrm{d}\tau} = j_{\mathrm{Al_3Sc}}\\ &= -l_1\left(\frac{A_{\mathrm{m,Al_3Sc}}}{T}\right) - l_2\left(\frac{A_{\mathrm{m,Al_3Sc}}}{\mathrm{d}\tau}\right)^2 - l_3\left(\frac{A_{\mathrm{m,Al_3Sc}}}{\mathrm{d}\tau}\right)^3 - \cdots\end{aligned}$$

(2) 在温度 T_{j+1}。

在恒压条件下，在温度 T_{j+1}，相变速率为

$$\begin{aligned}\frac{\mathrm{d}n_{(\mathrm{Al_3Sc})_{\alpha'_j}}}{\mathrm{d}\tau} &= -\frac{\mathrm{d}n_{\mathrm{Al_3Sc}}}{\mathrm{d}\tau} = j_{\mathrm{Al_3Sc}}\\ &= -l_1\left(\frac{A_{\mathrm{m,Al_3Sc}}}{T}\right) - l_2\left(\frac{A_{\mathrm{m,Al_3Sc}}}{T}\right)^2 - l_3\left(\frac{A_{\mathrm{m,Al_3Sc}}}{T}\right)^3 - \cdots\end{aligned}$$

(3) 在温度 T_{N+1}。

在恒压条件下，在温度 T_{N+1}，相变速率为

$$
\begin{aligned}
\frac{\mathrm{d}n_{(\mathrm{Al_3Sc})_{\alpha'_N}}}{\mathrm{d}\tau} &= -\frac{\mathrm{d}n_{\mathrm{Al_3Sc}}}{\mathrm{d}\tau} = j_{\mathrm{Al_3Sc}} \\
&= -l_1\left(\frac{A_{\mathrm{m,Al_3Sc}}}{T}\right) - l_2\left(\frac{A_{\mathrm{m,Al_3Sc}}}{T}\right)^2 - l_3\left(\frac{A_{\mathrm{m,Al_3Sc}}}{T}\right)^3 - \cdots
\end{aligned}
$$

式中，

$$A_{\mathrm{m,Al_3Sc}} = \Delta G_{\mathrm{m}}$$

(4) 温度从 T_N 到 T_E。

在温度 T_k，有

$$
\begin{aligned}
\frac{\mathrm{d}n_{(\mathrm{Al_3Sc})_{\alpha'_k}}}{\mathrm{d}\tau} &= -\frac{\mathrm{d}n_{\mathrm{Al_3Sc}}}{\mathrm{d}\tau} = j_{\mathrm{Al_3Sc}} \\
&= -l_1\left(\frac{A_{\mathrm{m,Al_3Sc}}}{T}\right) - l_2\left(\frac{A_{\mathrm{m,Al_3Sc}}}{T}\right)^2 - l_3\left(\frac{A_{\mathrm{m,Al_3Sc}}}{T}\right)^3 - \cdots
\end{aligned}
$$

式中，

$$A_{\mathrm{m,Al_3Sc}} = \Delta G_{\mathrm{m,Al_3Sc}}$$

第 10 章　WAAM Al-Mg-Sc 合金的双丝工艺

由于 Al-Mg 合金是非热处理强化铝合金，直接堆积体的组织即为终态组织。可见，沉积工艺直接影响 Al-Mg-Sc 合金堆积体的组织和性能。双丝焊工艺且具有热输入量更小、气孔和夹杂少等特点，双丝 WAAM Al-Mg 合金的研究还未见报道。本章节将双丝与 CMT+P 工艺结合应用于 WAAM Al-Mg-Sc 合金堆积体的制备，对堆积体的成形、气孔、微观组织及力学性能进行分析，意在为 WAAM 制备大型 Al-Mg-Sc 合金结构件的应用打下基础。

10.1　原材料和双丝 WAAM 工艺参数

10.1.1　原材料

本节选用本研究得到的最佳成分 Al-Mg-0.3Sc 合金丝材为原材料，合金化学成分如表 10-1 所示。

表 10-1　合金化学成分 (质量分数/%)

合金	Si	Fe	Cu	Mn	Mg	Zn	Ti	Sc
Al-Mg-0.3Sc	0.0179	0.0905	0.0032	0.724	6.39	0.0189	0.134	0.28

10.1.2　双丝 WAAM 工艺

CMT 有四种工艺，分别为 CMT、CMT+P、CMT+A 和 CMT+PA。顾江龙，从保强等研究了这四种工艺在 WAAM Al-Cu 合金过程中，堆积体表面形态、气孔、微观组织的不同。证明在 WAAM Al-Cu 合金过程中，CMT+A 或 CMT+PA 工艺，热输入小，气孔少，堆积体力学性能优异。CMT 和 CMT+P 工艺热输入量较大，易产生气孔，力学性能较低且横、纵向差异大。从四种工艺的成形上，CMT+A 或 CMT+PA 工艺的熔池铺展性差，适用于小型薄壁零部件；CMT 和 CMT+P 工艺熔池铺展性良好，可适用于中大型结构件的制备。

由于 Fronius 成形系统的开发还不完全，在 Al-Mg 合金焊接系统中无 CMT+PA 工艺程序，本节只对 CMT、CMT+P 和 CMT+A 三种工艺成形进行了考察，图 10-1 是 CMT+P、CMT 和 CMT+A 三种工艺 WAAM Al-Mg 合金单道成形的堆积体横截面，其熔池铺展性较差，这是因为 Al-Mg 合金的黏度较 Al-Cu 合金大。图 10-2 是三种工艺一层两道成形堆积体的横截面。可见 CMT 和 CMT+P 工艺两道之间融合较好，而 CMT+A 工艺两道之间极易产生未熔合现象。与 WAAM Al-Cu 合金类似，本研究之前章节采用的 CMT+A 工艺制备 Al-Mg 合金更适用于小型薄壁零部件。

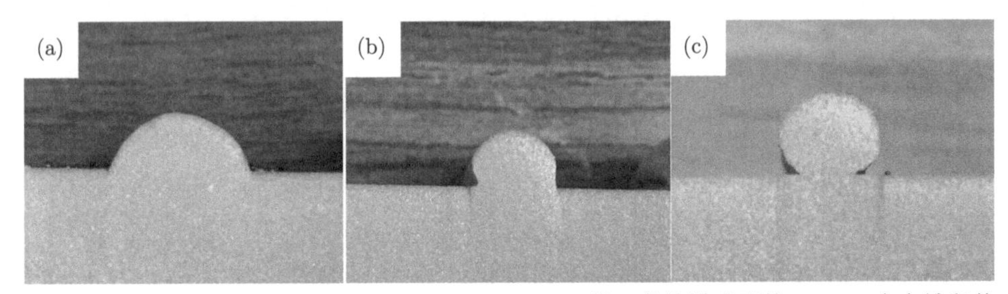

图 10-1　(a) CMT+P、(b) CMT、(c) CMT+A 三种工艺单道成形的 Al-Mg 合金堆积体横截面

图 10-2　(a) CMT+P、(b) CMT、(c) CMT+A 三种工艺一层两道成形的 Al-Mg 合金堆积体横截面

双丝工艺具有热输入更低的特点，为了进一步扩大本研究合金的应用范围，为中大型结构件特别是超大型结构件的制备奠定基础。本节采用双丝与 CMT+P 结合的工艺制备堆积体，并与单丝 CMT+P 工艺进行对比研究。

本节双丝的位置采取一前一后的方式，堆积体的沉积工艺参数如表 10-2 所示。

表 10-2　堆积体沉积工艺参数

	双丝成形 (每根丝)	单丝成形
沉积工艺	CMT+P	CMT+P
电流 (I)	49 A	102 A
电压 (U)	14.5 V	18.3 V
焊炬行走速度 (v_{TS})	10 mm/s	10 mm/s
送丝速度	3 m/min	6 m/min
层间温度	80℃	80℃

10.2 双丝工艺对增材制造堆积体外观的影响

图 10-3 为堆积体表面形貌对比图。可见，单丝电弧成形的堆积体表面粗糙，有明显的“结瘤”现象，由于“结瘤”较大，受重力作用向下流淌，可覆盖 2~3 个堆积层，使层和层的区分不明显。双丝电弧成形的堆积体表面平整，无“结瘤”现象，层的纹理清晰工整。

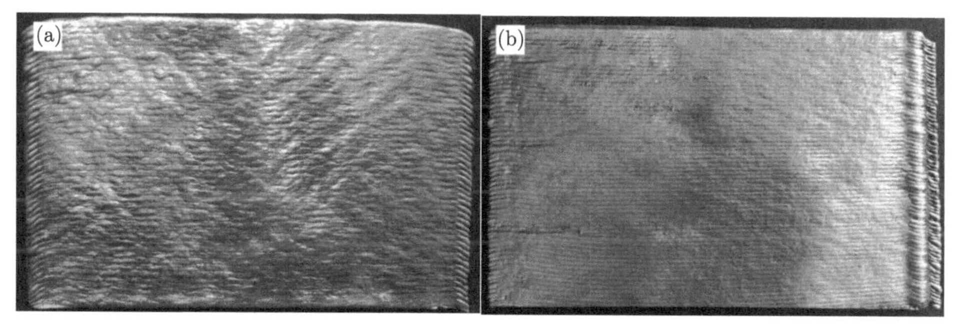

图 10-3 堆积体表面形貌对比图
(a) 单丝成形工艺；(b) 双丝成形工艺

图 10-4 为堆积体厚度测量示意图。表 10-3 为单丝和双丝电弧成形堆积体的层高及厚度，d_1 为堆积体实测厚度，d_2 为堆积体有效厚度，d_2/d_1 为有效厚度占比。可见，同样送丝速度下，双丝电弧成形的堆积体与单丝电弧成形的堆积体相比层高大，厚度小，有效厚度占比大。说明双丝电弧较单丝电弧具有更好的成形精度。

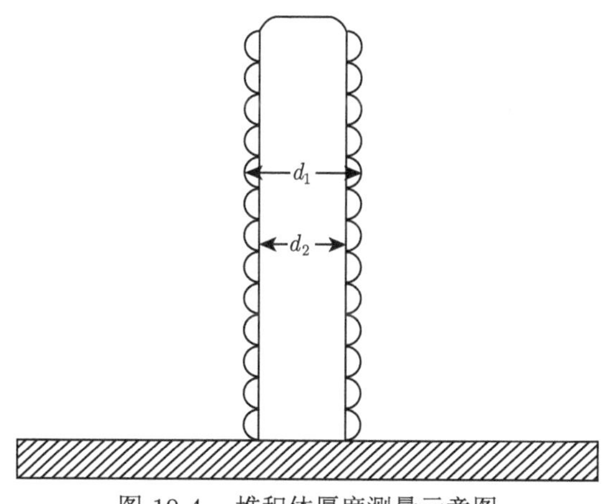

图 10-4 堆积体厚度测量示意图

表 10-3 单丝和双丝电弧成形堆积体的层高及厚度

	层高/mm	d_1/mm	d_2/mm	d_2/d_1
单丝成形堆积体	1.45	7.4	8.26	0.92
双丝成形堆积体	1.80	6.4	6.2	0.97

双丝电弧成形送丝速度为单丝电弧成形的 1/2，因此每一根丝材所形成的沉积层更薄、更易控。双丝电弧成形，两个熔池中心间隔 8mm 左右，单根丝材热输入量小，热量分布面积大，热量更加均匀。因此双丝电弧成形表面更加工整，成形精度更高。与粉末增材相比，丝材增材制造表面精度差是制约其发展的瓶颈，双丝电弧增材制造可有效改善 Al-Mg 合金堆积体表面成形精度，降低后续机加工的难度，可大大促进 WAAM 制备 Al-Mg 合金的发展。

10.3 双丝工艺对增材制造堆积体气孔的影响

图 10-5 是单丝和双丝电弧成形堆积体气孔对比。可见，单丝电弧成形堆积体气孔数量多、尺寸在十几微米到 100μm 不等，且平行于堆积方向线性分布，与沉积层平行。这种线性分布的气孔会造成纵向力学性能的降低。双丝电弧成形堆积体气孔数量少，尺寸小于 30μm，离散分布。双丝成形堆积体气孔明显减少归因于以下四点：

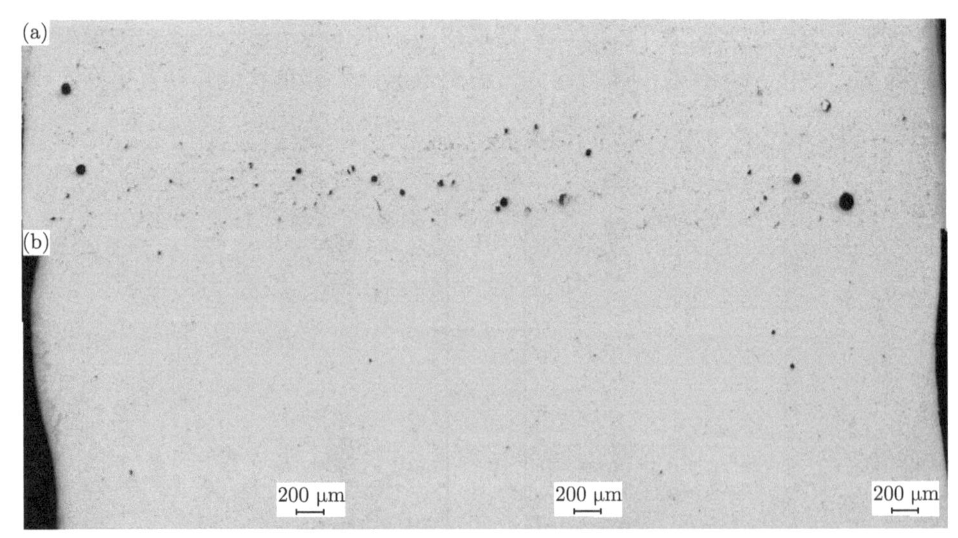

图 10-5 (a) 单丝和 (b) 双丝电弧成形堆积体中气孔对比

(1)Mg 的烧损少。表 10-4 为单丝和双丝电弧成形堆积体 Mg 的烧损率。可见双丝电弧成形堆积体的 Mg 烧损率低。Mg 的活性高，WAAM 过程中 Mg 烧损后形成疏松的 MgO, 漂浮在每个新沉积层的上表面，易吸收空气中的水分，成为堆积体中氢的来源，形成气孔。

表 10-4　堆积体 Mg 元素烧损率

	丝材中 Mg 含量/%	堆积体中 Mg 含量/ %	Mg 烧损率/%
单丝成形堆积体	6.39	5.78	9.55
双丝成形堆积体	6.39	6.06	5.61

(2) 热输入小。根据热输入量公式可知,单丝电弧成形的瞬时热输入量为 149.328 J/mm，双丝中每根丝材电弧成形的瞬时热输入量为 58.264 J/mm，仅为单丝电弧成形的 38%。

$$HI = \eta UI/v_{\mathrm{TS}} \tag{10-1}$$

式中，U 为堆积过程的平均电压；I 为堆积过程的平均电流；v_{TS} 为焊炬行走速度。对于 CMT 工艺，能量利用率 η 取 0.8。

双丝电弧沉积热输入量低，Al-Mg 合金熔体的黏度增加，基体的整体温度降低。根据气泡的形核概率公式可知，温度 T 降低，熔体黏度增加，则气泡的形核概率下降。

$$j = C\mathrm{e}^{-\frac{4\pi r\sigma}{3KT}} \tag{10-2}$$

式中，j 为单位时间内形成气泡核的数目；r 为气泡核的临界半径；σ 为气泡与液态金属间的表面张力；K 为玻尔兹曼常量 ($K = 1.38 \times 10^{-23}$ J/K)；T 为温度 (K)；C 为常数。

根据气泡的长大公式可知，熔体黏度增加，则气泡的外界压力 p_o 增大，阻碍气泡的长大。

$$p_h > p_o \tag{10-3}$$

式中，p_h 为气泡的内部压力；p_o 为阻碍气泡长大的外部压力。

(3) 气泡的逸出通道短。由表 10-3 可见，双丝电弧成形的层高为 1.80mm，则每根丝材成形的层高为 0.9mm，远小于单丝电弧成形层高的 1.45mm。因此双丝电弧成形过程中，气泡的溢出通道缩短了，产生的气泡容易溢出。

(4) 气泡产生的受控阶段不同。双丝 CMT+P 工艺的热输入低，与 CMT+A 类似，主受控阶段是气泡的形核和气泡的长大。由 (2) 可知与单丝 WAAM 相比，双丝 WAAM 的形核概率小，气泡长大较困难。单丝 CMT+P 工艺热输入较高，熔体冷却速度相对较慢，为气泡的形核及长大提供了更充足的时间，因此主受控阶段是气泡的上浮。然而 CMT 工艺相对其他工艺 (如 TiG、MIG 等) 热输入低，结晶速度快，当结晶速度较快时，气泡可能残留在基体内部。另外，根据气泡上浮的速度关系式 (10-4) 可知，金属液体的黏度对气泡上浮速度的影响最大，黏度越大，越不利于气泡的逸出，由 WAAM Al-Mg 合金中 Mg 含量的研究可知，Al-Mg 合金黏度较大，因此气泡上浮速度较慢，致使气泡来不及逸出便凝固在熔体中。

$$v = 2(\rho_1 - \rho_2) g r^2 / 9\eta \tag{10-4}$$

式中，v 为气泡上浮的速度 (cm/s)；ρ_1 为液体金属的密度 (g/cm^3)；ρ_2 为气泡的密度 (g/cm^3)；g 为重力加速度 ($980cm/s^2$)；r 为气泡的半径；η 为液体金属的黏度。

图 10-6 是拉伸试样断口附近二次裂纹。可见裂纹源多在气孔处萌生，单丝 CMT+P 工艺这种平行于堆积方向线性分布的气孔会严重降低纵向力学性能，这与以下力学性能数据相符。Cong 等说过气孔缺陷可能会制约 WAAM 铝合金的发展。双丝电弧成形堆积体的气孔数量少，尺寸小。双丝电弧成形 CMT+P 工艺对气孔率的降低是 WAAM Al-Mg 合金领域的又一重大突破，为其可实现中大型结构件工业化生产奠定了扎实的基础。

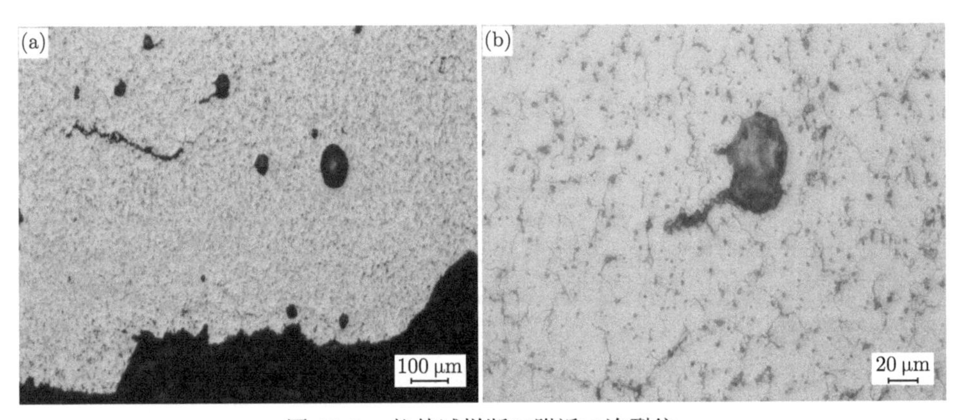

图 10-6 拉伸试样断口附近二次裂纹

10.4 双丝工艺对增材制造堆积体组织、结构和性能的影响

图 10-7 为单丝电弧成形和双丝电弧成形堆积体的金相组织。可见，利用双丝电弧成形的堆积体与单丝电弧成形堆积体相比晶粒更小，平均粒径由 60μm 左右减小到 30μm 左右。晶内点状析出相明显减少。图 10-8 为单丝电弧成形和双丝电弧成形堆积体的 SEM 及 EDS 图。结合对析出相的分析可知，析出相主要有三种：β(Mg_2Al_3) 相、(FeMn)Al_6 相及初生 $Al_3(Sc_{1-x},Ti_x)$ 相。β(Mg_2Al_3) 相为 Al-Mg 合金的主要析出相，沿晶界析出及在晶内点状分布。(FeMn)Al_6 相为片状或长条形析出相。图 10-8(c) 表征了初生 $Al_3(Sc_{1-x},Ti_x)$ 相的形貌。由图 10-8(a) 和图 10-8(b) 可见，双丝电弧成形的堆积体与单丝电弧成形堆积体相比，三种析出相的数量少，尺寸小。

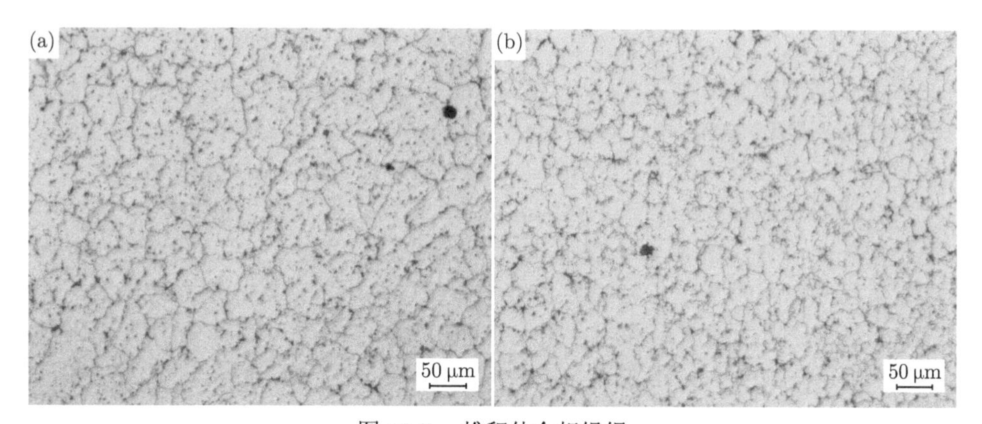

图 10-7 堆积体金相组织

(a) 单丝电弧成形工艺；(b) 双丝电弧成形工艺

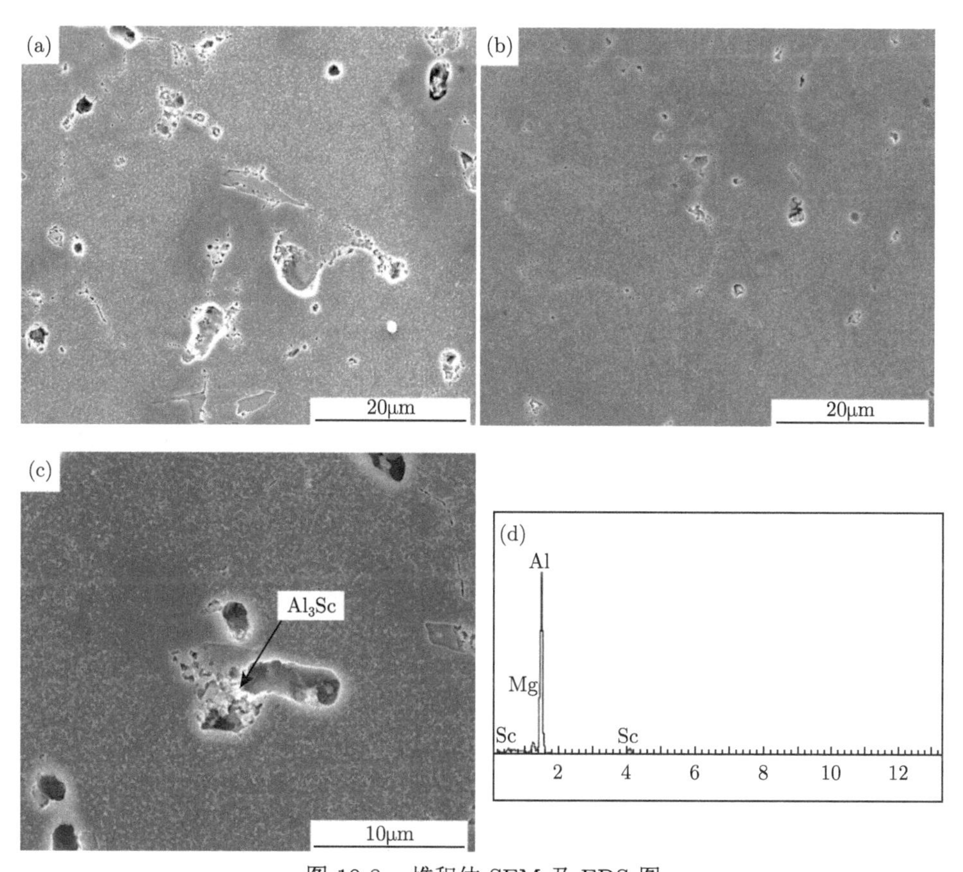

图 10-8 堆积体 SEM 及 EDS 图

(a) 单丝电弧成形堆积体；(b) 双丝电弧成形堆积体；(c) 初生 Al_3Sc 形貌；(d) Al_3Sc 的 EDS 图

从以上分析可知，双丝电弧成形工艺的热输入远小于单丝电弧成形工艺，冷却速度快，使组织发生了较大变化：第一，晶粒细化。与焊接类似，低热输入及快速冷却可促进晶粒细化。第二，合金元素 Mg 和 Mn 来不及析出，大部分固溶在 Al 基体中。Mg 和 Mn 元素都是固溶强化元素，形成的 β(Mg_2Al_3) 相具有面心立方，在室温下很脆，(FeMn)Al_6 相为难溶相，质硬而脆。因此 Mg 和 Mn 元素大量的固溶在 Al 基体中可起到固溶强化作用，提高堆积体力学性能。第三，初生 $Al_3(Sc_{1-x},Ti_x)$ 相尺寸小，细晶效果更明显。由图 10-6 可见，双丝电弧成形堆积体的晶粒远小于单丝电弧成形堆积体，这并不单是低热输入的作用。初生 $Al_3(Sc_{1-x},Ti_x)$ 相为异质形核相，小尺寸的初生 $Al_3(Sc_{1-x},Ti_x)$ 相具有更明显的细晶效果。第四，与 Mg 和 Mn 元素类似，更多的 Sc 元素固溶在 Al 基体中，为大量次生 $Al_3(Sc_{1-x},Ti_x)$ 相的析出提供了有利条件。

图 10-9 为单丝电弧成形和双丝电弧成形堆积体的 TEM 及 HRTEM 图，其中图 10-9(a) 为单丝电弧成形堆积体；图 10-9(b) 为双丝电弧成形堆积体；图 10-9(c) 为

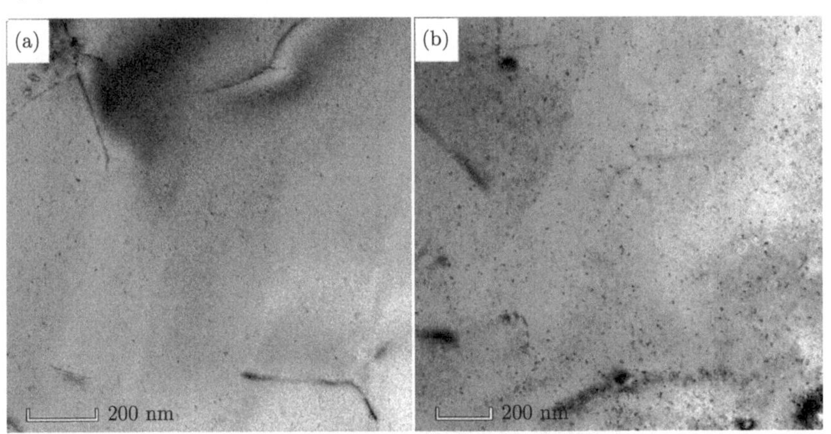

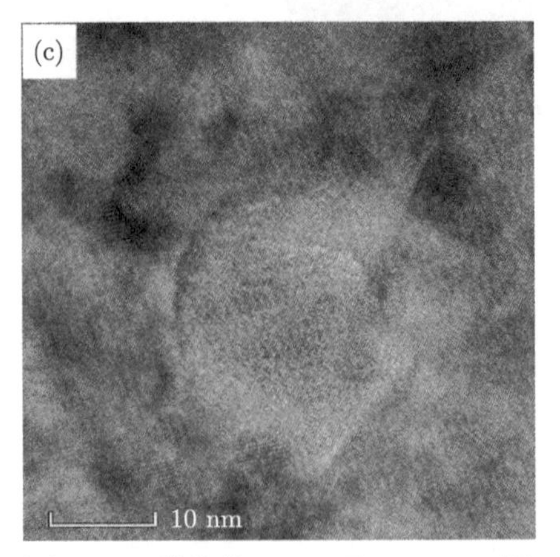

图 10-9　堆积体 TEM 及 HRTEM 图

(a) 单丝电弧成形堆积体；(b) 双丝电弧成形堆积体；(c) 次生 $Al_3(Sc_{1-x}$，$Ti_x)$ 形貌

次生 $Al_3(Sc_{1-x},Ti_x)$ 形貌。可见双丝电弧成形堆积体中有大量的次生 $Al_3(Sc_{1-x},Ti_x)$ 相析出，离散分布。单丝电弧成形的堆积体中只有很少量的次生 $Al_3(Sc_{1-x},Ti_x)$ 相析出。由图 10-9(c) 可见，次生 Al_3Sc 相呈圆形，直径在 20nm 左右，与 Al 基体完全共格。

次生 $Al_3(Sc_{1-x},Ti_x)$ 相的析出需要两个条件：一是基体中固溶足够多的 Sc，二是析出动力，如热处理、轧制等。从前面分析可知，双丝电弧成形的低热输入使更多的 Sc 元素固溶在了 Al 基体中。双丝为一前一后两根丝材，间距 8mm 左右，因而后丝熔化对前丝形成的基体起到了热处理作用，为大量次生 $Al_3(Sc_{1-x},Ti_x)$ 相析出提供了能量。次生 $Al_3(Sc_{1-x},Ti_x)$ 相为 Al-Mg-Sc 合金中非常重要的析出相，起析出强化作用，双丝电弧成形的工艺特点为次生 $Al_3(Sc_{1-x},Ti_x)$ 相的析出创造了有利条件，对力学性能的提高是非常有益的。

图 10-10 为单丝电弧成形和双丝电弧成形堆积体的力学性能。可见，单丝电弧成形堆积体力学性能低，横、纵向差异大。这是因为单丝电弧成形堆积体气孔多且与沉积层平行呈线性分布；堆积体热输入大，晶粒大，Mg 烧损多。双丝电弧成形堆积体与单丝电弧成形堆积体相比，力学性能显著提高，横向抗拉强度从 351 MPa 提高到 367MPa，屈服强度从 249 MPa 提高到 258MPa，伸长率从 21.5% 提高到 26%，且横、纵向一致。这是因为双丝电弧成形堆积体气孔数量少，尺寸小，且离散分布；热输入小，晶粒小；Mg 的烧损少，使 Mg 和 Mn 大量固溶在基体中，增加了其固溶强化作用；后丝对前丝形成的堆积体有热处理作用，促进了次生 $Al_3(Sc_{1-x},Ti_x)$ 相的大量析出，析出强化作用显著。

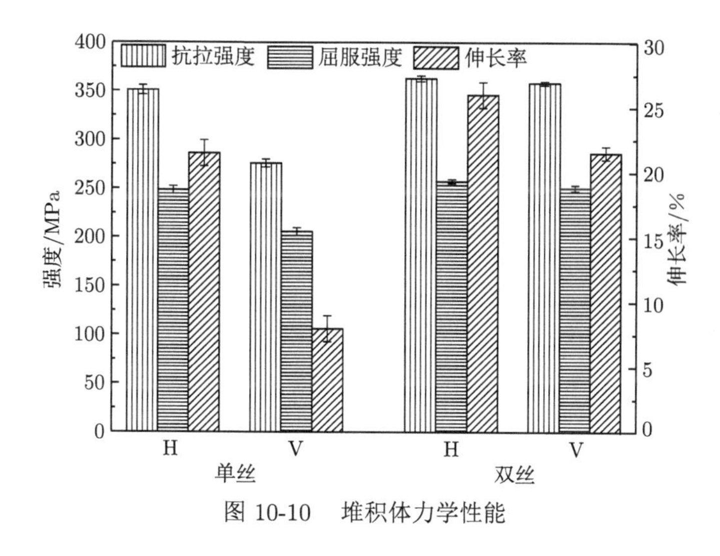

图 10-10 堆积体力学性能

双丝 CMT+P 工艺得到的 WAAM Al-Mg-0.3Sc 合金堆积体的力学性能与单

丝 CMT+A 工艺得到的最佳力学性能相当，具有可实际应用价值。可见对双丝工艺的考察，为本研究得到的适合 WAAM 的最佳成分的 Al-Mg-Sc 合金的应用进一步奠定了基础，拓宽了领域。

图 10-11 为单丝及双丝电弧成形堆积体拉伸试样断口形貌，其中图 10-11(a) 和图 10-11(b) 为单丝电弧成形堆积体横、纵向拉伸试样断口形貌，图 10-11(c) 和图 10-11(d) 为双丝电弧成形堆积体横、纵向拉伸试样断口形貌。可见，单丝及双丝电弧成形堆积体拉伸试样断口均有明显的韧窝，为韧性断裂。单丝电弧成形堆积体纵向拉伸试样断口出现较多缩松组织，这也是造成横、纵向力学性能差异大的一个原因。与单丝电弧成形相比，双丝电弧成形堆积体横向拉伸试样断口韧窝数量增多，有明显的“撕裂棱”，力学性能提高；纵向韧窝较浅，伸长率较横向略有下降。

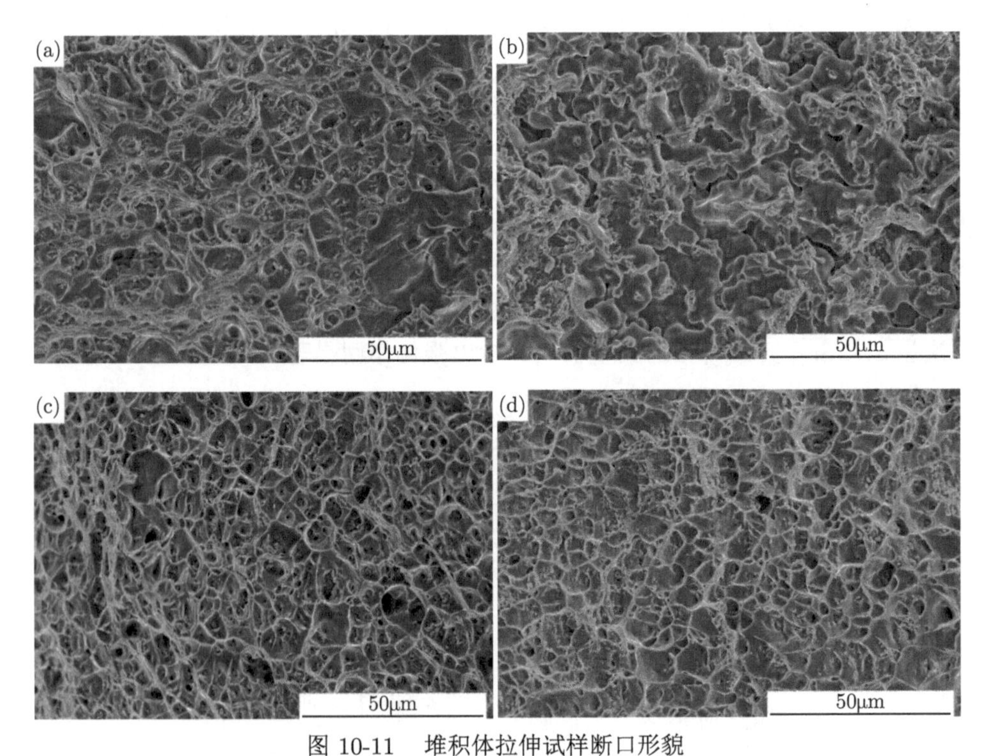

图 10-11 堆积体拉伸试样断口形貌

(a)，(b) 单丝电弧成形堆积体横、纵向拉伸试样断口形貌；(c)，(d) 双丝电弧成形堆积体横、纵向拉伸试样断口形貌

第 11 章　应　　用

11.1　Al-7Si-Mg 合金增材制造

11.1.1　WAAM Al-7Si-Mg 丝材的制备

按照目标成分 Si：6.90、Mg：0.62、Ti：0.12、Sr：0.03 进行配料，选用 Fe 含量小于 0.1%的双零铝锭为原材料。用感应炉熔炼，待铝锭熔化后，将工业 Si，AlTi10、AlSr10 中间合金锭及 Mg 锭等依次加入铝液中进行合金化。合金化后，除气、铸造、轧制、拉拔、刮削及表面光亮化制备直径 Φ1.2mm 和 Φ1.6mm 的合金丝材。

11.1.2　WAAM Al-7Si-Mg 合金堆积体的制备

连续打印长方形盒体结构，如图 11-1 所示，其实体照片如图 11-2 所示。尺寸为长 600mm× 宽 50mm× 高 150mm；底板选用 6061-O 态铝板，尺寸为 800mm× 300mm× 20mm。打印工艺参数为送丝速度：6.5m/min；焊炬移动速度：10mm/s；保护气体流量：25L/min；电流：120～ 130A；电压：20.4～21.4V。

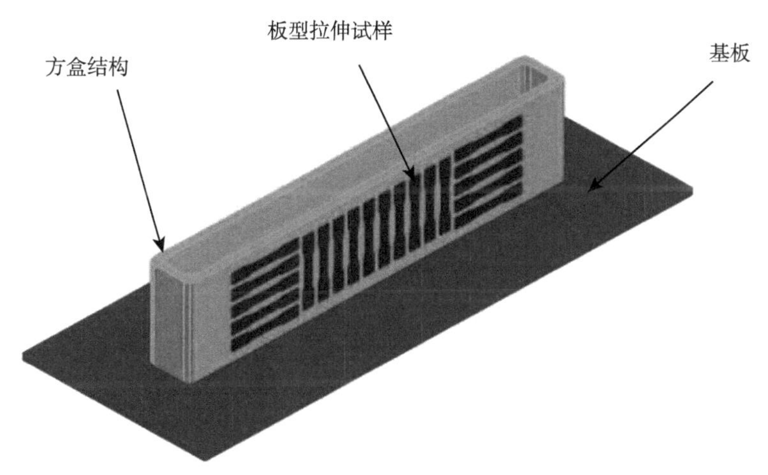

图 11-1　方盒结构及取样位置示意图

图 11-2　方盒结构实体照片

11.1.3 WAAM Al-7Si-Mg 合金产品的制备

典型结构件产品航天某总体厂的快舟 11 号多星适配器壳体结构如图 11-3 所示，其中蒙皮部分设计厚度为 5mm，与蒙皮相接的承力部位厚度为 40mm。

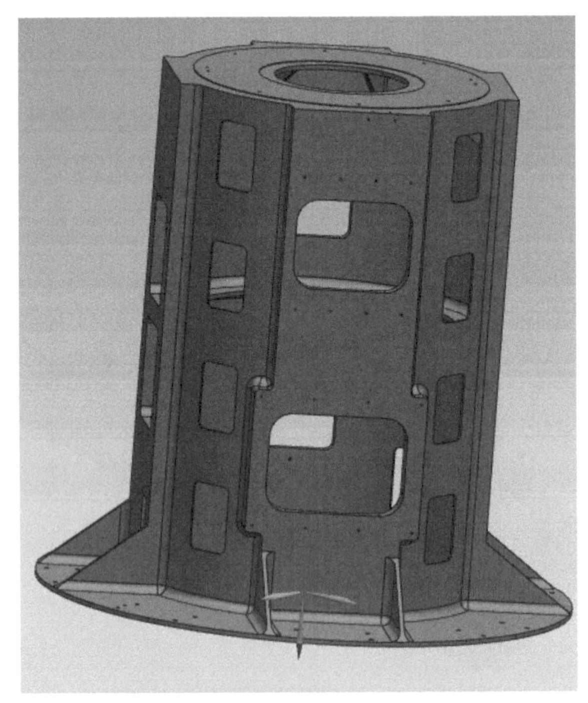

图 11-3　多星适配器壳体结构示意图

室温性能指标要求：抗拉强度 ⩾330MPa，屈服强度 ⩾290MPa，伸长率 ⩾8%。

250℃、30min 性能要求：抗拉强度 ⩾200MPa。

内部质量要求：不低于焊缝 Ⅱ 级 (参照标准：GB/T47013.2–2015)。

根据产品结构特点制定了底板作为产品一部的打印方案，方案流程图如 11-4 所示。底板及主体打印工艺参数见表 11-1。图 11-5 为打印过程示意图，图 11-6 为打印的毛坯及成品照片。

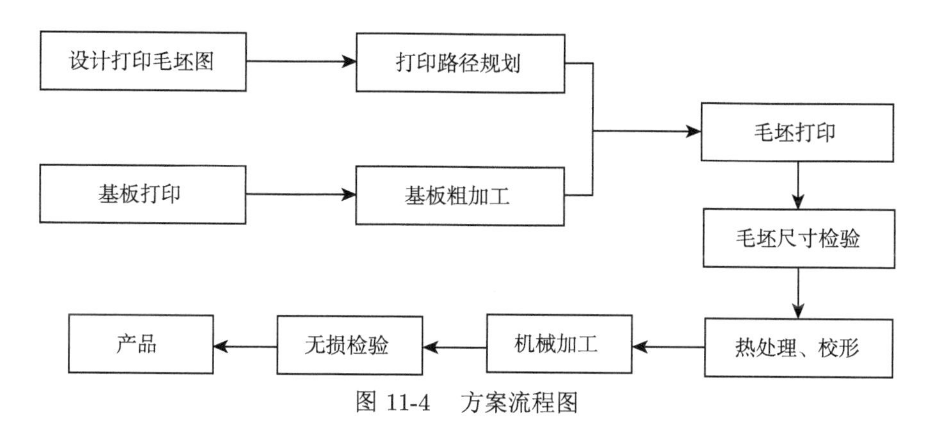

图 11-4 方案流程图

表 11-1 打印工艺参数

打印结构	目标厚度/mm	单层道数	送丝速度/(m/min)	焊接速度/(mm/s)	电流/A	电压/V	层高/mm	热输入量/(J/mm)
底板	20	3	6.5	12	130	20.5	1.2	177.67
主体	10	1	4.6	16	180	19.3	1.2	173.70
	15	2	6.5	12	130	20.4	1.2	176.80
	20	2	7.5	10	141	21.6	1.2	243.65
	55	5	7.5	10	141	21.6	1.2	243.65
	75	7	7.5	10	141	21.6	1.2	243.65

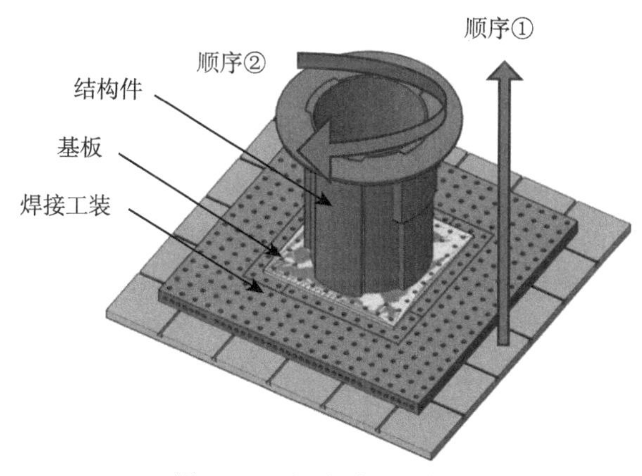

图 11-5 打印过程示意图

图 11-6　结构件毛坯及成品照片

11.1.4　产品的应用

多星适配器壳体是快舟 11 号火箭主承力部件之一，是火箭与卫星的接口部件，需等火箭和卫星的状态确定后才能定型，制造工期要求 40 天，产品净重 142 kg，主承力部位厚度为 40 mm，与之相接的蒙皮部位 5 mm。产品具有单件小批量、多品种等特点。设计材料为 ZL114A 合金，在大载荷和短时高温环境下服役，对材料的室温及高温性能提出了更高的要求。

11.2　Al-Mg-Sc 合金增材制造

11.2.1　WAAM Al-Mg-Sc 合金丝材的制备

沉积结构件所用丝材由抚顺东工冶金材料技术有限公司制备，直径为 1.2mm，具体成分在各章节列出。英国克兰菲尔德大学研究了铝合金丝材质量和性能对 WAAM 堆积体的影响，指出由于 WAAM 为近净成形逐层叠加，层间一般无处理过程，所以对丝材的质量和性能的要求比焊接用焊丝更高，丝材会直接影响所制备结构件的性能。参照抚顺东工冶金材料技术有限公司的发明专利《一种高洁净度铝硅中间合金及其生产方法》进行本研究 Al-Mg 合金盘条的生产，将铝锭、合金锭经中频感应炉熔化成金属液，倒入精炼炉，采用惰性气体进行精炼、除渣，最后浇铸成直径为 10mm 左右的盘条。

参照抚顺东工冶金材料技术有限公司的发明专利《一种变形铝合金结构件成型方法》中变形铝合金丝材制备方法进行盘条到丝材的减径过程：① 将直径为 Φ10mm 的盘条锻造成直径为 Φ4.8mm 的丝材；② 对 Φ4.8mm 的丝材进行去应力退火，退火制度为 360℃ 保温 1.5h，空冷；③ 将直径为 Φ4.8mm 的丝材锻造

成直径为 Φ2.4mm 的丝材；④ 对 Φ2.4mm 的丝材进行去应力退火，退火制度为 360℃ 保温 1.5h，空冷；⑤ Φ2.4mm 的丝材经 6 个拉丝模具和一个定径模具，制成 Φ1.27mm 的丝材；⑥ Φ1.27mm 丝材经一个定位模具，两个刮削模具，一个压光模具，最终得到线径为 (1.18± 0.05)mm 的丝材；⑦ 60℃ 下超声波清洗 15s；⑧ 参照抚顺东工冶金材料技术有限公司的发明专利《一种铝合金焊丝表面除油清洗剂及其使用工艺条件》及《一种铝合金焊丝表面钝化、光亮剂配方及其使用工艺》进行丝材的表面清洗及钝化、光亮化处理，后将丝材表面烘干，烘干温度为 90℃，时间为 15s；⑨ 将烘干后的丝材按 7kg/盘进行分盘，真空包装，烘干到包装中间时间间隔不得超过 8h。

图 11-7 为本方法制备的 Al-Mg 合金丝材的宏观表面和微观组织照片。丝材表面光亮，无油污，无明显缺陷，表面氧化层致密，氧化层厚度小于 5μm，且晶粒细小，组织均匀，抗拉强度为 480~550MPa，用于 WAAM 工艺送丝顺畅。丝材成分为研究得到的优化成分的 Al-Mg-Sc 合金，如表 11-2 所示。丝材力学性能如表 11-3 所示，丝材力学性能均匀，送丝稳定。

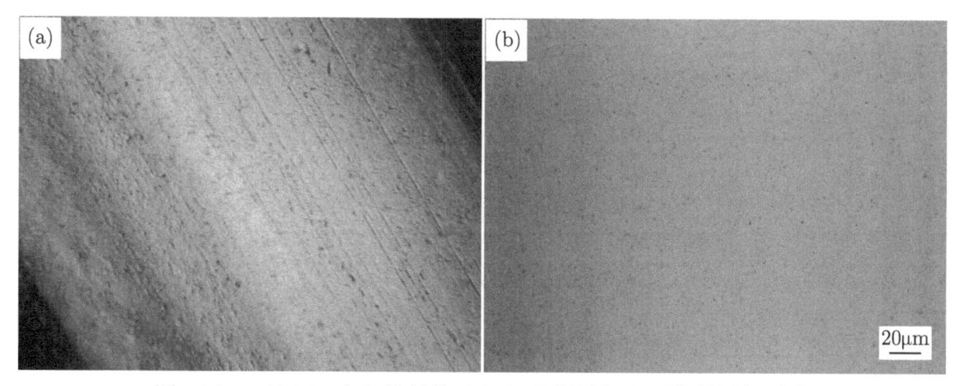

图 11-7 Al-Mg 合金丝材的 (a) 宏观表面和 (b) 微观组织照片

表 11-2 丝材化学成分 (质量分数/%)

合金	Si	Fe	Cu	Mn	Mg	Zn	Ti	Sc
Al-Mg-Sc	0.0166	0.0928	0.0035	0.727	6.26	0.0263	0.127	0.281

表 11-3 丝材力学性能

编号	抗拉强度/MPa	伸长率/%
1	541	5
2	544	5.5
3	538	5

设备选择单丝 WAAM 成形系统，沉积工艺为 CMT+A 工艺，由于涉及商业机密，本章仅对产品简单介绍，成形的工艺参数、沉积路径等不具体列出。

11.2.2 WAAM Al-Mg-Sc 合金堆积体的制备

在结构件试制之前采用与制备结构件相同的工艺参数制备了长 200mm× 宽 150 mm 堆积体，如图 11-8 所示。堆积体化学成分 (堆积体上、中、下 3 点) 如表 11-4 所示，直接堆积态力学性能和经 350℃、1h 时效处理后力学性能如表 11-5 所示。

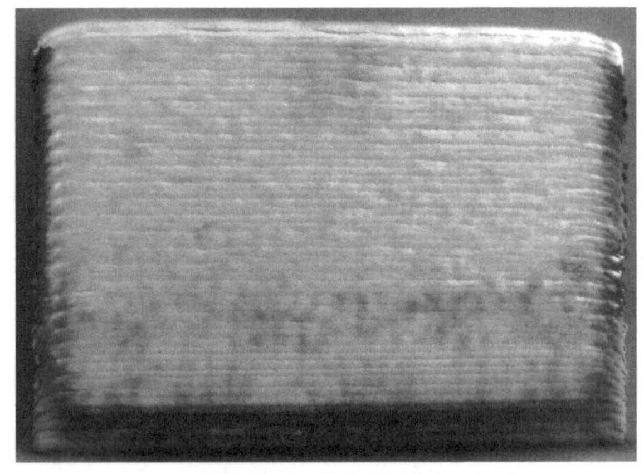

图 11-8 堆积体照片

表 11-4 堆积体化学成分 (质量分数/%)

检测位置	Si	Fe	Cu	Mn	Mg	Zn	Ti	Sc
上	0.0301	0.0992	0.0032	0.728	5.65	0.0261	0.102	0.271
中	0.0296	0.1024	0.0035	0.738	6.58	0.0198	0.105	0.268
下	0.0211	0.1003	0.0037	0.731	5.61	0.0248	0.109	0.270

表 11-5 堆积体力学性能

状态	拉伸方向	抗拉强度/MPa	屈服强度/MPa	伸长率/%
直接堆积态	横向	370	267	22.5
		369	268	22
		373	271	22
	纵向	368	269	19.5
		371	270	20.5
		372	267	20
350℃、1h 时效处理后	横向	417	277	18
		413	279	18.5
		415	278	18
	纵向	410	280	14
		412	277	14.5
		409	279	14

可见，所制丝材制备的堆积体表面呈银白色，氧化程度小，纹理工整，成形好。WAAM 过程具有较好的重复性，可用于结构件的制备。

11.2.3 WAAM Al-Mg-Sc 合金产品的制备

图 11-9 为验证结构件的模型图。为两端有法兰，内部有横、纵加强筋、窗口及装配凸台，3~5mm 渐变壁厚的锥桶型结构。产品结构复杂，可充分发挥增材制造工艺优势。结构件用户要求抗拉强度＞ 350MPa，屈服强度＞ 260MPa，伸长率＞ 10%。

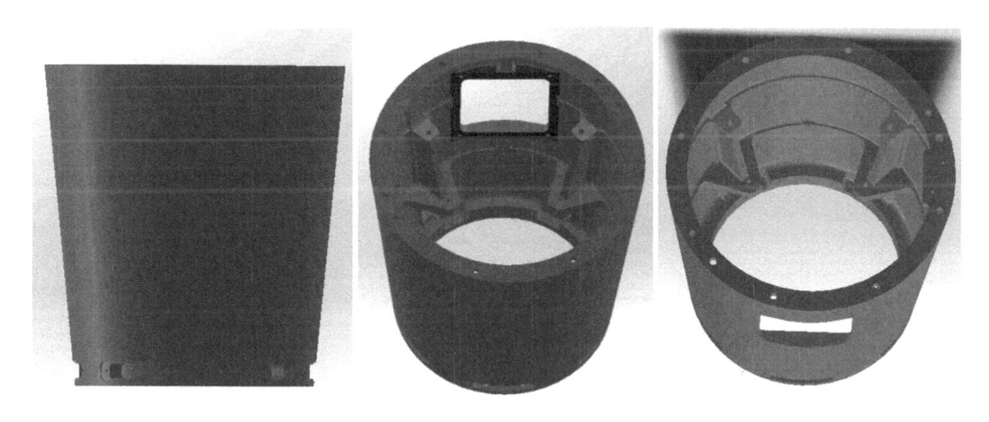

图 11-9 结构件模型

图 11-10 为结构件沉积毛坯图。通过 WAAM 技术成功实现了 Al-Mg-Sc 合金结构件毛坯的制备，沉积过程顺畅，送丝稳定，表面成形良好。沉积成形后进行时效处理，处理温度为 350℃，时效时间 1h。

图 11-10 结构件沉积毛坯

图 11-11 为机加工后的成品图。经检测，产品重量、尺寸符合设计要求。对整个产品表面渗透检测，无线性缺陷。产品全位置 X 射线检测，结合工业 CT 扫描，内部质量高于铸造产品 Ⅱ 级标准要求。

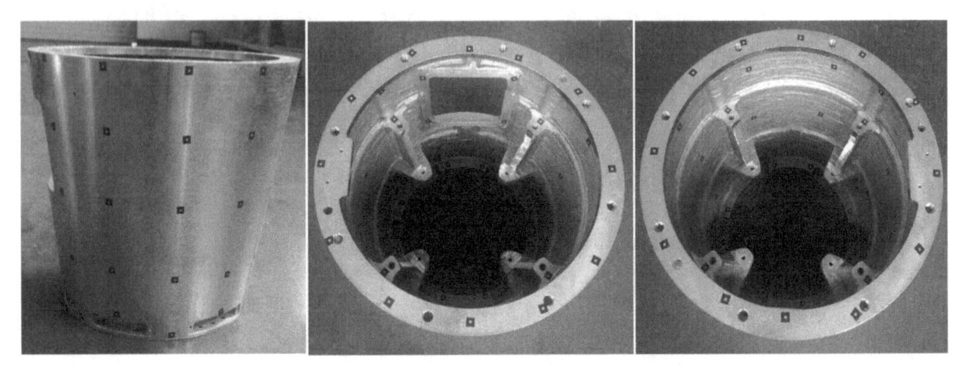

图 11-11 成品图

对结构件不同部位 3 点进行化学成分检测，检测结果如表 11-6 所示。结构件附属试样 (经 350℃、1h 时效处理后) 的力学性能如表 11-7 所示。可见，结构件化学成分和力学性能与工艺研究制备的堆积体一致，力学性能满足用户要求。

表 11-6 结构件化学成分 (质量分数/%)

取样位置	Si	Fe	Cu	Mn	Mg	Zn	Ti	Sc
1	0.0298	0.1002	0.0038	0.730	5.59	0.0232	0.104	0.269
2	0.0272	0.0927	0.0037	0.726	6.68	0.0208	0.107	0.272
3	0.0301	0.1011	0.0035	0.724	5.65	0.0227	0.109	0.268

表 11-7 产品附属试样的力学性能

编号	拉伸方向	抗拉强度/MPa	屈服强度/MPa	伸长率/%
H-1	横向	412	277	18.5
H-2		416	280	18.0
H-3		411	279	18.0
V-1	纵向	408	276	14.5
V-2		405	277	14.0
V-3		410	279	14.0

图 11-12 为经 350℃、1h 时效处理后结构件的金相组织图。可见，组织均匀、晶粒细小。

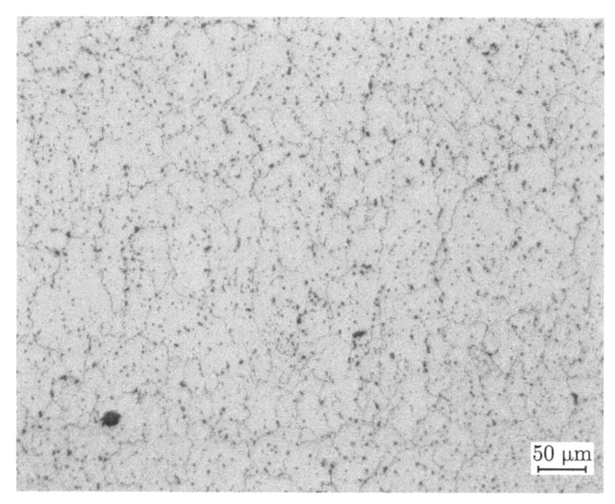

图 11-12 350℃、1h 时效处理后产品金相组织图

11.2.4 产品的应用

本章制备的结构件为航天 XX 型号仪器舱，力学性能检测合格后已交付用户，现已试飞成功。本研究得到的最优成分 Al-Mg-Sc 丝材已成功应用于美国 Relativity Space 公司正在开展的全尺寸火箭打印项目，实现了 60 天从原材料生产出能用于发射的火箭。可见，本研究得到的合金适用于电弧熔丝增材制造，在航空、航天、军事等领域具有广阔的应用前景。

参考文献

翟玉春. 2017. 非平衡态热力学 [M]. 北京: 科学出版社.

翟玉春. 2017. 非平衡态冶金热力学 [M]. 北京: 科学出版社.

翟玉春. 2018. 冶金热力学 [M]. 北京: 冶金工业出版社.

翟玉春. 2022. 非平衡态相变热力学 (上册)[M]. 北京: 科学出版社.

范金辉, 华勤. 2009. 铸造工程基础 [M]. 北京: 北京大学出版社.

巩水利, 锁红波, 李怀学. 2013. 金属增材制造技术在航空领域的发展与应用 [J]. 航空制造技术, 56: 66-71.

顾江龙. 2015. CMT 工艺增材制造 Al-Cu-(Mg) 合金的组织与性能的研究 [D]. 沈阳: 东北大学.

李承德. 2020. 电弧增材制造 Al-7Si-Mg 合金组织与性能的研究 [D]. 沈阳: 东北大学.

李见. 2000. 材料科学基础 [M]. 北京: 冶金工业出版社.

李学朝. 2010. 铝合金材料组织与金相图谱 [M]. 北京: 冶金工业出版社.

林鑫, 黄卫东. 2015. 应用于航空领域的金属高性能增材制造技术 [J]. 中国材料进展, 34(9): 684-688.

卢秉恒. 2020. 增材制造技术——现状与未来 [J]. 中国机械工程, 31(1): 19-23.

切尔涅茄 Д Ф. 1989. 有色金属及其合金中的气体 [M]. 黄良余, 严名山, 译. 北京: 冶金工业出版社.

任玲玲. 2020. 电弧熔丝增材制造 Al-Mg 合金的研究 [D]. 沈阳: 东北大学.

王红军. 2014. 增材制造的研究现状与发展趋势 [J]. 北京信息科技大学学报, 29: 20-24.

王华明，张述泉，王向明. 2009. 大型钛合金结构件激光直接制造的进展与挑战 [J]. 中国激光, 36: 4-9.

王帅. 2020. 电弧熔丝增材制造高强 Al-Cu 合金的组织与性能 [D]. 沈阳: 东北大学.

吴超群, 孙琴. 2020. 增材制造技术 [M]. 北京: 机械工业出版社.

Chaijaruwanich A, Dashwood R J, Lee P D, et al. 2006.Pore evolution in a direct chill cast Al-6wt.% Mg alloy during hot rolling [J]. Acta Mater, 54(19): 5185-5194.

Huang C, Kou S.2000. Effect of post weld heat treatment on mechanical and metallurgical properties of heat treatable aluminum alloys [J]. Weld J, 79(5): 113s-120s.

January.2008. Time twin Mig/Mag tandem welding [DB/OL]. Fronius.com.

Kou S. 2002. Welding Metallurgy [M]. Hoboken: John Wiley&Sons, Inc.

Michaud E J, Kerr H W, Weckman D C. 1995.Trends in Welding Research[M].Park OH: ASM International:154.

Pickin C G, Williams S W, Prangnell P B, et al.2009. Control of weld composition when welding high strength aluminium alloy using the tandem process[J]. Sci Technol Welding and Joining, 14(8):734-739.